Série Química: Ciência e Tecnologia

Química Orgânica

Estrutura e Propriedades de Compostos Orgânicos

SÉRIE QUÍMICA: CIÊNCIA E TECNOLOGIA

Vol. 1 – Fundamentos de Química
Vol. 2 – Química Orgânica: Estrutura e Propriedades de Compostas Orgânicos
Vol. 3 – Química Orgânica: Estereoquímica e Reatividade de Compostos Orgânicos
Vol. 4 – Química Inorgânica e Bioinorgânica
Vol. 5 – Química Analítica: Instrumentação Analítica
Vol. 6 – Fundamentos de Físico-Química
Vol. 7 – Fundamentos de Espectrometria e Aplicações
Vol. 8 – Princípios de Síntese Orgânica
Vol. 9 – Biologia Química
Vol. 10 – Química Supramolecular e Nanotecnologia
Vol. 11 – Polímeros e Suas Aplicações
Vol. 12 – Química e Meio-Ambiente
Vol. 13 – Biocatálise na Indústrica
Vol. 14 – Petróleo e (Bio)Combustíveis
Vol. 15 – Operações e Processos Químicos Industriais
Vol. 16 – Compostos Heterocíclicos: Estudo e Aplicações Sintéticas

Série Química: Ciência e Tecnologia
Editor da Série: Adilson Beatriz

Química Orgânica

Estrutura e Propriedades de Compostos Orgânicos

Editor da Série

Adilson Beatriz

Professor-associado da Universidade Federal de Mato Grosso do Sul. Doutor em Ciências (Química) pela Faculdade de Filosofia, Ciências e Letras de Ribeirão Preto (FFCLRP) da Universidade de São Paulo (USP).

Editor do Volume

Paulo Marcos Donate

Professor-associado do Departamento de Química da Faculdade de Filosofia, Ciências e Letras de Ribeirão Preto da USP.

volume

2

EDITORA ATHENEU

São Paulo	*Rua Jesuíno Pascoal, 30* *Tel.: (11) 2858-8750* *Fax: (11) 2858-8766* *E-mail: atheneu@atheneu.com.br*
Rio de Janeiro	*Rua Bambina, 74* *Tel.: (21) 3094-1295* *Fax: (21) 3094-1284* *E-mail: atheneu@atheneu.com.br*
Belo Horizonte	*Rua Domingos Vieira, 319, conj. 1.104*

PRODUÇÃO EDITORIAL: Fernando Palermo
CAPA: Equipe Atheneu

Dados Internacionais de Catalogação na Publicação (CIP)
(Câmara Brasileira do Livro, SP, Brasil)

Química orgânica : estrutura e propriedades de compostos orgânicos, volume 2 / editor do volume Paulo Marcos Donate. -- São Paulo : Editora Atheneu, 2018. -- (Série química : ciência e tecnologia / editor da série Adilson Beatriz)

Vários colaboradores.
Bibliografia.
ISBN 978-85-388-0703-2

1. Química orgânica I. Donate, Paulo Marcos. II. Beatriz, Adilson. III. Série.

16-02720 CDD-547

Índice para catálogo sistemático:

1. Química orgânica 547

DONATE, P. M.
SÉRIE QUÍMICA: CIÊNCIA E TECNOLOGIA
QUÍMICA ORGÂNICA – ESTRUTURA E PROPRIEDADES DE COMPOSTOS ORGÂNICOS

Colaboradores

Frank Herbert Quina (Prefácio)
Professor Titular, Departamento de Química Fundamental, Instituto de Química da Universidade de São Paulo – USP. Coordenador do NAP-PhotoTech – Núcleo de Pesquisa em Tecnologia Fotoquímica, vinculado à Pró-reitoria de Pesquisa da USP.

Luiz Alberto Beraldo de Moraes
Professor-associado do Departamento de Química da Faculdade de Filosofia, Ciências e Letras de Ribeirão Preto da Universidade de São Paulo – USP.

Arlene Gonçalves Corrêa
Professora Titular do Departamento de Química da Universidade Federal de São Carlos.

Claudio Di Vitta
Professor Doutor do Instituto de Química da Universidade de São Paulo – USP.

Massami Yonashiro
Professor Aposentado do Departamento de Química da Universidade Federal de São Carlos (UFSCar).

Giuliano Cesar Clososki
Professor-associado da Faculdade de Ciências Farmacêuticas de Ribeirão Preto da Universidade de São Paulo (FCFRP-USP).

Flavio da Silva Emery
Professor Doutor da Faculdade de Ciências Farmacêuticas de Ribeirão Preto da Universidade de São Paulo (FCFRP-USP).

Rosangela da Silva de Laurentiz
Professora Doutora do Departamento de Física e Química da Faculdade de Engenharia de Ilha Solteira da Universidade Estadual Paulista (UNESP).

Apresentação da Série

A Química é ciência central para a compreensão do meio em que vivemos, tendo por isso inúmeras interfaces com outros ramos do saber. Particularmente, tem impacto significativo no crescente conhecimento do corpo humano, na saúde, na revolução da produção alimentar, no controle e preservação ambiental e na produção energética. A disponibilidade de livros tecnocientíficos voltados ao ensino universitário é de extrema importância para a formação e o aperfeiçoamento de profissionais competentes nessa área.

A produção de obras de Química de autores brasileiros é ainda pequena, o que não reflete, porém, a real massa crítica existente no país em torno de temas ligados a essa ciência. Nesse sentido, a Editora Atheneu empreende uma iniciativa louvável ao lançar uma coleção tecnocientífica inédita – a Série *Química: Ciência e Tecnologia* – que visa contribuir para preencher a lacuna de obras em língua portuguesa e que tem como característica e missão ser um instrumento de estudo fundamental para todos os estudantes de graduação em Química, Química Industrial, Engenharia Química, Alimentos, Agronomia, Biologia, Farmácia e outras áreas afins.

Os volumes desta série trazem os conceitos mais fundamentais dessa ciência para dar ao estudante a oportunidade de desenvolver conhecimentos sólidos sobre essa área, além de apresentarem aplicações tecnológicas modernas desse ramo de atividade. As obras foram agrupadas de modo a abranger não só campos tradicionais, como os de química geral, química orgânica, química inorgânica, química analítica e fisicoquímica, mas também os da espectroscopia e suas aplicações (infravermelho, ultravioleta e ressonância magnética nuclear), síntese orgânica, compostos heterocíclicos, biologia química, bioinorgânica, química supramolecular, nanotecnologia, polímeros, meio ambiente, catálise na indústria, petróleo e (bio)combustíveis, além de operações e processos químicos industriais.

Estamos certos de que esta série contribuirá sobremaneira para a formação de todos os que necessitam aprender Química, refletindo-se na formação de profissionais altamente competentes para o país.

Adilson Beatriz
Editor da Série *Química: Ciência e Tecnologia*

Apresentação do Volume

Neste volume, os estudantes de cursos de graduação em Química e Ciências afins serão introduzidos à disciplina Química Orgânica. Os temas desenvolvidos contem aspectos introdutórios e fundamentais para uma boa compreensão da Química Orgânica, de acordo com a experiência didática dos autores.

Os textos foram elaborados com a premissa de que os estudantes já tenham conhecimentos prévios de Química Geral. A distribuição e o aprofundamento dos conteúdos dos temas deste volume foram organizados de modo a garantir que o processo de ensino-aprendizagem fosse construído gradativamente. Esse processo evolui desde os conceitos fundamentais, envolvendo os aspectos básicos da estrutura geral das moléculas orgânicas, até o maior aprofundamento dos demais assuntos relacionados com a estrutura atômica e molecular desses compostos e os seus efeitos sobre as propriedades físicas e químicas das principais famílias de compostos orgânicos, que constituem a essência da vida e fazem parte do quotidiano que nos cerca.

Também foram abordados aspectos básicos sobre compostos organometálicos, bastante úteis como ferramentas sintéticas, e sobre macromoléculas presentes nos produtos naturais.

Os autores

Prefácio

Em oito capítulos ricos em esquemas e figuras, a presente obra fornece os elementos básicos de nomenclatura, ligação, estrutura e distribuição de carga nos compostos orgânicos, enfatizando as implicações para as propriedades físicas e a reatividade das diferentes classes de compostos orgânicos. Após breves introduções à química dos compostos de carbono (Capítulo 1), aos conceitos importantes de ligação nos compostos orgânicos (Capítulo 2) e à interrelação entre estrutura, interações intermoleculares, propriedades físicas e reatividade (Capítulo 3), os quatro capítulos subsequentes aplicam esses conceitos à estrutura, propriedades e reatividade dos hidrocarbonetos alifáticos (Capítulo 4) e aromáticos (Capítulo 5) , dos compostos orgânicos com outras funcionalidades (Capítulo 6) e dos compostos organometálicos (Capítulo 7). O livro conclui com uma apreciação dos compostos orgânicos essenciais para a vida e das macromoléculas naturais e sintéticas (Capítulo 8).

Apesar de cobrir uma gama tão ampla de assuntos em oito capítulos escritos por oito autores diferentes, a mão firme do organizador evidentemente conseguiu manter um nível uniforme de tratamento dos assuntos e um texto coeso e fluido, sem comprometer a individualidade das abordagens adotadas pelos autores de cada capítulo. As poucas redundâncias não são meras repetições, mas visões do mesmo assunto sob óticas distintas que, para um leitor cuidadoso, enriquecem as conexões entre os capítulos. Como um pequeno exemplo, encontramos os reagentes de Grignard em vários capítulos, primeiro como um precursor para a preparação de hidrocarbonetos alifáticos, depois no contexto da sua reatividade com compostos carbonílicos e finalmente, no Capítulo 7, na qualidade de compostos organometálicos.

No tratamento de reatividade, os mecanismos das reações mais importantes dos principais grupos funcionais de moléculas orgânicas são esquematizados, enfatizando o papel de energias de ligação, de diferenças de acidez/basicidade e da estabilização de carga por efeitos indutivos e de ressonância. Nos rodapés, encontram-se esclarecimentos adicionais, detalhes sobre a vida dos químicos responsáveis para algum avanço importante e referências que direcionam o leitor mais interessado a outras fontes, inclusive artigos das revistas nacionais Química Nova e Química Nova na Escola. Vários dos capítulos incluem informação sobre as matérias-primas que servem como fontes de moléculas orgânicas, fornecem exemplos importantes de cada classe de composto encontrado na natureza ou de amplo uso industrial ou propõem exercícios para sedimentar os conceitos abordados no livro.

Dado esse perfil, a presente obra preenche um importante nicho entre os pesados livros básicos das disciplinas básicas da Química Orgânica e os grossos e compreensivos tomos de Físico-Química Orgânica utilizados na pós-graduação. Serviria como um texto básico em disciplinas de mecanismos na graduação ou para refrescar e atualizar os conhecimentos da química orgânica de professores do ensino médio e de pessoas formadas em outras áreas.

Um claro sinal da maturidade de uma área do conhecimento num país em desenvolvimento é o aparecimento de obras didáticas como esta, de qualidade e produzidas por docentes atuantes nas melhores centros de pesquisa do país. Além de sólidos conhecimentos, escrever um livro didático de qualidade requer boa organização, reflexão, a clareza de expressão e muita dedicação do tempo do docente-pesquisador, frequentemente com retorno incerto para o avanço da sua carreira. Tenho, portanto, grande prezo para os colegas, autores deste livro, que se dedicaram a esta empreitada tão fundamental para a difusão do conhecimento e para o amadurecimento do ensino da química em nosso meio.

Dr. Frank H. Quina
Professor Titular
Departamento de Química Fundamental,
Instituto de Química
Universidade de São Paulo

Sumário

1

Introdução à Química Orgânica

Paulo Marcos Donate

RESUMO

Este capítulo abordará de maneira breve como surgiram os principais elementos químicos e mostrará a estrutura geral das moléculas orgânicas e suas representações. Em seguida, recordará alguns princípios básicos da estrutura atômica e da formação das ligações químicas. Mostrará também como se desenham as estruturas de Lewis de átomos e moléculas e como se calculam as cargas formais de íons e moléculas poliatômicas. Por fim, discutirá a movimentação dos elétrons e sua consequência sobre as reações químicas e sobre as estruturas de ressonância de íons e moléculas orgânicas.

1.1. O Que É Química?

De maneira simplificada, a química é a ciência da matéria, que estuda a estrutura das substâncias materiais e suas transformações, correlacionando-as com as suas propriedades macroscópicas.

A palavra *química* derivou do grego ***chymeia*** (ou *chima* = fusão) e foi empregada no século IV para designar a antiga arte da metalurgia. Por outro lado, a origem da palavra grega ***chemeia*** deriva de ***kem it***, palavra de origem egípcia usada para designar o solo negro do Egito, berço das antigas artes alquímicas, ou uma etapa de "enegrecimento" durante o processo de transmutação dos metais[1].

A história da química é fascinante e existem inúmeras obras que abordam esse tema, de maneira resumida ou de maneira bastante extensa e detalhada[1,2]. Como esse assunto foge do escopo deste livro, foi colocado no apêndice deste capítulo um resumo dos fatos mais marcantes que contribuíram para o desenvolvimento da química.

---

1. Maar JH. Pequena história da química. Florianópolis: Papa-Livro Editora; 1999.
2. (a) Partington JR. A short history of chemistry. 3rd ed. New York: Dover Publications; 1989. (b) Chassot A. A ciência através dos tempos. São Paulo: Editora Moderna; 1994. (c) Vidal B. Histoire de la Chimie. 2ème éd. Paris: Presses Universitaires de France; 1998. (d) Alfonso-Goldfarb AM. Da alquimia à química. São Paulo: Editora Landy; 2001. (e) Vanin JA. Alquimistas e químicos: O passado, o presente e o futuro. 2ª ed. São Paulo: Editora Moderna; 2005. (f) Chagas AP. A história e a química do fogo. Campinas: Editora Átomo; 2006. (g) Aragão MJ. História da química. Rio de Janeiro: Editora Interciência; 2008. (h) Greenberg A. Uma breve história da química. São Paulo: Editora Blucher; 2009. (i) Farias RF. História da alquimia. 3ª ed. Campinas: Editora Átomo; 2010.

Embora a química seja uma importante ferramenta que nos permite acessar o conhecimento do mundo que nos rodeia, ela se desenvolveu lentamente como ciência racionalmente organizada até o fim do século XVIII. Naquela época, com base em seus estudos sobre o fenômeno da combustão, o francês Antoine-Laurent Lavoisier (1743-1794) mostrou que as composições químicas das substâncias poderiam ser determinadas pela identificação e quantificação da água, do dióxido de carbono e de outros materiais produzidos quando as substâncias são queimadas na presença de ar[3]. A partir de experiências bem controladas, medindo a variação de massa durante a combustão de várias substâncias com quantidades exatamente medidas de oxigênio, Lavoisier elucidou o fenômeno da combustão e demonstrou que a queima era uma reação química das substâncias com o oxigênio do ar (Figura 1.1).

Figura 1.1. Imagem ilustrativa sobre as experiências de Lavoisier (extraída do site: http://www.infoescola.com/biografias/antoine-lavoisier/).

Já naquela época, no século XVIII, a química possuía duas grandes divisões: uma que tratava das substâncias extraídas de fontes naturais ou seres vivos (a ***química orgânica***) e outra que lidava com as substâncias derivadas de fontes minerais ou matéria inanimada (a ***química inorgânica***)[4].

Os estudos sobre a combustão estabeleceram que os compostos derivados de fontes naturais sempre continham carbono. A crença de que somente os seres vivos poderiam produzir moléculas orgânicas foi abalada pela síntese artificial da ureia, um composto encontrado na urina animal, realizada em 1828 pelo alemão Friedrich Wöhler (1800-1882). Na tentativa de preparar o cianato de amônio (NH_4OCN), um composto inorgânico, Wöhler aqueceu sulfato de amônio [$(NH_4)_2SO_4$] e cianato de potássio (KOCN), dois compostos inorgânicos; porém, acidentalmente, ele produziu cristais de ureia (CON_2H_4) idênticos ao composto orgânico isolado da urina[5] (Figura 1.2).

3. Tosi L. Lavoisier: Uma revolução na química. Química Nova. 1989;12:33-56.
4. Ver mais detalhes sobre essa divisão no apêndice deste capítulo (*Cronologia das principais descobertas da Química*).
5. Vidal PH, Porto PA. Algumas considerações do episódio histórico da síntese artificial da ureia para o ensino de química. História da Ciência e Ensino. 2011;*4*:13-23. (Disponível em: http://revistas.pucsp.br/index.php/hcensino/article/view/6013/5766).

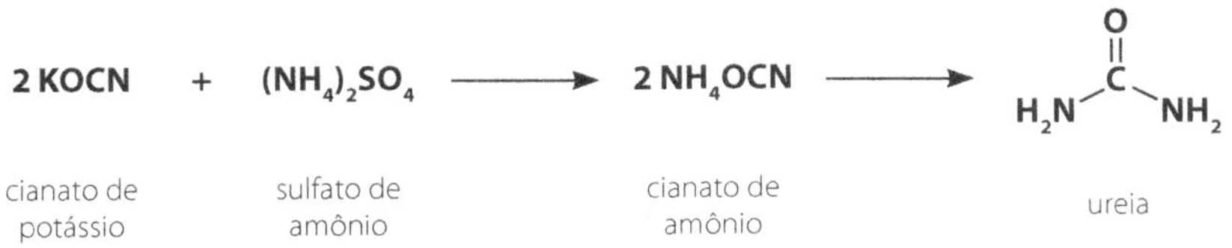

$$2\,KOCN + (NH_4)_2SO_4 \longrightarrow 2\,NH_4OCN \longrightarrow H_2N{-}C({=}O){-}NH_2$$

cianato de potássio — sulfato de amônio — cianato de amônio — ureia

Figura 1.2. Representação da reação química realizada por Friedrich Wöhler.

A descoberta de que os compostos orgânicos poderiam ser preparados em laboratório a partir de substâncias inorgânicas provocou uma revolução nessas áreas e levou a uma nova definição da química orgânica, que passou a ser o estudo dos compostos de carbono, cuja definição ainda é usada atualmente.

Porém, nos últimos 20 ou 30 anos a palavra ***orgânico*** adquiriu um sentido muito diferente de sua definição original. Atualmente o termo ***orgânico***, usado em geral com referência a jardinagem ou aos alimentos, é entendido como produto de uma agricultura conduzida sem o uso de pesticidas ou herbicidas artificiais e nem de fertilizantes sintéticos.

1.2. As Moléculas Orgânicas

As moléculas orgânicas constituem a essência da vida. As proteínas, os açúcares, as gorduras e os ácidos nucleicos são compostos naturais cujo principal componente é o carbono. As roupas que usamos são fabricadas a partir de polímeros naturais (como o algodão e a seda) ou polímeros sintéticos (como os poliésteres). Os produtos de uso doméstico e rotineiro, como os cremes dentais, os sabonetes, os xampus, os desodorantes e os perfumes, entre muitos outros, são todos produtos da indústria química orgânica. Podem ainda ser incluídos nessa relação de produtos orgânicos os combustíveis, as tintas, os plásticos e os alimentos, bem como todos os tipos de produtos farmacêuticos (medicamentos, antibióticos e vacinas) e também os produtos agroquímicos (inseticidas e pesticidas) (Figura 1.3).

Figura 1.3. Imagem sobre a grande diversidade dos compostos orgânicos (extraída do site: http://umaquimicairresistivel.blogspot.com.br/2011/02/porque-e-que-quimica-organica-e.html).

A maioria das moléculas que contêm carbono é chamada de ***moléculas orgânicas***. As exceções são os óxidos de carbono (CO e CO_2) e os compostos iônicos contendo o íon carbonato (CO_3^{2-}). As ***moléculas orgânicas*** quase sempre contêm hidrogênio e geralmente também contêm oxigênio, nitrogênio, enxofre, fósforo ou halogênios.

Os principais elementos que compõem as moléculas orgânicas, por ordem decrescente de frequência, são:

- os quatro elementos mais abundantes nos organismos vivos: carbono, hidrogênio, oxigênio e nitrogênio[6];
- os elementos não metais, tais como: cloro, bromo, iodo, enxofre, fósforo, arsênio, etc.;
- os elementos metálicos, tais como: sódio, lítio, magnésio, zinco, ferro, cobalto, cobre, cádmio, chumbo e estanho.

Porém, qual é a origem desses elementos e como se pode comparar a sua abundância relativa em relação ao que é encontrado no universo?

Sem entrar em detalhes cosmológicos, podemos simplificar dizendo que quando o universo foi formado, entre 15 e 20 bilhões de anos atrás, continha aproximadamente 93% de hidrogênio e 7% de hélio[7]. As nuvens de hidrogênio se agregaram e formaram a primeira geração de estrelas. As enormes temperaturas estelares criaram os elementos mais pesados (até o ferro). Outras estrelas se tornaram enormes e, privadas de seu principal combustível, entraram em colapso e explodiram como ***supernovas***, formando outros elementos mais pesados do que o ferro.

Como pode ser verificado na Tabela 1.1, excetuando-se o oxigênio, que é o elemento mais abundante tanto na crosta terrestre como no corpo humano, os elementos carbono, hidrogênio e nitrogênio, que constituem 31% do corpo humano, somam apenas 1,78% dos elementos presentes na crosta terrestre. O carbono, o oxigênio e o nitrogênio somam menos do que 0,1% de todos os elementos existentes no universo. Essa comparação mostra que as ***moléculas orgânicas*** são formadas por uma proporção bem pequena dos elementos conhecidos.

Tabela 1.1. Comparação da composição química do universo, do planeta Terra e do corpo humano

Universo[7,8]		Planeta Terra[9]		Corpo humano[6,10]	
Hidrogênio	93%	Oxigênio (água e óxidos)	50%	Oxigênio (água, fosfato, proteínas)	65%
Hélio	6,9%	Silício (silicatos)	26%	Carbono	18%
Oxigênio	0,0005%	Alumínio	7%	Hidrogênio (água)	10%
Carbono	0,00008%	Ferro	4%	Nitrogênio	3%
Nitrogênio	0,00015%	Cálcio	3%	Cálcio	2%
Neônio	0,0002%	Sódio	2,5%	Fósforo	1%
Outros	0,1%	Potássio	2,5%	Potássio	0,35
		Magnésio	2%	Enxofre	0,25%
		Hidrogênio	0,88%	Sódio	0,15%
		Carbono	0,87%	Cloro	0,015%
		Nitrogênio	0,030%	Outros	0,1%
		Outros	2%		

1.3. A Estrutura Geral das Moléculas Orgânicas

Mais do que qualquer outro elemento, o carbono exibe uma enorme variabilidade para formar ligações químicas, tanto entre si como com outros elementos químicos. Como resultado disso, frequentemente o carbono forma longas cadeias de átomos, bem como anéis de variados tama-

6. Nelson DL, Cox MM. Princípios de bioquímica de Lehninger. 5ª ed. Porto Alegre:Artmed Editora; 2011.
7. Souza RE. Introdução à cosmologia. São Paulo: EDUSP; 2004.
8. Grevesse N, Anders NE, Waddington J. (editors) Cosmic abundances of matter. New York:, Amer. Inst. Phys.; 1988, p. 1.
9. Albarède F. Geoquímica - Uma introdução. São Paulo: Oficina de Textos; 2011.
10. Aldridge S, Lucírio ID. A fórmula do corpo. Revista Super Interessante 1996;106:84-95.

nhos, como os derivados do petróleo (Figura 1.4). Essa grande flexibilidade em fazer ligações proporciona um número extraordinariamente maior de compostos contendo carbono, naturais ou artificiais, do que de compostos contendo todos os demais elementos químicos combinados. Atualmente são conhecidos milhões de compostos orgânicos (até 2005 eram conhecidos cerca de 18.000.000 de compostos orgânicos) e, devido às contínuas pesquisas para a obtenção de novas substâncias, o número de compostos orgânicos vem aumentando consideravelmente[11].

Figura 1.4. Imagens de um composto orgânico (*petróleo*) e de um mineral (*minério de ferro*).

Como pode ser visualizado na Tabela 1.2, os compostos orgânicos e minerais mostram particularidades bastante diferentes e interessantes.

Tabela 1.2. Comparação geral dos compostos orgânicos e minerais e suas reações químicas

Compostos orgânicos	Compostos minerais
São formados por ligações covalentes, ou com caráter covalente dominante	São formados por ligações iônicas, ou com caráter iônico dominante
Raramente são solúveis em água e ainda mais raramente formam eletrólitos	Frequentemente são eletrólitos, solúveis em água
Frequentemente possuem pontos de fusão e de ebulição baixos, muitos são líquidos na temperatura ambiente	Frequentemente possuem pontos de fusão e de ebulição elevados, muitos são sólidos cristalinos na temperatura ambiente
Na maioria das vezes possuem densidade menor e próxima da unidade	Possuem densidades variáveis e geralmente elevadas (metais)
Decompõem-se facilmente por aquecimento, pouco resistentes a temperaturas acima de 500 °C	Geralmente possuem grande estabilidade térmica (materiais refratários)
Quase todos são combustíveis	Raramente são combustíveis
Reações químicas orgânicas	**Reações químicas minerais**
Frequentemente são lentas, reversíveis e incompletas	Frequentemente são rápidas e completas.
Na maioria das vezes possuem efeitos térmicos fracos (pequena diferença de energia entre o estado inicial e o estado final)	Na maioria das vezes possuem efeitos térmicos fortes (exotérmicas ou endotérmicas).

A posição mediana do carbono na tabela periódica dos elementos, bem como na escala de eletronegatividade, faz com que a química orgânica seja essencialmente uma química de compostos covalentes, possuindo ligações pouco polarizadas ou mesmo não polarizadas. O átomo de carbono possui uma configuração eletrônica $\boldsymbol{1s^2}$, $\boldsymbol{2s^2}$, $\boldsymbol{2p^2}$ e, portanto, possui quatro ***elétrons***

11. Dados extraídos do site: http://www.soq.com.br/conteudos/em/introducaoquimicaorganica/p1.php

de valência[12] em sua camada externa (***2s*** e ***2p***). Isto implica que o carbono será capaz de formar até quatro ligações covalentes para completar a sua camada externa com oito elétrons (***Regra do Octeto***)[13] (Figura 1.5).

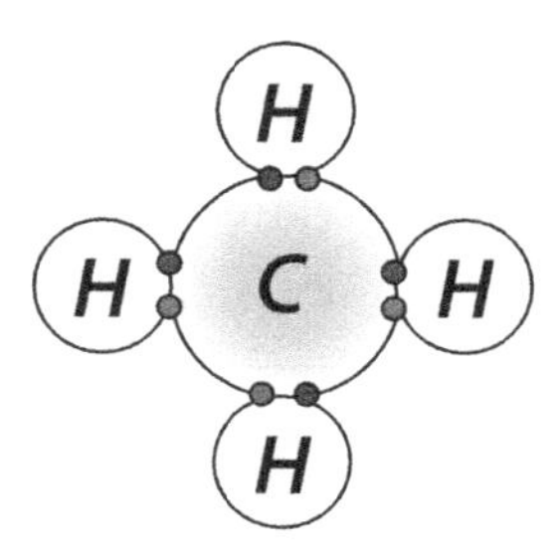

Figura 1.5. Imagem ilustrativa do átomo de carbono formando quatro ligações covalentes com átomos de hidrogênio.

Além disso, a química particular do carbono resulta de sua capacidade para ***hibridizar os seus orbitais*** (o que será discutido mais profundamente no Capítulo 2 deste livro).

É interessante notar que os elementos nitrogênio, hidrogênio e enxofre podem formar ligações covalentes estáveis com o carbono, por causa do valor próximo de suas eletronegatividades[14].

1.4. Princípios Básicos da Estrutura Atômica

Átomos são as menores partículas de um elemento químico que ainda possuem as propriedades desse elemento. Os átomos são constituídos de partículas menores: os prótons, carregados positivamente; os elétrons, carregados negativamente; e os nêutrons, sem carga; porém, essas partículas não se comportam como os próprios átomos. Os átomos não podem ser quebrados por meios químicos, apesar de as reações nucleares poderem separá-los.

Em um átomo, os prótons e os nêutrons são encontrados no núcleo, enquanto os elétrons são encontrados em orbitais circundando o núcleo[15]. Os ***orbitais*** são regiões do espaço nas quais os elétrons podem ser encontrados. Se imaginarmos os orbitais como sendo um estacionamento de carros em frente a uma grande loja, sabemos que cada vaga do estacionamento é o lugar onde um carro pode ser encontrado. Tanto os estacionamentos como os ***orbitais*** tendem a ser preenchidos de uma maneira previsível. Nos estacionamentos as vagas mais próximas à entrada da loja são ocupadas mais rapidamente, enquanto as vagas mais afastadas são ocupadas posteriormente. Da mesma maneira, os ***orbitais*** com menor energia são preenchidos mais rapidamente do que os ***orbitais*** com maior energia. Porém, essa analogia deve ser usada com bastante cuidado, pois enquanto é possível colocar dois elétrons em um mesmo ***orbital***, tentar colocar dois carros em uma mesma vaga de estacionamento é uma atitude bastante imprudente.

---

12. Em química, ***valência*** é um número que indica a capacidade que o átomo de um elemento tem de se combinar com outros átomos; capacidade essa que é medida pelo número de elétrons que o átomo pode doar, receber ou compartilhar, de maneira a formar uma nova ligação química.
13. A ***Regra do Octeto*** estabelece que os átomos dos elementos se ligam uns aos outros para completar a sua camada de valência (última camada da eletrosfera). Geralmente, o átomo fica estável quando apresenta oito elétrons em sua camada de valência.
14. A eletronegatividade de cada átomo está relacionada diretamente com a força de atração do núcleo pelos seus elétrons. Valores de eletronegatividade (ver Figura 1.11): carbono = 2,6; nitrogênio = 3,0; hidrogênio = 2,2; enxofre = 2,6.
15. Atualmente os elétrons são considerados partículas fundamentais com tempo de vida infinito e são uma das seis partículas subatômicas chamadas *léptons*. Prótons e nêutrons não são considerados fundamentais e pertencem a uma classe muito complexa de partículas subatômicas chamadas de *hádrons*. Fora do núcleo, um nêutron livre tem meia-vida de apenas 17 minutos e decai em um próton, um elétron (partícula β) e um antineutrino - outro *lépton* (Pullman B. The atom in the history of human thought. New York: Oxford University Press; 1998).

Como será mostrado no Capítulo 2 deste livro, os ***orbitais*** podem possuir diferentes formas, dependendo do tipo de ***orbital***. Os ***orbitais*** mais utilizados em química orgânica são os ***orbitais s*** (de forma esférica) e os ***orbitais p*** (em forma de halteres) (Figura 1.6). O primeiro nível de energia de um átomo possui um ***orbital s***. O segundo nível de energia de um átomo possui um ***orbital s*** e três ***orbitais p***. O terceiro nível de energia de um átomo possui um ***orbital s***, três ***orbitais p*** e cinco ***orbitais d***.

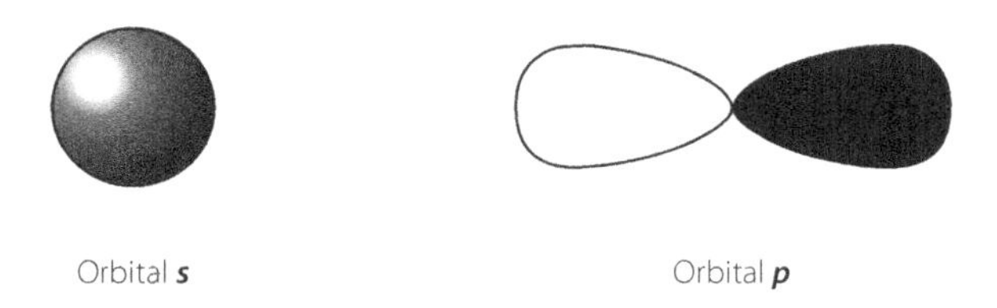

Orbital ***s*** Orbital ***p***

Figura 1.6. Imagem ilustrativa das formas dos orbitais ***s*** e ***p***.

A localização dos elétrons em um átomo pode ser representada pela sua ***configuração eletrônica***. As ***configurações eletrônicas*** são úteis para mostrar os tipos de ***orbitais*** onde todos os elétrons de um átomo podem ser encontrados. Isso pode ser ilustrado pela representação da ***configuração eletrônica*** do átomo de oxigênio, mostrada na Figura 1.7. Pode-se verificar que o átomo de oxigênio possui oito elétrons, distribuídos pelos seus ***orbitais 1s***, ***2s*** e ***2p***. Os ***orbitais*** de menor energia (***1s*** e ***2s***) estão completamente preenchidos com quatro elétrons, enquanto os ***orbitais 2p*** (de maior energia) têm os últimos quatro elétrons deste átomo. Um dos ***orbitais 2p*** encontra-se totalmente preenchido (com dois elétrons), enquanto os outros dois ***orbitais 2p*** encontram-se parcialmente preenchidos (com apenas um elétron cada).

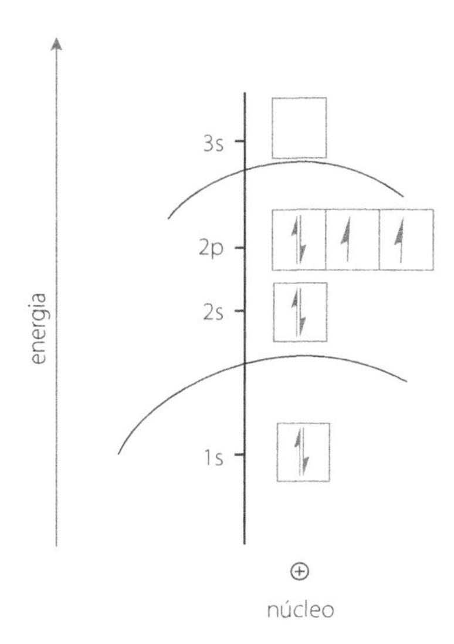

Figura 1.7. Representação da configuração eletrônica do átomo de oxigênio.

Porém, nem todos os elétrons de um átomo estão envolvidos na formação de ligações químicas, apenas os elétrons exteriores estão realmente envolvidos nas reações químicas (Figura 1.8). Esses elétrons externos são tão úteis que recebem o nome especial de ***elétrons de valência***[12]. Os elétrons que não estão envolvidos na formação de ligações são chamados de ***elétrons não ligantes***.

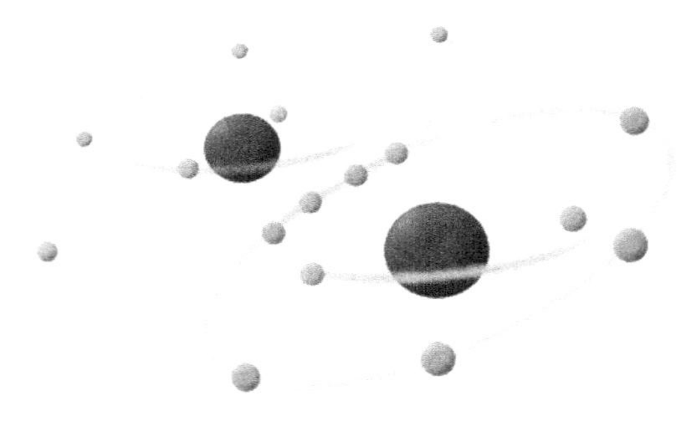

Figura 1.8. Imagem ilustrativa da molécula de oxigênio (O_2) formada pelo compartilhamento de dois pares de elétrons de cada átomo da ligação (extraída do site: http://educacao.uol.com.br/disciplinas/quimica/regra-do-octeto-atomo-nobre-tem-oito-eletrons-na-camada-de-valencia.htm).

Em química orgânica, geralmente nos preocupamos apenas com os elétrons mais periféricos dos ***orbitais s*** e ***p***. É possível desenhar facilmente esses elétrons periféricos em torno de um átomo usando as estruturas de pontos de Lewis[16], que mostram os ***elétrons de valência*** arranjados em torno dos quatro lados de um átomo, como pode ser visualizado na Figura 1.9 para o átomo de oxigênio. Note que na estrutura de pontos de Lewis para o átomo de oxigênio são representados apenas os seis elétrons de valência.

Figura 1.9. Estrutura de pontos de Lewis para o átomo de oxigênio.

1.5. A Ligação Química

Em química geralmente é necessário manter o controle sobre mais de um átomo de cada vez. Como resultado disso, é necessário descobrir como os átomos se combinam uns com os outros para formar compostos químicos.

Recordando um pouco dos princípios básicos da química geral, sabemos que os gases nobres (elementos do grupo 18 da tabela periódica) são quase completamente inertes (não reativos)[17]. Isso ocorre porque esses gases possuem a camada eletrônica externa completamente preenchida e, em consequência disso, possuem um baixo nível de energia. Por causa disso, não há nenhuma razão especial para esses elementos sofrerem reações químicas. Portanto, eles são estáveis.

Por outro lado, existem outros elementos que não têm a camada eletrônica externa completamente preenchida. Em consequência disso, esses elementos têm a tendência de doar, receber ou compartilhar elétrons, para preencher a camada periférica e diminuir o seu nível de energia, como ocorre nos gases nobres. Esta tendência está fundamentada na ***Regra do Octeto***[13].

---

16. As estruturas de Lewis foram introduzidas em 1916 pelo químico americano Gilbert Newton Lewis (1875-1946), em seu artigo "The atom and the molecule": Lewis GN. Journal of the American Chemical Society. 1916;38:762-785.

17. Conheça um pouco mais sobre os gases nobres consultando os livros: (a) Atkins P, Jones L. Princípios de química; questionando a vida moderna e o meio ambiente. 5ª ed. Porto Alegre: Bookman; 2011. (b) Shriver D, Atkins P. Química Inorgânica. 4ª ed. Porto Alegre: Bookman; 2008.

Os metais geralmente perdem elétrons para ficarem com a configuração eletrônica do gás nobre mais próximo. O sódio, por exemplo, possui somente um elétron a mais do que o neônio. Então, é mais fácil para o sódio perder um elétron (e se assemelhar ao neônio) do que receber sete elétrons para ter uma configuração eletrônica parecida com a do argônio. Por outro lado, o cloro precisa receber apenas um elétron para ficar com a configuração eletrônica parecida com a do argônio, enquanto precisaria perder sete elétrons para ficar parecido com o neônio (Figura 1.10).

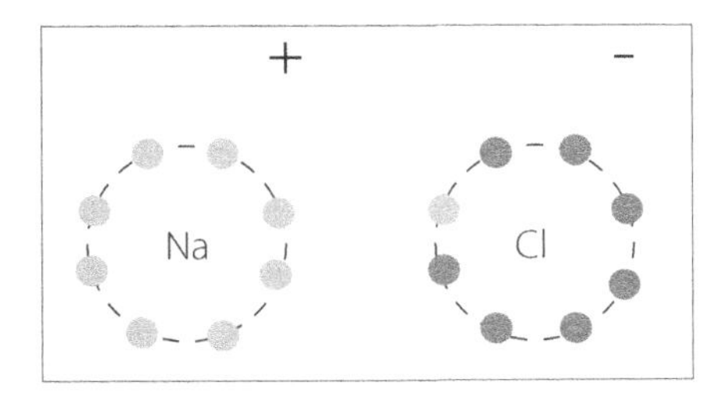

Figura 1.10. Imagem ilustrativa do cloreto de sódio (NaCl) formado pelo cátion Na^+ (oriundo da perda de um elétron periférico pelo átomo de sódio) e pelo ânion Cl^- (oriundo do recebimento de um elétron do átomo de sódio) (extraída do site: http://materiais.dbio.uevora.pt/jaraujo/biocel/atomos.htm).

Eletronegatividade[14]
é a medida da tendência de um elemento para receber elétrons a fim de se tornar parecido com um gás nobre. Então, os elementos que recebem elétrons de outros átomos (como os halogênios, localizados do lado direito da tabela periódica) possuem elevada eletronegatividade, enquanto os elementos que perdem elétrons (como os metais, localizados do lado esquerdo da tabela periódica) possuem baixa eletronegatividade (Figura 1.11).

H 2,2																
Li 1,0	Be 1,6											B 2,0	C 2,6	N 3,0	O 3,4	F 4,0
Na 0,9	Mg 1,3											Al 1,6	Si 1,9	P 2,2	S 2,6	Cl 3,0
K 0,8	Ca 1,0	Sc 1,4	Ti 1,5	V 1,6	Cr 1,7	Mn 1,6	Fe 1,8	Co 1,9	Ni 1,9	Cu 1,9	Zn 1,7	Ga 1,8	Ge 2,0	As 2,2	Se 2,6	Br 3,0
Rb 0,8	Sr 1,0	Y 1,2	Zr 1,3	Nb 1,6	Mo 2,2	Tc 1,9	Ru 2,2	Rh 2,3	Pd 2,2	Ag 1,9	Cd 1,7	In 1,8	Sn 2,0	Sb 2,0	Te 2,1	I 2,7
Cs 0,8	Ba 0,9	Lu 1,3	Hf 1,3	Ta 1,5	W 2,4	Re 1,9	Os 2,2	Ir 2,2	Pt 2,3	Au 2,5	Hg 2,0	Tl 1,6	Pb 2,3	Bi 2,0	Po 2,0	At 2,2

Figura 1.11. Tabela de eletronegatividade dos elementos químicos da tabela periódica.

1.6. A Ligação Iônica

Quando um átomo com baixa eletronegatividade (geralmente um metal) entra em contato com um átomo com elevada eletronegatividade (geralmente um não metal), o átomo menos eletronegativo perde os seus elétrons para o átomo mais eletronegativo. O resultado disso é que o primeiro átomo se torna um cátion (um íon com carga positiva) e o outro átomo se torna um ânion (um íon com carga negativa), causando uma atração eletrostática entre eles e formando um composto iônico, como mostrado na Figura 1.10 para o NaCl. Outro exemplo disso ocorre quando o lítio se combina com o flúor para formar o fluoreto de lítio através de uma ***ligação iônica*** (Figura 1.12).

Li• + :F̤̈• ⟶ Li⊕ :F̤̈:⊖

Figura 1.12. Estrutura de pontos de Lewis mostrando a ligação iônica formada pela combinação de um átomo de lítio com um átomo de flúor para produzir o fluoreto de lítio (LiF).

1.7. A Ligação Covalente

Quando dois elementos eletronegativos entram em contato um com o outro, não há nenhuma transferência de elétrons porque ambos necessitam ganhar elétrons. Neste caso, os dois átomos precisam compartilhar os seus elétrons, pois os elétrons compartilhados contam para ambos os átomos que estão ligados. Tal ligação, formada pelo compartilhamento de um par de ***elétrons de valência***, é chamada de ***ligação covalente***. É isso que ocorre quando dois átomos de flúor se ligam um com o outro (Figura 1.13). Nesse caso, cada um dos dois átomos de flúor deve compartilhar um elétron não emparelhado, a fim de ambos ficarem com as configurações eletrônicas parecidas com o gás nobre mais próximo.

:F̤̈• + :F̤̈• ⟶ :F̤̈:F̤̈:

Figura 1.13. Estrutura de pontos de Lewis mostrando a ligação covalente formada pela combinação de dois átomos de flúor para produzir uma molécula de flúor (F_2) por compartilhamento de um elétron de cada átomo.

Se mais do que um elétron de cada átomo precisa ser compartilhado, de modo que ambos os átomos possam completar a camada eletrônica externa, então mais de uma ***ligação covalente*** pode ser formada. É isso que ocorre quando dois átomos de oxigênio reagem um com o outro para formar uma molécula de oxigênio (O_2) (Figuras 1.8 e 1.14). Nesse caso, através da combinação de mais de um elétron não emparelhado de cada vez, uma ligação dupla é formada e ambos os átomos de oxigênio ficam com as suas camadas eletrônicas externas completamente preenchidas.

:Ö̤• + :Ö̤• ⟶ :Ö::Ö:

Figura 1.14. Estrutura de pontos de Lewis mostrando a ligação covalente formada pela combinação de dois átomos de oxigênio para produzir uma molécula de oxigênio (O_2) por compartilhamento de mais de um elétron de cada átomo e formação de uma dupla ligação.

Nos exemplos das figuras acima, pode-se verificar que as representações de átomos e de moléculas simples por meio das estruturas de pontos de Lewis são bastante claras e de fácil visualização. Entretanto, para moléculas maiores, a representação de todos os pontos existentes torna-se uma tarefa árdua. Por isso, é mais fácil mostrar as ligações covalentes como sendo linhas entre os átomos ligados (Figura 1.15), em vez de representá-las como pares de pontos.

Figura 1.15. Estruturas de Lewis mostrando as ligações das moléculas de flúor (F_2) e de oxigênio (O_2) através de linhas.

1.8. A Ligação Polar

Invariavelmente, quando dois elementos diferentes se ligam um com o outro, um deles é mais eletronegativo do que o outro. Consultando a tabela com os valores de eletronegatividade (Figura 1.11), pode se verificar que os elementos da parte superior direita da tabela (encabeçada pelo flúor) possuem os valores mais elevados de eletronegatividade (F = 4,0; O = 3,4, etc.). Por outro lado, os elementos da parte inferior esquerda da tabela (dos metais alcalinos) possuem os menores valores de eletronegatividade (Cs = 0,8; Rb = 0,8; Ba = 0,9, etc.).

Sempre que um elemento possuir maior eletronegatividade do que outro, os elétrons compartilhados em suas ligações covalentes passarão mais tempo em sua vizinhança; ou seja, os elétrons ficarão mais próximos do elemento mais eletronegativo. Sempre que os elétrons estiverem desigualmente compartilhados entre dois átomos, a ligação é chamada de ***ligação polar***. É isso que ocorre quando um átomo de flúor se liga com um átomo de hidrogênio para formar uma molécula de ácido fluorídrico ou fluoreto de hidrogênio (HF) (Figura 1.16a). Os símbolos δ^+ e δ^- representam respectivamente a carga parcial positiva no hidrogênio e a carga parcial negativa no flúor, devidas ao compartilhamento desigual dos elétrons. Os elétrons da ligação H-F encontram-se mais próximos do átomo de flúor porque este é mais eletronegativo do que o hidrogênio.

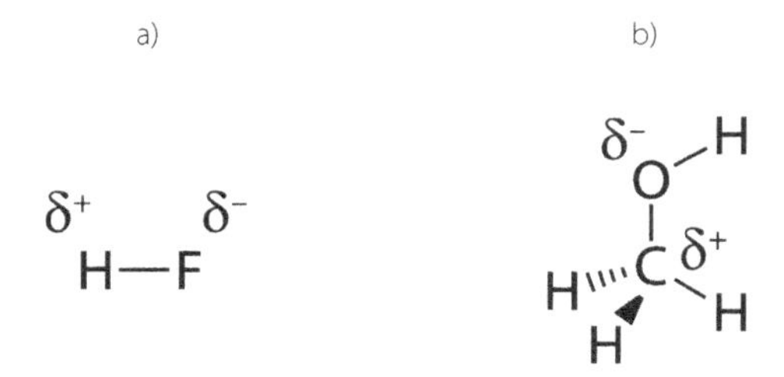

Figura 1.16. Ligações polares: a) molécula de fluoreto de hidrogênio; b) molécula de metanol.

Da mesma maneira, moléculas inteiras podem ser polares se os elétrons passam mais tempo em uma parte da molécula do que em outra. Um exemplo disso é a molécula polar do metanol, que possui a ligação polar C-O (Figura 1.16b). Nesse caso, os símbolos δ^+ e δ^- representam respectivamente a carga parcial positiva no carbono e a carga parcial negativa no oxigênio, causadas pelo compartilhamento desigual dos elétrons. Os elétrons da ligação C-O encontram-se mais próximos do átomo de oxigênio porque este é mais eletronegativo do que o carbono, tornando a molécula de metanol uma molécula polar.

1.9. As Cargas Formais

Como já visto anteriormente, algumas espécies contêm átomos com cargas positivas ou cargas negativas. No caso de íons poliatômicos, os átomos carregados resultam em um íon tendo uma carga líquida positiva ou negativa. Em algumas moléculas, os átomos individuais carregados se anulam. A quantidade de carga que um átomo possui em uma molécula ou em um íon é chamada de ***carga formal***. Para determinar a quantidade de carga em um átomo deve-se usar a seguinte fórmula:

Carga formal	=	número de elétrons de valência do átomo	–	número de elétrons não ligantes	–	número de ligações

Por exemplo, o íon amônio (NH_4^+) tem a seguinte estrutura de Lewis:

```
      H
      |
  H — N — H
      |
      H
```

A partir desta representação, é possível determinar qual elemento possui a ***carga formal***. Neste diagrama, cada átomo de hidrogênio tem apenas um elétron de valência e possui apenas uma ligação. Como o hidrogênio não tem nenhum elétron não ligante pode-se calcular a ***carga formal*** do hidrogênio usando a fórmula mostrada anteriormente.

***Carga formal* (H) = 1 *elétron de valência* – 0 *elétron não ligante* – *1 ligação* = 0**

Então, a carga formal do hidrogênio no íon amônio é igual a zero.

O nitrogênio normalmente tem cinco elétrons de valência, não tem nenhum elétron não ligante e apresenta quatro ligações nesta molécula, a sua ***carga formal*** será:

***Carga formal* (N) = 5 *elétrons de valência* – 0 *elétron não ligante* – *4 ligações* = +1**

Então, a carga formal do nitrogênio no íon amônio é igual a +1.

Como resultado, a maneira correta de representar o íon amônio é a seguinte:

```
      H
      | +
  H — N — H
      |
      H
```

Embora a carga positiva do íon amônio se encontre localizada sobre átomo de nitrogênio, na realidade essa carga também pode estar dispersa parcialmente pelos átomos vizinhos. Por isso, deve-se entender que a ***carga formal*** não representa "exatamente" o valor da carga existente sobre o átomo.

A Tabela 1.3 ilustra outros exemplos de cálculo da ***carga formal*** para os casos do cloreto de amônio (NH_4Cl) e do íon hidrônio (H_3O^+).

Tabela 1.3. Cálculo das cargas formais para o cloreto de amônio (NH_4Cl) e para o íon hidrônio (H_3O^+)[18]

Fórmula	Átomo	Número de elétrons de valência	Número de elétrons não ligantes	Número de ligações	Carga formal
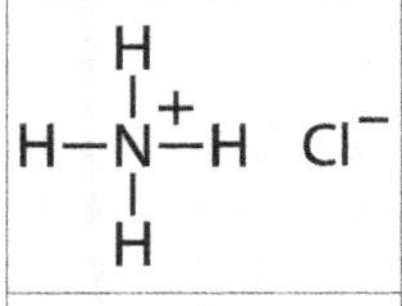 $H-N^+H_2-H$ Cl^-	H	1	0	1	0
	N	5	0	4	+1
	Cl	7	8	0	–1
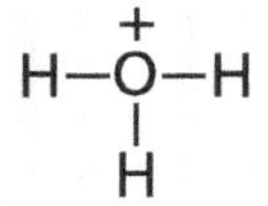 $H-O^+(H)-H$	H	1	0	1	0
	O	6	2	3	+1

1.10. As Representações Estruturais de Linhas

Em qualquer livro de química orgânica pode ser encontrado um grande número de desenhos parecidos com os mostrados abaixo:

OH

A razão para os químicos orgânicos representarem as moléculas dessa maneira é que as moléculas orgânicas geralmente possuem um número muito grande de átomos em sua estrutura e, portanto, seria quase impossível mostrar todos eles em um desenho. Por causa disso, para simplificar a visualização, esses desenhos em forma de linhas deixam de fora os átomos de carbono e a maior parte dos átomos de hidrogênio.

Isso não significa que não se possa descobrir o que essas moléculas representam na realidade. Para mostrar todos os átomos dessas moléculas, deve-se simplesmente escrever um "C" no local onde duas linhas se conectam ou onde uma linha termina e desenhar os átomos de hidrogênio suficientes em torno de cada átomo de carbono, de maneira que o carbono tenha um total de quatro ligações. Fazendo isso, é possível verificar que os desenhos anteriores podem ser facilmente convertidos em algo mais familiar, conforme mostrado na Figura 1.17.

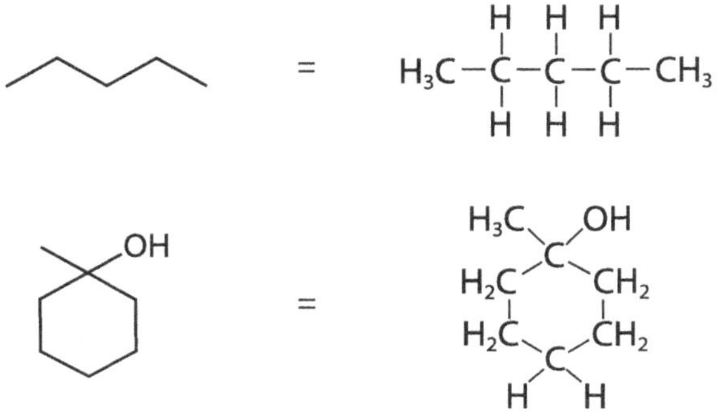

= $H_3C-CH_2-CH_2-CH_2-CH_3$ Representações da molécula de *n*-pentano

OH = H_3C, OH, C, H_2C, CH_2, H_2C, CH_2, C, H, H Representações da molécula de 1-metil-ciclo-hexanol

Figura 1.17. Diferentes representações das moléculas de *n*-pentano e de 1-metil-ciclo-hexanol.

18. Dados obtidos e adaptados do livro: Barbosa LCA. Introdução à química orgânica. 2ª ed. São Paulo: Pearson; 2011, p. 5.

Para converter uma estrutura de Lewis em uma estrutura de linhas deve-se fazer o oposto; ou seja, todos os átomos de carbono mostrados no final de uma linha e os átomos de hidrogênio que estão ligados ao átomo de carbono não são desenhados.

1.11. A Movimentação dos Elétrons

A química basicamente é a movimentação dos elétrons para quebrar e formar ligações químicas. Geralmente, o comportamento dos elétrons será diferente se eles estiverem em um átomo neutro, em um ânion ou em um cátion.

Em moléculas neutras, como as representadas abaixo (os elétrons são representados por pontos ou traços - cada ponto é um elétron e cada traço equivale a dois elétrons), todos os átomos nas estruturas de Lewis são neutros.

```
    H
    |          ..          ..           ..     ..
H — C — H   H — N — H    : O — H      : O = C = O :
    |           |            |
    H           H            H
```

Dependendo da reação particular que for realizada, às vezes as moléculas neutras podem receber outros elétrons ou às vezes podem doar os seus elétrons.

Nos ânions, como os íons hidróxido (OH^-) e fluoreto (F^-) representados abaixo, os pares de elétrons livres são muito mais importantes do que as ligações, porque a maior parte de suas reações químicas envolve de alguma forma a movimentação desses elétrons. Se um átomo possuir uma carga negativa, ele tem excesso de elétrons e, portanto, tenderá a doar ou compartilhar esses elétrons.

```
 ..  −      ..  −
:OH        :F :
 ..         ..
```

Já os cátions, como os íons amônio (NH_4^+) e hidrônio (H_3O^+) mostrados abaixo, necessitam de mais elétrons e, por isso, irão reagir de maneira a obtê-los.

```
    H
    | +           +
H — N — H     H — O — H
    |             |
    H             H
```

Portanto, durante uma reação química os elétrons se movimentarão ao redor de sua localização inicial. Quando queremos mostrar essa movimentação de elétrons devemos usar setas. Nesses desenhos, os elétrons são sempre mostrados se movendo da extremidade traseira da seta em direção à ponta da seta, como na figura abaixo, que mostra os elétrons partindo do ponto **A** e se movendo para o ponto **B**.

Essas setas sempre mostram a movimentação de dois elétrons. Assim que isso ocorre, teremos dois elétrons unindo dois átomos, o que equivale a uma ***ligação covalente***.

Podemos exemplificar a movimentação de elétrons na reação do íon hidróxido (OH^-) com um próton (H^+), conforme mostrado na Figura 1.18 abaixo:

Figura 1.18. Representação da reação entre o íon hidróxido (OH^-) e um próton (H^+).

Nesse caso, um dos pares de elétrons livres do átomo de oxigênio do íon hidróxido se move para formar uma nova ligação entre o átomo de oxigênio e o próton, produzindo a molécula neutra de água.

Examinando esse processo, devem ser lembradas algumas regras muito importantes sobre a movimentação de elétrons durante uma reação química:

- Quando uma seta se move de um átomo para outro, uma nova ***ligação covalente*** é formada, como no caso do íon hidróxido e do próton mostrado acima. Isso significa que dois dos elétrons do oxigênio do íon hidróxido formaram uma ***ligação covalente*** com o hidrogênio do próton.
- As setas indicam que os elétrons se movem a partir de átomos com mais carga negativa na direção de átomos com menos carga negativa. No exemplo acima, a seta mostra que o par de elétrons se moveu de um átomo com uma ***carga formal*** negativa (oxigênio do íon hidróxido) para um átomo com uma ***carga formal*** positiva (próton). De maneira análoga, outros processos podem mostrar a movimentação de elétrons a partir de átomos neutros para átomos carregados positivamente, ou então de ânions para átomos neutros. Porém, os elétrons nunca se movem de um átomo mais positivo para outro menos positivo.
- A carga total dos produtos deve ser a mesma carga total dos reagentes. Quando se visualiza os íons hidróxido (OH^-) e hidrônio (H_3O^+), deve-se notar que a ***carga formal*** dos reagentes é: $-1 + 1 = 0$. Da mesma maneira, deve-se verificar que a carga total o produto (H_2O) também é zero. Se isso não ocorrer é porque há algum erro na representação dos átomos ou moléculas.
- Nenhuma das regras de ligação deve ser quebrada. No exemplo mostrado na Figura 1.18, o oxigênio iniciou a reação como um ânion (OH^-), contendo uma ligação com o hidrogênio (que é mantida) e terminou como um átomo neutro, com duas ligações com os átomos de hidrogênio (H–O–H). O hidrogênio iniciou a reação como um cátion (H^+) e terminou como um átomo neutro, com uma ligação com o átomo de oxigênio (H–OH).

Figura 1.19. Representação da reação entre o íon amônio (NH_4^+) e o íon hidróxido (OH^-).

No exemplo mostrado na Figura 1.19, como o íon hidróxido (OH^-) possui uma carga negativa, um dos seus pares de elétrons livres se move na direção do íon amônio (NH_4^+) e forma uma nova ligação com o átomo de hidrogênio. Porém, para o hidrogênio não ficar com duas ligações, ao mesmo tempo em que se forma a nova ***ligação covalente*** com o oxigênio, a ligação entre o nitrogênio e o hidrogênio é quebrada. Assim, os elétrons da ligação N–H serão mantidos pelo nitrogênio, anulando a sua carga positiva. Do mesmo modo, se o oxigênio carregado negativamente do íon hidróxido (OH^-) formar uma nova ligação O–H, sua carga negativa também será anulada. Então, nesta reação teremos a formação de duas moléculas neutras: amônia (NH_3) e água (H_2O).

1.12. As Estruturas de Ressonância

Até o momento, foram considerados exemplos de processos químicos em que os elétrons de uma molécula ou íon formam ligações com outras moléculas ou íons. Entretanto, algumas moléculas e íons também podem ter os seus próprios elétrons se movendo de um lugar para outro sem provocar nenhuma reação química. Para mostrar como isso ocorre, vamos considerar o caso do benzeno (C_6H_6), um hidrocarboneto aromático[19] cuja estrutura é mostrada na Figura 1.20.

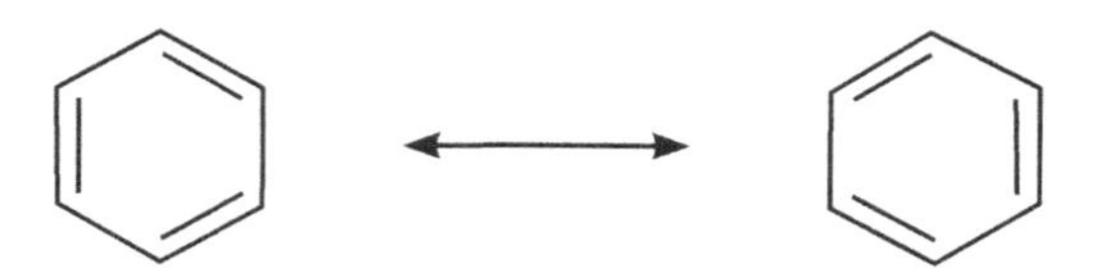

Figura 1.20. Representação das estruturas de ressonância do benzeno (C_6H_6).

Como pode ser visualizado na figura acima, há duas maneiras igualmente válidas de desenhar a molécula do benzeno, que diferem somente no padrão de disposição das duplas ligações do anel benzênico. Essa equivalência de estruturas é possível pelo processo conhecido como ***ressonância***[20], em que os ***elétrons de valência*** podem se movimentar de um lugar para outro na molécula, entre átomos carregados negativamente, entre átomos carregados positivamente e entre ligações múltiplas (um processo também conhecido como ***deslocalização de elétrons***). Individualmente, cada uma das possíveis estruturas da molécula de benzeno é chamada de ***estrutura de ressonância*** (Figura 1.20).

Utilizando um exemplo banal, considere o caso do seu pai. Para você, ele é o "papai". Para a sua mãe, ele é o "marido". Para os seus avós paternos, ele é o "filho". Para os seus avós maternos, ele é o "genro". Para os seus vizinhos, ele é simplesmente "aquele indivíduo que sai para trabalhar todas as manhãs". Na realidade, o seu pai é sempre o mesmo, mas é uma mistura de todas essas "diferentes pessoas"; e o "personagem" ou o "papel" que ele assume em determinado momento depende com quem ele está conversando (com você, com a sua mãe, com o vizinho etc.).

Transpondo esse exemplo para as ***estruturas de ressonância*** de uma molécula, podemos dizer que a verdadeira representação da molécula pode ser feita usando uma estrutura chamada de ***híbrido de ressonância***, que leva em conta todas as possíveis ***estruturas de ressonância*** daquela molécula. Porém, quando a molécula efetivamente sofre uma reação química, uma determinada estrutura pode desempenhar um papel mais importante do que as outras e, por isso, tal ***estrutura de ressonância*** é considerada como sendo a mais importante.

Voltando ao exemplo do benzeno, podemos verificar que cada uma das suas ***estruturas de ressonância*** possui as duplas ligações C=C em posições alternadas e que os locais onde essas duplas ligações estão localizadas também são diferentes. Então, o verdadeiro ***híbrido de ressonância*** para esta molécula é uma média das duas estruturas, com ligação intermediária entre 1 (ligação simples) e 2 (ligação dupla) entre todos os átomos de carbono. Na Figura 1.21, o ***híbrido***

---

19. O benzeno foi isolado em 1825 pelo inglês Michael Faraday (1791-1867), a partir do resíduo oleoso do gás de iluminação. Ver mais detalhes sobre este composto no Capítulo 5 deste livro.

20. (a) Caramori GF, Oliveira KT. Aromaticidade - Evolução histórica do conceito e critérios quantitativos. Química Nova. 2009;32:1871-1884. (b) Perez BR,; Olivera LJ, Rodríguez JE. Assessment of Organic Chemistry Students' Knowledge of Resonance-Related Structures. Journal of Chemical Education. 2010;87:547-551.

de ressonância do benzeno (estrutura desenhada do lado direito) possui linhas pontilhadas representando ligações parciais. É esse tipo de ***deslocalização eletrônica*** que torna o benzeno uma molécula inusitadamente bastante estável.

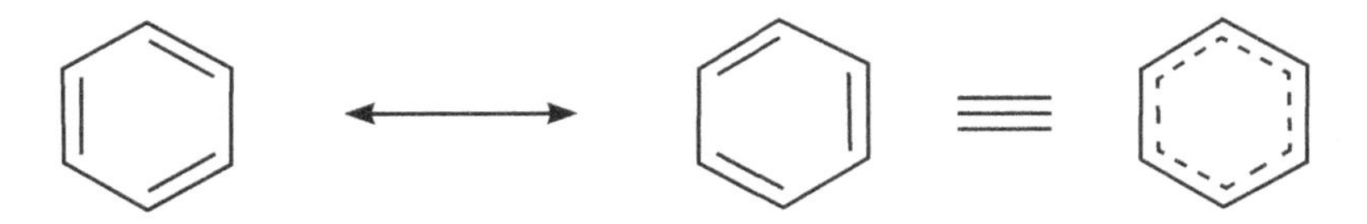

Figura 1.21. Representação das estruturas de ressonância e do híbrido de ressonância do benzeno.

Para desenhar as ***estruturas de ressonância*** de uma molécula é preciso seguir algumas regras básicas.

- A ordem em que os átomos se ligam uns aos outros deve ser sempre a mesma para todas as ***estruturas de ressonância*** da molécula. Os elétrons podem mudar de lugar, mas os átomos não. As ***estruturas de ressonância*** de uma molécula podem diferir em quais átomos estão as cargas, em quais átomos se localizam os pares de elétrons livres, ou onde as duplas ligações estão localizadas; porém a forma como os átomos estão ligados uns aos outros jamais muda. Como consequência disso, nunca se deve quebrar ou formar uma nova ligação simples ao desenhar outras ***estruturas de ressonância.***
- Todas as ***estruturas de ressonância*** de uma molécula devem ter estruturas de Lewis válidas. Se uma ***estrutura de ressonância*** não segue as regras para uma boa estrutura de Lewis não deve ser usada.
- A ***carga formal*** líquida de uma molécula ou íon também não pode mudar. Se o íon cujas ***estruturas de ressonância*** estão sendo desenhadas possui uma carga de −1, todas as outras ***estruturas de ressonância*** desse íon também devem possuir a mesma carga de −1 quando forem somadas todas as ***cargas formais*** para cada átomo.
- É bastante útil desenhar setas curvas para mostrar a movimentação dos elétrons de uma ***estrutura de ressonância*** para outra.
- Usa-se uma seta de duas pontas entre duas ***estruturas de ressonância*** para indicar que essas duas estruturas são diferentes.
- Nem todas as ***estruturas de ressonância*** são igualmente estáveis. A ***estrutura de ressonância*** em que a quantidade de carga é minimizada (como por exemplo, uma ***estrutura de ressonância*** onde a carga negativa se encontra em um átomo eletronegativo), tende a ser mais estável. A ***estrutura de ressonância*** que não obedecer a ***Regra do Octeto*** (como, por exemplo, se há um átomo de carbono com carga positiva), tende a ser menos estável. Se uma molécula tiver duas ou mais ***estruturas de ressonância*** e uma delas for mais estável do que a outra, a estrutura mais estável irá contribuir mais para o ***híbrido de ressonância*** (porém, a outra estrutura menos estável não pode ser ignorada).

A Figura 1.22 mostra as ***estruturas de ressonância*** do íon $HCOCH_2^-$, com a carga negativa distribuída entre o carbono (menos estável) e o oxigênio (mais estável), e o ***híbrido de ressonância*** desenhado do lado direito da figura.

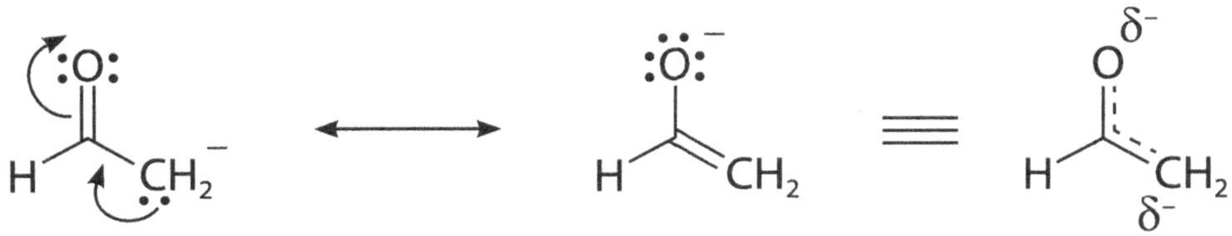

Figura 1.22. Representação das estruturas de ressonância e do híbrido de ressonância do íon $HCOCH_2^-$.

Apêndice do Capítulo 1

Cronologia das Principais Descobertas da Química[1]

7000 a.C. – Fenícios, sírios e babilônios já utilizavam o vidro.

6000-3000 a.C. – Egípcios e sumérios fabricam ligas de cobre e utilizam procedimentos químicos na fundição de ouro e prata. Na China é feita a extração e o preparo de matérias corantes, bem como o uso medicinal de plantas e minerais. Egípcios e mesopotâmios utilizam processos químicos de fermentação e destilação para preparar a cerveja e o vinho.

2000-1000 a.C. – Os egípcios produzem bronze com alto teor de estanho. A púrpura de Tiro é obtida do muco secretado por moluscos marinhos. É descoberto na Grécia Antiga o mercúrio (do grego: *hydro = água* e *argyros = prata* ou *prata líquida*, cujo nome os romanos latinizaram para *hidrargirium*, vindo daí o seu símbolo químico: Hg).

1500-600 a.C. – Os hititas passam a fundir o ferro e usá-lo na construção de armas e instrumentos agrícolas. Os romanos passam a utilizar o latão, uma liga feita com a mistura de cobre e zinco, para cunhar as suas moedas.

490 a.C. – O filósofo grego Empédocles resume o pensamento de vários filósofos gregos e estabelece que todas as substâncias são feitas por uma combinação de quatro elementos: terra, ar, fogo e água.

440 a.C. – Os filósofos gregos Leucipo e Demócrito elaboram a teoria de que a matéria é composta de partículas minúsculas e indivisíveis – os átomos (do grego: *atemnó = indivisível*).

320 a.C. – O filósofo grego Aristóteles elabora a ideia do átomo e propõe as *qualidades elementares*: calor e umidade para o ar; calor e secura para o fogo; frio e umidade para a água; frio e secura para a terra.

50 d.C. – O médico greco-romano Pedanius Dioscorides descreve em livro cerca de 600 plantas e 1.000 drogas da região do Mediterrâneo, constituindo o primeiro trabalho de farmacologia.

300 – Zózimo de Panápoles, considerado o primeiro alquimista egípcio, defende a ideia de que os metais são organismos mutáveis e que podem evoluir até atingir a perfeição do ouro. Esse processo poderia ser acelerado isolando e transferindo a alma do ouro para os metais comuns.

720 – Publicados os escritos do alquimista árabe Abu Musa Jabir Ibn Haÿan, de codinome Geber, a quem é atribuída a descoberta do ácido acético (pela concentração do vinagre), do ácido tartárico (a partir do mosto dos vinhos), dos ácidos sulfúrico, nítrico e clorídrico; e, pela combinação desses dois últimos ácidos, inventou a *água régia*, uma das poucas substâncias capazes de dissolver os metais nobres, como o ouro.

1000 – A pólvora é descoberta na China por alquimistas chineses, ao misturarem carvão vegetal, enxofre e salitre (sal do tipo nitrato).

1200 – O petróleo, conhecido no Oriente Médio desde 4000 a.C., começa a ser produzido em escala comercial em Baku, no Azerbaijão.

---

1. (a) Asimov I. Cronologia das ciências e das descobertas. Rio de Janeiro: Editora Civilização Brasileira; 1993. (b) Maar JH. Pequena história da química. Florianópolis: Papa-Livro Editora; 1999. (c) Alfonso-Goldfarb AM. Da alquimia à química. São Paulo: Editora Landy; 2001. (d) Vanin JA. Alquimistas e químicos: O passado, o presente e o futuro. 2ª ed. São Paulo: Editora Moderna; 2005. (e) Chagas AP. A história e a química do fogo. Campinas: Editora Átomo; 2006. (f) Aragão MJ. História da química. Rio de Janeiro: Editora Interciência; 2008. (g) Greenberg A. Uma breve história da química. São Paulo: Editora Blucher; 2009. (h) Farias RF. História da alquimia. 3ª ed. Campinas: Editora Átomo; 2010.

Séculos VII-XVII – A química é denominada alquimia, que tenta transformar metais comuns em ouro. Embora não passasse de utopia, esta tentativa levou à descoberta de muitos produtos químicos e novas técnicas de purificação, como a sublimação.

1242 – A pólvora é introduzida na Europa vinda do Extremo Oriente.

1257 – O monge franciscano inglês Roger Bacon, considerado o maior cientista da Idade Média, foi pioneiro na estruturação do método experimental e em suas experiências descobriu a composição aproximada da pólvora.

1300 – O alquimista espanhol Arnau Villanova obtém etanol (álcool etílico) pela primeira vez na Europa por destilação do vinho.

1500 – O suíço Theophrastus Bombast von Hohenheim, de codinome Paracelso, desenvolve o princípio de que a *tria prima* [mercúrio (*espírito*), enxofre (*alma*) e sal (*corpo material*)] representaria as propriedades de volatilidade, combustão e solidez, inerentes a todas as substâncias. Introduz o uso de substâncias inorgânicas (mercúrio, iodo, enxofre e arsênio) no tratamento das doenças e dá início a um novo campo de estudos, a *iatroquímica* (misto de química e medicina).

1530 – O alemão Georg Bauer escreve o primeiro tratado de mineralogia: *De re metallica.*

1597 – O alemão Andreas Libavius publica o primeiro manual de Química: *Alchymia.*

1617 – O italiano Angelo Sala descreve a ordem em que os metais podem se deslocar dentro dos sais.

1620 – O inglês Francis Bacon explica o método científico do raciocínio no seu livro: *Novum Organum*. Por isso, é considerado o fundador da ciência moderna.

1624 – O alquimista holandês Jan Baptist van Helmont descobre que o ar é composto por vários gases e batiza o gás desprendido da queima da madeira de *gás silvestre.*

1625 – O alemão Johann Rudolph Grauber, além de descobrir o sulfato de sódio e o permanganato de potássio, projeta e constrói novos tipos de destiladores.

1630 – O francês Jean Rey observa o aumento de massa dos metais oxidados.

1648 – Johann Rudolph Glauber prepara o ácido clorídrico pela reação e destilação de uma mistura de sal de cozinha e ácido sulfúrico. O resíduo obtido, sulfato de sódio, passa a ser conhecido como *sal de Glauber.*

1621 – O irlandês Robert Boyle descreve em seu livro *The Sceptical Chemist* todos os elementos químicos conhecidos até então. Distingue a alquimia da química e põe fim ao conceito dos quatro elementos de Aristóteles. Define os elementos como as menores partículas da matéria, que não podem ser divididas em partículas menores, e afirma ainda que a matéria é composta por *corpúsculos* (átomos) de várias espécies e tamanhos, capazes de formarem grupos, cada um deles constituindo uma substância química.

1662 – Robert Boyle, com as suas experiências sobre gases, conclui que o volume de um gás é inversamente proporcional a sua pressão (Lei de Boyle).

1669 – O alquimista alemão Henning Brand prepara artificialmente o fósforo (do grego: *phosphoros = portador de luz*) por destilação de urina, salitre, álcool e areia.

1669 – O alemão Johann Joachim Becher estabelece a *Teoria do Flogístico*, a partir de conceitos alquímicos, segundo a qual somente os materiais combustíveis continham *terra pinguis* (do latim: *terra gordurosa*) que em contato com o ar permitia a ocorrência da combustão.

1675 – O francês Nicolas Limery publica o *Cours de Chymie* em que procura utilizar o método cartesiano, revelando a alquimia. Foi um dos pioneiros no desenvolvimento da química ácido-base.

1682 – Johann Joachim Becher descreve o processo de fermentação alcoólica.

1697 – O alemão Georg Ernest Stahl descobre a identidade entre a combustão e a corrosão, e defende a teoria de que ambas correspondem à perda de certa substância chamada *flogisto* (do grego: *phlogistós = inflamável*).

1704 – O inglês Isaac Newton publica *Opticks* com a sua famosa *Question 31*, em que ressalta a matéria como objeto de seus estudos, apontando problemas de metodologia e propondo regras para realizar e interpretar experimentos.

1737 – O sueco Georg Brandt descobre o cobalto usando uma técnica conhecida como *ensaio de fogo.*

1738 – O suíço Daniel Bernouilli introduz a teoria cinética dos gases, postulando que os átomos dos gases se mantêm em contínuo movimento, colidindo entre si e com as paredes do recipiente que os contém.

1748 – O francês Jean Antoine Nollet descobre uma membrana semipermeável e explica o fenômeno que posteriormente foi denominado de osmose.

1750 – O alemão Andreas Sigismund Marggraf obtém o ácido fórmico de formigas.

1754 – O francês Guillaume François Rouelle distingue os sais ácidos, neutros e bases.

1756 – O escocês Joseph Black identifica o dióxido de carbono (CO_2), que denominou de *gás fixo.*

1766 – O britânico Henry Cavendish descobre que o hidrogênio (que denominou de *ar inflamável*) é 11 vezes menos denso que o ar.

1772 – O sueco Carl Wilhelm Scheele descobre o oxigênio, que denominou *gás ígneo.*

1773 – O francês Hilaire Marin Rouelle isola a ureia.

1773 – Carl Scheele descobre a absorção dos gases pelo carvão.

1774 – O britânico Joseph Priestley, trabalhando independentemente, descobre o oxigênio, que denominou *ar deflogisticado.*

1774 – O francês Antoine Lavoisier demonstra a lei da conservação da massa.

1776 – O italiano Alessandro Volta isola o gás metano (CH_4).

1777 – Antoine Lavoisier demonstra que o ar é constituído por uma mistura de gases – basicamente de oxigênio e nitrogênio – e que o oxigênio é necessário para que ocorra a combustão e a oxidação.

1779 – Carl Scheele identifica a glicerina.

1781 – Antoine Lavoisier descobre a composição do dióxido de carbono.

1781 – Henry Cavendish demonstra que a água é um composto, pela reação de hidrogênio (*ar inflamável*) e oxigênio (*ar deflogisticado*).

1783 – O francês Jean-Baptiste Louis Romé de l'Isle formula a primeira lei da cristalografia, a da constância dos ângulos.

1783 – Antoine Lavoisier obtém o hidrogênio por ação do ferro em vapor d'água.

1787 – Antoine Lavoisier publica *Méthode de Nomenclature Chimique*, com a colaboração dos também franceses Louis Bernard Guyton de Morveau, Antoine de Fourcroy e Claude Louis Berthollet, contendo o primeiro sistema moderno de nomenclatura química.

1789 – Antoine Lavoisier publica *Traité Élémentaire de Chimie*, o primeiro livro de química moderna, que inclui a estequiometria e a lei da conservação da massa.

1790 – Antoine Lavoisier publica uma tabela com 31 elementos químicos conhecidos na época.

1791 – O francês Nicholas Leblanc registra a patente de fabricação da barrilha (carbonato de sódio) a partir do sal marinho e monta uma fábrica para produzir mais de 300 toneladas/ano, dominando o mercado por muitos anos.

1792 – O alemão Jeremias Benjamin Richter determina as proporções de ácidos e bases para a formação de sais.

1792 – Alessandro Volta demonstra as séries eletroquímicas, que consistem numa série de elementos químicos dispostos por ordem dos seus potenciais de eletrodo.

1797 – O francês Joseph Louis Proust propõe a lei das proporções definidas, que estabelece que os elementos sempre se combinam segundo uma mesma proporção ponderal para formar um composto químico.

1798 – O francês Claude Louis Berthollet descobre a reversibilidade das reações químicas e a lei de ação da massa, fatos que só foram compreendidos mais tarde.

1800 – Alessandro Volta constrói a primeira pilha elétrica, iniciando a eletroquímica.

1800 – O inglês William Nicholson realiza a eletrólise da água.

1800 – O alemão Johann Wilhelm Ritter realiza o primeiro experimento de galvanoplastia, passando corrente elétrica por uma solução de sulfato de cobre, conseguindo depositar cobre no eletrodo negativo.

1801 – O inglês John Dalton enuncia a lei da mistura dos gases (Lei das Pressões Parciais).

1802 – O francês Joseph Louis Gay-Lussac formula a lei da dilatação dos gases.

1803 – John Dalton demonstra como os gases de uma mistura contribuem para a pressão total (Lei de Dalton).

1803 – O alemão Wilhelm Adam Ferdinand Serturner isola a morfina a partir do láudano (extrato de ópio), marcando o início do estudo dos alcaloides.

1804-1807 – John Dalton desenvolve a sua teoria de que os átomos são as menores partículas da matéria, associando cada elemento químico a um tipo diferente de átomo. Sua estrutura atômica representava o átomo como uma partícula maciça, indestrutível e indivisível, com o formato redondo (modelo *bola de bilhar*).

1805 – Joseph Louis Gay-Lussac descobre que a água é composta por duas partes de hidrogênio e uma parte de oxigênio (em volume), e enuncia a lei das combinações gasosas.

1806 – O francês Joseph Louis Proust enuncia a lei das proporções definidas.

1806 – O inglês Humphry Davy desenvolve o método eletrolítico de preparação do potássio e do sódio, passando uma corrente elétrica através de compostos fundidos.

1807 – O sueco Jöns Jacob Berzelius estabelece a diferença entre a química mineral e a química orgânica, denominando os produtos químicos produzidos pelos seres vivos como *orgânicos*.

1808 – Jöns Jacob Berzelius publica *Larboki Kemien* em que propõe o uso de símbolos químicos modernos e o conceito de massa atômica relativa.

1808 – John Dalton publica a sua teoria atômica e elabora uma lista dos elementos químicos conhecidos na época, segundo as suas massas atômicas.

1808 – Joseph Louis Gay-Lussac descreve as leis básicas das reações químicas entre gases e estabelece que os volumes dos gases que se combinam quimicamente estão em razões simples entre si.

1811 – O italiano Amedeo Avogadro formula hipótese sobre a relação entre o volume e o número de moléculas (do latim: *molecula* = pequena quantidade de matéria) de um gás, em relação à sua temperatura e pressão.

1812 – O russo Gottlieb Sigsmund Kirchoff isola a glicose pelo aquecimento de uma solução aquosa de amido, usando ácido sulfúrico como *catalisador* (conceito ainda não conhecido na época).

1813-14 – Jöns Jacob Berzelius delineia os símbolos químicos e as fórmulas ainda hoje utilizadas para representar os elementos e os compostos químicos.

1816 – O francês Michel Eugene Chevreul isola ácidos graxos (esteárico, oleico e palmítico) de gorduras, determina a composição do sabão e realiza a síntese dos ácidos butírico, caproico e valérico.

1817 – Os franceses Pierre Joseph Pelletier e Joseph Bienaime Caventou isolam a clorofila.

1818 – O francês Louis Jacques Thenard descobre o peróxido de hidrogênio (H_2O_2) e o peróxido de sódio (Na_2O_2).

1819 – O alemão Eilhard Mitscherlich descobre o isomorfismo: substâncias diferentes que apresentam a mesma estrutura de cristalização, com igual disposição e orientação dos átomos, das moléculas ou dos íons.

1819 – O inglês John Kidd, pesquisando o alcatrão residual da queima de carvão mineral, descobre o naftaleno.

1823 – O inglês Michael Faraday consegue liquefazer o gás cloro.

1825 – Michael Faraday isola o benzeno a partir do resíduo oleoso do gás de iluminação.

1825 – Os alemães Justus von Liebig e Friedrich Wöhler confirmam a existência de isômeros previstos por Berzelius, deduzindo que a isomeria é causada pelo arranjo diferente dos átomos na estrutura molecular.

1827 – Friedrich Wöhler obtém o alumínio metálico a partir da argila.

1828 – Friedrich Wöhler converte o cianato de amônio em ureia, realizando a primeira síntese de um composto orgânico a partir de uma substância mineral.

1831 – O alemão Justus von Liebig, o francês Eugène Soubeiran e o norte-americano Samuel Guthrie, trabalhando independentemente, descobrem o clorofórmio ($CHCl_3$).

1832 – Os franceses Antoine Laurent e Jean Dumas isolam o antraceno a partir do alcatrão da hulha.

1832 – Justus von Liebig e Friedrich Wöhler descobrem e explicam a noção de grupo funcional e de radical em química orgânica.

1832-33 – Michael Faraday expõe as leis da eletrólise e adota o termo *íon* para as partículas que pensava serem responsáveis pelo transporte da corrente elétrica.

1834 – O alemão Friedlieb Ferdinand Runge descobre o ácido carbólico, atualmente conhecido como fenol.

1834 – O francês Benoit Paul Émile Clayperon enuncia a equação de estado dos gases perfeitos ($PV = nRT$).

1835 – Justus von Liebig descobre os aldeídos pela reação de oxidação de álcoois.

1836 – O inglês Edmond Davy descobre o acetileno, obtido pela reação de carbeto de cálcio (CaC_2) com água.

1836 – O alemão Theodor Ambrose Hubert Schwann extrai e identifica a pepsina (do grego: *pepsis = digestão*), a enzima do suco gástrico.

1836 – O francês Antoine Laurent obtém antraquinona e ácido ftálico pela reação de oxidação do antraceno.

1837 – O alemão Karl Friederich Mohr enuncia a lei de conservação da energia.

1839 – O alemão Christian Friedrich Schönbein descobre o ozônio (do verbo grego: *ozein* = exalar odor) analisando produtos da descarga elétrica no ar.

1840 – Justus von Liebig descobre o processo de fabricação do fertilizante artificial.

1840 – O suíço Germain Henri Hess propõe um dos primeiros princípios da termoquímica, que a energia de uma reação química não depende da maneira como é realizada, mas somente dos reagentes e produtos (Lei de Hess).

1842 – O inglês John Bennet Lawes patenteia o processo de obtenção do superfosfato (fosfatos de rocha tratados com ácido sulfúrico), o primeiro fertilizante químico a ser usado, e instala uma fábrica para a sua produção.

1845 – O alemão Christian Frederick Schonbein sintetiza a nitrocelulose.

1846 – O italiano Ascanio Sobrero sintetiza a nitroglicerina.

1847 – O alemão Adolf Wilhelm Hermann Kolbe sintetiza o ácido acético a partir de reagentes inorgânicos.

1847 – O britânico William Thomson, conhecido como Lorde Kelvin, estabelece o conceito de zero absoluto como a temperatura em que cessa todo movimento molecular.

1848 – O francês Louis Pasteur descobre que a forma racêmica do ácido tartárico é uma mistura de enantiômeros, esclarecendo a atividade óptica e a estereoquímica.

1849 – O francês Charles Adolphe Wurtz sintetiza as aminas por redução de ésteres ciânicos.

1850 – O inglês Edward Frankland sintetiza os primeiros compostos organometálicos, concluindo que cada elemento químico pode se combinar com um número limitado de átomos – ideia básica da teoria de valência (do latim: *valentia* = força, vigor, poder).

1852 – O alemão August Beer propõe uma relação entre a composição de uma substância e a quantidade de luz que absorve, estabelecendo as bases da técnica analítica por espectrofotometria (Lei de Beer).

1853 – Edward Frankland conceitua a valência dos elementos químicos.

1853 – O alemão Robert Wilhelm Eberhard von Bunsen aperfeiçoa o queimador de gás especial, conhecido como "bico de Bunsen" (inventado em 1795 pelo inglês Michael Faraday).

1856 – O inglês William Henry Perkin sintetiza a mauveína por oxidação da anilina, o primeiro corante artificial que deu origem à indústria de pigmentos e corantes sintéticos.

1857 – O alemão Friedrich August Kekulé von Stradonitz estabelece a tetravalência do carbono; também atribuída ao escocês Archibald Scott Couper, que havia feito a mesma proposição, mas que foi publicada somente em 1858, depois da publicação de Kekulé.

1858 – O italiano Stanislao Cannizzaro mostra a diferença entre massas atômicas e massas moleculares, retomando as ideias de Amedeo Avogadro.

1859 – Os alemães Gustav Kirchoff e Robert Von Bunsen utilizam a espectroscopia como técnica de análise química, levando à descoberta do césio e do rubídio.

1860 – O francês Pierre Eugène Marcellin Berthelot realiza a síntese do acetileno, além de vários outros compostos orgânicos (metano, benzeno, metanol, etanol).

1860 – O francês Louis Pasteur explica a isomeria dos ácidos tartáricos.

1861 – O alemão Friedrich August Kekulé define a química orgânica como sendo a química dos compostos de carbono, com bases na sua tetravalência.

1861 – O belga Ernest Solvay funda a indústria química que leva o seu nome e patenteia um novo processo para a fabricação da barrilha (carbonato de sódio), a partir do sal marinho, amônia e dióxido de carbono, que é utilizado até hoje.

1862 – O alemão Julius von Sachs demonstra que o amido das plantas é produzido por processos fotossintéticos.

1863 – Os alemães Friedrich Bayer e Johann Friedrich Weskott instalam uma pequena fábrica para produzir corantes artificiais a serem utilizados no tingimento de tecidos.

1863 – O irlandês John Tyndall conceitua pela primeira vez o *efeito estufa* provocado pelo dióxido de carbono contido na atmosfera da Terra.

1864 – Louis Pasteur aplica ao vinho e à cerveja o processo que mais tarde receberia o nome de pasteurização.

1864 – O inglês John Alexander Reina Newlands inventa a primeira tabela periódica dos elementos químicos, ordenando-os seguindo o exemplo das notas musicais ("Lei da Oitavas").

1864 – O alemão Lothar Meyer desenvolve uma versão primitiva da tabela periódica com 28 elementos químicos, classificados em função de sua valência.

1865 – O austríaco Johann Josef Loschmidt determina o número exato de moléculas contidas em um mol (do latim: *mole* = grande quantidade de matéria), que mais tarde passou a ser chamado de Constante de Avogadro.

1865 - Friedrich August Kekulé, baseando-se nos trabalhos de Loschmidt, estabelece a estrutura do benzeno como sendo um ciclo de seis átomos de carbono com uma alternância de ligações simples e duplas.

1865 - O alemão Johann Friedrich Wilhelm Adolf von Baeyer inicia os seus trabalhos sobre o pigmento índigo (sintetizado por ele 17 anos depois, em 1880), que revolucionou a indústria dos corantes sintéticos.

1867 - O sueco Alfred Bernhard Nobel registra a patente de fabricação da dinamite, desenvolvida pela mistura de nitroglicerina com sílica (*kieselguhr*).

1867 - Os noruegueses Cato Maximilian Guldberg e Peter Waage provam a influência da concentração dos componentes de uma reação química no deslocamento da reação e postulam a lei de ação da massa, fato que permite a aplicação da termodinâmica às reações químicas.

1869 - O russo Dmitri Ivanovich Mendeleev expõe a sua tabela periódica dos elementos (baseada na massa atômica) e formula a lei periódica de classificação dos elementos químicos, deixando espaços para os elementos que ainda não haviam sido descobertos.

1874 - O francês Achille Le Bel e o holandês Jacobus Henricus van't Hoff demonstram que as quatro ligações do carbono estão distribuídas em forma de tetraedro e que os seus compostos podem ser tridimensionais e assimétricos, criando a estereoquímica.

1876 - O norte-americano Josiah Willard Gibbs publica *On the Equilibrium of Heterogeneous Substances*, uma compilação dos seus trabalhos sobre a termodinâmica e a físico-química, onde desenvolve o conceito de energia livre para explicar a noção de equilíbrio químico.

1877 - O austriaco Ludwig Eduard Boltzmann estabelece o formalismo estatístico de conceitos físico-químicos, como a entropia e a lei de distribuição da velocidade molecular em um gás.

1883 - O inglês Joseph Swan e o francês Hilaire Bermigaud de Chardonnet descobrem as qualidades têxteis da nitrocelulose. Chardonnet industrializa uma fibra sintética, que denominou *Rayon*, com características bem próximas às da seda natural.

1884 - O sueco Svante August Arrhenius demonstra que os eletrólitos (soluções ou compostos liquefeitos que conduzem eletricidade) se dissociam em íons, átomos ou grupo de átomos, que transportam a corrente elétrica positiva ou negativa (por esse trabalho recebeu o Prêmio Nobel de Química em 1903).

1884 - Jacobus Henricus van't Hoff publica *Études de Dynamique Chimique* e formula os fundamentos da cinética química.

1884 - O alemão Hermann Emil Fischer propõe a estrutura da purina (sintetizada por ele em 1898), estrutura-chave em muitas biomoléculas, e inicia os trabalhos sobre a síntese e o estudo dos açúcares (por esse trabalho recebeu o Prêmio Nobel de Química em 1902).

1884 - O francês Henri Louis Le Chatelier descreve a evolução do equilíbrio químico de um sistema submetido a uma alteração (de concentração ou de temperatura) e desenvolve o "Princípio de Le Chatelier", segundo o qual o sistema se deslocará no sentido de contrabalancear a alteração imposta.

1884 - O alemão Eduard Buchner desenvolve o processo fermentativo de obtenção do etanol a partir de açúcares por via enzimática (por esse trabalho recebeu o Prêmio Nobel de Química em 1907).

1885 - O alemão Eugen Golstein propõe os nomes de raios catódicos (mais tarde interpretados como feixes de elétrons) e raios anódicos (mais tarde interpretados como feixes de prótons).

1886 – O norte-americano Charles Martin Hall e o francês Paul Louis Toussaint Héroult, trabalhando independentemente, produzem alumínio através da eletrólise de óxido de alumínio fundido.

1886 – O francês François Marie Raoult propõe a lei das pressões parciais, para explicar a variação do ponto de fusão e do ponto de ebulição de soluções em função do número de partículas presentes na solução.

1894 – Os ingleses William Ramsay e Lorde Rayleigh (John William Strutt) descobrem o primeiro gás nobre, o argônio.

1896 – Os ingleses William Ramsay e Morris William Travers descobrem os gases nobres xenônio, criptônio e neônio.

1897 – O britânico Joseph John Thomson descobre o elétron e propõe um novo modelo para o átomo, no formato de uma esfera de carga elétrica positiva, com cargas negativas estáticas uniformemente distribuídas ao seu redor (modelo de *pudim de passas*).

1897 – O alemão Felix Hoffmann, pesquisador da Bayer, sintetiza o ácido acetilsalicílico, princípio ativo da Aspirina®.

1898 – O alemão Hans Von Pechmann descobre o polietileno.

1898 – O alemão Wilhelm Wien demonstra que um fluxo de íons positivos pode ser desviado por campos magnéticos, de maneira proporcional à razão massa/carga, estabelecendo a base da espectrometria de massas.

1898 – A polonesa Maria Sklodowska Curie e o francês Pierre Curie isolam o rádio e o polônio, a partir da *pechblenda* (variedade impura de uranita, da qual é retirado o urânio).

1900 – O alemão Max Karl Ernst Ludwig Planck explica a radiação do corpo negro através da lei da radiação térmica, que se tornou a base da teoria quântica que surgiu 10 anos depois.

1900 – O neozelandês Ernest Rutherford descobre a origem da radioatividade como emissão de radiação a partir do núcleo atômico.

1901 – Jacobus Henricus van't Hoff recebe o Prêmio Nobel de Química pela descoberta das leis que regem a dinâmica química e a pressão osmótica em soluções.

1901 – O francês Paul Sabatier desenvolve processos de hidrogenação catalítica de compostos orgânicos, utilizando metais (cobre e níquel) finamente divididos como catalisadores (por esse trabalho recebeu o Prêmio Nobel de Química em 1912).

1904 – O inglês Frederick Kipping sintetiza o silicone.

1904 – William Ramsay recebe o Prêmio Nobel de Química pela descoberta dos gases nobres e a determinação de seus lugares no sistema periódico.

1905 – O alemão Albert Einstein explica o movimento browniano e prova definitivamente a existência dos átomos.

1905 – Albert Einstein utiliza a teoria do quanta para explicar o efeito fotoelétrico.

1905 – O alemão Johann Friedrich Wilhelm Adolf von Baeyer recebe o Prêmio Nobel de Química pelos seus trabalhos sobre corantes orgânicos e compostos hidroaromáticos, que fez evoluir a indústria química.

1906 – O russo Mikhail Semenovich Tsvet inventa a cromatografia (do grego: *chroma* = cor e *graphe* = escrever, *i.e.*, escrevendo em cores) e a usa para separar pigmentos de plantas através de um tubo contendo óxido de alumínio em pó.

1906 – O alemão Richard Martin Willstätter estabelece a estrutura da clorofila (por esse trabalho recebeu o Prêmio Nobel de Química em 1915).

1907 – O alemão Emil Fischer começa a desenvolver pesquisas sobre a química das proteínas.

1908 – O neozelandês Ernest Rutherford recebe o Prêmio Nobel de Química por suas investigações sobre a desintegração dos elementos e a química de substâncias radioativas.

1909 – O belga Leo Hendrik Baekeland inventa a baquelite, o primeiro plástico termofixo comercializado com grande sucesso.

1909 – O neozelandês Ernest Rutherford, o alemão Johannes (Hans) Wilhelm Geiger e o inglês Ernest Marsden realizam experiências com folhas de ouro que provam que o átomo é composto por um núcleo positivo extremamente denso envolvido por uma nuvem eletrônica difusa.

1909 – O norte-americano Robert Andrews Millikan mede a carga elementar do elétron com grande precisão, usando experiências com gotas de óleo, e confirma que todos os elétrons têm a mesma carga e a mesma massa.

1909 – O alemão Fritz Haber desenvolve um processo para a síntese da amônia a partir do hidrogênio (Processo Haber), importante na fabricação de fertilizantes e explosivos, que provocou uma revolução na indústria química (por esse trabalho recebeu o Prêmio Nobel de Química em 1918).

1909 – O russo Wilhelm Ostwald recebe o Prêmio Nobel de Química pelo seu trabalho sobre catálise e suas investigações sobre os princípios fundamentais que governam o equilíbrio químico e as velocidades de reações.

1911 – O holandês Antonius van den Broek avança a ideia de que os elementos químicos seriam mais bem organizados na tabela periódica por ordem das cargas nucleares, em vez de suas massas atômicas.

1911 – Maria Sklodowska Curie recebe o Prêmio Nobel de Química pela descoberta e pelo estudo dos elementos radioativos rádio e polônio.

1912 – Os britânicos William Henry Bragg e William Lawrence Bragg propõem a Lei de Bragg e criam a difratometria dos raios X, fundamental para a determinação das estruturas cristalinas das substâncias.

1912 – O holandês Petrus (Peter) Josephus Wilhelmus Debye desenvolve o conceito de dipolo molecular para descrever as distribuições de carga em certas moléculas (por esse trabalho recebeu o Prêmio Nobel de Química em 1936).

1912 – O francês Victor Grignard recebe o Prêmio Nobel de Química pela descoberta do reagente organometálico que atualmente leva o seu nome.

1913 – O dinamarquês Niels Henrick David Bohr apresenta um novo modelo para a estrutura atômica em que os elétrons só podem ocupar órbitas bem definidas.

1913 – O inglês Frederick Soddy propõe o conceito de isótopos (por suas investigações sobre a origem e a natureza dos isótopos e outras substâncias radioativas recebeu o Prêmio Nobel de Química em 1921).

1913 – Joseph John Thomson demonstra que partículas subatômicas carregadas podem ser separadas pela sua razão massa/carga, justificando os fundamentos da espectrometria de massas.

1913 – O alemão Carl Bosch e colaboradores completam a industrialização do processo Haber de síntese da amônia (Processo Haber-Bosch), que terá grandes reflexos na indústria química e na agricultura.

1913 – O alemão Friedrich Karl Rudolf Bergius desenvolve e patenteia o processo de obtenção de gasolina a partir do carvão mineral.

1913 – O norte-americano Elmer Verner McCollun isola a vitamina A.

1914 – O inglês Henry Gwyn Jeffreys Moseley desenvolve a ideia de van den Broek (1911), e introduz o conceito de número atômico para corrigir as inconsistências da tabela periódica de Mendeleev.

1916 – O norte-americano Gilbert Newton Lewis publica *The Atom and the Molecule*, contendo os fundamentos da teoria da ligação de valência, explicando a ligação covalente entre átomos como sendo um compartilhamento de elétrons.

1919 – O inglês Francis William Aston desenvolve um equipamento que consegue separar os íons, que foi denominado espectrômetro de massas (por esse trabalho recebeu o Prêmio Nobel de Química em 1922).

1920 – O alemão Walther Hermann Nernst recebe o Prêmio Nobel de Química pelo seu trabalho em termoquímica.

1921 – Os alemães Otto Stern e Walther Gerlach realizam experimentos mostrando a deflexão de partículas elementares e estabelecem o conceito de spin.

1923 – O dinamarquês Johannes Nicolaus Brönsted formula uma nova teoria para explicar as propriedades dos ácidos e bases, estabelecendo o conceito de pares conjugados.

1923 – Os norte-americanos Gilbert Newton Lewis e Merle Randal publicam *Thermodynamics and the Free Energy of Chemical Substances*, primeiro tratado moderno de termodinâmica química.

1923 – Gilbert Newton Lewis desenvolve a teoria do par eletrônico nas reações ácido/base.

1923 – O alemão Fritz Pregl recebe o Prêmio Nobel de Química por sua invenção do método de microanálise de substâncias orgânicas.

1924 – O francês Louis de Broglie introduz o modelo ondulatório em mecânica quântica, baseado nas ideias de dualidade onda-partícula.

1925 – O inglês Robert Robinson sintetiza quimicamente e estabelece a estrutura exata da morfina.

1925 – O austríaco Wolfgang Ernst Pauli desenvolve o "Princípio de Exclusão", que enuncia que dois elétrons em um átomo não podem estar no mesmo estado quântico (descrito por quatro números quânticos).

1926 – O austríaco Erwin Rudolf Schrodinger propõe a equação que se tornou a base matemática do modelo ondulatório da mecânica quântica.

1927 – O alemão Werner Karl Heisenberg desenvolve a formulação matricial da mecânica quântica e seu célebre "Princípio da incerteza" que se impõe na escala subatômica.

1927 – Os alemães Fritz Wolfgang London e Walter Heinrich Heitler aplicam os princípios da mecânica quântica para explicar a ligação covalente da molécula de hidrogênio, marcando o início da química quântica.

1927 – O inglês Nevil Vincent Sidgwick publica a sua teoria sobre valências, baseada nos números de elétrons nas órbitas dos íons.

1928 – Os alemães Otto Paul Hermann Diels e Kurt Alder desenvolvem um novo tipo de reação de adição (reação de Diels-Alder), extremamente útil para a síntese de novos compostos orgânicos (por essa descoberta receberam o Prêmio Nobel de Química em 1950).

1929 – O dinamarquês Carl Peter Henrick Dam descobre a vitamina K.

1930 – O norte-americano Linus Carl Pauling propõe as regras que se tornam os princípios-chave para a utilização da cristalografia de raios X para deduzir a estrutura molecular.

1930 – O norte-americano Wallace Hume Carothers e sua equipe de pesquisadores da Du Pont desenvolvem o *Nylon*®, um dos polímeros sintéticos de enorme utilidade comercial.

1930 – O sueco Arne Wilhelm Kaurin Tiselius inventa a eletroforese, que separa partículas em suspensão em um campo elétrico.

1931 – O alemão Erich Armand Joseph Hückel propõe a lei (2n+2) que explica as propriedades aromáticas de moléculas cíclicas planas.

1931 – O norte-americano Harold Clayton Urey descobre o deutério (do grego: *déuteron* = dois) por destilação do hidrogênio líquido (por essa descoberta recebeu o Prêmio Nobel de Química em 1934).

1931 – Os alemães Carl Bosch e Friedrich Karl Rudolf Bergius recebem o Prêmio Nobel em Química pelas suas contribuições para a invenção e desenvolvimento de processos químicos sob pressão elevada.

1932 – O britânico James Chadwick comprova a existência do nêutron.

1932 – Linus Carl Pauling é o primeiro a descrever as propriedades da eletronegatividade como meio de prever o momento dipolar de uma ligação química.

1932 – Os alemães Fritz Mietsch e Joseph Klarer descobrem a sulfonamida.

1932 – O norte-americano Irving Langmuir recebe o Prêmio Nobel de Química pelas suas descobertas e investigações sobre a química de superfície.

1932 – O norte-americano Charles Glen King isola e determina a estrutura do ácido ascórbico (vitamina C), primazia contestada pelo húngaro Szent Gyorgyi que, em 1928, já havia descoberto esse composto com o nome de ácido hexorônico.

1933 – O polonês Tadeusz Reichstein e o inglês Walter Norman Haworth, trabalhando independentemente, sintetizam a vitamina C (ácido ascórbico). Por suas investigações sobre a vitamina C e sobre os carboidratos Walter Norman Haworth recebeu o Prêmio Nobel de Química em 1937.

1933 – Os alemães Franz Fischer e Hans Tropsch desenvolvem um novo processo para a obtenção de gasolina, querosene e gasóleo a partir do carvão mineral.

1935 – Os franceses Frédéric Joliot e Irène Joliot-Curie recebem o Prêmio Nobel de Química pelos seus trabalhos de síntese de novos elementos radioativos.

1937 – Os italianos Carlo Perrier e Emilio Gino Segré realizam a primeira síntese confirmada do tecnécio-97, o primeiro elemento artificial produzido que correspondia a uma casa não preenchida na tabela periódica.

1937 – O francês Engène Houdry desenvolve um método para realizar o *cracking* catalítico do petróleo, que leva à instalação da primeira refinaria de petróleo.

1937 – O alemão Otto Bayer patenteia a descoberta do poliuretano, obtido pela reação de um isocianato com um poliol.

1938 – O alemão Otto Hahn descobre a fissão nuclear do urânio e do tório, que mais tarde foi usada na fabricação da bomba atômica e nas usinas nucleares para a geração de energia (por essa descoberta recebeu o Prêmio Nobel de Química em 1944).

1938 – O austríaco Richard Kuhn recebe o Prêmio Nobel de Química por seu trabalho de pesquisa com carotenoides e vitaminas.

1939 – Linus Carl Pauling publica *The Nature of the Chemical Bond*, que representa décadas de trabalhos sobre a ligação química. Trata-se de um dos textos mais importantes da química, abordando a teoria da hibridização dos orbitais, as ligações covalentes e iônicas, explicadas em função da eletronegatividade e da mesomeria.

1940 – Os norte-americanos Edwin Mattison McMillan e Philip Hauge Abelson mostram que novos elementos com números atômicos maiores do que o urânio podem ser obtidos bombardeando o urânio com nêutrons e sintetizam o primeiro elemento transurânico, o netúnio.

1941 – O norte-americano Glenn Theodore Seaborg continua os trabalhos de McMillan, criando novos núcleos de átomos graças ao método de captura de nêutrons.

1942 – Glenn Theodore Seaborg e Edwin Mattison McMillan sintetizam o plutônio pela primeira vez.

1945 – Os norte-americanos Jacob Akiba Marinsky, Lawrence Elgin Glendenin e Charles DuBois Coryell realizam a primeira síntese do promécio, preenchendo outra lacuna na tabela periódica dos elementos.

1945-1946 – Os norte-americanos Felix Bloch e Edward Mills Purcell desenvolvem a ressonância magnética nuclear, uma importante técnica de análise da estrutura de moléculas.

1947 – O inglês Robert Robinson recebe o Prêmio Nobel de Química por suas investigações sobre a importância biológica de produtos vegetais, especialmente os alcaloides.

1950 – O britânico Derek Harold Richard Barton deduz que algumas propriedades dos compostos orgânicos são afetadas pela orientação dos seus grupos funcionais (estudo que se tornou conhecido como *análise conformacional*).

1951 – Linus Pauling utiliza a cristalografia de raios X para deduzir a estrutura secundária das proteínas.

1951 – Edwin Mattison McMillan e Glenn Theodore Seaborg recebem o Prêmio Nobel de Química por suas descobertas na química dos elementos transurânicos.

1952 – O inglês Alan Walsh publica os seus trabalhos pioneiros sobre a espectroscopia de absorção, um importante método quantitativo que permite medir a concentração de um composto específico.

1952 – O norte-americano Robert Burns Woodward, o britânico Geoffrey Wilkinson e o alemão Ernst Otto Fischer descobrem a estrutura do ferroceno, que marca o início da química organometálica (por esse trabalho pioneiro Wilkinson e Fischer receberam o Prêmio Nobel de Química em 1973).

1952 – Harold Clayton Urey demonstra que a atmosfera primitiva da Terra era composta de metano, amoníaco, vapor de água e hidrogênio livre.

1953 – Os norte-americanos Harold Clayton Urey e Stanley Lloyd Miller conseguem produzir aminoácidos em laboratório.

1953 – O norte-americano James Dewey Watson e o britânico Francis Harry Crick propõem o modelo de dupla hélice para a estrutura do DNA, que marca o início da biologia molecular. Por esse trabalho receberam o Prêmio Nobel de Medicina em 1962.

1954 – Linus Carl Pauling recebe o Prêmio Nobel de Química pela sua pesquisa sobre a natureza da ligação química e sua aplicação para a elucidação da estrutura de substâncias complexas.

1955 – A inglesa Dorothy Mary Hodgkin isola a vitamina B_{12} a partir do extrato de fígado.

1955 – O russo Ilya Prigogine descreve as propriedades termodinâmicas dos processos irreversíveis, tais como as transformações de energia que ocorrem em muitas reações dentro de células vivas (por esse trabalho recebeu o Prêmio Nobel de Química em 1977).

1955 – O inglês Frederick Sanger determina a estrutura molecular da insulina (por esse trabalho recebeu o Prêmio Nobel de Química em 1958).

1956 – O inglês Cyril Norman Hinshelwood e o russo Nikolay Nikolaevich Semenov recebem o Prêmio Nobel de Química por suas pesquisas sobre o mecanismo das reações químicas.

1958 – O austríaco Max Ferdinand Peruts e o britânico John Cowdery Kendrew utilizam a cristalografia de raios X para elucidar a estrutura da proteína mioglobina.

1959 – O húngaro Jaroslav Heyrovsky recebe o Prêmio Nobel de Química pela sua descoberta e desenvolvimento dos métodos polarográficos de análises.

1960 – O inglês Robert Robinson descobre o antibiótico meticilina.

1960 – O norte-americano Robert Burns Woodward sintetiza a clorofila.

1960 – O norte-americano Willard Frank Libby recebe o Prêmio Nobel de Química pelo seu método de usar o carbono-14 para a determinação da idade na arqueologia, geologia, geofísica e outros ramos da ciência.

1962 – O inglês Neil Bartlett sintetiza pela primeira vez um derivado sólido de xenônio (hexafluoroplatinato de xenônio) e demonstra que os gases nobres não são quimicamente inertes.

1963 – O alemão Karl Ziegler e o italiano Giulio Natta recebem o Prêmio Nobel de Química por suas descobertas no campo da química e tecnologia de polímeros estereorregulares.

1964 – O suíço Richard Robert Ernst realiza experiências que levam ao desenvolvimento da ressonância magnética nuclear por transformada de Fourier, aumentando a sensibilidade desta técnica analítica e abrindo as portas para o uso da ressonância magnética de imagem (RMI), fundamental nos diagnósticos em medicina (por esse trabalho recebeu o Prêmio Nobel de Química em 1991).

1965 – O norte-americano Robert Burns Woodward recebe o Prêmio Nobel de Química pelos seus trabalhos de síntese orgânica de vários produtos naturais complexos.

1966 – O norte-americano Robert Sanderson Mulliken recebe o Prêmio Nobel de Química pelo seu trabalho fundamental sobre as ligações químicas e a estrutura eletrônica de moléculas pelo método de orbital molecular.

1965-1970 – O norte-americano Robert Burns Woodward e o polonês Roald Hoffmann estabelecem o conceito de conservação da simetria dos orbitais moleculares (Regras de Woodward-Hoffmann), utilizando-as para elucidar os mecanismos de reações pericíclicas e explicar a estereoquímica de grande número de reações orgânicas.

1975 – O bósnio Vladimir Prelog recebe o Prêmio Nobel de Química pelos seus estudos sobre a estereoquímica de reações e moléculas orgânicas; juntamente com o australiano John Warcup Cornforth pelo seu trabalho sobre a estereoquímica de reações catalisadas por enzimas.

1976 – O norte-americano William Nunn Lipscomb recebe o Prêmio Nobel de Química pelos seus estudos sobre a estrutura das boranas, que esclareceram problemas de ligações químicas desses compostos.

1979 – O inglês Herbert Charles Brown e o alemão Georg Wittig recebem o Prêmio Nobel de Química pelos seus trabalhos de desenvolvimento e uso dos compostos de boro e de fósforo, respectivamente, importantes reagentes para a síntese orgânica.

1981 – Roald Hoffmann e o japonês Kenichi Fukui recebem o Prêmio Nobel de Química pelos seus trabalhos independentes sobre a aplicação da mecânica quântica para prever o curso das reações químicas (teoria dos orbitais de fronteira).

1983 – O canadense Henry Taube recebe o Prêmio Nobel de Química pelo seu trabalho sobre os mecanismos de transferência de elétrons em reações com complexos metálicos.

1984 – O norte-americano Robert Bruce Merrifield recebe o Prêmio Nobel de Química pelo desenvolvimento da metodologia de síntese química sobre matrizes sólidas.

1985 – Os britânicos Harold Walter Kroto e David R. M. Walton, e os norte-americanos Robert Floyd Curl Jr. e Richard Errett Smalley descobrem os fulerenos, uma nova classe de moléculas com carbono parecidas com as cúpulas geodésicas do arquiteto Richard Buckminster Fuller (por essa descoberta receberam o Prêmio Nobel de Química em 1996).

1987 – O francês Jean-Marie Lehn, e os norte-americanos Donald James Cram e Charles John Pedersen, recebem o Prêmio Nobel de Química pelos seus trabalhos sobre a síntese de moléculas artificiais com interações específicas de alta seletividade, que imitam as reações químicas dos processos da vida.

1990 – Jean-Marie Lehn, Ulrich Koert e Margaret Harding relatam a síntese de um novo tipo de composto, chamado núcleo-helicado, que mantém a estrutura em dupla hélice do DNA, mas com o interior virado para fora.

1990 – O norte-americano Elias James Corey recebe o Prêmio Nobel de Química pelo seu desenvolvimento da teoria e da metodologia de síntese orgânica (análise retrossíntética).

1991 – O japonês Sumio Iijima utiliza a microscopia eletrônica para descobrir um novo tipo de fulereno cilíndrico, que designa como nanotubo de carbono, com muitas aplicações na indústria eletrônica e em nanotecnologia.

1991 – Cientistas da Universidade do Arizona, nos Estados Unidos, e do Instituto Max Planck, da Alemanha, sintetizam um novo tipo de composto de carbono, as *buckyballs*, cujas moléculas apresentam o formato de esferas sextavadas.

1992 – Geoquímicos da Universidade do Arizona, nos Estados Unidos, descobrem que as moléculas esféricas de carbono sintetizadas em laboratório também existem na natureza. Elas foram encontradas acidentalmente em uma rocha rara, a *shungite*, na região de Shunga, na Rússia.

1992 – O canadense Rudolph Arthur Marcus recebe o Prêmio Nobel de Química por sua contribuição para a teoria da transferência de elétrons em sistemas químicos.

1993 – Pesquisadores do Instituto Weizmann, de Israel, descobrem um novo tipo de *buckyball*, feita com átomos de tungstênio, que podem ser usadas na fabricação de componentes eletrônicos e para reforçar estruturas de plástico ou aço.

1993 – Pesquisadores norte-americanos, da Universidade da Califórnia e do Instituto Scripps, sintetizam a rapamicina, um antibiótico natural utilizado na medicina como imunossupressor e testado como agente anticancerígeno.

1994 – O húngaro George Andrew Olah recebe o Prêmio Nobel de Química por sua contribuição para a química dos carbocátions.

1994 – Astrônomos dos Estados Unidos, usando imagens captadas pelo telescópio espacial Hubble, detectam a presença dos metais pesados chumbo, estanho e arsênio no espaço. Até então, o metal mais pesado encontrado no espaço era o zinco.

1995 – Os norte-americanos Eric Allin Cornell e Carls Wieman produzem o primeiro condensado de Bose-Einstein, uma substância que possui propriedades da mecânica quântica em uma escala macroscópica.

1997 – O norte-americano Paul Delos Boyer e o britânico John Ernest Walker recebem o Prêmio Nobel de Química pela elucidação do mecanismo enzimático que viabiliza a síntese do ATP (trifosfato de adenosina).

1998 – O austríaco Walter Kohn e o britânico John Anthony Pople recebem o Prêmio Nobel de Química pelo desenvolvimento conjunto de computadores na previsão de resultados experimentais, especialmente na química quântica.

1999 – O egípcio Ahmed Zewail recebe o Prêmio Nobel de Química pelos seus estudos sobre os estados de transição de reações químicas usando espectroscopia de femtossegundos.

2000 – O norte-americano Alan Heeger, o neozelandês Alan Graham MacDiarmid e o japonês Hideki Shirakawa recebem o Prêmio Nobel de Química pela descoberta e desenvolvimento de condutividade em polímeros.

2001 – O norte-americano William Standish Knowles e o japonês Ryoji Noyori recebem o Prêmio Nobel de Química pelo desenvolvimento de catalisadores para a síntese assimétrica de moléculas quirais; juntamente com o norte-americano Karl Barry Sharpless pelo seu trabalho sobre reações de epoxidação assimétrica.

2002 – O norte-americano John Bennett Fenn e o japonês Koichi Tanaka recebem o Prêmio Nobel de Química pelo desenvolvimento de métodos simples de dessorção e ionização para realizar análises por espectrometria de massas de macromoléculas biológicas, especialmente proteínas; juntamente com o suíço Kurt Wüthrich pelo desenvolvimento da ressonância magnética nuclear para a determinação da estrutura tridimensional de macromoléculas em solução.

2005 – O belga Yves Chauvin e os norte-americanos Robert Howard Grubbs e Richard Royce Schrock recebem o Prêmio Nobel de Química pelo desenvolvimento da reação de metátese de olefinas em síntese orgânica.

2007 – O alemão Gerhard Ertl recebe o Prêmio Nobel de Química por seus estudos dos processos químicos sobre superfícies sólidas.

2008 – O japonês Osamu Shimomura e os norte-americanos Martin Chalfie e Roger Tsien recebem o Prêmio Nobel de Química pela descoberta e desenvolvimento da proteína verde fluorescente.

2010 – Os japoneses Akira Suzuki e Ei-ichi Negishi, e o norte-americano Richard Heck recebem o Prêmio Nobel de Química pelo estudo das reações de acoplamento em síntese orgânica, catalisadas por paládio.

2011 – O israelense Dan Shechtman recebe o Prêmio Nobel de Química pela descoberta dos quase-cristais, sólidos com espectros de difração discretos, como os cristais clássicos, mas com estrutura não periódica.

2013 – O austríaco Martin Karplus, o britânico Michael Levitt, e o norte-americano Arieh Warschel, recebem o Prêmio Nobel de Química pelo desenvolvimento de modelos multiescala para sistemas químicos complexos, que tornou possível entender e prever processos químicos elaborados.

2014 – O alemão Stefan Hell e os norte-americanos Eric Betzig e William Moerner recebem o Prêmio Nobel de Química pelo desenvolvimento da microscopia fluorescente de alta resolução.

2

Estrutura Atômica e Molecular

Luiz Alberto Beraldo de Moraes

RESUMO

Este capítulo fornecerá informações sobre como avaliar as propriedades eletrônicas dos principais elementos químicos que constituem os compostos orgânicos e quais as consequências produzidas pelas interações desses elementos na formação de diferentes moléculas. Para isso, será feita uma breve introdução sobre a mecânica quântica e uma discussão mais detalhada sobre os ***orbitais atômicos***, os ***orbitais moleculares*** e as ***ligações químicas***. A distribuição eletrônica do átomo de carbono e dos principais átomos presentes nas moléculas orgânicas será abordada criteriosamente, para fornecer a base para a compreensão da formação de moléculas poliatômicas. Por fim, a noção de hibridização será discutida e exemplificada para vários tipos de compostos, orgânicos ou não, e íons moleculares.

2.1. Introdução

O entendimento da estrutura molecular de um composto é fundamental para a compreensão dos fenômenos que regem as suas propriedades químicas e físicas. As propriedades químicas e físicas de uma molécula dependem diretamente dos átomos que a compõem e de como estes átomos estão distribuídos espacialmente. Dessa maneira, podemos olhar para uma fórmula estrutural e, com base na distribuição espacial dos átomos, atribuir algumas propriedades químicas e físicas intrínsecas dessa substância. Na verdade, para quem deseja ser um bom químico orgânico, o primeiro passo será dedicar um tempo extra de estudo para a compreensão das propriedades dos átomos que fazem parte dos compostos orgânicos e as consequências de suas interações/ligações para a formação de uma molécula. Assim, será necessário saber quantos elétrons estão envolvidos em um sistema, onde eles estão localizados e quais energias eles possuem.

2.2. A Química Orgânica e a Tabela Periódica

Existem mais de 100 elementos químicos na tabela periódica. Esses elementos podem se combinar entre si e originar centenas de milhares de compostos presentes na natureza ou que vêm sendo produzidos por sínteses em laboratórios. A química orgânica estuda principalmente as propriedades químicas e físicas dos compostos de carbono e de alguns outros elementos que estão presentes na maioria dos seres vivos.

Como visto no Capítulo 1, todos os compostos orgânicos apresentam um esqueleto básico constituído principalmente por hidrocarbonetos (carbono e hidrogênio). Porém, oxigênio e nitrogênio também aparecem em quantidades significativas, enquanto o enxofre e o fósforo são observados em menores quantidades. Esses são os principais elementos que compõem a maioria das moléculas orgânicas encontradas na natureza.

A química orgânica dos compostos de silício, boro, cobre, zinco, paládio e halogênios (F, Cl, Br, I) também tem sido bastante estudada, pois constitui os principais elementos empregados nos reagentes químicos utilizados em sínteses laboratoriais.

De uma forma bastante simplificada podemos reduzir o número de elementos químicos presentes na tabela periódica e construir uma tabela periódica específica para o entendimento da química orgânica (Figura 2.1).

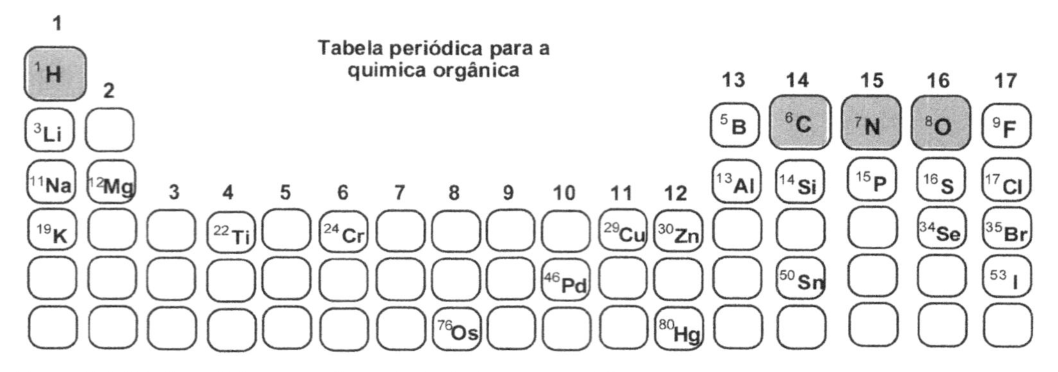

Figura 2.1. Tabela periódica contendo os principais elementos químicos presentes nos compostos orgânicos.

A compreensão integral de todas as propriedades eletrônicas dos principais elementos que fazem parte dos compostos orgânicos é a primeira etapa para a compreensão das propriedades químicas e físicas de moléculas mais complexas. No entanto, a complexidade do entendimento da química orgânica está em interpretar como o arranjo desses elementos pode conferir propriedades químicas e físicas intrínsecas tão diferentes para cada molécula com a mesma composição elementar. Por exemplo, a fórmula molecular C_3H_6O, relativamente simples na química orgânica, pode fornecer uma grande variedade de estruturas químicas (Figura 2.2), as quais apresentam reatividades químicas, pontos de ebulição e solubilidades muito diferentes entre si, relacionadas unicamente com os diferentes arranjos possíveis para esses elementos.

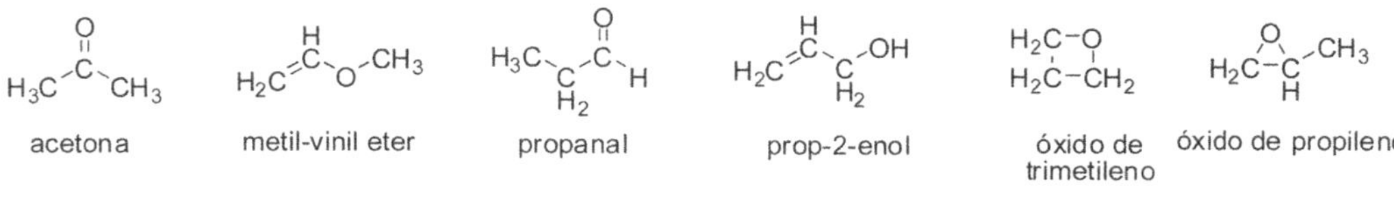

acetona | metil-vinil eter | propanal | prop-2-enol | óxido de trimetileno | óxido de propileno

Figura 2.2. Diferentes fórmulas estruturais para compostos de fórmula molecular C_3H_6O.

Assim, os leitores estão convidados a iniciar os seus estudos em química orgânica avaliando as propriedades eletrônicas dos principais elementos químicos que compõem os compostos orgânicos e quais as consequências produzidas pelas interações desses elementos na formação de diferentes moléculas orgânicas.

2.3. A Mecânica Quântica

As propostas de modelos para a compreensão da composição da matéria foram iniciadas na antiguidade[1]. No século V a.C., os filósofos gregos Leucipo e Demócrito (460-370 a.C.) propuseram que a matéria era constituída por partículas bem pequenas, denominadas por átomos (do grego *atemnó = indivisível*). Em 1808, o inglês John Dalton (1766-1844) publicou a sua teórica atômica na qual propunha que toda e qualquer matéria era constituída por átomos maciços, indivisíveis e indestrutíveis, e que esses átomos podiam se combinar em proporções definidas para formar novos compostos estáveis (moléculas). Posteriormente, em 1897, o britânico Joseph John Thomson (1856-1940) realizou experimentos em tubos de raios catódicos e propôs que o átomo não era maciço, mas sim no formato de uma esfera de carga elétrica positiva que apresentava cargas negativas estáticas uniformemente distribuídas ao seu redor. Este modelo do átomo de Thomson ficou conhecido como "pudim de passas". Em 1909, o neozelandês Ernest Rutherford (1871-1937), empregando experimentos de espalhamento de partículas alfa, propôs que os átomos eram constituídos por um núcleo positivo muito pequeno, que constituía toda a massa do átomo, e por elétrons de carga negativa, que circulavam ao redor do núcleo em altas velocidades. Essa eletrosfera seria aproximadamente dez mil vezes maior que o núcleo do átomo.

Em 1913, o dinamarquês Niels Bohr (1885-1962), baseado em experimentos de emissão e absorção dos elementos químicos e também na Teoria Quântica de Max Planck (proposta em 1900), postulou que os elétrons se movem em órbitas definidas ao redor de um núcleo central e podem passar de uma órbita para outra absorvendo ou emitindo uma quantidade específica de energia. Em 1924, o francês Louis de Broglie (1892-1987), combinando as equações desenvolvidas pelo físico alemão Albert Einstein (1879-1955), que estabelece que um corpo de massa $\boldsymbol{m}$ em movimento terá uma energia associada a ele descrita por $\boldsymbol{E = mc^2}$, e a equação de Planck, que estabelece uma proporcionalidade entre a energia e a frequência (ou o comprimento de onda) $\boldsymbol{E = h\upsilon}$, mostrou que um elétron de massa $\boldsymbol{m}$ em movimento apresenta propriedades ondulatórias como a luz. Finalmente, entre 1926 e 1927, três cientistas: o austríaco Erwin Schrödinger (1887-1961), o alemão Werner Heisenberg (1892-1987) e o britânico Paul Dirac (1902-1984), desenvolveram quase simultaneamente uma nova teoria sobre a estrutura atômica e molecular chamada de *mecânica quântica*, que se tornou a base moderna do entendimento sobre as ligações químicas nas moléculas.

A formulação da *mecânica quântica* proposta por Erwin Schrödinger para um próton e um elétron (átomo de hidrogênio) é a mais aceita pelos químicos. Schrödinger propôs que todos os elétrons em um átomo ou uma molécula podem ser descritos por uma *equação de onda*. As soluções para a *equação de onda* são chamadas de ***funções de onda*** **(psi =** ψ**)** ou ***orbitais***, onde cada ***função de onda*** ψ corresponde a um estado diferente do elétron em torno do núcleo, indicando a energia do elétron e a região mais provável de encontrá-lo ao redor do núcleo (Figura 2.3).

2.4. Orbitais Atômicos, Orbitais Moleculares e as Ligações Químicas

A primeira pergunta que se deve fazer é: por que as moléculas são formadas? A resposta é que os átomos se unem uns aos outros, de forma proporcional, para formar moléculas que são

---

1 Ver mais detalhes sobre a evolução dessa ciência no apêndice do Capítulo 1 (Cronologia das Principais Descobertas da Química).

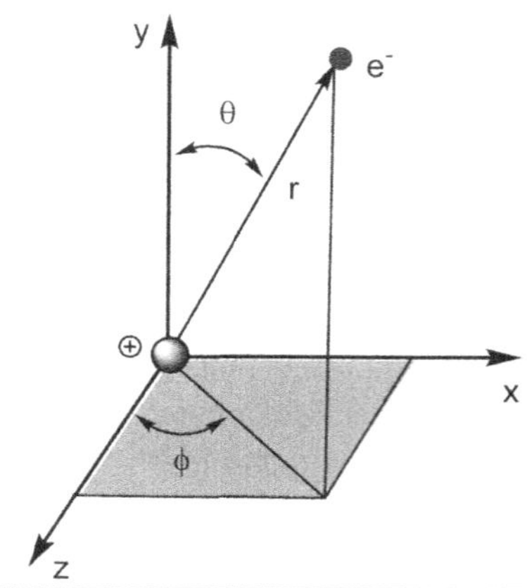

Orbital	Função de onda	Forma do orbital
1s	$\psi=\left(\frac{1}{\pi a_0^3}\right)^{\frac{1}{2}} e^{-r/a_0}$	
2s	$\psi=-\frac{1}{4}\left(\frac{1}{2\pi a_0^3}\right)^{\frac{1}{2}}\left(2-\frac{r}{a}\right)e^{-r/2a_0}$	
2p	$\psi=-\frac{1}{4}\left(\frac{1}{2\pi a_0^5}\right)^{\frac{1}{2}} e^{-r/2a_0}\begin{cases}\cos\theta & 2p_x\\ sen\theta.\cos\phi & 2p_y\\ sen\theta.sen\phi & 2p_z\end{cases}$	y z x / y z x / y z x
3s	$\psi=-\frac{1}{9}\left(\frac{1}{3\pi a_0^3}\right)^{\frac{1}{2}}\left(3-\frac{2r}{a_0}+\frac{2r^2}{9a_0^3}\right)e^{-r/3a_0}$	

Figura 2.3. Equações de função de onda para descrever os orbitais atômicos e suas formas geométricas.

energeticamente mais estáveis do que os átomos individualmente separados. Na verdade, existem poucos elementos químicos na forma de átomos livres na natureza. As *ligações químicas* são formadas a partir das interações entre os elétrons distribuídos em níveis de energia específicos dos átomos que formam essas ligações. Por isso, os elétrons têm um papel predominante sobre as propriedades químicas e físicas dos elementos e dos compostos químicos.

2.4.1. Os Orbitais Atômicos (OA)

Cada elemento químico presente na tabela periódica é representado por um número atômico *Z* (ver Figura 2.1), que representa o número de prótons presentes em seu núcleo. Um átomo neutro apresenta igual número de prótons e elétrons. Cada elemento químico possui um número específico de elétrons, distribuídos em órbitas definidas ao redor do núcleo. Porém, considerando o *Princípio de Incerteza de Heisenberg*, é impossível determinar simultaneamente a posição e o momento (massa e velocidade) de uma partícula, no caso, o elétron. Apesar disso, existe uma região com maior probabilidade de se encontrar o elétron distribuído ao redor do núcleo. Essa região de maior densidade de probabilidade é denominada de ***orbital***, que é uma região menos definida do que uma órbita específica, como havia sido proposto nos modelos atômicos anteriores. Os ***orbitais atômicos*** (**OA**) são definidos como uma ***função de onda quadrática*** Ψ^2 e as suas formas geométricas são definidas pelos gráficos tridimensionais de Ψ (r, θ, ϕ), onde r é o raio, θ é a latitude e ϕ é o ângulo azimutal (Figura 2.3).

Dessa maneira, a ***função de onda*** para um elétron no átomo de hidrogênio é caracterizada por três números quânticos:

- **n** (*número quântico principal*), o qual especifica a quantidade de energia do orbital. Este número quântico indica o número de camadas do átomo e é descrito por $E = - h\ R/n^2$, onde n = 1, 2, 3... etc.; h = constante de Planck (= 6,626 x 10^{-34} $m^2.kg.s^{-1}$) e R = constante de Rydberg (= 3,29 x 10^{15} Hz).
- ℓ (*número quântico de momento angular do orbital*), que determina o momento angular do elétron em função do núcleo. Este número quântico indica a forma do orbital, como esférica, halteres e outras. Os valores obtidos de ℓ são dependentes do número quântico principal **n**, podendo ser de $\ell = 0$ até $\ell = n - 1$. Os diferentes valores de ℓ são mais bem designados por letras do que por números, como ***s*** para $\ell = 0$, ***p*** para $\ell = 1$, ***d*** para $\ell = 2$ e ***f*** para $\ell = 3$. As letras ***s***, ***p***, ***d*** e ***f*** são derivadas dos termos espectroscópicos *sharp*, ***prin-cipal***, ***d**iffuse* e ***f**undamental*, que descrevem as linhas nos espectros atômicos.
- $\mathbf{m}_\ell$ (*número quântico magnético*), que determina a orientação espacial do momento angular; ou seja, determina onde o elétron se encontra no espaço. Os seus valores são dependentes dos valores de ℓ, variando de $-\ell$ a $+\ell$, incluindo o zero.

As três combinações possíveis desses números quânticos especificam um ***orbital***. Para o átomo de hidrogênio com o seu elétron no estado fundamental tem-se a seguinte especificação para o elétron: **n** = 1, $\ell = 0$ e $\mathbf{m}_\ell = 0$.

Existe ainda um quarto número quântico, denominado *número quântico spin* $\mathbf{m}_s$, que indica o momento angular de *spin* do elétron no orbital. Este número quântico tem importância quando consideramos a presença de dois elétrons em um único orbital, pois dois elétrons somente poderão ocupar um mesmo ***orbital*** se apresentarem *spins* contrários. Os valores possíveis para este número quântico são +½ e −½ , que indicam o sentido de rotação horário e anti-horário dos elétrons sobre o seu eixo.

A Figura 2.4 mostra os diferentes níveis de energia e a distribuição dos subníveis de energia dos ***orbitais atômicos*** ao redor do núcleo.

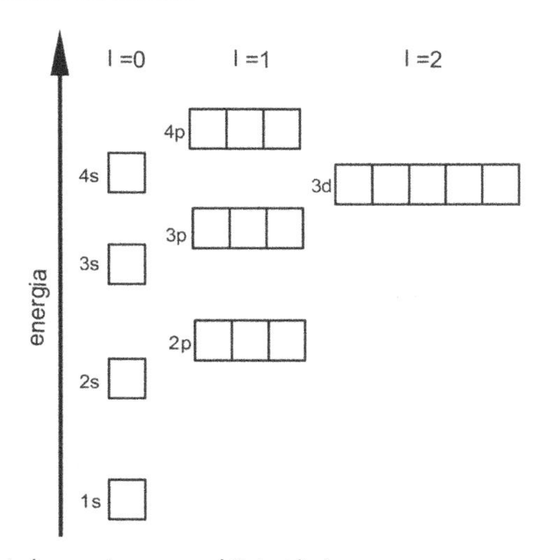

Figura 2.4. Diagrama dos níveis de energia para os orbitais atômicos.

A ***função de onda*** Ψ (r, θ, ϕ) que descreve um elétron no estado fundamental para o átomo de hidrogênio, onde $\mathbf{n} = 1$, $\ell = 0$ e $\mathbf{m}_\ell = 0$, é descrita por Ψ (1,0,0). Esta ***função de onda*** é dependente apenas da distância r do elétron em relação ao núcleo e independe dos ângulos θ e ϕ. Dessa maneira, a função de onda do ***orbital s*** descreve uma forma esfericamente simétrica.

Já para o ***orbital p*** ($\ell = 1$), a função de onda descrita é dependente tanto da distância r do elétron em relação ao núcleo, como também da distribuição angular (θ e ϕ) nas direções x, y e z dos eixos das coordenadas cartesianas. Assim, existem três valores de *número quântico magnético* para este orbital ($\mathbf{m}_\ell = +1$, $\mathbf{m}_\ell = 0$, $\mathbf{m}_\ell = -1$). Os três orbitais apresentam a mesma forma geométrica, a mesma energia e o mesmo tamanho, mas diferem na sua orientação espacial ao redor do núcleo, sendo também denominados de ***orbitais*** p_x, p_y e p_z com relação às coordenadas cartesianas (ver Figura 2.3).

2.4.2. O Átomo de Carbono

O estudo da química orgânica baseia-se na compreensão das propriedades eletrônicas de seus elementos, em especial dos átomos de carbono, hidrogênio, oxigênio e nitrogênio. O átomo de carbono apresenta número atômico $Z = 6$, o que significa que o átomo de carbono possui seis prótons em seu núcleo e, como consequência disso, seis elétrons ao redor do núcleo. Como já mencionado anteriormente, os elétrons são distribuídos em ***orbitais*** seguindo algumas regras de distribuição eletrônica.

A ***distribuição eletrônica*** para qualquer elemento químico adota as seguintes regras:

1) os elétrons são distribuídos primeiramente nos orbitais mais próximos do núcleo; ou seja, nos níveis de mais baixa energia, $\mathbf{n} = 1 \rightarrow 2 \rightarrow 3 \rightarrow 4 \rightarrow 5 \ldots$;

2) um orbital poderá receber no máximo dois elétrons com momentos de *spin* $\mathbf{m}_s$ contrários; ou seja, um orbital poderá acomodar dois elétrons com *spin* emparelhados. Esta regra é denominada ***Princípio da Exclusão de Pauli***;

3) para orbitais que possuem a mesma energia (chamados de ***orbitais degenerados***) os elétrons são adicionados a cada orbital com *spin* desemparelhado até que todos os orbitais contenham um elétron cada. Em seguida, o segundo elétron será adicionado ao ***orbital degenerado*** (de mesma energia), com *spin* contrário ao primeiro elétron, de maneira que os dois elétrons fiquem emparelhados.

A Figura 2.5 mostra a ***distribuição eletrônica*** dos principais átomos presentes nas moléculas orgânicas e também do neônio, que apresenta todos os orbitais completos com elétrons emparelhados.

Elemento	Número atômico	Distribuição eletrônica	Representação dos orbitais
Hidrogênio	$_1H$	$1s^1$	[↑]
Carbono	$_6C$	$1s^2, 2s^2, 2p^2$	[↑↓] [↑↓] [↑ | ↑ |]
Nitrogênio	$_7N$	$1s^2, 2s^2, 2p^3$	[↑↓] [↑↓] [↑ | ↑ | ↑]
Oxigênio	$_8O$	$1s^2, 2s^2, 2p^4$	[↑↓] [↑↓] [↑↓ | ↑ | ↑]
Flúor	$_9F$	$1s^2, 2s^2, 2p^5$	[↑↓] [↑↓] [↑↓ | ↑↓ | ↑]
Neônio	$_{10}Ne$	$1s^2, 2s^2, 2p^6$	[↑↓] [↑↓] [↑↓ | ↑↓ | ↑↓]

Figura 2.5. Distribuição eletrônica para alguns elementos presentes nos compostos orgânicos.

Os seis elétrons presentes no átomo de carbono estão distribuídos da seguinte maneira: dois elétrons no primeiro nível de energia (no ***orbital 1s***) e quatro elétrons no segundo nível de energia (dois no ***orbital 2s*** e dois nos ***orbitais 2p***) (ver Figura 2.5).

Conforme mostrado na Figura 2.6, o átomo de carbono apresenta dois elétrons desemparelhados, o átomo de nitrogênio apresenta três elétrons desemparelhados, o átomo de oxigênio apresenta dois elétrons desemparelhados e o átomo de flúor apresenta apenas um elétron desemparelhado. Os elétrons desemparelhados de um átomo irão combinar-se com um elétron desemparelhado de outro átomo para formar uma nova ***ligação química***.

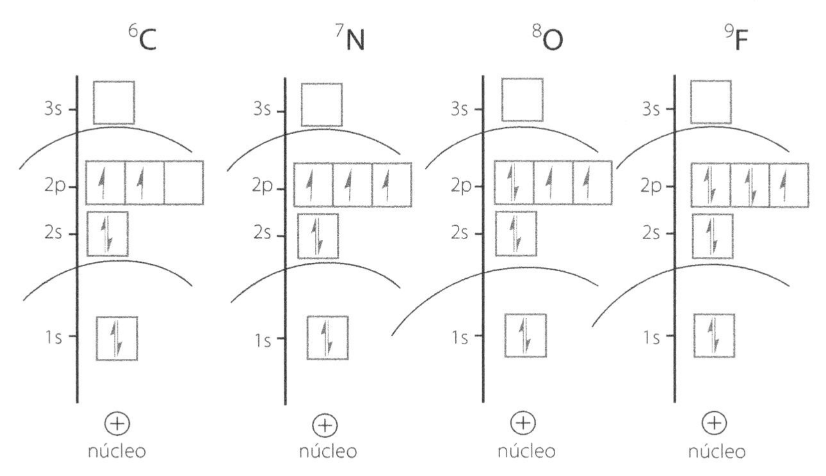

Figura 2.6. Distribuição eletrônica em diferentes níveis e subníveis para alguns elementos presentes nos compostos orgânicos.

2.4.3. Os Orbitais Moleculares (OM)

Vimos que os elétrons de um átomo estão distribuídos em diferentes níveis de energia nos ***orbitais*** ao redor do núcleo. O mesmo ocorre em uma molécula contendo diversos átomos. Em uma molécula, os núcleos dos átomos que a compõem também estão rodeados por elétrons localizados em orbitais definidos. Estes orbitais são chamados de ***orbitais moleculares*** (**OM**).

Se considerarmos o ***orbital atômico*** de um átomo **A** como uma ***função de onda*** (Ψ_A), o ***orbital molecular*** para uma molécula homoatômica **A-A**, deste mesmo elemento, será a combinação das duas ***funções de onda*** para cada ***orbital atômico*** ($\Psi_A + \Psi_A$). Esta combinação é denominada de ***combinação linear de orbitais atômicos*** (**CLOA**).

Existem duas maneiras diferentes de fazer a combinação de duas ***funções de onda***. Quando as combinações das duas ***funções de onda estão em fase***, dizemos que esta é uma ***combinação construtiva*** ($\Psi_A + \Psi_A$). Por outro lado, quando as ***funções de onda estão fora de fase***, dizemos que esta é uma ***combinação destrutiva*** ($\Psi_A - \Psi_A$).

Fazendo uma analogia, os ***orbitais atômicos*** também podem combinar-se da mesma maneira, ***em fase*** ou ***fora de fase***. Vamos avaliar essas duas possibilidades para a formação dos ***orbitais moleculares*** na molécula de hidrogênio (H_2). Para formar uma molécula de hidrogênio, os ***orbitais 1s*** (Ψ_{1s}) de cada átomo de hidrogênio precisam se aproximar. À medida que os núcleos vão se aproximando, aumenta a sobreposição entre as nuvens eletrônicas dos dois átomos de hidrogênio e esta sobreposição de nuvens eletrônicas transforma os ***orbitais atômicos*** em ***orbitais moleculares***. A combinação de dois ***orbitais atômicos*** resultará então em dois ***orbitais moleculares***. No ***orbital molecular*** resultante da ***combinação construtiva*** ($\Psi_{1s} + \Psi_{1s}$); ou seja, quando a combinação está em fase, os elétrons estão distribuídos preferencialmente entre os dois núcleos da molécula. Este orbital é denominado como ***orbital molecular ligante***. Se esta combinação estiver fora de fase em uma ***combinação destrutiva*** ($\Psi_{1s} - \Psi_{1s}$), um plano nodal é formado entre os dois núcleos, e neste local a chance de se encontrar o elétron é mínima. Este outro ***orbital molecular*** é chamado de ***orbital molecular antiligante*** (ver Figura 2.7).

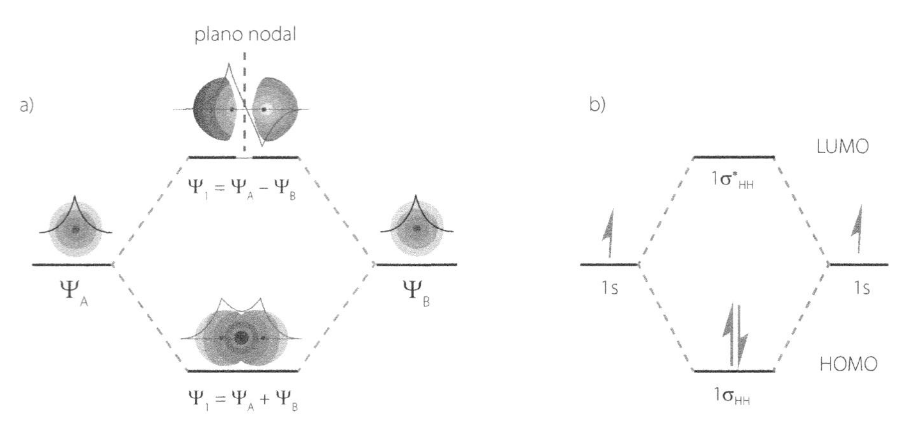

Figura 2.7. a) Formação dos orbitais moleculares ligante e antiligante; b) Orbitais moleculares para a molécula de hidrogênio.

De fato, se considerarmos a interações construtiva e destrutiva como sendo a combinação das ***funções de onda*** de cada ***orbital atômico*** individualmente, teremos:

$\Psi_1 = \Psi_A + \Psi_B$ *(orbital molecular ligante)*
$\Psi_2 = \Psi_A - \Psi_B$ *(orbital molecular antiligante)*

Como o ***quadrado da função de onda*** é a probabilidade máxima de se encontrar um elétron em qualquer região de espaço da molécula, teremos:

$$\Psi_1^2 = \Psi_A^2 + 2\,\Psi_A^2\,\Psi_B^2 + \Psi_B^2$$
$$\Psi_2^2 = \Psi_A^2 - 2\,\Psi_A^2\,\Psi_B^2 + \Psi_B^2$$

Assim, algumas considerações importantes sobre a formação dos ***orbitais moleculares*** devem ser mencionadas:

- a combinação de *n* ***orbitais atômicos*** **(OA)** para a formação de uma ***ligação química***, leva à formação de *n* ***orbitais moleculares*** **(OM)**;
- pela ***combinação linear de orbitais atômicos*** **(CLOA)**, a ***combinação construtiva*** dos ***orbitais atômicos*** leva à formação de um ***orbital molecular ligante*** e a ***combinação destrutiva*** dos ***orbitais atômicos*** leva à formação de um ***orbital molecular antiligante***;
- o ***orbital molecular ligante*** possui energia menor que o ***orbital molecular antiligante***;
- o ***orbital molecular ligante*** possui energia menor que o ***orbital atômico***;
- o ***orbital molecular antiligante*** possui energia maior que o ***orbital atômico***;
- de maneira semelhante ao preenchimento dos ***orbitais atômicos***, os ***orbitais moleculares*** podem receber apenas dois elétrons com *spin* emparelhados;
- como os dois elétrons no ***orbital molecular ligante*** são compartilhados pelos dois núcleos, eles representam a ***ligação química***.

As mesmas observações feitas para as interações dos ***orbitais 1s*** do átomo de hidrogênio para a formação da molécula de H_2 podem ser feitas para qualquer outro tipo de interação entre dois

orbitais atômicos diferentes, presentes em uma ***ligação química***. Por exemplo, dois ***orbitais atômicos 2s*** irão se combinar exatamente como os ***orbitais 1s***, formando dois ***orbitais moleculares***, um ***ligante*** e outro ***antiligante***. Quando a combinação de dois ***orbitais atômicos*** produzir um ***orbital molecular*** cilindricamente simétrico entre os núcleos que compõem a ***ligação química***, este ***orbital molecular ligante*** é denominado de ***orbital molecular sigma ligante*** (OMσ). O ***orbital molecular sigma ligante*** apresenta uma forma cilíndrica simétrica, na qual os elétrons estão localizados preferencialmente entre os dois núcleos atômicos (ver Figura 2.8). Esta forma cilíndrica do ***orbital molecular*** permite um grau de rotação maior entre os átomos que compõem a ***ligação química***. Assim, na molécula de hidrogênio, os elétrons estão localizados no ***orbital molecular sigma ligante*** e a ***ligação química*** que une esses átomos é chamada de ***ligação sigma*** (*ligação* σ). O ***orbital antiligante*** desta combinação é denominado ***orbital molecular sigma antiligante*** (OMσ^*).

Os ***orbitais moleculares*** também podem ser designados por **HOMO** (*Highest Occuppied Molecular Orbital*) e **LUMO** (*Lowest Unocuppied Molecular Orbital*). O ***orbital*** **HOMO** será o ***orbital molecular ocupado*** de maior energia, enquanto o ***orbital*** **LUMO** será o ***orbital molecular desocupado*** de menor energia (ver Figura 2.7). As diferenças entre os níveis de energia dos ***orbitais*** **HOMO** e **LUMO** estão diretamente relacionadas com a reatividade intrínseca de alguns compostos. As consequências dessas diferenças de energia e das interações dos ***orbitais*** **HOMO** e **LUMO** serão estudadas nos capítulos seguintes.

Outras combinações de ***orbitais atômicos*** bastante usuais na química orgânica são as sobreposições do ***orbital atômico s*** com os ***orbitais p*** e as sobreposições do ***orbital atômico p*** com outros ***orbitais p*** (Figura 2.8). Essas combinações levam à formação de ***orbitais moleculares*** simétricos no eixo internuclear; ou seja, levam à formação de um ***orbital molecular sigma*** (OMσ).

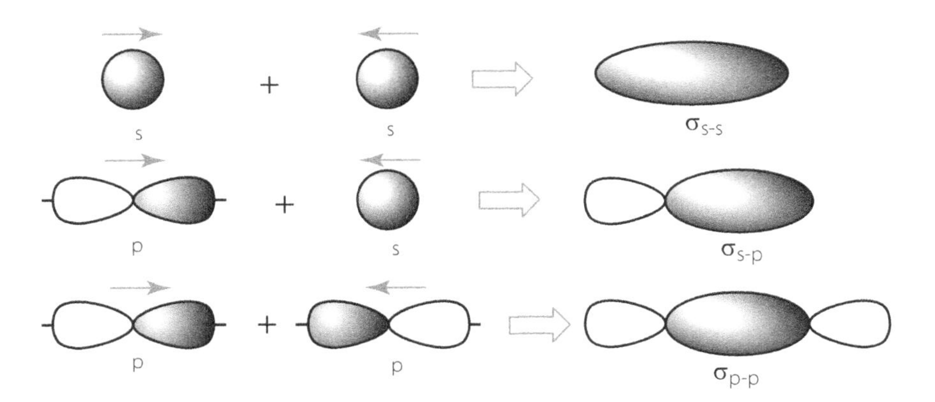

Figura 2.8. Sobreposição dos orbitais atômicos para a formação de um orbital molecular sigma ligante.

Por outro lado, nas interações entre os ***orbitais atômicos p*** existem diferentes possibilidades de combinações. Os três ***orbitais atômicos 2p*** apresentam uma forma de halteres distribuídas nos eixos x, y e z, perpendiculares uns aos outros (Figura 2.9). Assim, a sobreposição de dois ***orbitais atômicos 2p*** pode ocorrer por dois caminhos diferentes. Com a aproximação frontal dos dois átomos, os ***orbitais atômicos*** $2p_x$ de cada átomo se sobrepõem para formar um ***orbital molecular ligante sigma*** (Figura 2.9a). Para os outros dois ***orbitais atômicos*** $2p_y$ e $2p_z$, a sobreposição dos ***orbitais atômicos*** somente poderá ocorrer de forma lateral/paralela (Figura 2.9b).

A sobreposição frontal de dois ***orbitais atômicos*** $2p_x$ leva à formação de dois ***orbitais moleculares***, um ***orbital*** σ ***ligante*** e outro ***orbital*** σ^* ***antiligante***. O ***orbital molecular ligante*** é cilindricamente simétrico em torno do eixo internuclear. Já o ***orbital molecular antiligante*** apresenta um plano nodal entre os núcleos dos átomos, local onde a probabilidade de se encontrar o elétron é nula (Figura 2.9a).

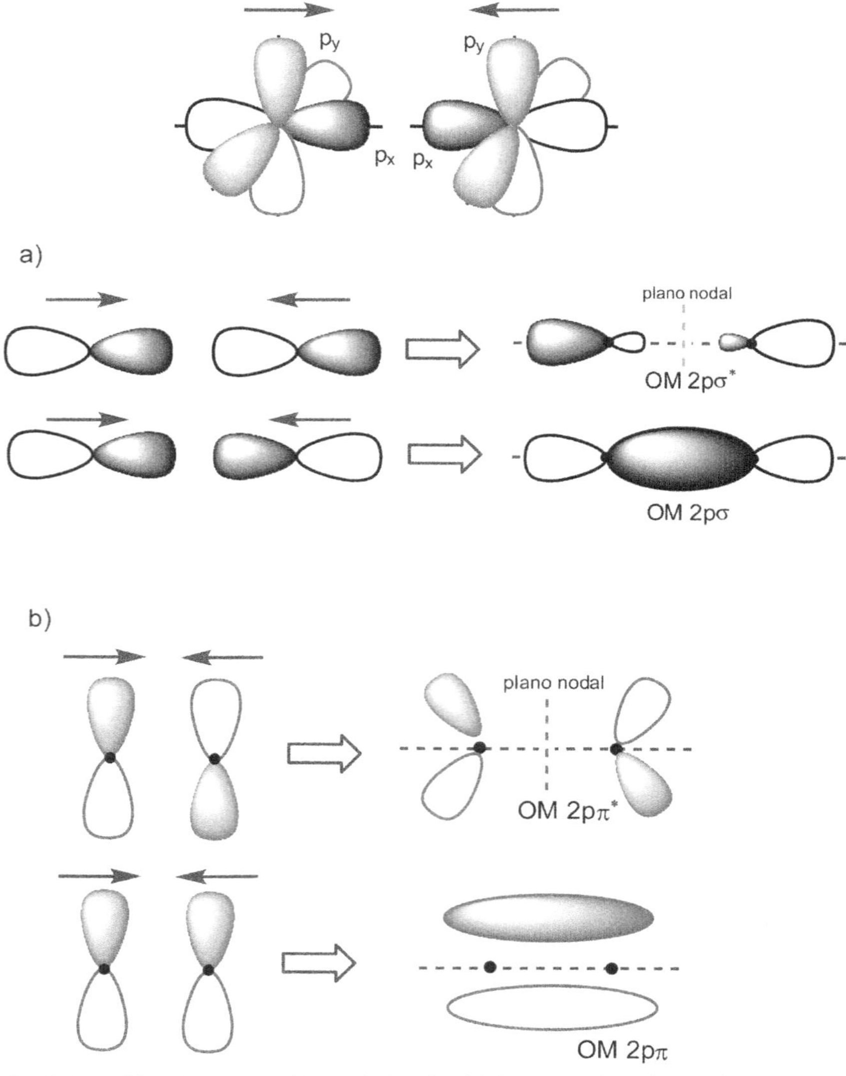

Figura 2.9. Possíveis combinações para os orbitais atômicos 2p. a) Sobreposição frontal para a formação do orbital molecular (OM) sigma ligante e antiligante; b) sobreposição lateral/paralela para a formação do orbital molecular (OM) pi ligante e antiligante.

A sobreposição lateral/paralela dos ***orbitais atômicos*** p_y e p_z não forma ***orbitais moleculares*** com distribuição simétrica ao longo do eixo internuclear. Nesse caso, os elétrons ficarão distribuídos em nuvens eletrônicas paralelas ao eixo internuclear. Esses ***orbitais moleculares*** apresentam simetria pi (π). A interação de dois ***orbitais atômicos*** $2p_y$ também leva à formação de dois ***orbitais moleculares***, o ***orbital molecular pi ligante*** (OMπ) e o ***orbital molecular pi antiligante*** (OMπ^*). Dessa maneira, para um átomo com três elétrons no ***orbital atômico 2p*** existe a possibilidade de uma sobreposição frontal ***2pσ*** e de duas sobreposições paralelas ***2pπ***. As duas sobreposições ***2pπ*** são degeneradas; ou seja, apresentam a mesma energia (Figura 2.9b).

Porém, os dois tipos de ***orbitais moleculares*** ($2p\sigma$ e $2p\pi$) formados pelas diferentes combinações dos ***orbitais atômicos 2p*** não são degenerados; ou seja, não apresentam a mesma quantidade de energia. Para os ***orbitais atômicos*** $2p_x$ a sobreposição frontal é mais eficiente em decorrência da maior força de atração dos núcleos pelos elétrons, o que resulta em uma menor energia para o ***orbital molecular*** $2p\sigma$ que para o ***orbital molecular*** $2p\pi$. Consequentemente, uma ligação σ é energeticamente mais estável do que uma ligação π (Figura 2.10a). Dessa maneira, podemos descrever um diagrama de níveis de energia para as interações dos ***orbitais atômicos 1s, 2s, 2p*** para formar os ***orbitais moleculares*** correspondentes. Esta ***distribuição eletrônica*** entre os diferentes ***orbitais moleculares*** pode ser mais bem visualizada na molécula de nitrogênio (N_2) (Figura 2.10b).

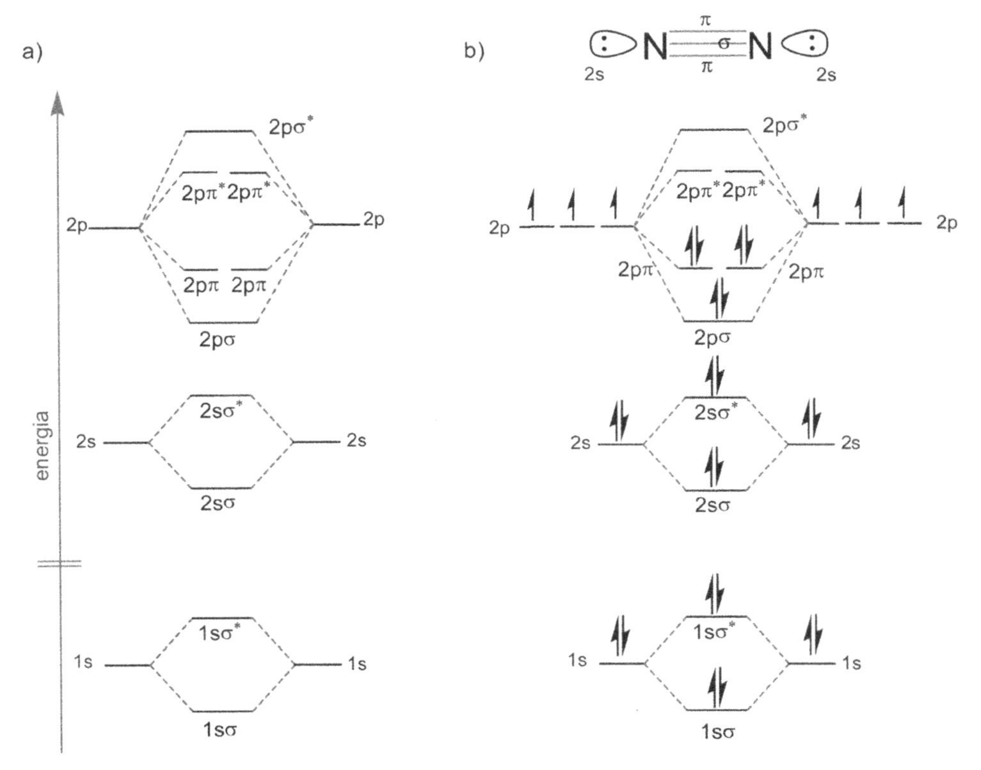

Figura 2.10. a) Níveis de energia para os orbitais moleculares (OM); b) níveis de energia para os orbitais moleculares (OM) da molécula de nitrogênio.

Como mostrado na Figura 2.10b, o átomo de nitrogênio apresenta sete elétrons que estão distribuídos nos ***orbitais atômicos*** $1s^2$, $2s^2$ e $2p^3$. Para a formação da molécula de nitrogênio (N_2) devemos considerar apenas os elétrons dos ***orbitais*** $2p^3$. Isso ocorre porque os elétrons dos ***orbitais 1s*** estão muito próximos do núcleo e não contribuem para a formação da ***ligação química***. Os elétrons no ***orbital 2s*** também não contribuem para a formação de novas ligações. Esses elétrons representam os pares de elétrons livres nos átomos de nitrogênio. Assim, para a formação da molécula de nitrogênio as ligações são realizadas com os seis elétrons dos dois ***orbitais atômicos*** $2p^3$. Esses seis elétrons se combinam para formar três ligações químicas. O ***orbital*** $2p_x$ se combina com o outro ***orbital*** $2p_x$ para formar uma ligação $2p\sigma$ e os outros dois ***orbitais***, $2p_y$ e $2p_z$, combinam-se para formar duas ligações $2p\pi$. Dessa maneira, na molécula de nitrogênio ($N{\equiv}N$) os átomos são ligados por uma ligação tripla, composta por uma ligação sigma (σ) e duas ligações pi (π) (Figura 2.10b).

Para formar uma ligação entre átomos diferentes (moléculas heteronucleares) a interpretação do diagrama de energia dos ***orbitais moleculares*** é um pouco diferente. Cada átomo apresenta um valor de eletronegatividade específico e a eletronegatividade de cada átomo está relacionada diretamente com a força de atração do núcleo pelos seus elétrons. Assim, o átomo mais eletronegativo terá uma força de atração maior entre o seu núcleo e os elétrons que o rodeiam e, consequentemente, os seus elétrons estarão mais próximos do núcleo, com uma energia eletrônica menor. Fazendo uma comparação dos valores de energia dos ***orbitais atômicos*** dos elementos carbono, oxigênio e flúor, podemos verificar que o átomo de flúor é o mais eletronegativo (ver tabela de eletronegatividade dos elementos químicos na Figura 1.11, no Capítulo 1) e, por este motivo, os seus ***orbitais atômicos 2p*** estão em um nível de energia menor que os ***orbitais atômicos 2p*** do oxigênio; os quais por sua vez estão em um nível de energia menor que os ***orbitais atômicos 2p*** do carbono (Figura 2.11).

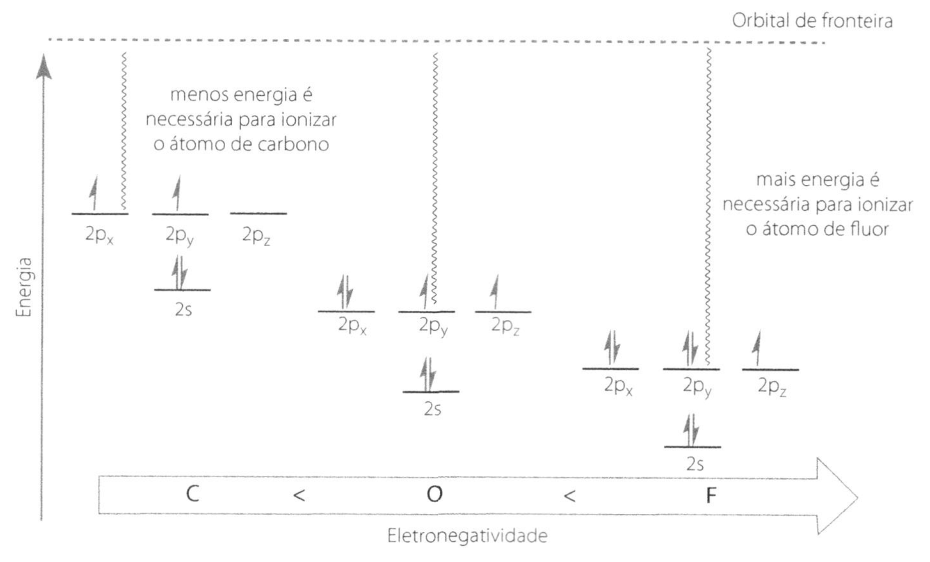

Figura 2.11. Diferença de energia dos orbitais moleculares (**OM**) para átomos com diferentes valores de eletronegatividade.

A sobreposição de dois ***orbitais atômicos*** com níveis de energia iguais leva à formação de dois ***orbitais moleculares*** simétricos equidistantes do ***orbital atômico***; isto é, forma-se um ***orbital molecular ligante***, com energia menor que o ***orbital atômico***, e outro ***orbital molecular antiligante***, com energia maior que o ***orbital atômico***.

Nas sobreposições de dois ***orbitais atômicos*** com pequenas diferenças de energia também ocorre a formação de dois ***orbitais moleculares***, porém, esses orbitais não são equidistantes dos ***orbitais atômicos***. Nesse caso, a combinação dos dois ***orbitais atômicos*** leva à formação de dois ***orbitais moleculares não simétricos***. O ***orbital atômico*** do átomo mais eletronegativo (como o flúor, por exemplo) possui uma energia menor e, por isso, este ***orbital atômico*** contribui mais efetivamente para a formação do ***orbital molecular ligante***. Já para o elemento menos eletronegativo (como o carbono, por exemplo), o seu ***orbital atômico*** possui maior energia e, por isso, este ***orbital atômico*** contribui menos para a formação do ***orbital molecular ligante*** e contribui mais para a formação do ***orbital molecular antiligante***.

Para exemplificar o que foi mencionado acima, vamos fazer uma análise comparativa entre as ligações $\pi_{C\text{-}C}$ e $\pi_{C\text{-}O}$. Na ligação $\pi_{C\text{-}C}$ os dois ***orbitais 2p*** do carbono possuem a mesma energia e as suas combinações produzem dois ***orbitais moleculares*** equidistantes dos ***orbitais atômicos*** e totalmente simétricos (Figura 2.12a). Na ligação $\pi_{C\text{-}O}$, os ***orbitais 2p*** do carbono e do oxigênio apresentam energias diferentes e, nesse caso, o ***orbital atômico 2p*** do oxigênio produz uma contribuição maior para o ***orbital molecular π ligante*** que o ***orbital atômico 2p*** do carbono, que é menos eletronegativo. Esta combinação de ***orbitais atômicos 2p*** produz um ***orbital molecular π ligante não simétrico***, onde os elétrons presentes neste ***orbital molecular*** serão mais atraídos pelo átomo de oxigênio do que pelo átomo de carbono, por causa da diferença de eletronegatividade entre esses dois átomos. Embora essa ligação formada seja covalente, ela apresenta um pequeno caráter iônico em virtude da diferença de eletronegatividade entre os átomos de carbono e de oxigênio (Figura 2.12b).

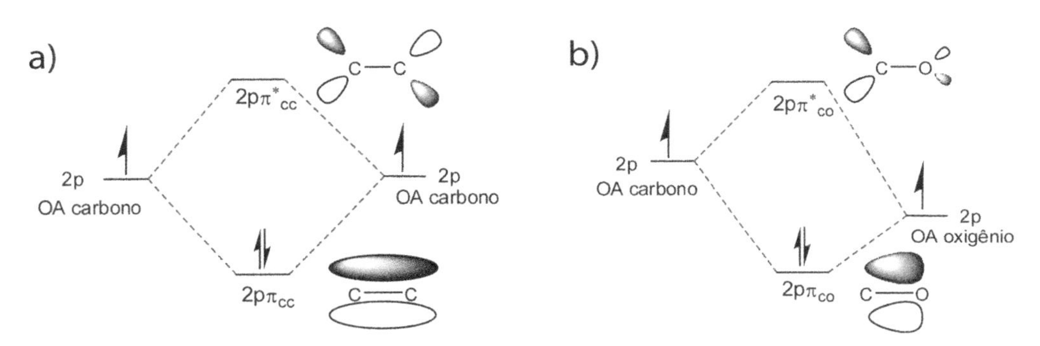

Figura 2.12. a) Formação de orbital molecular (**OM**) com elementos com a mesma eletronegatividade; b) formação de orbital molecular (**OM**) com elementos com diferença de eletronegatividade.

Quando a interação ocorre com ***orbitais atômicos*** de átomos com grandes diferenças de energia, os ***orbitais moleculares*** não são formados. De fato, para esse tipo de interação, o que ocorre é a transferência de elétrons do átomo menos eletronegativo para o átomo mais eletronegativo, resultando na ***formação de uma ligação com alto caráter iônico.***

2.5. Hibridação ou Hibridização

A proposta de hibridização surgiu da necessidade de explicar, por exemplo, a formação da molécula do metano (CH_4). Para a formação de uma ligação covalente entre dois átomos, os seus elétrons desemparelhados devem se combinar para formar a ***ligação química*** como um par de elétrons emparelhados. Assim, para a formação de uma molécula de água (H_2O), os dois elétrons desemparelhados do oxigênio ($\boldsymbol{2s^2}$, $\boldsymbol{2p^4}$) combinam-se com dois átomos de hidrogênio ($\boldsymbol{1s^1}$) para formar dois pares de elétrons emparelhados; ou seja, para formar duas ligações covalentes σ_{OH} (Figura 2.13a). Do mesmo modo, para a formação de uma molécula de amônia (NH_3), os três elétrons desemparelhados do nitrogênio ($\boldsymbol{2s^2}$, $\boldsymbol{2p^3}$) combinam-se com três átomos de hidrogênio ($\boldsymbol{1s^1}$) para formar três ligações covalentes σ_{NH} (Figura 2.13b).

No entanto, esta mesma regra não explica a formação da molécula do metano (CH_4). Para a formação do metano, um átomo de carbono ($\boldsymbol{2s^2}$, $\boldsymbol{2p^2}$) deve se combinar com quatro átomos de hidrogênio ($\boldsymbol{1s^1}$). Como pode ser observado na Figura 2.6, o átomo de carbono apresenta apenas dois elétrons desemparelhados nos ***orbitais 2p*** e, por isso, seria esperado que o átomo de carbono fizesse apenas duas ligações covalentes, formando uma molécula de CH_2 (Figura 2.13c)[2]. Na ver-

2 Na verdade, a molécula de CH_2 existe na forma de um intermediário neutro (sem carga) muito reativo e instável denominado "carbeno", que possui um átomo de carbono divalente com apenas seis elétrons de valência.

dade, a molécula de CH_2 existe na forma de um intermediário neutro (sem carga) muito reativo e instável denominado "carbeno", que possui um átomo de carbono divalente com apenas seis elétrons de valência: dois elétrons em cada ligação C-H e dois elétrons não ligantes. Portanto, se o átomo de carbono fizesse apenas duas ligações covalentes ele não poderia completar o seu octeto (camadas eletrônicas exteriores completamente preenchidas, como nos gases nobres).

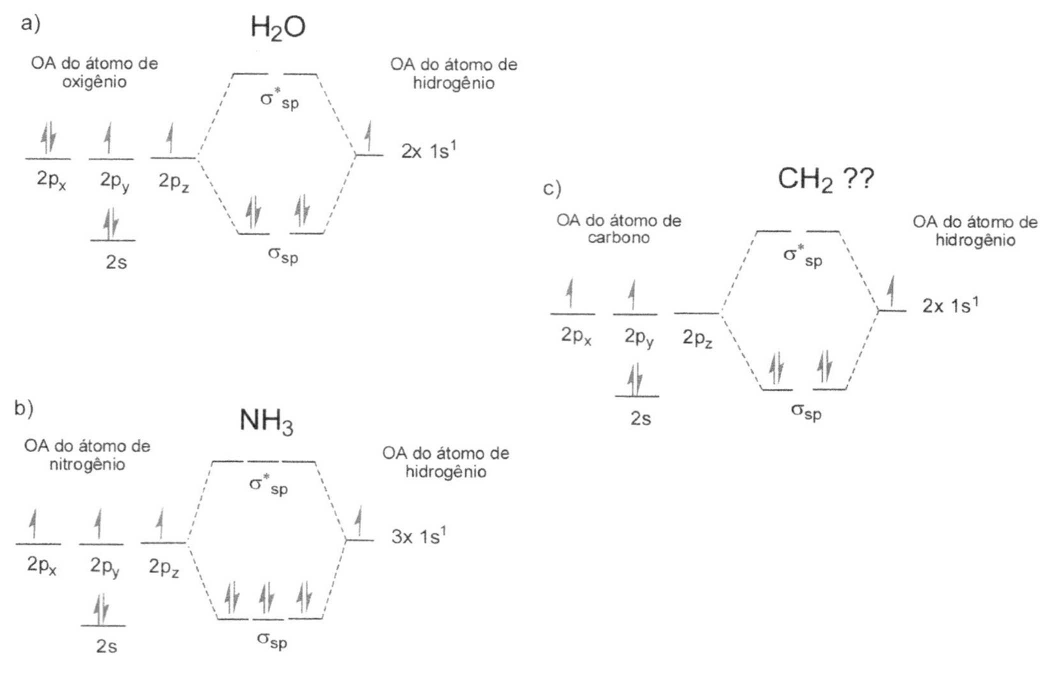

Figura 2.13. Diagrama de energia dos orbitais atômicos (**OA**) e orbitais moleculares (**OM**). a) Molécula de água; b) molécula de amônia; c) molécula de CH_2. Essa distribuição eletrônica do átomo de carbono não explica a formação da molécula do metano (CH_4).

A primeira proposta surgida para explicar a formação de quatro ligações com o carbono, como no caso da molécula de metano (CH_4), seria o carbono apresentar a distribuição eletrônica $2s^1$, $2p_x^1$, $2p_y^1$, $2p_z^1$, com quatro elétrons desemparelhados. Esta nova configuração deveria envolver a promoção de um elétron do ***orbital*** $2s^2$, de menor energia, para o ***orbital*** $2p_z$, de maior energia, o que deve necessitar de energia extra (Figura 2.14). A energia necessária para a promoção de um elétron é compensada pela formação de novas ligações covalentes, que fornecem um maior ganho de energia para os ***orbitais híbridos*** do que para os ***orbitais atômicos puros***.

Figura 2.14. Carbono com quatro elétrons desemparelhados não degenerados para os átomos de carbono.

Porém, mesmo assim, esta nova ***configuração eletrônica*** não explica as propriedades estruturais observadas para o metano, uma vez que a molécula do metano apresenta quatro ligações covalentes C-H equivalentes; ou seja, ligações que apresentam o mesmo comprimento (1,09 Å) e o mesmo ângulo (109,5º). Na ***configuração eletrônica*** discutida no parágrafo anterior, as três ligações covalentes formadas pelas combinações dos ***orbitais*** $2p_x^1$, $2p_y^1$, $2p_z^1$ seriam diferentes da ligação formada pelo ***orbital*** $2s^1$. Para poder formar quatro ligações totalmente equivalentes, os ***orbitais atômicos*** do carbono necessariamente precisam ser equivalentes, o que seria impossível se considerássemos os ***orbitais 2s*** e ***2p*** nas suas formas puras para o carbono. A única forma do átomo de carbono fazer quatro ligações covalentes equivalentes seria usando ***orbitais híbridos***.

Em 1931, o norte americano Linus Pauling (1901-1994) propôs pela primeira vez a formação de ***orbitais híbridos***. Os ***orbitais híbridos*** são combinações de ***orbitais atômicos puros***, que resultam na formação de um novo conjunto de ***orbitais atômicos***, com características diferentes daquelas dos ***orbitais atômicos*** que os originaram. Dessa maneira, os elétrons da camada de valência do átomo de carbono (***orbitais 2s*** e ***2p***) devem se combinar na proporção de um ***orbital s*** para três ***orbitais p***, para formar quatro novos ***orbitais degenerados*** (de mesma energia), denominados ***orbitais*** sp^3. Para este novo conjunto de orbitais formados, cada ***orbital híbrido*** sp^3 tem 25% de caráter do ***orbital s*** e 75% de caráter do ***orbital p***. A forma do ***orbital*** sp^3 é semelhante à de um haltere, como a forma de um ***orbital p***, porém os lóbulos desses halteres não são simétricos.

Na verdade, para explicar essa nova forma de halteres (não simétrica), a combinação da ***função de onda*** (ψ) do ***orbital s*** adiciona-se a um dos lóbulos do ***orbital p***, aumentando um dos lóbulos e reduzindo o outro lóbulo. Os quatro ***orbitais*** sp^3 apontam para os vértices de um tetraedro regular, formando ângulos de 109,5º entre si (Figuras 2.15 e 2.16).

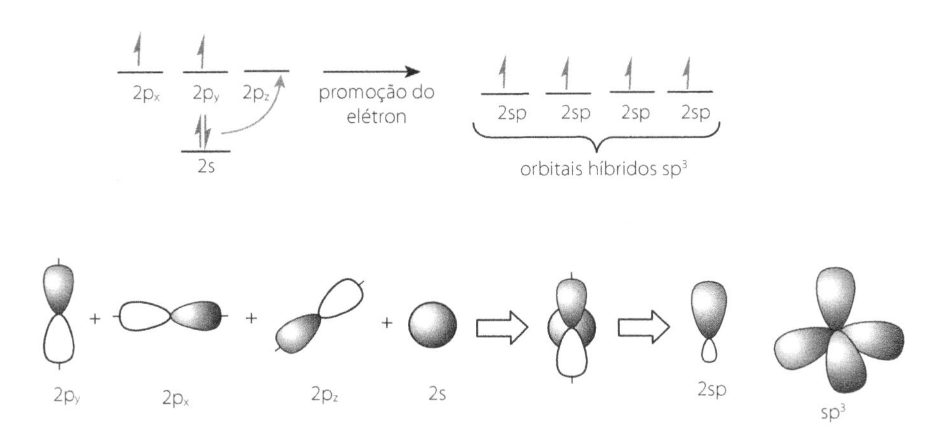

Figura 2.15. Formação de orbitais híbridos sp^3 pela combinação das funções de onda dos orbitais atômicos (**OA**) ***2s*** e ***2p*** para o átomo de carbono.

Assim, na molécula do metano, as quatro ligações C-H são formadas pela sobreposição do lóbulo maior dos quatro ***orbitais híbridos*** $2sp^3$ do carbono com o ***orbital*** $1s^1$ do hidrogênio (Figura 2.16). Cada sobreposição leva à formação de um ***orbital molecular ligante*** (ligação $\sigma_{2sp^3\text{-}1s}$) e um ***orbital molecular antiligante*** (ligação $\sigma^*_{2sp^3\text{-}1s}$).

Para moléculas semelhantes ao metano, nas quais o carbono utiliza os quatro ***orbitais*** sp^3 para fazer ligações σ, o carbono é chamado de ***carbono tetraédrico***. Da mesma maneira, na molécula do etano (CH_3-CH_3), os dois átomos de carbono utilizam os seus ***orbitais híbridos*** sp^3 para fazer ligações covalentes e ambos são tetraédricos. Neste caso, um ***orbital*** sp^3 de cada átomo de carbono

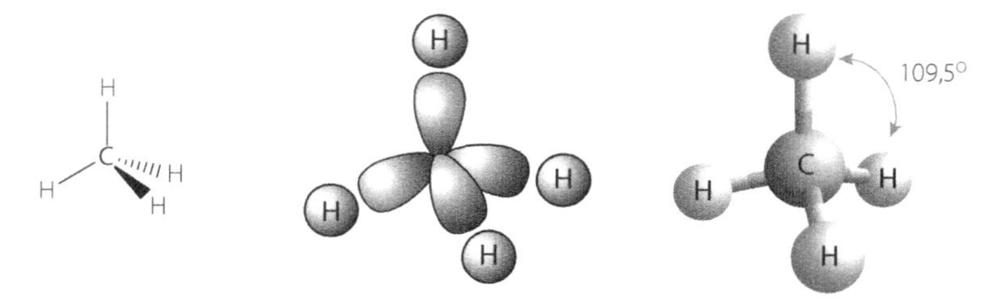

Figura 2.16. Estrutura molecular do metano.

combina-se para formar uma ligação σ_{C-C}. Os outros três ***orbitais sp***^{3} restantes de cada átomo de carbono, combinam-se com seis ***orbitais 1s***^{1} do hidrogênio para formar seis ligações σ_{C-H} (Figura 2.17).

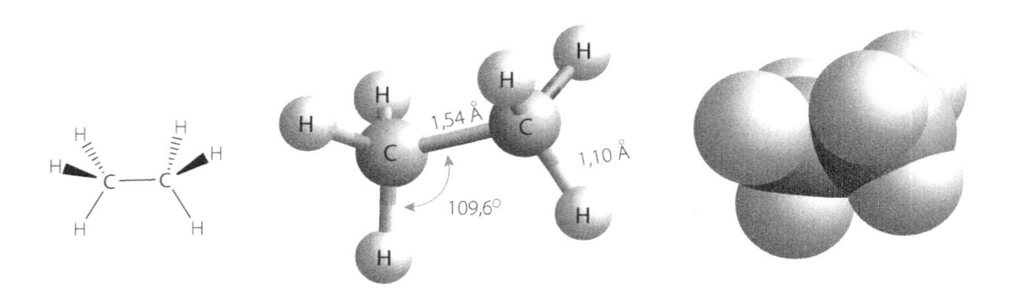

Figura 2.17. Diferentes representações estruturais para a molécula de etano.

2.5.1. As Moléculas do Eteno (Etileno) e do Etino (Acetileno)

A hibridização entre os ***orbitais 2s*** e ***2p*** (p_x, p_y, p_z) do átomo de carbono também pode ocorrer com diferentes graus de participação entre os ***orbitais p*** e ***s***. Por exemplo, no caso do metano (CH_4) e do etano (CH_3-CH_3), os três ***orbitais*** p_x, p_y e p_z foram combinados com um ***orbital s*** para a formação de quatro ***orbitais sp***^{3}.

No entanto, outras combinações são possíveis de ocorrer no átomo de carbono. Se apenas dois ***orbitais*** p_x e p_y se combinarem com um ***orbital s***, esta combinação levará à formação de três novos ***orbitais híbridos degenerados*** denominados ***orbitais sp***^{2}. Cada ***orbital sp***^{2} apresenta 33,33% de caráter ***s*** e 66,66% de caráter ***p***. Esses três ***orbitais híbridos*** estão distribuídos no mesmo plano, com ângulos de 120° entre si, em uma estrutura trigonal planar. O ***orbital atômico*** p_z não utilizado nesta hibridização permanece inalterado, ficando perpendicular ao plano dos três ***orbitais sp***^{2} (Figura 2.18).

Para a formação da molécula do eteno ou etileno (H_2C=CH_2), um ***orbital híbrido sp***^{2} de cada átomo de carbono combina-se para formar uma ligação $\sigma_{sp^2\text{-}sp^2}$. Os outros dois ***orbitais sp***^{2} de cada átomo de carbono combinam-se com o ***orbital 1s***^{1} dos átomos de hidrogênio para formar duas ligações $\sigma_{sp^2\text{-}s}$. A quarta ligação do átomo de carbono é formada pela interação dos dois ***orbitais*** p_z ***puros*** de cada átomo de carbono que não foram utilizados na hibridização. A interação entre os ***orbitais*** p_z ***puros*** de cada átomo de carbono leva à formação de uma ligação π. Assim, a molécula do eteno apresenta cinco ligações sigma (uma σ_{C-C} e quatro σ_{C-H}) no mesmo plano da molécula e uma ligação π_{C-C}, com lóbulos acima e abaixo do plano da molécula, que forma uma dupla ligação carbono-carbono (C=C) (Figura 2.18).

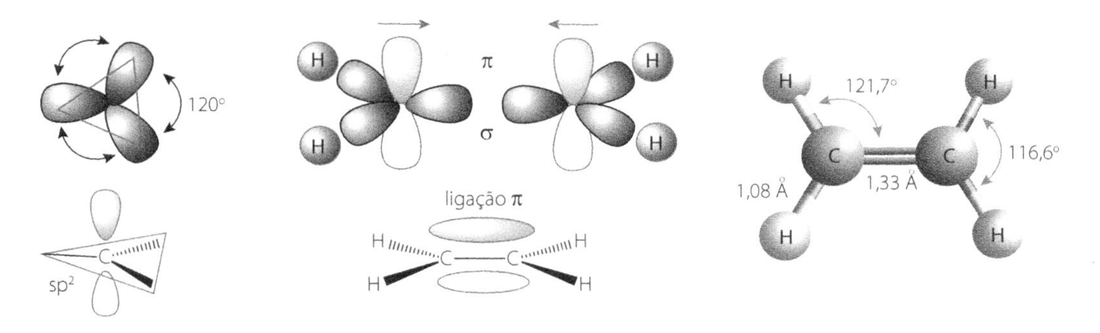

Figura 2.18. Hibridização sp^2 e a estrutura molecular do eteno (etileno).

Já na molécula do etino ou acetileno (HC≡CH), uma tripla ligação carbono-carbono (C≡C) é formada. Para formar a molécula do etino os átomos de carbono assumem uma hibridização ***sp***. Para isso, em cada átomo de carbono ocorre a combinação de apenas um ***orbital*** $2p_x$ com um ***orbital s***, formando, dessa maneira, dois ***orbitais híbridos sp***, permanecendo os outros dois ***orbitais*** $2p_y$ e $2p_z$ nas suas formas puras. Os ***orbitais híbridos sp*** formados desta combinação apresentam 50% de caráter ***s*** e 50% de caráter ***p*** e estão distribuídos de forma linear no espaço, formando um ângulo de 180° entre si (Figura 2.19). A molécula do etino é formada pela combinação de um ***orbital híbrido sp*** de cada átomo de carbono, formando a ligação $\sigma_{sp\text{-}sp}$, e pela sobreposição do outro ***orbital sp*** com o ***orbital 1s*** dos átomos de hidrogênio para a formação da ligação $\sigma_{sp\text{-}s}$. Os dois ***orbitais*** $2p_y$ e $2p_z$ de cada átomo de carbono se combinam para formar duas ligações π. Assim, a molécula do etino apresenta três ligações sigma (uma $\sigma_{C\text{-}C}$ e duas $\sigma_{C\text{-}H}$) lineares e duas ligações $\pi_{C\text{-}C}$, com lóbulos acima/abaixo e na frente/atrás do plano da molécula (Figura 2.19).

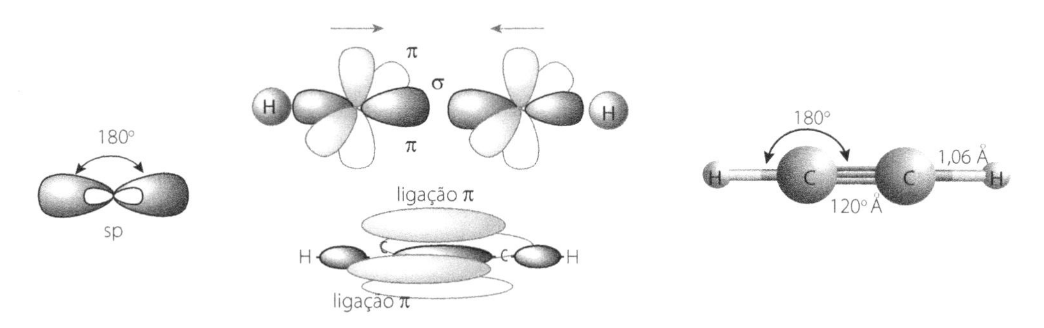

Figura 2.19. Hibridização ***sp*** e a estrutura molecular do etino (acetileno).

De maneira geral, as moléculas orgânicas são constituídas por um esqueleto de hidrocarboneto, contendo átomos de carbono com diferentes formas de hibridização. São essas hibridizações que irão conferir o volume e a forma geométrica para as moléculas orgânicas, com diferentes átomos de carbono com hibridizações sp^3 (tetraédrica), sp^2 (trigonal plana) e ***sp*** (linear) (Figura 2.20).

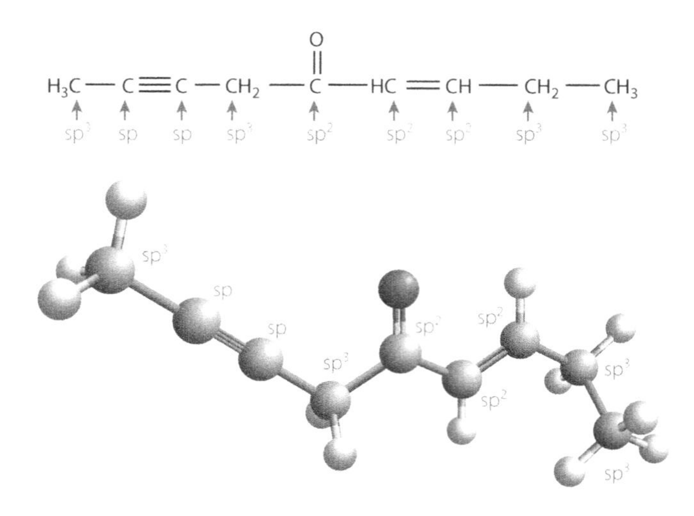

Figura 2.20. Molécula de uma cetona (non-6-en-2-in-5-ona) com diferentes tipos de hibridização do átomo de carbono.

2.5.2. Hibridização de Outros Átomos

A hibridização é um fenômeno que ocorre também entre vários ***orbitais atômicos*** e não é uma característica única do átomo de carbono. Em moléculas que possuem átomos centrais num arranjo tetraédrico, esses átomos são designados como tendo hibridização ***sp³***.

Como exemplo, vamos analisar a molécula da água (H_2O). O átomo central de oxigênio pode fazer duas ligações sigma, pois apresenta dois elétrons desemparelhados, como pode ser visto na Figura 2.13a. Assim, o átomo de oxigênio não necessita promover elétrons do ***orbital s*** para o ***orbital p***, como ocorre no átomo de carbono. No entanto, se as duas ligações sigma O-H fossem formadas pelos dois elétrons desemparelhados $\mathbf{2p_y}$ e $\mathbf{2p_z}$ do oxigênio com o ***orbital 1s¹*** do hidrogênio, seria de se esperar um ângulo de 90° entre os átomos de hidrogênio na molécula da água. Porém, o ângulo entre os átomos de hidrogênio na molécula da água é de 104,5° (Figura 2.21), menor que o ângulo de um tetraedro regular (109,5°), por causa da presença dos dois pares de elétrons livres do oxigênio. Esses pares de elétrons livres são bastante difusos, o que aumenta a repulsão eletrônica entre eles, diminuindo assim o ângulo da ligação entre os átomos de hidrogênio para 104,5° (Figura 2.21).

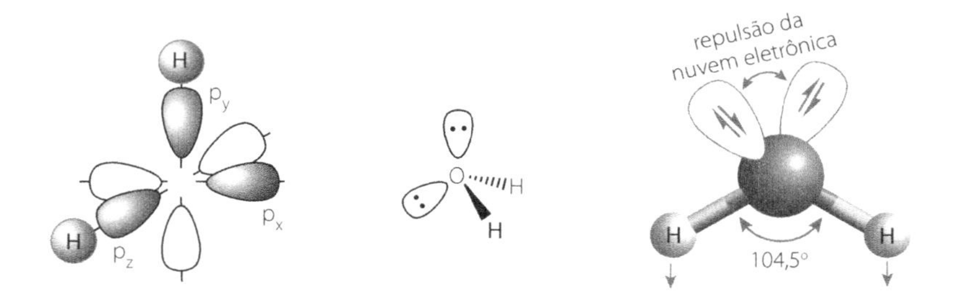

Figura 2.21. Hibridização do átomo de oxigênio na molécula de água com estrutura tetraédrica ***sp³***.

A mesma observação pode ser feita para a molécula de amônia (NH_3). O átomo de nitrogênio apresenta três elétrons desemparelhados e pode fazer três ligações covalentes com três átomos de hidrogênio para completar o seu octeto, como pode ser visto na Figura 2.13b. Porém, o ângulo de ligação entre os átomos de hidrogênio na molécula da amônia é de 107,3° (Figura 2.22), mais próximo do ângulo observado para um tetraedro regular (109,5°). De fato, de maneira semelhante ao carbono e ao oxigênio, o nitrogênio também sofre hibridização dos seus ***orbitais atômicos 2s*** e ***2p*** para formar quatro ***orbitais*** sp^3 ***degenerados***. O ângulo de ligação de 107,3° da molécula de amônia é menor que o ângulo de 109,5° esperado para uma estrutura tetraédrica em razão da presença de um par de elétrons livres difuso no átomo de nitrogênio. Em comparação com a molécula da água, a amônia apresenta um ângulo de ligação maior (107,3° X 104,5°), pois o átomo de nitrogênio apresenta apenas um par de elétrons livres, enquanto o átomo de oxigênio apresenta dois pares de elétrons livres, o que ocasiona uma maior repulsão das nuvens eletrônicas dos pares de elétrons livres do oxigênio (ver as Figuras 2.21 e 2.22).

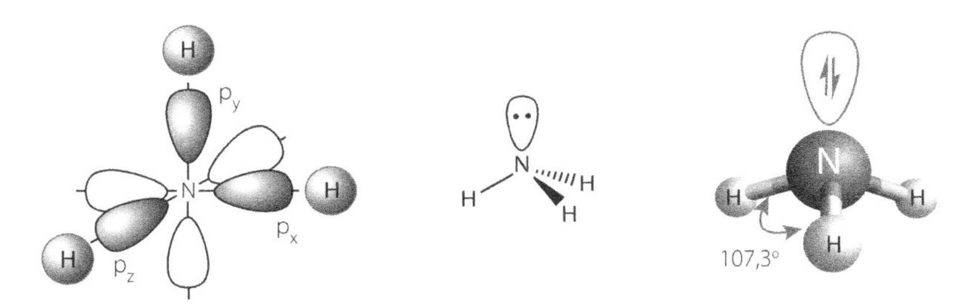

Figura 2.22. Hibridização do átomo de nitrogênio na molécula de amônia com estrutura tetraédrica sp^3.

Outro exemplo de hibridização que vale a pena avaliar é a do átomo de boro. O átomo de boro possui número atômico $Z = 5$ (^5B) e apresenta a distribuição eletrônica $1s^2$, $2s^2$, $2p^1$. Dessa maneira, seria de se esperar que o boro fizesse apenas uma ligação covalente, pois apresenta apenas um elétron desemparelhado na sua camada de valência. No entanto, o átomo de boro faz três ligações com outros átomos, como nas moléculas de trifluoreto de boro (BF_3) e de borano (BH_3). Esse número de ligações somente é possível se o átomo de boro sofrer uma hibridização dos seus ***orbitais 2s*** e ***2p***. Realmente, no caso do átomo de boro, um elétron do ***orbital*** $2s^2$ é promovido para um ***orbital*** $2p_y$ e, como consequência, três novos ***orbitais híbridos*** sp^2 ***degenerados*** são formados, com uma geometria trigonal planar. O ***orbital*** $2p_z$ puro permanece vazio na posição perpendicular ao plano da molécula (Figura 2.23).

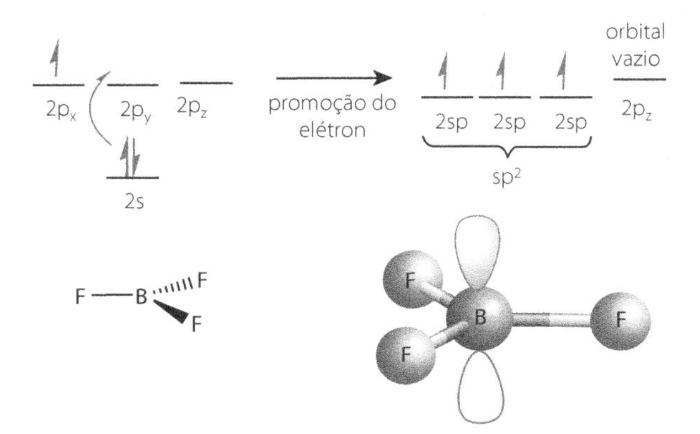

Figura 2.23. Hibridização do átomo de boro na molécula de trifluoreto de boro com estrutura trigonal planar sp^2.

A hibridização também pode ser atribuída a vários íons moleculares. Vejamos como as ligações estão distribuídas nos casos do carbono com uma carga positiva (carbocátion) e com uma carga negativa (carbânion). De fato, ao imaginarmos o carbono com uma carga positiva na molécula do metano, esta estrutura deveria apresentar apenas três ligações σ com os átomos de hidrogênio e um ***orbital p puro*** vazio. Porém, em sua configuração, o carbocátion do metano apresenta uma ***hibridização sp² trigonal planar***, com um ***orbital p*** vazio perpendicular ao plano da molécula (Figura 2.24). Da mesma forma, ao imaginarmos o átomo de carbono com uma carga negativa na molécula do metano, esta estrutura deveria apresentar três ligações σ com os átomos de hidrogênio e um par de elétrons livres. Esta configuração é semelhante à observada na molécula de amônia e o carbânion do metano apresenta ***hibridização sp³ com uma geometria tetraédrica*** (Figura 2.24). Outras estruturas moleculares de íons de diferentes átomos também são mostradas na Figura 2.24.

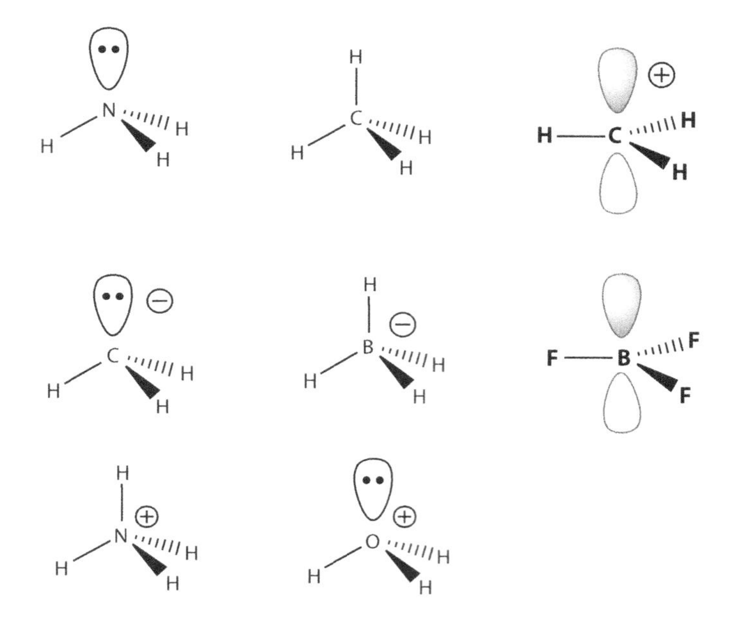

Figura 2.24. Hibridização de íons moleculares para diferentes átomos.

3

Efeito da Estrutura nas Propriedades Físicas e Químicas dos Compostos Orgânicos

Arlene Gonçalves Corrêa

RESUMO

Neste capítulo serão discutidos os vários efeitos que a estrutura dos compostos orgânicos, como a polaridade e as forças intermoleculares, exercem sobre as suas propriedades físicas e químicas, tais como os pontos de fusão e ebulição, a solubilidade e a acidez. Especificamente sobre esta última propriedade, serão apresentadas e discutidas as várias teorias de ácidos e bases, bem como a relação entre a estrutura e as propriedades ácido-base dos compostos orgânicos.

3.1. Polaridade das Ligações

As ligações covalentes podem ser polares ou apolares dependendo da diferença de eletronegatividade entre os dois átomos que formam a ligação. Quando a diferença é nula ou muito pequena, a ligação é considerada apolar. Assim, ligações formadas por átomos idênticos serão sempre apolares, como, por exemplo, a molécula do gás hidrogênio (H_2). No metano (CH_4), embora as quatro ligações covalentes sejam formadas por átomos diferentes, a diferença de eletronegatividade do carbono (2,6) e do hidrogênio (2,2) é pequena (ver tabela de eletronegatividade dos elementos químicos na Figura 1.11, no Capítulo 1) e, por isso, a ligação C–H nos hidrocarbonetos é considerada apolar.

No caso do metanol (CH_3OH), as ligações C–H também são apolares, mas as ligações C–O e O–H são polares, pois as diferenças de eletronegatividade desses átomos são maiores (ver Figura 1.11). Na molécula do metanol, representada na Figura 3.1, a seta indica a direção da polarização

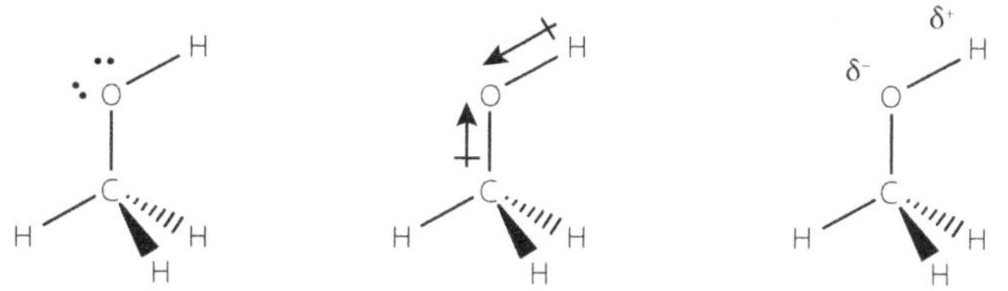

Figura 3.1. Representação da molécula de metanol (CH_3OH) com indicação das regiões com maior e menor densidade eletrônica.

da ligação. Assim, a região onde se encontra o oxigênio é mais rica em elétrons, apresentando uma densidade de carga negativa (δ^-) e a região do hidrogênio ligado ao oxigênio é pobre em elétrons e, por isso, apresenta uma densidade de carga positiva (δ^+).

3.2. Polaridade das Moléculas. Momentos de Dipolo

A polaridade das ligações irá influenciar a polaridade da molécula, pois esta última resulta do somatório vetorial das polaridades individuais das ligações e das contribuições dos pares de elétrons não ligantes existentes na molécula. A polaridade resultante é denominada momento de dipolo, que é representado pela letra μ e expresso em debyes (D), onde 1 D = $3{,}336 \times 10^{-30}$ Coulomb-metro (C m). O momento de dipolo é definido como a magnitude da carga em ambas as extremidades do dipolo molecular multiplicada pela distância entre as cargas.

Tabela 3.1. Momento de dipolo de compostos orgânicos e inorgânicos

Composto	μ (D)	Composto	μ (D)
CH_4	0	CCl_4	0
CH_3CH_3	0	$CHCl_3$	1,01
Benzeno	0	CH_2Cl_2	1,60
CH_3OH	1,70	CH_3Cl	1,87
H_2O	1,85	CH_3CN	3,92
$C_2H_5OC_2H_5$	1,15	CH_3NO_2	3,46
Tetraidrofurano	1,63	NH_3	1,47

Como pode ser observado na Tabela 3.1, quanto maior for a diferença de eletronegatividade entre os átomos, maior será o momento de dipolo, como na água (H_2O) e na amônia (NH_3). No entanto, a presença de átomos eletronegativos não necessariamente leva a uma molécula com alto valor de momento de dipolo, como é o caso do tetracloreto de carbono (CCl_4). Como o momento de dipolo é o somatório dos vetores de cada uma das ligações, no caso do CCl_4, como todos os quatro vetores são de mesmo módulo, o vetor resultante é nulo. Outro fator importante é a geometria da molécula, como se pode constatar na diferença de valor do momento de dipolo do éter dietílico ($C_2H_5OC_2H_5$) e do tetraidrofurano, que é um éter cíclico de cinco membros[1].

A ordem de eletronegatividade para o carbono é ***sp*** > ***sp***^{2} > ***sp***^{3}. Dessa forma, o valor do momento de dipolo dos hidrocarbonetos insaturados depende da localização da insaturação, do número de substituintes alquílicos e da geometria da molécula, como pode ser observado com os isômeros C_4H_8, mostrados na parte superior da Figura 3.2. O 2-metil-1-propeno é o que tem o maior momento de dipolo (μ = 0,50), pois tem dois grupos metila doando elétrons por efeito indutivo[2] na mesma direção. O *cis*-2-buteno tem o mesmo número de substituintes, porém com menor valor de momento de dipolo (μ = 0,25) e o *trans*-2-buteno tem momento de dipolo nulo (μ = 0). Quando comparamos alcenos e alcinos, vemos que o composto com a tripla ligação possui o maior valor de momento de dipolo (μ = 0,80)[3]. No caso dos derivados de benzeno, o momento de dipolo depende do tipo de substituinte na molécula, como nos exemplos mostrados na parte inferior da Figura 3.2.

1. McMurry J. Química Orgânica. volume 1, 6ª ed. Tradução Nogueira A F, Bagatin I A.São Paulo: Thomson; 2005. p. 31.
2. Efeito indutivo é a transmissão de carga através de uma cadeia de átomos em uma molécula pela indução eletrostática. Esse efeito é produzido por um átomo ou grupo de átomos, que resulta de sua capacidade de atrair (efeito indutivo retirador) ou repelir (efeito indutivo doador) elétrons.
3. Carey FA, Sundberg RJ. Advanced Organic Chemistry, Part A: Structure and Mechanisms, 3rd ed. New York: Plenun Press; 1990. p. 17.

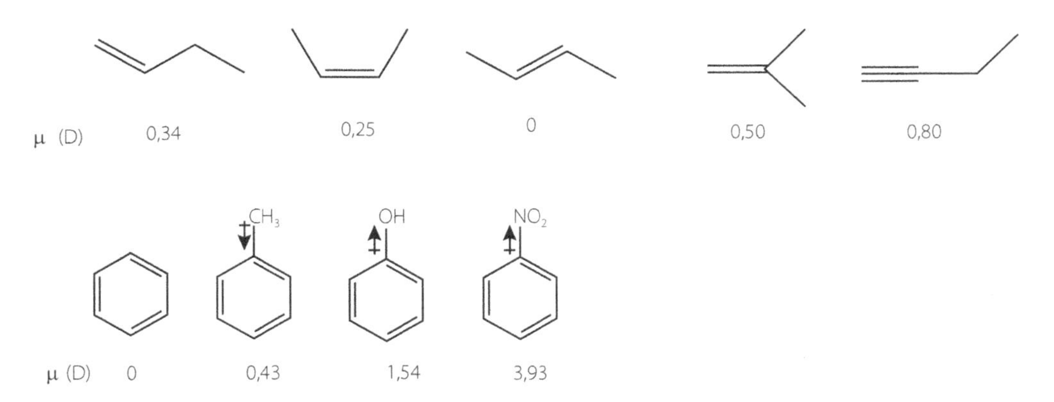

Figura 3.2. Representação dos isômeros C_4H_8 (parte superior) e derivados do benzeno (parte inferior) com os valores de seus respectivos momentos de dipolo.

3.3. Forças Intermoleculares

As forças intermoleculares são interações entre moléculas, resultantes da atração entre os átomos que as compõem. Essas forças intermoleculares têm diferentes intensidades dependendo da natureza desses átomos.

As forças intermoleculares influenciam várias propriedades das substâncias e em especial o estado físico. Quanto mais intensas forem as forças intermoleculares, mais energia será necessária para afastá-las, resultando no aumento das temperaturas de fusão e de ebulição de uma determinada substância[4].

3.3.1. Forças de van der Waals

A interação entre moléculas apolares, como as dos alcanos, é baixa, porém não é nula. A distribuição média de carga em uma molécula apolar em um dado espaço de tempo é uniforme. Entretanto, num determinado instante, pela movimentação dos elétrons, a carga pode não estar uniformemente distribuída. Nesse momento, os elétrons podem estar ligeiramente aglomerados em uma parte da molécula, promovendo assim a formação de um pequeno dipolo temporário. Esse pequeno dipolo temporário em uma molécula pode induzir pequenos dipolos opostos em outra molécula, resultando assim em interações atrativas entre essas duas moléculas. Essas interações são denominadas forças de van der Waals[5] ou forças de London ou forças de dispersão.

Como os alcanos são moléculas apolares e, portanto, têm somente forças de van der Waals, esses compostos apresentam baixos pontos de ebulição. O metano (CH_4), por exemplo, cuja massa molecular é 16, tem ponto de ebulição igual a −162 °C. Já a amônia (NH_3), que é uma molécula polar (μ = 1,47 D) e tem massa molecular 17, tem ponto de ebulição de −33 °C.

3.3.2. Forças Dipolo-Dipolo

As moléculas que não são totalmente apolares possuem um momento dipolo permanente que resulta da distribuição não uniforme dos elétrons de ligação. Esses momentos de dipolo fazem com que as moléculas se orientem de tal forma que o dipolo positivo de uma molécula seja atraído pelo dipolo negativo de outra, resultando nas forças de dipolo-dipolo. Por exemplo, devido à

4. Solomons G, Fryhle C. Química Orgânica. volume 1, 7ª ed. Tradução Lin W O. Rio de Janeiro: LTC; 2001. p. 61.
5. Nome dado em homenagem ao físico holandês Johannes Diderik van de Waals (1837-1923), que foi o primeiro a documentar esse tipo de interação em 1873.

distribuição de carga no formaldeído (CH_2O), que tem momento de dipolo de 2,33 D e ponto de ebulição de −19,3 °C, as suas moléculas se orientam conforme mostrado na Figura 3.3.

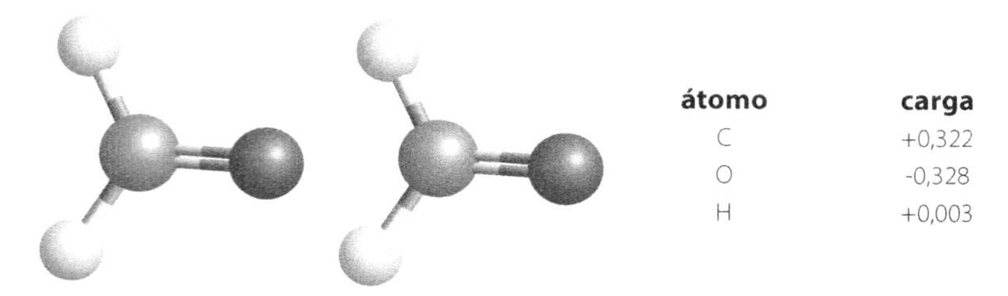

átomo
carga
C
+0,322
O
-0,328
H
+0,003

Figura 3.3. Distribuição de carga e orientação das moléculas do formaldeído.

3.3.3. Ligações de Hidrogênio

As ligações de hidrogênio são atrações do tipo dipolo-dipolo muito fortes, que ocorrem entre átomos de hidrogênios ligados a átomos pequenos e fortemente eletronegativos como o oxigênio, o nitrogênio e o flúor[6]. As ligações de hidrogênio têm energias de dissociação que variam de 4,2 a 37,7 kJ/mol (1 a 9 kcal/mol), sendo muito mais intensas do que as interações de dipolo-dipolo, porém são fracas quando comparadas com as energias de dissociação das ligações covalentes, que variam de 150,7 a 523,4 kJ/mol (36 a 125 kcal/mol).

As ligações de hidrogênio influenciam várias propriedades das substâncias como a acidez (ver exemplo dos ácidos maleico e fumárico, discutido no item 3.6.4.5. adiante), os pontos de fusão e de ebulição e a solubilidade. Por exemplo, o etanol (C_2H_6O) e o éter dimetílico (C_2H_6O) têm a mesma fórmula molecular, porém apresentam diferentes propriedades físicas, conforme mostrado na Tabela 3.2. Devido às ligações de hidrogênio entre as moléculas do etanol, é necessário muito mais energia para este composto passar do estado líquido para o estado gasoso do que para o éter dimetílico. No entanto, ambos fazem ligação de hidrogênio com a água e por isso são igualmente solúveis.

Tabela 3.2. Propriedades físicas do etanol e do éter dimetílico

Composto	Momento de dipolo (D)	Ponto de fusão (°C)	Ponto de ebulição (°C)	Densidade d^{20} (g/mL)
CH_3CH_2OH	1,69	−117	78	0,789
CH_3OCH_3	1,30	−138	−25	0,664

3.4. Estrutura e Propriedades Físicas: Pontos de Fusão e de Ebulição

Como já visto, as propriedades das moléculas, como a polaridade e as forças intermoleculares, irão influenciar as suas propriedades físicas. Nos alcanos, somente as forças de van der Waals contribuem para a atração entre as moléculas. Assim, os alcanos de cadeias lineares com baixas massas moleculares possuem valores de ponto de ebulição negativos. Com o aumento do número de átomos de carbonos, as forças intermoleculares também aumentam; no entanto, como pode ser visto no gráfico da Figura 3.4, esse aumento não é linear. Alcanos de cadeias lineares grandes passam a ter também forças de van der Waals intramoleculares, diminuindo dessa forma as forças intermoleculares, pois diminui a superfície de contato entre as moléculas. Com isso, o aumento no ponto de ebulição passa a ser menos acentuado[7].

---

6. Emsley J. Very strong hydrogen bonding. Chemical Society Reviews. 1980;9:91-124.
7. Solomons T W G. Organic Chemistry. 5th ed. New York: John Wiley & Sons ; 1992.

Podemos notar um efeito semelhante em alcanos com a mesma massa molecular (isômeros). À medida que aumenta o número de substituintes na cadeia molecular, o ponto de ebulição diminui, conforme mostrado na Tabela 3.3 para os compostos com fórmula molecular C_5H_{12}.

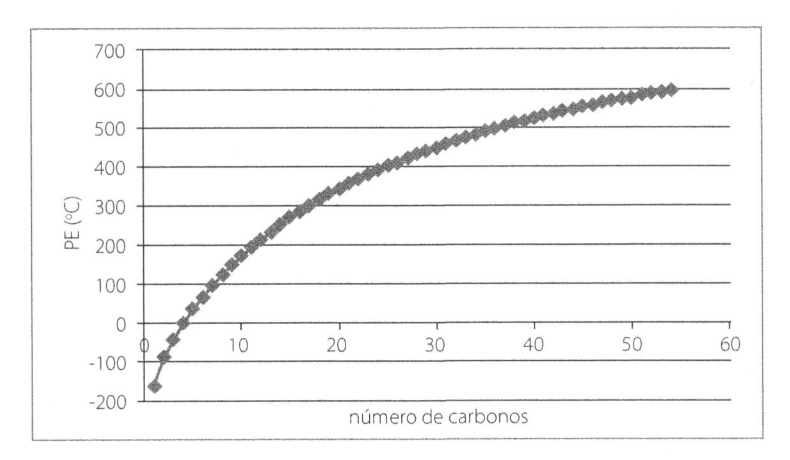

Figura 3.4. Variação do ponto de ebulição (PE) dos alcanos lineares.

Tabela 3.3. Ponto de ebulição dos isômeros de compostos com fórmula molecular C_5H_{12}

Composto	PE (°C)
Pentano	35
2-metilbutano	30
2,2-dimetilpropano	10

Como já mostrado, para os alcoóis e éteres com a mesma fórmula molecular (Tabela 3.2), forças intermoleculares de maior intensidade resultam no aumento do ponto de ebulição. Outro exemplo disso é encontrado no caso do propanal e da acetona, isômeros com fórmula molecular C_3H_6O, conforme mostrado na Tabela 3.4. Como a acetona é mais polar que o propanal, o seu ponto de ebulição é mais elevado.

Tabela 3.4. Propriedades físicas do propanal e da acetona

Composto	Momento de dipolo (D)	PE (°C)
CH_3CH_2CHO	2,52	49
CH_3COCH_3	2,91	56

3.5. Solubilidade

Outra propriedade física que é influenciada pelas forças intermoleculares é a solubilidade. Quando ocorre a dissolução, as forças entre soluto-soluto e solvente-solvente são substituídas por forças soluto-solvente. Quando se dissolve um sólido em um líquido, por exemplo, é necessário que ocorram as seguintes transformações:

1) separação das moléculas do sólido umas das outras, que requer energia;

2) separação das moléculas do solvente umas das outras, para que as moléculas do soluto entrem no espaço assim aberto; o que também requer energia;

3) ligação das moléculas dissolvidas do soluto com as moléculas do solvente, cuja transformação libera energia.

A regra simplificada que menciona que, de uma forma geral, compostos polares são solúveis em solventes polares e compostos apolares são solúveis em solventes apolares, tem maiores implicações do que se pode supor inicialmente, pois é o balanço das energias mencionadas no parágrafo anterior (transformações 1, 2 e 3) que determinará se a dissolução ocorrerá ou não. Vejamos alguns casos mais concretos[8].

- *Soluto polar e solvente polar:* as transformações (1) e (2) requerem muita energia, mas a transformação (3) também libera muita energia, por isso a dissolução é frequentemente favorecida.
- *Soluto apolar e solvente apolar:* as transformações (1) e (2) requerem pouca energia e a transformação (3) também libera pouca energia, por isso a dissolução é frequentemente favorecida.
- *Soluto polar e solvente apolar:* a transformação (1) requer muita energia. Como a energia liberada na transformação (3) é pequena (pois não há ligação forte entre moléculas polares e moléculas apolares), não há compensação para a energia requerida pela transformação (1). Nesse caso, a dissolução geralmente não é favorecida.
- *Soluto apolar e solvente polar:* neste caso, é a transformação (2) que requer muita energia, para a qual não há compensação de energia suficiente na transformação (3). Por isso, a dissolução é geralmente desfavorecida.

Uma indicação da polaridade de um solvente é uma quantidade chamada constante dielétrica. A constante dielétrica de uma substância é uma medida da polarizabilidade de suas moléculas e representa a capacidade de o solvente isolar cargas opostas umas das outras. As atrações e repulsões eletrostáticas entre os íons são menores nos solventes que possuem constantes dielétricas mais elevadas. A Tabela 3.5 mostra a constante dielétrica de alguns solventes comuns.

Tabela 3.5. Constante dielétrica de alguns solventes

Solvente	Fórmula	Constante dielétrica
Água	H_2O	80
Dimetilsulfóxido (DMSO)	CH_3SOCH_3	49
N,N'-dimetilformamida (DMF)	$HCON(CH_3)_2$	37
Metanol	CH_3OH	36
Etanol	C_2H_5OH	24
Acetona	CH_3COCH_3	21
Éter dietílico	$C_2H_5OC_2H_5$	4

Os solventes polares podem ser próticos ou apróticos. Os solventes próticos são aqueles que possuem hidrogênios ácidos[9] que podem fazer ligações de hidrogênio, como a água e os alcoóis. Os solventes apróticos (DMSO e DMF, por exemplo) não possuem hidrogênios ácidos, portanto não podem fazer ligações de hidrogênio entre si. Alguns solventes polares apróticos podem fazer ligações de hidrogênio com a água, como, por exemplo, a acetona e o éter dimetílico e, por isso, são solúveis em água em qualquer proporção.

Os alcoóis podem fazer ligações de hidrogênio, por isso os alcoóis de cadeia pequena (C_1-C_3) são solúveis em água em qualquer proporção. À medida que a cadeia carbônica aumenta, aumenta também a parte apolar da molécula e a solubilidade em água diminui, conforme pode ser

8. Constantino MG, Silva GVJ, Donate PM. Fundamentos de Química Experimental. São Paulo: EDUSP; 2011. p. 134-136.
9. Hidrogênio ácido ou hidrogênio ionizável é aquele que se encontra ligado a um átomo mais eletronegativo (como o oxigênio, por exemplo). Ver mais detalhes sobre a acidez de diferentes compostos na parte 3.6 deste capítulo.

visto na Tabela 3.6. Novamente, podemos observar que o aumento do número de substituintes na cadeia carbônica diminui as forças intermoleculares, aumentando assim a solubilidade em água, como nos isômeros do butanol (fórmula molécula $C_4H_{10}O$).

Tabela 3.6. Solubilidade em água de alguns alcoóis

Composto	Solubilidade em água (g/100 mL de H_2O)
Metanol	∞
Etanol	∞
Propanol	∞
Butanol	8,3
Isobutanol	10,0
sec-Butanol	26,0
terc-Butanol	∞
Pentanol	2,4

3.6. Acidez e Basicidade dos Compostos Orgânicos. Teorias de Ácidos e Bases[10]

3.6.1. Definição de Brønsted-Lowry para Ácidos e Bases

Em 1923, o dinamarquês Johannes Nicolaus Brønsted (1879-1947) e o britânico Thomas Martin Lowry (1874-1936) propuseram independentemente uma teoria de ácidos e bases[11].

Um ácido de Brønsted-Lowry é uma substância que doa um íon hidrogênio (H^+) e uma base de Brønsted-Lowry é uma substância que recebe o íon H^+. O ânion resultante da perda do H^+ é denominado base conjugada e a espécie que recebeu o íon H^+ é chamada de ácido conjugado. O equilíbrio químico dessa transformação estará mais deslocado para a formação desses íons quanto maior for a estabilidade dos mesmos.

A equação química para um ácido é:

$$\underset{\text{Ácido de Brønsted-Lowry}}{H-A} + \underset{\text{Base de Brønsted-Lowry }(B^-)}{B} \rightleftharpoons \underset{\text{Ácido conjugado}}{H-B^+} + \underset{\text{Base conjugada}}{A^-}$$

Os ácidos diferem na capacidade de doar H^+. A força de um dado ácido **HA**, em solução aquosa, pode ser descrita utilizando a constante de equilíbrio **K**:

$$\mathbf{K} = [\mathbf{H}^+][\mathbf{A}^-] / [\mathbf{HA}][H_2O]$$

Nas soluções aquosas diluídas, normalmente empregadas nas medidas da acidez, a concentração da água permanece sempre constante. Dessa forma:

---

10. Hall NF. Systems of acids and bases. Journal of Chemical Education 1940;17:124-128.
11. Johannes Nicolaus Brønsted. Disponível em: http://en.wikipedia.org/wiki/Johannes_Nicolaus_Brønsted. Acessado em: 24/08/2015.
Thomas Martin Lowry. Disponível em: http://en.wikipedia.org/wiki/Thomas_Martin_Lowry. Acessado em: 24/08/2015.

$$\mathbf{K} \cdot [H_2O] = [\mathbf{H^+}][\mathbf{A^-}] / [\mathbf{HA}] = \mathbf{Ka}$$

onde **Ka** é a constante de acidez e o **pKa** é definido como $-\log_{10}$ **Ka**.

Quando o ácido clorídrico (HCl) se dissolve em água, ocorre a formação do íon hidrônio (H_3O^+) e do íon cloreto (Cl^-). Pela alta estabilidade desses íons em solução aquosa, considera-se que o equilíbrio está totalmente deslocado para a formação dos produtos (*os íons solvatados*). Nesse caso, o ácido clorídrico é considerado forte e, portanto, irá apresentar um valor de **Ka** muito grande (entre 10^5 e 10^9). Consequentemente, o valor de **pKa** desse ácido será muito pequeno (o valor de **pKa** para o HCl é −7,0).

$$\text{H–Cl} + H_2O \longrightarrow H_3O^+ + Cl^-$$

Os ácidos orgânicos em geral são considerados ácidos fracos, dessa forma apresentarão valores de **pKa** positivos, como, por exemplo, o ácido acético (CH_3CO_2H), cujo valor de **pKa** é 4,74.

$$\underset{\text{ácido acético}}{H_3CCO_2H} + H_2O \rightleftharpoons H_3O^+ + \underset{\text{íon acetato}}{H_3CCO_2^-}$$

Se considerarmos o limite de força iônica[12] para soluções aquosas com concentração de até 1 mol L^{-1} em $\mathbf{H^+}$ ou $\mathbf{OH^-}$, o **pH** mínimo de uma solução será zero e o máximo será igual ao $\mathbf{pK_w}$ que é 14. A medida de acidez de soluções mais concentradas de ácidos ou em meio não aquoso é feita através da função de acidez, que se baseia no grau de transformação de uma base em seu ácido conjugado[13].

Hammett e Deyrup[14] foram os primeiros a utilizar esse método para medir a acidez, através da medida do grau de protonação de uma base fraca, usada como indicador. O equilíbrio entre a base fraca e o seu ácido conjugado, em meio ácido, pode ser escrito como:

$$H^+ + B \rightleftharpoons B\text{–}H^+$$

A constante de dissociação do ácido conjugado $\mathbf{BH^+}$ será:

$$K_{BH^+} = a_{H^+} \cdot (a_B/a_{BH^+}) = a_{H^+} \cdot (C_B/C_{BH^+}) \cdot (f_B/f_{BH^+})$$

onde a é a atividade, C é a concentração molar e f é o coeficiente de atividade[15].

A equação de Hammett[16] correlaciona as concentrações das formas ionizadas e não ionizadas com o **pKa** do ácido e a função de acidez (H_0) do meio. Essa grandeza (H_0), conhecida como função de acidez de Hammett, está relacionada com a atividade do hidrogênio ácido, que é o produto da sua concentração pelo seu coeficiente de atividade, e os coeficientes de atividade de $\mathbf{BH^+}$ e **B**[17]. A relação c_{BH^+} / c_B é medida por métodos espectroscópicos, tais como absorção no ultravioleta, ressonância magnética nuclear, etc.

---

12. Força iônica de uma solução é uma medida da concentração de todos os íons presentes nessa solução.
13. Noda LK. Superácidos: uma breve revisão. Química Nova. 1996;19:135-147.
14. Hammett LP, Deyrup AJ. A series of simple basic indicators. I. The acidity functions of mixtures of sulfuric and perchloric acids with water. Journal of the American Chemical Society. 1932;54:2721-2739.
15. O coeficiente de atividade é uma quantidade adimensional que determina a proporcionalidade entre a atividade e a concentração de uma substância.
16. A equação de Hammett foi desenvolvida pelo norte-americano Louis Plack Hammett (1894-1987), na qual relaciona a taxa de reação com a constante de equilíbrio de certas reações orgânicas, principalmente a constante de ionização de derivados do ácido benzoico. Esta equação permite avaliar o efeito das interações eletrônicas que os substituintes exercem no centro reacional.
17. Costa P, Ferreira V, Esteves P, Vasconcellos M. Ácidos e Bases em Química Orgânica. Porto Alegre: Editora Bookman; 2005.

$$H_0 = pK_{BH^+} - \log (c_{BH^+} / c_B)$$

A partir da definição da função de acidez de Hammett (H_0), pode-se verificar que, para soluções mais diluídas, os coeficientes de atividade tendem ao valor um e, portanto, a função de acidez de Hammett (H_0) iguala-se ao **pH**.

3.6.2. Definição de Lewis para Ácidos e Bases

Como já visto, na teoria de Brønsted-Lowry sempre há o envolvimento de um hidrogênio na forma de próton. No entanto, existem reações ácido-base nas quais não ocorre troca protônica. Em 1923, o norte-americano Gilbert Newton Lewis (1875-1946) propôs uma teoria que era mais geral do que as teorias anteriores[18]. Segundo Lewis, ácido é uma espécie que recebe elétrons e base é uma espécie doadora de elétrons. Sendo assim, um ácido de Lewis tem um ***orbital vazio*** e uma base de Lewis tem um ***par de elétrons não ligantes*** que podem ser compartilhados.

Johannes N. Brønsted

Thomas M. Lowry

Gilbert N. Lewis

Os ácidos de Lewis mais comuns são os sais de boro, alumínio, zinco e estanho, além de carbocátions, entre outros. As bases de Lewis mais comuns são as aminas, os éteres, os sulfetos, os hidretos e outros ânions como os carbânions. Obviamente todos os ácidos e bases de Brønsted-Lowry são também ácidos e bases de Lewis[17]. Exemplo da reação entre uma base de Lewis (amônia) e um ácido de Lewis (trifluoreto de boro) pode ser visualizado na Figura 3.5.

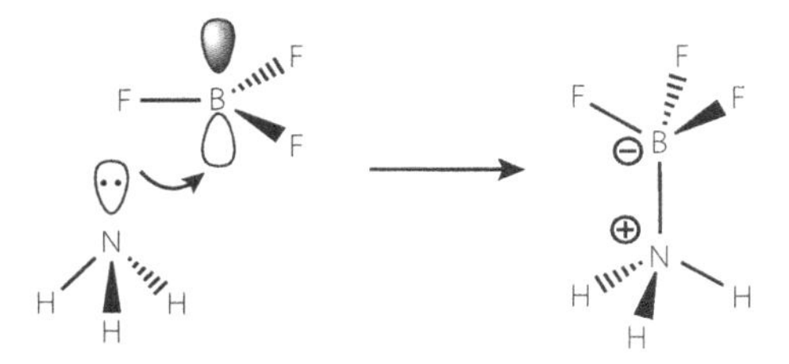

Figura 3.5. Esquema mostrando a reação da amônia com o trifluoreto de boro.

18. Department of Chemistry, University of Maine, Orono, ME. Lewis Acids and Bases. Disponível em: http://chemistry.umeche.maine.edu/CHY251/Lewis.html. Acessado em: 11/04/2016.

A teoria de ácido-base de Lewis pode ser usada para explicar, por exemplo, porque óxidos de não metais como o CO_2 se dissolvem em água para formar ácidos, como o ácido carbônico (H_2CO_3), conforme mostrado na equação abaixo.

$$\mathbf{CO_2}(g) + \mathbf{H_2O}(l) \rightleftharpoons \mathbf{H_2CO_3}(aq)$$

Os ácidos de Lewis são bastante utilizados como catalisadores em reações orgânicas. Por exemplo, na reação de substituição eletrofílica aromática, os ácidos de Lewis são empregados para gerar os eletrófilos, como na reação de bromação do benzeno mostrada na Figura 3.6[19]. O brometo de ferro (III) ($FeBr_3$) atua como ácido de Lewis, reagindo com o bromo molecular (Br_2) para formar o íon complexo $\mathbf{FeBr_4^-}$ e o íon bromônio $\mathbf{Br^+}$, que vai atuar como eletrófilo e reagir com o benzeno.

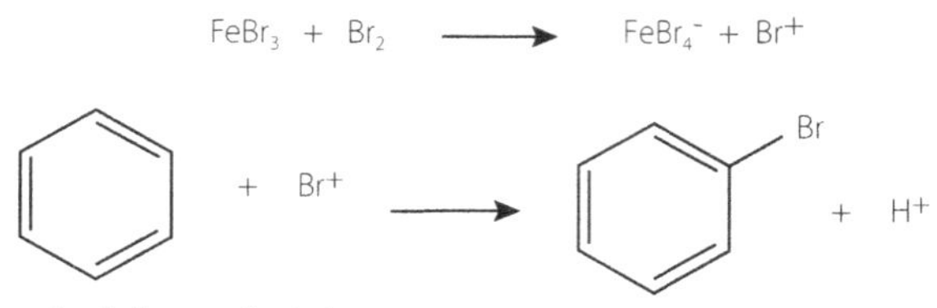

Figura 3.6. Esquema da reação de bromação do benzeno.

3.6.3. Superácidos[13]

A primeira definição de superácidos foi feita pelo químico inglês Ronald James Gillespie (1924–)[20], como sendo qualquer sistema ácido mais forte do que o ácido sulfúrico 100%; isto é, com $H_0 \leq -12$. Essa definição refere-se apenas aos ácidos de Brønsted. Para os ácidos de Lewis, a definição foi estendida[21], sendo considerados superácidos de Lewis aqueles compostos mais fortes que o cloreto de alumínio (III).

Para chegar aos valores de acidez na faixa de superacidez, pode-se ter um sistema de ácidos conjugados; isto é, tendo-se inicialmente um ácido forte, adiciona-se outro ácido ainda mais forte, que irá aumentar a ionização do primeiro. Com esses sistemas de ácidos conjugados consegue-se um salto de acidez de até 12 unidades de H_0, para o caso do sistema $\mathbf{HSO_3F/SbF_5}$, e de até 19 unidades de H_0, previsto teoricamente para o sistema $\mathbf{HF/SbF_5}$[13].

Os superácidos foram fundamentais para os estudos dos ***carbocátions***. Aliás, o termo ***carbocátion*** foi sugerido pelo húngaro George Andrew Olah (1927–) para designar qualquer espécie catiônica do carbono[22]. Os dois principais tipos de ***carbocátions*** são os ***íons carbênio***, que possuem uma estrutura planar com ***hibridização*** $\boldsymbol{sp^2}$ no carbono catiônico e um sexteto eletrônico, e os ***íons carbônio***, que têm o octeto eletrônico completo no átomo de carbono, possuindo ao menos uma ligação de três centros e dois elétrons[23], onde três átomos compartilham um par de elétrons[24, 25]. As estruturas dessas espécies podem ser visualizadas na Figura 3.7.

---

19. Mais detalhes sobre as reações dos hidrocarbonetos aromáticos poderão ser vistos no Capítulo 5 deste livro.
20. (a) Gillespie RJ, Peel TE. Superacid systems. Advances in Physical Organic Chemistry 1971;9:1-24. (b) Gillespie RJ, Peel TE. Hammett acidity function for some superacid systems. 2. Systems H_2SO_4-HSO_3F, KSO_3F-HSO_3F, HSO_3F-SO_3, HSO_3F-AsF_5, HSO_3F-SbF_5, and HSO_3F-SbF_5-SO_3. Journal of the American Chemical Society 1973;95:5173-5178.
21. Olah GA, Prakash GKS, Sommer J. Superacids. Science 1979;206:13-20.
22. (a) Olah GA. Stable carbocations. CXVIII. General concept and structure of carbocations based on differentiation of trivalent (classical) carbenium ions from three-center bound penta - of tetracoordinated (nonclassical) carbonium ions. Role of carbocations in electrophilic reactions. . Journal of the American Chemical Society 1972;94:808-820. (b) George Andrew Olah recebeu o Prêmio Nobel de Química em 1994 por sua contribuição para a química dos carbocátions.
23. (a) McMurry JE, Lectka T. Three-center, two-electron C-H-C bonds in organic chemistry. Accounts of Chemical Research 1992;25:47-53. (b) DeKock RL, Bosma WB. The three-center, two-electron chemical bond. Journal of Chemical Education. 1988;65:194-197.
24. Olah GA. Crossing conventional boundaries in half a century of research. Journal of Organic Chemistry 2005;70:2413-2429.
25. Mota CJA. Íons carbônio. Química Nova 2000;23:338-345.

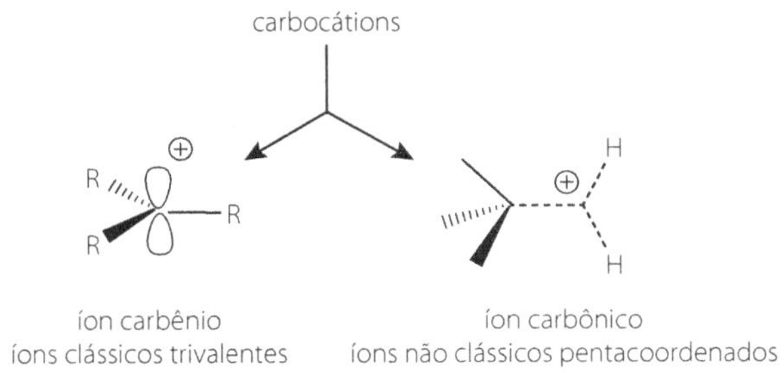

carbocátions

íon carbênio
íons clássicos trivalentes

íon carbônico
íons não clássicos pentacoordenados

Figura 3.7. Estrutura dos carbocátions.

Até a década de 1960, os ***íons carbênio*** eram tidos somente como intermediários reacionais e, com exceção de alguns exemplos como o cátion trifenilmetila, no qual a carga positiva se encontra bastante deslocalizada por ressonância nos anéis aromáticos, não era possível realizar um estudo mais detalhado sobre a sua estrutura. Entretanto, em 1962, George Olah relatou uma experiência em que o cátion *terc*-butila era formado a partir da reação do fluoreto de *terc*-butila (*t*-BuF) com o pentafluoreto de antimônio (SbF_5), conforme mostrado na Figura 3.8, e permanecia em solução por longos períodos de tempo, permitindo um estudo detalhado da sua estrutura através de técnicas espectroscópicas, como a ressonância magnética nuclear e a absorção no infravermelho[26].

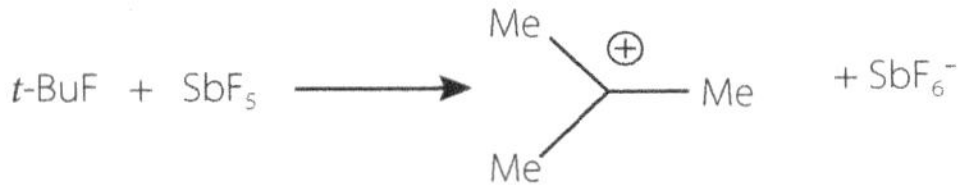

$$t\text{-BuF} + SbF_5 \longrightarrow (Me)_3C^{\oplus} + SbF_6^-$$

Figura 3.8. Esquema da reação do fluoreto de *terc*-butila com o pentafluoreto de antimônio para gerar o cátion *terc*-butila.

Posteriormente, George Olah demonstrou que parafinas podiam ser protonadas em sistemas superácidos, gerando um ***íon carbênio*** e uma molécula neutra de hidrogênio (H_2) ou de um alcano de menor cadeia[27]. Esses trabalhos mostraram que nos meios superácidos[13] os alcanos agem como bases, compartilhando o par de elétrons de suas ligações com o próton ácido. Dessa maneira, o metano pode ser protonado em uma mistura equimolar de $\mathbf{HSO_3F}$ e $\mathbf{SbF_5}$, conhecida com o nome de ***ácido mágico***, para formar o íon $\mathbf{CH_5^+}$, que pode reagir com outras moléculas de metano no meio reacional para gerar outras espécies maiores[13].

3.6.4. Relação entre a Estrutura e as Propriedades Ácido-Base

Vários fatores estruturais influenciam a acidez e a basicidade de um composto.

3.6.4.1. Periodicidade

Dentro de um mesmo período ou grupo da tabela periódica, a acidez aumenta com o aumento do número atômico, enquanto a basicidade diminui. Assim, temos que a acidez aumenta na série: $\mathbf{H_2O < H_2S < H_2Se}$, pois a densidade de carga negativa da base conjugada $\mathbf{OH^-}$ é maior do que em $\mathbf{HSe^-}$.

26. Olah GA. Carbocations and electrophilic reactions. Angewandte Chemie International Edition in English. 1973;12:173-212.
27. Olah GA, Schlosberg RH. Chemistry in super acids. I. Hydrogen exchange and polycondensation of methane and alkanes in FSO_3H-SbF_5 ("magic acid") solution. Protonation of alkanes and the intermediacy of CH_5^+ and related hydrocarbon ions. The high chemical reactivity of "paraffins" in ionic solution reactions.Journal of the American Chemical Society. 1968;90:2726-2727.

Já na série: $NH_3 > PH_3 > AsH_3$, a disponibilidade do par de elétrons não ligante é maior no nitrogênio que no arsênio, tornando a amônia uma base mais forte.

3.6.4.2. Hibridização

O ***carbono sp*** é mais eletronegativo do que o ***carbono sp***^{2} que, por sua vez, é mais eletronegativo do que o ***carbono sp***^{3}. Dessa forma, entre os hidrocarbonetos, temos a seguinte ordem de acidez:

$$
\begin{array}{lccccc}
 & H_3C\text{-}CH_3 & < & H_2C{=}CH_2 & < & HC{\equiv}CH \\
\mathbf{pKa} = & 44 & & 36 & & 25
\end{array}
$$

Isso mostra que é mais fácil desprotonar um alcino terminal do que um hidrocarboneto saturado.

3.6.4.3. Efeito Indutivo e Efeito de Campo

O efeito indutivo[2] é causado pela eletronegatividade de um átomo ou grupo substituinte. É transmitido através das ligações σ mas se perde com a distância. Quando se compara o ácido acético (CH_3CO_2H) com o ácido propiônico ($CH_3CH_2CO_2H$) verifica-se que o efeito indutivo doador de elétrons ou de hiperconjugação[28] da metila diminui a acidez do ácido acético (ver Tabela 3.7). Por outro lado, a acidez dos ácidos cloroacético ($ClCH_2CO_2H$) e dicloroacético (Cl_2CHCO_2H) é aumentada pelo efeito indutivo retirador de elétrons do átomo de cloro. À medida que o átomo de cloro se afasta da carboxila, esse efeito diminui, como no caso do ácido 4-clorobutanoico [$Cl(CH_2)_3CO_2H$, **pKa** = 4,52].

Tabela 3.7. Acidez de alguns ácidos carboxílicos

Ácido carboxílico	pKa
CH_3CO_2H	4,74
$CH_3CH_2CO_2H$	4,76
$ClCH_2CO_2H$	2,87
Cl_2CHCO_2H	1,29
$ClCH_2CH_2CH_2CO_2H$	4,52

O efeito de campo[29] é transmitido através do espaço ou do solvente e depende da geometria da molécula. Um exemplo interessante é o dos derivados do antraceno mostrados na Figura 3.9. As constantes de dissociação (**pKa**) desses compostos foram determinadas em etanol/água (50/50%) a 25 °C. Como pode ser observado, a presença do cloro na mesma face onde se encontra a carboxila diminui a acidez do composto, por causa da densidade de carga negativa do cloro que desestabiliza a base conjugada, *i. e.*, o ânion carboxilato[30].

---

28. Hiperconjugação é um tipo de deslocalização de elétrons resultante da interação entre um *orbital* σ com um *orbital p* vazio ou parcialmente preenchido, sendo particularmente importante para explicar a estabilidade relativa de carbocátions e de radicais orgânicos. Ver: Constantino MG. Química Orgânica. volume 1. Rio de Janeiro: LTC; 2008. p. 136.
29. O efeito de campo é causado pelo momento de dipolo (μ) de um substituinte. Ver: Mota CJA. Efeito de campo. Química Nova. 1987;10:295-297.
30. (a) Golden R, Stock LM. Evidence for the dipolar field effect. Journal of the American Chemical Society. 1966;88:5928-5929. (b) Stock LM. The origin of the inductive effect. Journal of Chemical Education. 1972;49:400-404.

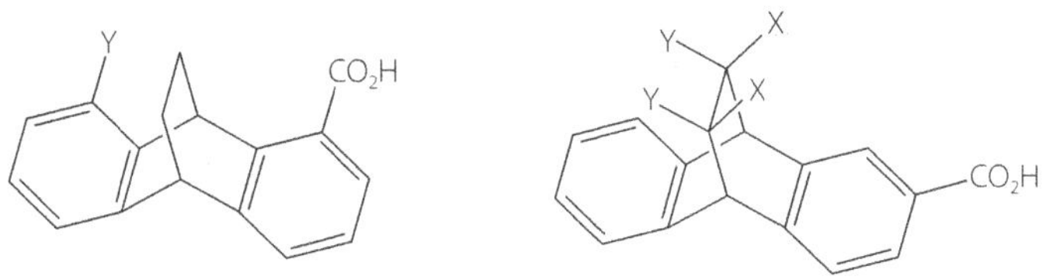

Y = H, pKa = 6,04
Y = Cl, pKa = 6,25

X = Cl, Y = H, pKa = 6,07
X = H, Y = Cl, pKa = 5,67

Figura 3.9. Estruturas dos derivados de antraceno com os seus valores de pKa.

3.6.4.4. Efeito de Ressonância

A estabilização da carga negativa da base conjugada por ressonância ou conjugação aumenta a acidez do composto que a originou. Quanto maior o número de híbridos de ressonância, mais efetiva será a estabilização do ânion.

O propeno (**pKa** = 36) é um composto mais ácido do que o propano (**pKa** = 44) pois, na presença de uma base forte, forma o ânion alílico que é estabilizado pela dupla ligação carbono-carbono, formando dois híbridos de ressonância (Figura 3.10). O mesmo valor de **pKa** (= 36) é encontrado para o cicloeptatrieno. Já o ciclopentadieno é muito mais ácido (**pKa** = 15) quando comparado aos outros alcenos, isso porque o ânion ciclopentadienila possui caráter aromático.

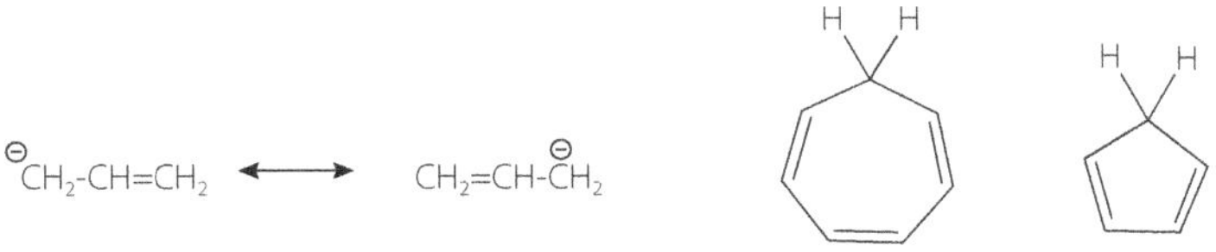

$^{\ominus}CH_2\text{-}CH{=}CH_2 \longleftrightarrow CH_2{=}CH\text{-}\overset{\ominus}{C}H_2$

pKa = 36 15

Figura 3.10. Estruturas de alguns derivados insaturados estabilizados por ressonância.

A acidez dos ácidos carboxílicos deve-se à estabilização por ressonância do ânion carboxilato formado após a desprotonação. Embora a 2,4-pentanodiona seja uma cetona, a sua elevada acidez (**pKa** = 9), quando comparada com a acetona (**pKa** = 20), por exemplo, é devida à contribuição das duas carbonilas na estabilização do íon enolato formado após a desprotonação (Figura 3.11).

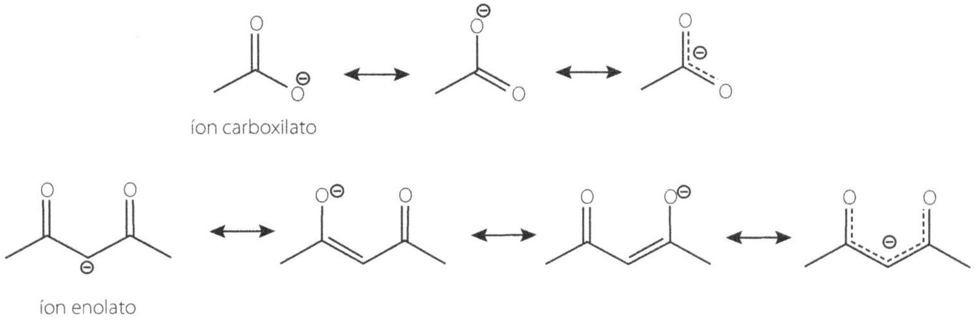

íon carboxilato

íon enolato

Figura 3.11. Estruturas de ressonância de um íon carboxilato e de um íon enolato de uma dicetona.

A acidez do fenol (**pKa** = 9,89), quando comparada com alcoóis saturados, como o etanol (**pKa** = 16), por exemplo, também é justificada pela estabilização do ânion fenóxido por ressonância com o anel aromático. A presença de grupos substituintes doadores de elétrons (como o grupo metila) ou retiradores de elétrons (como o cloro ou o grupo nitro [NO_2]) no anel aromático, diminuem ou aumentam a acidez, respectivamente, nos derivados fenólicos (Figura 3.12). A posição do substituinte no anel aromático também é importante, como, por exemplo, nos isômeros *orto*-clorofenol (**pKa** = 8,49) e *para*-clorofenol (**pKa** = 9,18). O efeito indutivo do átomo de cloro é mais eficiente quando se encontra na posição *orto* do anel aromático, uma vez que esse efeito se perde com a distância, como já discutido anteriormente. O ácido pícrico é um dos ácidos orgânicos mais fortes (**pKa** = 0,38) devido ao efeito retirador de elétrons dos três grupos nitro presentes na molécula.

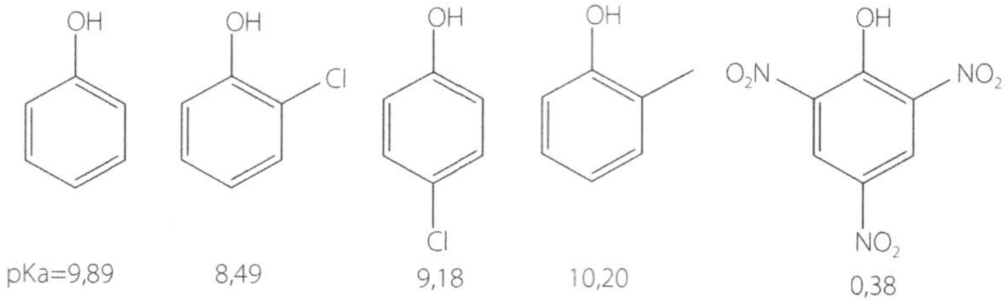

Figura 3.12. Estruturas de alguns derivados fenólicos com os seus respectivos valores de pKa.

Nas aminas, a conjugação do par de elétrons não ligante do nitrogênio diminui a basicidade. Como o ácido conjugado da anilina (**pKa** = 4,6) é mais forte, a anilina é uma base mais fraca do que a cicloexilamina (**pKa** do ácido conjugado = 10,7), por causa da conjugação com o anel aromático (Figura 3.13). Já a piridina (**pKa** do ácido conjugado = 5,2), é uma base mais forte do que o pirrol, pois enquanto a protonação da piridina deixa o sistema aromático intacto, no pirrol o par de elétrons do nitrogênio faz parte do sistema aromático do anel. Por isso, quando o pirrol é protonado ele deixa de ser aromático, o que torna o seu ácido conjugado bastante instável (pKa = 0,4).

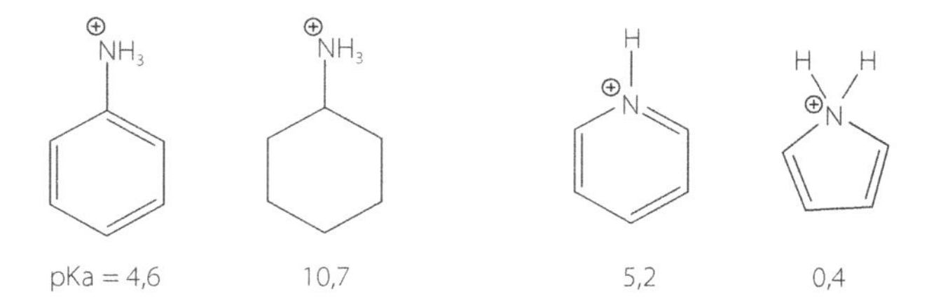

Figura 3.13. Estruturas dos ácidos conjugados de algumas aminas com os seus valores de pKa.

3.6.4.5. Ligações de Hidrogênio

A estabilidade da base conjugada pode ser modificada através das ligações de hidrogênio intra ou intermoleculares. Os ácidos maleico e fumárico são isômeros geométricos e possuem valores diferentes de $\mathbf{pKa_1}$ e $\mathbf{pKa_2}$ (Figura 3.14). No ácido maleico, o primeiro hidrogênio é bastante ácido ($\mathbf{pKa_1}$ = 1,83), enquanto o segundo é muito menos ácido ($\mathbf{pKa_2}$ = 6,07), em razão da ligação de hidrogênio intramolecular. Já no ácido fumárico existem apenas ligações de hidrogênio intermoleculares atuando, por isso os valores de **pka** são diferentes ($\mathbf{pKa_1}$ = 3,03 e $\mathbf{pKa_2}$ = 4,44). Esse fato também pode ser evidenciado pelos diferentes valores de pontos de fusão, sendo 137 °C para o ácido maleico e 298 °C para o ácido fumárico.

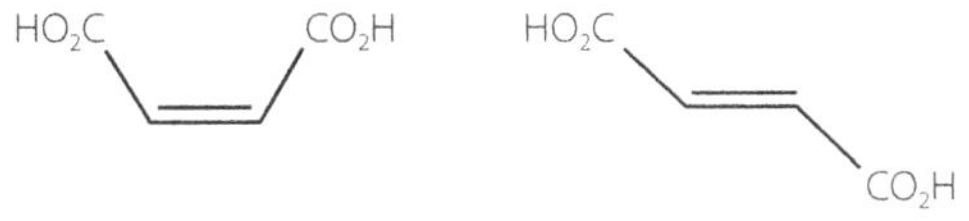

$pKa_1 = 1,83$	3,03
$pKa_2 = 6,07$	4,44

Figura 3.14. Estruturas dos ácidos maleico e fumárico com os seus respectivos valores de pKa.

O ácido salicílico ou ácido *orto*-hidroxibenzoico (**pKa** = 2,98) é um composto mais ácido do que o ácido benzoico (**pKa** = 4,19), devido à estabilização do ânion carboxilato, no primeiro caso, através de uma ligação de hidrogênio intramolecular com a hidroxila na posição *orto*. Já o segundo hidrogênio ácido do ácido salicílico (**pKa** = 13,4) é bem menos ácido do que o fenol (**pKa** = 9,89). O mesmo não acontece com o seu isômero, o ácido *para*-hidroxibenzoico, que não possui ligações de hidrogênio intramoleculares (Figura 3.15).

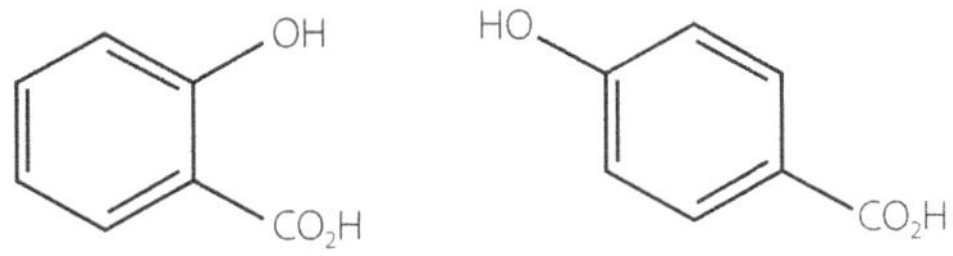

$pKa_1 = 2,98$	4,48
$pKa_2 = 13,4$	9,32

Figura 3.15. Estruturas de derivados do ácido benzoico com os seus valores de pKa.

3.6.4.6. Efeito Estérico

Vários efeitos estéricos e conformacionais podem influenciar a acidez e a basicidade dos compostos orgânicos. Dentre os cicloalcanos, a acidez aumenta com a diminuição do tamanho do anel. Conforme mostrado na Tabela 3.8, o ciclopropano é o composto mais ácido devido ao caráter π das suas ligações carbono-carbono.

Tabela 3.8. Acidez de alguns cicloalcanos

Cicloalcano	pKa
Ciclopropano	39
Ciclobutano	43
Ciclopentano	44
Cicloexano	45

A diferença na acidez dos compostos 1,3-dicarbonílicos também é atribuída à conformação dos anéis (Figura 3.16). O mesmo efeito é encontrado na basicidade das aminas cíclicas piperidina e pirrolidina.

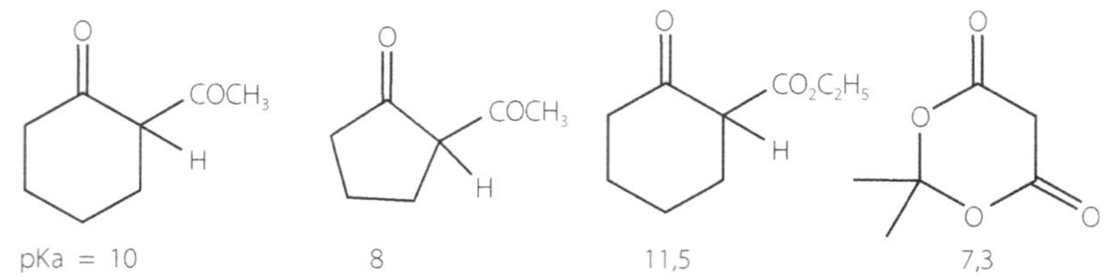

pKa = 10 8 11,5 7,3

Figura 3.16. Estruturas de compostos dicarbonílicos com os seus valores de pKa.

A basicidade das aminas é influenciada pela presença de grupos alquílicos. Quando se substitui um átomo de hidrogênio da amônia por um grupo alquila, a basicidade aumenta por causa do efeito indutivo doador de elétrons ou de hiperconjugação (Tabela 3.9). No entanto, a trietilamina é menos básica do que a dietilamina em decorrência do impedimento estérico causado pelos três grupos etila ao redor do nitrogênio.

Tabela 3.9. Acidez de algumas aminas e seus valores de pKa

Amina	pKa (do ácido conjugado)
Amônia	9,25
Metilamina	10,66
Etilamina	10,81
Dietilamina	11,13
Trietilamina	11,01

Um exemplo interessante de efeito estérico ocorre com o derivado diaminonaftaleno. Pela interação estérica repulsiva dos grupos etila ligados aos átomos de nitrogênio, enquanto um deles está no plano dos anéis aromáticos, o outro se encontra em posição perpendicular ao plano dos anéis (Figura 3.17). Dessa forma, o par de elétrons não ligante do primeiro não se conjuga com o anel aromático e, por isso, encontra-se bastante disponível para ser compartilhado, tornando esse composto bastante básico (**pKa** do ácido conjugado = 16,3), quando comparado, por exemplo, com a *N*,*N*-dimetilanilina (**pKa** do ácido conjugado = 5,1). Também contribui para a maior basicidade do diaminonaftaleno o efeito indutivo doador de elétrons das metoxilas situadas nas posições *orto*.

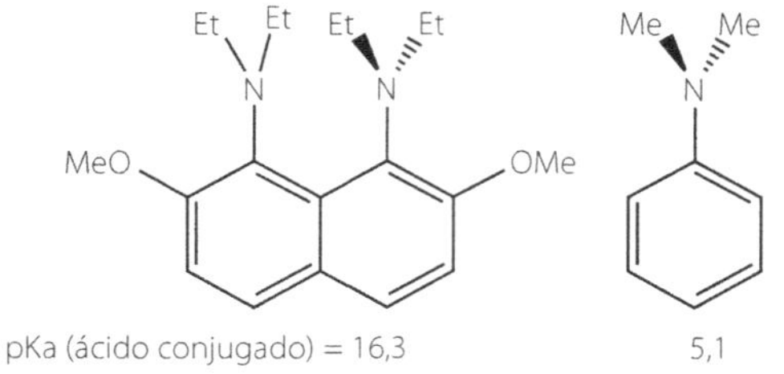

pKa (ácido conjugado) = 16,3 5,1

Figura 3.17. Estruturas de um derivado de diaminonaftaleno e da N,N-dimetilanilina com os seus respectivos valores de pKa.

3.6.4.7. Natureza do Contraíon

A estabilidade de um carbânion pode ser modificada pela natureza do contraíon positivo. Se tomarmos o íon lítio (**Li^+**) como referência, o **Na^+** e o **K^+** irão aumentar a polarização da ligação **C–M** (**M** = metal) e tornar o carbânion mais carregado eletricamente (por isso os derivados de alquil sódio e alquil potássio não são estáveis), e também menos solúveis (no caso de carbânions com grupos retiradores de elétrons). Dessa forma, um cátion metálico menos eletropositivo irá diminuir a polarização da ligação com um carbânion alquílico, tornando-o mais estável.

Os reagentes de magnésio (também conhecidos como reagentes de Grignard) e os compostos organocobre (também conhecidos como cupratos)[31] são bem menos básicos (bases de Brønsted) do que os correspondentes reagentes de lítio e, por isso, possuem um caráter mais nucleofílico[32]. Dessa forma, os reagentes de Grignard participam de adições nucleofílicas a cetonas, enquanto os reagentes de alquil-lítio, mais básicos (bases de Brønsted), irão abstrair um átomo de hidrogênio de um carbono na posição α-carbonila. Em sistemas carbonílicos α,β-insaturados, geralmente os reagentes de Grignard fazem adição 1,2 enquanto os reagentes de alquil-cobre (cupratos) fazem adição 1,4 (Figura 3.18). No entanto, a regiosseletividade dessas reações pode ser alterada dependendo, por exemplo, do tipo de solvente utilizado[33].

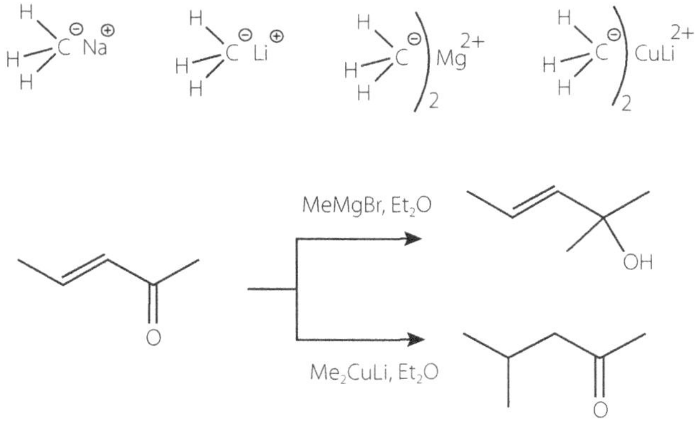

Figura 3.18. Estruturas de alguns compostos organometálicos e suas reações.

3.6.4.8. Efeito do Meio na Acidez/Basicidade

Para o equilíbrio:

$$H - B^{\oplus} \rightleftharpoons H^{\oplus} + B$$

A estabilidade de **HB^+** em fase gasosa depende apenas de sua estrutura, uma vez que os íons estão isolados, *i. e.* não solvatados.

Por outro lado, em água, os cátions e os ânions encontram-se solvatados:

31. Maiores detalhes sobre os compostos organometálicos poderão ser vistos no Capítulo 7 deste livro.

32. Basicidade é a facilidade de doação de um par de elétrons em uma reação ácido-base, enquanto a nucleofilicidade é a medida da rapidez com que um nucleófilo ataca um centro de menor densidade eletrônica (cátion ou centro com carga positiva parcial).

33. Costa P, Pilli R, Pinheiro S, Vasconcellos M. Substâncias Carboniladas e Derivados, Porto Alegre: Editora Bookman ; 2003.

$$HB^{\oplus}X^{\ominus} + H_2O \underset{}{\overset{H_2O}{\rightleftharpoons}} H_3O^{\oplus}X^{\ominus} + B$$

o que altera a estabilidade desses íons.

A dissociação de íons amônio em fase gasosa depende da superfície molecular. No caso do íon trimetilamônio, a carga positiva é estabilizada pelos grupos metila por efeito indutivo, tornando-se menos ácido do que os demais. Por conseguinte, a trimetilamina será uma base mais forte em fase gasosa.

Em fase aquosa, a solvatação dos cátions irá influenciar a acidez. Porém, os valores de **pKa** não são lineares. O íon amônio (NH_4^+) será o mais solvatado devido ao maior número de ligações de hidrogênio que faz com a água, sendo, portanto, o mais estabilizado. Dessa forma, esse íon não deveria ser o mais ácido. No entanto, de acordo com os valores de **pKa** de íons de nitrogênio (Figura 3.19), o íon amônio (pKa = 9,24) é o mais ácido de todos. À medida que se substituem os átomos de hidrogênio por grupos metilas, o efeito indutivo passa a estabilizar a carga positiva, diminuindo a acidez desses íons. O íon trimetilamônio (**pKa** = 9,80), por ser o menos estabilizado por solvatação, é mais ácido do que o íon dimetilamônio (**pKa** = 10,77).

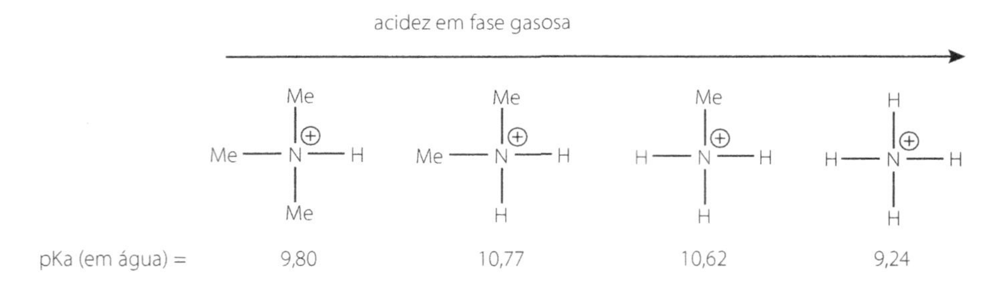

Figura 3.19. Estruturas de alguns íons amônio com os seus valores de pKa.

3.6.4.9. Efeito do Solvente

Como já foi discutido anteriormente, a estabilização de ânions e cátions pela solvatação altera a acidez e a basicidade dos compostos orgânicos. A água, que é um solvente polar prótico, pode solvatar tanto cátions como ânions. Já o DMSO, que é um solvente polar aprótico, solvata bem os cátions, mas não os ânions. Como pode ser visualizado na Tabela 3.10, a mudança do solvente de água para DMSO altera bastante os valores de **pKa** dos alcoóis *terc*-butanol e metanol e, principalmente, o valor de **pKa** da própria água. O ânion *terc*-butóxido (gerado pela desprotonação do *terc*-butanol) é menos solvatado em água do que o íon hidróxido, resultando numa grande diferença nos valores de **pKa** do *terc*-butanol e da água. No entanto, em DMSO essa diferença de pKa é bem menor (Tabela 3.10).

$$ROH \rightleftharpoons RO^{\ominus} + H^{\oplus}$$

Tabela 3.10. Variação da acidez de alguns alcoóis e água com o solvente

	pKa	
Composto	Em H_2O	Em DMSO
terc-BuOH	19,0	32,2
MeOH	15,3	29,0
H_2O	15,7	31,4

O solvente também pode influenciar a estabilidade de um carbânion. Um solvente com centros básicos de Lewis pode competir com um contraíon ou um complexo de lítio. O éter dietílico é um melhor solvente para complexar o Li^+ que o hexano, que é um composto apolar. Dessa forma, o carbânion será mais reativo em éter dietílico do que em hexano (pois haverá menos pares iônicos). Alguns agentes complexantes, tais como a tetrametiletilenediamina (TMEDA) ou éteres de coroa, podem tornar o carbânion ainda mais reativo (Figura 3.20). Novamente, essa lógica se aplica a qualquer base de Lewis aniônica[34].

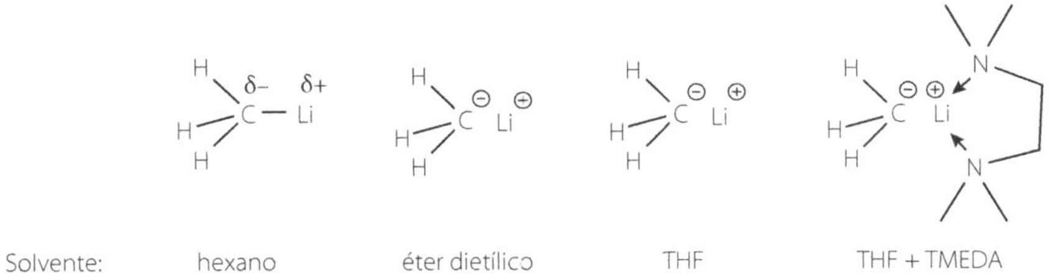

Solvente: hexano | éter dietílico | THF | THF + TMEDA

Figura 3.20. Estruturas de carbânion de lítio estabilizado por diferentes solventes.

3.6.4.10. Aminoácidos

Os aminoácidos são as unidades que formam as proteínas[35]. No estado sólido e seco, os aminoácidos existem como íons dipolares ou *zwitterions*[36], uma forma em que o grupo carboxila se encontra na forma de carboxilato e o grupo amino como íon amônio. Em solução aquosa, existe um equilíbrio entre o íon dipolar e as formas aniônica e catiônica do aminoácido, conforme mostrado no esquema abaixo:

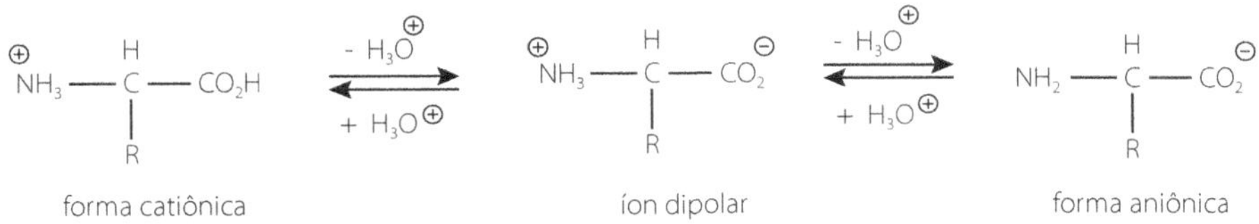

$$\overset{\oplus}{NH_3}-\underset{R}{\overset{H}{C}}-CO_2H \underset{+\,H_3O^{\oplus}}{\overset{-\,H_3O^{\oplus}}{\rightleftharpoons}} \overset{\oplus}{NH_3}-\underset{R}{\overset{H}{C}}-CO_2^{\ominus} \underset{+\,H_3O^{\oplus}}{\overset{-\,H_3O^{\oplus}}{\rightleftharpoons}} NH_2-\underset{R}{\overset{H}{C}}-CO_2^{\ominus}$$

forma catiônica | íon dipolar | forma aniônica

É possível derivar a equação de Henderson-Hasselbalch[37]:

$$\mathbf{pKa} \rightleftharpoons \mathbf{pH} + \log([\mathbf{HA}]/[\mathbf{A}^-])$$

quando o **pH = pKa**, então log ([**HA**] / [**A**⁻]) = 0 e, portanto, [**HA**] = [**A**⁻]; isto é, *há quantidades iguais das duas formas* **HA** *e* **A**⁻.

No caso de uma solução mais ácida; isto é, com menor **pH**, então **pH < pKa** e log [**HA**] / [**A**⁻] devem ser > 0; portanto [**HA**] > [**A**⁻]. Isso sugere que a forma protonada (**HA**) irá predominar em

34. Leach MR. Nucleophiles, bases and the organic chemistry of the fluoride ion. Disponível em: http://www.meta-synthesis.com/webbook/10_fluoride/fluoride.html Acessado em: 11/04/2016.

35. Mais detalhes sobre aminoácidos e proteínas poderão ser vistos no Capítulo 8, item 8.2 deste livro.

36. *Zwitterion*, derivado do alemão *zwitter* (*híbrido*), significa "sal interno" ou "íon dipolar", é um composto químico eletricamente neutro, mas que possui cargas opostas em diferentes átomos. O termo é mais utilizado para compostos que apresentam essas cargas em átomos não adjacentes. Podem se comportar como ácidos ou como bases, por isso, também são chamados de *anfóteros*. Ver: Solomons TWG. Organic Chemistry. 5th ed. New York: John Wiley & Sons; 1992.

37. A Equação de Henderson-Hasselbalch é utilizada para calcular o pH de uma solução tampão, a partir do pKa e das concentrações do equilíbrio ácido-base, do ácido ou da base conjugada.

meio ácido. Ao contrário, no caso de uma solução mais básica; isto é, com maior **pH**, então **pH > pKa** e log [**HA**] / [A^-] devem ser < 0; portanto [**HA**] < [A^-]. Isso mostra que a forma desprotonada (A^-) irá predominar no meio básico.

Esses princípios podem ser estendidos aos sistemas poliácidos/básicos (tais como os aminoácidos), analisando cada valor de **pKa** separadamente. Dessa forma, cada aminoácido tem dois valores de **pKa**, sendo um para o grupo carboxila e outro para o íon amônio. Os valores de **pKa** dependem da natureza do grupo R e, além disso, os mesmos fatores já discutidos anteriormente (tais como os efeitos indutivos, de campo e de ressonância) também irão influenciar. A Tabela 3.11 mostra os valores de **pKa** para alguns α-aminoácidos naturais encontrados nas proteínas.

Tabela 3.11. Acidez de alguns α-aminoácidos [$R-CH(NH_3^+)-CO_2H$]

Grupo 'R'	Aminoácido	pKa_1 CO_2H	pKa_2 α-NH_3^+	pKa_3 grupo R
H	Glicina	2,3	9,6	-
CH_3	Alanina	2,3	9,7	-
$CH_2C_6H_5$	Fenilalanina	1,8	9,1	-
CH_2OH	Serina	2,2	9,2	-
$CH_2C_6H_4OH$	Tirosina	2,2	9,1	10,1
CH_2SH	Cisteína	1,7	10,8	8,3
CH_2CO_2H	Ácido aspártico	2,1	9,8	3,9

Como pode ser observado na Tabela 3.10, a acidez aumenta com a presença de átomos mais eletronegativos na cadeia alquílica; por exemplo, quando comparamos a alanina com a fenilalanina. O hidrogênio ligado ao oxigênio da cadeia lateral da serina não é considerado ácido quando comparado com o hidrogênio ligado ao enxofre da cadeia lateral da cisteína. Já para o ácido aspártico, o hidrogênio da carboxila mais próxima ao grupo amino é o mais ácido.

O aminoácido histidina tem três grupos ácidos com **pKa** = 1,82 (ácido carboxílico); 6,04 (pirrol NH) e 9,17 (íon amônio NH). A histidina pode existir em quatro formas, conforme mostrado na Figura 3.21, dependendo do **pH** da solução, de pH ácido a básico. Assim, conforme se adiciona base ao meio, o hidrogênio mais ácido (**pKa_1** = 1,82) é removido inicialmente (do COOH), depois é removido o hidrogênio do pirrol NH (**pKa_2** = 6,04) e, finalmente, o hidrogênio do íon amônio NH (**pKa** = 9,17). Em **pH** < 1,82; **A** é a forma predominante. Na faixa entre 1,82 < **pH** < 6,04; **B** é a forma predominante. Na faixa entre 6,04 < **pH** < 9,17; **C** é a forma predominante. Quando o **pH** > 9,17; **D** é a forma majoritária em solução[38].

38. Hunt I. Structure and pKa. Disponível em: http://www.chem.ucalgary.ca/courses/351/Carey5th/useful/pka.html. Acessado em: 11/04/2016.

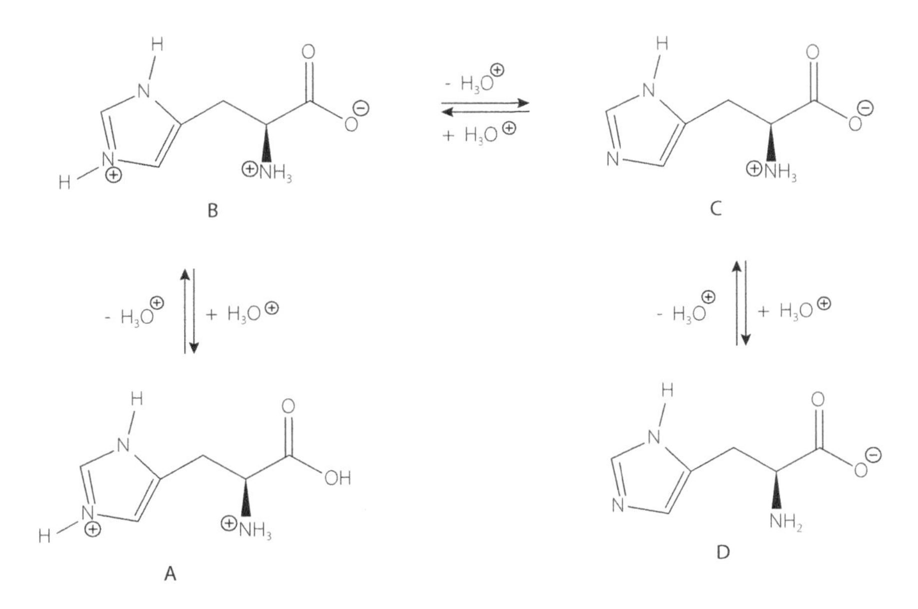

Figura 3.21. Diferentes formas do aminoácido histidina que possui três grupos ácidos.

3.6.4.11. Teorias Modernas de Acidez/Basicidade: Ácidos Duros e Moles

Uma propriedade atômica fundamental, que é bastante relacionada à eletronegatividade, é a polarizabilidade, que descreve a "resposta" dos elétrons de um átomo às cargas da vizinhança. Os termos qualitativos *moleza* e *dureza* são usados para descrever a ***facilidade*** ou a ***dificuldade*** da distorção eletrônica. Átomos altamente eletronegativos tendem a ser ***duros***, enquanto átomos menos eletronegativos são considerados ***moles***. A polarizabilidade é também função do número atômico; dessa maneira, os átomos maiores são mais ***moles*** (são mais polarizáveis) do que átomos menores de eletronegatividade similar.

A carga em um átomo também influencia a polarizabilidade; por exemplo, cátions metálicos tornam-se ***mais duros*** conforme o número de oxidação aumenta.

Em geral, ***ácidos duros*** reagem com ***bases duras*** e ***ácidos moles*** reagem com ***bases moles***. As interações ***duro-duro*** são dominadas pela atração eletrostática, enquanto as interações ***mole-mole*** são dominadas pela polarização mútua (interações predominantemente covalentes).

Essa teoria (denominada **HSAB**, acrônimo do inglês ***H****ard and* ***S****oft* ***A****cid and* ***B****ase*) foi formulada pelo norte-americano Ralph G. Pearson (1919–)[39a] na década de 1960. Ela foi inicialmente obtida como resultado de observações de uma série de dados experimentais, embora poucas medidas quantitativas tenham sido realizadas com ácidos de Lewis em comparação com os ácidos de Brønsted.

Pearson propôs um índice de dureza absoluta, η, que relaciona o potencial de ionização (PI) e a afinidade eletrônica (AE) através da equação abaixo:

$$\eta = PI - AE / 2$$

Essas grandezas também definem a moleza absoluta, σ, que é inversamente proporcional a η. Essas medidas representam uma média global para a molécula, podendo existir valores locais de *dureza/moleza* diferenciados na estrutura.

Em geral, aplica-se o termo ***duro*** às espécies naturalmente pequenas, com elevada densidade de carga e dificilmente polarizáveis. O termo ***mole*** aplica-se às espécies químicas que são naturalmente grandes, possuem baixa densidade de carga e são facilmente polarizáveis (ver Tabela 3.12).

Tabela 3.12. Alguns ácidos e bases, duros e moles, com os valores de dureza absoluta, η

Ácidos duros	η (eV)	Bases duras	η (eV)
Li^+	35,12	H_2O	9,5
Na^+	21,08	NH_3	8,2
K^+	13,64	$(CH_3)_2O$	8,0
Al^{3+}	45,77	OH^-	5,67
BF_3	9,7	F^-	7,01
HCl	8,0	Cl^-	4,70
Ácidos moles	**η (eV)**	**Bases moles**	**η (eV)**
Cu^+	6,28	H_2S	6,2
Pd^{+2}	6,75	CN^-	5,10
Au^+	5,6	I^-	3,70

Essas propriedades (*dureza* e *moleza*) estão relacionadas com as energias dos ***orbitais de fronteira*** **HOMO** e **LUMO** de moléculas e íons[39]. Quanto maior for a diferença de energia entre **HOMO** e **LUMO**, maior será a *dureza* (Figura 3.22). Numericamente, a *dureza* é aproximadamente igual à metade da diferença de energia entre os dois orbitais de fronteira[40].

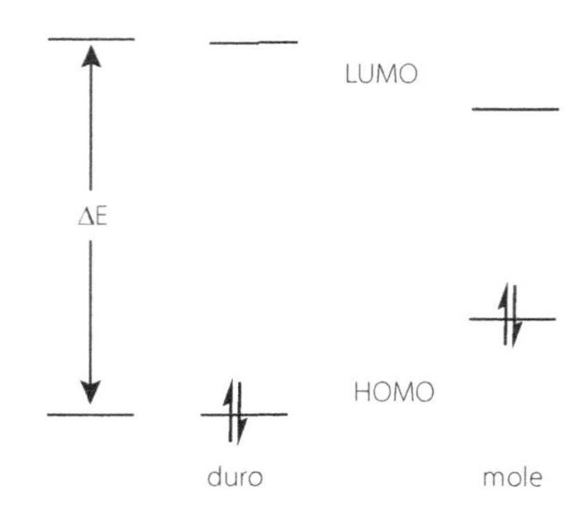

Figura 3.22. Relação das propriedades dureza e moleza com as diferenças de energias (ΔE) entre HOMO e LUMO.

A teoria de ácidos e bases ***duros*** e ***moles*** tem várias aplicações, principalmente no entendimento da reatividade das moléculas. Um exemplo disso é a reatividade de nucleófilos ambidentados, que são nucleófilos que contêm pares de elétrons não ligantes em mais de um átomo ou apresentam pares de elétrons deslocalizados, e que são representados por mais de um híbrido de ressonância. Esses nucleófilos podem reagir com um eletrófilo através de dois ou mais átomos

39. Maiores detalhes sobre os orbitais moleculares HOMO e LUMO poderão ser vistos no Capítulo 2, item 2.4.3 deste livro.

40. (a) Pearson RG. Hard and soft acids and bases. Journal of the American Chemical Society 1963;85:3533-3539. (b) Carey FA, Sundberg RJ. Advanced Organic Chemistry, Part A: Structure and Mechanisms. 3rd ed., New York: Plenun Press; 1990. p. 19.

diferentes, como na reação de substituição nucleofílica empregando os íons **CN^-**, **SCN^-** e **NO_2^-**, conforme mostrado no esquema reacional abaixo:

$$R\text{-}X \quad + \quad KCN \longrightarrow R\text{-}C{\equiv}N \quad + \quad KX$$

$$R\text{-}X \quad + \quad AgCN \longrightarrow R\text{-}N^+{\equiv}C^- \quad + \quad AgX$$

Como o nitrogênio é mais eletronegativo do que o carbono, o átomo de nitrogênio do íon cianeto é considerado um ***centro mais duro*** enquanto o átomo de carbono é um ***centro mais mole***. Pela baixa energia da ligação **R–X**, o haleto de alquila é um ***centro mole***. Dessa forma, o grupo alquila reage preferencialmente com o átomo de carbono do ânion cianeto (*via mecanismo S_N2*), levando à formação de nitrilas (R–C≡N). No entanto, a presença do íon prata promove a quebra da ligação **R–X** (*via mecanismo S_N1*) e como o carbocátion formado tem um caráter de ***ácido duro***, ele reage preferencialmente com o átomo de nitrogênio que é o ***centro duro*** do íon cianeto, produzindo isonitrilas ($R\text{-}N^+{\equiv}C^-$).

A regiosseletividade e a composição da mistura dos produtos das reações acima dependem do solvente e da natureza do haleto de alquila. Assim, na reação de haletos de alquila primários com cianetos de metais alcalinos, a nitrila é formada com rendimentos de 80-90%. Já a reação de 2-metil-1-iodobutano com cianeto de prata, por exemplo, fornece a isonitrila correspondente com 60% de rendimento. Na reação do iodeto de *terc*-butila com cianeto de prata, a isonitrila é formada com rendimento quantitativo[41].

PROBLEMAS SELECIONADOS

1. Decida que membro de cada um dos pares de compostos abaixo tem o ponto de ebulição mais alto. Explique seu raciocínio sem consultar tabelas.

a) hexano e iso-hexano

b) hexano e pentano

c) neopentano e isopentano

d) etano e 1-cloroetano

2. Explique por que:

a) o propanol e o propionaldeído, que têm massas moleculares próximas, são muito solúveis em água, porém o ponto de ebulição do primeiro é o dobro do ponto de ebulição do segundo.

b) o éter etílico e o 1-butanol são isômeros (fórmula: $C_4H_{10}O$), possuem a mesma solubilidade em água (8 g/100 mL), porém os seus pontos de ebulição diferem bastante (34 e 117 °C, respectivamente)

3. Explique os valores dados abaixo considerando a estrutura dos compostos:

a) Momento dipolar μ (D)				b) Constante dielétrica		c) ΔE dissoc. (kJ/mol)	
HCl	1,08	H_2O	1,85	H_2O	80	CH_3F	452
HI	0,42	H_3N	1,47	CH_3OH	33	CH_3Cl	356
HBr	0,80	BF_3	0,0	CH_3CH_2OH	24	CH_3Br	293
HF	1,91			CH_3SOCH_3	49	CH_3I	239

41. Kornblum N, Smiley RA, Blackwood RK, Iffland DC. The mechanism of the reaction of silver nitrite with alkyl halides. The contrasting reactions of silver and alkali metal salts with alkyl halides. The alkylation of ambident anions.Journal of the American Chemical Society. 1955;77:6269-6280.

4. Explique os pontos de ebulição fornecidos abaixo, justificando a sua resposta.

Composto	**PE (°C)**
hexano	69
pentano	36
butano	–0,5
2-metil-butano	28
2,2-dimetil-propano	10

5. Coloque os compostos abaixo em ordem crescente de momento dipolar (μ), justificando a sua resposta e relacionando com as estruturas de cada composto:

a) H_2O, BF_3, H_3N, CH_4

b) CH_3Cl, CH_2Cl_2, $CHCl_3$, CCl_4

c) CH_3OCH_3, CH_3OH, CH_3CO_2H, CH_3COCH_3, CH_3NO_2

d)

6. Coloque os compostos abaixo em ordem crescente de acidez, assinalando o hidrogênio ácido. Justifique as suas respostas.

a) HCl, HI, HBr, HF

b) CH_3CO_2H, $CHCl_2CO_2H$, CH_2ClCO_2H, CCl_3CO_2H

c) H_2O, H_2S, CH_3OH, KOH

d) $CH{\equiv}CH$, CH_3CH_3, $CH_2{=}CH_2$

e) piperidina, piridina, pirrol

f)

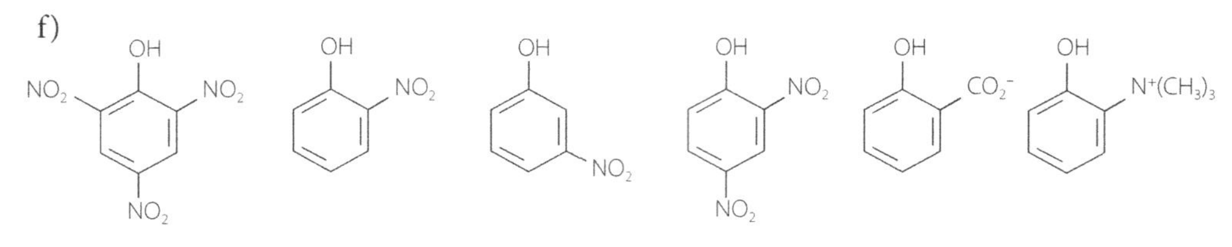

7. Justifique a acidez dos compostos abaixo, assinalando os hidrogênios ácidos.

a)

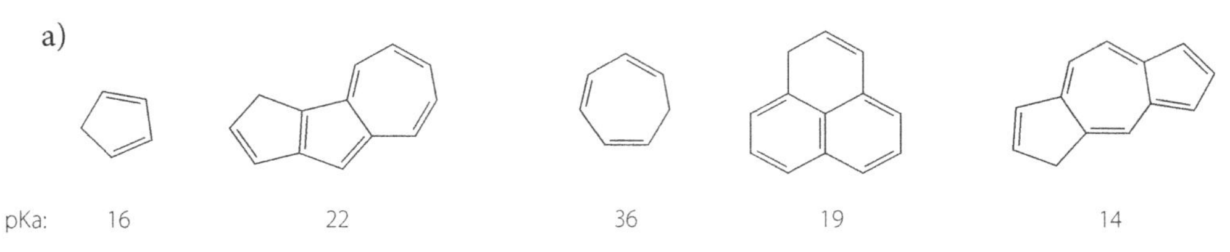

b)

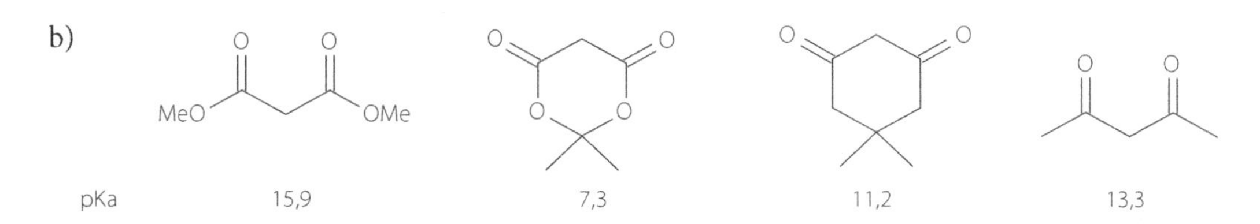

8. As seguintes bases são comumente usadas em laboratório químico:

$C_2H_5O^- Na^+$, Et_3N e (piridina) N

Qual(is) dessa(s) base(s) poderia(m) ser usada(s) em cada caso abaixo para remover o hidrogênio ácido? Explique.

NO_2, O_2N, OH, NO_2 — O O — NO_2, OH — CH_3OH — O, C—OH

O, CF_3, OH — $(H_3CO_2C)_2CH_2$ — O_2N, OH — $(CN)_2CH_2$

9. Justifique a acidez dos compostos abaixo, assinalando os hidrogênios ácidos.

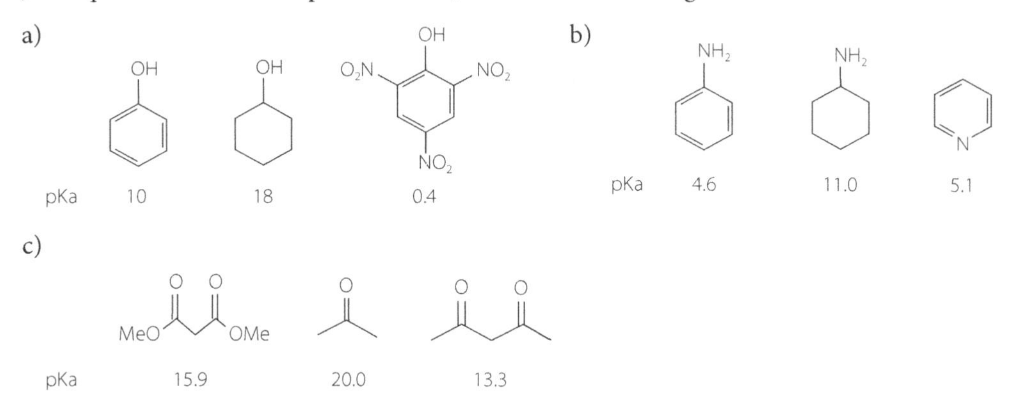

10. Coloque os compostos abaixo em ordem crescente de nucleofilicidade. Justifique as suas respostas.

a) NaCl, NaI, NaBr, NaF (em solvente polar prótico)

b) NaCl, NaI, NaBr, NaF (em solvente polar aprótico)

c) H_2O, HSNa, NaOH, CH_3CO_2Na, NaCN (em solvente polar prótico)

4

Estrutura e Propriedades dos Hidrocarbonetos Alifáticos

Claudio Di Vitta

RESUMO

Neste capítulo serão abordadas e discutidas as estruturas e as propriedades dos hidrocarbonetos alifáticos. Serão apresentados inicialmente os alcanos e os cicloalcanos (parafinas e cicloparafinas), hidrocarbonetos de baixa acidez/basicidade e pouco reativos, usados principalmente como solventes ou fontes de energia, cuja reação de halogenação radicalar é praticamente a única com interesse sintético. Em seguida, serão discutidas as principais características dos alcenos (olefinas), que geralmente sofrem diversas reações envolvendo a ligação π, principalmente a adição de eletrófilos. Será visto como os alcenos podem ser convertidos em alcanos, haloalcanos, álcoois, glicóis, epóxidos, compostos carbonílicos (aldeídos ou cetonas) e ácidos carboxílicos, entre outros. Os dienos e os polienos conjugados serão mostrados como uma classe de compostos que se comportam de modo peculiar sob a ação de luz ou de calor. Por fim, serão analisados os alcinos, compostos contendo triplas ligações, que reagem de modo semelhante aos alcenos, devido ao caráter básico propiciado pela presença de elétrons π. Porém, a acidez dos alcinos terminais permite que esses compostos sejam usados em reações de homologação da cadeia carbônica e sirvam como fonte para a preparação de haloalcenos, cetonas, ácidos carboxílicos e alcenos com isomeria *Z* ou *E*.

4.1. Classes de Hidrocarbonetos

Hidrocarbonetos são compostos constituídos apenas por átomos de carbono e hidrogênio. Em geral[1], são substâncias sem cor, com densidade variando de 0,6 a 0,8 g/mL. Não se misturam com água, mas são miscíveis com solventes apolares.

Os hidrocarbonetos dividem-se em:

1) alifáticos;

2) aromáticos.

Os hidrocarbonetos aromáticos se distinguem por conterem uma particular estrutura cíclica, formada por seis átomos de carbono unidos de um modo especial, chamada de anel benzênico.

1. Hydrocarbons. Ullmann's Encyclopedia of Industrial Chemistry, Wiley-VCH; 2012.

O representante mais simples desta categoria é o benzeno (Figura 4.1), o qual, junto com outros compostos de sua classe será apresentado à parte, no Capítulo 5 deste livro. Qualquer outro hidrocarboneto que não contenha o anel benzênico é chamado de alifático. Esses compostos podem exibir cadeia aberta (acíclicos) ou podem conter estruturas cíclicas (alicíclicos).

Neste capítulo e no seguinte, os compostos de carbono serão representados usando-se, indistintamente, fórmulas estruturais de Lewis, condensadas, em linhas (esqueletais), em perspectiva etc. Exemplos das três primeiras representações podem ser visualizados na Figura 4.1 para o 2-metilbutano, but-1-eno, but-1-ino e benzeno.

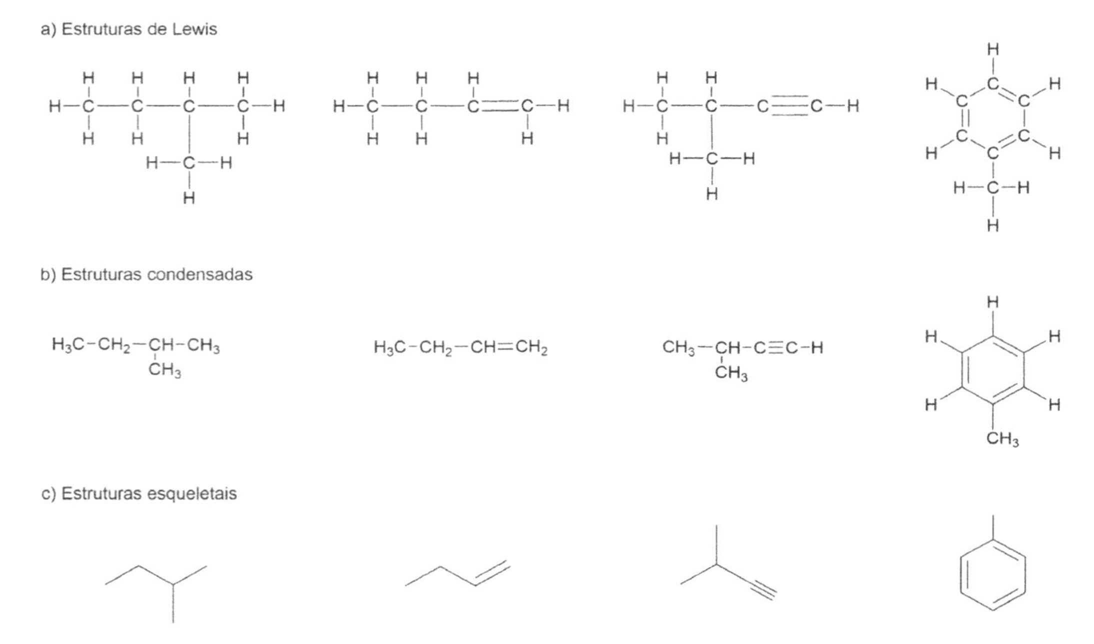

Figura 4.1. Representação das estruturas de Lewis (a), estruturas condensadas (b) e estruturas esqueletais (c).

Nas moléculas dos hidrocarbonetos podem estar presentes:

i) Apenas ligações simples (ligações σ) C–C e C–H. Neste caso, são chamados de alcanos, parafinas (do francês *paraffine*, vindo do latim *parum affinis*, que significa "pouco afim"), ou hidrocarbonetos alifáticos saturados. Podem ser representados pela fórmula geral C_nH_{2n+2} somente se forem compostos acíclicos. Os compostos com estruturas cíclicas (alicíclicos) são chamados de cicloalcanos ou cicloparafinas e podem ser representados pela fórmula geral C_nH_{2n} (ver alguns exemplos na Figura 4.2). Porém, deve ser observado que alguns compostos cíclicos não seguem essa "fórmula geral", como por exemplo a decalina ($C_{10}H_{18}$), um hidrocarboneto alifático bicíclico obtido pela hidrogenação do naftaleno ($C_{10}H_8$), um hidrocarboneto aromático.

ii) Duas ligações entre dois carbonos (uma σ e outra π), podendo também conter, adicionalmente, outros carbonos unidos de modo simples, além de ligações C–H. Neste caso, os compostos são chamados de alcenos (alquenos ou olefinas, do inglês *olefin*) e podem ser representados pela fórmula geral C_nH_{2n}, caso apresentem apenas uma ligação π e não sejam alicíclicos (ver alguns exemplos na Figura 4.3). Os cicloalcenos (olefinas cíclicas) contêm apenas uma ligação π inserida no sistema cíclico, apresentando fórmula geral C_nH_{2n-2} apesar de haver algumas exceções.

Figura 4.2. Representação de alguns hidrocarbonetos alifáticos saturados.

Figura 4.3. Representação de alguns hidrocarbonetos alifáticos insaturados (alcenos).

iii) Três ligações entre dois carbonos (uma σ e duas π) podendo também contar com ligações C–C simples e C–H. Esses hidrocarbonetos são chamados de alcinos (alquinos; acetilenos) e podem ser representados pela fórmula geral C_nH_{2n-2} quando não forem cíclicos (ver exemplos na Figura 4.4). Cicloalcinos são os compostos com apenas uma ligação tripla entre dois carbonos contida em um sistema cíclico; apresentam fórmula geral C_nH_{2n-4} apesar de haver algumas exceções.

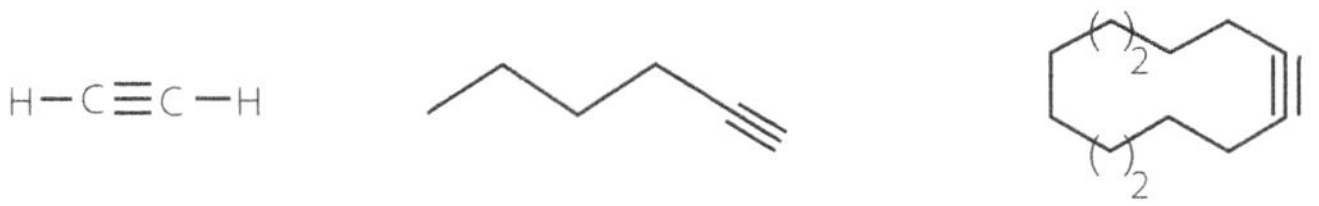

$H—C\equiv C—H$

etino

hex-1-ino

ciclododecino

Figura 4.4. Representação de alguns hidrocarbonetos alifáticos insaturados (alcinos).

Nos alcenos e alcinos, as ligações π são formadas pelo entrosamento de dois orbitais ***p*** dos carbonos vizinhos. Tais ligações são chamadas de insaturações, razão pela qual os alcenos e os alcinos são chamados de compostos insaturados. Para esses compostos, chama-se *grau de insaturação* (**gi**) ou *índice de deficiência de hidrogênio* (**idh**) ao número de moléculas de hidrogênio (H_2) que devem ser adicionadas ao hidrocarboneto para transformá-lo em um composto saturado de cadeia aberta (ver exemplos na Figura 4.5). É importante ressaltar que, por esta definição, os sistemas cíclicos dos hidrocarbonetos alicíclicos (cicloalcanos, cicloalcenos e cicloalcinos) também requerem a adição de uma molécula de H_2 para serem convertidos em sistemas de cadeia aberta.

$$H_3C—C\equiv C—CH_3 \quad + \quad 2H_2 \longrightarrow CH_3CH_2CH_2CH_3$$

but-2-ino — butano

ciclopenteno + $2H_2$ ⟶ pentano

Figura 4.5. Transformação de hidrocarbonetos insaturados em compostos saturados.

O cálculo do **gi** (ou **idh**) encontra aplicação na solução de problemas relacionados às determinações estruturais, por métodos espectrométricos[2].

Cabe mencionar que, tanto para os compostos saturados como insaturados, com o aumento do número de átomos de carbono (n) que constituem o hidrocarboneto, as possibilidades de união entre eles aumentam, levando à formação de isômeros. O número de isômeros aumenta drasticamente com o aumento do número de carbonos, de modo que somente métodos matemáticos permitem calcular o número de isômeros para valores elevados de n. Na Tabela 4.1 encontra-se o número de isômeros de alcanos em função do número de átomos de carbono (n) na cadeia molecular.

Tabela 4.1. Número de isômeros de alcanos em função do número (n) de carbonos na cadeia.

n	Número de isômeros	n	Número de isômeros
2	1	7	9
3	1	8	18
4	2	9	35
5	3	10	75
6	5	14	1858

Os nomes de todos os isômeros dos alcanos com até 14 átomos de carbono estão disponíveis para consulta *on-line*[3].

Davies e Freyd mencionam que o alcano $C_{167}H_{336}$ apresenta um número de isômeros superior ao número de partículas do universo[4].

4.2. Classificação dos Átomos de Carbono e das Cadeias Carbônicas

Nos hidrocarbonetos encontram-se átomos de carbono ligados entre si de diferentes formas. Nos alcanos, os carbonos apresentam hibridização ***sp***^{3} e, caso estejam ligados a apenas um único outro átomo de carbono, são chamados de *carbonos primários* ($1^{\text{ário}}$). No caso em que um átomo de carbono está unido a dois outros, é chamado *carbono secundário* ($2^{\text{ário}}$) e, no caso de estar ligado a três outros, chama-se *carbono terciário* ($3^{\text{ário}}$). *Carbono quaternário* ($4^{\text{ário}}$) é a denominação daquele carbono que está unido a quatro outros átomos de carbono (Figura 4.6).

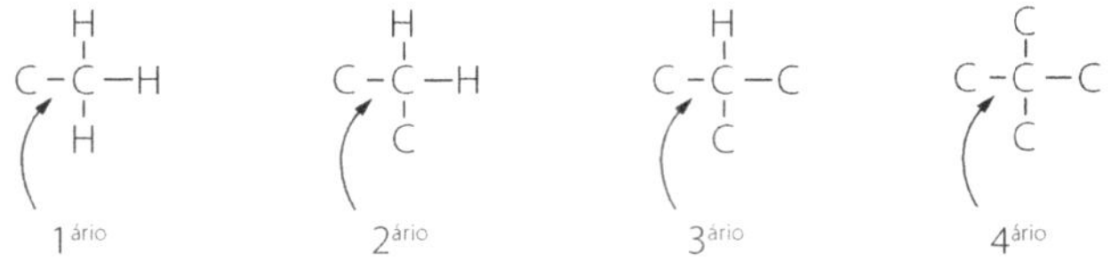

$1^{\text{ário}}$ $2^{\text{ário}}$ $3^{\text{ário}}$ $4^{\text{ário}}$

Figura 4.6. Classificação dos átomos de carbono.

Essas designações também podem ser aplicadas aos átomos de carbono com hibridização ***sp***^{2} de alcenos e ***sp*** de alcinos.

---

2. Ribeiro CMR, Souza NA. Esquema geral para elucidação de substâncias orgânicas usando métodos espectroscópico e espectrométrico. Química Nova. 2007;30:1026-1031.
3. Mr Kent´s chemistry page. Disponível em: http://www. kentchemistry. com/links/organic/isomersofalkanes. htm Acessado em: 08/04/2016.
4. Davies RE. Freyd PJ. $C_{167}H_{336}$ is the smallest alkane with more realizable isomers than the observed universe has particles. Journal of Chemical Education. 1989;66:278-281.

Os átomos de carbono podem se unir formando cadeias lineares (também chamadas de *cadeias normais*), com apenas duas extremidades; ou *cadeias ramificadas*, nas quais se identificam mais do que duas extremidades. No caso de *cadeias normais*, existem apenas dois carbonos primários e nenhum terciário ou quaternário, ao passo que, nas *cadeias ramificadas*, o número de carbonos primários é maior e também existem carbonos terciários e/ou quaternários.

Também existe a possibilidade de a cadeia encontrar-se na forma de um sistema cíclico, no qual não são identificadas extremidades. Nestes compostos não se encontram carbonos primários entre aqueles que formam a parte cíclica do hidrocarboneto.

4.3. Alcanos e Cicloalcanos

4.3.1. Fontes Naturais e Produção

A matéria orgânica em decomposição aeróbia produz, em última instância, dióxido de carbono (CO_2) e metano (CH_4) (metanogênese), sendo por isto este último composto também chamado de "gás dos pântanos"[5]. A mistura de CO_2 (9-45%) e CH_4 (52-95%), produzida a partir de biomassa, por equipamentos chamados biodigestores, é chamada "biogás", marca registrada do *Institute of Gas Technology*, de Chicago, Estados Unidos. Biomassa é o conjunto de derivados recentes de organismos vivos (plantas, adubos, gorduras, etc.) que pode ser trabalhado para a geração de energia ou outros compostos[6].

Pela pirólise de madeira, em temperaturas superiores a 400 °C, na ausência de oxigênio, formam-se gases que contêm metano; em condições mais vigorosas e oxidantes, também se formam hidrocarbonetos de baixos pesos moleculares. O metano, em particular, é encontrado em minas de carvão e representa um enorme perigo, pois forma misturas explosivas com o ar (quando em concentrações de 20 a 30%) que podem detonar causando desmoronamentos. A partir do carvão, por processos pirolíticos, também era usual obter o metano e outros hidrocarbonetos contendo de dois a cinco carbonos, além de benzeno, mas essa fonte se tornou menos importante em comparação ao petróleo[7]. O processo de gaseificação de carvão, que consiste em tratá-lo com vapor d'água em altas temperaturas, produz uma mistura de monóxido de carbono (CO) e hidrogênio, chamada de "gás de síntese", que pode ser utilizada no processo Fischer-Tropsch[8] para a produção de metano (catalisado por cobalto, ferro ou rutênio) ou de misturas de hidrocarbonetos contendo de um a 30 átomos de carbono (Figura 4.7).

$$nCO + (2n+1)H_2 \longrightarrow C_nH_{2n+2} + nH_2O$$

$$nCO + 2nH_2 \longrightarrow C_nH_{2n} + nH_2O$$

Figura 4.7. Transformação do "gás de síntese" ($CO + H_2$) em hidrocarbonetos.

O petróleo e o gás natural, atualmente, são as principais fontes de hidrocarbonetos saturados[1]. O gás natural, que é a parte gasosa encontrada no material extraído dos poços de petróleo, tem

5. Methane. Ullmann's Encyclopedia of Industrial Chemistry, Wiley-VCH; 2002.
6. Biomass Chemicals. Ullmann's Encyclopedia of Industrial Chemistry, Wiley-VCH; 2002.
7. Eastman AD, Mears D. Hydrocarbons, C1-C6. Kirk Othmer Encyclopedia of Chemical Technology. New York: John Wiley & Sons; 2001.
8. Van der Laan GP. Kinetics, Selectivity and Scale Up of the Fischer-Tropsch Synthesis. Groningen: University of Groningen; 1999.

composições que variam de 75 a 99% de metano, de 1 a 15% de etano, de 1 a 10% de propano e de 0 a 2% de butano, pentano, 2-metilpropano (isobutano) e hexanos.

Na parte líquida do petróleo, chamada "nafta" (*full range naphtha*), que representa de 15 a 30% da massa do petróleo, encontram-se compostos saturados e cíclicos, além de compostos aromáticos, sem contar os compostos sulfurados (tioéteres e tiofenos), os compostos oxigenados (fenóis, éteres e compostos carboxilados) e os compostos nitrogenados (piridinas e pirróis). A "nafta leve" (PE 30-90 °C) contém alcanos de cinco a seis átomos de carbono[9]. A "nafta média" (PE até 150 °C) é integrada por compostos de sete a nove carbonos que são alcanos (40-70%), naftenos (cicloalcanos; 20-50%) e aromáticos (5-20%). A "nafta pesada" (PE 90-200 °C) contém mais compostos aromáticos.

Os butanos, constituídos por mistura de butano e isobutano, além de serem encontrados no gás natural, podem ser produzidos por operações de craqueamento catalítico em refinarias, assim como os pentanos e os hexanos. O hexano de alta pureza é obtido por processos de adsorção seletiva, em peneiras moleculares, a partir de misturas contendo outros compostos cíclicos, de cadeias ramificadas ou aromáticas[1].

Alcanos cujas cadeias contêm de cinco a seis átomos de carbono (pentanos e iso-hexano) não são isolados individualmente, mas usados em mistura, principalmente como combustíveis líquidos, com os nomes de "éter de petróleo" ou "benzina" ou "ligroína leve"[10]. O "querosene[9]", usado principalmente como combustível, é uma mistura de hidrocarbonetos de seis a 16 átomos de carbono que destila, a partir do petróleo, em temperaturas de 175 a 325 °C. Contém, aproximadamente, 25% de alcanos lineares, 12% de alcanos ramificados, 30% de monocicloalcanos, 12% de alcanos bicíclicos e 21% de aromáticos.

No que diz respeito aos compostos cíclicos, os de três e quatro átomos de carbono não são produzidos industrialmente. O ciclopentano é encontrado no petróleo e também pode ser obtido como subproduto em processos de craqueamento ou por hidrogenação do ciclopenteno.

O ciclo-hexano está presente em certos óleos crus, tais como os provenientes da Nigéria e Venezuela. O ciclo-octano e o ciclododecano são acessíveis por hidrogenação de ciclo-octa-1,5--dieno e de ciclododeca-1,5,9-trieno, respectivamente.

Em laboratório, diversos métodos permitem obter alcanos pela transformação de diversas funções orgânicas, tais como alcenos e alcinos (por hidrogenação catalítica)[11,12], haloalcanos (por redução com metais, tais como Na ou Li, ou com hidretos metálicos)[13,12], aminas (por substituição com hidretos nos correspondentes sais de trifenilpiridínio)[14], nitrocompostos (por redução com Bu_3SnH/AIBN)[15], aldeídos e cetonas (por redução de Clemmensen[16] ou Wolff-Kishner[17]) e tióis (por redução)[12]. Essas e outras reações orgânicas serão discutidas mais detalhadamente nos próximos capítulos deste livro.

9. Antos GJ, Aitani AM. Catalytic Naphtha Reforming. New York: CRC Press; 2004.
10. Center for Disease Control and Prevention. Disponível em: http://www. cdc. gov/niosh/pdfs/77-192c. pdf Acessado em: 08/04/2016.
11. Rylander PN. Hydrogenation Methods. Chapter 2. New York: Academic Press; 1985.
12. Trost BM, Flemming, Y. Comprehensive Organic Synthesis. Volume 8. Oxford: Pergamon Press; 1991.
13. Pinder AR. The hydrogenolysis of organic halides. Synthesis. 1980;425-452.
14. Katritzky AR. Conversions of primary amino groups into other functionality mediated by pyrylium cations. Tetrahedron. 1980;36:679-699.
15. Noburo O, Aritsune K. Reductive cleavage of aliphatic nitro groups in organic synthesis. Synthesis. 1986;693-704.
16. Toda M, Hirata Y, Yamamura S. Zinc reductions of keto-steroids. Journal of the Chemical Society, Chemical Communications. 1969;919-920.
17. Todd D. The Wolff-Kishner reduction. Organic Reactions. 1948;4:378-422.

4.3.2. Uso Cotidiano dos Alcanos e Cicloalcanos

Os hidrocarbonetos foram usados como medicamentos, a exemplo do laxante *Nujol®* (mistura de alcanos de cadeias longas), como impermeabilizantes de barcos, em construções e para a iluminação[18]. A partir da revolução industrial, os hidrocarbonetos tiveram os seus usos expandidos para lubrificantes e fontes de energia. Os hidrocarbonetos saturados, principalmente, sobrepujaram o carvão como fonte de energia já a partir do final do século XIX.

Os butanos entram na composição da gasolina e de combustíveis liquefeitos como o GLP (gás liquefeito de petróleo), o qual encontra grande aplicação comercial e residencial. Butano e pequenas quantidades de isobutano são adicionados em combustíveis para aumentar as suas volatilidades, principalmente em locais frios, para facilitar a partida dos motores a combustão. Butano, propano e isobutano também são usados isoladamente, ou em mistura, como propelentes em aerossóis.

Os pentanos (pentano, isopentano e neopentano) são utilizados tanto em combustíveis como em diversos processos químicos, tais como sulfonação, cloração e nitração, gerando produtos da indústria química.

Além de serem usados como combustível, o outro grande emprego dos hexanos, devido à sua volatilidade e custo, é como solvente para a extração de óleos vegetais (algodão, amendoim etc.) e em reações de produção de poliolefinas, fármacos e borrachas.

Os alcanos lineares de cadeias maiores servem como combustíveis menos voláteis (querosene) ou como lubrificantes. Em se tratando de sólidos, podem se converter em materiais de partida para processos de craqueamento.

No que tange aos cicloalcanos, o ciclopentano encontra poucas aplicações além do uso como solvente. O ciclo-hexano também é um bom solvente de óleos, resinas, graxas etc.

4.3.3. Nomenclatura dos Alcanos

A nomenclatura sistemática de hidrocarbonetos e de compostos orgânicos, em geral, faz-se de acordo com as regras da IUPAC (*International Union of Pure and Applied Chemistry*)[19,20,21].

Inicialmente deve ser identificada, no composto a ser nomeado, a estrutura do "hidreto parente" que servirá de base para o nome do composto[22]. A ele serão adicionados afixos referentes aos substituintes para a formação do nome final do composto em questão.

O "hidreto parente" designa uma determinada população de átomos de hidrogênio ligados ao esqueleto da estrutura, sendo constituído por átomos de hidrogênio e apenas outro tipo de elemento, ligados de forma não ramificada. No caso dos alcanos, este elemento é o carbono. Assim, ao mais simples dos hidrocarbonetos, de fórmula molecular CH_4, corresponde o nome metano. Os alcanos de dois a três carbonos são chamados de etano (C_2H_6) e propano (C_3H_8), respectivamente. O alcano de quatro carbonos de cadeia linear recebe o nome butano (C_4H_{10}). A partir de cinco carbonos, os nomes dos hidretos derivam de um prefixo numérico que indica o número de átomos de carbono contidos em uma cadeia linear, seguido da terminação "ano", com elisão da

18. Neto P. Disponível em: http://www. ebah.com.br/content/ABAAAAX-QAC/petroleo-seus-derivados Acessado em: 08/04/2016.
19. Nomenclature of Organic Chemistry. Section A, IUPAC. Oxford: Pergamon Press; 1979.
20. (a) A Guide to IUPAC Nomenclature of Organic Compounds. Recommendations 1993, IUPAC, Oxford: Blackwell Science; 1993. (b) Guia IUPAC para a Nomenclatura de Compostos Orgânicos. Tradução para o português. Lisboa: Lidel; 2002.
21. ACD/Labs; Toronto, Canada. Disponível em: http://www.acdlabs.com/iupac/nomenclature/79/r79_36.htm Acessado em: 08/04/2016.
22. (a) Rodrigues JAR. Recomendações da IUPAC para a nomenclatura de moléculas orgânicas. Química Nova na Escola. 2001;13:22-28. (b) Tomé, A. Introdução à nomenclatura dos compostos orgânicos. Lisboa:, Escolar Editora; 2010.

letra "a" final do termo numérico. A Tabela 4.2 apresenta os nomes de alcanos contendo de um a 20 átomos de carbono.

Atualmente, existem programas de computador, gratuitos ou não, que geram nomes para as estruturas propostas, não somente de hidrocarbonetos[23,24].

Tabela 4.2. Nomes de alguns alcanos lineares.

Nome	Fórmula molecular	Fórmula condensada
Metano	CH_4	CH_4
Etano	C_2H_6	CH_3CH_3
Propano	C_3H_8	$CH_3CH_2CH_3$
Butano	C_4H_{10}	$CH_3CH_2CH_2CH_3$
Pentano	C_5H_{12}	$CH_3(CH_2)_3CH_3$
Hexano	C_6H_{14}	$CH_3(CH_2)_4CH_3$
Heptano	C_7H_{16}	$CH_3(CH_2)_5CH_3$
Octano	C_8H_{18}	$CH_3(CH_2)_6CH_3$
Nonano	C_9H_{20}	$CH_3(CH_2)_7CH_3$
Decano	$C_{10}H_{22}$	$CH_3(CH_2)_8CH_3$
Undecano	$C_{11}H_{24}$	$CH_3(CH_2)_9CH_3$
Dodecano	$C_{12}H_{26}$	$CH_3(CH_2)_{10}CH_3$
Tridecano	$C_{13}H_{28}$	$CH_3(CH_2)_{11}CH_3$
Tetradecano	$C_{14}H_{30}$	$CH_3(CH_2)_{12}CH_3$
Pentadecano	$C_{15}H_{32}$	$CH_3(CH_2)_{13}CH_3$
Hexadecano	$C_{16}H_{34}$	$CH_3(CH_2)_{14}CH_3$
Heptadecano	$C_{17}H_{36}$	$CH_3(CH_2)_{15}CH_3$
Octadecano	$C_{18}H_{38}$	$CH_3(CH_2)_{16}CH_3$
Nonadecano	$C_{19}H_{40}$	$CH_3(CH_2)_{17}CH_3$
Icosano	$C_{20}H_{42}$	$CH_3(CH_2)_{18}CH_3$

Cada alcano pode dar origem a um grupo (ou radical; ou substituinte) alquil (ou alquila) pela remoção de um átomo de hidrogênio, na posição terminal da cadeia. Os nomes de tais grupos são obtidos a partir do nome do alcano, substituindo-se a terminação "ano" por "il" (ou "ila"). O carbono que teve o hidrogênio removido recebe a numeração 1. Os alcanos não lineares são aqueles nos quais se identificam grupos alquila (cadeias laterais) ligados a uma cadeia principal. Tais alcanos devem ser nomeados de acordo com as seguintes regras da IUPAC[19-22]:

i) identificar a cadeia linear com o maior número de átomos de carbono, a qual passa a ser chamada de *cadeia principal*. Havendo duas cadeias de igual comprimento, escolher como cadeia principal aquela com o maior número de substituintes. Os nomes triviais isobutano [$(CH_3)_3CH$], isopentano [$(CH_3)_2CHCH_2CH_3$], neopentano [$(CH_3)_4C$] e iso-hexano [$(CH_3)_2CHCH_2CH_2CH_3$] são aceitos pela IUPAC;

ii) dar o nome ao alcano, segundo a Tabela 4.2, conforme o número de carbonos encontrado no item "i", para a cadeia principal;

23. ACD/Labs; Toronto, Canada. Disponível em: www.acdlabs.com Acessado em: 08/04/2016.
24. PerkinElmer Customer Service. Disponível em: http://www.cambridgesoft.com/Ensemble_for_Chemistry/ChemOffice/ Acessado em: 08/04/2016.

iii) numerar a cadeia principal com algarismos arábicos, de uma ponta à outra, de modo a que os menores números sejam atribuídos aos grupos substituintes;

iv) quando for possível mais do que um conjunto de números aos substituintes, escolher aquele que contenha o menor número por ocasião da primeira diferença;

v) radicais alquila ramificados são nomeados prefixando-se a designação da cadeia lateral ao nome do alcano de cadeia linear mais longa que constitui o grupo alquila, constituída a partir do carbono de valência livre, que recebe o número 1. Os grupos da Figura 4.8 são usados como radicais não substituídos;

vi) dispor os diferentes nomes dos substituintes alquila simples em ordem alfabética, sem incluir os prefixos indicadores de multiplicidade (ver item "ix"). Indexar os nomes de radicais complexos (grupos alquila contendo ramificações) pela primeira letra do nome;

vii) indicar a posição numérica de cada substituinte por números arábicos; separar os números dos nomes dos substituintes por hífens;

viii) caso substituintes diferentes ocupem posições equivalentes, dar o número menor para aquele que for citado, alfabeticamente, em primeiro lugar;

ix) citar substituintes idênticos precedidos de seus prefixos multiplicadores "di", "tri", "tetra", etc.; separar por vírgulas os números que indiquem as posições de tais substituintes; usar os prefixos bis-, tris-, tetraquis, etc., para indicar a repetição de conjuntos complexos de substituintes.

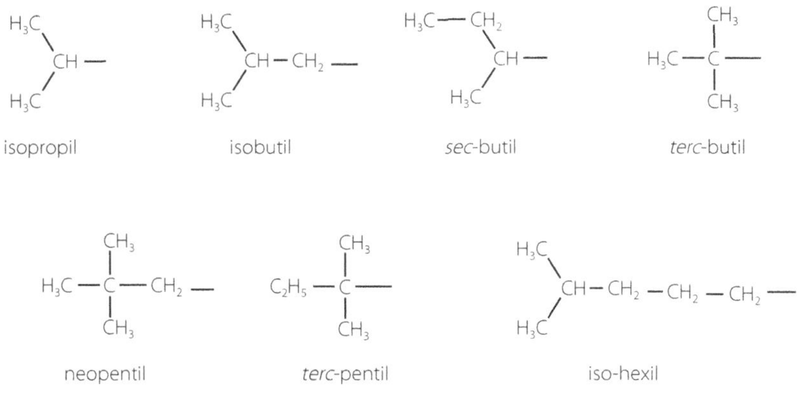

$(H_3C)_2CH-$ isopropil

$(H_3C)_2CH-CH_2-$ isobutil

$H_3C-CH_2-CH(CH_3)-$ *sec*-butil

$H_3C-C(CH_3)_2-$ *terc*-butil

$H_3C-C(CH_3)_2-CH_2-$ neopentil

$C_2H_5-C(CH_3)_2-$ *terc*-pentil

$(H_3C)_2CH-CH_2-CH_2-CH_2-$ iso-hexil

Figura 4.8. Radicais usados na nomenclatura dos alcanos.

Alguns exemplos de usos dessas regras acham-se na Figura 4.9.

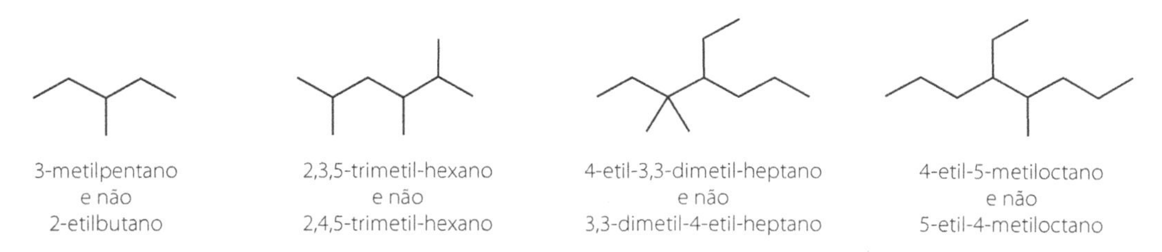

Figura 4.9. Alguns exemplos da nomenclatura dos alcanos.

4.3.4. Nomenclatura de Cicloalcanos

No caso de alcanos monocíclicos, faz-se a nomenclatura de acordo com as seguintes regras[19,20,22,25]:

i) determinar o número de carbonos do sistema cíclico;

ii) usar a Tabela 4.2 e extrair o nome do alcano correspondente ao número de carbonos encontrado;

iii) antepor o prefixo "ciclo" ao nome definido no item "ii"; os alcanos cíclicos podem ser transformados em grupos (ou radicais; ou substituintes) "cicloalquil" (ou "cicloalquila") pela remoção de um átomo de hidrogênio do cicloalcano. O nome do grupo é obtido substituindo-se a terminação "ano" por "il";

iv) localizar os substituintes no sistema cíclico e determinar os seus nomes, conforme a Figura 4.8;

v) dispor os substituintes em ordem alfabética, sem levar em consideração os prefixos "di", "tri", "tetra", etc.;

vi) se houver apenas um substituinte, este ocupa a posição 1, a qual não precisa ser mencionada no nome do composto;

vii) havendo dois substituintes, atribuir a posição 1 ao que for alfabeticamente citado em primeiro lugar. A outra posição deverá ser dada conforme a menor numeração possível;

viii) havendo mais do que dois substituintes, citá-los em ordem alfabética;

ix) tomar cada carbono do anel com substituinte, individualmente, como ponto de partida; em seguida, percorrer o anel em ambos os sentidos até encontrar a menor numeração para o substituinte mais próximo. Caso dois pontos de partida impliquem no mesmo posicionamento, decidir após buscar pelo terceiro substituinte em relação a cada *pivot*, e determinar a numeração que, em sentido horário ou anti-horário, resultar no menor número;

x) relacionar os substituintes de modo análogo ao descrito para os alcanos (item 4.3.3) antes do nome do cicloalcano.

Deve-se observar que, se o substituinte for uma cadeia linear com maior número de átomos de carbono que o do sistema cíclico, este último passa a ser um substituinte da cadeia linear.

Na Figura 4.10 acham-se exemplos de aplicação das regras citadas.

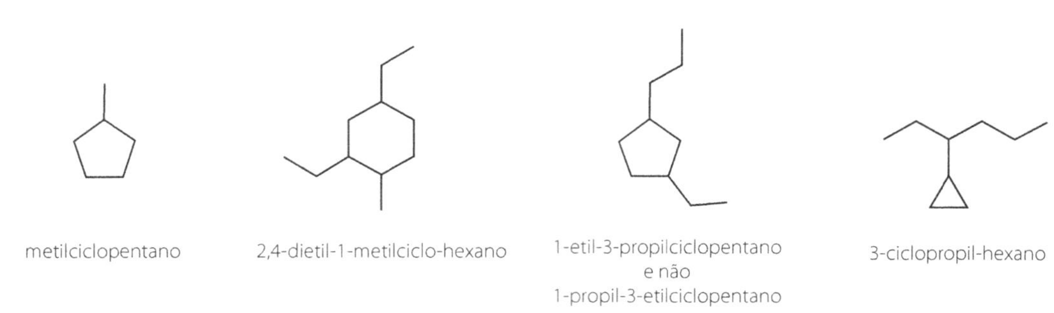

Figura 4.10. Alguns exemplos da nomenclatura dos cicloalcanos.

25. ACD/Labs; Toronto, Canada. Disponível em: http://www. acdlabs. com/iupac/nomenclature/79/r79_83. htm Acessado em: 08/04/2016.

Sistemas formados por dois anéis que contêm dois átomos de carbono em comum recebem o prefixo "biciclo" antes do nome do alcano correspondente à soma de átomos de carbono dos dois anéis, conforme a Tabela 4.2, descontadas as ramificações. A IUPAC sugere que, a partir de cada carbono comum aos dois anéis (testa ou cabeça de ponte)[26], sejam contados os átomos de carbono que constituem as partes (pontes) que unem os carbonos comuns e que estes números sejam indicados por algarismos. Estes números serão citados, em ordem decrescente, entre colchetes e separados por pontos, entre a palavra "biciclo" e o nome do alcano acima determinado, conforme exemplos da Figura 4.11.

Figura 4.11. Alguns exemplos da nomenclatura de compostos bicíclicos.

Caso haja algum grupo alquila substituinte, a sua posição deverá ser dada após a numeração do sistema bicíclico. Para esta numeração, parte-se de cada um dos carbonos testa (ou cabeça) de ponte e, a partir deles, percorre-se o sistema cíclico até encontrar o anel com o maior número de carbonos. O sistema será então numerado, ficando o número 1 como testa da ponte de partida. Os carbonos remanescentes de quaisquer pontes serão também numerados, sequencialmente, a partir do carbono 1.

No caso de sistemas bicíclicos análogos aos anteriormente descritos, mas que contenham outros anéis, os prefixos "triciclo", "tetraciclo", etc. devem ser usados. As pontes adicionais devem ter seus átomos contados e estes números serão indicados, em ordem decrescente e separados por pontos, em seguida aos algarismos que descrevem o maior sistema bicíclico. Após a numeração do sistema, a localização das pontes adicionais deverá ser indicada, pelo uso de expoentes (separados por vírgulas) colocados à direita dos algarismos que indicam os números de carbonos das pontes secundárias.

Para sistemas bicíclicos unidos por apenas um átomo de carbono[27], antepõe-se a palavra "espiro" ao nome do alcano correspondente ao número de átomos de carbono dos dois anéis, descontadas as ramificações (Figura 4.12). A partir do carbono comum aos dois anéis (átomo espiro) contam-se os números de carbonos que constituem as pontes. Estes números são citados, entre colchetes, em ordem decrescente e separados por pontos, entre a palavra "espiro" e o nome do hidrocarboneto.

26. Moss GP. Extension and revision of the von Baeyer system for naming polycyclic compounds (including bicyclic compounds) (IUPAC Recommendations 1999). Pure and Applied Chemistry. 1999;71:513-529.

27. Moss GP. Extension and revision of the nomenclature for spiro compounds (IUPAC Recommendations 1999). Pure and Applied Chemistry. 1999;71:531-558.

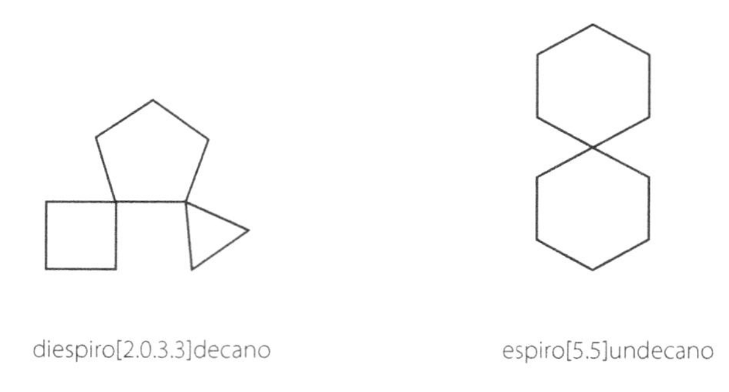

Figura 4.12. Alguns exemplos da nomenclatura de compostos espiro.

4.3.5. Forma Espacial dos Alcanos e Cicloalcanos[28]

Espacialmente, a molécula do alcano mais simples, o metano (CH_4), tem a forma de um tetraedro regular, com o ângulo H–C–H igual a 109,5º, conforme mostrado na Figura 4.13.

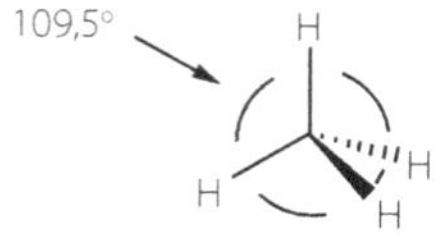

Figura 4.13. Forma espacial do metano.

Os outros alcanos retêm esta característica individual de cada átomo de carbono, com as deformações impostas pelas diferenças espaciais entre os substituintes de cada átomo de carbono. Moléculas como o propano e o butano apresentam ângulo C–C–C igual a 112º. É interessante notar que, no propano, por exemplo, devido ao ângulo C–C–C ser maior do que 109,5º, o ângulo H–C–H sofre uma redução relativa a este valor, sendo igual a 107º. Isto pode ser compreendido pelo fato de o carbono central utilizar orbitais com maior caráter ***s*** nas ligações com os outros carbonos, restando, portanto, um maior porcentual de orbitais ***p*** nas ligações do carbono central com os átomos de hidrogênio, o que implica em um ângulo menor do que 109,5º.

Embora a compreensão das geometrias tetraédricas de moléculas como o metano possa residir na hibridização sp^3 do carbono, experimentos de energia de ionização revelaram que, no metano, além dos elétrons do nível ***1s*** do carbono, existem outros com dois diferentes potenciais de ionização[29]. Uma vez que, pelo modelo de hibridização do carbono do metano, apenas dois potenciais de ionização são esperados (considerando-se os elétrons do nível ***1s*** do carbono e os elétrons dos orbitais ligantes σ s_H-sp^3_C), foi proposto um novo modelo, mais elaborado, para a estrutura eletrônica do metano. Nesse modelo (ver Figura 4.14), a combinação em fase dos quatro orbitais atômicos ***1s*** dos quatro átomos de hidrogênio, tanto com o orbital ***2s*** do carbono como com os três orbitais ***p*** do carbono, resulta em quatro orbitais moleculares ligantes, sendo três de mesma energia, o que pode acomodar os resultados de ionização mencionados.

28. Mislow K. Introduction to Stereochemistry. 2nd ed. New York: W. A. Benjamin; 1978. p. 17.
29. Carey FA. Sundberg RJ. Advanced Organic Chemistry - Part A: Structures and Mechanisms. 3rd ed. New York: Plenum Press; 1990. p. 38.

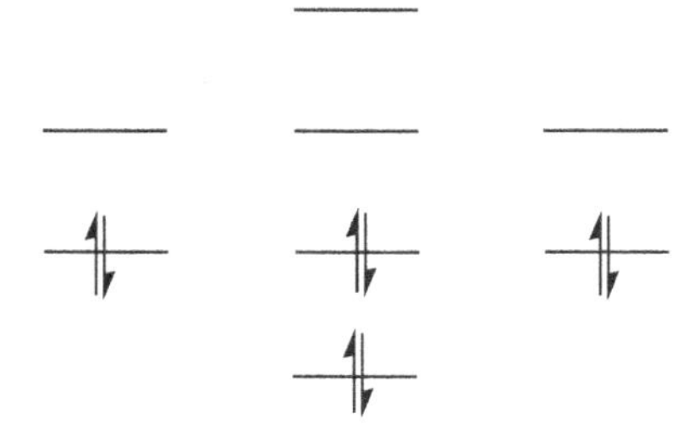

Figura 4.14. Diagrama de preenchimento por elétrons nos oito orbitais do metano.

4.3.6. Rotação em Torno da Ligação Simples C–C

Os alcanos com dois ou mais átomos de carbono exibem aspectos relativos às relações geométricas entre os átomos na molécula que devem ser levados em consideração. Isso já se torna evidente na molécula do etano (CH_3CH_3). Devido ao fato de a ligação C–C permitir rotação em torno do eixo que a contém, surge a possibilidade de múltiplos arranjos envolvendo os átomos de hidrogênio de um dos carbonos, em relação aos hidrogênios do outro carbono. Estas múltiplas espécies são chamadas de "confôrmeros" ou "isômeros conformacionais", e algumas delas são mostradas na Figura 4.15 de três formas diferentes: em perspectiva (espécies **1** e **2** da Figura 4.15), em projeções de Newman (espécies **3** e **4**) e em cavalete (espécies **5** e **6**).

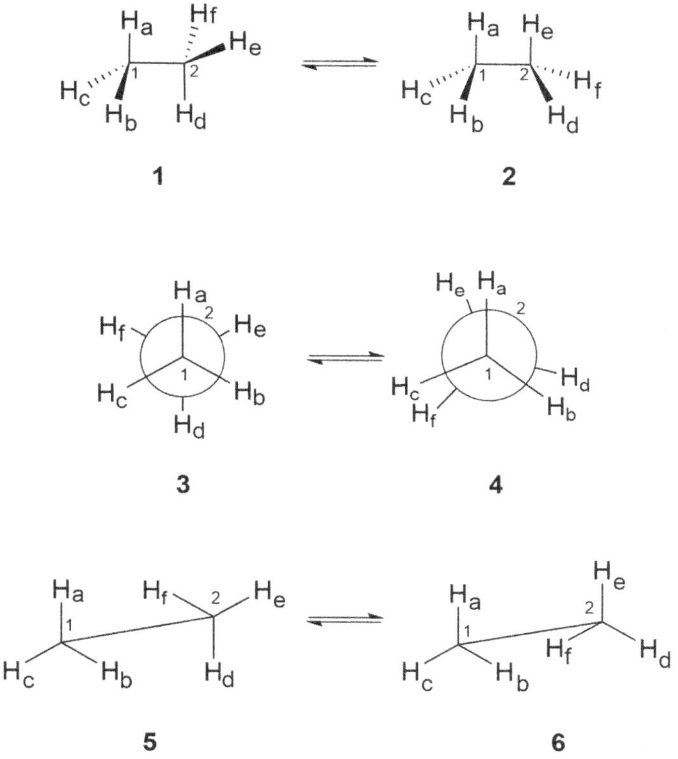

Figura 4.15. Isômeros conformacionais do etano.

Pela Figura 4.15, nota-se que a diferença entre as espécies se deve à variação do ângulo diédrico definido, por exemplo, pelos átomos H_a, C1, C2 e H_d. As espécies **1**, **3** e **5** da Figura 4.15 se referem à conformação chamada "dispersa" (ou em oposição; estrelada; alternada; escalonada), enquanto as espécies **2**, **4** e **6** da Figura 4.15 correspondem a confôrmeros "eclipsados" (ou em coincidência).

Deve ser ressaltado que as projeções de Newman são muito adequadas para a visualização das relações geométricas em uma molécula.

4.3.7. Conformações do Etano, Propano e Butano: Torção da Ligação σ Carbono-Carbono

A representação, mostrada no tópico anterior, dos confôrmeros do etano traz à tona a questão sobre a real existência ou não de tais espécies, em equilíbrio. De fato, desde o final do século XIX surgiram questionamentos a esse respeito. Os problemas cresceram a partir dos anos 1930, quando apareceram dificuldades no tratamento mecânico-estatístico de certos dados termodinâmicos do etano. Em 1936, para explicar as discrepâncias encontradas, Pitzer e Kemp[30] propuseram a existência de uma barreira energética de 12,6 kJ/mol (3 kcal/mol) para a interconversão dos confôrmeros. Posteriormente, em 1951, Pitzer[31] estabeleceu o valor de 12,037 ± 0,523 kJ/mol (2,875 ± 0,125 kcal/mol) para essa barreira rotacional, a qual deve ser sobrepujada para interconverter os confôrmeros eclipsados em dispersos, ou vice-versa. A diferença de energia entre os confôrmeros não se deve a razões estéricas, nem às interações eletrostáticas repulsivas entre as ligações C–H fracamente polarizadas. Cálculos computacionais[32] indicaram que a estabilidade da conformação dispersa pode advir das interações favoráveis (doação de elétrons) entre os orbitais $\sigma_{C1\text{-}H}$ (ligante) e $\sigma^*_{C2\text{-}H}$ (antiligante), enquanto na conformação eclipsada as interações desfavoráveis (repulsão de elétrons) entre os orbitais ligantes $\sigma_{C1\text{-}H}$ e $\sigma_{C2\text{-}H}$ respondem pela maior energia de tais confôrmeros (Figura 4.16).

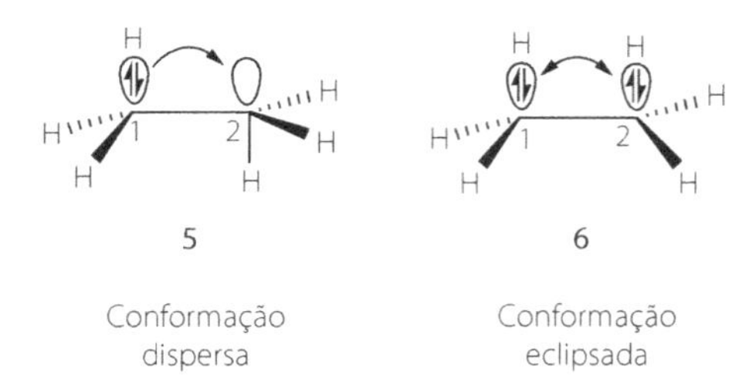

Figura 4.16. Conformações dispersa e eclipsada do etano.

No caso do etano, um gráfico de variação da energia rotacional[33] (ΔG; em kJ/mol e kcal/mol), em função da rotação da ligação C1–C2 (ângulo diédrico HaC1C2Hd) pode ser observado na Figura 4.17.

---

30. Kemp JD, Pitzer KS. Hindered rotation of the methyl groups in ethane. Journal of Chemical Physics. 1936;4:749.
31. Pitzer RM. The barrier to internal-rotation in ethane. Accounts of Chemical Research. 1983;16:207-210.
32. Eliel EL, Wilen SH. Stereochemistry of Organic Compounds. Chichester: John Wiley; 1994. p. 599.
33. Mislow K. Introduction to Stereochemistry. 2nd ed. New York: W. A. Benjamin; 1978., p. 36.

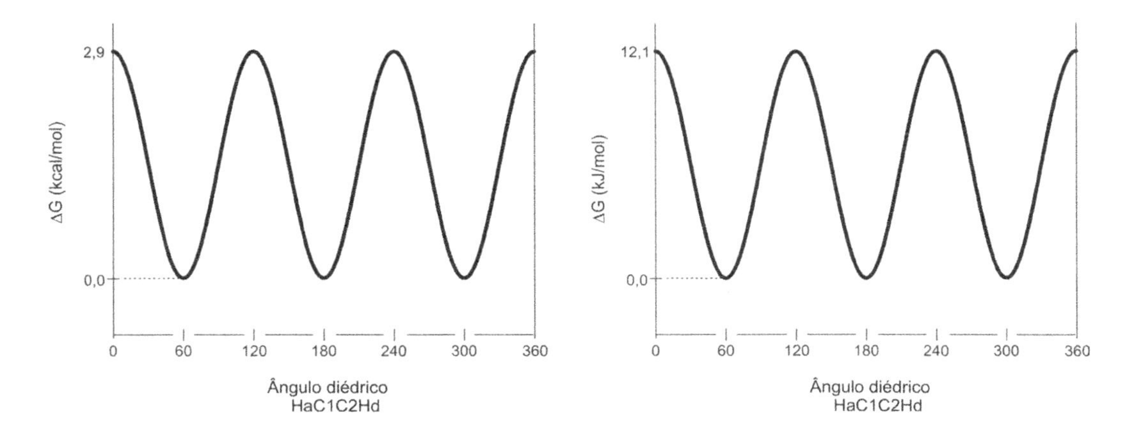

Figura 4.17. Variação da energia rotacional do etano.

Em alcanos com mais átomos de carbono, tais como o propano ou o butano, surgem situações mais complexas devido às possíveis interações entre as ligações C–H e C–C. As diversas conformações do butano estão mostradas na Figura 4.18a, juntamente com o gráfico de correspondência de energias relativas de cada conformação (ΔG; em kJ/mol e kcal/mol) (Figura 4.18b) em função do ângulo diédrico C1C2C3C4[34].

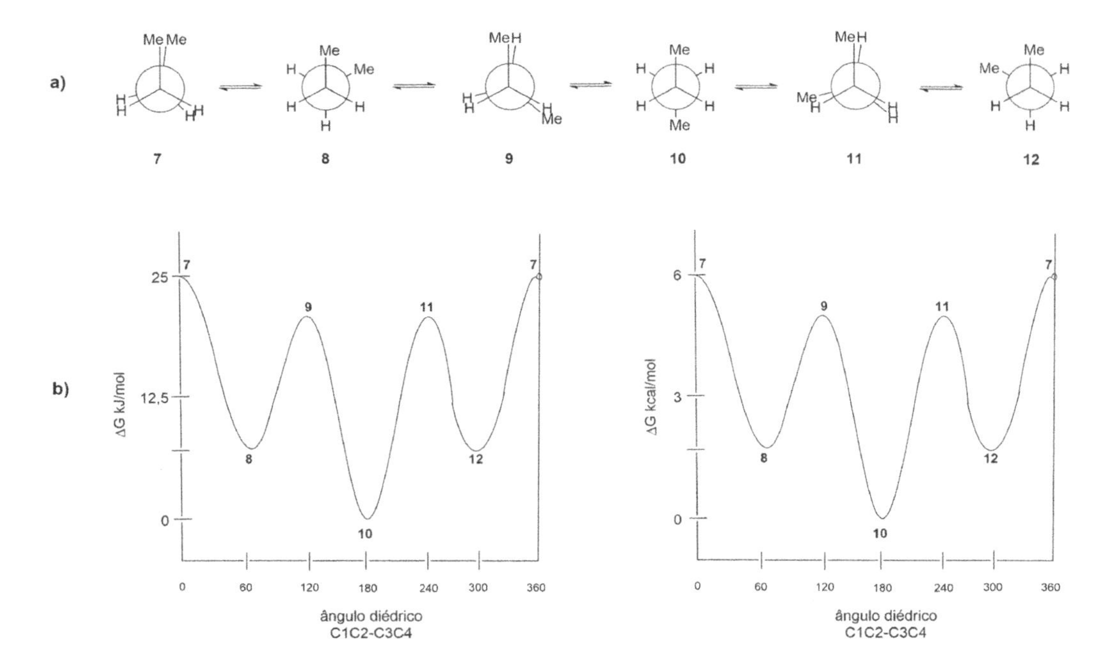

Figura 4.18. Isômeros conformacionais do butano.

34. Mislow K. Introduction to Stereochemistry. 2nd ed. New York: W. A. Benjamin; 1978. p. 37.

No caso do butano[35], a conformação **7** mostrada na Figura 4.18a, é chamada de *sin* (abreviatura de *sin-periplanar*) e apresenta maior energia pela interação entre as nuvens eletrônicas dos grupos CH_3 em C2 e em C3. As conformações **8** e **12** (chamadas *vici* ou *gauche*) são de energias equivalentes e mais estáveis do que **7**, pois são conformações dispersas. As conformações **9** e **11** são também energeticamente equivalentes e devem sua instabilidade ao fato de serem eclipsadas. Dentre todas elas, a conformação mais estável é a **10**, pois é uma forma dispersa na qual os grupos CH_3 estão afastados ao máximo. Por isso, recebe o nome de *anti* (forma abreviada de *antiperiplanar*). As diferenças de energias (ΔG; em kJ/mol e kcal/mol) entre as conformações **7** e **8**, **8** e **9**, **9** e **10**, **8** e **10**, **7** e **10**, do butano são, respectivamente: 20,9; 10,5; 13,4; 4,2 e 25,1 kJ/mol (5; 2,5; 3,2; 1,0 e 6,0 kcal/mol).

4.3.8. Conformações dos Cicloalcanos

Em se tratando de cicloalcanos com quatro ou mais átomos de carbono, a existência de confôrmeros também é uma realidade.

Porém, o ciclopropano foi excluído deste contexto, pois, como é um sistema triangular, ele é plano e não permite torção em torno de qualquer ligação C–C. No ciclopropano, a característica geometria tetraédrica dos carbonos parece estar ausente, pois os ângulos internos em um triângulo equilátero são de 60°. Ainda que possam ser admitidas variações em relação à hibridização perfeitamente tetraédrica, como já foi mencionado para o caso do propano, não é possível imaginar uma composição de orbitais ***s*** e ***p*** que resulte em um ângulo de 60° entre os orbitais híbridos. Assim, foi sugerido que os carbonos do ciclopropano sejam de hibridização tetraédrica[36], porém as ligações σ entre dois carbonos não seriam lineares, mas sim curvas (ligações em "forma de banana"; conforme mostrado na Figura 4.19).

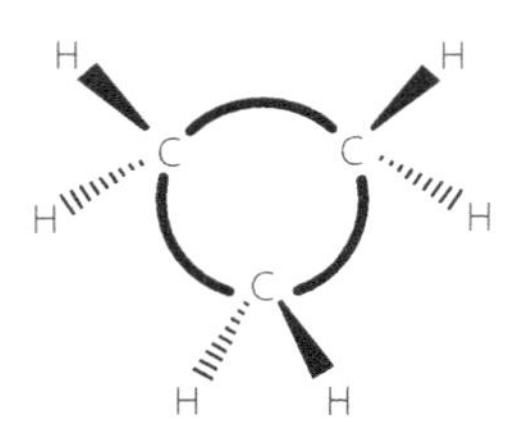

Figura 4.19. Representação do ciclopropano.

As ligações C–C do ciclopropano são mais fracas do que as ligações de alcanos alicíclicos. De fato, a entalpia de formação[37] deste composto ($\Delta_f H^\circ$ = 53,2 kJ/mol ou 12,7 kcal/mol) e também a do ciclobutano ($\Delta_f H^\circ$ = 3,8 kJ/mol ou 0,9 kcal/mol) são positivas, quando comparadas a outros cicloalcanos alicíclicos (ciclopentano, $\Delta_f H^\circ$ = –106,8 kJ/mol ou –25,5 kcal/mol; ciclo-hexano, $\Delta_f H^\circ$ = –155,8 kJ/mol ou –37,2 kcal/mol), atestando as suas instabilidades, que se devem à tensão angular, resultante da deformação angular (C–C–C), e também à tensão torcional, devido ao eclipsamento dos hidrogênios em coincidência no anel do ciclopropano (ver Figura 4.20).

---

35. Bassindale A. The Third Dimension in Organic Chemistry. Chichester: John Wiley & Sons; 1984. p. 68.
36. Mislow K. Introduction to Stereochemistry. 2nd ed. New York: W. A. Benjamin; 1978. p. 19.
37. Stertton's Chemistry Pages at Upper Canada District School. Disponível em: http://www2.ucdsb.on.ca/tiss/stretton/database/organic_thermo.htm Acessado em: 08/04/2016.

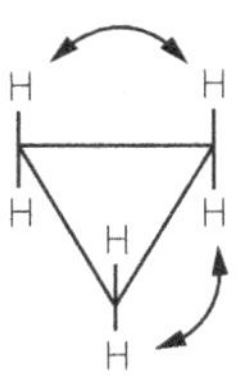

Figura 4.20. Eclipsamento dos hidrogênios no anel do ciclopropano.

No caso do ciclobutano, os ângulos internos (C–C–C) de 90º também devem implicar em "ligações curvas", embora em menor extensão do que no ciclopropano. No entanto, as tensões torcionais no ciclobutano são menores do que as do ciclopropano, pois o ciclobutano apresenta-se como uma molécula não planar, semelhante a um cartão quadrado dobrado na sua diagonal, conforme mostrado na Figura 4.21. Isto permite um menor eclipsamento de hidrogênio em carbonos vizinhos, ainda que esta dobradura reduza ainda mais o ângulo C–C–C na diagonal.

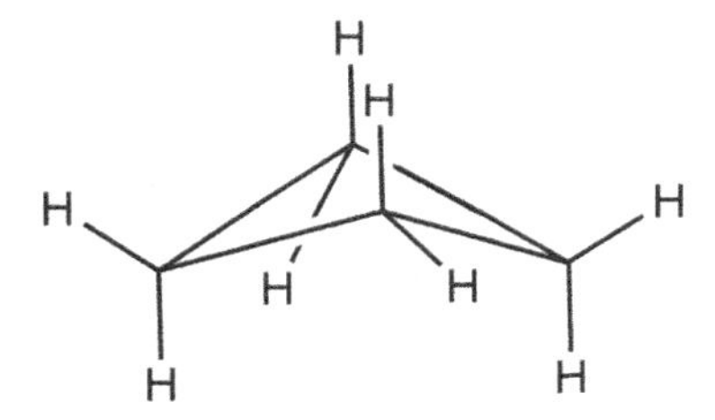

Figura 4.21. Representação da molécula de ciclobutano.

A estabilidade do ciclopentano resulta de os ângulos C–C–C, mesmo na forma plana, serem iguais a 108º, valor bastante próximo aos 109,5º de um tetraedro regular. No entanto, na forma planar, as tensões torcionais (devido ao eclipsamento entre os hidrogênios dos carbonos vizinhos) implicam em um aumento na energia do composto. Assim, o ciclopentano também se apresenta em formas dobradas (ver Figura 4.22), para o alívio dessas tensões torcionais, ainda que isto implique em tensões angulares pela diminuição dos ângulos C–C–C nos locais de dobraduras.

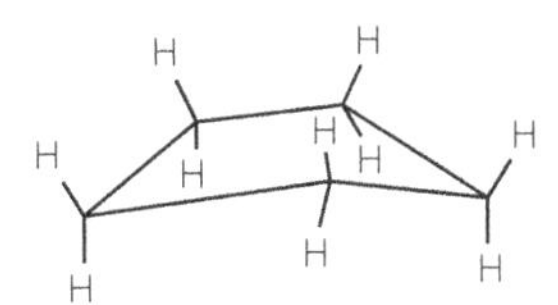

Figura 4.22. Representação da molécula de ciclopentano.

O ciclo-hexano é praticamente livre de tensões, conforme se explicará a seguir. A diferença de entalpia de formação[37] entre um alcano acíclico e seu homólogo superior é, em média, de aproximadamente 25,5 kJ/mol (6,1 kcal/mol). Com base neste valor, calculando-se a entalpia de formação de um alcano de seis membros, encontra-se o valor –153,2 kJ/mol (–36,6 kcal/mol), valor próximo ao experimental do ciclo-hexano (–155,8 kJ/mol ou –37,2 kcal/mol). Assim como no caso do ciclopentano, a forma planar do ciclo-hexano não deve ser a mais estável, pois, além das tensões torcionais pelo eclipsamento de hidrogênio, os ângulos C–C–C seriam de 120°. Para este composto, as estruturas não planares **13**, **14** e **15**, mostradas na Figura 4.23, devem corresponder aos confôrmeros mais estáveis já que, principalmente nas estruturas **13** e **15** (chamadas de conformações "cadeira"), não existem tensões angulares e torcionais. Embora as tensões torcionais não sejam tão baixas como aquelas de uma conformação *anti* do butano (ver estrutura **10** da Figura 4.18a), ao menos são conformações dispersas. No caso da conformação **14** (chamada de conformação "barco" ou "bote"), a sua instabilidade (23,0 kJ/mol ou 5,5 kcal/mol) em relação às conformações **13** e **15** é previsível pelo eclipsamento de duas ligações C–C (correspondentes à forma *sin* do butano: estrutura **7** da Figura 4.18a).

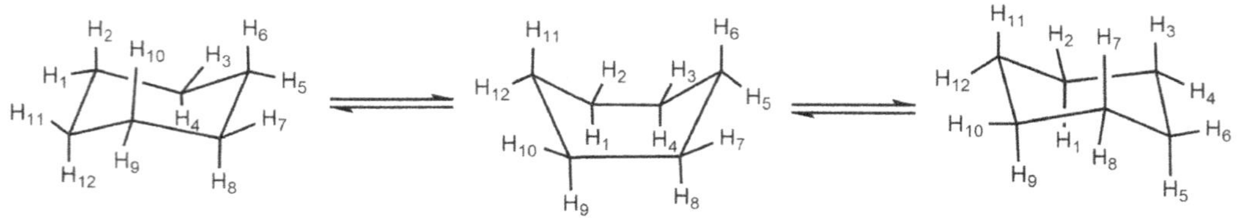

Figura 4.23. Representação das conformações da molécula de ciclo-hexano.

É importante notar que, nas formas "cadeira" (**13** e **15**), os átomos de hidrogênio de cada carbono ocupam posições diferentes em relação ao plano do anel. Na conformação **13**, os hidrogênios ímpares ocupam posições equatoriais (isto é, no plano do anel) e os hidrogênios pares ocupam posições axiais (isto é, as ligações C–H são paralelas ao eixo perpendicular ao plano do anel). Por um mecanismo de rotação de ligações C–C, na conformação **15** as posições dos hidrogênios são trocadas em relação à **13**. A baixa barreira torcional[38] (46,1 kJ/mol ou 11 kcal/mol) impede que sejam facilmente distinguíveis os dois tipos de hidrogênio do ciclo-hexano. Por exemplo, o espectro de ressonância magnética nuclear de hidrogênio (^{1}H-RMN), uma técnica espectroscópica que permite registrar os diferentes tipos de hidrogênio de uma molécula, apresenta somente um sinal para o ciclo-hexano na temperatura ambiente. Porém, na temperatura de –90° C, dois sinais no espectro de ^{1}H-RMN indicam a existência de diferentes tipos de hidrogênio: axiais e equatoriais[39].

A presença de um grupo alquila (R) ligado ao anel do ciclo-hexano faz com que se estabeleça um equilíbrio conformacional entre as formas nas quais o grupo alquila está em posição axial ou equatorial (ver Figura 4.24).

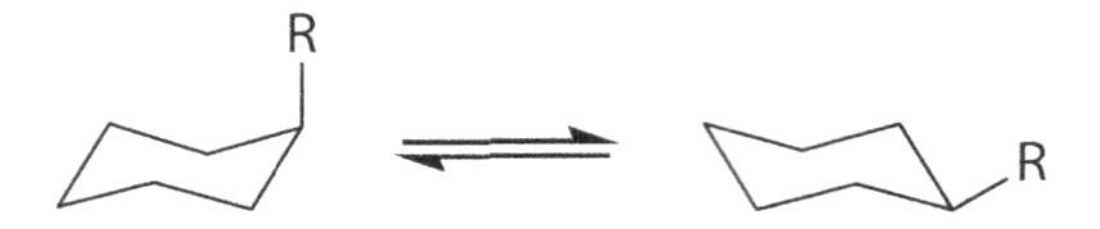

Figura 4.24. Equilíbrio conformacional do anel de ciclo-hexano contendo um grupo alquila.

38. Mislow K. Introduction to Stereochemistry. 2nd ed New York: W. A. Benjamin; 1978. p. 76.
39. Eliel EL, Wilen SH. Stereochemistry of Organic Compounds. Chichester: John Wiley; 1994. p. 688.

Com o aumento do volume do grupo substituinte, mais da forma com o grupo R em posição equatorial acha-se presente no equilíbrio[40], segundo revelam as seguintes diferenças de valores de ΔG^{o} (em kJ/mol e kcal/mol, respectivamente) entre as formas equatorial e axial: Me (7,41 e 1,77); Et (7,83 e 1,87); *i*-Pr (8,58 e 2,05); *t*-Bu (22,65 e 5,41). Essas diferenças permitem prever que a forma equatorial predomina, em muito, conforme se notam pelos valores das constantes de equilíbrio: K = 20 (Me, Et); 35 (*i*-Pr) e ~5.000 (*t*-Bu).

Sistemas ciclo-hexânicos com dois substituintes alquila podem se encontrar em diversas formas estereoisoméricas e de posição. Na Figura 4.25 estão mostrados os possíveis isômeros *cis* (isto é, quando os substituintes estão do mesmo lado do plano do anel) e *trans* (isto é, quando os substituintes estão em lados opostos do plano do anel), no caso de anéis de seis membros. Conformacionalmente, os sistemas ciclo-hexânicos 1,2-*trans*-, 1,3-*cis*- e 1,4-*trans*-dissubstituídos estão com ambos os grupos nas posições equatoriais. Nos outros sistemas, o grupo mais volumoso (R ou R') sempre ocupa a posição equatorial. Em ciclo-hexanos di ou polissubstituídos podem existir centros estereogênicos que levarão à existência de estereoisômeros[41].

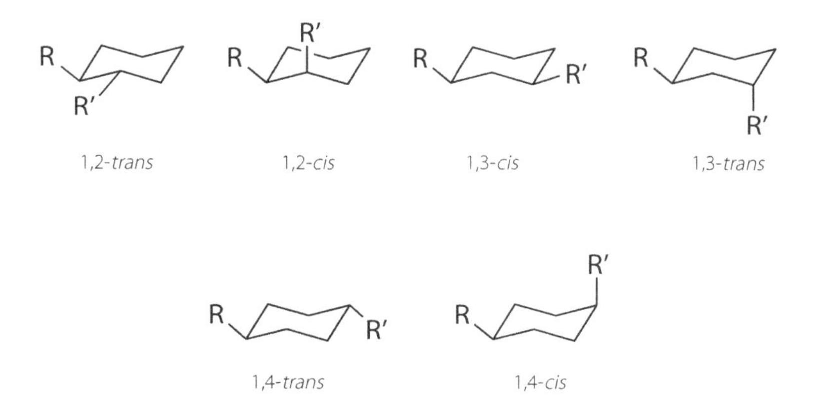

Figura 4.25. Isômeros do anel de ciclo-hexano contendo dois grupos alquila.

Aumentando-se o número de átomos de carbono que compõem o anel, os valores de $\Delta_f H$ para o ciclo-heptano, o ciclo-octano e o ciclononano são, respectivamente: −156,2; −167,1 e −180,5 kJ/mol (−37,3; −39,9 e −43,1 kcal/mol). Embora negativos, estes valores não correspondem a múltiplos de 7, 8 e 9 do valor −25,5 kJ/mol (−6,1 kcal/mol), mencionado anteriormente para o cálculo de $\Delta_f H$ do ciclo-hexano. Assim, em relação aos valores esperados de −180; −205 e −228 kJ/mol (−43, −49 e −54,5 kcal/mol) para os três homólogos superiores do ciclo-hexano, os valores reais revelam o surgimento de tensões em tais anéis (respectivamente: 25,1; 37,7 e 46,1 kJ/mol ou 6, 9 e 11 kcal/mol). Estas tensões tendem a desaparecer quando os anéis contiverem um número maior do que 15 átomos de carbono (para o ciclopentadecano, $\Delta_f H$ = −376,8 kJ/mol ou −90 kcal/mol; valor calculado: −383,1 kJ/mol ou −91,5 kcal/mol). As tensões que aumentam a energia interna

40. Allinger N, Hirsch JA, Miller MA, Tyminski IJ, Van-Catledge F A. Conformational analysis. 60. Improved calculations of structures and energies of hydrocarbons by Westheimer method. Journal of the American Chemical Society. 1968;90:1199-1210.

41. Estereoisômeros (ou isômeros estereoquímicos) são compostos que apresentam a mesma fórmula molecular, mas diferem no arranjo espacial dos seus átomos, ou seja, os átomos assumem diferentes posições relativas no espaço. Maiores detalhes sobre esse assunto e outros relacionados com a estereoquímica dos compostos orgânicos poderão ser vistos no Volume 3 desta coleção. Ver também: Romero JR. Fundamentos de Estereoquímica dos Compostos Orgânicos. Ribeirão Preto: Editora Holos; 1998 e Stefani H, Juaristi E. Introdução à Estereoquímica e à Análise Conformacional. Porto Alegre: Editora Bookman; 2012.

do sistema devem ser resultado da existência de interações estéricas entre os grupos $-CH_2-$ em pontos opostos do anel dos confôrmeros mostrados na Figura 4.26, para o ciclo-heptano e ciclo-octano. Por se tratarem de interações entre pontos opostos dos anéis, este tipo de tensão é chamada de tensão "transanular".

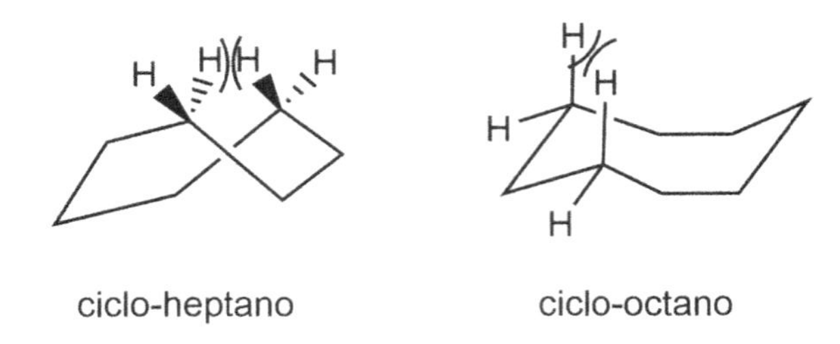

Figura 4.26. Interações estéricas nos confôrmeros do ciclo-heptano e do ciclo-octano.

4.3.9. Propriedades Físicas dos Alcanos e Cicloalcanos[1]

Os alcanos são apolares, devido à baixa polaridade das ligações C–C e C–H, e miscíveis apenas com solventes apolares, não se misturando com água ou outros solventes polares. A apolaridade das moléculas de alcanos e cicloalcanos é responsável pelos baixos pontos de fusão e de ebulição desses compostos com poucos átomos de carbono. O metano (PF –182,5 °C; PE –161,5 °C), o etano (PF –183,3 °C; PE –88,6 °C), o propano (PF –187,7 °C; PE –42,1 °C) e o butano (PF –138,4 °C; PE –0,5 °C), são gases nas condições ambientais.

Os pontos de ebulição dos alcanos de cadeia linear aumentam de modo proporcional ao aumento da cadeia. O pentano (PF –129,7 °C; PE 36,1 °C; d = 0,63 g/mL) e os homólogos superiores de cadeia não ramificada são líquidos até os compostos com 15 átomos de carbono na cadeia. Um número maior de carbonos faz com que os alcanos sejam sólidos com baixos pontos de fusão (hexadecano: PF 18,2 °C; PE 286,8 °C; heptadecano: PF 22 °C; PE 302,2 °C). Alcanos de cadeias ramificadas apresentam pontos de ebulição e de fusão mais baixos do que os isômeros de cadeia linear, pois a presença de ramificação na cadeia principal diminui os pontos de contato entre as moléculas pois estas se tornam mais esféricas. Portanto, as ramificações em alcanos provocam diminuição das interações entre os dipolos induzidos (forças de van der Waals ou forças de London)[42], o que se reflete em pontos de ebulição e de fusão menores do que nos alcanos lineares. Assim, o 2-metilpropano (PF –159,6 °C; PE –11,7 °C) e o 2-metilbutano (PF –159,9 °C; PE 27,9 °C) são mais voláteis do que o butano e o pentano.

A densidade dos alcanos raramente ultrapassa o valor de 0,8 g/mL, com exceção daqueles com 30 a 40 átomos de carbono (tetracontano, $CH_3(CH_2)_{38}CH_3$, d = 0,82 g/mL).

Os cicloalcanos, em comparação com os alcanos lineares de mesmo número de carbonos, apresentam maiores pontos de fusão e de ebulição, além de maior densidade. Por exemplo, ciclopropano: PF –127,4 °C e PE –32,8 °C; ciclobutano: PF –90,7 °C e PE 12,5 °C; ciclopentano: PF –93,4 °C; PE 49,3 °C; d = 0,75 g/mL. Devido ao maior grau de organização das moléculas desses compostos, as interações de van der Waals são mais efetivas.

4.3.10. Propriedades Químicas dos Alcanos e Cicloalcanos: Acidez, Combustão e Reações Radicalares

Os alcanos apresentam $\Delta_f H°$ negativos (metano: –74,5 kJ/mol ou –17,8 kcal/mol; etano: –84,6 kJ/mol ou –20,2 kcal/mol; propano: –104,3 kJ/mol ou –24,9 kcal/mol; butano: –126,0 kJ/mol ou –30,1 kcal/mol; pentano: –172,5 kJ/mol ou –41,2 kcal/mol; hexano: –198,0 kJ/mol ou –47,3 kcal/

42. Veja mais detalhes sobre as forças intermoleculares no item 3.3, do Capítulo 3 deste livro.

mol), indicando estabilidade termodinâmica em relação aos seus componentes[37]. Coerentemente, o antigo nome dos alcanos, "parafinas", que dá ideia da pouca afinidade dos alcanos por outros compostos, ilustra o comportamento estável ou quase inerte destes compostos. As fortes ligações $\sigma_{C\text{-}C}$ (etano: 377,7 kJ/mol ou 90,2 kcal/mol; propano: 370,5 kJ/mol ou 88,5 kcal/mol) e $\sigma_{C\text{-}H}$ (metano: 439,6 kJ/mol ou 105 kcal/mol; etano: 420,8 kJ/mol ou 100,5 kcal/mol)[43], aliadas ao fato de tais compostos não contarem com pares de elétrons isolados disponíveis para doação, fazem com que sejam compostos com baixíssima acidez e basicidade.

De fato, como ácidos de Brønsted (Figura 4.27), os valores de pKa estimados para o metano[44] e o isobutano[45] foram 58 ± 5 e 71, respectivamente, segundo determinações por métodos eletroquímicos. Mais recentemente, os valores de pKa de 48 e 49 foram determinados eletroquimicamente, para esses mesmos compostos em DMF[46].

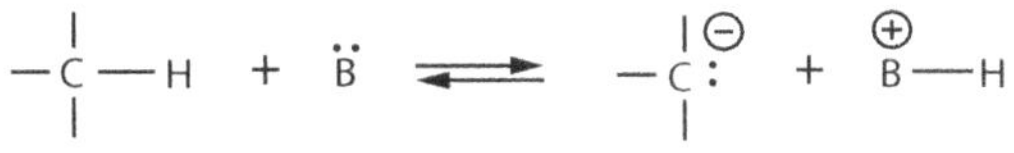

$$-\overset{|}{\underset{|}{C}}-H \; + \; \ddot{B} \; \rightleftharpoons \; -\overset{|}{\underset{|}{C}}:^{\ominus} \; + \; \overset{\oplus}{B}-H$$

Figura 4.27. Representação de um alcano como ácido de Brønsted.

Após a desprotonação do alcano, a espécie formada que contém a carga negativa no carbono é chamada carbânion. Conforme mostrado na Figura 4.28, embora possam ser concebidas tanto a estrutura piramidal (**16**) como a estrutura planar (**17**) para este íon, a primeira é mais estável, pois nela os elétrons ocupam um orbital (***sp***^{3}) com maior caráter ***s*** do que no caso da estrutura planar, na qual os elétrons estariam em um orbital ***p***.

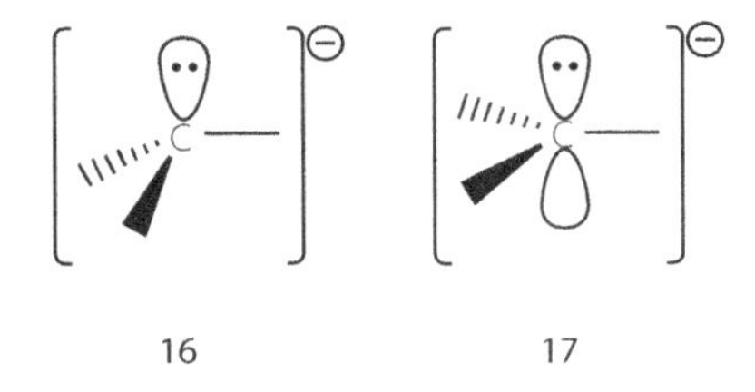

Figura 4.28. Representação das estruturas de um carbânion.

Dentre as possíveis espécies formadas por remoção de H^+ de carbonos 3^{ário}, 2^{ário}, 1^{ário} e metílicos de alcanos, as afinidades por prótons dos respectivos carbânions formados, em fase gasosa[47] são, respectivamente: 1.729,2 kJ/mol ou 413 kcal/mol [$H\text{–}C(CH_3)_3$], 1.754,3 kJ/mol ou 419 [$H\text{–}CH(CH_3)_2$], 1.758,5 kJ/mol ou 420 ($H\text{–}CH_2CH_3$) e 1.742-1.750 kJ/mol ou 416-418 kcal/mol ($H\text{–}CH_3$). Isto sugere a seguinte ordem de estabilidade de carbânions: 3^{ário}>2^{ário}>1^{ário}~metílico.

---

43. Carey FA, Sundberg RJ. Advanced Organic Chemistry - Part A: Structures and Mechanisms. 5th ed. New York: Springer; 2007. p. 258.
44. Jaun B, Schwarz J, Breslow R. Determination of the basicities of benzyl, allyl, and tert-butylpropargyl anions by anodic-oxidation of organo-lithium compounds. Journal of the American Chemical Society 1980;102:5741-5748.
45. Breslow R, Goodin R. Electrochemical determination of pKa of isobutane. Journal of the American Chemical Society 1976;98:6076-6077.
46. Carey FA, Sundberg RJ. Advanced Organic Chemistry - Part A: Structures and Mechanisms. 5th ed. New York: Springer; 2007. p. 372.
47. Carey FA, Sundberg RJ. Advanced Organic Chemistry - Part A: Structures and Mechanisms. 5th ed. New York: Springer; 2007. p. 375.

Por outro lado, considerando-se o comportamento de alcanos como ácidos de Lewis, isso implicaria na acepção de elétrons doados por uma base de Lewis, pelos orbitais $\sigma^*_{C\text{-}H}$ ou $\sigma^*_{C\text{-}C}$, os quais são de energia muito elevada, justamente devido às estabilidades dos elétrons nos orbitais ligantes $\sigma_{C\text{-}H}$ e $\sigma_{C\text{-}C}$.

Naquilo que concerne à atuação de alcanos como bases de Lewis, embora os orbitais $\sigma_{C\text{-}H}$ e $\sigma_{C\text{-}C}$ sejam de baixa energia, a protonação de alcanos formando espécies pentacoordenadas no carbono (CH_5^+, $C_2H_7^+$, $C_3H_9^+$, etc.), chamadas de íons alcônio, pode ser conseguida sob condições vigorosas (ácidos fortes; conforme mostrado na Figura 4.29). Essas espécies são formadas intermediariamente em certos processos petroquímicos (craqueamento e isomerização). Tais espécies tendem a se decompor gerando cátions tricoordenados no carbono (carbocátions ou íons carbênio) e H_2, em processos exotérmicos[48]. Maiores discussões a respeito da estrutura e reações de carbocátions, serão feitas no tópico 4.4.8, referente às reações de alcenos.

$$(CH_3)_3C{-}H + FSO_3H{\cdot}SbF_5 \longrightarrow \left[(CH_3)_3C{<}^{H}_{H}\right]^{\oplus} \longrightarrow (CH_3)_3C^{\oplus} + H_2$$

Figura 4.29. Exemplo da protonação de um alcano.

A despeito daquilo que foi exposto sobre a estabilidade de alcanos, quando estes são misturados com O_2 do ar atmosférico, no qual este gás está presente em 21%, ocorre uma reação exotérmica se o sistema for exposto a uma fonte de ignição, como uma fagulha ou chama. Esse processo chama-se combustão e tem a capacidade de se autossustentar, isto é, fornecer a energia necessária para que o processo se mantenha continuamente. O processo corresponde a uma oxidação, no qual as ligações C–H e C–C são substituídas por ligações C–O e H–O. No caso da combustão completa do alcano é obedecida a equação mostrada na Figura 4.30.

$$C_nH_{2n+2} + (1{,}5n + 0{,}5)\,O_2 \longrightarrow (n+1)\,H_2O + n\,CO_2$$

Figura 4.30. Combustão de um alcano.

O processo de combustão libera energia: aproximadamente 887,6 kJ/mol (212 kcal/mol) no caso do metano e 1.553,3 kJ/mol (371 kcal/mol) para o etano, aumentando aproximadamente 653,1 kJ/mol (156 kcal/mol) para cada homólogo superior[49]. Havendo menor quantidade de O_2 do que a necessária, pode ocorrer a combustão incompleta, a qual resulta na formação de monóxido de carbono (CO).

Embora os alcanos sejam inertes frente a ácidos e bases, verifica-se que reagem por processos radicalares, como na combustão, pela substituição de átomos de hidrogênio por outros átomos mais eletronegativos, daí surgindo o nome de "oxidação" ao processo. Tais processos radicalares ocorrem pela abstração preferencial de um hidrogênio, de um carbono do alcano, na seguinte ordem: $3^{\text{ário}} > 2^{\text{ário}} > 1^{\text{ário}}$, o que é coerente com as energias de ligação[43] C–H de moléculas como: $(CH_3)_3C$–H

48. Smith MB, March J. March's Advanced Organic Chemistry: Reactions, Mechanisms and Structure. 5th ed. New York: John Wiley & Sons; 2001. p. 219.

49. Stertton's Chemistry Pages at Upper Canada District School. Disponível em: www2.ucdsb.on.ca/tiss/stretton/database/organic_thermo.htm Acessado em: 08/04/2016.

(400,7 kJ/mol ou 95,7 kcal/mol), $(CH_3)_2CH$–H (410,7 kJ/mol ou 98,1 kcal/mol), CH_3CH_2–H (420,8 kJ/mol ou 100,5 kcal/mol) e CH_3–H (439,6 kJ/mol ou 105 kcal/mol). Essa ordem é um reflexo da estabilidade relativa dos radicais que se formam, sendo aqueles localizados em carbonos $3^{ários}$ mais estabilizados, devido ao maior número de estruturas de hiperconjugação, conforme mostrado na Figura 4.31 para um radical $3^{ário}$, quando comparado com um radical $1^{ário}$.

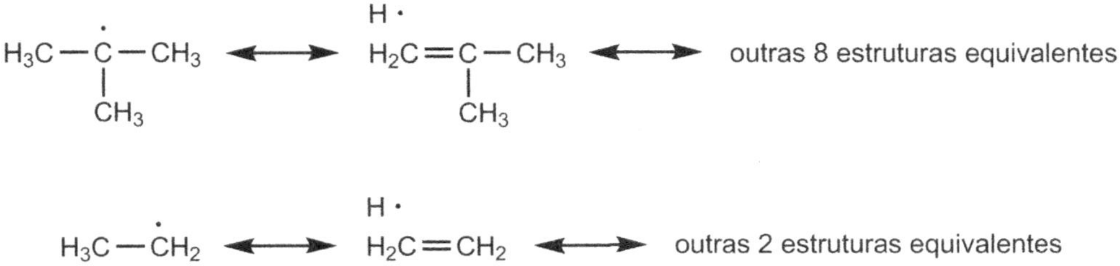

H₃C—Ċ(CH₃)—CH₃ ⟷ H₂C=C(CH₃)—CH₃ (H·) ⟷ outras 8 estruturas equivalentes

H₃C—ĊH₂ ⟷ H₂C=CH₂ (H·) ⟷ outras 2 estruturas equivalentes

Figura 4.31. Radicais terciário e primário de alcanos.

Espacialmente, os radicais são planos, estando o orbital ***p*** do carbono hibridizado de forma ***sp***^{2}, ocupado por apenas um elétron[50]. Cálculos computacionais[51] sugerem que, em tais radicais, há um enfraquecimento das ligações C–H dos carbonos vizinhos daquele que está na forma de radical, devido à interação do orbital $\sigma_{C\text{-}H}$ com o orbital ***p*** do carbono radicalar. No caso da ligação $\sigma_{C2\text{-}H}$ do radical etila, sua energia de dissociação é de apenas 147,4 kJ/mol (35,2 kcal/mol). Este enfraquecimento pode explicar a tendência que os radicais apresentam de desproporcionar, gerando um alceno e um alcano, pelo encontro e reação de dois radicais, conforme mostra a Figura 4.32.

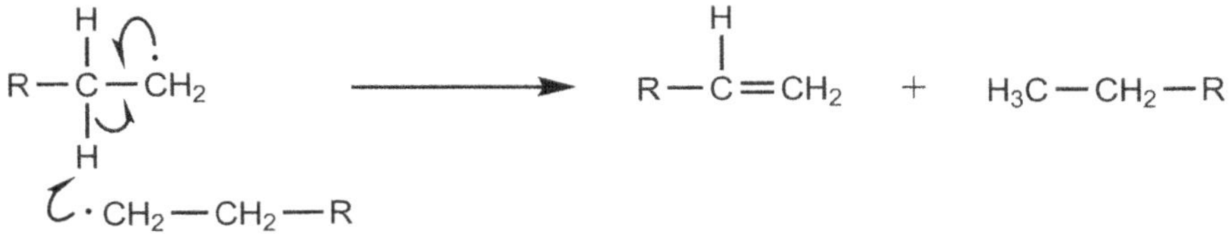

R—CH₂—ĊH₂ + ·CH₂—CH₂—R ⟶ R—CH=CH₂ + H₃C—CH₂—R

Figura 4.32. Desproporcionamento de radicais.

As oxidações de alcanos, em condições controladas, podem levar ao isolamento de hidroperóxidos (R–O–O–H). Por exemplo, o produto de oxidação da decalina[52] é um hidroperóxido na posição $3^{ária}$ (ver Figura 4.33).

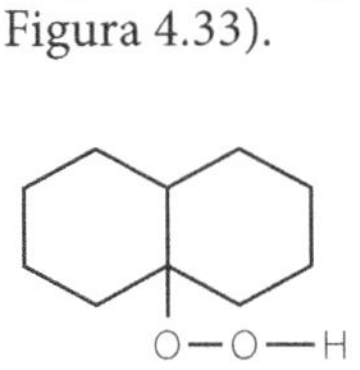

O—O—H

Figura 4.33. Exemplo de um hidroperóxido na posição terciária.

50. Carey FA, Sundberg RJ. Advanced Organic Chemistry - Part A: Structures and Mechanisms. 5th ed. New York: Springer; 2007. p. 980.
51. Carey FA, Sundberg RJ. Advanced Organic Chemistry - Part A: Structures and Mechanisms. 5th ed. New York: Springer; 2007. p. 966.
52. Criegee R. Concerning a crystalised dekalin peroxide. Berichte der Deutschen Chemischen Gesellschaft. 1944;77:22-24.

Com os halogênios (Cl_2 e Br_2), os alcanos reagem pela sequência mecanística[53] mostrada na Figura 4.34.

$$X_2 \xrightarrow[\text{ou calor}]{h\nu} :\ddot{X}\cdot + \cdot\ddot{X}: \qquad \text{iniciação}$$

$$\left.\begin{array}{l} -\overset{|}{\underset{|}{C}}-H + \cdot\ddot{X}: \longrightarrow -\overset{|}{\underset{|}{C}}\cdot + H-X \\ -\overset{|}{\underset{|}{C}}-H + X_2 \longrightarrow -\overset{|}{\underset{|}{C}}-X + :\ddot{X}\cdot \end{array}\right\} \text{propagação}$$

$$\left.\begin{array}{l} -\overset{|}{\underset{|}{C}}\cdot + \cdot\ddot{X}: \longrightarrow -\overset{|}{\underset{|}{C}}-X \\ -\overset{|}{\underset{|}{C}}\cdot + \cdot\overset{|}{\underset{|}{C}}- \longrightarrow -\overset{|}{\underset{|}{C}}-\overset{|}{\underset{|}{C}}- \end{array}\right\} \text{terminação}$$

Figura 4.34. Mecanismo de reação radicalar com halogênios.

A cloração do 2-metilbutano (isopentano)[54], a 300 °C, produz uma mistura de 16% de 1-cloro-3-metilbutano, 28% de 2-cloro-3-metilbutano, 22% de 2-cloro-2-metilbutano e 34% de 1-cloro-2-metilbutano. Considerando-se que na molécula de isopentano existem seis hidrogênios equivalentes em carbonos $1^{\text{ários}}$ (ligados ao C1 e ao grupo CH_3 ligado em C2), um hidrogênio ligado a carbono $3^{\text{ário}}$ (em C2), dois hidrogênios em carbono $2^{\text{ário}}$ (em C3) e três hidrogênios em carbono $1^{\text{ário}}$ (em C4), calcula-se que a reatividade relativa do hidrogênio em posições $3^{\text{ária}}$, $2^{\text{ária}}$ e $1^{\text{ária}}$ seja 4:3:1. Em suma, as reações do átomo de cloro com os alcanos apresentam a seguinte seletividade pelas posições: $3^{\text{ária}} > 2^{\text{ária}} > 1^{\text{ária}}$.

As reações de alcanos com o bromo são ainda mais seletivas do que com cloro no que tange à captura de hidrogênio, conforme a ordem mostrada anteriormente. A bromação na posição terciária do isobutano, na posição secundária do propano e na posição primária do etano segue a relação de velocidades 19.400:220:1, enquanto na cloração[55] os valores são 6:4,3:1. A maior seletividade na reação com Br_2 pode ser explicada por ser o átomo de bromo mais estável que o átomo de cloro. De fato, em relação ao primeiro passo no processo de halogenação de um alcano, quando se comparam as energias de dissociação[43] de ligações C–H de carbonos $3^{\text{ários}}$ (400,7 kJ/mol ou 95,7 kcal/mol), $2^{\text{ários}}$ (410,7 kJ/mol ou 98,1 kcal/mol) e $1^{\text{ários}}$ (420,8 kJ/mol ou 100,5 kcal/mol) e a formação da ligação H–Cl (427,1 kJ/mol ou 102 kcal/mol) ou H–Br (364,3 kJ/mol ou 87 kcal/mol), verifica-se que $\Delta H = -26{,}4$ kJ/mol (–6,3 kcal/mol), –16,3 kJ/mol (–3,9 kcal/mol) e –6,3 kJ/mol (–1,5 kcal/mol), para a formação dos radicais $3^{\text{ários}}$, $2^{\text{ários}}$ e $1^{\text{ários}}$ na cloração, enquanto $\Delta H = 36{,}4$ kJ/mol (8,7 kcal/mol), 46,5 kJ/mol (11,1 kcal/mol) e 56,5 kJ/mol (13,5 kcal/mol) para as correspondentes reações de bromação.

---

53. Carey FA, Sundberg RJ. Advanced Organic Chemistry - Part A: Structures and Mechanisms. 5th ed. New York: Springer; 2007. p. 1018.
54. Hass HB, McBee ET, Weber P. Syntheses from natural gas hydrocarbons - Identity of monochlorides from chlorination of simpler paraffins. Industrial & Engineering Chemistry. 1935;27:1190-1195; idem 1936;28:333-339.
55. Smith MB, March J. March's Advanced Organic Chemistry: Reactions, Mechanisms and Structure. 5th ed. New York: John Wiley & Sons; 2001. p. 902.

Assim, conforme mostrado na Figura 4.35, no caso da reação com cloro, os estados de transição ET-3, ET-2 e ET-1, que levam aos intermediários radicalares C $3^{ário}$, C $2^{ário}$ ou C $1^{ário}$, têm praticamente a mesma energia, pois são processos exotérmicos. No caso das reações com bromo, por se tratarem de processos endotérmicos, as diferenças de energias entre os intermediários radicalares C $3^{ário}$, C $2^{ário}$ ou C $1^{ário}$ refletem-se quase integralmente nas diferenças de energias dos estados de transição ET-6, ET-5 e ET-4. Essas considerações estão baseadas no postulado de Hammond[56], que estabelece que se duas espécies (neste caso, o intermediário catiônico e o estado de transição que leva à sua formação) são próximas em energia, as suas estruturas são muito semelhantes. Em outras palavras, tratando-se da bromação, os estados de transição ET-6, ET-5 e ET-4 têm energias diferentes, pois são muito semelhantes aos cátions C $3^{ário}$, C $2^{ário}$ e C $1^{ário}$, respectivamente, que também apresentam energias significativamente distintas. No caso da cloração, os ET-1, ET-2 e ET-3 apresentam pouca semelhança com os cátions, não exibindo, portanto, diferenças marcantes de energias entre si.

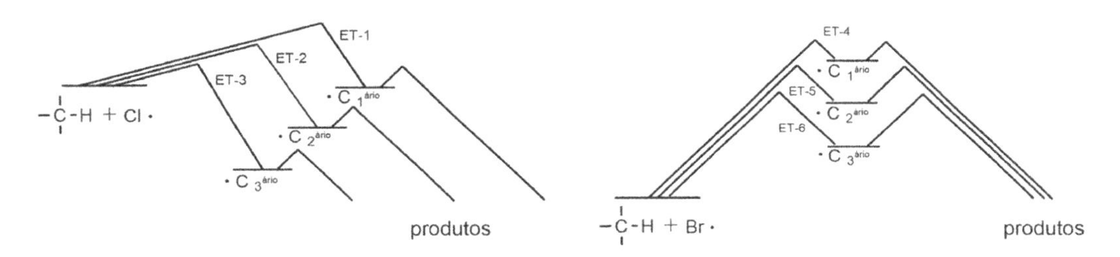

Figura 4.35. Representação dos estados de transição e intermediários radicalares.

A fluoração de alcanos ocorre de modo violento e apresenta seletividade muito baixa (ΔH = –129,8 kJ/mol ou –31 kcal/mol; na primeira etapa).

Por outro lado, as iodações são lentas (ΔH = +142,4 kJ/mol ou +34 kcal/mol; na primeira etapa), mas podem ser realizadas desde que se use luz de λ = 1.849 Å[57]. Porém, o HI formado no processo atua como redutor do iodoalcano obtido de volta ao alcano de partida, a menos que seja removido.

As espécies radicalares formadas podem sofrer rearranjos, que significam migrações de grupos para a geração de radicais mais estáveis. A facilidade de migração de grupos aromáticos (grupos arila) é maior do que a dos grupos alquila. Por exemplo, a cloração do *terc*-butilbenzeno produz (2-cloro-2-metilpropil)benzeno, pois o grupo fenila migra para o carbono do radical primário, formado inicialmente, dando origem a um radical $3^{ário}$ no carbono de onde o grupo fenila se desligou.

4.3.11. Uso de Alcanos e Cicloalcanos como Matérias-primas para Outros Compostos Orgânicos

As indústrias químicas e petroquímicas utilizam diversos processos para transformar alguns hidrocarbonetos em outros, de maior valor ou com maior procura pelo mercado[1].

---

56. O postulado de Hammond é uma construção teórica, proposta pelo norte-americano George Simms Hammond (1921-2005), que permite a descrição (em termos de estrutura e ligação) de uma espécie instável e não observável, como sendo um estado de transição. Ver: Hammond GS. A correlation of reaction rates. Journal of the American Chemical Society. 1955, 77:334-338.

57. March J. Advanced Organic Chemistry: Reaction, mechanisms, and structure. International student's edition. Kogakusha, Japan: McGraw-Hill; 1977. p. 533.

i) Alcanos com pontos de ebulição elevados podem ser transformados em GLP ou gasolina por craqueamento (pirólise) a temperaturas elevadas (750-900 °C), na presença de alumina e/ou sílica. Este processo pode contar com a presença de hidrogênio, chamando-se hidrocraqueamento. Por exemplo, a reação de pentano com H_2, em tais condições, produz propano e etano. Na ausência de H_2 e em condições diluídas com vapor d'água, formam-se também alcenos, pelo processo chamado de craqueamento a vapor.

ii) Para a conversão de alcanos de cadeias com poucas ramificações em outros mais ramificados, empregam-se processos de reforma (do inglês *reforming*). Esses processos utilizam catalisadores de platina ou rênio suportados em sílica e/ou alumina e englobam as reações de isomerização e desidrociclização. Como exemplos, podem ser citadas as isomerizações de butano em isobutano e a transformação de ciclo-hexano em metilciclopentano e H_2. O isobutano é empregado em processos de alquilação com olefinas de três e quatro átomos de carbono para produzir hidrocarbonetos mais ramificados, os quais apresentam maior "octanagem"[58] como combustíveis.

iii) As reações controladas de oxidação de alcanos servem para a produção de alcoóis ou aldeídos/cetonas[59]. Por exemplo, a oxidação do ciclo-hexano por oxigênio é efetuada na presença de naftenato de Co^{3+}, a temperaturas de 250 °C, obtendo-se uma mistura de ciclo-hexanol e ciclo-hexanona, que podem ser separados com facilidade por destilação. O metanol também pode ser obtido por oxidação do metano, em condições catalíticas, sob alta pressão. Quase todo o ciclo-hexano das indústrias petroquímicas é utilizado na fabricação de *nylon*-6, pela conversão inicial em ciclo-hexeno e, depois, em ácido adípico[60]. O ciclododecano é usado na produção de ciclododecanol, precursor da ciclododecanona[1]. Esta última é fonte de laurilactama, usada na síntese de *nylon* e de ácido 1,12-dodecanodicarboxílico, matéria prima de poliamidas, poliésteres e lubrificantes sintéticos. O ciclo-octano é usado na produção de *nylon*-6,8.

iv) As halogenações de alcanos são efetuadas principalmente com Cl_2, usando processo fotoquímico ou catalítico, em temperatura de aproximadamente 400 °C[61]. Dessa maneira, o metano e o cloro são utilizados na produção de misturas de clorometano, diclorometano, triclorometano (clorofórmio) e tetraclorometano (tetracloreto de carbono), em proporções que dependem das quantidades relativas dos reagentes. Estes três últimos compostos servem principalmente como solventes. Em condições similares, alcanos com dois a 30 átomos de carbono também podem ser clorados, principalmente para a produção de solventes. Porém, compostos insaturados também podem se formar pela perda de HCl, devido às temperaturas elevadas empregadas no processo. Os compostos contendo insaturações e núcleos benzênicos são halogenados de maneira radicalar nas posições alquídicas. As reações de bromação de alcanos não são efetuadas com vistas à produção de solventes, mas sim como retardantes de chama e intermediários em processos sintéticos, devido à maior reatividade dos compostos bromados em relação aos compostos clorados, principalmente em reações alifáticas de substituição nucleofílica e de eli-

---

58. Octanagem (ou índice de octano) é um índice que mede a resistência à detonação de combustíveis usados em motores de combustão.
59. (a) Stille JK. Química Orgânica Industrial. São Paulo: Editora Edgard Blücher-EDUSP; 1969. p. 69. (b) Wiessermel K, Arpe HJ. Química Orgánica Industrial. Barcelona: Editorial Reverté; 1981.
60. Stille JK. Química Orgânica Industrial. São Paulo: Editora Edgard Blücher-EDUSP; 1969. p. 127.
61. Stille JK. Química Orgânica Industrial. São Paulo: Editora Edgard Blücher-EDUSP; 1969. p. 23.

minação. Por outro lado, o custo do bromo comparado ao do cloro é de quatro a nove vezes maior, elevando significativamente o custo de produção dos compostos bromados. Ainda assim, esses custos não superam os custos dos compostos iodados, que podem ser dezenas de vezes maiores que os dos compostos clorados ou bromados[62]. Embora a maior parte dos bromoalcanos seja obtida por adição de HBr a alcenos, as reações de bromação podem ser efetuadas em condições radicalares, particularmente pela substituição dos átomos de hidrogênio de carbonos terciários ou benzílicos.

4.4. Alcenos e Cicloalcenos

4.4.1. Produção e Usos[1]

A importância industrial dos alcenos (olefinas) cresceu a partir de 1950, quando a produção desses compostos por pirólise de gás natural tornou-se economicamente viável. O uso de alcenos na produção de outros compostos de maior valor e na fabricação de polímeros tem crescido ano a ano.

As olefinas são pouco frequentes no petróleo[63]. O eteno (etileno) é o composto orgânico de maior produção mundial, gerado por pirólise de alcanos de baixo peso molecular por craqueamento a vapor. Outros alcenos de maior peso molecular, como o propeno e os butenos, também são obtidos pelo mesmo processo, como produtos paralelos na obtenção do etileno. O craqueamento de alcanos de cadeias longas é importante industrialmente para a produção de olefinas com elevado número de carbonos (aproximadamente 20), formando-se olefinas terminais em maior proporção do que as olefinas internas. No caso da pirólise de alcanos de cadeias longas, também se forma grande proporção de dienos.

A desidrogenação catalítica de alcanos pode ser efetuada industrialmente a 450-510 °C, na presença de hidrogênio, para evitar a formação de compostos aromáticos. Outro processo industrial para a obtenção de olefinas é a desidro-halogenação de cloroparafinas, realizada a 250 °C, na presença de ferro ou de suas ligas. No entanto, todos esses processos conduzem a misturas de olefinas terminais e internas, sendo bastante difícil a separação. Processos de oligomerização de olefinas, principalmente do etileno, na presença de compostos orgânicos de alumínio ou por catálise com metais de transição, permitem a formação de olefinas terminais em muito maior proporção. A oligomerização de propeno e butenos é um processo importante na produção de olefinas ramificadas e pode ser efetuado de modo análogo ao do etileno, ou em meio ácido (H_2SO_4 ou H_3PO_4).

Os alcenos são compostos largamente empregados em diversos processos industriais, tais como: oxidações, epoxidações, halogenações, alquilações, hidratações e hidroformilações, entre outras. São também utilizados na síntese de detergentes, lubrificantes, oxo-álcoois, aminas, alquilbenzenos etc.

4.4.2. Nomenclatura dos Alcenos[19,20,22]

Os alcenos são nomeados pela seguinte sequência, em analogia aos alcanos:

i) definir a cadeia carbônica com o maior número de átomos de carbono que contenha a insaturação. Este número definirá o nome do "hidreto parente" correspondente, conforme a Tabela 4.2;

62. Iodine and Iodine Compounds. Ullmann's Encyclopedia of Industrial Chemistry, Wiley-VCH; 2002.
63. Mears DE, Eastman AD. Hydrocarbons, Survey. Kirk Othmer Encyclopedia of Chemical Technology. John Wiley & Sons; 2001.

ii) dar o nome do alceno substituindo a terminação "ano" por "eno";

iii) determinar de qual ponta da cadeia a insaturação está mais próxima e iniciar a numeração da cadeia pela ponta escolhida, determinando a posição da dupla ligação;

iv) inserir o número determinado acima no nome do alceno, entre hífens, antes da terminação "eno". Em textos mais antigos, a posição da dupla C=C precede o nome do alceno;

v) a presença de substituintes deve ser indicada por números, colocada em ordem alfabética, antes do nome do alceno, conforme mencionado para a nomenclatura dos alcanos;

vi) quando a parte da molécula que contém a ligação dupla for considerada um substituinte de uma cadeia maior, este grupo (ou radical) "alquenila" deve ser nomeado de acordo com o alcano correspondente, mas substituindo-se a terminação "ano" por "enil" ("enila"), indicando-se a posição da dupla ligação, quando for o caso. Os grupos $-CH=CH_2$, $-CH_2-CH=CH_2$ e $=CH_2$ são trivialmente chamados de "vinil" ("vinila"), "alil" ("alila") e "metileno" ("metilena"), respectivamente;

vii) no caso de compostos cíclicos: a) não se deve indicar a posição da dupla ligação, pois fica implícito que se trata da posição 1; b) indicar a posição de grupos substituintes de modo que sejam escolhidos os menores números a partir de um dos carbonos da dupla ligação;

viii) os compostos eteno, propeno e 2-metilpropeno recebem os respectivos nomes triviais: etileno, propileno e isobutileno.

Alguns exemplos de nomes de alcenos encontram-se na Figura 4.36.

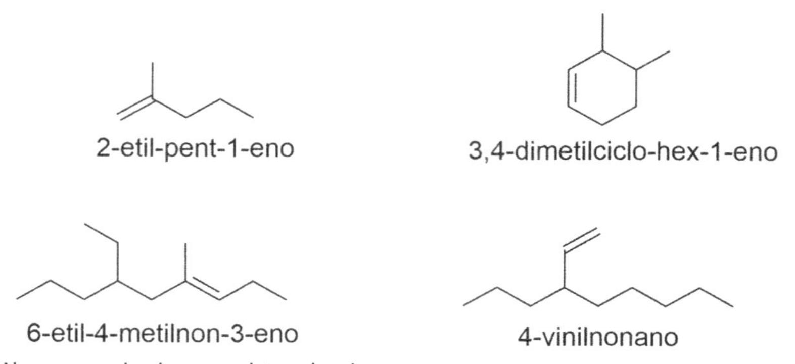

Figura 4.36. Alguns exemplos da nomenclatura dos alcenos.

4.4.3. Estrutura e Ligação dos Alcenos

A presença de uma ligação dupla entre dois carbonos implica na existência de uma ligação σ e de uma ligação π naquele local. A ligação π tem a sua origem no entrosamento de dois orbitais ***p*** de cada carbono, enquanto a ligação σ é formada pela interação de dois orbitais híbridos sp^2 de cada carbono. Os outros dois orbitais sp^2 de cada carbono estão envolvidos em ligações σ com átomos de hidrogênio ou carbono. Considerando-se tal composição (os dois carbonos da dupla ligação e os seus quatro substituintes) tem-se um arranjo planar do sistema.

A distância entre os dois carbonos envolvidos por dupla ligação é de 1,34 Å e a energia estimada[43] para a dissociação das duas ligações do etileno é de 728,9 kJ/mol (174,1 kcal/mol). Neste composto, o ângulo H–C–H em cada carbono é de 117°, a distância C–H é 1,085 Å e a energia da ligação C–H é de 465,6 kJ/mol (111,2 kcal/mol).

O modelo de orbitais moleculares para o etileno, levando em consideração a interação dos orbitais atômicos ***1s*** dos quatro hidrogênios com os orbitais ***2s*** e com os orbitais ***2p*** dos dois carbonos, prevê a existência de um sistema complexo com o total de 12 orbitais moleculares[64]. Porém, neste texto, será usado principalmente o modelo de orbitais híbridos para representar a estrutura eletrônica dos alcenos.

4.4.4. Isomerismo nos Alcenos. Nomenclatura Z e E

As posições relativas dos quatro substituintes dos dois carbonos da dupla ligação C=C devem ser indicadas de modo que os dois possíveis isômeros sejam corretamente nomeados. Para tanto, a nomenclatura *Z* ou *E* deve ser utilizada. Esta nomenclatura é mais abrangente do que a *cis*/*trans*, mais antiga, a qual atualmente está restrita à nomenclatura de sistemas cíclicos dissubstituídos[65].

O processo da nomenclatura *Z* ou *E* se baseia na determinação das prioridades relativas dos substituintes de cada átomo de carbono da ligação C=C (conforme a convenção de Cahn, Ingold e Prelog)[66] e segue as seguintes etapas:

i) para cada carbono da ligação C=C, a maior prioridade é dada ao substituinte com maior número atômico. Havendo dois átomos de mesmo número atômico, o isótopo de maior massa terá prioridade sobre o de menor massa. Não sendo possível fazer esta distinção, devem-se investigar os átomos que, porventura, estejam ligados aos substituintes indistinguíveis pela via anterior;

ii) uma vez encontrada a distinção, o substituinte de maior prioridade recebe o valor 1 e o outro, valor 2;

iii) em relação ao plano que contém a ligação π, deve-se discernir entre a situação em que grupos de mesma prioridade estão do mesmo lado de tal plano, ou de lados opostos. No primeiro caso, trata-se de uma configuração *Z* (inicial da palavra *zusammen*, que na língua alemã significa "junto" ou "em companhia de"), enquanto no segundo caso, trata-se de uma configuração *E* (inicial da palavra *entgegen*, que na língua alemã significa "contra" ou "em contrário").

4.4.5. Propriedades Físicas dos Alcenos

Fisicamente, as olefinas terminais apresentam características semelhantes às parafinas. O etileno (PF –169,5 °C; PE –103,8 °C), propeno (PF –185,3 °C; PE –47,7 °C), but-1-eno (PF –185,3 °C; PE –6,3 °C), *Z*-but-2-eno (PF –138,9 °C; PE 3,7 °C) e *E*-but-2-eno (PF –105,5 °C; PE 0,88 °C) são gases. A partir de cinco átomos de carbono (pent-1-eno; PF –167,2 °C; PE 30 °C), os compostos encontram-se na forma líquida. O icos-1-eno é sólido (PF 28,5 °C). Em comparação com os alcanos, os pontos de fusão de alcenos internos variam muito em função da estereoquímica *Z* ou *E*.

Os valores de densidade das olefinas acíclicas situam-se entre 0,63 e 0,79 g/mL. As olefinas cíclicas são um pouco mais densas do que as de cadeia aberta (hex-1-eno: d = 0,67 g/mL; ciclo-hexeno: d = 0,81 g/mL). As olefinas, assim como as parafinas, são pouco ou quase nada miscíveis com água, mas se misturam com solventes de menor polaridade. Os alcenos são pouco polares,

---

64. Carey FA. Sundberg RJ. Advanced Organic Chemistry - Part A: Structures and Mechanisms. 3rd ed. New York: Plenum Press; 1990. p. 34.
65. Ver na Figura 4.25 a aplicação da nomenclatura *cis/trans* para sistemas ciclo-hexânicos com dois substituintes.
66. Constantino MG. Química Orgânica. volume 2. Rio de Janeiro: LTC; 2008. p. 36-40.

variando o momento de dipolo (expresso em *debye*)[67] de 0 D para o *E*-but-2-eno até 0,5 D para o isobutileno.

4.4.6. Estabilidade Relativa dos Alcenos

Alcenos com diferentes graus de substituição de hidrogênio por grupos alquila na ligação C=C, apresentam diferentes estabilidades termodinâmicas. Por exemplo, os $\Delta_f H^o$ do *Z*-but-2-eno e do *E*-but-2-eno são[68], respectivamente, –29,73 e –33,03 kJ/mol (–7,10 e –7,89 kcal/mol), ao passo que para o but-1-eno é –20,52 kJ/mol (–4,90 kcal/mol).

Estes valores revelam que a ligação C=C em posição interna confere estabilidade ao alceno e que as interações estéricas (no caso dos isômeros *Z*) geram tensões desestabilizadoras no composto. Considerações similares podem ser obtidas pela análise dos valores de $\Delta_f H^o$ correspondentes aos compostos *Z*-pent-2-eno (–53,6 kJ/mol ou –12,8 kcal/mol), *E*-pent-2-eno (–58,2 kJ/mol ou –13,9 kcal/mol) e pent-1-eno (–46,9 kJ/mol ou –11,2 kcal/mol).

A presença de dois substituintes no mesmo carbono da ligação C=C leva a uma estabilidade maior do que no caso dos substituintes estarem em carbonos diferentes. As entalpias padrão de formação do 2-metilpropeno e do 2-metilbut-1-eno são –37,51 kJ/mol (–8,96 kcal/mol) e –51,5 kJ/mol (–12,3 kcal/mol), respectivamente.

As energias de hidrogenação de alcenos confirmam as afirmações acima. No caso do *Z*-but-2--eno e do *E*-but-2-eno são liberados 119,7 kJ/mol (28,6 kcal/mol) e 115,6 kJ/mol (27,6 kcal/mol), respectivamente, indicando que o primeiro composto (isômero *Z*) é menos estável que o segundo (isômero *E*).

As olefinas cíclicas (ciclopropeno, ciclobuteno e ciclo-hexeno) são encontradas somente na forma *Z*. Em sistemas cíclicos olefínicos maiores podem ser encontradas as duas formas isoméricas, embora o tempo de vida[69] do *E*-ciclo-hepteno seja de apenas 45 segundos, a 25 °C. Já o *E*--ciclo-octeno pode ser sintetizado e isolado por destilação (PE 75 °C a 78 mmHg; d = 0,85 g/mL).

4.4.7. Preparação dos Alcenos em Laboratório

Em laboratório[70], a ligação π da dupla ligação C=C pode ser gerada principalmente por processos de:

i) ***β-Eliminação (ou eliminação-β):*** na qual uma ligação π pode ser gerada pela saída de um átomo (ou de um grupo de átomos) de um carbono e de um hidrogênio do carbono vizinho. São exemplos desse processo as reações de haloalcanos com bases[71], o tratamento de álcoois com ácidos e as reações de degradação de Hofmann, nas quais sais de amônio quaternários são aquecidos na presença de bases para produzir uma amina terciária e um alceno (Figura 4.37).

---

67. Veja mais detalhes sobre a polaridade das moléculas no item 3.2, do Capítulo 3 deste livro.
68. Carey FA, Sundberg RJ. Advanced Organic Chemistry - Part A: Structures and Mechanisms. 5th ed. New York: Springer; 2007. p. 256.
69. Inoue Y, Ueoka, T, Kuroda, T, Hakushi, T. Singlet photo-sensitization of simple alkenes .4. cis-trans photo-isomerization of cycloheptene sensitized by aromatic esters - some aspects of the chemistry of trans-cycloheptene. Journal of the Chemical Society, Perkin Transactions II. 1983;983-988.
70. (a) Carruthers W. Some Modern Methods of Organic Synthesis. Cambridge: Cambridge University Press; 3rd ed. 1986. p. 111. (b) Carruthers W, Coldham, I. Modern Methods of Organic Synthesis. 4th ed. Cambridge: Cambridge University Press;: 2004. p. 105.
71. (a) Emerson WS. The preparation of substituted styrenes by methods not involving hydrocarbon cracking. Chemical Reviews 1949;45:347-383. (b) Bartsch RA, Zavada J. Stereochemical and base species dichotomies in olefin-forming E2 eliminations. Chemical Reviews; 1980;80:453-494.

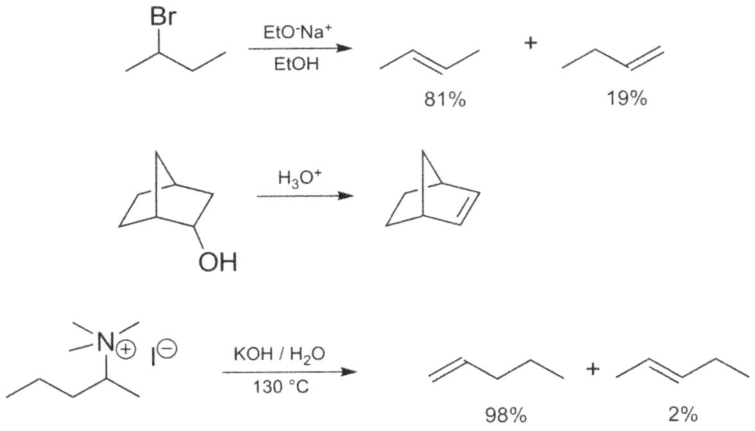

Br
EtO^-Na^+
EtOH
81%
19%

H_3O^+
OH

N⊕ I⊖
KOH / H_2O
130 °C
98%
2%

Figura 4.37. Exemplos de preparação de alcenos.

ii) ***Eliminação sin-pirolítica:*** produzida por aquecimento de xantatos, aminóxidos e ésteres, onde ocorrem clivagens via estados de transição cíclicos (Figura 4.38).

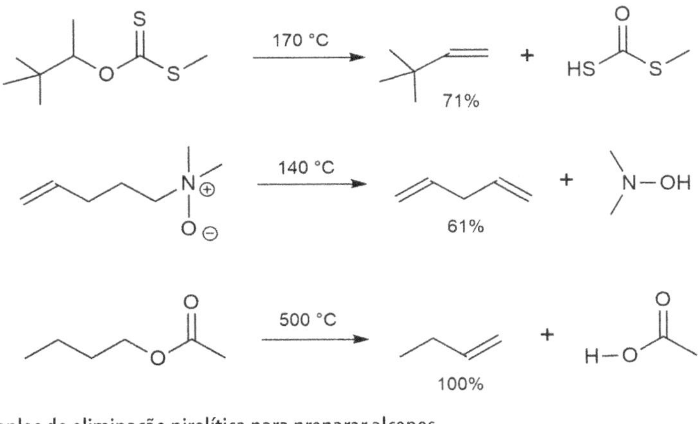

S
O
S
170 °C
71%
O
HS
S

N⊕
O⊖
140 °C
61%
N—OH

O
O
500 °C
100%
O
H—O

Figura 4.38. Exemplos de eliminação pirolítica para preparar alcenos.

iii) ***Reação de Wittig e correlatas***[72]***:*** fosforanas ou ilidas de fósforo reagem com aldeídos ou cetonas, ocorrendo a eliminação de óxidos de fósforo e a formação de alcenos (Figura 4.39).

72. A reação de Wittig foi descoberta em 1954 pelo alemão Georg Friedrich Karl Wittig (1897-1987), que recebeu o Prêmio Nobel de Química em 1979 por esta descoberta. É um método amplamente usado em síntese orgânica para a preparação de alcenos. Ver: (a) Trippett S. The Wittig reaction. Quarterly Reviews. 1963;17:406-440. (b) Maryanoff BE, Reitz AB. The Wittig olefination reaction and modifications involving phosphoryl-stabilized carbanions - stereochemistry, mechanism, and selected synthetic aspects. Chemical Reviews. 1989;89:863-927.

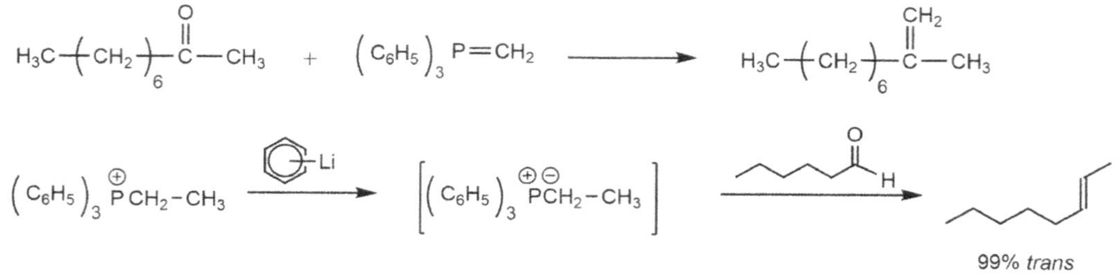

Figura 4.39. Exemplo de preparação de alceno pela reação de Wittig.

iv) ***Redução (hidrogenação) de alcinos:*** adição de hidrogênio a alcinos internos, na presença de catalisador de Lindlar (Pd/$CaSO_4$ desativado por acetato de chumbo)[73], gera *Z*-alcenos, enquanto a reação de redução com Na metálico em NH_3 líquida gera os alcenos de configuração *E*[74]. Os alcenos de configuração *Z* podem ser obtidos de maneira altamente estereosseletiva por hidrogenação catalítica e também pela hidroboração de alcinos[75], seguida de tratamento com ácido acético (Figura 4.40).

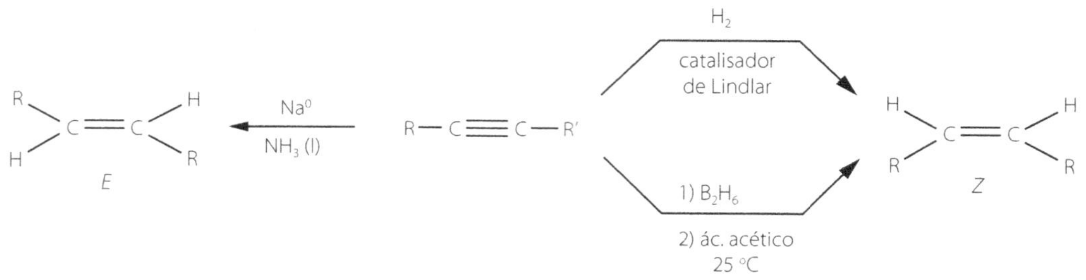

Figura 4.40. Preparação de alcenos pela redução de alcinos.

4.4.8. Propriedades Químicas dos Alcenos

Os valores[49] de $\Delta_f H°$ de alcenos, quando comparados aos dos alcanos, são mais positivos (em kJ/mol; etileno: 52,3 / etano: –84,2; propeno: 20,1 / propano: –104,3; but-1-eno: –0,4 / butano: –126,0; *Z*-but-2-eno: –8,0 e *E*-but-2-eno: –12,1 / butano: –126,0) (ou em kcal/mol; etileno: 12,5 / etano: –20,1; propeno: 4,8 / propano: –24,9; but-1-eno: –0,1 / butano: –30,1; *Z*-but-2-eno: –1,9 e *E*-but-2-eno: –2,9 / butano: –30,1), o que indica uma menor estabilidade termodinâmica em relação aos compostos saturados, podendo-se esperar também uma maior reatividade química.

Os alcenos, além de poderem apresentar cadeias alquídicas, nas quais as ligações σ C–C e C–H são de forças comparáveis às dos alcanos, também contam com a dupla ligação C=C constituída por uma ligação σ e uma ligação π. Conforme já foi mencionado para o etileno, o representante mais simples dos alcenos, as energias da ligação $\sigma_{C\text{-}H}$ e das ligações ($\sigma_{C\text{-}C}$ + π) são 465,6 kJ/mol (111,2 kcal/mol) e 728,9 kJ/mol (174,1 kcal/mol), respectivamente[43].

---

73. (a) Marvell EN, Li T. Catalytic semihydrogenation of the triple bond. Synthesis. 1973;457-468. (b) Hudlicky, M. Reductions in Organic Chemistry. Chichester: Ellis Horwood; 1984.

74. Maercker A, Graule T, Girreser U. Polylithium organic-compounds. 4. Vicinal dilithioalkenes by addition of lithium to simple cyclic and acyclic alkynes. Angewandte Chemie International Edition. 1986;25:167-168.

75. Carey FA, Sundberg RJ. Advanced Organic Chemistry - Part A: Structures and Mechanisms. 3rd ed. New York: Plenum Press; 1990. p. 210.

Embora o etileno possa ser mais bem descrito, em termos de orbitais moleculares, por 12 orbitais, metade dos quais estão preenchidos por elétrons[71], uma visão simplificada permite dispor os dois pares de elétrons que unem os dois átomos de carbono em um orbital ligante σ_{C-C} e em um orbital ligante π. No estado fundamental de um alceno (Figura 4.41), o orbital $\pi*$ (antiligante) constitui o nível energético de mais baixa energia que se encontra vazio (LUMO), sendo sucedido pelo $\sigma*$ (antiligante)[76].

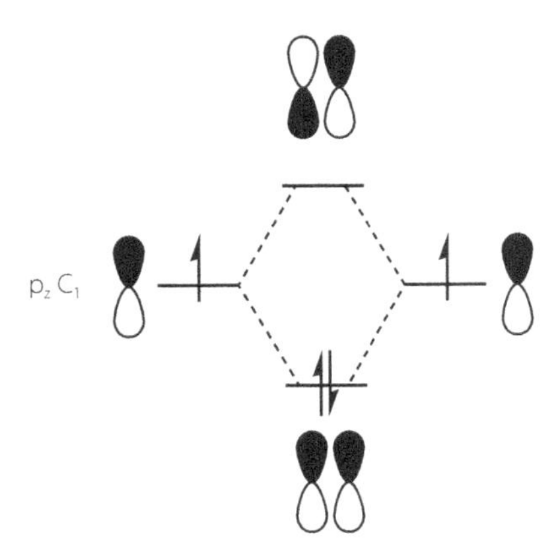

Figura 4.41. Representação simplificada dos orbitais de um alceno no estado fundamental.

Tal disposição faz destes compostos espécies de Lewis potencialmente mais ácidas que os alcanos, haja vista que o orbital π^* é de mais baixa energia do que o orbital σ^*. Porém, a doação de um par de elétrons de uma espécie básica para o LUMO do alceno leva à ruptura da ligação π, pois tanto o orbital π como o orbital $\pi*$ estarão completamente preenchidos. Em consequência disso, uma espécie carbaniônica extremamente básica é formada. Este tipo de reação é de difícil ocorrência justamente pela alta energia do produto formado, conforme discutido anteriormente no item 4.3.10.

Com relação à acidez de alcenos, como ácidos de Brønsted, há a necessidade de distinguir os átomos de hidrogênio ligados à dupla ligação C=C (hidrogênios vinílicos) daqueles ligados a um carbono sp^3, vizinho à ligação C=C, tais como os hidrogênios do C3 do propeno (hidrogênios alílicos).

A remoção de um H^+ vinílico deixa o par de elétrons em um orbital sp^2 do carbono, gerando um carbânion mais estável do que o resultante da remoção de um H^+ de um alcano. De fato, a afinidade por próton de uma espécie CH_3^- é, aproximadamente, 1.758 kJ/mol (420 kcal/mol), enquanto no caso de $H_2C{=}CH^-$ tem-se ~1.712 kJ/mol (~409 kcal/mol)[77]. Porém, no caso da remoção de H^+ de um átomo de carbono com hibridização sp^3 ligado a um carbono sp^2 (posição alílica), como no caso dos hidrogênios metílicos do propeno, forma-se o ânion **18** mostrado na Figura 4.4.2, que é estabilizado por deslocalização de elétrons (estruturas de ressonância **18A** e **18B**). É por esta razão que o propeno exibe um pKa ~ 38 (determinado em DMF por meios eletroquímicos)[78], enquanto o etileno apresenta pKa ~ 44[79].

76. Veja maiores detalhes sobre os orbitais atômicos e orbitais moleculares no item 2.4, do Capítulo 2 deste livro.
77. Carey FA, Sundberg RJ. Advanced Organic Chemistry - Part A: Structures and Mechanisms. 5th ed. New York: Springer; 2007. p. 307.
78. Carey FA, Sundberg RJ. Advanced Organic Chemistry - Part A: Structures and Mechanisms. 5th ed. New York: Springer; 2007. p. 584.
79. Reich HJ. Research Pages at University of Winsconsin, EUA. Disponível em: http://www. chem. wisc. edu/areas/reich/pkatable/index.htm Acessado em: 08/04/2016.

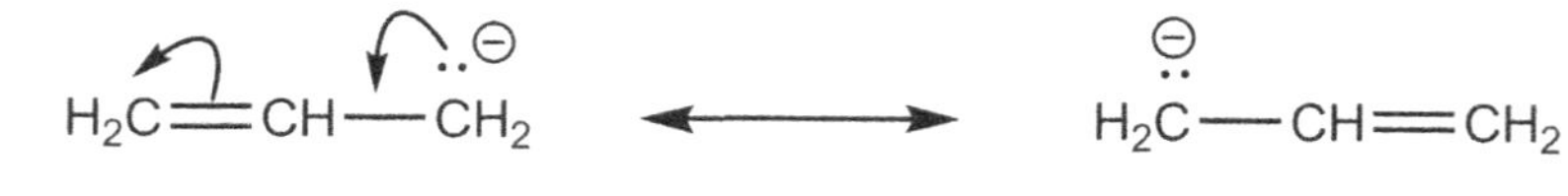

$H_2C{=}CH{-}\ddot{C}H_2^{\ominus}$ ⟷ $H_2\ddot{C}^{\ominus}{-}CH{=}CH_2$

18A **18B**

$H_2C{=}CH{-}\dot{C}H_2$ ⟷ $H_2\dot{C}{-}CH{=}CH_2$

19A **19B**

Figura 4.42. Deslocalização eletrônica em carbânion e radical alílico.

No tocante à acepção de apenas um elétron pelo LUMO do alceno, doado por uma espécie radicalar, produz-se a ruptura da ligação π e é gerada uma nova espécie radicalar no carbono. Em se tratando de alcenos não igualmente substituídos na ligação C=C (alcenos não simétricos), radicais de estabilidades diferentes podem ser originados, com localização preferencial do radical na posição $3^{ária}$ em relação à posição $2^{ária}$ ou $1^{ária}$, conforme foi discutido anteriormente no item 4.3.10 a respeito da estabilidade de radicais alquila. Uma vasta gama de processos de interesse industrial são radicalares, tais como as reações de polimerização, conforme será discutido no item 4.4.9 adiante.

No caso da interação de uma espécie radicalar com alcenos, tais como o propeno e alcenos homólogos superiores, alternativamente pode ser doado um elétron para o orbital σ* da ligação C–H alílica, levando ao rompimento desta ligação. De fato, a energia da ligação $H{-}CH_2CH{=}CH_2$ é de 369,3 kJ/mol (88,2 kcal/mol)[43], valor este menor até do que a energia da ligação $H{-}C(CH_3)_3$ que é de 400,7 kJ/mol (95,7 kcal/mol), pois o radical alílico **19** formado é estabilizado por ressonância, conforme mostrado na Figura 4.42. É necessário mencionar que a captura de um átomo de hidrogênio de um dos carbonos da ligação C=C é menos provável, pois a energia de tal ligação no etileno é de 465,6 kJ/mol (111,2 kcal/mol), o que faz dos radicais alcenílicos espécies bastante instáveis.

Pela formação de radicais alílicos, o propeno e alcenos homólogos superiores podem ser halogenados seletivamente na posição alílica (reação de Wohl-Ziegler). Tratando-se de alcenos com posições alílicas primárias e secundárias, as últimas são preferencialmente halogenadas, conforme mostrado na Figura 4.43[80].

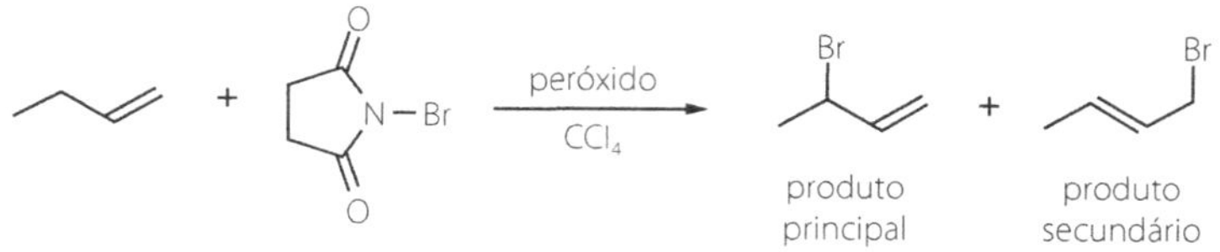

N–Br; peróxido; CCl_4; Br; Br; produto principal; produto secundário

Figura 4.43. Halogenação na posição alílica de um alceno.

Esse processo de halogenação alílica é realizado com sucesso empregando-se *N*-bromosuccinimida (NBS), que é um agente gerador de bromo, pois sempre existe um pouco de Br_2 como contaminante da NBS. Embora seja possível efetuar clorações com *N*-clorossuccinimida (NCS), este é um processo de pouca eficiência. Para a realização desse tipo de halogenação também é

80. Smith MB, March J. March's Advanced Organic Chemistry: Reactions, Mechanisms and Structure. 5th ed. New York: John Wiley & Sons; 2001. p. 911.

necessário um gerador de radicais livres, pois o processo é radicalar. Peróxidos ou azoisobutironitrila (AIBN) são exemplos de geradores eficientes de radicais livres. Uma vez que haja radicais livres no meio reacional e que estes reajam com Br_2 (como contaminante da NBS ou adicionado ao meio), são produzidos os radicais de bromo. Estes reagem com o hidrocarboneto, na posição em que seja gerado o radical mais estável, ou seja, na posição alílica, produzindo HBr, que é o agente responsável pela produção de mais Br_2 por reação com NBS. Desta forma, o Br_2 é sempre formado em pequena quantidade e reage com o radical alílico, dando origem a outro radical de bromo, o qual alimenta continuamente o processo radicalar, conforme mostrado na Figura 4.44. Nesse processo, se a quantidade de Br_2 for mantida baixa, não ocorre a adição de Br_2 à dupla ligação C=C.

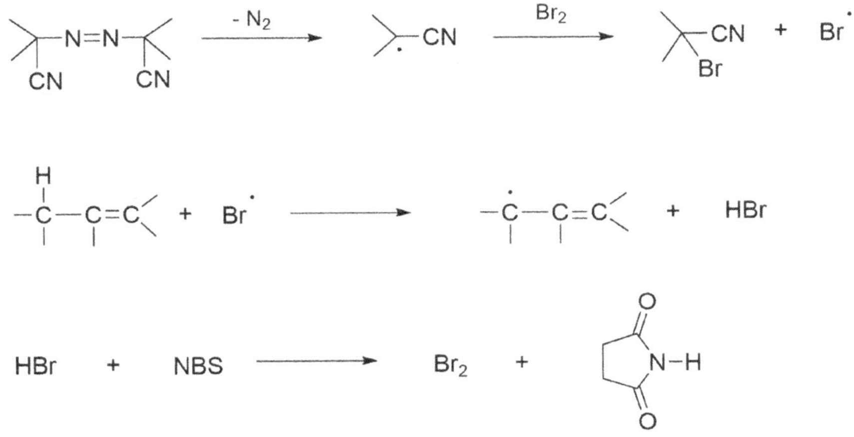

Figura 4.44. Processo radicalar usando AIBN e NBS.

As razões da estabilidade de sistemas alílicos serão abordadas novamente no item 4.5.1.7.

A presença de elétrons do alceno no orbital π ligante (HOMO), de maior energia do que aqueles que estão no orbital σ ligante, confere a esses compostos um caráter de base de Lewis muito mais acentuado que o dos alcanos. De fato, a doação dos elétrons do HOMO de uma ligação π para um orbital vazio de um ácido de Lewis (A^+) é favorecida (Figura 4.45), pois dois novos orbitais (σ e σ*) são formados, com apenas dois elétrons ocupando o nível de energia mais baixo[81]. Assim, a afinidade por prótons dos alcenos (etileno: 682,5 kJ/mol ou 163 kcal/mol)[82], em fase gasosa, é maior que a dos alcanos (etano: 602,9 kJ/mol ou 144 kcal/mol)[83], sendo os primeiros facilmente protonados ou submetidos a reações com outros ácidos de Lewis, gerando íons carbênio (carbocátions).

Figura 4.45. Doação de elétrons de um alceno para um ácido de Lewis.

81. Carey FA, Sundberg RJ. Advanced Organic Chemistry - Part A: Structures and Mechanisms. 3rd ed. New York: Plenum Press; 1990. p. 46.

82. Lias SG, Liebman JF, Levin RD. Evaluated gas-phase basicities and proton affinities of molecules - Heats of formation of protonated molecules. Journal of Physical Chemistry Reference Data. 1984;1: 695-808.

83. Hopkinson AC. Acidity and basicity. cap. 11; In: The Chemistry of Alkanes and Cycloalkanes. Patai S, Rappoport Z, editors. Chichester: Wiley; 1992.

Os carbocátions apresentam estrutura planar; isto é, o carbono com carga positiva tem hibridização sp^2 e o orbital p está vazio (Figura 4.46).

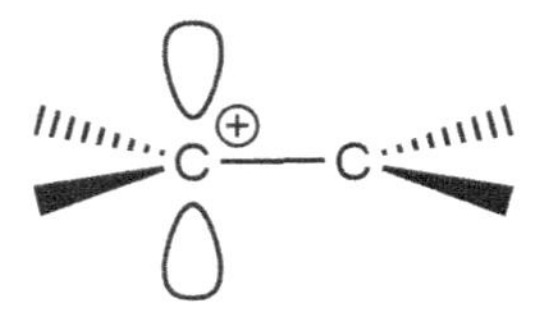

Figura 4.46. Estrutura planar de um carbocátion.

No caso da protonação de alcenos não simétricos, cátions diferentes podem se formar. As estabilidades relativas dos carbocátions podem ser determinadas por medidas de afinidade por hidreto (H^-) e servem de guia na orientação para a formação de carbocátions em alcenos não simétricos. Valores de energia[84] iguais a 1.315, 1.130, 1.055 e 992 kJ/mol (ou 314, 270, 252 e 237 kcal/mol) foram obtidos para a acepção de hidreto pelos cátions CH_3^+, $CH_3CH_2^+$, $(CH_3)_2CH^+$ e $(CH_3)_3C^+$, respectivamente, o que indica a seguinte ordem de estabilidade dos íons carbênios: $3^{\text{ário}} > 2^{\text{ário}} > 1^{\text{ário}} >$ metílico. Esta ordem é coerente com a estabilização da carga positiva por dispersão, em função do número de estruturas de hiperconjugação.

Outra forma de estimar a estabilidade de carbocátions é pela inspeção das energias de dissociação heterolítica de ligações C–H de alcanos, em fase gasosa[85]. Essas energias também diminuem com o aumento da estabilidade do carbocátion formado, tais como: CH_3–H: 1317,2 kJ/mol (314,6 kcal/mol); C_2H_5–H: 1.158,5 kJ/mol (276,7 kcal/mol); $(CH_3)_2C$–H: 1.043,4kJ/mol (249,2 kcal/mol); $(CH_3)_3C$–H: 970,9 kJ/mol (231,9 kcal/mol) e CH_2=CH–H: 1.201,6 kJ/mol (287 kcal/mol).

As reações mais comuns exibidas pelos alcenos são aquelas nas quais atuam como bases de Lewis, gerando carbocátions como intermediários. Como exemplos, podem ser citados:

i) ***Adição de haletos de hidrogênio***. No caso de alcenos não simétricos são gerados regioisômeros (isômeros de posição), em proporções diferentes dependendo das condições reacionais, o que é um reflexo do que foi anteriormente comentado a respeito da estabilidade dos cátions que podem ser formados. Além disso, as reações adotam a seguinte ordem de reatividade: HI > HBr > HCl >> HF, sugerindo que a etapa lenta da reação, isto é, a protonação do alceno, depende da força do ácido HX usado. No caso da reação de HCl com isobutileno, a 0 °C em heptano como solvente, foi obtido apenas 2-cloro-2-metilpropano[86]. Reações de HI com isobutileno e propeno renderam somente o 2-iodo-2-metilpropano e o 2-iodopropano, respectivamente[87]. Mecanisticamente, embora estas reações apresentem equações cinéticas complexas[88], a reação de alcenos, como o isobutileno, com haletos de hidrogênio tem a sua regiosseletividade explicada pela formação preferencial do carbocátion mais estável após o ataque ao próton pelo sistema π. A formação preferencial do cátion **20** (Figura 4.47) é justificada pela sua maior estabilidade, devido ao maior número de estruturas de hiperconjugação que este exibe, quando comparado com o cátion **21**.

---

84. Carey FA, Sundberg RJ. Advanced Organic Chemistry - Part A: Structures and Mechanisms. 5th ed. New York: Springer; 2007. p. 303.
85. March J. Advanced Organic Chemistry. Reaction, Mechanisms, and Structure., 4th ed. Chichester: John Wiley; 1992. p. 171.
86. Mayo FR, Katz JJ. The addition of hydrogen chloride to isobutylene. Journal of the American Chemical Society. 1947;69:1339-1348.
87. Kharasch MS, Hannum C. Journal of the American Chemical Society. 1934;56:1782-1784.
88. Gould ES. Mechanism and Structure in Organic Chemistry. New York: Holt, Rinehart and Winston: 1959. p. 514.

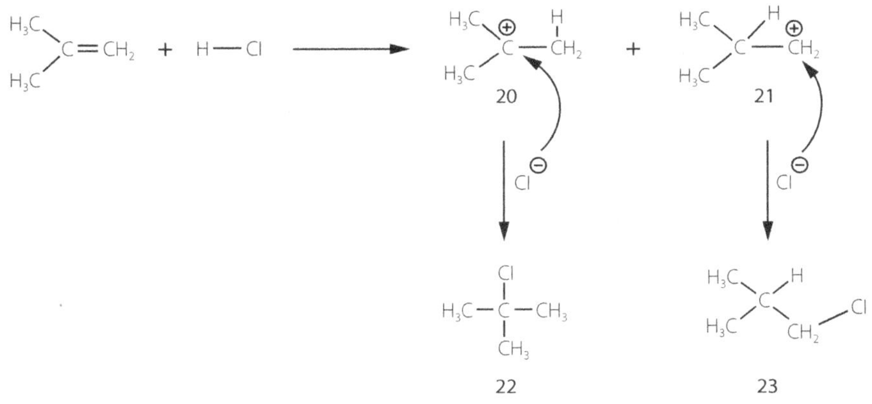

Figura 4.47. Reação de isobutileno com HCl.

O passo seguinte dessa reação, no qual se forma a ligação carbono-halogênio, ocorre em uma etapa rápida e leva preferencialmente ao produto de adição **22**, o qual é chamado de "produto Markovnikov", em detrimento do produto **23** ("produto anti-Markovnikov")[89]. A origem da seletividade é independente das estabilidades relativas dos produtos **22** (2-cloro-2-metilpropano) e **23** (1-cloro-2-metilpropano) e, portanto, reside na velocidade relativa de formação dos dois carbocátions, os quais são dependentes das barreiras de energia "**a**" e "**b**" que devem ser sobrepujadas para a formação de **20** ou **21** (Figura 4.48).

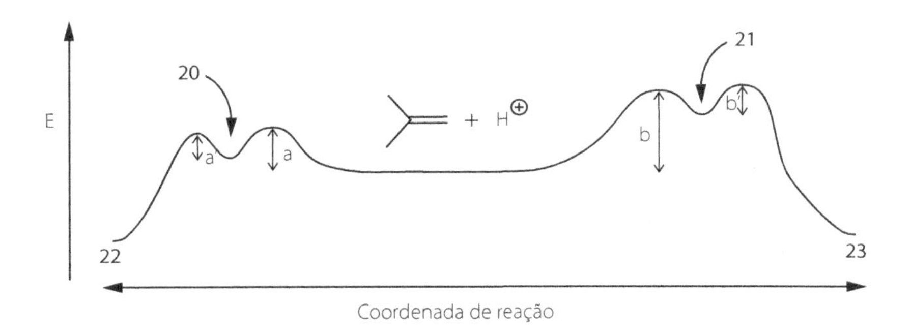

Figura 4.48. Barreiras energéticas para a formação de carbocátions.

Sendo a barreira de energia **a** < **b**, o cátion **20** é formado mais rapidamente do que **21**. Neste caso, o processo é controlado de forma cinética e não termodinamicamente. Deve-se notar que **a'** << **a** e que **b'** << **b**, não influindo na velocidade final do processo.

Também é importante mencionar que se a reação de HBr com o alceno for efetuada sem que sejam completamente excluídas impurezas, tais como peróxidos, é observada uma regiosseletividade oposta àquela mostrada acima (formação preferencial de

89. A regra de Markovnikov foi criada em 1870 pelo químico russo Vladimir Vasilyevich Markovnikov (1838-1904) segundo a qual, numa reação química, quando se adiciona um composto do tipo H-X a um alceno, o hidrogênio do ácido se liga ao carbono do alceno com o maior número de hidrogênios e o halogênio do ácido se liga ao outro carbono da dupla ligação.

"produto anti-Markovnikov")[90], o que é conhecido por "efeito peróxido". Isso ocorre porque na presença de peróxidos formam-se espécies radicalares, ocorrendo a sequência de eventos mostrada na Figura 4.49.

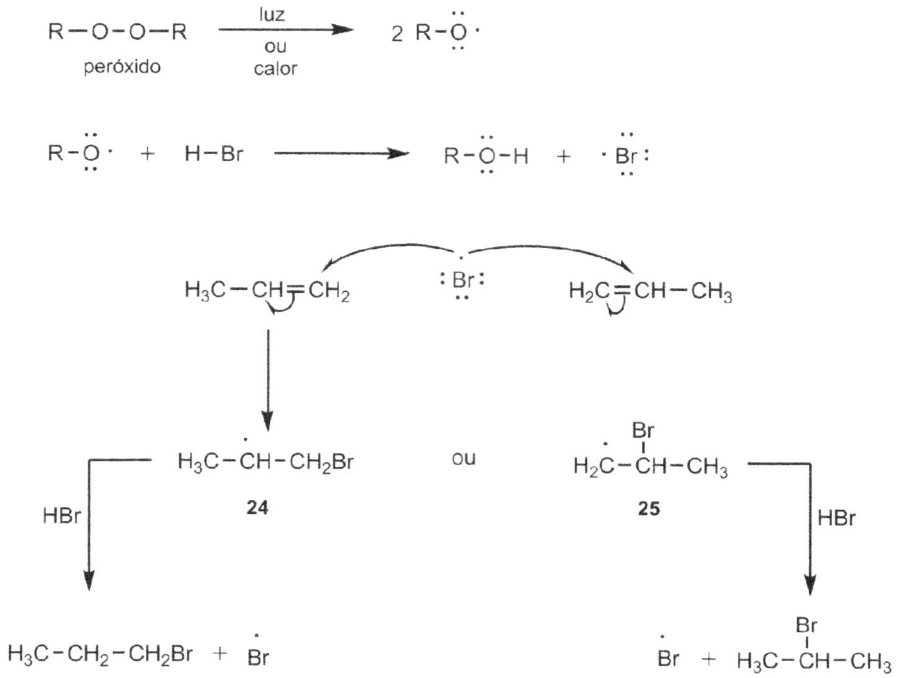

$$\underset{\text{peróxido}}{R-O-O-R} \xrightarrow[\text{ou calor}]{\text{luz}} 2\ R-\ddot{\underset{..}{O}}\cdot$$

$$R-\ddot{\underset{..}{O}}\cdot + H-Br \longrightarrow R-\ddot{\underset{..}{O}}-H + \cdot\ddot{\underset{..}{Br}}:$$

$H_3C-CH=CH_2$:Br: $H_2C=CH-CH_3$

$H_3C-\dot{C}H-CH_2Br$ (**24**) ou $H_2\dot{C}-CH(Br)-CH_3$ (**25**)

HBr → $H_3C-CH_2-CH_2Br + \dot{B}r$

HBr → $\dot{B}r + H_3C-CH(Br)-CH_3$

Figura 4.49. Reação radicalar de propeno com HBr.

A formação da espécie radicalar **24** é preferencial em relação à espécie **25**, pois, assim como no caso do carbocátion **20**, a espécie **24** é mais estável por apresentar um maior número de estruturas de hiperconjugação[91] do que **25**. Na sequência de eventos, o processo de propagação ocorre pela abstração de um átomo de hidrogênio de uma molécula de HBr, dando origem aos produtos 1-bromopropano ou 2-bromopropano.

Essas reações, na prática, não ocorrem com HF, HCl e HI, pelas seguintes razões: **a)** A energia liberada na etapa de ataque do radical F (–159,1 kJ/mol ou –38 kca/mol) ou Cl (–83,7 kJ/mol ou –20 kcal/mol) ao alceno é muito maior do que com Br (–25,1 kJ/mol ou –6 kcal/mol). A etapa seguinte, em que o radical fluorado ou clorado abstrai um átomo de hidrogênio do HF ou do HCl, é endotérmica (154,9 kJ/mol ou 37 kcal/mol para F e 16,8 kJ/mol ou 4 kcal/mol para Cl), ao passo que para o radical bromado e HBr, esta etapa é exotérmica (–50,2 kJ/mol ou –12 kcal/mol). Isto significa que tanto o radical fluorado como o clorado ocupam o fundo de um poço de estabilidade, encontrando dificuldades em reagir com HX e prosseguir com o processo de propagação. Desta forma, torna-se mais provável que estes radicais reajam entre si ou com outros radicais, formando produtos de terminação e dessa maneira encerrando o processo de reação em cadeia. **b)** A etapa de ataque do átomo de iodo ao alceno é endotérmica (29,3 kJ/mol ou 7 kcal/mol), o que torna o processo de difícil iniciação embora a se-

90. Kharash MS, Mayo FR. The peroxide effect in the addition of reagents to unsaturated compounds. I. The addition of hydrogen bromide to allyl bromide. Journal of the American Chemical Society. 1933;55:2468-2496.

91. Carey FA, Sundberg RJ. Advanced Organic Chemistry - Part A: Structures and Mechanisms. 3rd ed. New York: Plenum Press; 1990. p. 695.

gunda etapa seja exotérmica (–113 kJ/mol ou –27 kcal/mol). Além disso, o HI reduz qualquer iodoalcano formado a alcano, correspondendo esse processo à redução de um alceno a um alcano[92].

ii) ***Adição de solventes hidroxílicos.*** De maneira análoga à descrita no item "i", o alcenos reagem com íons H^+, enquanto bases de Lewis, na presença de solventes nucleofílicos, tais como água (reação de hidratação), alcoóis, ácidos carboxílicos, etc. (Figura 4.50), gerando produtos de adição (alcoóis, éteres, ésteres, etc.) de acordo com a regra de Markovnikov[90].

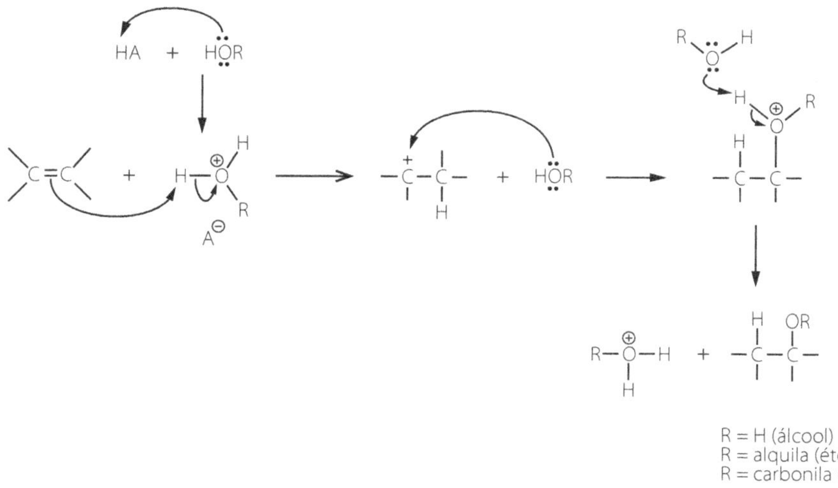

R = H (álcool)
R = alquila (éter)
R = carbonila (éster)

Figura 4.50. Adição de solventes hidroxílicos a alcenos.

iii) ***Adição de boranas.*** O comportamento como base de Lewis dos alcenos também pode ser considerado para explicar as reações de hidroboração. Nestas reações se forma com alta regiosseletividade o produto de adição resultante da aproximação do hidrogênio e do boro do mesmo lado do plano da dupla ligação C=C (estereosseletividade "*cis*")[93]. Assim, o tratamento de um alceno com diborana, usando diglima como solvente, leva à formação da trialquilborana **26** e não do composto **27**, conforme mostrado na equação da Figura 4.51.

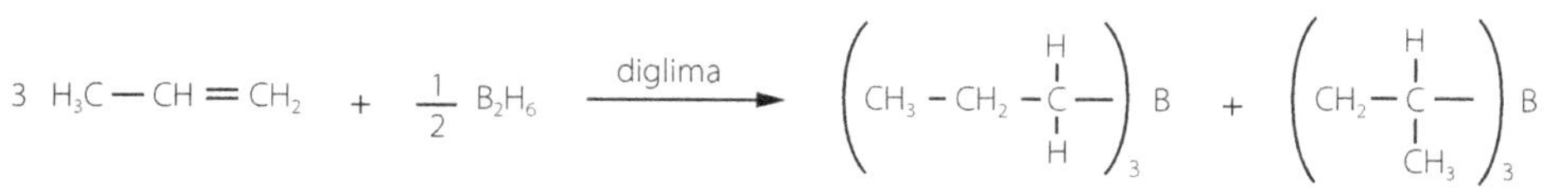

$$3\ H_3C-CH=CH_2 + \frac{1}{2} B_2H_6 \xrightarrow{\text{diglima}} (CH_3-CH_2-CH_2-)_3B + (CH_3-CH(CH_3)-)_3B$$

26 — produto formado; 27 — produto não formado

Figura 4.51. Adição de diborana ao propeno.

92. March J. Advanced Organic Chemistry: Reaction, mechanisms, and structure. International student's edition. Kogakusha, Japan: McGraw-Hill; 1977. p. 580.

93. Brown HC. Hydroboration - A powerful synthetic tool. Tetrahedron. 1961;12:117-138.

O mecanismo do processo de adição de boro à ligação π ocorre via um estado de transição cíclico de quatro membros, resultante da aproximação do boro, que atua com ácido de Lewis, induzindo a formação de carga positiva no carbono mais substituído do alceno. O estado de transição **26'** é mais estável do que **27'**, pois a carga positiva desenvolvida em C2 é mais estável que a desenvolvida em C1 (Figura 4.52).

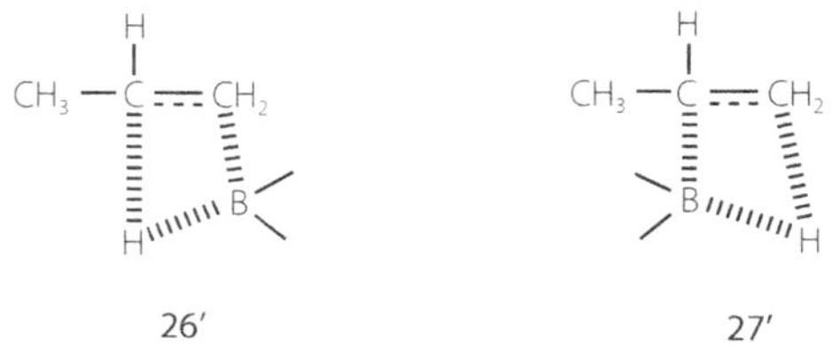

26′ 27′

Figura 4.52. Estado de transição cíclico na adição de borana ao propeno.

Eventualmente, no caso de olefinas muito substituídas, forma-se apenas o produto de mono-hidroboração. Mesmo assim, o processo conduz à formação do produto com o boro ligado ao carbono menos substituído da dupla ligação C=C (Figura 4.53).

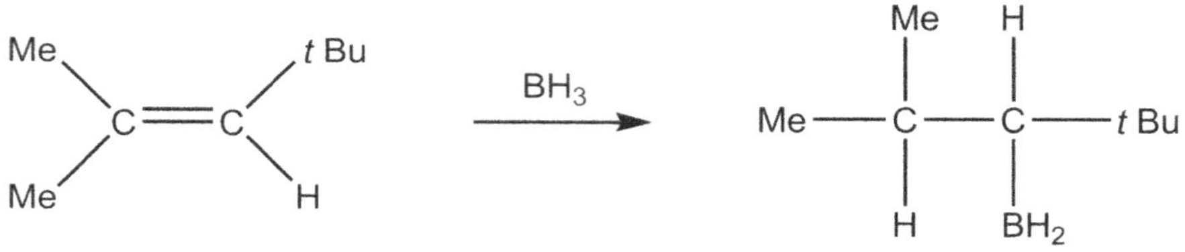

$$Me_2C{=}CH(tBu) \xrightarrow{BH_3} Me{-}CH(Me){-}CH(BH_2){-}tBu$$

Figura 4.53. Produto de mono-hidroboração em alcenos muito substituídos.

As alquilboranas formadas podem ser tratadas com peróxido de hidrogênio, em meio alcalino, gerando álcoois do tipo "anti-Markovnikov" (Figura 4.54). É importante ressaltar que os álcoois obtidos desta forma apresentam regioquímica contrária aos obtidos pela hidratação de alcenos em meio ácido, relatada no item "ii".

$$(CH_3CH_2CH_2-)_3B \; + \; H_2O_2\,/\,OH^- \xrightarrow{H_2O} 3\; CH_3CH_2CH_2OH \; + \; BO_3^{3-}$$

Figura 4.54. Geração de álcoois a partir de alquilboranas.

iv) ***Adição de cátions metálicos.*** Certos cátions metálicos, especialmente o Hg^{2+}, também atuam como ácidos de Lewis frente a olefinas e reagem com estas de forma altamente regiosseletiva, levando à formação do produto de adição Markovnikov. A remoção do mercúrio da cadeia carbônica pode ser conseguida por reação com $NaBH_4$ (por um processo não completamente esclarecido, mas provavelmente radicalar), levando a Hg^0 e ao álcool correspondente (Figura 4.55).

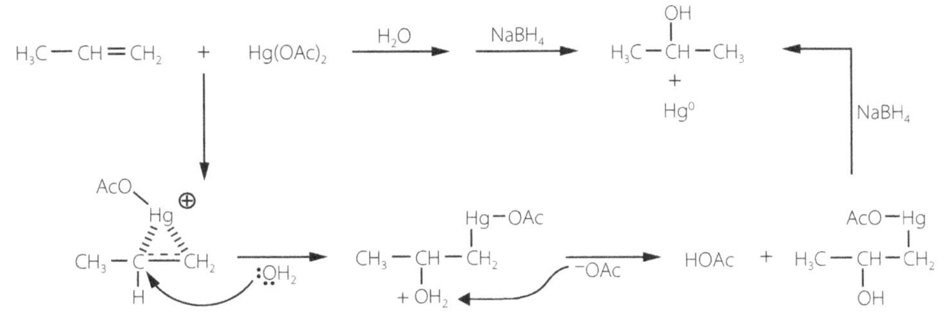

Figura 4.55. Adição de acetato de mercúrio ao propeno.

A vantagem deste método, a despeito dos problemas ambientais de manipulação de compostos de mercúrio, é a obtenção de álcoois segundo a regra de Markovnikov, praticamente isentos de produtos de rearranjo de carbocátions, tão frequentes nas reações em meio ácido, como a mostrada na Figura 4.56.

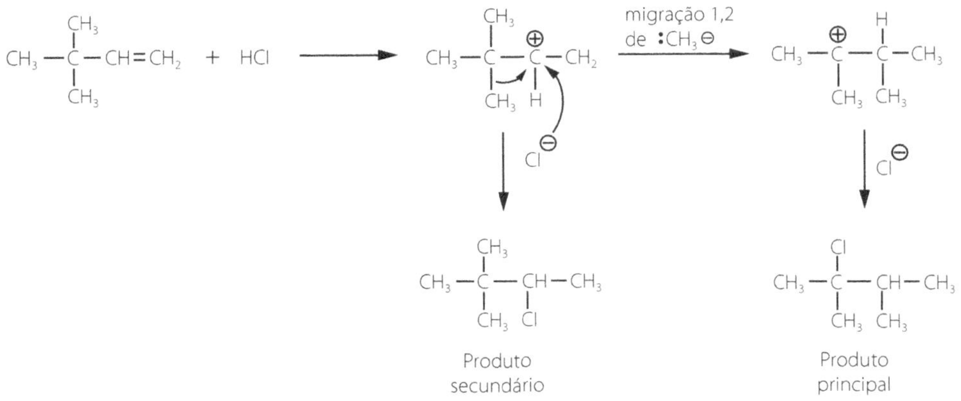

Figura 4.56. Adição de HCl a alcenos.

Os rearranjos de carbocátions ocorrem pela migração de um grupo alquila ou de um hidrogênio, com os seus respectivos pares de elétrons, de um carbono vizinho àquele em que a carga positiva foi inicialmente gerada. Em consequência disso, a carga positiva é gerada no carbono de onde o grupo migrou, desaparecendo a carga no local para o qual a migração ocorreu. Tais migrações são chamadas de "migrações-1,2" (no inglês: *1,2-shifts*) e ocorrem para gerar carga positiva em local mais estabilizado do que antes da migração. Havendo diferentes grupos vizinhos à carga inicialmente gerada, preferencialmente migram os grupos aromáticos (grupos arila), seguidos dos grupos alquílicos mais ramificados. Porém, a seletividade migratória é baixa e vários fatores influenciam no resultado do rearranjo, tais como o posicionamento espacial dos grupos que podem migrar e o alívio de tensão estérica[94].

94. Carey FA, Sundberg RJ. Advanced Organic Chemistry - Part A: Structures and Mechanisms. 3rd ed. New York: Plenum Press; 1990. p. 314.

v) ***Adição de halogênios***. As reações de Cl_2 ou Br_2 com alcenos *E* ou Z, em solventes não nucleofílicos, levam aos produtos diastereoisoméricos **28** e **29** (**29A** e **29B** são enantiômeros) mostrados na Figura 4.57.

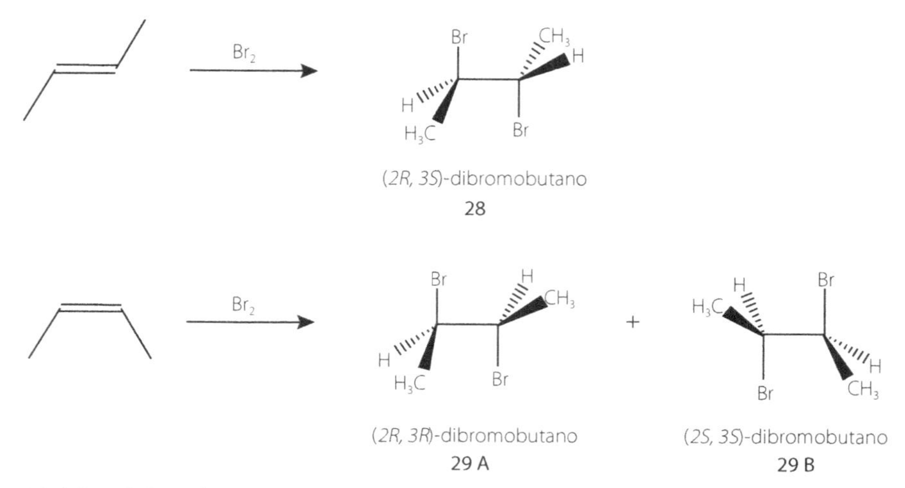

Figura 4.57. Adição de Br_2 a alcenos *E* ou *Z*.

As altas estereosseletividades observadas nestas reações podem ser explicadas se considerarmos a ocorrência de um mecanismo no qual a espécie inicialmente formada é um cátion cíclico de três membros contendo o Br (íon bromônio), o qual é atacado nos carbonos pelo íon brometo (Br^-), de forma *anti* ao Br^+, rompendo o sistema cíclico (Figura 4.58).

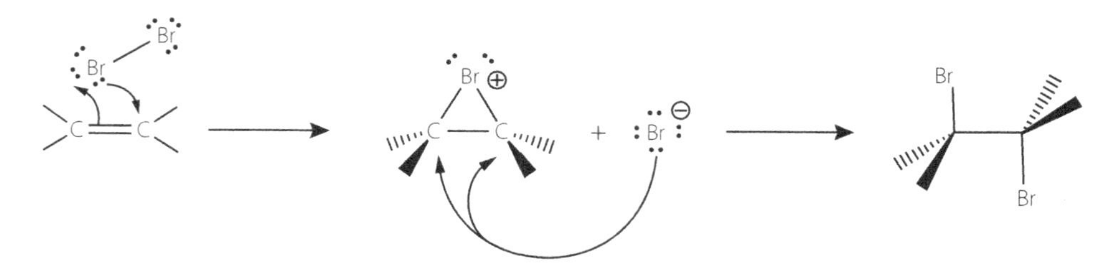

Figura 4.58. Formação e reação de um íon bromônio.

Dessa maneira, a partir do *E*-but-2-eno ou *Z*-but-2-eno, o ataque do Br^- pode ocorrer em qualquer um dos dois carbonos das espécies **30** e **31**, respectivamente, levando aos produtos observados na Figura 4.57. Cabe ressaltar que a intermediação da espécie **32** é descartada (ver Figura 4.59), pois esta poderia ser atacada por ambas as faces do carbocátion, com ausência de estereosseletividade na formação dos produtos.

As reações de alcenos com F_2 e I_2 não são de interesse prático, pela violência e baixa seletividade com que as primeiras ocorrem e pela facilidade com que os produtos de iodação revertem aos reagentes, devido à eliminação catalisada por radicais de iodo presentes em excesso no meio reacional[95]. No entanto, reações de iodação são

95. Carey FA, Sundberg RJ. Advanced Organic Chemistry - Part A: Structures and Mechanisms. 3rd ed.New York: Plenum Press; 1990. p. 180.

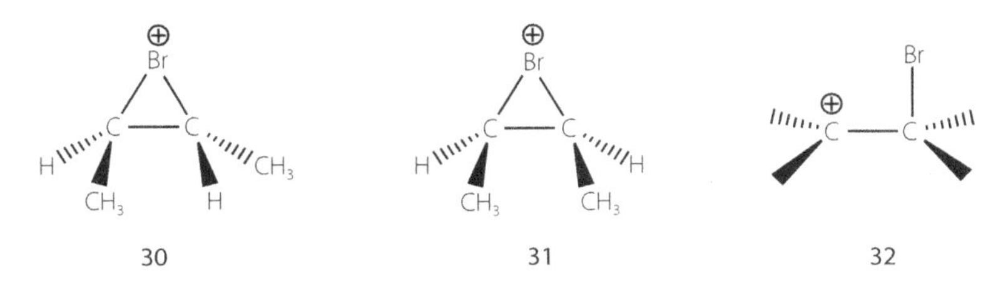

Figura 4.59. Íons bromônio formados a partir do *E*-but-2-eno e do *Z*-but-2-eno.

factíveis em baixas temperaturas (–78 °C), em solventes inertes[96] e com a remoção do excesso de átomos de iodo, associada à inicialização fotoquímica do processo, permitindo assim a obtenção de compostos diiodoalcanos vicinais.

A adição de compostos inter-halogênios (BrCl, ICl e IBr) a alcenos conduz aos di-haloalcanos mistos[97]. Devido à polaridade destas moléculas, estes reagentes se comportam como fontes de Br^+, no caso de BrCl ou de I^+, no caso de ICl ou IBr. A determinação quantitativa[98] do número de duplas ligações C=C de um composto, principalmente no caso de óleos vegetais e gorduras alimentares, é feita pelo "índice de iodo" através do método de Wijs (pela adição de uma solução de ICl, resultante da reação entre ICl_3 e I_2) ou pelo método de Hubl (também empregando solução padrão de ICl, resultante da reação entre I_2 e $HgCl_2$), titulando-se o ICl residual com tiossulfato de sódio ($Na_2S_2O_3$).

vi) ***Adição de ácidos hipo-halosos***. No caso de ser utilizada água como solvente nas reações de alcenos com halogênios formam-se as haloidrinas, por um mecanismo eletrofílico, no qual a molécula de água compete com o íon haleto na abertura do anel do íon halônio. No caso de alcenos não simétricos, será atacado pela água o carbono do íon halônio em que se desenvolver a carga positiva mais estável. Usando-se alcoóis como solventes são formados haloéteres como produtos (Figura 4.60).

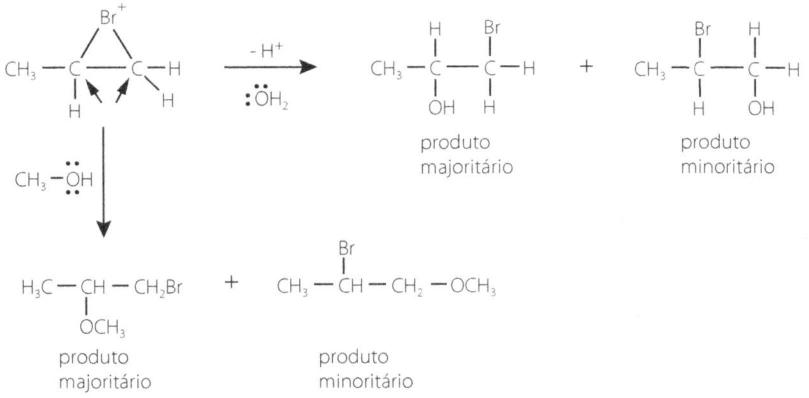

$CH_3-CH(Br^+)CH-H$ $\xrightarrow[:\ddot{O}H_2]{-H^+}$ $CH_3-CH(OH)-CH_2Br$ (produto majoritário) + $CH_3-CHBr-CH_2OH$ (produto minoritário)

$CH_3-\ddot{O}H$ ↓

$H_3C-CH(OCH_3)-CH_2Br$ (produto majoritário) + $CH_3-CHBr-CH_2-OCH_3$ (produto minoritário)

Figura 4.60. Produtos de reação de alcenos com ácidos hipo-halosos.

96. March J. Advanced Organic Chemistry: Reaction, mechanisms, and structure. International student's edition. Kogakusha, Japan: McGraw-Hill; 1977. p. 611.
97. White EP, Robertson PW. The kinetics of chlorine, iodine chloride, and bromine chloride addition to olefinic compounds. Journal of the Chemical Society. 1939;1509-1515.
98. Morita T, Assumpção RMV. Manual de Soluções, Reagentes e Solventes. 2ª ed. São Paulo: Edgard-Blucher; 2007.

vii) ***Oxidação de alcenos por metais de transição.*** Processos de oxidação de alcenos por reação com óxidos de metais de transição[99], como o permanganato de potássio ($KMnO_4$, em meio levemente alcalino, a 5 °C) ou o tetróxido de ósmio [OsO_4, seguido de redução com bissulfito de sódio ($NaHSO_3$)], são chamadas de hidroxilação e levam à formação de *cis*-dióis vicinais (glicóis), através de um mecanismo de adição *sin* (Figura 4.61). Os intermediários de ósmio podem ser isolados, antes do tratamento com o redutor ($NaHSO_3$), permitindo a obtenção de produtos com elevada pureza.

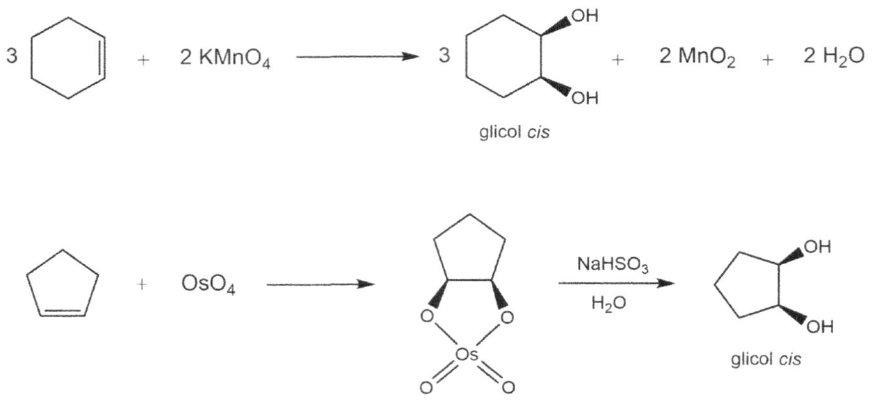

3 ciclo-hexeno + 2 $KMnO_4$ ⟶ 3 glicol *cis* + 2 MnO_2 + 2 H_2O

ciclopenteno + OsO_4 ⟶ éster ósmico ⟶ ($NaHSO_3$, H_2O) glicol *cis*

Figura 4.61. Oxidação de alcenos com óxidos de metais de transição.

Nesses processos, os metais de transição, por possuírem orbitais ***d*** vazios e estarem ligados a átomos eletronegativos (oxigênios), exibem comportamento de ácidos de Lewis. Desta forma, esses metais interagem com os alcenos (atuando como bases de Lewis), capturando o par de elétrons da ligação π.

Os glicóis resultantes da adição dos grupos OH em posição *anti*, podem ser obtidos através de uma ligeira modificação no processo anterior, pela reação dos alcenos com um equivalente de iodo e dois equivalentes de benzoato de prata[100].

viii) ***Epoxidação de alcenos.*** Os alcenos podem ser convertidos em epóxidos pela reação com H_2O_2 ou com peroxiácidos[101] (Figura 4.62). A reação de epóxidos com água, em meio ácido, também conduz aos glicóis *anti*. Nestes processos, o orbital σ* correspondente à ligação O–O do peróxido atua como ácido de Lewis frente ao alceno.

ix) ***Ozonólise de alcenos.*** Ozônio (O_3) é um alótropo do oxigênio, obtido por descarga elétrica sobre este último gás. As ozonólises de alcenos produzem a ruptura tanto da ligação σ como da ligação π dos alcenos. Inicialmente, formam-se intermediários instáveis ("molozonídeos") que se convertem em produtos chamados "ozonídeos", os quais às vezes podem ser isolados (Figura 4.63). Porém, por decomposição destes ozonídeos em meio redutor (Zn/AcOH ou H_2), formam-se compostos carbonílicos

99. March J. Advanced Organic Chemistry: Reaction, mechanisms, and structure. International student's edition. Kogakusha, Japan: McGraw-Hill; 1977. p. 616.

100. March J. Advanced Organic Chemistry: Reaction, mechanisms, and structure. International student's edition. Kogakusha, Japan: McGraw-Hill; 1977. p. 617.

101. Carey FA. Sundberg RJ. Advanced Organic Chemistry - Part A: Structures and Mechanisms. 3rd ed. New York: Plenum Press; 1990. p. 630.

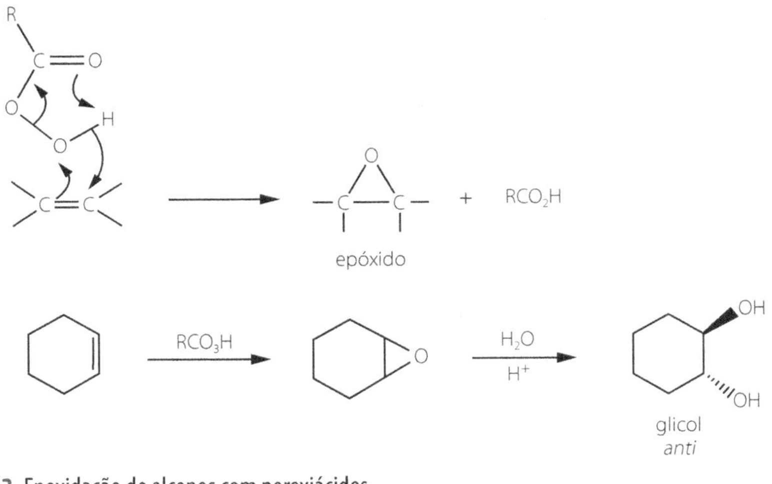

Figura 4.62. Epoxidação de alcenos com peroxiácidos.

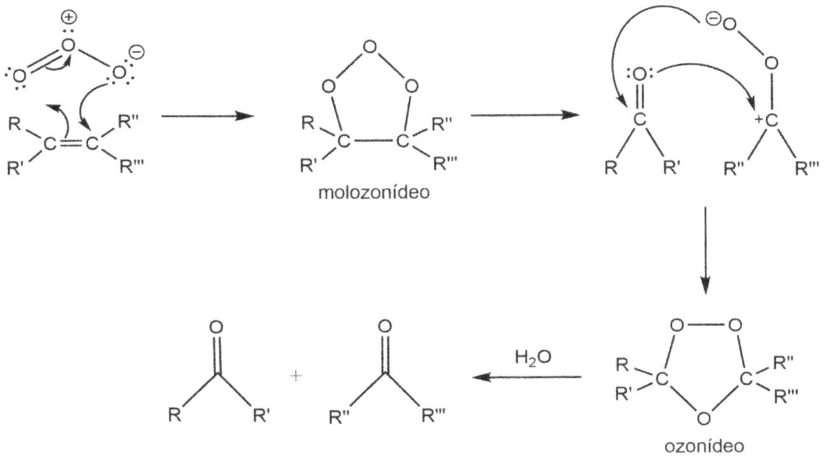

Figura 4.63. Ozonólise de alcenos.

(aldeídos ou cetonas). A clivagem dos ozonídeos em meio oxidante não permite o isolamento de aldeídos, os quais são convertidos em ácidos carboxílicos.

Quanto mais rico em elétrons for o alceno, maior será a sua reatividade com ozônio, indicando que inicialmente ocorre a doação dos elétrons do HOMO do alceno para o LUMO da molécula de ozônio[102].

O mecanismo das ozonólises foi intensamente investigado por Rudolf Criegee que conseguiu isolar alguns ozonídeos[103]. A etapa inicial do processo pode ser considerada uma 1,3-cicloadição e a segunda etapa é uma ciclorreversão do mesmo tipo.

102. March J. Advanced Organic Chemistry: Reaction, mechanisms, and structure. International student's edition. Kogakusha, Japan: McGraw-Hill; 1977. p. 872.

103. Criegee R. Mechanism of ozonolysis. Angewandte Chemie International Edition. 1975;14:745-752.

x) ***Complexação com metais.*** O etileno forma complexos com K_2PtCl_4 originando o tricloro(etileno)platinato de potássio (sal de Zeise, mostrado na Figura 4.64)[104]. Outros alcenos (dienos) tais como o ciclo-octadieno e o norbornadieno também se complexam de modo semelhante com níquel.

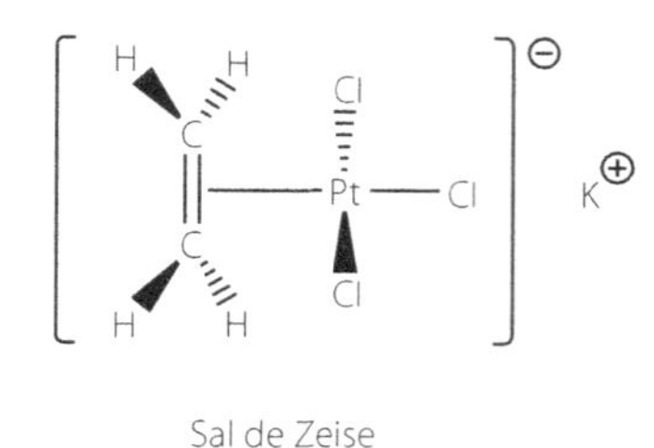

Figura 4.64. Estrutura do sal de Zeise.

Os alcenos podem ser facilmente hidrogenados para a conversão em alcanos[105]. Nesta reação usam-se catalisadores metálicos, tais como platina ou paládio. O níquel de Raney, preparado pelo tratamento de uma liga de níquel e alumínio com hidróxido de sódio, também pode ser usado. O uso de ródio ou rutênio é menos frequente.

As olefinas densamente substituídas são mais difíceis de serem hidrogenadas. O processo de hidrogenação ocorre geralmente de maneira *cis*, devido à adsorção do H_2 e da olefina na superfície do catalisador. Porém, as olefinas cíclicas apresentam resultados que dependem do tipo de catalisador, conforme mostrado na Figura 4.65.

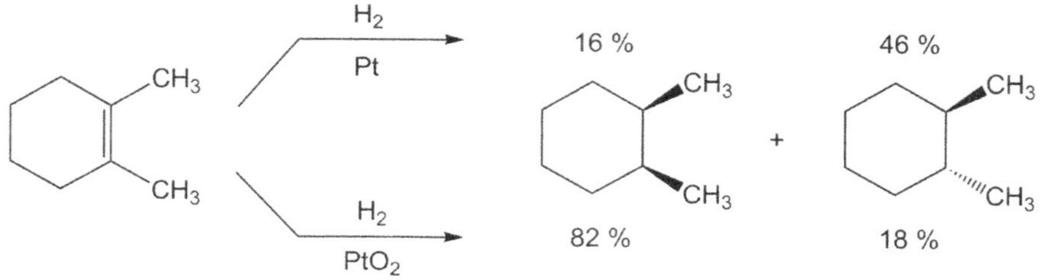

H_2 / Pt: 16 % + 46 %

H_2 / PtO_2: 82 % + 18 %

Figura 4.65. Hidrogenação catalítica de alcenos cíclicos.

4.4.9. Uso de Alcenos como Matérias-primas para Outros Compostos Orgânicos

Os usos mais importantes das olefinas como matérias-primas são:

i) halogenação por Cl_2 e Br_2 para a síntese de di-haloalcanos;

ii) adição de HBr ou HCl para a obtenção de bromo- ou cloroalcanos;

iii) sulfonação, com H_2SO_4, para o preparo de surfactantes (alquil sulfonatos de sódio);

iv) hidrogenação para a transformação em alcanos;

104. Hunt LB. The first organometallic compounds. Platinum Metals Reviews. 1984;28:76-83.

105. (a) Carruthers W. Some Modern Methods of Organic Synthesis. Cambridge: Cambridge University Press; 3rd ed.1986. p. 411. (b) Carruthers W, Coldham I. Modern Methods of Organic Synthesis. 4th ed. Cambridge: Cambridge University Press; 2004. p. 405. (c) Hudlicky M. Reductions in Organic Chemistry. Chichester: Ellis Horwood; 1984.

v) epoxidação ou reação com perácidos para obtenção de epóxidos;

vi) glicolização por reação com peróxidos seguida de hidróllise;

vii) síntese de cetonas ou aldeídos por reação com ozônio, em condições oxidativas ou redutoras;

viii) hidrocarbonilação catalítica para a síntese de aldeídos, por reação com "gás de síntese" (misturas em proporções variadas de CO e H_2), usando-se catalisadores metálicos de Co, Rh e Ir (processo oxo mostrado na Figura 4.66);

$$R-CH=CH_2 + CO + H_2 \xrightarrow{\text{catalisador}} R-CH_2-CH_2-CHO + R-CH(CH_3)-CHO$$

Figura 4.66. Hidrocarbonilação catalítica de alcenos.

ix) reações de alquilação de anéis benzênicos (ver item 5.5.8.2);

x) na obtenção de alcoóis pela regra de Markovnikov (por hidratação em meio ácido) ou anti-Markovnikov (por hidroboração seguida de oxidação);

xi) em processos industriais de oligomerização, polimerização e copolimerização, principalmente por radicais livres, para a produção de polietileno, polibutadieno, polipropileno, poliestireno e outros materiais plásticos. Os iniciadores desses processos radicalares podem ser: peróxidos (água oxigenada; persulfato de potássio, peróxido de cumila) e azocompostos (azoisobutironitrila; AIBN), entre outros. Quanto aos métodos de geração de radicais, podem ser usados: calor, luz, radiações ionizantes, plasma, ultrassom e processos eletroquímicos (para a redução ou oxidação do alceno formando ânions- ou cátions-radicais, respectivamente). Os radicais gerados pela quebra da ligação π reagem com outras moléculas de alcenos, gerando novos radicais e propagando a polimerização. Os processos nos quais os radicais reagem entre si, ou se desproporcionam, são chamados de terminação da polimerização.

4.5. Hidrocarbonetos Contendo Duas Ligações π: Dienos, Alenos e Alcinos

4.5.1. Dienos

4.5.1.1. Classes e Nomenclatura dos Dienos

Os dienos são classificados em "conjugados" (ou 1,3-dienos; quando não há carbono com hibridização sp^3 entre os carbonos sp^2) e "não conjugados" (ou 1,4- ou 1,5- ou 1,6-dienos, etc.), quando houver um ou mais carbonos com hibridização sp^3 separando os carbonos com hibridização sp^2 (Figura 4.67).

A nomenclatura dos dienos[19,20,22] faz-se conforme o procedimento descrito para os alcenos (itens 4.4.2 e 4.4.4). Assim como nos alcenos, é necessário indicar numericamente as posições da cadeia em que se encontram as duplas ligações C=C. O nome do composto deriva-se do alcano correspondente, substituindo-se a terminação "ano" por "adieno". Compostos contendo mais do que duas insaturações, que não sejam alcinos nem alenos, seguem o mesmo procedimento de nomenclatura, finalizando-se os nomes por "atrieno", "atetraeno", etc., conforme o caso. Em seguida,

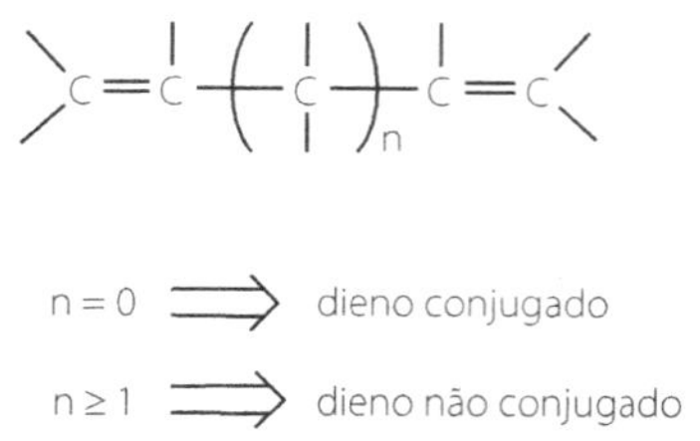

n = 0 ⟹ dieno conjugado

n ≥ 1 ⟹ dieno não conjugado

Figura 4.67. Classificação de dienos.

inserir antes da terminação "dieno", "trieno", etc., os números, separados por hífens, que definem as posições das ligações π, na cadeia.

4.5.1.2. Preparação dos Dienos

Há uma grande variedade de métodos de síntese de dienos[106], dentre os quais podem ser citados:

i) rearranjos (mostrados na Figura 4.68);

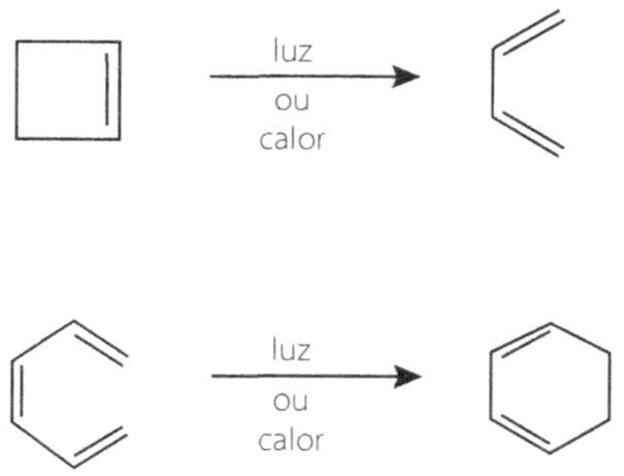

luz ou calor

luz ou calor

Figura 4.68. Preparação de dienos por rearranjos.

ii) eliminações (mostradas na Figura 4.69);

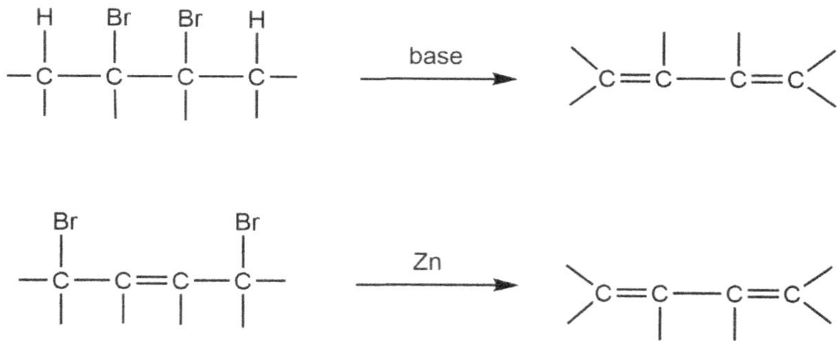

H Br Br H

base

Br Br

Zn

Figura 4.69. Preparação de dienos por reações de eliminação.

106. (a) Onishchenko AS. Diene Synthesis. New York: D. Davey; 1964. (b) Larock RC. Comprehensive Organic Transformations - A guide to functional group preparations. New York: VCH Publishers; 1989. p. 241.

iii) emprego de reagentes organometálicos (mostrados na Figura 4.70);

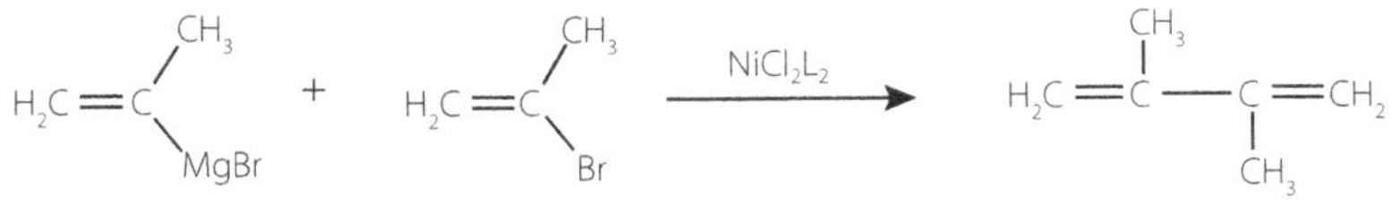

Figura 4.70. Preparação de dienos por reações com reagentes organometálicos.

iv) metáteses[107]: usando-se catalisadores de rênio são obtidas α-ω-diolefinas, que são industrialmente importantes para a síntese de dicetonas, dibrometos, diepóxidos, etc., de cadeias longas (Figura 4.71);

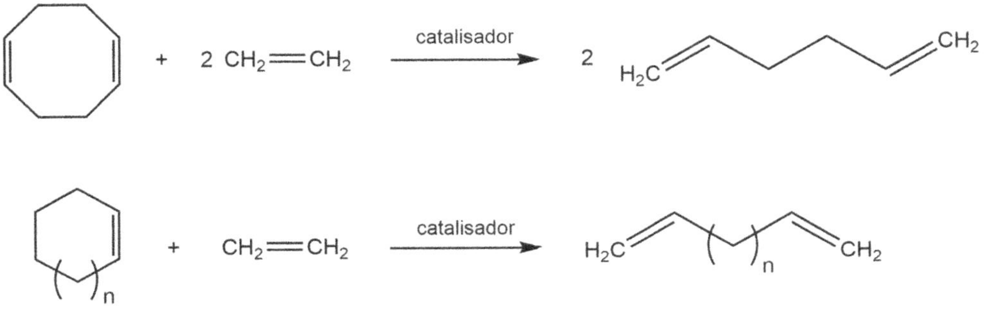

Figura 4.71. Preparação de dienos por metátese de alcenos.

v) reduções e desidrogenações: o benzeno pode ser reduzido a 1,3- ou 1,4-ciclo-hexadieno. Industrialmente[108], o buta-1,3-dieno é obtido por desidrogenação do butano a 560-600 °C, utilizando um catalisador de alumina-óxido de crômio (Figura 4.72).

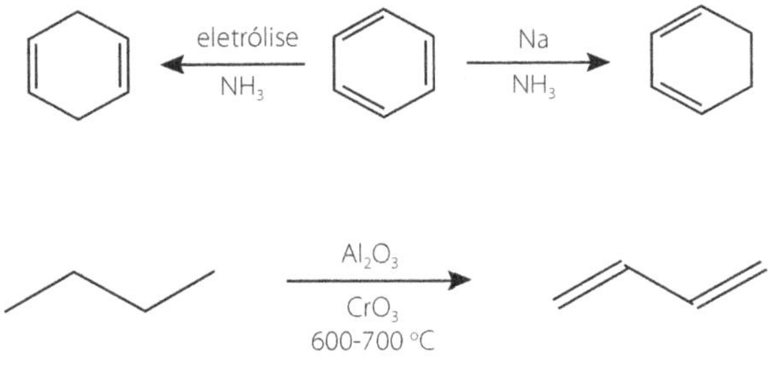

Figura 4.72. Preparação de dienos por reduções e desidrogenações.

107. (a) Baibich IM, Gregório JR. Metátese catalítica de olefinas. Química Nova. 1993;16:120. (b) Frederico D, Brocksom U, Brocksom TJ. The olefin metathesis reaction: Reorganization and ciclization of organic compounds. Química Nova. 2005;28:692-702. (c) Astruc D. The metathesis reactions: From a historical perspective to recent developments. New Journal of Chemistry 2005;29:42-56.

108. Butadiene. Ullmann's Encyclopedia of Industrial Chemistry. Wiley-VCH; 2002.

4.5.1.3. Ligações em Dienos Conjugados

O representante mais simples dos dienos conjugados é o buta-1,3-dieno. Neste composto a ligação σ central é mais curta (1,48 Å) do que uma ligação σ típica (1,53 Å)[109]. Uma possível explicação para isto seria o fato de haver um maior teor ***s*** nos orbitais que interagem na união dos carbonos 2 e 3. Neste caso, ambos são de hibridização $\boldsymbol{sp^2}$. A diminuição do comprimento de ligações pelo aumento de teor de orbital ***s*** em um dos carbonos também ocorre em compostos como o propeno (distância C2–C3 ~ 1,50 Å) e o propino (distância C2–C3 ~ 1,46 Å). Outro aspecto da estrutura do buta-1,3-dieno é a planaridade das formas *s-trans* e *s-cis* (Figura 4.73).

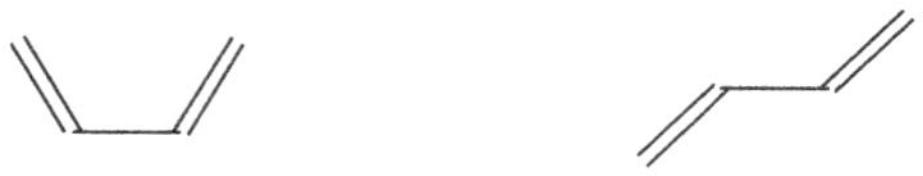

Figura 4.73. Estruturas *cis* e *trans* do buta-1,3-dieno.

Embora seja pequena a diferença de energia entre as duas formas planas (10,5-13,0 kJ/mol ou 2,5-3,1 kcal/mol), causa estranheza a existência da forma *s-cis*, uma vez que nesta forma existem interações entre os grupos CH_2 terminais, o que deveria forçar a existência apenas da forma *s--trans*. Mais impressionante ainda é a não observância de estruturas não planares, as quais são menos estáveis (aproximadamente 21 kJ/mol ou 5 kcal/mol) do que as formas planares. Deve-se notar que este valor é maior que o valor encontrado nas barreiras torcionais do etano (aproximadamente 13 kJ/mol ou 3 kcal/mol). Uma possível explicação para isto pode ser encontrada na concepção de que o buta-1,3-dieno é uma composição de estruturas de ressonância, conforme mostrado na Figura 4.74.

$$CH_2{=}CH{-}CH{=}CH_2 \longleftrightarrow \dot{C}H_2{-}CH{=}CH{-}\dot{C}H_2 \longleftrightarrow \overset{\oplus}{C}H_2{-}CH{=}CH{-}\overset{\ominus}{\ddot{C}}H_2 \longleftrightarrow \overset{\ominus}{\ddot{C}}H_2{-}CH{=}CH{-}\overset{\oplus}{C}H_2$$

Figura 4.74. Estruturas de ressonância do buta-1,3-dieno.

Pelas estruturas mostradas anteriormente, fica evidenciado o caráter de ligação π entre os carbonos 2 e 3, que deve ser responsável pela planaridade do sistema e também pela ligação mais curta entre esses átomos de carbono.

4.5.1.4. Orbitais Moleculares π do Buta-1,3-dieno

Além do aspecto da planaridade, mencionado anteriormente, o fato de que o buta-1,3-dieno e outros polienos conjugados absorvem luz em comprimentos de onda maiores (217 nm a > 300 nm) que o etileno (165 nm), indica que nos dienos conjugados a promoção de elétrons dos orbitais π aos orbitais π* requer menor energia do que no etileno.

A formulação[110] de quatro orbitais moleculares π, resultantes da combinação dos quatro orbitais ***p*** do buta-1,3-dieno, permite dispor o orbital π_2 preenchido de maior energia (HOMO) em um patamar energético mais próximo do π_3^* (LUMO) do que no caso do etileno (Figura 4.75).

Ou seja: $\Delta E\ \{HOMO\text{-}LUMO_{buta\text{-}1,3\text{-}dieno}\} < \Delta E\ \{HOMO\text{-}LUMO_{etileno}\}$.

109. March J. Advanced Organic Chemistry. Reaction, Mechanisms, and Structure. 4th ed. Chichester: John Wiley; 1992. p. 31.

110. Carey FA, Sundberg RJ. Advanced Organic Chemistry - Part A: Structures and Mechanisms. 5th ed. New York: Springer; 2007. p. 28.

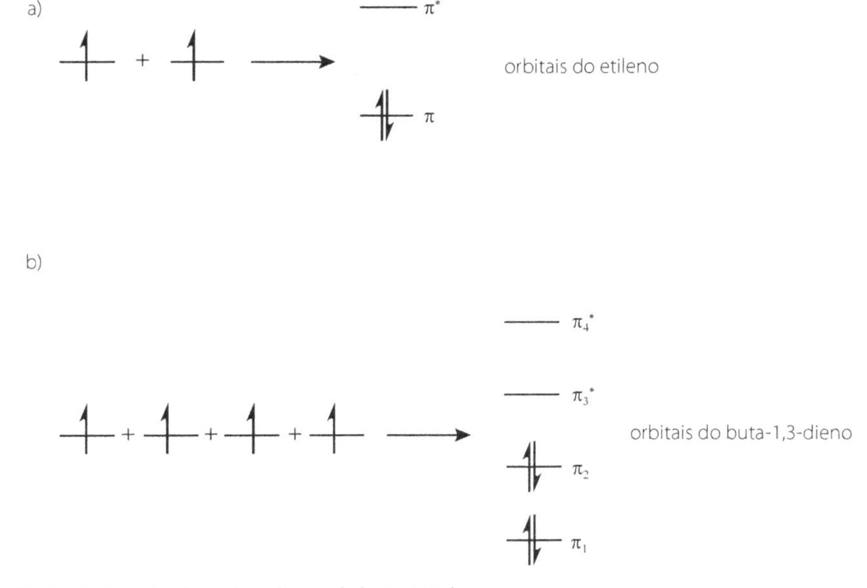

Figura 4.75. Orbitais moleculares do etileno e do buta-1,3-dieno.

Composições de seis, oito, dez orbitais ***p*** em polienos conjugados, permitem excitações eletrônicas de emergias ainda menores, pois ΔE tende a diminuir com o aumento do número de orbitais ***p*** em conjugação na cadeia poliênica.

4.5.1.5. Estabilidade Relativa dos Dienos

A energia de hidrogenação do buta-1,3-dieno (–238,7 kJ/mol ou –57 kcal/mol) é menor, por um valor igual a 15,1 kJ/mol (3,6 kcal/mol), que o dobro da energia de hidrogenação do but-1-eno (–126,9 kJ/mol ou –30,3 kcal/mol)[111]. No caso de um dieno não conjugado, por exemplo, o penta-1,4-dieno (–252,9 kJ/mol ou –60,4 kcal/mol), este valor é muito próximo ao dobro da energia liberada pelo but-1-eno. Esses fatos parecem sugerir que a conjugação se traduz em estabilização do composto. A diferença de energia obtida na hidrogenação do dieno ou polieno conjugado, em relação ao valor esperado, é chamada energia de conjugação (energia de ressonância) e pode ser calculada em relação à soma das energias de hidrogenação dos monoalcenos que, "sobrepostos", permitam a construção do dieno ou polieno em estudo.

Na Tabela 4.3 são mostrados os valores da energia de conjugação para alguns dienos.

Tabela 4.3. Energias de conjugação (energia de ressonância) para 1,3-dienos.

Dieno	Energia de conjugação (em kJ/mol)	Energia de conjugação (em kcal/mol)
Penta-1,3-dieno	14,7	3,5
2-Metilbuta-1,3-dieno	~21	~5
2,3-Dimetilbuta-1,3-dieno	12,6	3
Ciclo-hexa-1,3-dieno	7,5	1,8

111. Jensen JL. Heats of hydrogenation: A brief summary. Progress in Physical Organic Chemistry. 1976;12:189-228.

Para a determinação quantitativa da estabilização induzida pela conjugação, podem-se usar as energias liberadas na combustão dos correspondentes compostos, embora isso seja menos usual.

4.5.1.6. Reações dos Dienos (Adição Eletrofílica de Dienos Isolados e Conjugados)

Dienos são compostos bifuncionais, isto é, as duas ligações podem, em princípio, ser manipuladas individualmente. No caso de dienos isolados não conjugados, cada ligação C=C efetivamente se comporta como um alceno de modo individual. Dependendo dos substituintes ligados às duplas ligações C=C, estas podem até apresentar certa quimiosseletividade[112], isto é, uma pode ser mais reativa que a outra (Figura 4.76).

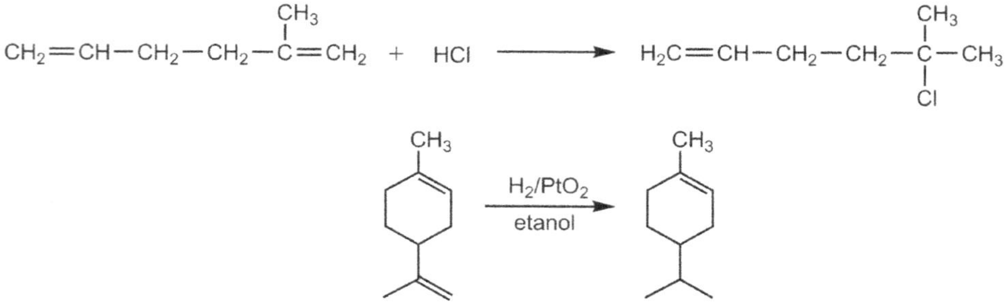

$$CH_2{=}CH{-}CH_2{-}CH_2{-}C(CH_3){=}CH_2 + HCl \longrightarrow H_2C{=}CH{-}CH_2{-}CH_2{-}C(CH_3)(Cl){-}CH_3$$

CH3 — H_2/PtO_2, etanol → CH3

Figura 4.76. Reações quimiosseletivas de dienos.

No caso de dienos conjugados, espera-se que estes apresentem maior reatividade devido ao HOMO de mais alta energia que o dos alcenos. Além disso, produtos de "adição conjugada" podem se formar, a exemplo da bromação do buta-1,3-dieno (Figura 4.77), a qual rende mais do produto **33** (correspondente à entrada dos átomos de bromo em C1 e em C4; ou seja, adição conjugada ou adição-1,4) do que do produto **34** (correspondente à entrada dos átomos de bromo em C1 e em C2; ou seja, adição-1,2)[113]. De modo análogo, em baixas temperaturas, a adição de HCl ao buta-1,3-dieno rende 75-80% do produto **36** (de adição-1,2). Porém, em temperaturas mais elevadas, quando o sistema atinge as condições de equilíbrio, obtém-se até 75% do produto **35** (de adição-1,4) (Figura 4.77)[114].

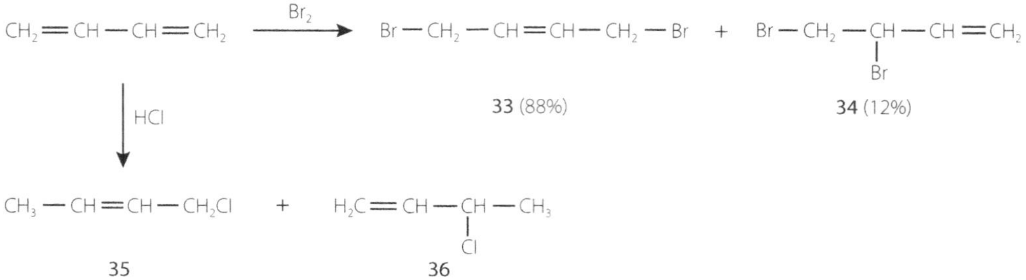

$$CH_2{=}CH{-}CH{=}CH_2 \xrightarrow{Br_2} Br{-}CH_2{-}CH{=}CH{-}CH_2{-}Br + Br{-}CH_2{-}CH(Br){-}CH{=}CH_2$$

33 (88%) **34** (12%)

$$\downarrow HCl$$

$$CH_3{-}CH{=}CH{-}CH_2Cl + H_2C{=}CH{-}CH(Cl){-}CH_3$$

35 36

Figura 4.77. Reações do buta-1,3-dieno com Br_2 e HCl.

---

112. Carruthers W. Some Modern Methods of Organic Synthesis. Cambridge: Cambridge University Press; 3rd ed. 1986. p. 305.
113. Carey FA, Sundberg RJ. Advanced Organic Chemistry - Part A: Structures and Mechanisms. 5th ed. New York: Springer; 2007. p. 496.
114. Smith MB, March J. March's Advanced Organic Chemistry: Reactions, Mechanisms and Structure. 5th ed. New York: John Wiley & Sons; 2001. p. 980.

A explicação para os fatos citados será apresentada no item 4.5.1.7.

Embora as reações de dienos conjugados em processos radicalares sejam mais lentas do que as reações dos dienos isolados não conjugados ou alcenos, formam-se produtos de telomerização (pequenas cadeias de polímeros; oligômeros), provavelmente devido à baixa reatividade do radical alílico telomérico, que é estabilizado por deslocalização do elétron em estruturas de hiperconjugação.

4.5.1.7. Controle Cinético e Controle Termodinâmico de Reações de Dienos (Adição 1,2 x Adição 1,4)

Tanto no caso da adição de Br_2, como na adição de HCl ao dieno conjugado buta-1,3-dieno (Figura 4.77), os produtos termodinamicamente mais estáveis (**33** e **35**) são aqueles resultantes da "adição conjugada" (em C1 e em C4; adição-1,4). A maior estabilidade dos compostos **33** e **35** vem do fato de serem alcenos mais ramificados que os produtos de adição-1,2 (**34** e **36**). Porém, tratando-se da adição a frio de HCl ao buta-1,3-dieno, o produto menos estável termodinamicamente (**36**), resultante da adição-1,2, ainda que seja um alceno menos ramificado do que **30**, forma-se em maior quantidade, pois há um controle cinético do processo.

O controle cinético de um processo se dá quando, nas condições de reação, não há energia suficiente para ocorrer a reversibilidade e ser atingido o equilíbrio. Desta forma, face à exiguidade de energia no meio, uma vez efetuado o ataque do H^+ ao C1 do dieno, é gerado o cátion em C2. Este cátion (**37**), por ser secundário e mais estável do que **38**, é logo atacado pelo íon Cl^- que se encontra próximo, dando origem ao produto **36.** Nessas condições (a frio), não há equilibração entre os cátions **37** e **38**, pois a barreira de energia "**b**" é maior que a barreira de energia "$\mathbf{a_1}$" (Figura 4.78).

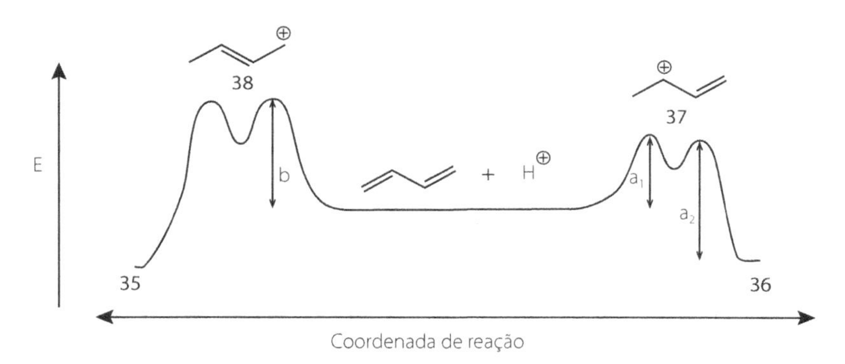

Figura 4.78. Barreiras energéticas nas reações de dienos.

Por outro lado, em temperaturas mais elevadas, pode haver energia suficiente para que seja sobreposta a barreira de energia $\mathbf{a_2}$, com reversão do produto de adição-1,2 (**36**) ao carbocátion **37** (com carga positiva em C2). Este cátion, por ser alílico, pode dar origem a **38** (com carga positiva em C4), embora este seja um cátion primário. Deve-se notar que, uma vez que tenha sido possível sobrepujar a barreira de energia $\mathbf{a_2}$, deve ser possível transpor também a barreira "b". Após o ataque do íon cloreto em C4, forma-se o produto **35**, mais estável do que **36**. Deste modo, o equilíbrio se desloca para a formação do produto **35**, que é termodinamicamente o mais estável.

A estabilidade de sistemas alílicos (cátions, ânions ou radicais) deve-se ao fato de a combinação linear dos orbitais atômicos p_z do C1 (^1p_z), C2 (^2p_z) e C3 (^3p_z) fornecer três orbitais moleculares (π_1, π_2 e π_3) de energias diferentes dos orbitais originais, conforme se pode observar na parte A do diagrama da Figura 4.79. O orbital de menor energia (π_1) resulta da combinação em fase de todos orbitais ***p***. Há um número maior de nós em π_2 (um nó) e ainda maior em π_3 (dois nós). Dessa maneira, o orbital π_2 é considerado não ligante e π_3 é antiligante.

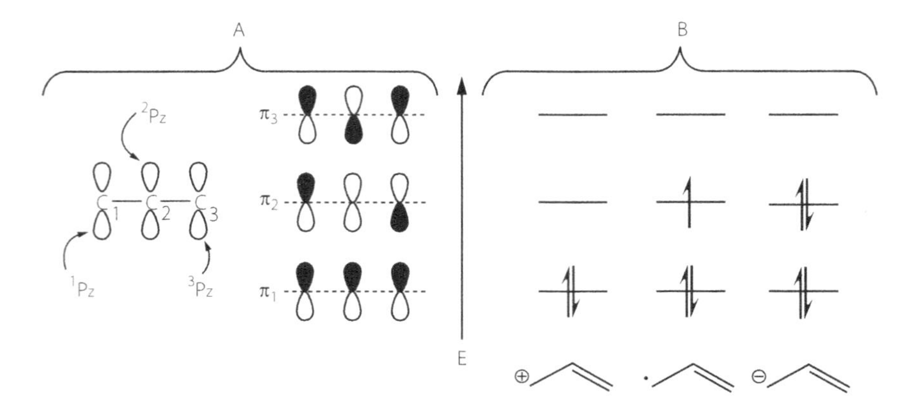

Figura 4.79. Orbitais moleculares de sistemas alílicos.

No caso de um cátion alílico, com dois elétrons, apenas o orbital π_1 está preenchido (parte B da Figura 4.79). Caso seja adicionado ao sistema mais um elétron, é formado o radical alílico e, por adição de um segundo elétron, o resultado é o ânion alílico (parte B da Figura 4.79). Considerando-se que o orbital π_2 tem a mesma energia dos orbitais p_z, é fácil perceber que a estabilidade dos sistemas alílicos se deve à baixa energia de π_1 e à inexistência de elétrons no orbital antiligante (π^3), mesmo no caso do ânion.

4.5.1.8. Reações Envolvendo Estados de Transição Cíclicos

Diversos processos químicos transcorrem sem que seja possível identificar a formação de intermediários catiônicos, aniônicos ou radicalares[115]. Tais processos ocorrem sem influência de catalisadores e solventes e acredita-se que procedam através de estados de transição cíclicos, nos quais as quebras e formações de ligações ocorrem de modo sincronizado, apenas por rearranjos dos elétrons. Estes processos são ditos "sem mecanismos" e são chamados de "concertados" (sincronizados), englobando as reações de: (**a**) eletrociclização de dienos (ou polienos de modo geral); (**b**) cicloadição; (**c**) rearranjos sigmatrópicos.

Os processos '**a**' e '**b**' serão discutidos com mais detalhes a seguir.

4.5.1.8.1. Reações de Eletrociclização

Dienos, ou de modo geral polienos conjugados, sofrem reações de ciclização, algumas delas de ocorrência comum em processos biossintéticos[116]. Estas reações produzem alcenos cíclicos, nos quais se forma uma ligação σ entre os carbonos terminais do polieno original (Figura 4.80). Há também a possibilidade de, reversamente, romper-se uma ligação σ do sistema cíclico gerando um sistema poliênico. Alguns desses processos podem inclusive consistir em métodos eficazes para a síntese de dienos.

---

115. Hoffmann R, Woodward RB. Conservation of orbital symmetry. Accounts of Chemical Research 1968;1:17-22.

116. Beaudry CM, Malerich JP, Trauner D. Biosynthetic and biomimetic electrocyclizations. Chemical Reviews 2005;105:4757-4778.

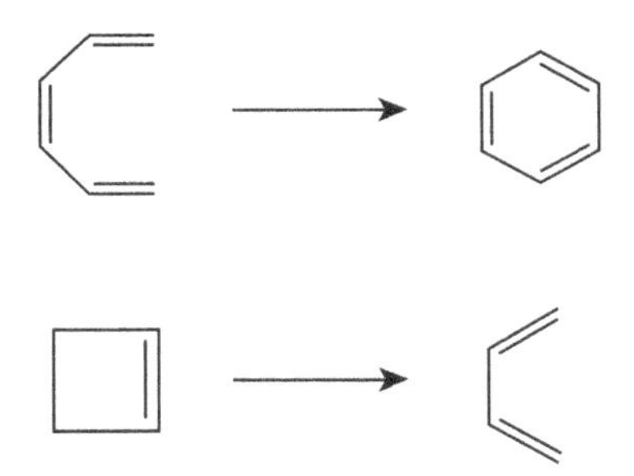

Figura 4.80. Exemplos de reações de ciclização de um polieno e ruptura de um sistema cíclico.

Um aspecto interessante, em tais processos, é a diferença na estereoquímica dos produtos, em função das condições reacionais empregadas (Figura 4.81).

CH_3 luz calor CH_3

CH_3 CH_3

Figura 4.81. Diferença na estereoquímica em reações de ciclização de um dieno.

Os processos de ciclização ocorrem tanto em condições térmicas (por aquecimento) como em condições fotoquímicas (por irradiação com luz) e são altamente estereoespecíficos.

A racionalização de tais processos é feita considerando-se que, em condições térmicas (por aquecimento), ocorre o entrosamento em fase dos lobos das extremidades do HOMO do polieno, conforme mostra a Figura 4.82 para o caso do buta-1,3-dieno. Em condições fotoquímicas, a irradiação com luz do polieno provoca a excitação de um elétron do HOMO para o LUMO, modificando dessa forma as suas simetrias. O entrosamento se dá então entre os lobos das extremidades do LUMO. Para que o entrosamento dos orbitais em fase ocorra, faz-se necessária uma "rotação" de modo *conrotatório* ou *disrotatório*[117], conforme o caso.

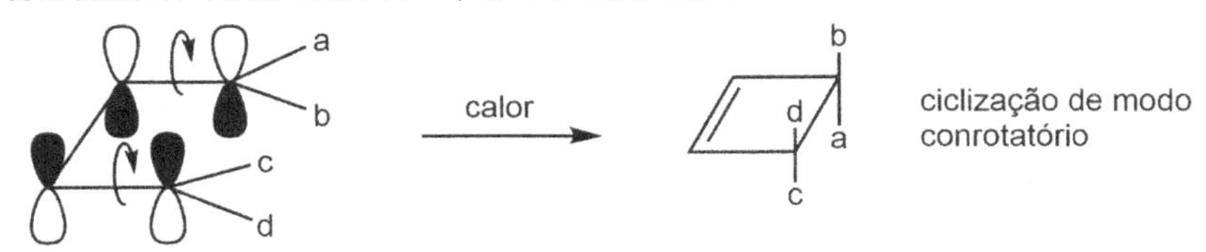

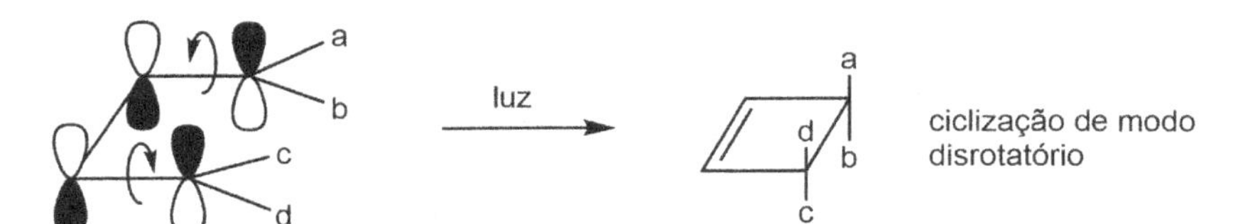

Figura 4.82. Processos de ciclização conrotatório e disrotatório do buta-1,3-dieno.

117. *Conrotatório*: termo utilizado para indicar que os orbitais ***p*** precisam girar na mesma direção (ambos no sentido horário ou no sentido anti-horário) no fechamento de um anel durante uma reação eletrocíclica. *Disrotatório*: termo utilizado para indicar que os orbitais ***p*** giram em direções opostas (um no sentido horário e o outro no sentido anti-horário). Ver: McMurry J. Química Orgânica. volume 2, 7ª ed. São Paulo: Cengage Learning; 2012. p. 1102.

É importante observar que, em se tratando de um trieno, pentaeno etc., ou seja, sistemas com 4n+2 elétrons no sistema conjugado (6, 10, 14, etc.), as fases dos lobos dos orbitais, nas extremidades do HOMO e do LUMO, são diferentes daquelas mostradas para o dieno. Os dienos, assim como os tetraenos, hexaenos, etc., apresentam 4n elétrons no sistema conjugado (4, 8, 12, etc.). Para facilitar a previsão do modo de ciclização, em função do número de elétrons π do sistema poliênico, Woodward e Hoffmann[118] elaboraram as seguintes regras:

Número de elétrons π	Condições de reação	Tipo de rotação
4n	Calor	Conrotatória
4n	Luz	Disrotatória
4n+2	Calor	Disrotatória
4n+2	Luz	Conrotatória

Exemplos de processos eletrocíclicos são encontrados em certas reações fotobiológicas, como por exemplo, na conversão de ergosterol em pré-vitamina D e na dimerização da timina (Figura 4.83).

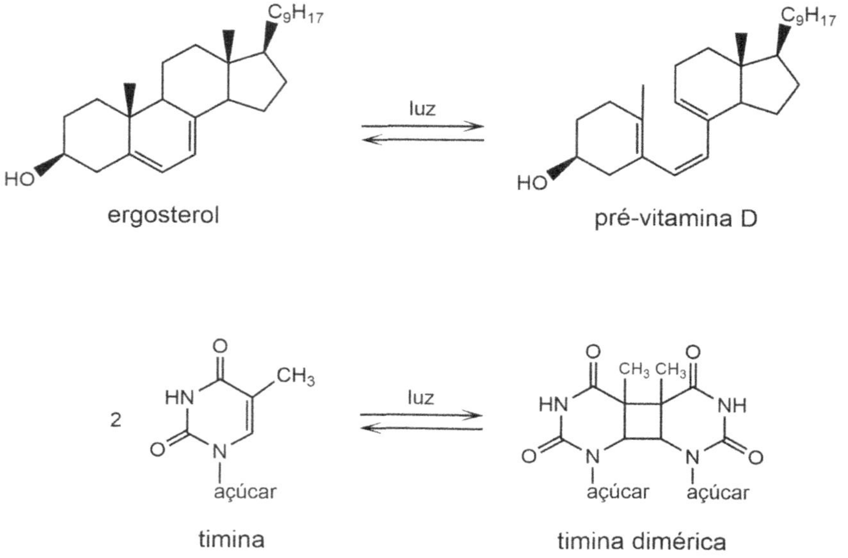

Figura 4.83. Exemplos de processos eletrocíclicos em reações fotobiológicas.

4.5.1.8.2. Reações de Cicloadição – Reações de Diels-Alder

Dienos conjugados são peculiares por reagirem de modo concertado (sincronizado) com outra molécula de um alceno (ou de um composto insaturado) resultando em produtos de ciclização de seis membros (ciclo-hexenos), conforme exemplificado na Figura 4.84.

---

118. As regras de Woodward-Hoffmann, propostas em 1965 por Robert Burns Woodward (1917-1979) e Roald Hoffmann (1937–), são um conjunto de regras que permitem predizer a estereoquímica de reações pericíclicas, baseando-se na simetria dos orbitais. Ver: (a) Woodward RB, Hoffmann R. Stereochemistry of electrocyclic reactions. Journal of the American Chemical Society. 1965;87:395. (b) Woodward RB, Hoffmann R. Conservation of orbital symmetry. Angewandte Chemie International Edition. 1969;8:781. (c) Woodward RB, Hoffmann, R. The Conservation of Orbital Symmetry. New York: Academic Press; 1970.

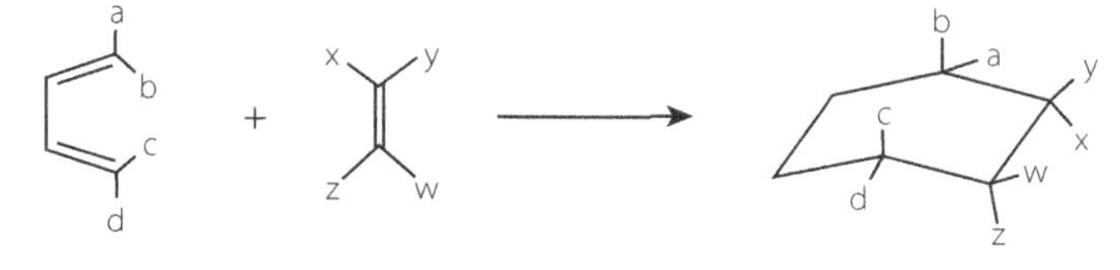

Figura 4.84. Exemplo de uma reação de cicloadição.

Essas reações, embora sejam conhecidas como *reações de Diels-Alder*, são classificadas como reações de cicloadição[119]. Assim como no caso das reações eletrocíclicas discutidas no item 4.5.1.8.1, as cicloadições apresentam elevada estereoespecificidade, pois se processam por estados de transições cíclicos, nos quais as características estereoquímicas dos reagentes são mantidas. Kurt Alder e Gerhard Stein[120] elaboraram três regras que ditam o curso das reações de Diels-Alder[121]:

i) *Conformação s-cis*: no que tange ao dieno, há a necessidade deste se encontrar em uma conformação *s-cis*, para poder originar um estado de transição cíclico. A não obediência a esta regra pode impor dificuldades à reação de Diels-Alder, especialmente quando a conformação *s-cis* do dieno for desfavorável (Figura 4.85).

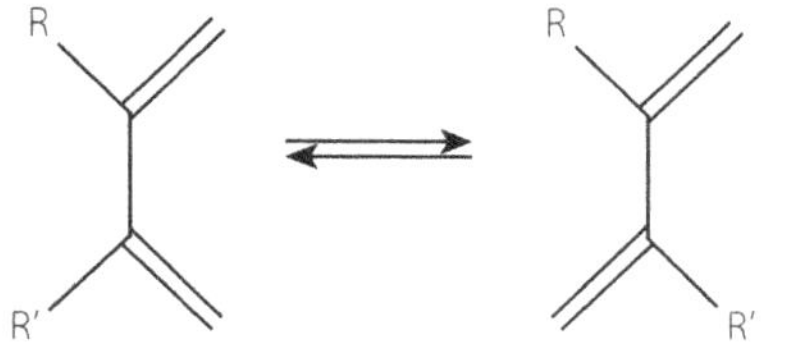

Figura 4.85. Conformações de um dieno.

ii) *Princípio cis*: estas reações se processam por interações suprafaciais do dieno e do dienófilo ($supra_{dieno}$-$supra_{dienófilo}$ mostrado na Figura 4.86) e não de modo antarafacial em algum reagente ou ambos reagentes do processo[122] (ver exemplo $supra_{dieno}$-$antara_{dienófilo}$ na Figura 4.86).

119. A reação de Diels-Alder foi desenvolvida em 1928 pelos alemães Otto Paul Hermann Diels (1876-1954) e Kurt Alder (1902-1958). Por essa descoberta eles receberam o Prêmio Nobel de Química em 1950.

120. Alder K, Stein G. Untersuchungen über den Verlauf der Diensynthese. Angewandte Chemie. 1937;50:510-519.

121. (a) Lacerda Jr. V, Oliveira KT, Silva RC, Constantino MG, Silva GVJ. Reatividade em reações de Diels-Alder: uma prática computacional. Química Nova. 2007;30:727-730. (b) Tormena CF, Lacerda Jr. V, Oliveira K T. Revisiting the Stability of endo/exo Diels-Alder Adducts between Cyclopentadiene and 1,4-benzoquinone. Journal of the Brazilian Chemical Society. 2010;21:112-118.

122. *Antarafacial* e *suprafacial* são conceitos topológicos utilizados para descrever a geometria das reações pericíclicas. As *reações antarafaciais* ocorrem nas faces opostas às duas extremidades de um sistema de elétrons π. As *reações suprafaciais* acontecem no mesmo lado das duas extremidades de um sistema de elétrons π. Ver: McMurry J. Química Orgânica. volume 2. 7ª ed. São Paulo: Cengage Learning; 2012. p. 1108.

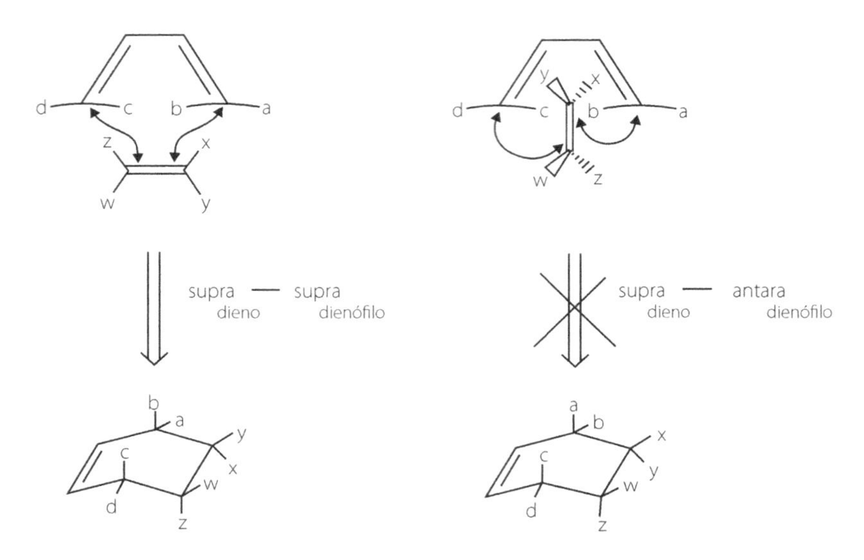

Figura 4.86. Interações faciais entre dieno e dienófilo.

iii) *Regra da adição endo*: Observa-se preferência pela formação do produto *endo* em relação ao *exo*[123] (Figura 4.87).

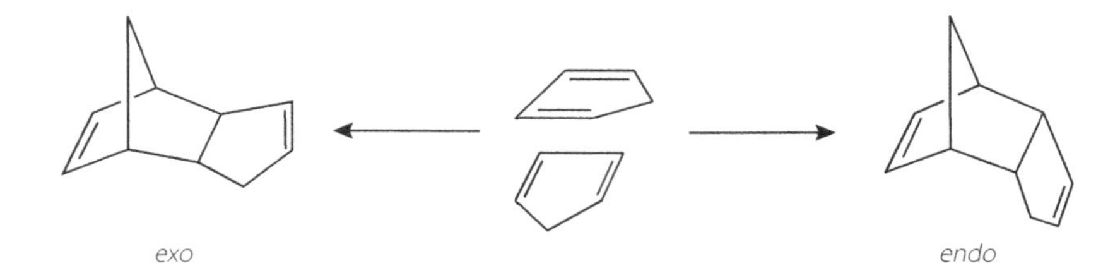

Figura 4.87. Formação dos produtos *endo* e *exo* em uma reação de cicloadição.

O princípio "ii" citado, pode ser compreendido se forem considerados como orbitais de fronteira que reagem o HOMO do dieno (H_d) e o LUMO do dienófilo (L_{dn}), ou vice-versa, isto é o HOMO do dienófilo (H_{dn}) e o LUMO do dieno (L_d) (Figura 4.88).

As interações H_d-L_{dn} parecem ser as mais comuns em reações de Diels-Alder, já que estas reações ocorrem rapidamente quando há grupos doadores de elétrons no dieno e aceptores de elétrons no dienófilio; o que parece sugerir que os primeiros elevam o nível energético do H_d, enquanto os segundos abaixam o nível energético do L_{dn}, levando à proximidade energética de ambos. Por outro lado, reações de Diels-Alder de demanda eletrônica inversa, nas quais ocorrem

123. O uso de dienófilos não simétricos nas reações de Diels-Alder implica na formação de dois possíveis estados de transição diferentes, que são chamados de *endo* e *exo*, cada um levando a um produto com estereoquímica diferente. No estado de transição *endo* o substituinte de referência do dienófilo está orientado na direção do sistema π do dieno, enquanto no estado de transição *exo* o substituinte do dienófilo está orientado para longe do sistema π do dieno. O produto *endo* geralmente é mais congestionado estericamente. Ver: Cooley JH, Williams RV. *endo*- and *exo*-Stereochemistry in the Diels-Alder reaction: Kinetic versus thermodynamic control. Journal of Chemical Education. 1997;74:582-585.

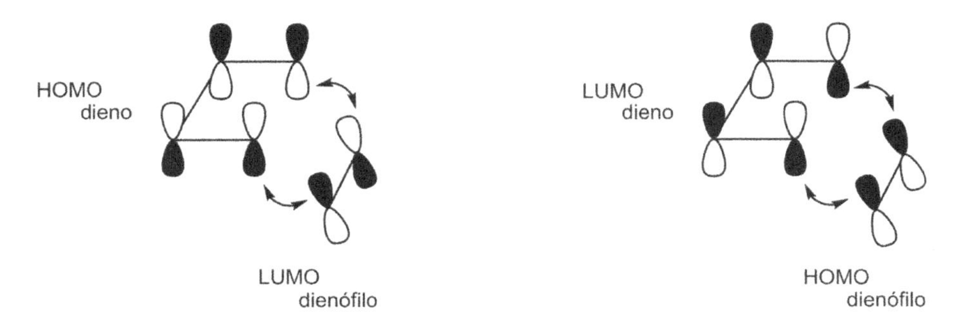

Figura 4.88. Interações dos orbitais HOMO e LUMO de dieno e dienófilo.

interações H_{dn}-L_d, ocorrem quando há grupos doadores no dienófilo, que elevam a energia deste, e aceptores de elétrons no dieno, que abaixam a sua energia. O princípio "iii", concernente à formação de produto *endo*, pode ser avaliado pela interação entre o HOMO do ciclopentadieno e o LUMO de outra molécula de ciclopentadieno, que esteja agindo como dienófilo, notando-se que, nesta situação, existem interações secundárias (linhas pontilhadas mostradas na Figura 4.89), também em fase, ausentes no caso do estado de transição *exo*.

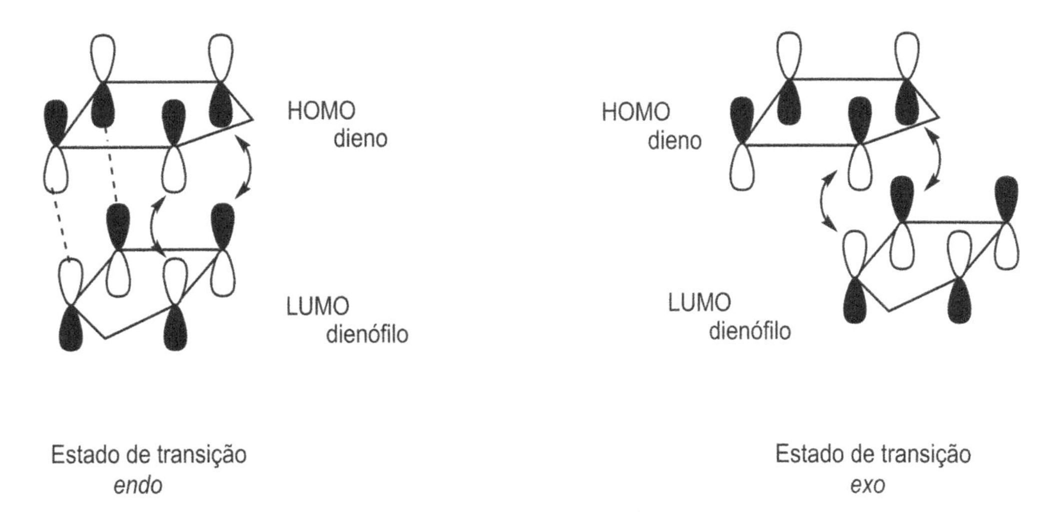

Figura 4.89. Estados de transição *endo* e *exo* de uma reação de cicloadição.

Outro aspecto[124] das reações de Diels-Alder é a formação preferencial de regioisômero *orto* ou *para*, em detrimento do regiosiômero *meta*, no caso de dienos e dienófilos substituídos de modo não simétrico (Figura 4.90).

124. Feuer J, Heradon W C, Hall LH. A perturbational MO method applied to Diels-Alder reactions with unsymmetrical dienes and dienophiles: Prediction of the major product. Tetrahedron. 1968;24:2575-2582.

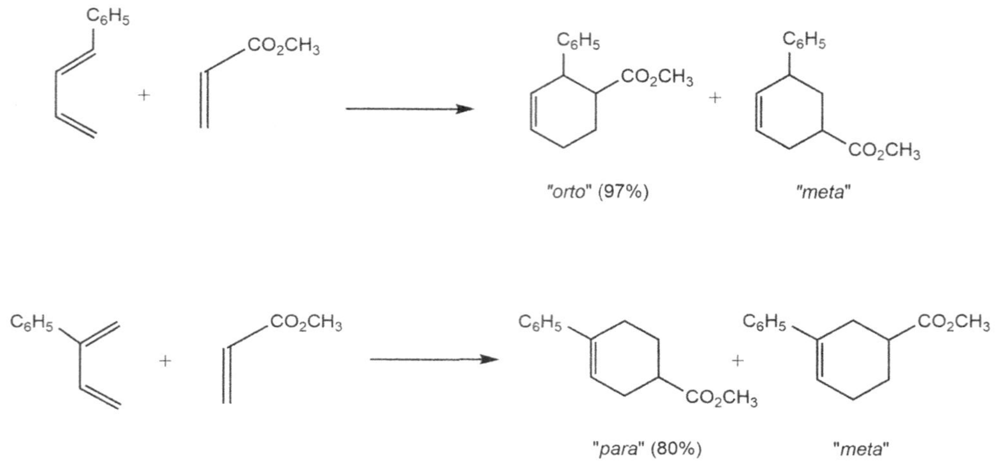

"orto" (97%) "meta"

"para" (80%) "meta"

Figura 4.90. Reações de dienos e dienófilos substituídos.

Nem todas as reações de ciclização com polienos se processam de forma análoga às reações de Diels-Alder. Em função do número de elétrons envolvidos na somatória do polieno (***i*** = número de elétrons π) e do polienófilo, em geral um monoalceno (***j*** = número de elétrons π), o processo pode gerar produtos estereoquimicamente diferentes, se for conduzido de modo térmico ou fotoquímico. Woodward e Hoffmann[118] estabeleceram as seguintes regras para prever a interação entre os reagentes do processo de cicloadição:

Número de elétrons (i + j)	Condição térmica	Condição fotoquímica
4n	Supra-antara	Supra-supra
4n	Antara-supra	Antara-antara
4n+2	Supra-supra	Supra-antara
4n+2	Antara-antara	Antara-supra

As reações de cicloadição, devido aos aspectos de régio- e estereosseletividade mencionados, e também devido à enorme variedade de grupos funcionais (CO, CO_2R, CN, NO_2, halogênios, alquila, arila etc) que podem estar conectados no dieno e no dienófilo, além de poderem ser executadas sob diversas condições de solvente, temperatura e catalisadores, apresentam uma vasta aplicação sintética[125]. São clássicas as sínteses dos esteroides cortisona e colesterol, efetuadas por Woodward e cols., a partir de butadieno e 2-metoxi-5-metilbenzoquinona[126].

4.5.2. Alenos

4.5.2.1. Estrutura, Ligações, Preparação e Reações

Alenos são compostos insaturados, nos quais um carbono com hibridização ***sp*** está unido por ligações π a outros dois carbonos com hibridização ***sp***^{2}. São também chamados "dienos cumula-

125. (a) Carruthers W. Cycloaddition Reactions in Organic Synthesis. Oxford: Pergamon Press; 1990; (b) Nicolaou KC, Snyder SA, Montagon T, Vassilikogiannakis G. The Diels-Alder Reaction in Total Synthesis. Angewandte Chemie International Edition; 2002;41:1668-1698.

126. Woodward RB, Sondheimer F, Taub D, Heusler K, McLamore WM. The Total Synthesis of Steroids. Journal of the American Chemical Society. 1952;74:4223-4251.

dos". O ângulo H–C–H no propa-1,2-dieno, o mais simples dos alenos, é 117°, valor semelhante ao encontrado no etileno (Figura 4.91).

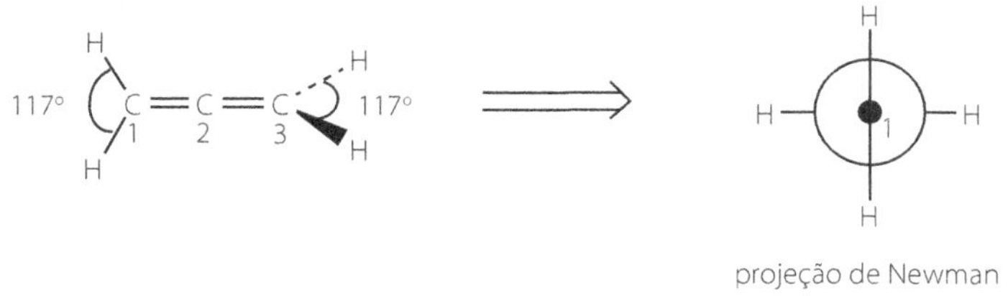

projeção de Newman

Figura 4.91. Estrutura do propa-1,2-dieno.

O esqueleto σ do propa-1,2-dieno é composto por quatro interações dos orbitais ***sp***^{2} dos carbonos 1 e 3 com os quatro orbitais ***s*** dos hidrogênios, dando origem às ligações $\sigma_{C\text{-}H}$. Os carbonos 1 e 3 estão conectados ao C2 por ligações σ envolvendo os orbitais ***sp***^{2} de C1 e C3 e os dois orbitais ***sp*** de C2. Os orbitais ***p*** de C1 e C2 dão origem a uma ligação π entre C1 e C2, a qual está em plano ortogonal à ligação π formada pelos orbitais ***p*** de C2 e C3.

A projeção de Newman do propa-1,2-dieno revela a existência de um ângulo diédrico reto entre o plano que contém o grupo CH_2 de C1 e o plano que contém o mesmo tipo de grupo em C3 (Figura 4.91). Em se tratando de alenos do tipo RR'C=C=CRR', dois compostos diferentes (enantioméricos) podem ser concebidos. Estes compostos apresentam "quiralidade axial" e a nomenclatura R/S é usada para designar a estereoquímica absoluta de cada composto (Figura 4.92).

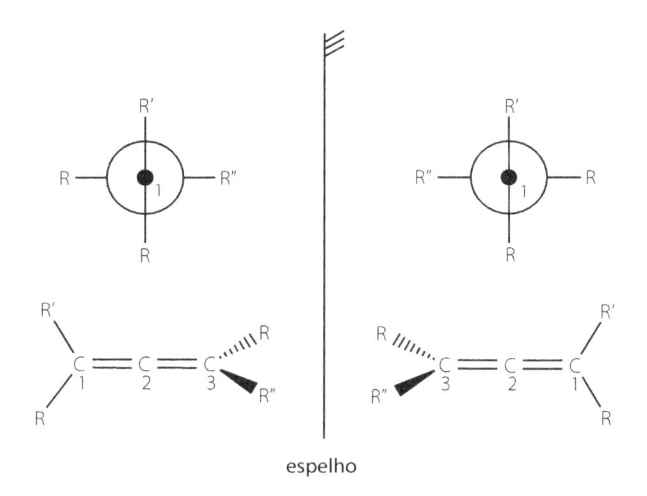

Figura 4.92. Representação dos enantiômeros do propa-1,2-dieno.

Os alenos são mais instáveis ($\Delta_f H^o$ do buta-1,2-dieno: 161,6 kJ/mol ou 38,6 kcal/mol) que os dienos isolados não conjugados, os quais, conforme já visto, são menos estáveis que os dienos conjugados ($\Delta_f H^o$ do buta-1,3-dieno: 109,7 kJ/mol ou 26,2 kcal/mol). Por exemplo, a energia de hidrogenação dos 1,2-; 1,3- e 1,4-pentadienos são -285, -226 e -255 kJ/mol (ou -68, -54 e -61 kcal/mol), respectivamente. O valor encontrado para o penta-1,2-dieno é maior que o previsto (-242,8 kJ/mol ou -58 kcal/mol), levando-se em consideração a soma das energias de hidrogenação obtidas para o but-1-eno (-125,6 kJ/mol ou -30 kcal/mol) e o but-2-eno (aproximadamente -117,2 kJ/mol ou -28 kcal/mol).

Alenos, a exemplo dos dienos e alcenos, dispõem de orbitais π, dando-lhes característica de bases de Lewis. Embora a protonação do aleno seja propícia de maneira a gerar um cátion alílico, o orbital π, por estar em um plano ortogonal ao plano da outra ligação π acumulada, ao ser protonado leva à formação de um cátion vinílico e não um cátion alílico (Figura 4.93). Assim, a reação de alenos com HX produz haletos vinílicos e, se um segundo mol de HX for introduzido, são formados di-haletos geminais devido à estabilização da carga positiva pelo átomo de halogênio no carbono halogenado.

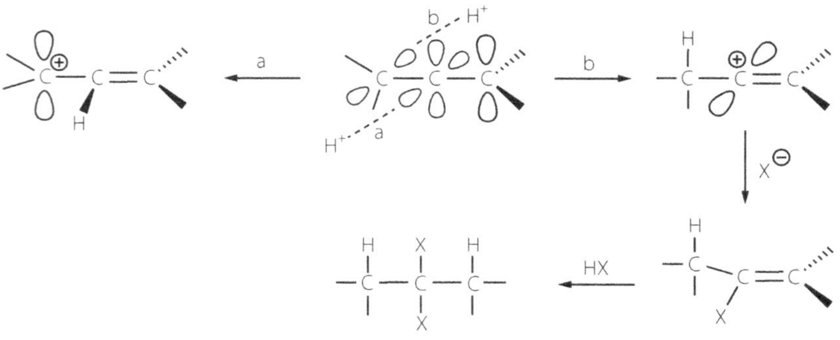

Figura 4.93. Protonação de um aleno.

A hidratação de alenos em meio ácido[127] conduz às cetonas, também pela formação de um cátion vinílico (Figura 4.94).

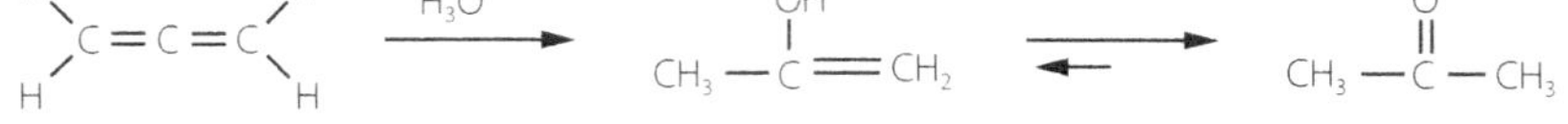

Figura 4.94. Hidratação do propa-1,2-dieno.

Alguns exemplos de métodos de síntese de alenos são:

i) Adição nucleofílica de compostos organocobre, seguida de eliminação interna de ésteres (ou acetatos ou sulfonatos) propargílicos (Figura 4.95).

ii) Abertura de ciclopropanos por compostos organometálicos (Figura 4.96).

127. Cramer P, Tidwell TT. Kinetics of the Acid-Catalyzed Hydration of Allene and Propyne Journal of Organic Chemistry 1981;46:2683-2686.

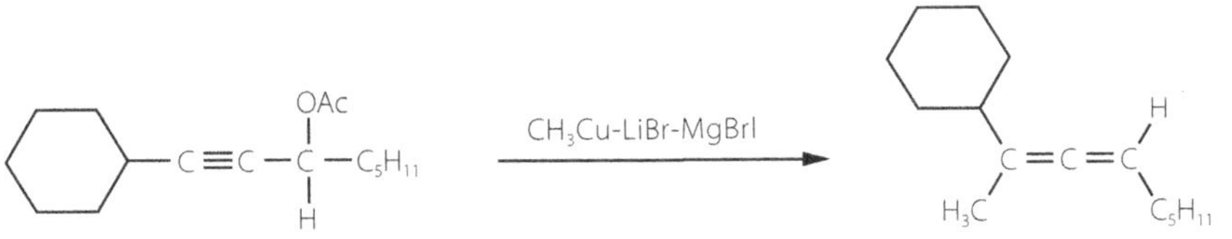

Figura 4.95. Preparação de alenos por eliminação interna de compostos propargílicos.

Figura 4.96. Preparação de alenos por abertura de ciclopropanos.

4.5.3. Alcinos e Cicloalcinos

4.5.3.1. Estrutura e Ligações

Alcinos (alquinos; acetilenos) são hidrocarbonetos nos quais as duas ligações π se localizam entre dois carbonos. No caso do etino (acetileno), o esqueleto σ é composto pelo entrosamento de dois orbitais ***sp*** dos carbonos C1 e C2, e o sistema π é composto pelos orbitais ***p*** de cada carbono. Os orbitais ***sp*** remanescentes de cada carbono envolvido na tripla ligação são utilizados em ligações com os átomos de hidrogênio. O arranjo global dos quatro átomos da molécula do acetileno é linear, conforme pode ser visto na Figura 4.97.

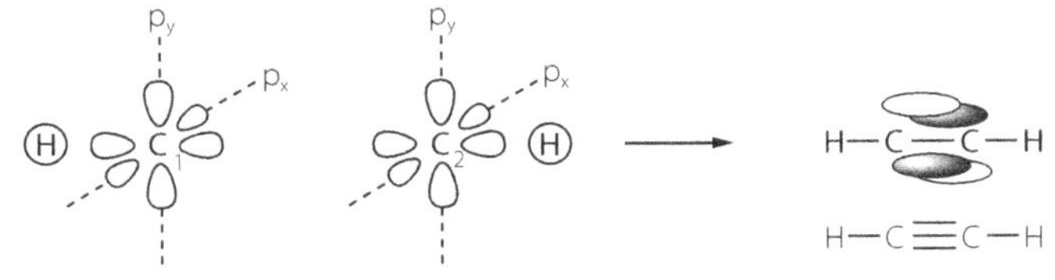

Figura 4.97. Diferentes representações da molécula de acetileno.

No acetileno (etino) as ligações C–H são mais fortes (556 kJ/mol ou 132,8 kcal/mol)[43] e mais curtas (1,06 Å)[128] do que as ligações do etileno (465,6 kJ/mol ou 111,2 kcal/mol; 1,09 Å). Os carbonos da ligação tripla estão fortemente unidos. No acetileno, a força da ligação tripla é de 960,9 kJ/mol (229,5 kcal/mol) e a distância C–C é 1,20 Å, enquanto no etileno os valores são 728,9 kJ/mol (174,1 kcal/mol) e 1,34 Å, respectivamente. O átomo de hidrogênio dos alcinos terminais é chamado de etinílico.

128. Carey FA, Sundberg RJ. Advanced Organic Chemistry - Part A: Structures and Mechanisms. 5th ed. New York: Springer; 2007. p. 51.

4.5.3.2. Nomenclatura dos Alcinos[19,20]

Os alcinos cujas ligações triplas se encontram na ponta da cadeia carbônica são chamados "terminais", enquanto os outros são chamados de "internos".

O alcinos são nomeados de maneira similar aos alcenos:

i) encontrar a cadeia carbônica mais longa que contenha a ligação tripla;

ii) dar o nome ao composto baseando-se no nome do alcano correspondente, conforme Tabela 4.2, substituindo a terminação "ano" por "ino";

iii) determinar qual ponta da cadeia está mais próxima à ligação tripla C≡C e iniciar a numeração da cadeia pelo carbono da ponta escolhida, determinando a posição da tripla ligação;

iv) indicar a posição numérica em que se encontra a ligação tripla, inserido-a, conforme recomendação mais recente da IUPAC, antes da terminação "ino" do nome do composto. Em textos mais antigos, a posição da ligação tripla C≡C precede o nome do alcino;

v) havendo no hidrocarboneto uma ligação dupla C=C, em caso de conflito, esta deve receber numeração menor do que a ligação tripla;

vi) nomear os grupos presentes na molécula de modo análogo ao descrito para alcanos e alcenos;

vii) quando a parte da molécula que contém a ligação tripla for considerada um substituinte de uma cadeia maior, este grupo (ou radical) é chamado "alquinila" e deve ser nomeado de acordo com o alcano correspondente, mas substituindo-se a terminação "ano" por "inil", indicando-se a posição da tripla ligação quando for o caso;

viii) no caso de compostos cíclicos: (a) não indicar a posição da ligação tripla, pois fica implícito que se trata da posição 1, exceto no caso mencionado no item "v", acima; (b) indicar a posição de grupos substituintes de modo que sejam escolhidos os menores números a partir de um dos carbonos da tripla ligação;

ix) para os compostos com mais do que uma ligação tripla, substituir a terminação "ano" do nome do alcano correspondente pela finalização "adiino", "atriino", etc., precedidos das posições numéricas destas ligações na cadeia, conforme indicado para dienos, trienos, etc. O grupo H–C≡C–, quando considerado um substituinte de uma cadeia, recebe o nome de "etinil". Alguns exemplos de nomes de alcinos estão na Figura 4.98.

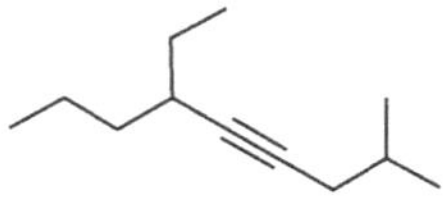

6-etil-2-metilnon-4-ino
e não
2-metil-6-etilnon-4-ino

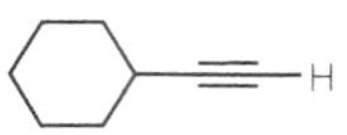

etinilciclo-hexano

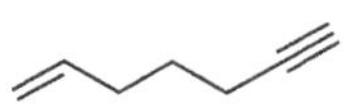

hept-1-eno-6-ino

Figura 4.98. Alguns exemplos da nomenclatura dos alcinos.

4.5.3.3. Propriedades Físicas dos Alcinos

Os alcinos são mais polares do que os alcenos, variando o momento de dipolo de 0 D (para o 2-butino) a aproximadamente 0,8 D (para o propino e o but-1-ino). Assim como nos alcenos, os alcinos terminais são mais voláteis do que os alcinos internos[129]. Em geral, por serem moléculas lineares, permitem maior empacotamento e, por isso, são menos voláteis que os alcanos e alcenos com o mesmo número de carbonos. A presença de ramificações na cadeia principal causa diminuição nos pontos de ebulição e fusão, assim como nos alcanos.

4.5.3.4. Propriedades Químicas de Alcinos

O acetileno[49] é termodinamicamente menos estável ($\Delta_f H^o$ = 226,9 kJ/mol ou 54,2 kcal/mol) que o etileno[1] ($\Delta_f H^o$ = 52,3 kJ/mol ou 12,5 kcal/mol) e menos estável ainda que o etano[1] ($\Delta_f H^o$ = −84,6 kJ/mol ou −20,2 kcal/mol). Portanto, espera-se que seja muito mais reativo que um alceno, tanto que deve ser transportado dissolvido em algum solvente orgânico (geralmente em cilindros metálicos).

4.5.3.4.1. Acidez dos Alcinos Terminais

Alcinos, por possuírem orbitais π* vazios, podem se comportar como ácidos de Lewis. A doação de um par de elétrons de uma espécie básica para o LUMO do alcino, ao romper uma ligação π gera uma espécie carbaniônica vinílica (carbânion alcenílico) (Figura 4.99), menos básica que a espécie derivada de um alceno, conforme se pode notar pelas diferenças entre os valores de afinidade por próton[130] das espécies $CH_3CH_2^-$ (~1.758 kJ/mol ou ~420 kcal/mol) e $H_2C{=}CH^-$ (~1.712 kJ/mol ou ~409 kcal/mol). Porém, este tipo de reação pode encontrar dificuldade em ocorrer devido à repulsão eletrostática entre os elétrons da base de Lewis e os elétrons das ligações π do alcino.

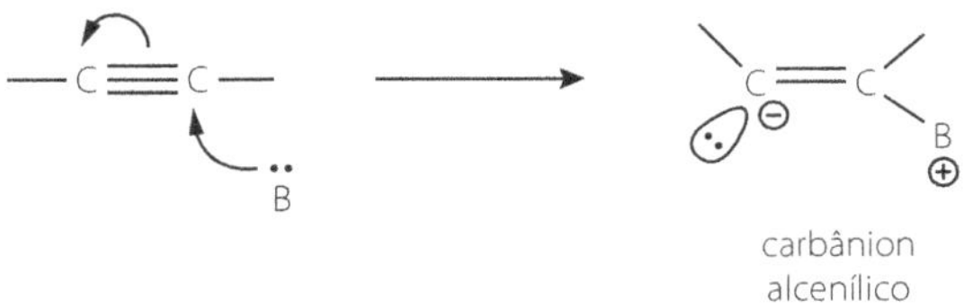

Figura 4.99. Doação de um par de elétrons de uma base para um alcino.

Considerando-se os alcinos como ácidos de Brønsted, há uma grande diferença de estabilidade entre os carbânions formados pela remoção de hidrogênio de um carbono ***sp*** de um alcino terminal e aqueles hidrogênios localizados em um carbono vizinho ao carbono da tripla ligação (Figura 4.100). A remoção de um H^+ terminal deixa o par de elétrons em um orbital ***sp*** do carbono, gerando um carbânion mais estável que o resultante da remoção de um H^+ de um carbono ***sp²*** de um alceno. De fato, a afinidade por próton de uma espécie $HC{\equiv}C^-$ é ~1.570 kJ/mol (~375 kcal/mol), enquanto no caso de $H_2C{=}CH^-$ tem-se ~1.712 kJ/mol (~409 kcal/mol). O pKa típico de alcinos terminais é o mais baixo entre os hidrocarbonetos (pKa ~ 25), e isto se deve principalmente ao maior conteúdo ***s*** do orbital que detém os elétrons do carbânion.

Embora não se possam usar bases como hidróxido (pKa da água = 15,7) ou alcóxidos (pKa de álcoois = 16 a 19) para desprotonar um alcino terminal, os amidetos podem ser usados com su-

129. Acetylene. Kirk Othmer Wiley: Encyclopedia of Chemical Technology; 2001.

130. Carey FA, Sundberg RJ. Advanced Organic Chemistry - Part A: Structures and Mechanisms. 5th ed. New York: Springer; 2007. p. 308.

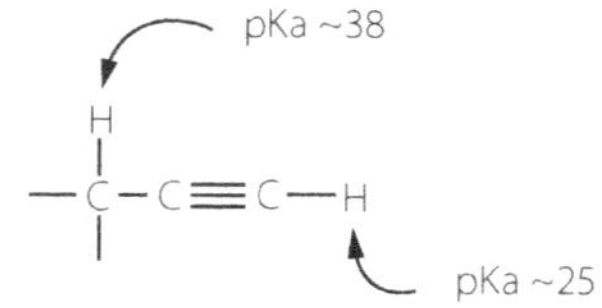

pKa ~38

H–C–C≡C–H

pKa ~25

Figura 4.100. Valores de pKa dos hidrogênios vizinhos de uma tripla ligação.

cesso neste caso (pKa da amônia = 36). O íon acetileto gerado pela desprotonação pode ser usado, por exemplo, em reações com haloalcanos na produção de novos alcinos internos (Figura 4.101).

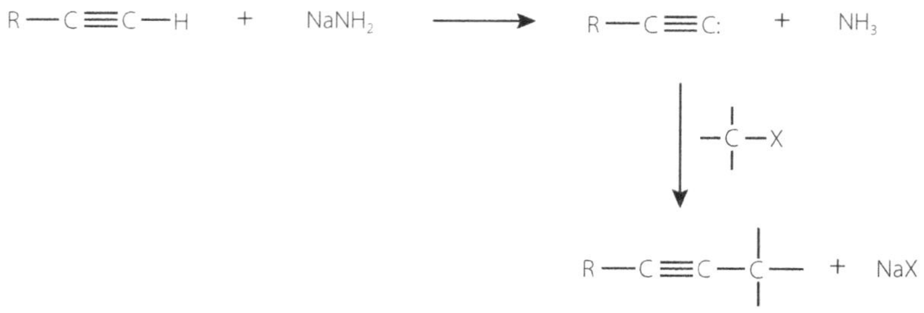

$$R{-}C{\equiv}C{-}H \; + \; NaNH_2 \longrightarrow R{-}C{\equiv}C{:} \; + \; NH_3$$

$$R{-}C{\equiv}C{:} \xrightarrow{\;-C-X\;} R{-}C{\equiv}C{-}C{-} \; + \; NaX$$

Figura 4.101. Geração e reação de um íon acetileto.

Os alcinos terminais reagem com cátions $Ag(NH_3)_2^+$ formando sais [acetiletos de prata ($RC{\equiv}C^-Ag^+$)] insolúveis, o que os distingue qualitativamente dos alcinos internos. Sais com Cu^+ também servem para esse mesmo fim. Apesar de serem explosivos, vários usos sintéticos estão descritos para os sais de prata de alcinos[131].

Para o caso da remoção de H^+ de um carbono vizinho ao carbono da tripla ligação, como no caso dos hidrogênios metílicos do propino, forma-se uma espécie estabilizada por ressonância, chamada de carbânion "propargílico". É por esta razão que o propino exibe um pKa ~ 38 (para $H\text{-}CH_2C{\equiv}CH$), semelhante ao do propeno ($H\text{-}CH_2C{=}CH_2$: pKa ~38). Esses valores de pKa foram determinados eletroquimicamente em DMF[46].

4.5.3.4.2. Reações de Adição a Alcinos

Os alcinos também podem receber de uma espécie radicalar apenas um elétron no LUMO, podendo gerar radicais vinílicos (alcenílicos).

As reações de redução de alcinos a alcenos pelo emprego de sódio metálico em amônia líquida (Na/NH_3) ocorrem por um processo inicialmente radicalar, que leva à adição final de hidrogênio (vindo do solvente), produzindo uma olefina *E*, conforme está mostrado na Figura 4.102.

A espécie radicalar pode atuar na remoção de um átomo de hidrogênio de um alcino terminal, mas isto encontra maiores dificuldades que nos alcenos e nos alcanos, por conta da maior energia das ligações C–H de alcinos, em relação aos alcenos e alcanos, conforme revelam os valores de energia de dissociação de ligações C–H no acetileno (556,0 kJ/mol ou 132,8 kcal/mol), no etileno (465,6 kJ/mol ou 111,2 kcal/mol) e no etano (420,8 kJ/mol ou 100,5 kcal/mol)[43].

---

131. Halbes-Letinois U, Weibl JM, Pale P. The organic chemistry of silver acetylides. Chemical Society Reviews. 2007;36:759-769.

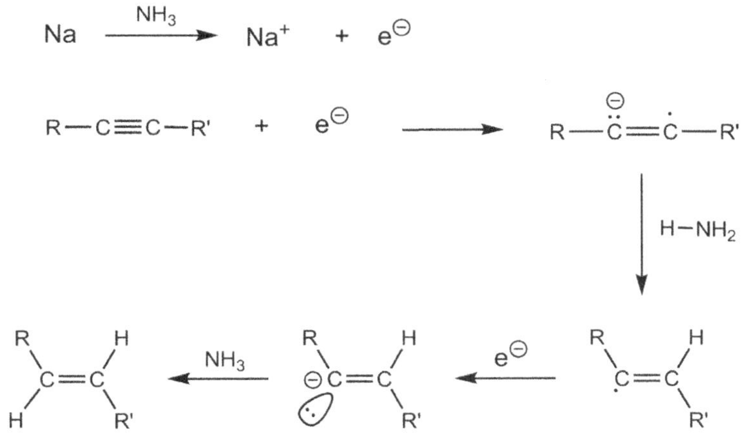

Figura 4.102. Reação de redução de alcinos com sódio metálico.

Alcinos, tais como o propino e seus homólogos superiores, na presença de uma espécie radicalar, sofrem a abstração de um átomo de hidrogênio de um carbono vizinho a um carbono da tripla ligação, de modo análogo ao que ocorre com os hidrogênios alílicos de alcenos. Neste caso, como a energia da ligação $H{-}CH_2C{\equiv}CH$ é 372,2 kJ/mol (88,9 kcal/mol), valor muito próximo ao da ligação alílica do propeno (369,3 kJ/mol ou 88,2 kcal/mol), a abstração ocorre facilmente, pois forma-se um radical estabilizado por ressonância. O radical formado nesse caso recebe o nome de "propargílico". Cabe ressaltar que a abstração de um átomo de hidrogênio do carbono terminal de um alcino é desfavorecida, pois trata-se de uma ligação forte (556,0 kJ/mol ou 132,8 kcal/mol), implicando que os radicais alcinílicos (alquinílicos) são espécies instáveis.

Os alcinos, ainda que contem com a presença de elétrons no orbital π ligante (HOMO), são bases de Lewis mais fracas que os alcenos, por conta da maior eletronegatividade dos carbonos com hibridização ***sp***. Essa menor basicidade também se deve ao fato de que a doação dos elétrons do HOMO do alcino para um orbital vazio de um ácido de Lewis pode gerar:

i) um carbocátion vinílico, no qual a carga positiva fica localizada, pelo menos parcialmente, em um carbono com hibridização sp^2 (Figura 4.103); que são 42-63 kJ/mol (10-15 kcal/mol) mais instáveis do que um íon carbênio, conforme demonstram as afinidades por hidreto dos íons $H_3C{-}CH_2^+$ (1.130 kJ/mol ou 270 kcal/mol) e $H_2C{=}CH^+$ (1.206 kJ/mol ou 288 kcal/mol);

ii) um cátion cíclico, com grandes tensões angulares, como no caso da adição de Cl^+, Br^+ ou Hg^{2+} (Figura 4.103).

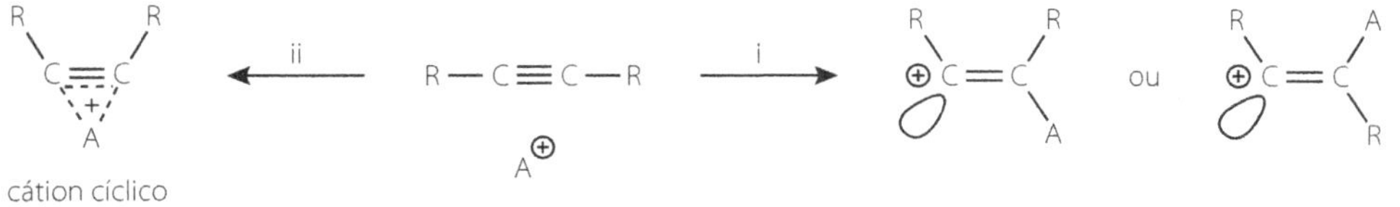

Figura 4.103. Representações de um cátion cíclico e de um carbocátion vinílico.

Aspectos estereoquímicos relativos aos produtos podem esclarecer qual tipo de cátion se formou, dentre os acima mencionados em "i" e "ii"; pois as reações que ocorrem com formação dos carbocátions vinílicos (i) não devem apresentar seletividade na formação dos produtos de adição *Z* ou *E*, mas apenas regiosseletividade segundo a regra de Markovnikov.

De maneira geral, provavelmente devido à eletronegatividade dos carbonos da tripla ligação de alcinos ou à instabilidade dos intermediários catiônicos mencionados, os alcinos reagem mais lentamente com eletrófilos do que os alcenos (por exemplo, o estireno é bromado 3.000 vezes mais rapidamente do que o fenilacetileno)[132], permitindo que moléculas contendo duplas e triplas ligações possam sofrer seletivamente adições nas duplas ligações C=C.

No caso da adição de haletos de hidrogênio a alcinos terminais, ainda que lentamente, são gerados regioisômeros resultantes do ataque do íon haleto no cátion formado no carbono secundário com predominância do estereoisômero de adição *anti*, o que indica que pode haver competição na formação dos cátions vinílico e cíclico. O método de adição de HCl ao acetileno, catalisada por Hg^{2+}, foi um importante processo industrial para a produção de cloreto de vinila ($H_2C=CHCl$). Este monômero serve para a produção, por processos radicalares, do cloreto de polivinila (PVC), um polímero de grande aplicação na indústria de plásticos[133].

De modo análogo, tanto a hidratação de alcinos (terminais ou internos) em meio ácido concentrado como a mercuriação[134] (Figura 4.104), são bons métodos para realizar a síntese de cetonas, o que revela a preferência pela adição de eletrófilo (H^+ ou Hg^{2+}) em gerar um cátion 2^ário^, que é mais estável que o primário (apenas no caso de alcinos terminais). Deve-se ressaltar que o acetileno é o único alcino que, nestas reações, produz um aldeído (acetaldeído).

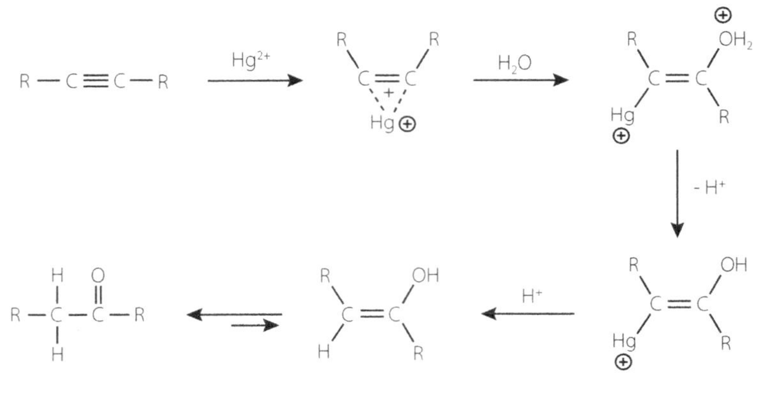

R—C≡C—R —Hg^{2+}→ [R(C=C)R, Hg⊕ bridged] —H_2O→ R(Hg⊕)C=C(R)(⊕OH_2) —$-H^+$→ R(Hg⊕)C=C(R)(OH) —H^+→ R(H)C=C(R)(OH) ⇌ R—CH$_2$—C(=O)—R

Figura 4.104. Reação de hidratação de alcinos.

No entanto, os aldeídos podem ser obtidos por hidroboração de alcinos terminais[135], em contraste com os métodos antes mencionados (Figura 4.105).

132. Smith MB, March J. March's Advanced Organic Chemistry: Reactions, Mechanisms and Structure. 5th ed. New York: John Wiley & Sons; 2001. p. 982.

133. Stille JK. Química Orgânica Industrial. São Paulo: Editora Edgard Blücher-EDUSP; 1969. p. 29.

134. Larock RC. Comprehensive Organic Transformations - A guide to functional group preparations. New York: VCH Publishers; 1989. p. 597.

135. Larock RC. Comprehensive Organic Transformations - A guide to functional group preparations. New York: VCH Publishers; 1989. p. 596.

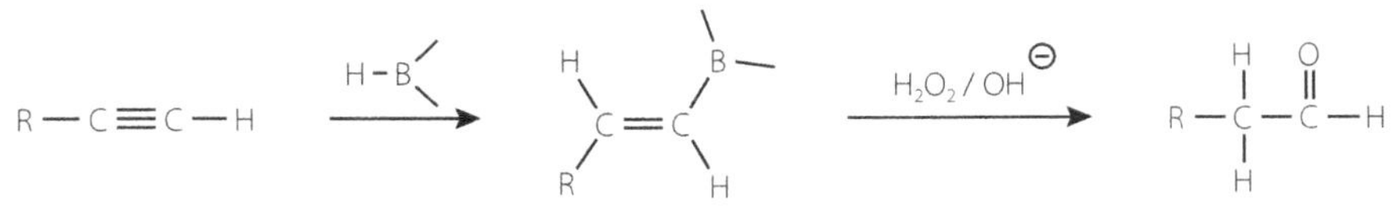

R—C≡C—H —(H-BR₂)→ (H)(R)C=C(BR₂)(H) —(H_2O_2 / OH⁻)→ R—CH₂—C(=O)—H

Figura 4.105. Reação de hidroboração de alcinos terminais.

Outras reações de adição de importância na indústria de polímeros, envolvendo ácidos de Brønsted e acetileno, incluem a reação com HCN catalisada por $CuCl_2$ (para a obtenção de acrilonitrila) e a reação com ácido acético catalisada por H_2SO_4 (para obtenção de acetato de vinila).

A adição de Cl_2 a alcinos terminais, em ácido acético, gera preferencialmente o produto de adição *sin*, enquanto o produto de adição *anti* predomina na reação com alcinos internos. Provavelmente, no primeiro caso, o intermediário é um cátion vinílico, enquanto no segundo caso deve se tratar de um intermediário cíclico[136] (Figura 4.106). Nas bromações e iodações de alcinos predominam os produtos de adição *anti*.

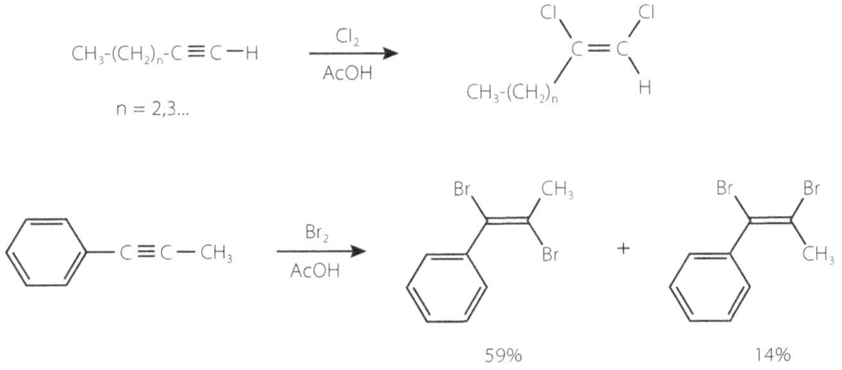

CH_3-$(CH_2)_n$-C≡C—H (n = 2,3...) —(Cl_2, AcOH)→ CH_3-$(CH_2)_n$(Cl)C=C(Cl)(H)

Ph—C≡C—CH_3 —(Br_2, AcOH)→ Ph(Br)C=C(CH_3)(Br) 59% + Ph(Br)C=C(Br)(CH_3) 14%

Figura 4.106. Exemplos de adição de halogênios a alcinos.

A adição de um segundo mol de halogênio (X_2) pode levar ao tetra-haloalcano (Figura 4.107).

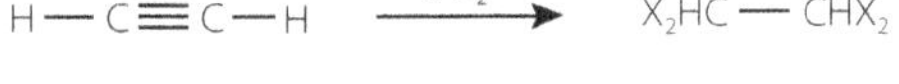

H—C≡C—H —(2 X_2)→ X_2HC—CHX_2

Figura 4.107. Adição de dois mols de halogênios ao acetileno.

4.5.3.5. Preparação dos Alcinos

O acetileno[129] é o mais simples dos alcinos, mas não é encontrado na natureza. Pode ser obtido por hidrólise de carbeto de cálcio (CaC_2), o qual, por sua vez, é preparado pela pirólise de óxido de cálcio e carvão (~2.000 °C). O acetileno foi produzido desta forma até meados do século XX e apresentava o inconveniente de trazer impurezas nocivas à saúde, tais como arsina (AsH_3), fos-

136. Carey FA. Sundberg RJ. Advanced Organic Chemistry - Part A: Structures and Mechanisms. 3rd ed. New York: Plenum Press; 1990. p. 198.

fina (PH_3) e sulfeto de hidrogênio (H_2S), os quais davam um odor desagradável ao produto. Há algumas décadas, ganhou importância a produção de acetileno pelo craqueamento de misturas de propano e butanos a ~1.500 °C, a qual gera metano, hidrogênio e acetileno[137]. Também há relatos de processos de craqueamento na presença de água e de combustão incompleta do metano.

Na natureza[138] encontram-se diversos compostos contendo ligações triplas C≡C: diinos em plantas, organismos marinhos e fungos; triinos em plantas, fungos e bactérias; tetrainos em bactérias.

Em laboratório, os alcinos são preparados pelos seguintes métodos:

i) isomerização de alenos (Figura 4.108)[139];

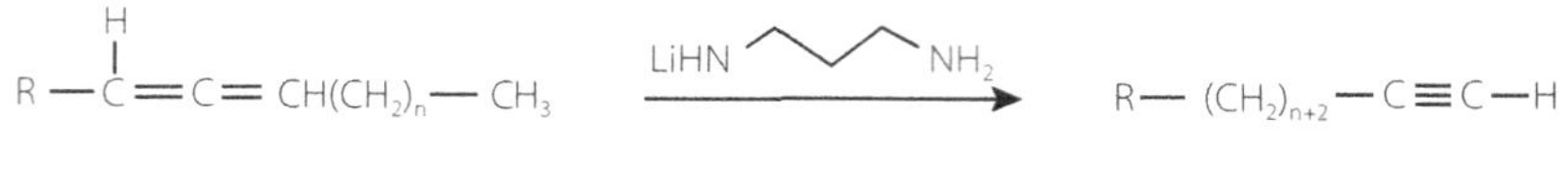

$$R-C(H)=C=CH(CH_2)_n-CH_3 \xrightarrow{LiHN\sim\sim NH_2} R-(CH_2)_{n+2}-C\equiv C-H$$

Figura 4.108. Preparação de alcinos por isomerização de alenos.

ii) reações de eliminação[140] de: (a) haletos de vinila, (b) di-haletos geminais, (c) di-haletos vicinais (Figura 4.109);

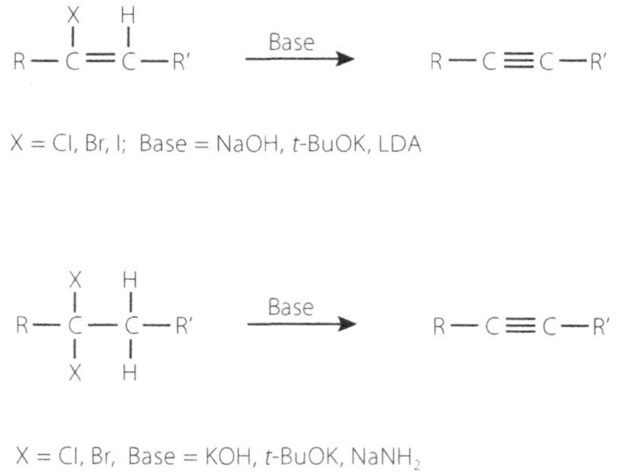

$$R-C(X)=C(H)-R' \xrightarrow{Base} R-C\equiv C-R'$$

X = Cl, Br, I; Base = NaOH, *t*-BuOK, LDA

$$R-CX_2-CH_2-R' \xrightarrow{Base} R-C\equiv C-R'$$

X = Cl, Br, Base = KOH, *t*-BuOK, $NaNH_2$

Figura 4.109. Preparação de alcinos por eliminação de halogênios.

iii) homologação ou aumento da cadeia de alcinos terminais[141] por: (a) substituição nucleofílica em haletos de alquila (Figura 4.110); (b) acoplamentos mediados por boro, silício e metais, tais como Pd (acoplamento de Sonogashira; Figura 4.111), Cu (acoplamento de Castro-Stephens; Figura 4.111), Ni, Al, Sn e Co.

---

137. Stille JK. Química Orgânica Industrial. São Paulo: Editora Edgard Blücher-EDUSP; 1969. p. 10.
138. Shun ALKS, Tykwinski RR. Synthesis of Naturally Occurring Polyynes. Angewandte Chemie International Edition; 2006;45:1034-1057.
139. Larock RC. Comprehensive Organic Transformations - A guide to functional group preparations. New York: VCH Publishers; 1989. p. 287.
140. Larock RC. Comprehensive Organic Transformations - A guide to functional group preparations. New York: VCH Publishers; 1989. p. 289.
141. Larock RC. Comprehensive Organic Transformations - A guide to functional group preparations. New York: VCH Publishers; 1989. p. 297.

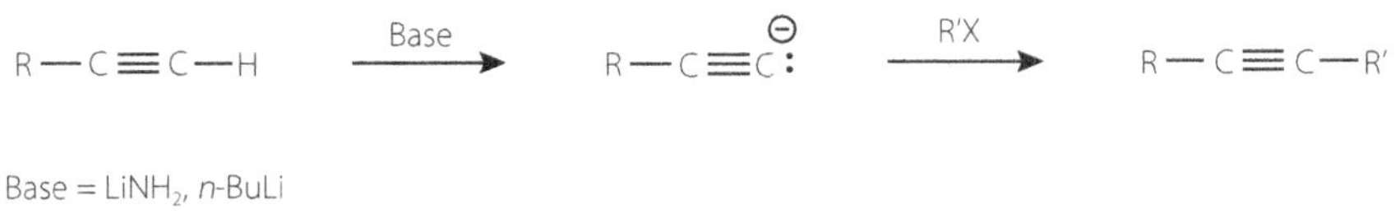

$$R-C\equiv C-H \xrightarrow{\text{Base}} R-C\equiv C:^{\ominus} \xrightarrow{R'X} R-C\equiv C-R'$$

Base = $LiNH_2$, *n*-BuLi

Figura 4.110. Aumento da cadeia de alcinos terminais.

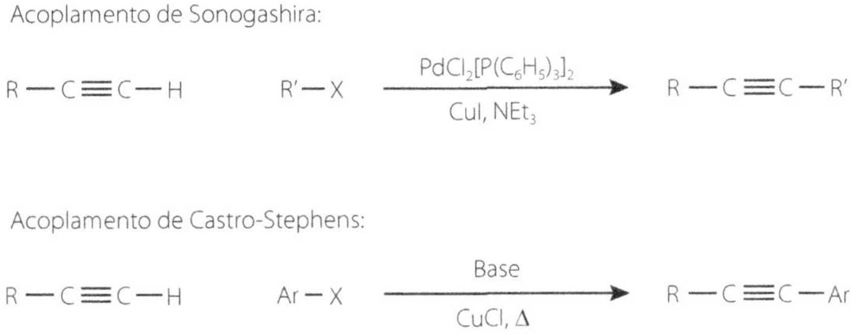

Acoplamento de Sonogashira:

$$R-C\equiv C-H \quad R'-X \xrightarrow[\text{CuI, NEt}_3]{PdCl_2[P(C_6H_5)_3]_2} R-C\equiv C-R'$$

Acoplamento de Castro-Stephens:

$$R-C\equiv C-H \quad Ar-X \xrightarrow[\text{CuCl, }\Delta]{\text{Base}} R-C\equiv C-Ar$$

Figura 4.111. Reações de acoplamento em alcinos.

4.5.3.6. Uso de Alcinos como Matérias-primas para Outros Compostos Orgânicos

O acetileno[129], embora tenha grande emprego como combustível de maçaricos, gerando temperaturas da ordem de 3.100 °C pela sua queima, também é empregado industrialmente a ponto de competir com o etileno como bloco construtor em sínteses. Os usos industriais do acetileno se iniciam com a transformação em acetaldeído, ácido acético, acetona, acrilatos, 2,3-dimetilbutano-2,3-diol, 2,3-dimetilbuta-1,3-dieno, cloretos, éteres e ésteres de vinila, butinodiol e alcoóis acetilênicos (álcoois propargílicos). Esses produtos encaixam-se nas linhas de produção de resinas, adesivos, plásticos, pesticidas, solventes, fármacos, vitaminas, produtos alimentares, etc.

Em laboratório, os alcinos terminais são largamente empregados como nucleófilos em reações de homologação de cadeias, pela substituição nucleofílica alifática de halogênios, seguida de hidrogenação completa ou parcial[142] (para a transformação em grupos alquenila *cis* ou *trans*, conforme já descrito no item 4.4.7).

Os alcinos também podem ser convertidos em:

i) cetonas, por hidroboração[135] e mercuriação[134]; dicetonas, por oxidação com $KMnO_4$ (a frio, em meio reacional neutro), $NaIO_4$ e PhIO/Ru (catalisador);

ii) ácidos carboxílicos, por ozonólise ou oxidação em condições mais vigorosas[143] com $KMnO_4$ ou $NaIO_4$. No caso de alcinos terminais, ocorre o desprendimento de CO_2;

iii) haloalcinos[144] ou haloalcenos, pela reação com um ou dois mols de HX[145];

---

142. Larock RC. Comprehensive Organic Transformations - A guide to functional group preparations. New York: VCH Publishers; 1989. p. 212.

143. Larock RC. Comprehensive Organic Transformations - A guide to functional group preparations. New York: VCH Publishers; 1989. p. 830.

144. Larock RC. Comprehensive Organic Transformations - A guide to functional group preparations. New York: VCH Publishers; 1989. p. 333.

iv) produtos de acoplamento: são importantes as hidroborações de alcinos com uma borana (por exemplo, a catecolborana), as quais produzem boronatos vinílicos ou ácidos borônicos por hidrólise, que podem ser usados em processos de acoplamento[146] (acoplamento de Suzuki, com Pd^0) com brometos ou iodetos de vinila, alquinila ou arila (Figura 4.112);

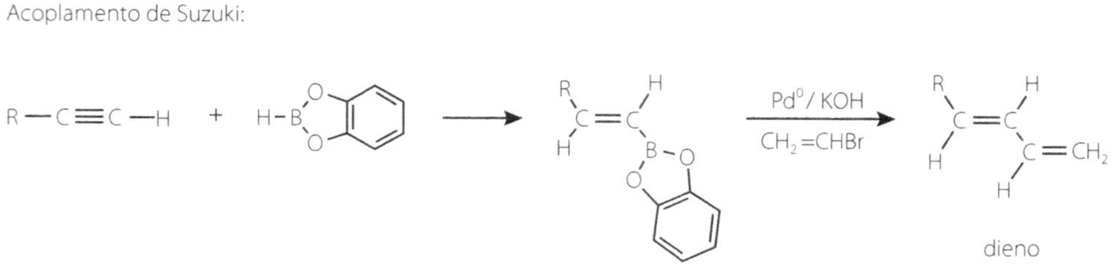

Acoplamento de Suzuki:

R—C≡C—H + H-B(catecol) ⟶ R(H)C=C(H)B(catecol) —[Pd^0/ KOH, CH_2=CHBr]⟶ R(H)C=C(H)–C(H)=CH_2

dieno

Figura 4.112. Hidroboração de alcinos seguida de acoplamento.

v) reações de ciclização e polimerização: acetileno, a 65-75 °C e 1,5 MPa, na presença de catalisadores metálicos $\{Ni(CO)_2[(C_6H_5)_3P]_2\}$, produz 88% de benzeno e 12% de estireno[129]. Também é possível alterar as condições e os catalisadores para obter ciclo-octatetraeno, vinilacetileno ou polímeros lineares (poliacetilenos), conforme mostrado na Figura 4.113.

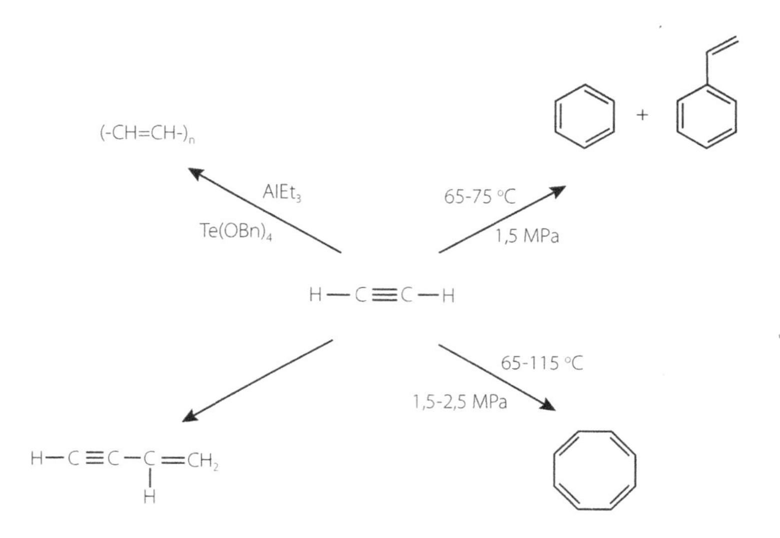

Figura 4.113. Transformação do acetileno em vários produtos.

145. Larock RC. Comprehensive Organic Transformations - A guide to functional group preparations. New York: VCH Publishers; 1989. p. 334.

146. Laue T, Plagens A. Named Organic Reactions. 2nd ed. Chichester: Wiley;2005.

5

Estrutura e Propriedades dos Hidrocarbonetos Aromáticos e Seus Derivados

Claudio Di Vitta

RESUMO

Neste capítulo será visto que o caráter aromático de um composto se traduz em grande estabilidade química, com uma reatividade peculiar, diferente daquela exibida pelos alcenos. Os processos envolvendo eletrófilos resultam em reações de substituições eletrofílicas aromáticas, enquanto certos derivados do benzeno também sofrem reações de substituição nucleofílica. O conceito de aromaticidade vai além dos compostos benzênicos. De maneira geral, o caráter aromático pode ser presumido em compostos cíclicos planares, cujo número de elétrons π do sistema seja igual a 4n+2 (regra de Hückel). Porém, medidas físico-químicas podem determinar com maior certeza a aromaticidade ou não de um sistema.

5.1. Hidrocarbonetos Aromáticos: Fontes Naturais e Uso Cotidiano

Os hidrocarbonetos aromáticos caracterizam-se por conter pelo menos uma unidade cíclica de seis membros chamada de anel ou sistema benzênico (Figura 5.1). A maioria desses compostos apresenta odor característico, daí vindo a sua antiga designação de "compostos aromáticos".

O representante mais simples desta classe é o benzeno (C_6H_6)[1], isolado no início do século XIX e produzido industrialmente a partir do carvão desde meados do mesmo século[2]. A partir

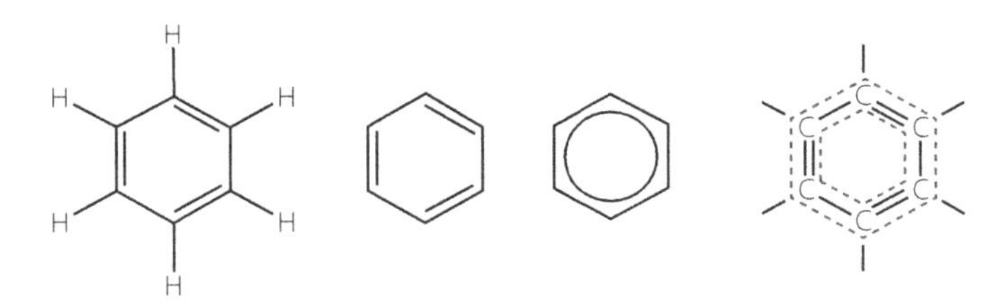

Figura 5.1. Algumas representações do anel benzênico.

1. O benzeno foi chamado inicialmente de benzina, pois resultou da decomposição de um produto (ácido benzoico) extraído da goma de benzoína.
2. Faraday M. On new compounds of carbon and hydrogen, and on certain other products obtained during the decomposition of oil by heat. Philosophical Transactions: Royal Society (London). 1825;115:440-466..

da metade do século XX, por causa da alta demanda pelo benzeno, foram desenvolvidos métodos alternativos de obtenção a partir do petróleo, tanto que atualmente apenas 5% do benzeno ainda vêm do carvão.

O benzeno está presente em aproximadamente 1% no petróleo, o que torna o seu isolamento por destilação inviável, devido à formação de misturas azeotrópicas com vários outros componentes do petróleo. As boas características de solvência do benzeno fizeram dele um excelente desengraxante, muito utilizado em diversos setores industriais[3]. Porém, após relatos de mortes pela exposição ao benzeno nos anos 1920, este passou a ser substituído pelo tolueno e outros solventes alifáticos. No entanto, o seu uso em combustíveis se manteve e só decresceu a partir de 1950, quando foi introduzido o tetraetilchumbo como antidetonante em gasolinas. Mas, os efeitos deletérios à saúde causados pelo chumbo trouxeram o benzeno de volta ao cenário (com limitações a 0,8 vol% nos EUA e abaixo de 5,0 vol% na Europa).

O tolueno (C_7H_8)[4], que recebeu este nome por ter sido descoberto entre os produtos de degradação por aquecimento da resina conhecida por "Bálsamo de Tolú", originária da cidade de Santiago de Tolú, na Colômbia, tem característica odorífera semelhante ao benzeno, porém menos acentuada. Assim como o benzeno, o carvão foi a primeira fonte comercial de tolueno. Hoje, ele resulta da reforma catalítica (do inglês *catalytic reforming*) de parafinas de seis a nove carbonos. Um dos principais usos do tolueno ainda é em combustíveis, em razão do seu poder antidetonante.

Os xilenos (mistura de *orto*, *meta* e *para*-xileno)[5], cujos nomes advêm do grego *xylon* (madeira), pois foram obtidos inicialmente a partir de destilados de madeira, também são atualmente produzidos por processos de reforma catalítica. Estes compostos (também conhecidos como 1,2, 1,3 e 1,4-dimetilbenzeno), em mistura, tiveram grande emprego como solventes de tintas, mas foram substituídos por causarem problemas ambientais.

O etilbenzeno (C_8H_{10}), preparado principalmente por alquilação do benzeno com etileno, também é obtido juntamente com os xilenos nos processos de reforma catalítica, sendo depois convertido em estireno (C_8H_8).

O naftaleno ($C_{10}H_8$), conhecido comercialmente como naftalina, é largamente encontrado no produto de destilação do carvão, sendo usado industrialmente como material de partida na fabricação do anidrido ftálico e também na síntese de ácidos naftalenossulfônicos, naftóis e azocorantes.

O uso de compostos aromáticos para a síntese de outros com maior complexidade ganhou vulto após os trabalhos do francês Charles Friedel (1832-1899) e do norte-americano James Mason Crafts (1839-1917)[6], a partir dos quais puderam ser preparados muitos outros derivados por alquilação ou acilação do benzeno (produzindo alquilbenzenos e cetonas aromáticas, respectivamente), do tolueno e de outros compostos aromáticos.

5.2. Propriedades Físicas dos Hidrocarbonetos Aromáticos

Benzeno, tolueno, etilbenzeno e xilenos são líquidos incolores, inflamáveis e pouco solúveis em água (solubilidade de 0,047 g/100 mL para o tolueno em água). O naftaleno é um sólido branco, com ponto de fusão em torno de 80 °C.

---

3. Benzene. Ullmann's Encyclopedia of Industrial Chemistry. Weinheim: Wiley-VCH; 2002.
4. Toluene. Ullmann's Encyclopedia of Industrial Chemistry. Weinheim: Wiley-VCH; 2002.
5. Xylenes. Ullmann's Encyclopedia of Industrial Chemistry. Weinheim: Wiley-VCH; 2002.
6. Olah GA. Friedel-Crafts and Related Reactions. New York: John Wiley & Sons; 1963.

5.3. Nomenclatura dos Derivados de Benzeno Substituídos[7,8]

Os nomes usuais tolueno, estireno, *orto*, *meta*, e *para*-xileno, cimeno, cumeno e mesitileno (Figura 5.2) são aceitos pela IUPAC.

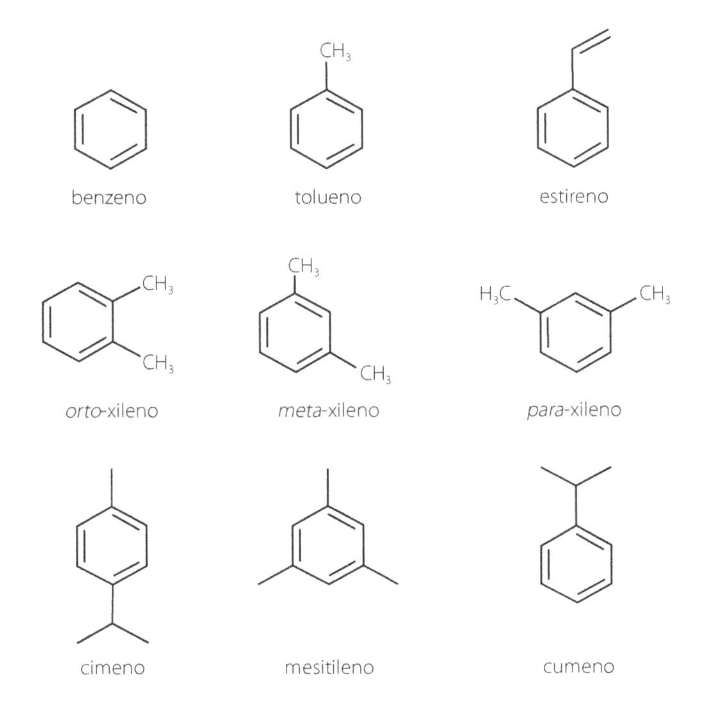

Figura 5.2. Nomes usuais de alguns derivados de benzeno substituídos.

Os hidrocarbonetos aromáticos que contêm o núcleo benzênico (monocíclicos) são nomeados como derivados deste, antepondo-se o nome do substituinte alquila, alquenila ou alquinila (ou de qualquer outro grupo contendo heteroátomos) à palavra benzeno. No caso de hidrocarbonetos aromáticos (arenos) monocíclicos, contendo dois grupos substituintes, as posições podem ser indicadas pelo emprego dos descritores de posições relativas *orto* (ou 1,2), *meta* (ou 1,3) e *para* (ou 1,4). Havendo mais do que dois substituintes, devem ser usados apenas números. Os números das posições dos substituintes devem ser os menores possíveis, mas os compostos mostrados na Figura 5.2 têm preferência na definição das posições, no que tange àquilo que está ligado ao anel aromático.

Compostos aromáticos policíclicos são espécies nas quais os anéis de dois ou mais núcleos benzênicos estão fundidos, isto é, alguns átomos de carbono são comuns a dois anéis (*orto*-fundidos) ou até três anéis (*orto* e *peri*-fundidos)[9]. O mais simples composto *orto*-fundido é o naftaleno e o pireno é mais simples dos *orto-peri*-fundidos (Figura 5.3).

---

7. Nomenclature of Organic Chemistry. Section A, IUPAC, Oxford: Pergamon Press; 1979.
8. (a) A Guide to IUPAC Nomenclature of Organic Compounds, Recommendations 1993, IUPAC, Oxford: Blackwell Science; 1993. (b) Guia IUPAC para a Nomenclatura de Compostos Orgânicos. Tradução para o português. Lisboa: Lidel; 2002.
9. Moss GP. Nomenclature of fused and bridged fused ring systems (IUPAC Recommendations 1998). Pure and Applied Chemistry. 1998;70:143-216.

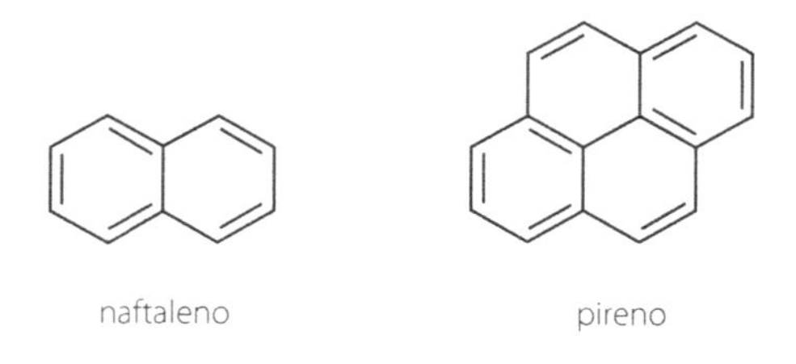

Figura 5.3. Estrutura de dois compostos aromáticos policíclicos.

Alternativamente, o benzeno pode ser considerado como um grupo ou substituinte "fenil" ("fenila") de uma cadeia de alcano, alceno ou alcino (Figura 5.4).

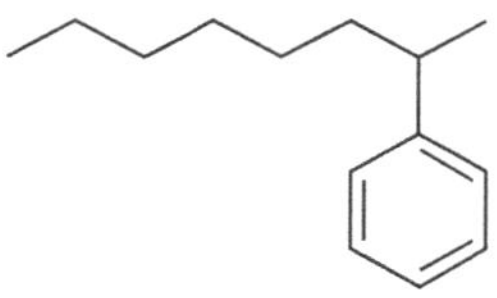

2-feniloctano

Figura 5.4. Estrutura do 2-feniloctano.

5.4. Forma Espacial dos Hidrocarbonetos Aromáticos

A proposta inicial do alemão Friedrich August Kekulé (1829-1896), para a estrutura **39** do benzeno[10] (Figura 5.5), publicada em 1865, na qual este seria um composto cíclico em que três ligações duplas C=C se alternariam com três ligações simples C–C, satisfez a necessidade para uma fórmula molecular (C_6H_6) condizente com a já bem conhecida fórmula mínima do composto (C_1H_1) naquela época. Além disso, essa proposta explicava a existência de apenas um isômero do benzeno monossubstituído e de três tipos de benzenos dissubstituídos, como no caso dos xilenos (*orto*, *meta* e *para*-xileno). Outras propostas surgiram na época para tentar explicar a estrutura do benzeno[11] (ver Figura 5.5), tais como o prismano de Albert Ladenburg (1842-1911), a estrutura bicíclica de James Dewar (1842-1923) e o hexágono hipotético de Adolf Karl Ludwig Claus (1838-1900).

Embora a estrutura do benzeno tenha sido indiretamente confirmada, em 1928, por cristalografia do hexametilbenzeno[12], outros dados cristalográficos posteriores[13] indicam que a molécula do benzeno é perfeitamente hexagonal e planar, e que todas as distâncias C–C são idênticas (1,397 Å), assim como todas as ligações C–H (1,085 Å). Tal simetria molecular do benzeno não é condizente com a do sistema do ciclo-1,3,5-hexatriênico (**40**), mostrada na Figura 5.5, no qual as ligações C=C entre os C1 e C2, C3 e C4, C5 e C6, implicariam em distâncias menores que entre os C2 e C3, C4 e C5, C6 e C1, ligados do modo simples entre si. Além disso, no caso de um composto triênico *orto*-dissubstituído, os dois isômeros **41** e **42** deveriam existir (Figura 5.6).

---

10. (a) Kekulé FA. Sur la constitution des substances aromatiques. Bulletin de la Societé Chimique Paris; 1865;3:98-110. (b) Kekulé AF. Untersuchungen uber aromatische Verbindungen. Annalen der Chemie und Pharmacie. 1886;137:129-196.
11. Warren DS, Gimarc BM. Valence isomers of benzene and their relationship to isomers of isoelectronic - P6. Journal of the American Chemical Society. 1992;114:5378-5381.
12. Yardlev K. The structure of the benzene ring. Nature. 1928;22:810.
13. Cox EG. Crystal structure of benzene. Reviews of Modern Physics. 1958;30:159-182.

39

40

benzeno de Claus

benzeno de Dewar

benzeno de Landenburg

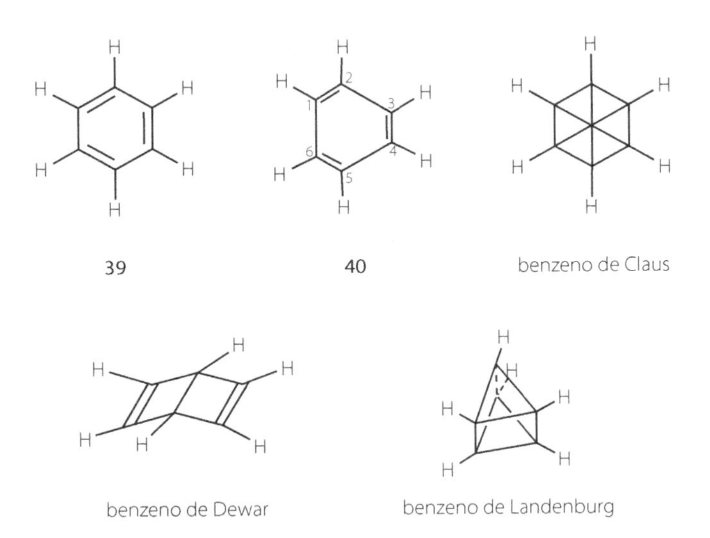

Figura 5.5. Antigas representações para a estrutura do benzeno.

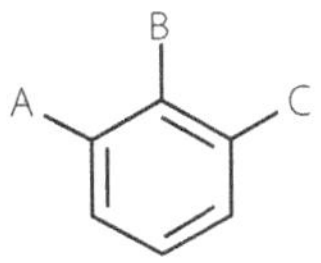

41

42

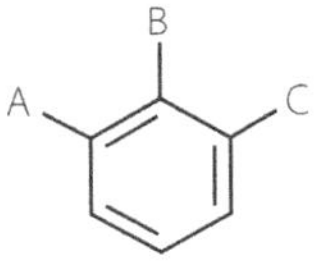

Figura 5.6. Estruturas de dois isômeros de um composto triênico orto-dissubstituído.

A proposta de Kekulé foi por ele mesmo reformulada[14], em 1872, com a sugestão de que o benzeno seria o resultado do "equilíbrio" entre as duas moléculas **39** e **43**, mostradas na Figura 5.7, as quais se interconverteriam rapidamente.

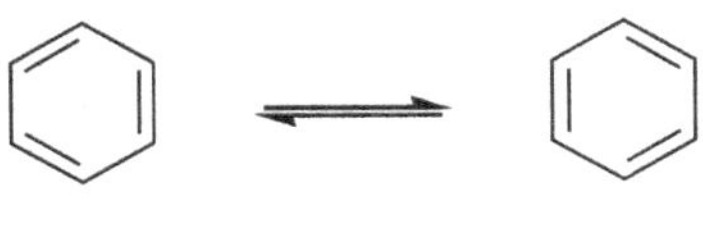

39 43

Figura 5.7. Equilíbrio entre as duas moléculas de benzeno.

Esta proposta foi aceita e o benzeno passou a ser representado por ambas as estruturas, embora não mais sejam consideradas como espécies em equilíbrio, mas sim como estruturas de ressonância[15].

14. Kekulé FA. Ueber einige condensations producte des aldehyds. Liebigs Ann Chem Pharm. 1872;162:77.
15. (a) Caramori GF, Oliveira KT. Aromaticidade – Evolução histórica do conceito e critérios quantitativos. Química Nova. 2009;32:1871-1884.

5.5. A Molécula do Benzeno

5.5.1. Estabilidade e Energia de Ressonância

O benzeno, embora apresente a fórmula molecular C_6H_6, que corresponde, formalmente, ao ciclo-hexa-1,3,5-trieno (**40**, Figura 5.5), não reage de modo condizente com tal estrutura, uma vez que:

i) o benzeno não reage com Br_2/CCl_4, por adição eletrofílica nas duplas C=C;

ii) o benzeno e os compostos aromáticos em geral, ao serem submetidos à reação com eletrófilos, reagem por substituição de um átomo de hidrogênio, em vez da adição do eletrófilo, conforme mostrado na Figura 5.8.

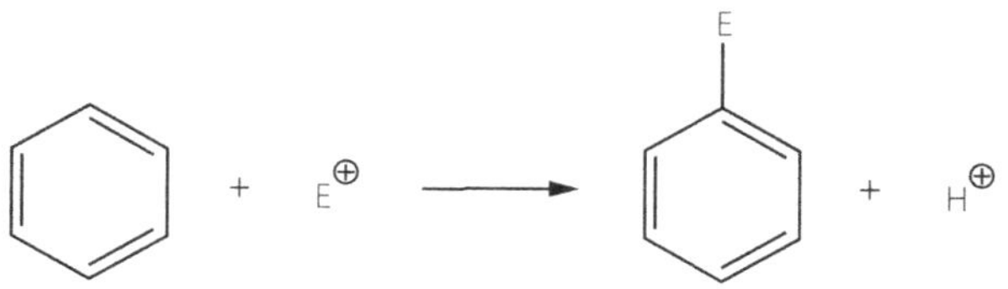

Figura 5.8. Reação de substituição de um átomo de hidrogênio no benzeno.

Essas reações, conhecidas por *Reações de Substituição Eletrofílica Aromática* (S_EAr), embora possam ocorrer por dois mecanismos ('a' e 'b', mostrados na Figura 5.9), processam-se, de fato, pelo mecanismo 'b', em duas etapas[16], sendo a primeira etapa lenta. A prevalência deste mecanismo, via "complexo σ" ou "cátion ciclo-hexadienílio", foi comprovada pela inexistência de efeito isotópico cinético de hidrogênio (com exceção das reações de acilação de Friedel-Crafts, nas quais há um pequeno efeito, de aproximadamente 2).

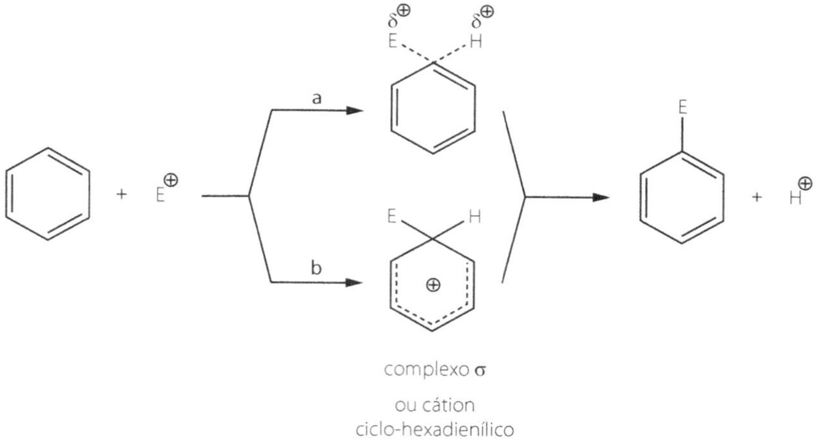

complexo σ
ou cátion
ciclo-hexadienílico

Figura 5.9. Mecanismos das reações de substituição eletrofílica aromática (S_EAr).

16. Stock LM. Reações de Substituição Aromáticas. São Paulo: Edgard Blücher-EDUSP; 1969. p. 98

As reações de S_EAr em derivados monossubstituídos ($Y–C_6H_5$) do benzeno podem ocorrer nas posição *orto*, *meta* ou *para*, em relação ao substituinte Y–, conforme mostrado na Figura 5.10.

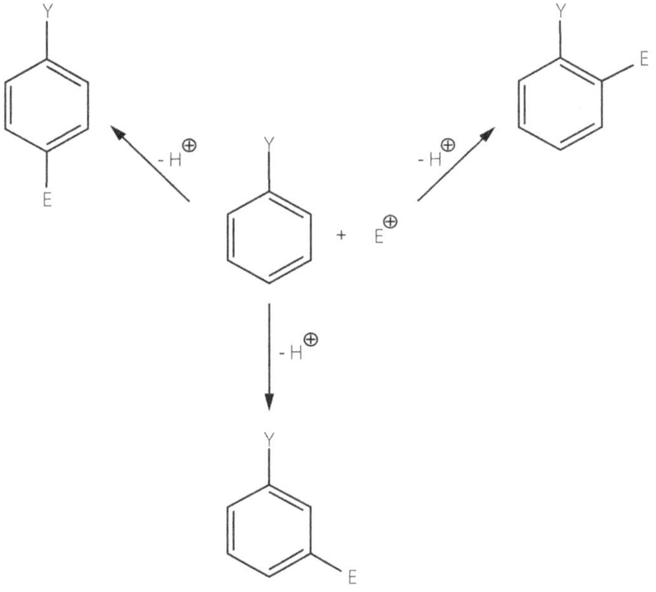

Figura 5.10. Produtos de substituição nas posições orto, meta e para de um derivado monossubstituído do benzeno ($Y–C_6H_5$).

Os produtos *orto* e *para* dos derivados contendo substituintes "Y", tais como NH_2, NHCOR, OH, OR e alquil, são obtidos mais rapidamente do que no caso das reações com o benzeno. Em geral, o produto *para*-substituído é majoritário e, praticamente, não são obtidos produtos de reação na posição *meta*. As reações com os derivados contendo os seguintes substituintes "Y": NO_2, R_3N^+, CN, CO_2H, COR e COH, são mais lentas do que as reações com o benzeno e obtêm-se majoritariamente os *meta* derivados, embora contaminados com pequenas quantidades dos produtos *orto* e *para*-substituídos. Os halobenzenos (Y = Cl, Br, I) reagem mais lentamente do que o benzeno, mas geram majoritariamente os produtos *orto* e *para*-substituídos.

A estimativa de reatividade em posições *orto*, *meta* e *para* de benzenos monossubstituídos pode ser dada por f (fator de velocidade parcial), que é definido para cada posição e varia de acordo com o tipo de reação[17]. Cada f indica a velocidade de substituição em uma posição: *orto* (f_o), *meta* (f_m) ou *para* (f_p), em relação ao benzeno (para o qual $f_o = f_m = f_p = 1$). Por exemplo, para a cloração do $C_6H_5OCH_3$ (anisol), $f_o = 6x10^6$ e $f_p = 5x10^7$; o que indica que a posição *para* é mais reativa do que a posição *orto*, e que ambas reagem milhões de vezes mais rapidamente do que o benzeno. Para o C_6H_5Cl (clorobenzeno) os valores são $f_o = 1x10^{-1}$, $f_m = 2x10^{-3}$ e $f_p = 0{,}4$; o que revela a menor reatividade deste composto quando comparado com o benzeno, mas que é atacado preferencialmente nas posições *orto* ou *para* do que na posição *meta*. Para a bromação do $C_6H_5NO_2$ (nitrobenzeno), $f_m = 5x10^{-5}$, o que revela a sua extrema inércia (para este composto f_o e f_p são muito menores do que f_m).

Os fatos descritos acima podem ser racionalizados da seguinte forma[17] (Figura 5.11): o ataque do eletrófilo, quando ocorre nas posições *orto* ou *para* em relação ao substituinte "Y" já ligado ao anel, desenvolve cargas positivas em regiões (especialmente em *o*-3 e *p*-2) que podem ser estabi-

17. Stock LM. Reações de Substituição Aromáticas. São Paulo: Edgard Blücher-EDUSP; 1969. p. 63.

lizadas, quando "Y" é doador de elétrons por ressonância (grupos NH_2, NHCOR, OH, OR) ou por indução (grupos alquila). Grupos tais como: NO_2, R_3N^+, CN, CO_2H, COR e COH certamente não contribuirão para a estabilidade da carga positiva resultante dos ataques nas posições *orto* ou *para*, especialmente nos casos *o-3* e *p-2*. Para estes últimos grupos, o ataque em posição *meta* gera cátions instáveis, nos quais não há qualquer possibilidade de estabilização da carga positiva, seja por indução ou por ressonância. No entanto, esta é uma situação menos desfavorável do que nos casos de ataque nas posições *orto* ou *para*, que levam a carga positiva para um local muito próximo (*o-3* e *p-2*) do grupo "Y". No caso dos halobenzenos, os ataques nas posições *orto* e *para*, embora levem ao desenvolvimento de cargas positivas próximas ao átomo de halogênio (caso *o-3* e *p-2*), de efeito indutivo desestabilizador das mesmas, estas podem contar com a estabilização por ressonância por parte dos elétrons não compartilhados dos halogênios.

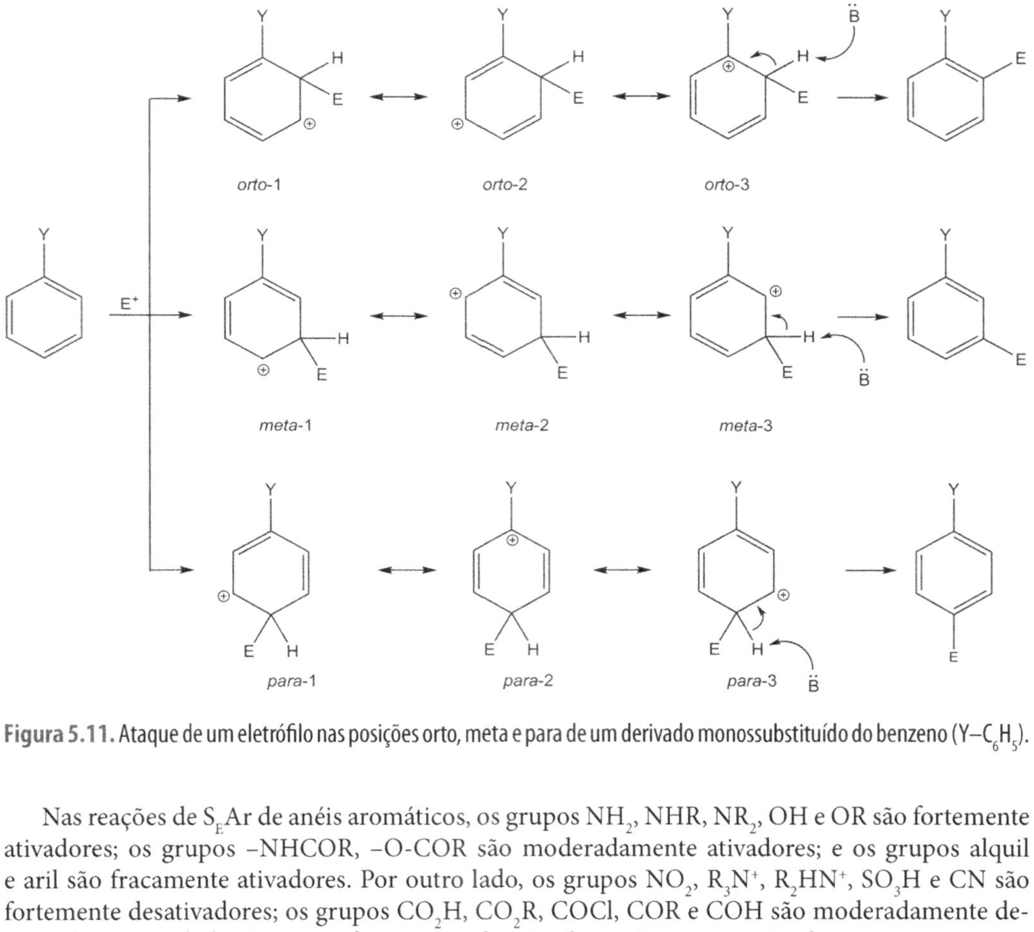

orto-1 orto-2 orto-3

meta-1 meta-2 meta-3

para-1 para-2 para-3

Figura 5.11. Ataque de um eletrófilo nas posições orto, meta e para de um derivado monossubstituído do benzeno ($Y{-}C_6H_5$).

Nas reações de S_EAr de anéis aromáticos, os grupos NH_2, NHR, NR_2, OH e OR são fortemente ativadores; os grupos -NHCOR, -O-COR são moderadamente ativadores; e os grupos alquil e aril são fracamente ativadores. Por outro lado, os grupos NO_2, R_3N^+, R_2HN^+, SO_3H e CN são fortemente desativadores; os grupos CO_2H, CO_2R, COCl, COR e COH são moderadamente desativadores; e os halogênios são fracamente desativadores. Os grupos ativadores, assim como os halogênios, são *orto* e *para*-dirigentes, enquanto os outros grupos são *meta*-dirigentes.

A previsão de orientação no ataque de eletrófilos a sistemas com dois grupos substituintes no anel pode ser difícil, a menos que os dois grupos dirijam o ataque do eletrófilo de modo sinergístico. Em caso de antagonismo, o grupo doador é o que direciona o ataque. A orientação de um ativador mais forte prevalece sobre a orientação do mais fraco. A presença de dois grupos desativadores dificulta, em muito, uma nova reação de substituição.

O perfil energético genérico das reações de S_EAr está mostrado na Figura 5.12.

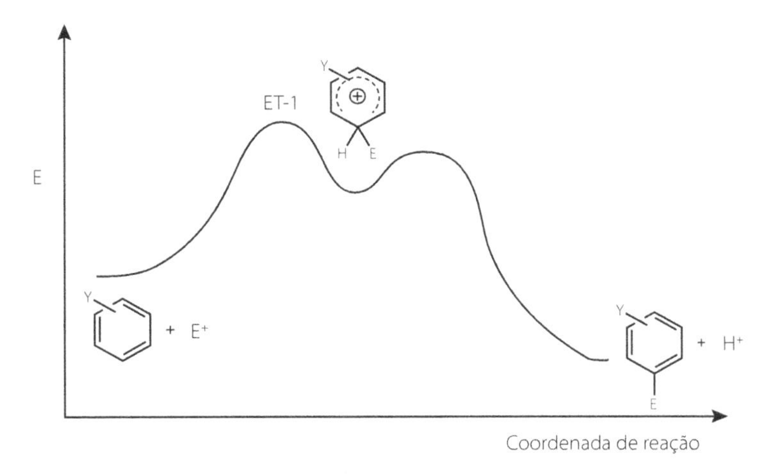

Figura 5.12. Perfil energético genérico das reações de S_EAr.

De acordo com o postulado de Hammond[18], pode-se considerar que o uso de eletrófilo muito reativo implique em menor seletividade no ataque às posições *orto*, *meta* ou *para* do composto aromático, pelo fato de que ET-1 (Figura 5.12) ser mais semelhante aos reagentes do que ao "cátion ciclo-hexadienílio". Estima-se que ET-1 se assemelhe mais ao intermediário na seguinte ordem, segundo os valores de ρ obtidos pela correlação de Hammett para os processos: alquilação ($EtBr/GaBr_3$) < cloração $HOCl/H^+$) < nitração (HNO_3/H_2SO_4) < acetilação ($CH_3COCl/AlCl_3$) < cloração ($Cl_2/AcOH$) < bromação ($Br_2/AcOH$).

iii) As reações de ozonólises de compostos benzênicos ocorrem com menor facilidade do que nos alcenos[19].

iv) A entalpia de formação do benzeno[20] é bastante menor que a prevista pela soma dos valores de energia de ligação (C=C, C–C e C–H), mostradas nas estruturas de Kekulé. Considerando-se os valores da energia da ligação C–C (342,5 kJ/mol ou 81,8 kcal/mol) do ciclo-hexano, C=C (623,0 kJ/mol ou 148,8 kcal/mol) do ciclo-hexeno e C–H (416,6 kJ/mol ou 99,5 kcal/mol) do metano, encontra-se o valor aproximado de –5.401 kJ/mol (–1.290 kcal/mol), enquanto o benzeno, de fato, apresenta um valor de –5539 kJ/mol (–1.323 kcal/mol). A diferença de 138 kJ/mol (33 kcal/mol) é chamada de "energia de ressonância do benzeno".

v) A hidrogenação do benzeno libera menos energia do que o esperado[19]. Comparando-se a energia de hidrogenação de um mol de benzeno (–208,5 kJ ou –49,8 kcal) em relação a três mols de ciclo-hexeno (–359,2 kJ/mol ou –85,8 kcal/mol), encontra-se uma diferença de 36 kcal, valor coerente com o calculado pelas energias de ligação, no item iv acima.

18. Carey FA, Sundberg RJ. Advanced Organic Chemistry - Part A: Structure and Mechanisms. 5th ed. New York: Kluwer Academic/Plenum Publishers;2007. p. 787.
19. Smith MB, March J. March's Advanced Organic Chemistry: Reactions, Mechanisms and Structure. 5th ed. New York: John Wiley & Sons; 2001. p. 1523.
20. Smith MB, March J. March's Advanced Organic Chemistry: Reactions, Mechanisms and Structure. 5th ed. New York: John Wiley & Sons; 2001. p. 35.

O acima exposto, consonante aos dados de forma espacial dos hidrocarbonetos aromáticos (ver item 5.4), indica que a molécula do benzeno é diferente e mais estável do que a molécula do ciclo-hexa-1,3,5-trieno (**40**), provavelmente por razões análogas às apresentadas para a estabilidade do buta-1,3-dieno (ver item 4.5.1.5); isto é, pela interação entre os orbitais ***p*** que compõem o sistema π da molécula.

Assim como foi determinada a energia de ressonância para o buta-1,3-dieno, para o benzeno estabelece-se o valor 150,7 kJ/mol (36 kcal/mol) para tal energia.

5.5.2. Estruturas de Ressonância

A propositura das estruturas **39** e **43**, por Kekulé, nas quais as ligações duplas C=C e simples C–C se alternariam entre os seis átomos carbonos, trouxe certa acomodação aos já mencionados problemas encontrados para explicar a inexistência de isômeros *orto*-dissubstituídos do benzeno (**41** e **42**). Porém, os aspectos relativos à estabilidade do composto ainda não estavam completamente esclarecidos.

Estando claro que há uma marcante diferença de comportamento entre o ciclo-hexa-1,3,5-trieno (**40**) e o benzeno (**39** ↔ **43**), parecendo este composto ser mais estável do que um trieno, alguns cálculos foram elaborados para estimar a energia da molécula de benzeno. Pelo método da ligação de valência (VBM: *Valence Bond Method*), e considerando-se uma participação igualitária das duas estruturas de Kekulé, escritas como duas estruturas de ressonância, concluiu-se que a energia da molécula é menor do que se apenas uma das estruturas fosse usada no cálculo. Suplementando as duas estruturas de Kekulé (com participação de 39% cada) com as estruturas de Dewar[21] (7,3% cada; Figura 5.13), o valor de energia é ainda menor.

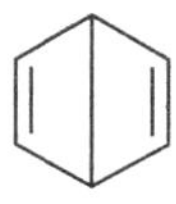

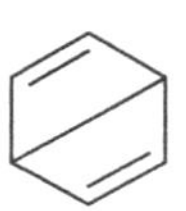

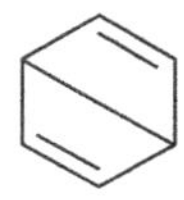

Figura 5.13. Estruturas de Dewar para o benzeno.

A proposta das estruturas de Kekulé foi posteriormente complementada com outras de hiperconjugação. Os cálculos, pelo método de *Natural Bond Orbitals* (NBO), indicaram um "peso relativo" igual a 45,8 para cada uma das estruturas de Kekulé, totalizando 91,6. As outras 82 estruturas de hiperconjugação contabilizaram, aproximadamente, 0,1 cada[22].

O método de orbitais moleculares foi empregado para solucionar as equações de onda do benzeno, considerando, independentemente, o sistema σ do anel (formado pelas ligações entre cada carbono de hibridização sp^2 e seus vizinhos) e o sistema π dos seis orbitais ***p***, um de cada carbono. Hückel[23] considerou o sistema σ como localizado e os seus cálculos (HMO: *Hückel Molecular Orbital*) envolveram apenas o sistema π. Métodos *ab initio* e semiempíricos[24], mais recentes, passaram a utilizar os dois sistemas nos cálculos e conseguiram estimar as distâncias de ligações entre os átomos e as entalpias de formação, entre outras propriedades do benzeno. Estes métodos têm encontrado coerência com o VBM (*Valence Bond Method*) em prever que efetivamente ocorre deslocalização de ligações no benzeno.

21. March J. Advanced Organic Chemistry. International Student's Edition, New York: McGraw-Hill; 1968. p. 28.
22. Glendening ED, Weinhold F. Natural resonance theory: I. General formalism. Journal of Computational Chemistry. 1998;19:593-609.
23. Yates K. Hückel Molecular Orbital Theory. New York: Academic Press; 1978.
24. Dewar MJS, Storch DM. The development and use of quantum molecular-models. 75. Comparative tests of theoretical procedures for studying chemical reactions. Journal of the American Chemical Society. 1985;107:3898-3902.

5.5.3. Algumas Consequências Químicas da Deslocalização Eletrônica

5.5.3.1. Efeito sobre a Reatividade

Conforme ressaltado no tópico anterior, o benzeno é mais estável do que se presume pela soma das suas energias de ligação e pela energia de hidrogenação em relação ao ciclo-hexa-1,3,5-trieno (**40**). O benzeno também reage com mais dificuldade e de modo diferente dos alcenos, que sofrem adição de eletrófilos, enquanto o benzeno reage pela substituição de átomos de hidrogênio por grupos eletrofílicos.

Para o benzeno é proposto um mecanismo de reação com eletrófilos (S_EAr: *Reações de Substituição Eletrofílica Aromática*) que, inicialmente, leva à ruptura do sistema aromático pela entrada do eletrófilo na molécula. O intermediário formado é estabilizado pela deslocalização da carga positiva no anel, mas não sofre o ataque de nucleófilos, como seria de se esperar para um alceno ou um polieno. Em vez disso, ocorre a reestruturação do estável sistema benzênico, como força motora do processo, que leva à saída de hidrogênio, na forma de próton (Figuras 5.10 e 5.12), auxiliada pela presença de qualquer espécie básica existente no meio reacional.

5.5.3.2. Efeito da Deslocalização Eletrônica em Outros Compostos Não Benzênicos

A deslocalização de elétrons em sistemas cíclicos, como a que ocorre no benzeno, pode ser usada para explicar o comportamento atípico de outros compostos (Figura 5.14):

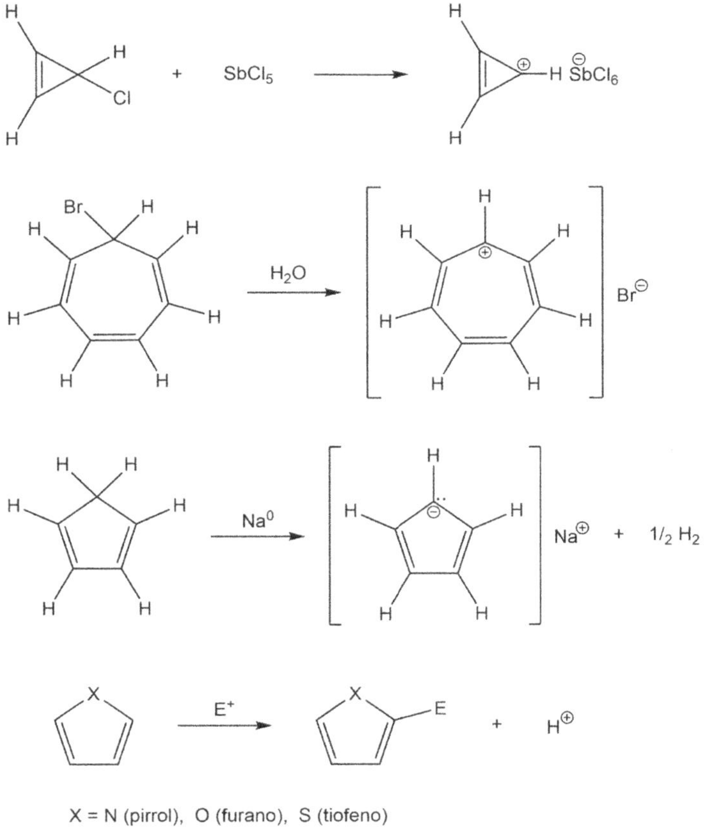

Figura 5.14. Comportamento atípico dos compostos 3-clorociclopropeno, 7-bromociclo-hepta-1,3,5-trieno, ciclopentadieno, pirrol, furano e tiofeno.

i) o 3-clorociclopropeno reage com pentacloreto de antimônio formando um sal estável de hexacloroantimoniato de ciclopropenílio, solúvel em solventes polares como nitrometano, acetonitrila e dióxido de enxofre;

ii) o 7-bromociclo-hepta-1,3,5-trieno não é solúvel em solventes apolares, mas é solúvel em água, um solvente polar, o que é típico de compostos iônicos;

iii) o ciclopentadieno (pKa = 15) é mais ácido[25] do que um dieno, apresentando uma acidez semelhante à dos álcoois. Esse composto pode ser convertido no ânion ciclopentadienila pelo tratamento com sódio metálico;

iv) o pirrol, o furano e o tiofeno reagem com eletrófilos por substituição de hidrogênio na posição 2 do anel e não por adição[26];

v) o ciclo-octatetraeno é reduzido ao diânion, por sódio metálico.

Os comportamentos dos itens i, ii, iii e v podem ser explicados pela deslocalização das cargas positivas nos cátions ciclopropenílio e ciclo-heptatrienílio e negativa nos ânions ciclopentadienílio e ciclo-octatetraenílio, enquanto os compostos do item iv parecem reagir por um processo de S_E (*Substituição Eletrofílica*) semelhante ao descrito no item "ii" do tópico 5.5.1.

Pelo acima exposto, os sistemas cíclicos contendo dois (item i), seis (itens ii, iii e iv) e dez (item v) elétrons π parecem, portanto, extremamente estáveis, por causa da deslocalização eletrônica. Além disso, o número de elétrons do sistema também parece ser relevante, pois:

a) os 5-halociclopenta-1,3-dienos, mesmo na presença de sais de prata[27], não formam carbocátions pela remoção de íons haleto na forma de haletos de prata; portanto, não se dissolvem em água;

b) o ciclo-hepta-1,3,5-trieno não é acentuadamente ácido, apresentando pKa = 36, típico de um 1,4-dieno[28].

Nestes últimos casos, os sistemas conjugados contariam, respectivamente, com quatro e oito elétrons π-conjugados.

5.5.4. Aromaticidade: a Regra de Hückel e Outros Critérios

Conforme se pode deduzir pelo que foi anteriormente apresentado, a aromaticidade é um fenômeno associado à estabilidade de um sistema, o que se traduz em baixa reatividade. Uma proposta que se baseia no número de elétrons do sistema cíclico para prever a sua aromaticidade foi elaborada pelo alemão Erich Hückel (1896-1980), em 1938[29], e pode ser resumida da seguinte forma: um sistema monocíclico planar é considerado aromático quando contiver um número de elétrons π igual a 4n+2, isto é, 2, 6, 10, 14, etc.

Esta regra surgiu pela análise dos orbitais moleculares de diversos sistemas cíclicos com 4n+2 ou 4n elétrons π, a qual levou Hückel a concluir que, nos primeiros sistemas, os elétrons ocupavam níveis energéticos mais baixos do que nos segundos, em relação ao sistema π original.

---

25. Streitwieser Jr. A, Nebenzahl LL. Carbon acidity .52. Equilibrium acidity of cyclopentadiene in water and in cyclohexylamine. Journal of the American Chemical Society. 1976;98:2188-2190.
26. March J. Advanced Organic Chemistry. Int. Student Ed. New York: McGraw-Hill; 1968. p. 390.
27. Breslow R, Hoffman Jr. JM. Antiaromaticity in parent cyclopentadienyl cation - Reaction of 5-iodocyclopentadiene with silver ion. Journal of the American Chemical Society. 1972;94:2110-2111.
28. Breslow R, Chu W. Thermodynamic determination of pKas of weak hydrocarbon acids using electrochemical reduction data - Triarylmethyl anions, cycloheptatrienyl anion, and triphenyl cyclopropenyl and trialkylcyclopropenyl anions. Journal of the American Chemical Society. 1973;95:411-418.
29. Hückel E. Grundzüge der Theorie ungesättiger und aromatischer Verbindungen. Berlin: Verlag Chem; 1938. p. 77-85.

Pela regra de Hückel, os casos "i" a "v" apresentados anteriormente, na seção 5.5.3.2, podem ser explicados da seguinte forma:

i) o cátion ciclopropenílio é aromático e, portanto, estável, pois contém 2 elétrons π no sistema cíclico;

ii) o 7-bromociclo-hepta-1,3,5-trieno dissolve-se em água pois sofre solvólise rendendo um cátion aromático, o ciclo-heptatrienílio (estável), com seis elétrons π;

iii) o ciclopentadieno é um composto ácido pois, ao ser desprotonado, forma o carbânion aromático ciclopentadienílio (estável), com seis elétrons em um sistema π;

iv) o pirrol, furano e tiofeno são aromáticos (estáveis) pois, contando com um dos pares dos elétrons do N, O ou S, os sistemas cíclicos passam a somar seis elétrons π;

v) o ciclo-octatetraeno, ao receber elétrons do sódio, concentra dez elétrons no sistema π, tornando-se aromático (estável), na forma de diânion.

Outros critérios utilizados para quantificar a aromaticidade são[30]:

a) capacidade de indução de corrente elétrica no anel por campo magnético externo: havendo aromaticidade, os elétrons se movimentam no anel criando uma corrente, que gera um campo magnético oposto ao aplicado. O campo oposto provoca a proteção de núcleos (de hidrogênio, em geral) que se encontram acima ou abaixo do plano do anel e de desproteção naqueles no plano do anel aromático. O benzeno exibe sinais de hidrogênio, no espectro de ressonância magnética nuclear, em 7,27 ppm, região diferente daquela em que são observados os hidrogênios de moléculas não aromáticas (ciclo-octatetraeno: 5,78 ppm). Medidas de deslocamentos químicos independentes do núcleo permitem estabelecer uma correlação entre o deslocamento químico e a aromaticidade de uma molécula;

b) determinações de *dureza absoluta* e *relativa*[31]. Estes termos se referem à diferença de energia entre o HOMO e o LUMO de uma espécie, que se correlaciona bem com a sua energia de ressonância. A dureza pode ser determinada a partir do conhecimento do potencial de ionização e afinidade eletrônica (potencial de redução) de uma espécie e, quanto maior, maior o caráter aromático da molécula.

c) medidas de suscetibilidade magnética, que determinam a força exercida sobre uma molécula por um campo magnético, correlacionam-se bem com a aromaticidade medida por outras técnicas;

d) determinações precisas da densidade eletrônica do benzeno, por difração de elétrons em fase gasosa[32], mostraram que no anel os elétrons se concentram entre os átomos de carbono adjacentes e nas ligações entre cada carbono e o hidrogênio a ele ligado, nada havendo no centro do anel. Observando também o plano perpendicular ao anel, as análises revelam uma distribuição elipsoidal de elétrons, devido ao sistema π. A elipsoidade pode ser correlacionada com a ordem de ligação, a qual é maior que 1, em sistemas aromáticos.

---

30. Carey FA, Sundberg RJ. Advanced Organic Chemistry - Part A: Structure and Mechanisms. 5th ed. New York: Kluwer Academic/Plenum Publishers, ; 2007. p. 715.

31. Zhou Z, Parr RG. New measures of aromaticity – Absolute hardness and relative hardness. Journal of the American Chemical Society. 1989;111:7371-7379.

32. Burgi HB, Capelli SC, Goeta AE, Howard JAK, Spackman MA, Yufit DS. Electron distribution and molecular motion in crystalline benzene: An accurate experimental study combining CCD X-ray data on C6H6 with multitemperature neutron-diffraction results on C6D6. Chemistry: A European Journal. 2002;8:3512-3521.

5.5.5. Estrutura Eletrônica e Energias dos Orbitais Moleculares π

A combinação dos seis orbitais π no benzeno, um de cada carbono do anel, pode levar à concepção de seis novos orbitais moleculares π, sendo três de menor energia que os originais (*orbitais ligantes*) e três de maior energia (*orbitais anti-ligantes*). A distribuição dos seis eletrons em tais orbitais leva ao preenchimento apenas dos três primeiros, de caráter *ligante*. O orbital π_1 não apresenta nó (além daquele no plano do anel), enquanto os orbitais π_2 e π_3 apresentam apenas dois nós cada. Nos orbitais π_4* e π_5* existem quatro nós e, em π_6*, existem seis nós (Figura 5.15).

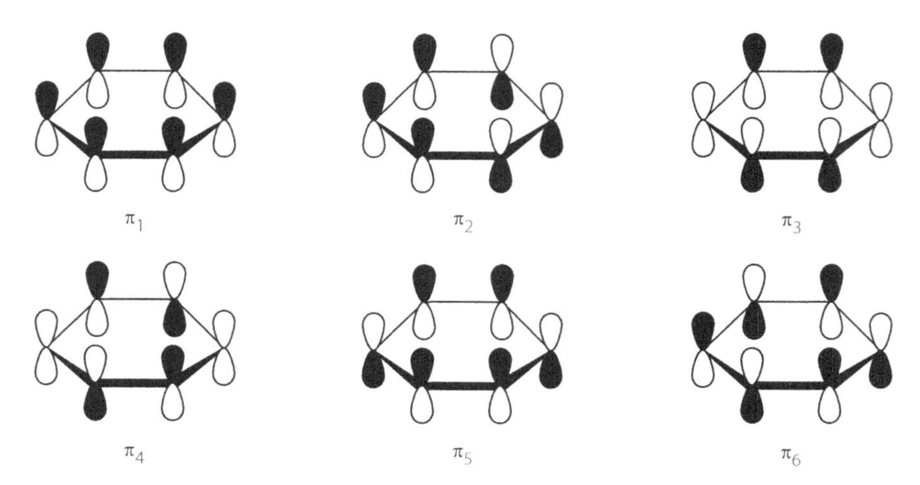

Figura 5.15. Estruturas dos orbitais moleculares π.

As energias dos seis orbitais são crescentes em função do número de nós, e podem ser estimadas pelo método de orbitais moleculares de Hückel (HMO), em termos de duas quantidades: α e β, de acordo com a equação $E = \alpha + m_j\beta$. A quantidade α exprime o montante de energia acumulada nos orbitais ***p*** isolados, enquanto β representa a energia de estabilização pela sobreposição dos orbitais ***p*** (integral de ressonância). Pelos cálculos de Hückel, no benzeno, as energias dos orbitais são, daquele de mais baixa para o de mais alta energia, dadas por: α+2β, α+β, α+β, α-β, α-β e α-2β. Considerando-se que apenas os três primeiros orbitais de mais baixa energia estão preenchidos por seis elétrons, o valor total de estabilização destes é $6(\alpha+\beta) + 2\beta = 6\alpha+8\beta$. Comparando-se com o ciclo-hexa-1,3,5-trieno (**40**), no qual os seis elétrons estariam em três orbitais localizados π, de energia α+β cada, surge, pela diferença entre 6α+8β e 6α+6β, o valor de 2β de energia de estabilização (energia de ressonância) em favor do benzeno.

Considerando-se o valor calculado de 150,7 kJ/mol (36 kcal/mol) para a estabilização do benzeno, a partir de experimentos de hidrogenação deste composto em comparação com o ciclo-hexeno, atribui-se à integral de ressonância (β) o valor de 75,4 kJ/mol (18 kcal/mol).

5.5.6. Diagramas de Frost

Embora o cálculo da energia de estabilização do benzeno tenha se mostrado algebricamente simples, outros sistemas, principalmente aqueles com mais átomos e elétrons no anel, podem requerer cálculos mais complexos. Porém, todos podem ter as suas energias facilmente calculadas, de modo gráfico, pelo uso do círculo de Frost[33].

33. Frost AA, Musulin B. A mnemonic device for molecular orbital energies. Journal of Chemical Physics. 1953;21:572-573.

Na proposta de Frost, em um círculo de raio 2β deve ser inserido um polígono com o número de vértices igual ao número de componentes ***p*** do sistema π, devendo um vértice estar voltado para baixo. Cada vértice do polígono representa um orbital e os pontos de intersecção dos vértices do polígono com o círculo determinam, graficamente, a energia do orbital. O método pressupõe que o centro do círculo representa a energia de um elétron isolado em um orbital ***p***, de energia de ressonância igual a zero, e que o raio do círculo representa um valor de energia igual a 2β. Operações trigonométricas permitem determinar a energia dos orbitais π_1, π_2, π_3, etc. Isto é feito calculando-se a distância vertical do vértice do polígono ao equador do círculo. Uma vez preenchidos os orbitais com os elétrons que o sistema sob análise possui, a energia global é calculada pela diferença de energia entre os níveis preenchidos: os níveis acima do equador do círculo representam *orbitais antiligantes*, de maior energia do que os *orbitais ligantes*, que estão abaixo do equador. Os orbitais no equador são considerados *não ligantes*. O método também pode ser usado para calcular a energia de sistemas não cíclicos com 'n' átomos, mas o polígono deve ser construído com '2n+2' vértices. Segundo os autores deste método, este surge de uma curiosa coincidência trigonométrica com os valores de energia de orbitais obtidos pelo método de Hückel.

Na Figura 5.16 está mostrado o ciclo de Frost para o benzeno, no qual a energia *h*, de π_2 (ou π_3) corresponde a β, enquanto *h'*, a energia de π_1, é igual a 2β. Deve-se notar que a energia de um orbital pode ser calculada por E = r sin θ. Para π_2 ou π_3, no caso do hexágono (benzeno), θ = 30°, em relação ao vértice e o equador. Sendo o r = 2β, E = 2β sin 30° = 2β x 0,5 = β. A energia de π_1 = 2β sin 90 = 2β.

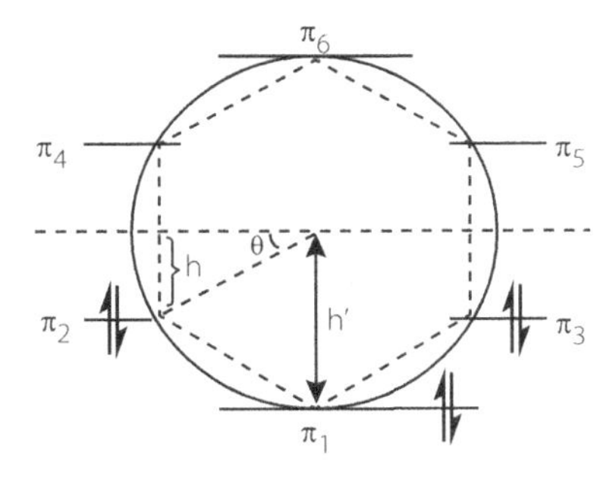

Figura 5.16. Ciclo de Frost para o benzeno.

Nos cátions ciclopropenílio, ciclo-heptatrienílio (Figura 5.17), do ânion ciclopentadienílio (Figura 5.17) e do diânion ciclo-octatetraenílio e de outros sistemas aromáticos (com 4n+2 elétrons), estão preenchidos somente os orbitais abaixo do equador, o que sempre garante estabilidade em relação aos sistemas não conjugados. Já os sistemas com '4n' elétrons apresentam orbitais semipreenchidos *ligantes*, *não ligantes* ou *antiligantes*, implicando em menor estabilidade.

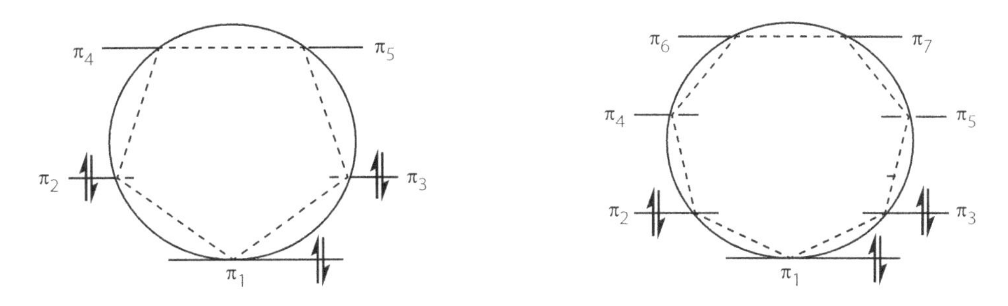

Figura 5.17. Ciclo de Frost para o ânion ciclopentadienílio e para o cátion ciclo-heptatrienílio.

5.5.7. Outros Compostos Aromáticos

Conforme já foi mencionado, a aromaticidade, enquanto associada ao critério de estabilidade ou outros (ver item 5.5.4), não é exclusividade do benzeno. O termo aromaticidade pode ser estendido às seguintes classes de compostos:

i) compostos benzenoides: são constituídos de núcleos benzênicos substituídos;

ii) sistemas de anéis fundidos: esta categoria engloba os compostos que são constituídos de anéis benzênicos fundidos, tais como naftaleno e antraceno, e os sistemas do tipo misto (anéis benzênicos, anulênicos ou semelhantes, fundidos), tais como o azuleno. A previsão de estabilidade para esses sistemas não pode ser deduzida a partir da regra de Hückel, que se presta apenas a sistemas monocíclicos. Porém, no que tange aos compostos de anéis fundidos de estruturas benzênicas, a aromaticidade se mantém, embora diminua com o aumento do número de anéis;

iii) anulenos com 4n + 2 elétrons: caracterizam-se por serem sistemas poliênicos monocíclicos, de fórmula mínima C_1H_1. O benzeno é um caso particular de anuleno ([6]anuleno). Outros exemplos de anulenos aromáticos são o [14]anuleno, o [18]anuleno (Figura 5.18) e o [22]anuleno. Embora o [10]anuleno conte com um número de elétrons coerente com o critério de aromaticidade de Hückel, esse composto apresenta tensões que dificultam a planaridade.

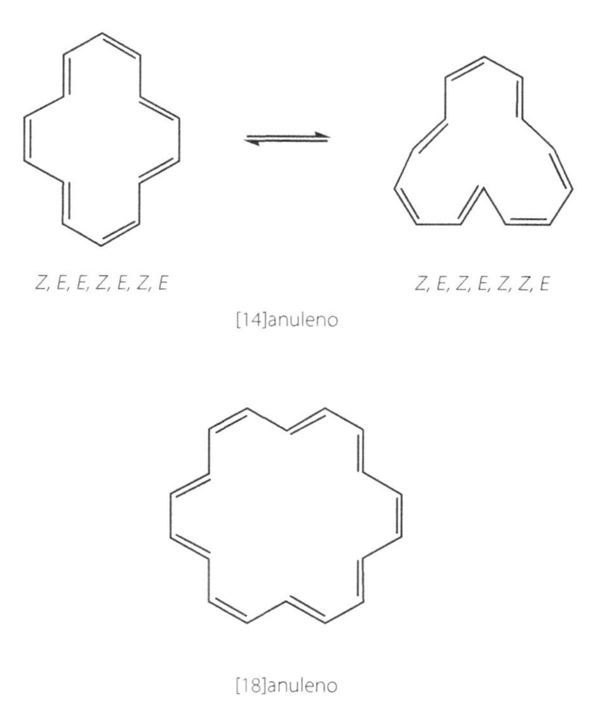

Figura 5.18. Estruturas de anulenos aromáticos.

iv) Sistemas homoaromáticos: anéis que contêm um carbono saturado (***sp***^{3}) inserido em um sistema poliênico. São considerados aromáticos os cátions ciclobutenila, e o ciclo-octatrienila, resultando na estabilidade de estruturas como as mostradas na Figura 5.19.

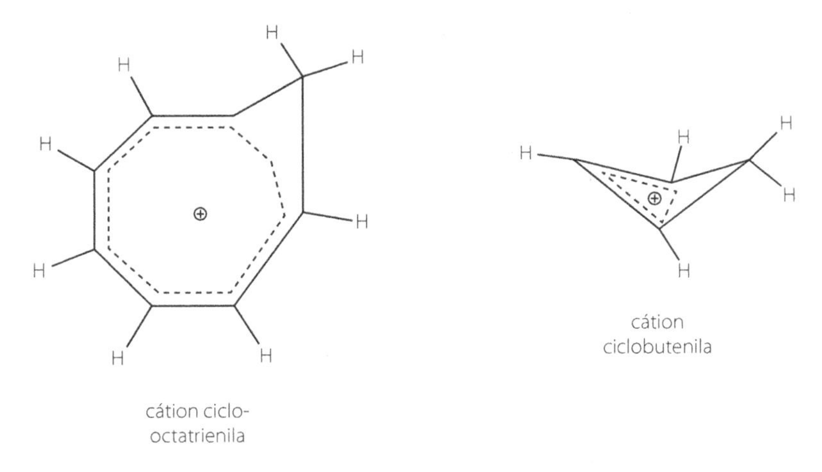

Figura 5.19. Estruturas aromáticas dos cátions ciclo-octatrienila e ciclobutenila.

v) Sistemas heteroaromáticos: são exemplos o furano e o pirrol (Figura 5.14). Nesses compostos, um par de elétrons do heteroátomo soma-se aos quatro elétrons do sistema π, formando um sistema aromático de seis elétrons. A piridina, embora seja aromática, por conter um sistema π de seis elétrons, reage mais lentamente com eletrófilos do que o benzeno, devido ao efeito indutivo atrator de elétrons do nitrogênio.

vi) Sistemas com carga: tratam-se de cátions como o ciclopropenila, tropílio, etc.

5.5.8. Síntese e Uso de Compostos Benzênicos

5.5.8.1. Benzeno

Em laboratório, por aquecimento do acetileno, na presença de catalisadores de níquel, é gerado benzeno em mistura com ciclo-octatetraeno (conforme item 4.5.3.6). Diversos benzenos substituídos (tal como o hexa*iso*propilbenzeno) podem ser preparados de maneira análoga, partindo-se dos acetilenos substituídos (como o di*iso*propilacetileno)[34].

Pela alta demanda por benzeno, para uso em combustíveis, solventes e processos sintéticos, a partir dos anos 1940 foram desenvolvidos outros métodos de produção por reforma a partir do petróleo. Nos processos de reforma catalítica, que respondem por aproximadamente 30% do benzeno comercializado, moléculas de cicloparafinas (ciclopentanos) são desidrogenadas ou desidroisomerizados, ou então parafinas de cadeia aberta são ciclizadas e desidrogenadas. Nesses processos, usualmente, empregam-se catalisadores de platina e rênio suportados em alumina, de grande área superficial. O benzeno também pode ser obtido pela desalquilação de tolueno ou por trimerização do acetileno (ver Figura 4.113).

Atualmente, a maior parte do benzeno produzido tem como destino a indústria química, para o preparo de detergentes, pesticidas, fármacos, etc. As mais importantes reações do benzeno são as seguintes:

i) alquilação (para a síntese de alquilbenzenos: tolueno, etilbenzeno, cumeno, etc.);

ii) acilação (para a obtenção de cetonas aromáticas) ou formilação (para a obtenção de benzaldeído);

34. March J. Advanced Organic Chemistry. International Student's Edition. New York: McGraw-Hill; 1968. p. 642.

iii) halogenação (para a obtenção dos halobenzenos);

iv) nitração (para a formação de nitrobenzenos);

v) sulfonação (para a geração de ácidos benzenossulfônicos);

vi) oxidação da cadeia lateral ou do anel benzênico (para gerar cetonas aromáticas ou quinonas);

vii) redução do benzeno, que origina o ciclo-hexano, o qual é oxidado a ciclo-hexanol, ciclo-hexanona ou ácido adípico, usado na fabricação do *nylon*;

viii) dimerização: o benzeno pode ser dimerizado a bifenilo, que serve de agente para a refrigeração de transformadores e para a síntese de éter bifenílico, um importante agente depressor do ponto de fusão. A policloração do bifenilo gera os bifenilos policlorados (PCB), fluidos hidráulicos não inflamáveis, que causaram grandes problemas ambientais, até serem banidos[35].

5.5.8.2. Alquilbenzenos

O tolueno pode ser obtido por alquilação do benzeno com metanol (mecanismo S_EAr) ou por ciclização do heptano, seguida de aromatização. Porém, quando destinado ao uso como combustível, é mais econômico usá-lo em mistura com benzeno e xilenos (BTX), obtidos diretamente na forma bruta dos reformados.

O tolueno também pode ser usado em:

i) produção de nitrotolueno[4] (usado para redução à *para*-metilanilina e na obtenção de isocianatos) e trinitrotolueno (TNT, usado como explosivo), através de reações de nitração;

ii) produção de benzeno[3,4]: atualmente, por mais paradoxal que pareça, o tolueno tem sido desalquilado (550 a 650 °C e 3 a 10 MPa) para a produção do benzeno, que tem mais usos do que o tolueno;

iii) obtenção de haletos de benzila pela halogenação do grupo metila. Os processos são radicalares e, em analogia à halogenação alílica, devem-se à estabilidade do radical benzílico (estabilizado pela deslocalização dos elétrons pelo sistema aromático, conforme mostra a Figura 5.20) e à facilidade com que ocorrem. A ligação C–H benzílica é de força comparável à ligação alílica (~356 *vs.* ~368 kJ/mol ou ~85 *vs.* ~88 kcal/mol), justamente pela grande estabilidade do radical benzílico. Essas ligações são ainda mais fracas do que a ligação C–H do carbono terciário do isobutano (~402 kJ/mol ou ~96 kcal/mol), implicando que o radical terciário não é tão estável quanto o radical benzílico (ou radical alílico).

Nas halogenações benzílicas em laboratório, usam-se os seguintes reagentes[36]: a) N-bromosuccinimida (NBS) para a bromação; b) SO_2Cl_2, $C_6H_5ICl_2$, Cl_2 ou PCl_5 para a cloração; CF_3OF para a fluoração. O cloreto de benzila é produzido em escala industrial[37] pela reação com Cl_2, sob refluxo, na presença de luz. A reação pode prosseguir até o estágio de bis-cloração, formando o "cloreto de benzala", ou tris-cloração, gerando o "benzotricloreto". A hidrólise do composto diclorado gera o benzaldeído e, a hidrólise do composto triclorado gera o ácido benzoico[38];

35. Environment for development. Disponível em: www.unep.org/publications/. Acessado em: 11/04/2016.
36. Larock RC. Comprehensive Organic Transformations - A guide to functional group preparations. 2nd ed. New York: Wiley--VCH; 1989. p. 313.
37. Stille JK. Química Orgânica Industrial. São Paulo: Edgard Blücher-EDUSP. 1969. p. 26.
38. Stille JK. Química Orgânica Industrial. São Paulo: Edgard Blücher-EDUSP; 1969. p. 88.

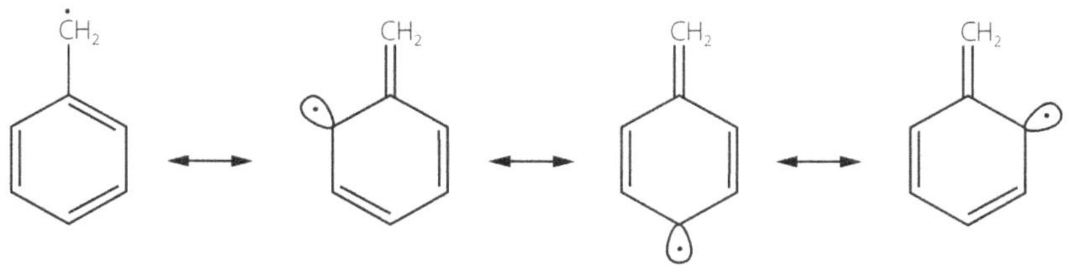

Figura 5.20. Deslocalização de elétrons pelo sistema aromático do radical benzílico.

iv) oxidação a benzaldeído pela oxidação da cadeia lateral do tolueno. Em laboratório usa-se principalmente oxidantes como o CrO_3/ácido acético[39]. O processo de oxidação pode prosseguir até o estágio de ácido benzoico. Industrialmente, o tolueno é oxidado a benzaldeído de modo radicalar, a 500 °C, usando-se ar e óxido de urânio como catalisador[40]. De maneira semelhante, a obtenção de ácido benzoico[38] ocorre pelo emprego de catalisadores de Mn^{2+} e Co^{2+}.

Os xilenos também podem ser obtidos por reforma do petróleo. O desproporcionamento catalítico de dois mols do metilciclo-hexano gera um mol de xileno e um mol de benzeno. Os principais usos dos xilenos são:

i) O *para*-xileno é principalmente destinado para a produção de ácido tereftálico, de largo uso industrial, em filmes, resinas e fibras (tereftalatos, de maneira geral). O processo ocorre pela oxidação[41], com oxigênio do ar, a 130-145 °C, empregando-se catalisador de Co^{2+}.

ii) Destino semelhante tem o *orto*-xileno[42], que é oxidado com oxigênio do ar, na presença de pentóxido de vanádio, sendo convertido em anidrido ftálico e, depois, em uma vasta gama de produtos, principalmente na indústria de plásticos.

iii) O *meta*-xileno tem menor amplitude industrial, sendo, em parte, convertido em *orto* ou *para*-xileno.

O etilbenzeno resulta da alquilação (S_EAr) do benzeno com etileno, usando-se cloreto de alumínio como ácido de Lewis[43]. Ultimamente, têm ganhado preferência técnicas mais modernas, nas quais se empregam zeólitas. O processo envolve a formação de uma espécie carbocatiônica que efetua o ataque ao anel benzênico, conforme o esquema mecanístico proposto para as reações de S_EAr do benzeno (ver tópico 5.5.1).

De modo genérico, os monoalquilbenzenos são industrialmente ou laboratorialmente produzidos por reações de Friedel-Crafts (S_EAr) com cloroparafinas. Os produtos dessas reações são misturas oriundas de rearranjos de carbocátions, favorecendo os produtos de equilibração[44] (Figura 5.21).

---

39. Larock RC. Comprehensive Organic Transformations - A guide to functional group preparations. 2nd ed. New York: Wiley-VCH; 1989. p. 591.
40. Stille JK. Química Orgânica Industrial. São Paulo: Edgard Blücher-EDUSP; 1969; p. 69.
41. Stille JK. Química Orgânica Industrial. São Paulo: Edgard Blücher-EDUSP; 1969. p. 89.
42. Stille JK. Química Orgânica Industrial. São Paulo: Edgard Blücher-EDUSP; 1969. p. 90.
43. Stille JK. Química Orgânica Industrial. São Paulo: Edgard Blücher-EDUSP; 1969. p. 14.
44. Carey FA, Sundberg RJ. Advanced Organic Chemistry - Part B: Reactions and Synthesis. 3rd ed. New York: *Plenum* Press. ; 1990. p. 578.

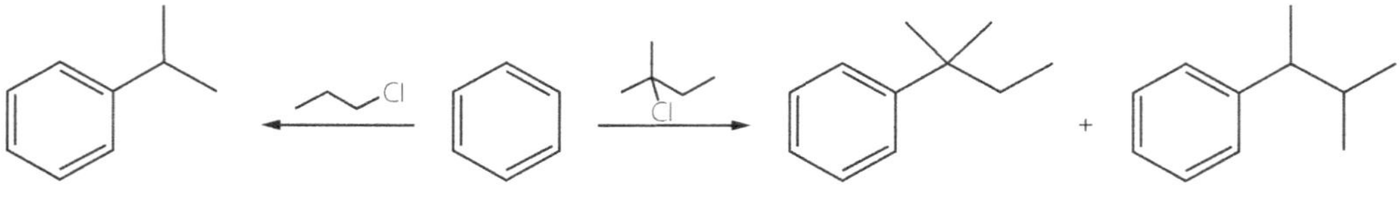

Figura 5.21. Reações de alquilação de Friedel-Crafts do benzeno.

Em laboratório, os rearranjos podem ser minimizados quando são usados ácidos de Lewis fracos, tais como: BCl_3, $FeCl_2$, $TiCl_4$ ou $SnCl_4$. São mais ativos os catalisadores: $FeCl_3$, $InCl_3$ e $SbCl_5$. Os catalisadores de maior atividade são: $AlCl_3$, $AlBr_3$, $GaBr_3$ e SbF_5.

Os principais usos do etilbenzeno são os seguintes:

i) Desidrogenação em estireno[45], preferencialmente pelo uso de catalisador Fe_2O_3/ CrO_3 a 600-660 °C. O estireno é amplamente empregado em indústrias de plásticos, como poliestireno e como copolímeros com acrilonitrila e butadieno.

ii) Oxidação da cadeia lateral do etilbenzeno[45] para a obtenção de acetofenona e feniletanol.

iii) Alquilação para obter dietilbenzeno e divinilbenzeno (este último por desidrogenação).[43]

O cumeno (isopropilbenzeno) é obtido pela reação entre o benzeno e o propeno, em meio ácido[46]. Por reação de oxidação ao ar, o cumeno pode ser convertido em fenol e acetona, através do rearranjo do hidroperóxido de cumila (Figura 5.22).

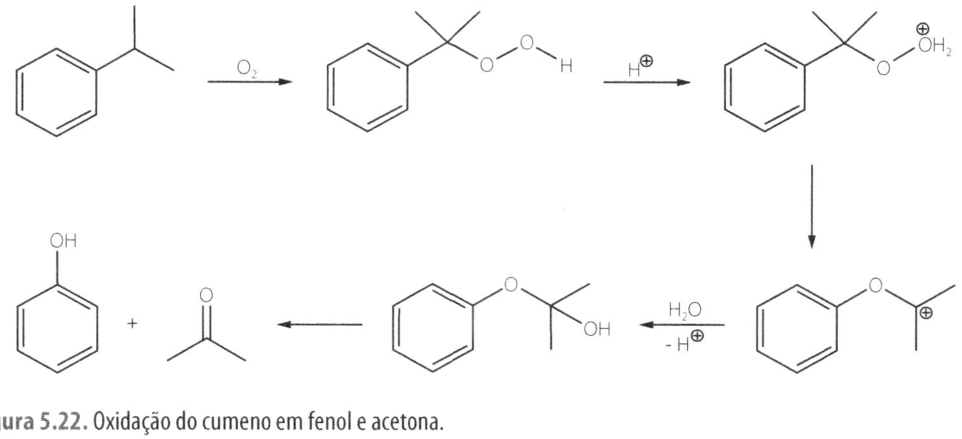

Figura 5.22. Oxidação do cumeno em fenol e acetona.

Os alquilbenzenos com longas cadeias alquilas podem ser obtidos por reação do benzeno com olefinas e servem como a principal fonte para a fabricação de tensoativos (detergentes), por sulfonação do anel aromático[47].

45. Stille JK. Química Orgânica Industrial. São Paulo: Edgard Blücher-EDUSP; 1969. p. 17.
46. Stille JK. Química Orgânica Industrial. São Paulo: Edgard Blücher-EDUSP; 1969. p. 15.
47. Hydrocarbons. Ullmann's Encyclopedia of Industrial Chemistry. Weinheim: *Wiley*-VCH; 2005.

5.5.8.3. Halobenzenos

A halogenação do benzeno é um processo de S_EAr, no qual são utilizados diversos tipos de reagentes, em função do halogênio a ser inserido no anel.

i) As fluorações[48] podem ser conseguidas, por exemplo, pelo emprego de F_2, CF_3OF e XeF_2.

ii) As clorações empregam uma maior variedade de reagentes[49] e podem requerer ou não o uso de catalisadores, dependendo dos substituintes do anel, tais como: Cl_2; $Cl_2/FeCl_3$; $CuCl_2$; Cl_2O/H_2SO_4, etc.

iii) A inserção de bromo pode ser conseguida por uma vasta gama de métodos[49], a maioria dos quais usa Br_2, ou Br_2 e um catalisador (Fe, $AlCl_3$, Ag^+, etc.) ou NBS.

iv) Caso seja necessária a introdução de um átomo de iodo no anel benzênico[50], devem-se utilizar catalisadores (Ag^+ ou $AlCl_3$) ou empregar ICl, por exemplo.

Os métodos industriais centram-se nos compostos clorados. A fotocloração do benzeno ocorre por radicais livres e conduz aos hexaclorobenzenos[51], usados antigamente como inseticidas. Também é possível efetuar a monocloração usando-se $Cl_2/FeCl_3$ a temperaturas baixas, incrementando-se a formação de *orto* ou *para*-diclorobenzeno em temperaturas mais elevadas[52].

O clorobenzeno é um composto-chave no preparo de pesticidas, solventes e corantes. Pode ser transformado industrialmente em anilina pela reação com amônia, sob elevada pressão a quente[53], ou em fenol[54], por reação com NaOH a 260 °C, seguida de acidulação com HCl.

Em laboratório, diversos grupos podem ser usados para substituir o átomo de cloro do anel aromático[55]. Os mecanismos destas reações foram estabelecidos em analogia aos estudos de substituição nucleofílica em halogenoalcanos. Por apresentarem cinética de 2ª ordem (reação de 1ª ordem em relação ao nucleófilo e de 1ª ordem em relação ao substrato aromático) são nomeadas de *Substituição Nucleofílica Aromática Bimolecular* (S_N2Ar). O mecanismo da S_N2Ar diverge daquele na série alifática (S_N2), pois há o envolvimento de uma espécie intermediária, chamada de *íon benzenânio*[56]. Conforme mostrado na Figura 5.23, a aproximação do nucleófilo carregado negativamente ao sistema aromático, apesar de eletrostaticamente desfavorecida, ocorre por causa das condições enérgicas empregadas nesses processos (temperatura e pressão elevadas) e introduz elétrons no sistema cíclico de seis membros. Esta etapa de ataque ao anel aromático é mais rápida com os fluorobenzenos do que com os clorobenzenos. Estes últimos reagem ainda mais rapidamente do que os bromobenzenos. Isso se deve à maior indução de carga positiva no carbono *ipso* (que é aquele que contém o grupo de partida e por isso é atacado pelo nucleófilo) e também pela maior estabilização da carga negativa que se forma no *íon benzenânio*.

48. Larock RC. Comprehensive Organic Transformations - A guide to functional group preparations, 2nd ed. New York: Wiley-VCH; 1989. p. 315.
49. Larock RC. Comprehensive Organic Transformations - A guide to functional group preparations 2nd ed. New York: Wiley-VCH; 1989. p. 316.
50. Larock RC. Comprehensive Organic Transformations - A guide to functional group preparations. 2nd ed. New York: Wiley-VCH; 1989. p. 317.
51. Stille JK. Química Orgânica Industrial. São Paulo: Edgard Blücher-EDUSP; 1969. p. 29.
52. Stille JK. Química Orgânica Industrial. São Paulo: Edgard Blücher-EDUSP; 1969. p. 33.
53. Stille JK. Química Orgânica Industrial. São Paulo: Edgard Blücher-EDUSP; 1969. p. 107.
54. Stille JK. Química Orgânica Industrial. São Paulo: Edgard Blücher-EDUSP; 1969. p. 56.
55. Carey FA, Sundberg RJ. Advanced Organic Chemistry - Part B: Reactions and Synthesis. 3rd ed. New York: *Plenum* Press, ; 1990. p. 596.
56. Stock LM. Reações de Substituição Aromáticas. São Paulo: Edgard Blücher-EDUSP; 1969. p. 97.

Os grupos presentes no anel do halobenzeno, tais como NO_2, CN, CO_2R e outros, que possuem caráter aceptor de elétrons, aceleram as reações de S_N2Ar, principalmente quando estão posicionados na posição *para* em relação ao átomo de halogênio a ser substituído. Por outro lado, os grupos alquila não aceleram essas reações. Esses resultados são explicados pela maior estabilização do *íon benzenânio*, causada pelos supracitados grupos eletroaceptores, principalmente quando posicionados na posição *para* (ou *orto*), conforme se pode verificar na Figura 5.24, na qual "G" é um grupo substituinte qualquer.

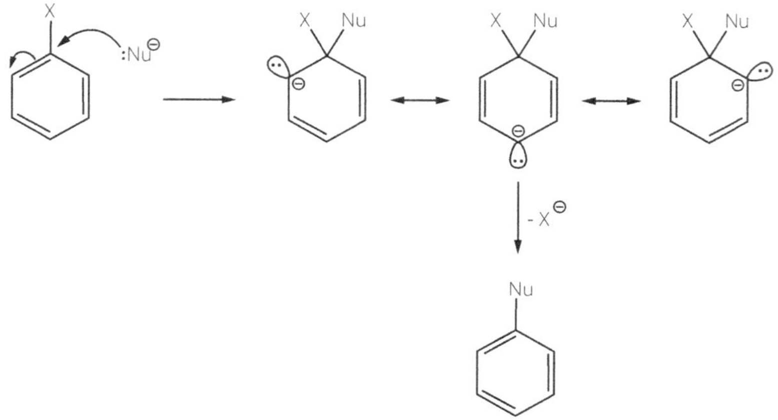

Figura 5.23. Ataque de um nucleófilo carregado negativamente ao sistema aromático.

Os *íons benzenânios* foram isolados, como no caso do ataque do íon metóxido ao 2,4,6-trinitroetoxibenzeno, e são postulados como intermediários em diversas outras reações de substituição nucleofílica em aromáticos. É importante mencionar que, no caso da reação de nucleófilos de caráter básico com certos halobenzenos contendo grupos doadores de elétrons no anel, um mecanismo diferente também leva a produtos de substituição[57], como no caso da reação de 2-bromo-6-metilanisol com amônia líquida (Figura 5.25).

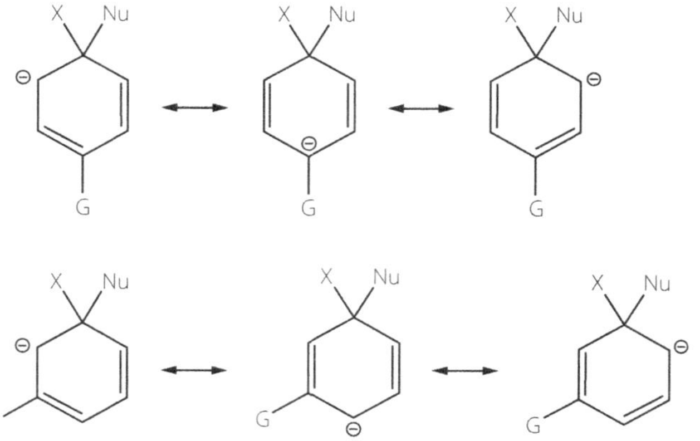

Figura 5.24. Estabilização do íon benzenânio causada por grupos eletroaceptores.

57. Stock LM. Reações de Substituição Aromáticas.São Paulo: Edgard Blücher-EDUSP; 1969, p. 106.

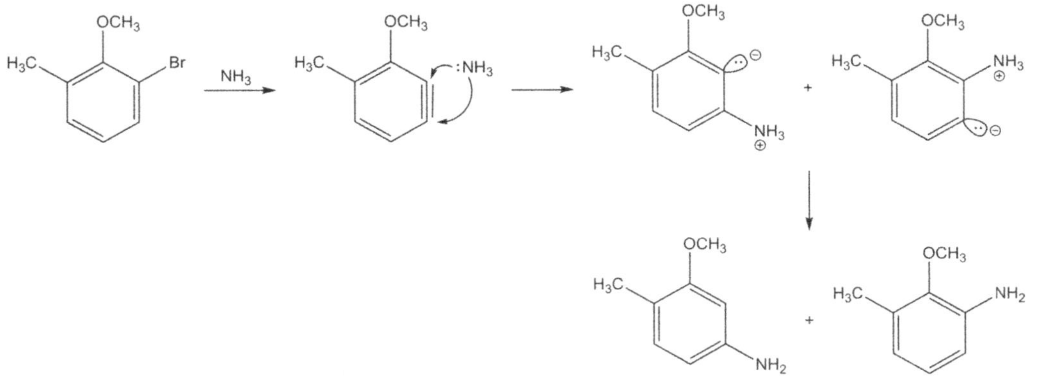

Figura 5.25. Reação de 2-bromo-6-metilanisol com amônia.

Neste caso, forma-se intermediariamente uma espécie chamada *benzino*, formada por eliminação de H^+ promovida pela base (amideto), seguida da saída de Br^-. O intermediário *benzino* reage com o nucleófilo (amônia) e gera os dois produtos da reação.

A existência do benzino[58] foi provada pela sua captura com um 1,3-dieno (Figura 5.26), durante processos de substituição semelhantes aos descritos acima.

Deve-se mencionar que também é possível a introdução de halogênios em anéis benzênicos *via* sais de diazônio de anilinas (ver tópico 5.5.8.4).

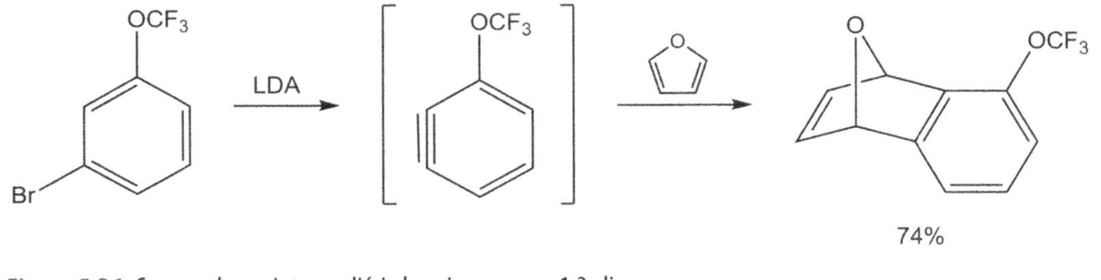

Figura 5.26. Captura de um intermediário benzino com um 1,3-dieno.

5.5.8.4. Nitrobenzeno

A nitração é o método mais importante de introdução de um átomo de nitrogênio no anel benzênico e ocorre por um processo de S_EAr.

Industrialmente[59], a nitração é efetuada pelo tratamento do benzeno com uma mistura de HNO_3 (32-39%) e H_2SO_4 (53-60%), produzindo o nitrobenzeno. Nesses processos, forma-se o íon nitrônio (NO_2^+), que é a espécie eletrofílica que se aproxima do anel benzênico, conforme o mecanismo típico de S_EAr.

58. Pellissier H, Santelli M. The use of arynes in organic synthesis. Tetrahedron. 2003;59:701-730.
59. Stille JK. Química Orgânica Industrial. São Paulo: Edgard Blücher-EDUSP; 1969. p. 113.

Em laboratório[60], a nitração de sistemas aromáticos pode ser efetuada em solventes como o ácido acético ou o nitrometano. A espécie eletrofílica também pode ser gerada pela reação de ácido nítrico com anidrido acético (NO_2^+ $CH_3CO_2^-$) ou anidrido trifluoroacético (NO_2^+ $CF_3CO_2^-$).

O nitrobenzeno é a matéria prima industrial para a anilina[61], por redução do grupo nitro com hidrogênio (H_2) na presença de catalisador de Cu^{2+} suportado em sílica gel, a 350 °C. Alternativamente, usa-se hidrogênio nascente obtido pela reação de HCl com Fe^0, mas, nesse caso, o produto formado é um sal de amônio que deve ser neutralizado com carbonato de sódio. Em laboratório[62], além do uso de metais como o ferro ou o estanho, em meio ácido, podem ser usados redutores, tais como: H_2/Ni, H_2/Pd, BH_4^-/Ni^{2+}, N_2H_4 e $SnCl_2$.

A importância de anilinas remonta ao século XIX, como precursoras de corantes e de uma infinidade de outros compostos, através de reações de:

i) Nitrosação: pela reação de anilina com nitritos de alquila, em solvente orgânico, na presença de ácidos[63]; ou pela reação de anilina com nitrito de sódio ou de potássio, em meio ácido para gerar ácido nitroso, que gera o eletrófilo O=N–O–N=O (Figura 5.27)[64].

A reação do eletrófilo O=N–O–N=O com o grupo amino forma os sais de diazônio, conforme mostrado na Figura 5.28.

$$\overset{\ominus}{NO_2} + H^{\oplus} \longrightarrow H-O-N=O \xrightarrow{H^{\oplus}} H-\underset{\displaystyle H}{\overset{\oplus}{O}}-N=O \xrightarrow{HO-N=O} O=N-O-N=O + H_2O$$

Figura 5.27. Geração do eletrófilo O=N–O–N=O pela reação de nitrito em meio ácido.

Alguns cátions de diazônio aromáticos podem até ser isolados[65] e manejados para produzir a substituição do grupo $-N_2^+$ por outros grupos[63], via mecanismos[66] de S_NAr do tipo S_N1 (Figura 5.29), ou então para realizar o acoplamento com anéis de sistema aromáticos ativados para a S_EAr (Figura 5.30), visando a síntese de azocorantes[67].

ii) Substituição nucleofílica em: a) ácidos carboxílicos e derivados para realizar a síntese de amidas; b) fosgênio para a obtenção de isocianatos[68], tais como o tolueno-2,4--diisocianato (TDI); c) reações de substituição nucleofílica em sistemas alifáticos, para produzir aminas substituídas e sais de amônio.

---

60. Carey F A, Sundberg RJ. Advanced Organic Chemistry - Part B: Reactions and Synthesis. 3rd ed. New York: *Plenum* Press; 1990. p. 571.
61. Stille J K. Química Orgânica Industrial. São Paulo: Edgard Blücher-EDUSP; 1969. p. 110.
62. Larock RC. Comprehensive Organic Transformations - A guide to functional group preparations. 2nd ed. New York: Wiley--VCH; 1989. p. 411.
63. Carey FA, Sundberg RJ. Advanced Organic Chemistry - Part B: Reactions and Synthesis. 3rd ed. New York: *Plenum* Press, ; 1990; p. 588.
64. Mundy BO, Ellerd MG, Favaloro Jr. FG. Name Reactions and Reagents in Organic Synthesis. 2nd ed. Haboken: Willey; 2005. p. 847.
65. Mundy BO, Ellerd MG, Favaloro Jr. FG. Name Reactions and Reagents in Organic Synthesis. 2nd ed. Haboken: Willey; 2005. p. 52.
66. Stock LM. Reações de Substituição Aromáticas. São Paulo: Edgard Blücher-EDUSP; 1969. p. 98.
67. Azo Dyes. Ullmann's Encyclopedia of Industrial Chemistry. Weinheim: *Wiley*-VCH; 2005.
68. Stille JK. Química Orgânica Industrial. São Paulo: Edgard Blücher-EDUSP; 1969. p. 116.

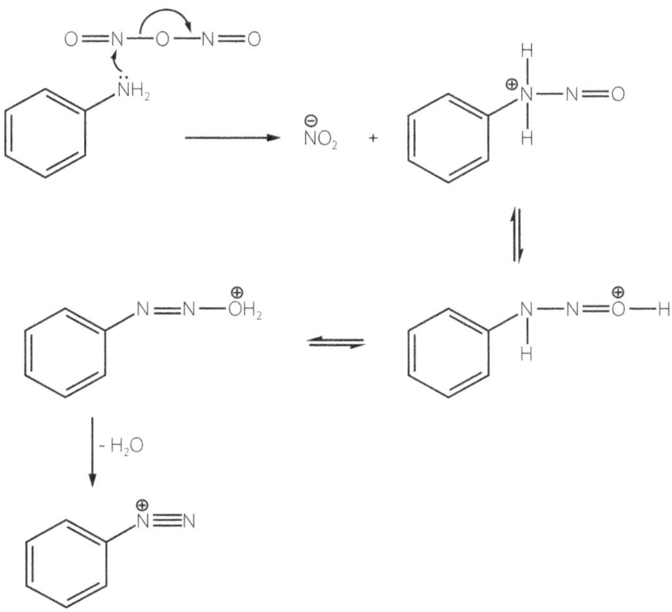

Figura 5.28. Reação do eletrófilo O=N–O–N=O com um grupo amino.

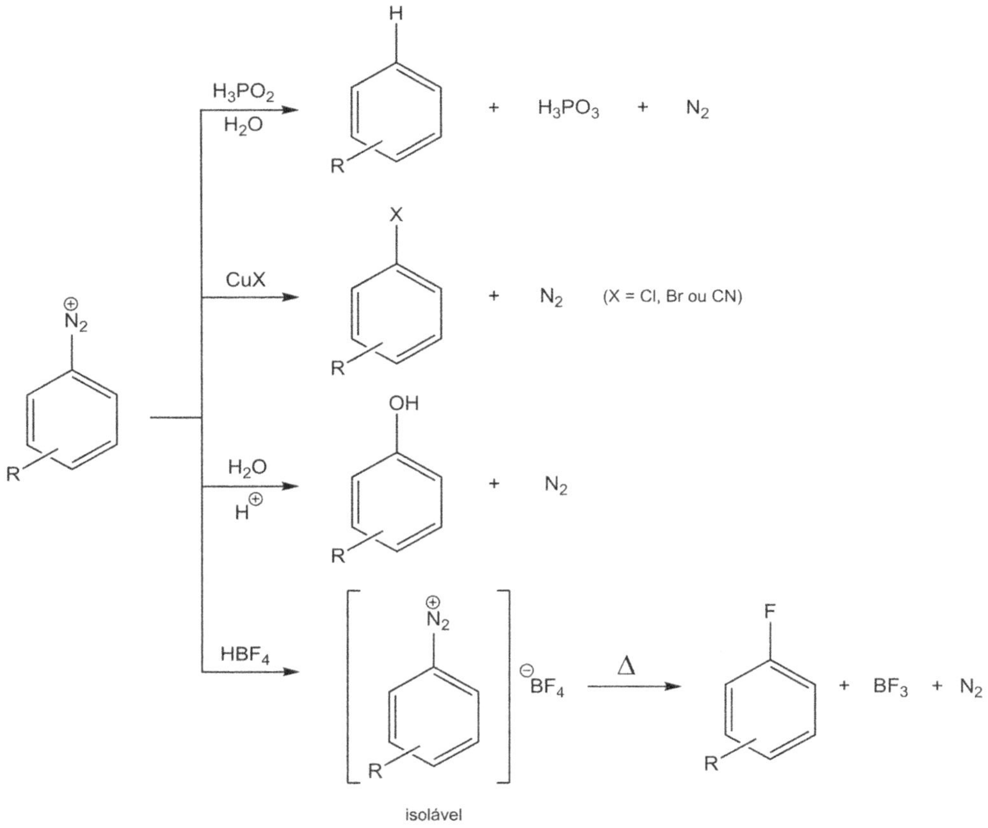

Figura 5.29. Substituição do grupo $-N_2^+$ dos sais de diazônio por outros grupos.

Figura 5.30. Acoplamento de um sal de diazônio com um anel aromático contendo um grupo doador de elétrons.

5.5.8.5. Ácidos Benzenossulfônicos

O tratamento industrial de benzeno com *oleum* (H_2SO_4 contendo de 20 a 65% de SO_3 dissolvido) leva à introdução de um grupo sulfurado na molécula[69], também por um mecanismo de S_EAr. Essa reação é reversível, ao contrário das outras S_EAr. O processo é lento e precisa ser conduzido em temperaturas elevadas (aproximadamente 75 °C) para atingir o equilíbrio[70]. Também podem ser empregados ácido clorossulfônico ou mistura de $H_2SO_4/SOCl_2$, servindo este último para remover a água formada na reação. O ácido benzenossulfônico obtido é utilizado em transformações a ácido clorobenzenossulfônico, sulfonamidas, ácido sulfínico, sulfonas, tiofenol, fenol, etc. A formação de fenol ocorre pela reação do ácido benzenossulfônico com água *via* um mecanismo de S_NAr do tipo S_N2[71].

O naftaleno pode ser sulfonado[72], em condições semelhantes às do benzeno, na posição 1 ou 2; sendo que a segunda posição corresponde ao produto termodinâmico. A reação de ácido benzenossulfônico ou ácido 2-naftalenossulfônico com NaOH, a 300 °C, leva respectivamente à produção do fenol ou do 2-naftol (Figura 5.31)[73]. Esses processos assemelham-se mecanisticamente aos processos de substituição nucleofílica de halogênios em halobenzenos (S_N2Ar), discutidos na seção 5.5.8.3.

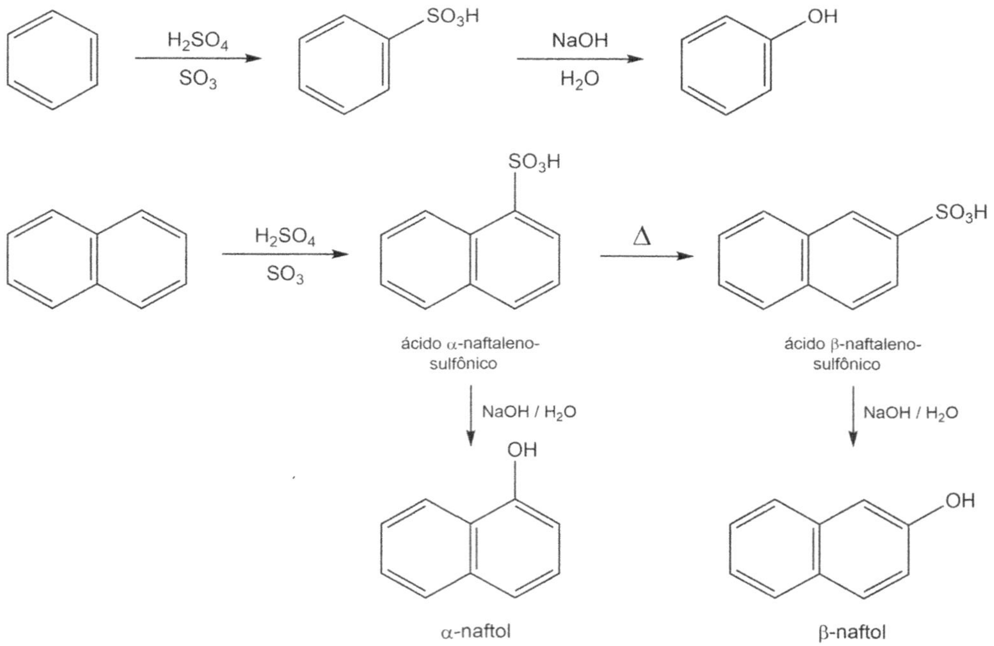

Figura 5.31. Formação e reação de ácidos sulfônicos.

69. Benzene Sulfonic Acids and Derivatives. Ullmann's Encyclopedia of Industrial Chemistry. Weinheim: *Wiley*-VCH: 2005.
70. Stille JK. Química Orgânica Industrial. São Paulo: Edgard Blücher-EDUSP; 1969. p. 120.
71. Stock LM. Reações de Substituição Aromáticas. São Paulo: Edgard Blücher-EDUSP; 1969. p. 100.
72. Naphthalene Derivatives. Ullmann's Encyclopedia of Industrial Chemistry. Weinheim: *Wiley*-VCH:; 2005.
73. Stille J. K. Química Orgânica Industrial. São Paulo: Edgard Blücher-EDUSP; 1969. p. 55.

5.5.8.6. Cetonas e Aldeídos Aromáticos

As cetonas aromáticas podem ser obtidas pela acilação de Friedel-Crafts do benzeno e dos seus derivados. Mecanisticamente, o processo é semelhante ao já mostrado para a síntese de alquilbenzenos (S_EAr). Industrialmente, apenas a propiofenona é produzida dessa maneira, a partir da reação do benzeno com cloreto de propionila e cloreto de alumínio[74]. Em laboratório[75], muitas cetonas aromáticas podem ser preparadas de modo semelhante ao da propiofenona, empregando-se também outros catalisadores, como $SbCl_5$ ou BF_3. Outros agentes acilantes são os anidridos, como, por exemplo, o anidrido acético ou anidrido maleico[76].

A introdução de um grupo formil, para a obtenção de aldeídos aromáticos, é conseguida pela reação do composto aromático com monóxido de carbono ou HCN, em meio ácido. De maneira semelhante, as nitrilas podem ser convertidas em cetonas aromáticas, em meio ácido, *via* os sais de imínio (Figura 5.32).

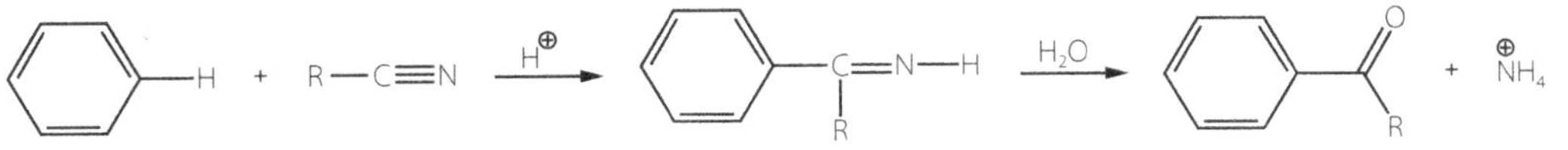

H + R—C≡N —($H^{\oplus}$)→ C(R)=N—H —(H_2O)→ C(=O)R + $NH_4^{\oplus}$

Figura 5.32. Conversão de nitrilas em cetonas aromáticas.

O etilbenzeno também é um precursor de acetofenona, através da oxidação da cadeia lateral com oxigênio do ar, a 115-145 °C, usando-se Mn^{2+} como catalisador[77].

A redução da acetofenona, por reação com hidrogênio (H_2) na presença de catalisador de $CuO/CuCr_2O_4$, gera o 1-feniletanol, que é usado na obtenção de estireno por desidratação.

5.5.8.7. Produtos de Oxidação do Anel Benzênico

O benzeno resiste à ação de oxidantes fortes, mas pode ser eletroquimicamente transformado em benzoquinona[78]. Sob condições vigorosas, o benzeno é convertido a anidrido maleico, por reação com oxigênio do ar (catalisador de V_2O_5 a 400-450 °C)[79]. De maneira semelhante, o naftaleno pode ser convertido em anidrido ftálico (Figura 5.33). Outros compostos aromáticos, tais como o antraceno, podem ser oxidados facilmente em antraquinona, usando CrO_3 por exemplo.

---

74. Aromatic Ketones. Ullmann's Encyclopedia of Industrial Chemistry. Weinheim: *Wiley*-VCH: 2005.
75. Carey FA, Sundberg RJ. Advanced Organic Chemistry - Part B: Reactions and Synthesis. 3rd ed. New York: *Plenum* Press, ; 1990. p. 582.
76. Carey FA, Sundberg RJ. Advanced Organic Chemistry - Part B: Reactions and Synthesis. 3rd ed. New York: *Plenum* Press; 1990. p. 575.
77. Stille JK. Química Orgânica Industrial. São Paulo: Edgard Blücher-EDUSP; 1969. p. 17.
78. March J. Advanced Organic Chemistry. International Student's Edition, New York: McGraw-Hill:; 1968. p. 882.
79. Stille JK. Química Orgânica Industrial. São Paulo: Edgard Blücher-EDUSP; 1969. p. 90.

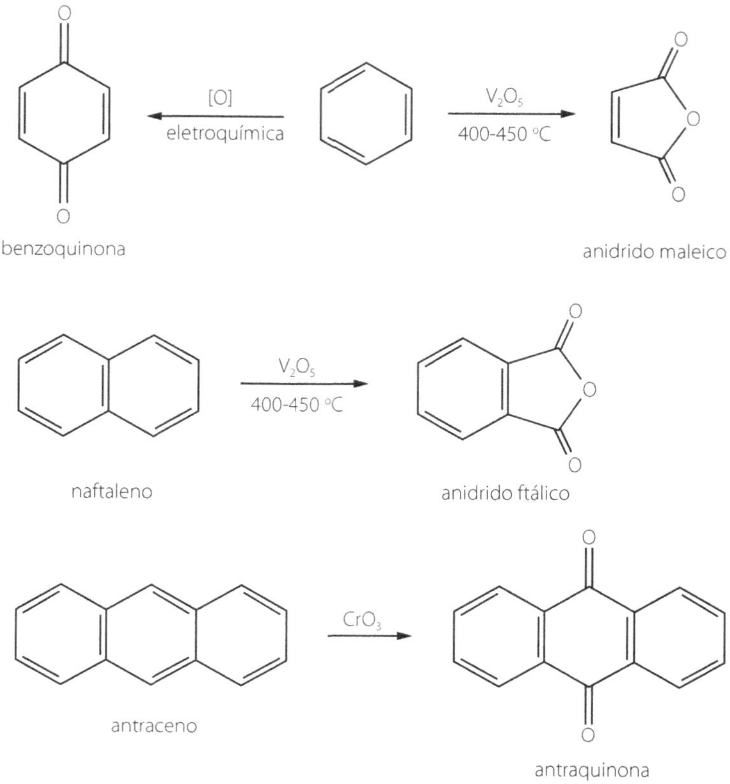

[O]
eletroquímica
V_2O_5
400-450 °C
benzoquinona
anidrido maleico
V_2O_5
400-450 °C
naftaleno
anidrido ftálico
CrO_3
antraceno
antraquinona

Figura 5.33. Oxidação de sistemas aromáticos.

5.5.8.8. Produtos de Redução do Anel Benzênico

Os anéis benzênicos podem ser reduzidos a alcanos[80], pelo emprego de hidrogênio (H_2) e catalisadores metálicos, que são tipicamente usados na hidrogenação de alcenos ($H_2/PtO_2/AcOH$ ou H_2/Ni-Raney/150-200 °C/100-200 atm). Além disso, os metais Li, Na ou K, usando como solventes amônia ou aminas, na presença de alcoóis, reduzem os anéis benzênicos a ciclo-hexa-1,4-dienos, que não são posteriormente reduzidos a cicloalcanos nas condições de reação empregadas. Esse processo é conhecido por *redução de Birch*[81,82] e também serve para reduzir outros sistemas conjugados (como dienos, cetonas α,β-insaturadas, estirenos, etc.). As reações de redução do benzeno, do anisol e do naftaleno, por exemplo, produzem os compostos mostrados na Figura 5.34.

O mecanismo da *redução de Birch*[82] é exemplificado na Figura 5.35.

80. Carruthers W. Some Modern Methods of Organic Synthesis. 3rd ed. Cambridge: Cambridge University Press; 1986. p. 335.
81. A redução de Birch foi descrita em 1944 pelo químico australiano Arthur John Birch (1915-1995). Ver: Birch AJ. Reduction by dissolving metals. Part I. Journal of the Chemical Society. 1944:430-436.
82. Rabideau PW. The metal-ammonia reduction of aromatic compounds; Tetrahedron. 1989;45:1579-1603.

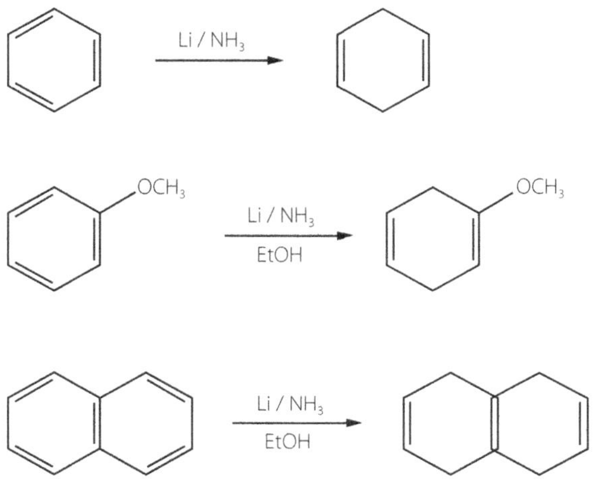

Li / NH_3

OCH_3 Li / NH_3 EtOH OCH_3

Li / NH_3 EtOH

Figura 5.34. Redução de sistemas aromáticos.

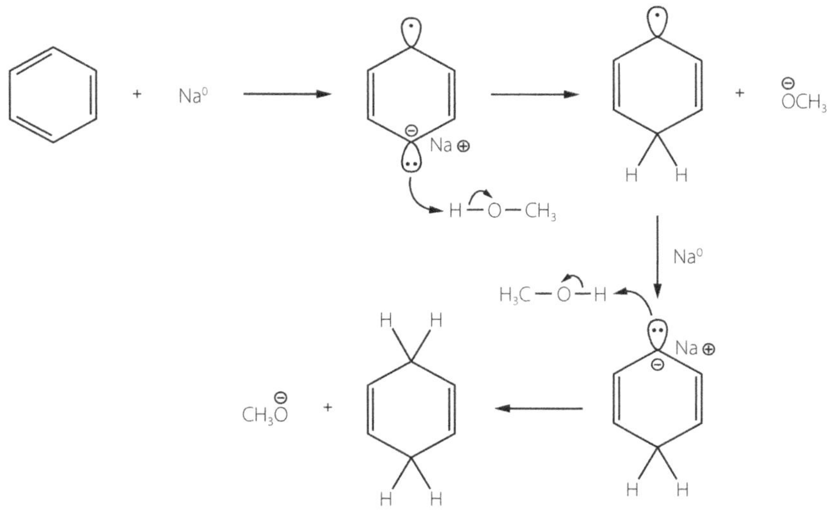

+ Na^0 Na ⊕ $H-O-CH_3$ H H + $\overset{\ominus}{O}CH_3$

Na^0

H_3C-O-H Na ⊕

H H $CH_3\overset{\ominus}{O}$ + H H H H

Figura 5.35. Mecanismo da redução de Birch.

6

Estrutura e Propriedades dos Compostos Orgânicos Contendo Outros Grupos Funcionais

Massami Yonashiro

RESUMO

Neste capítulo, abordaremos a nomenclatura, as propriedades físicas, a reatividade química, os métodos de preparação e as reações químicas de compostos orgânicos contendo heteroátomos. As funções trabalhadas são: compostos orgânicos nitrogenados: aminas e iminas; compostos orgânicos oxigenados: álcoois, dióis, fenóis, éteres e epóxidos; compostos orgânicos halogenados: haletos de alquila e haletos de arila; compostos contendo átomos de enxofre: tióis, tioéteres e sulfonamidas; compostos orgânicos carbonilados: aldeídos e cetonas, ácidos carboxílicos e derivados, tais como ésteres, lactonas, cloretos de acila, anidridos, amidas, imidas, nitrilas, lactamas e tioésteres.

INTRODUÇÃO

Os compostos orgânicos apresentam em sua estrutura, além de átomos de carbono e hidrogênio, outros como: nitrogênio, oxigênio, enxofre, fósforo, halogênios etc., e são denominados heterocompostos. Sabe-se que a eletronegatividade dos átomos diminui na mesma família da tabela periódica, de acordo com o aumento do número atômico e, em consequência, a sua polarizabilidade aumenta. A polarizabilidade está diretamente relacionada com a capacidade de cada átomo em expandir seus orbitais atômicos hibridizados para melhor acomodar os elétrons.

Os conceitos de ligação química utilizados em capítulos anteriores também se aplicam aos heterocompostos. A reatividade química dos compostos orgânicos contendo heteroátomos difere dos compostos análogos que não apresentam esses átomos. Atribui-se essa reatividade a fatores como a diferença da força eletronegativa entre os átomos diretamente ligados, polarizabilidade desses heteroátomos, quando comparados com o átomo de carbono, e a sobreposição de orbitais atômicos hibridizados ***sp***^{3} em níveis de energia 2, 3 ou maiores, dando origem aos orbitais moleculares do tipo σ.

Neste capítulo, para entender qual é a influência da estrutura sobre a reatividade de derivados orgânicos de moléculas simples como: NH_3 (amônia), H_2O (água), PH_3 (fosfina), H_2S (sulfeto de hidrogênio), estas serão consideradas como raízes da origem de estruturas de outras moléculas orgânicas mais complexas.

Sabe-se do capítulo de hidrocarbonetos que a molécula mais simples, o metano (CH_4), apresenta estrutura molecular tetraédrica, pois cada átomo de hidrogênio se localiza em cada um dos vértices da figura geométrica tetraédrica regular, em que os ângulos de ligação H–C–H são exatamente de 109,5°.

109,5°

Metano

A molécula de amônia (NH_3) também pode ser representada por uma figura geométrica semelhante à da molécula de metano, pois, além dos três átomos de hidrogênio ligados ao átomo de nitrogênio, tem-se também um par de elétrons que pode ser considerado como um quarto ligante. No entanto, para se construir a figura geométrica, o par de elétrons não é considerado, e esta adquire a forma trigonal piramidal achatada e os ângulos de ligação H–N–H são de 107°. Essa contração do ângulo de ligação se deve provavelmente ao espaço ocupado pelo orbital hibrido sp^3 contendo o par de elétrons não compartilhados.

107°

Amônia

Quando é fornecida energia aos elétrons do átomo de nitrogênio no estado fundamental, estes sofrem hibridização formando orbitais atômicos híbridos do tipo sp^3 e observa-se que o núcleo deste pode formar até três ligações para completar o seu octeto.

No composto amônia (NH_3), a distribuição eletrônica do átomo de nitrogênio nos orbitais, nos estados fundamental e excitado ou hibridizado, é mostrada a seguir:

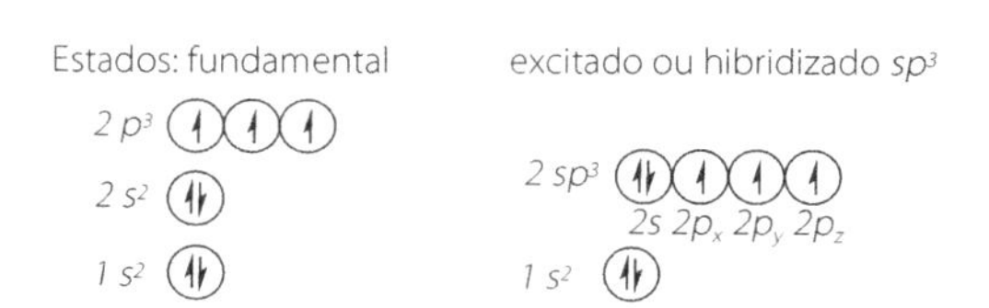

Dos quatro orbitais hibridizados sp^3 que foram originados, três podem formar ligações com os elétrons de outros átomos de mesmo estado de hibridização e o orbital contendo o par de elétrons pode compartilhar com outro que apresente um orbital hibridizado vazio. Quando se considera a teoria de Lewis para ácido-base, conceitualmente esse par de elétrons se comporta como uma base ou como um nucleófilo.

Além dos orbitais hibridizados sp^3, o átomo de nitrogênio pode ser encontrado, como no átomo de carbono, em suas formas sp^2 e sp ilustradas a seguir:

Os átomos de nitrogênio hibridizados ***sp***^{2} e ***sp*** podem ser encontrados em compostos como iminas e nitrilas.

R(R')C=N–H R–C≡N:

Uma imina Uma nitrila

A molécula de água (H_2O) pode ser representada como uma figura geométrica angular e coplanar, formada por dois átomos de hidrogênio ligados ao átomo de oxigênio e o ângulo de ligação formado pelos átomos de H–O–H é de 105º. Essa diminuição do ângulo se deve provavelmente aos dois orbitais hibridizados ***sp***^{3} contendo os pares de elétrons não compartilhados.

H–O–H 105°

Água

Quando é fornecida energia aos elétrons do átomo de oxigênio no estado fundamental, os orbitais do nível 2 (***s*** e ***p***) se mesclam formando os orbitais atômicos hibridizados do tipo ***sp***^{3} e observa-se que o núcleo deste pode formar até duas ligações para completar o seu octeto.

A distribuição eletrônica para o átomo de oxigênio, nos orbitais nos estados fundamental e excitado ou hibridizados ***sp***^{3} e ***sp***^{2}, é mostrada a seguir:

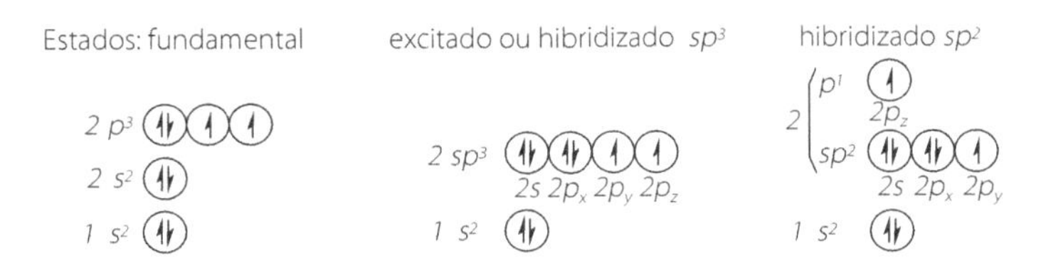

Quando um dos átomos de hidrogênio da molécula de água é substituido por um grupo alquil ou aril tem-se a função álcool (R–OH).

CH_3CH_2–OH

Etanol

Os átomos de carbono e oxigênio hibridizados ***sp***^{2} formam ligação dupla e podem ser encontrados em compostos denominados aldeídos, cetonas, ésteres, amidas, anidridos e ácidos carboxílicos.

Outras moléculas contendo átomos dos períodos 5A e 6A, da tabela periódica, como o sulfeto de hidrogênio (H_2S), dando origem aos alquil ou aril tióis, e a fosfina (H_3P) dando origem às alquil ou aril fosfinas, na distribuição eletrônica o nível de energia envolvido é o 3 – subníveis ***s*** e ***p*** – e quando recebe energia pode expandir seus orbitais hibridos até o subnível ***d*** devido à energia entre os subníveis ***3s***, ***3p*** e ***3d*** ser próxima e de raios equivalentes.

6.1. Compostos Orgânicos Nitrogenados

Os compostos de carbono contendo nitrogênio em sua estrutura molecular são fundamentais para a vida e são derivados provenientes do nitrogênio presente na atmosfera. O nitrogênio atmosférico (N_2) sofre clivagem da ligação através de relâmpagos, de energia elevada, o que permite que seus átomos se combinem com moléculas de oxigênio do ar formando monóxido de nitrogênio (NO), que é convertido a compostos orgânicos nitrogenados por plantas e microrganismos. Esse ciclo é conhecido como processo de fixação do nitrogênio.

As aminas ($-NH_2$) podem ser classificadas como alquilaminas ($R-NH_2$) e arilaminas ($Ar-NH_2$). O átomo de nitrogênio hibridizado ***sp***^{3}, nas alquilaminas, está ligado ao átomo de carbono ***sp***^{3} do ligante alquil, e nas arilaminas ao carbono ***sp***^{2} de um anel benzênico ou equivalente.

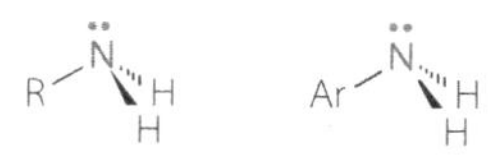

R–N(H)–H   Ar–N(H)–H

Alquilamina   Arilamina

As moléculas de aminas, como a amônia, são bases fracas, no entanto, em condições fisiológicas são bases fortes e são encontradas em quantidades significativas. Geralmente, as aminas são as bases envolvidas em reações biológicas do tipo ácido-base; e são frequentemente os nucleófilos biológicos em reações de substituição nucleofílica.

Kazimierz Funk, um bioquímico polonês-americano (1884-1967), foi quem formulou em 1912 a palavra ***vitamina***, na crença de que as substâncias ausentes na dieta de pacientes com escorbuto (doença devido à carência de vitamina C), pelagra (avitaminose causada por deficiência de niacina), beribéri (doença decorrente da deficiência de vitamina B_1), raquitismo (doença da infância devido a deficiência de vitamina D) e outras enfermidades, fossem as *vital amines* (do latim *vitale* = essencial para a vida e *amine* = compostos orgânicos que contêm nitrogênio) que evitaram tais problemas de saúde. Em muitos casos, no entanto, as vitaminas contendo aminas foram realmente as responsáveis, mas em outros casos não. Atualmente, a nome vitamina faz parte da linguagem química pela importância das aminas em processos biológicos.

6.1.1. Estruturas e Ligações de Aminas

6.1.1.1. Alcanaminas

A estrutura de uma alquil amina pode ser ilustrada tendo como referência a metilamina, a mais simples das aminas, que apresenta, como a amônia, um arranjo piramidal dos substituintes ligado ao nitrogênio. Os seus ângulos de ligação, H–N–H (106°), são inferiores aos do sistema tetraédrico (109,5°), enquanto o ângulo C–N–H (112°) é superior. A distância da ligação C–N (1,47Å) nas aminas é intermediária entre as distâncias da ligação C–C (1,54Å) em alcanos e C–O (1,43Å) em álcoois.

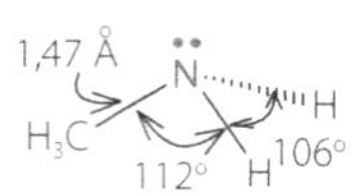

1,47 Å H_3C–N(H)–H 112° 106°

Os átomos de nitrogênio e de carbono estão, ambos, hibridizados ***sp***^{3} e a sobreposição dos seus orbitais atômicos dá origem ao orbital molecular cuja força de atração é denominada ligação σ. O par de elétrons não compartilhado do átomo de nitrogênio ocupa o orbital hibridizado ***sp***^{3} e esse está envolvido em reações em que as aminas atuam como bases ou nucleófilos.

6.1.1.2. Arilaminas

A mais simples das aril aminas é a anilina e como a alquilamina apresenta um arranjo piramidal das ligações em torno do átomo de nitrogênio, mas a sua estrutura é ligeiramente "achatada".

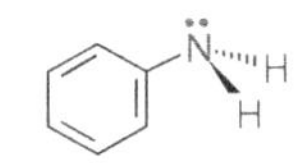

Anilina

Quando se observa a estrutura da anilina notam-se dois possíveis modos de comportamento do par de elétrons não compartilhados do nitrogênio. Esse par de elétrons está ligado pela força de atração exercida tanto pelo núcleo do nitrogênio como pela deslocalização da nuvem eletrônica π no sentido do anel aromático. O par de elétrons é mais fortemente atraído pelo átomo de nitrogênio quando está no orbital com algum caráter ***s***, como por exemplo, o orbital hibridizado sp^3, do que quando está no orbital ***p***.

O aumento da quantidade de caráter ***s*** do orbital hibridizado atrai fortemente os elétrons para mais próximo do núcleo do átomo de nitrogênio e, por outro lado, a conjugação do par de elétrons no sentido do sistema π aromático é mais eficiente quando ocupa o orbital ***p***. O orbital ***p*** do nitrogênio se alinha ao orbital ***p*** do carbono do anel benzênico, de forma que se sobreponham efetivamente para formar um sistema π estendido. Como resultado dessas duas forças opostas, o nitrogênio adota o orbital de hibridização intermediária entre sp^2 e sp^3, ou seja, de maior caráter ***p***, e permite que o par de elétrons se deslocalize parcialmente para o sistema π aromático enquanto ainda mantém uma forte interação com o núcleo do nitrogênio.

A deslocalização do par de elétrons não compartilhado do nitrogênio para o sistema π aromático fortalece a ligação carbono-nitrogênio da anilina, encurtando-a e proporcionando um "caráter parcial de ligação dupla". Em termos de ressonância, esta pode ser expressa como se indicasse uma contribuição significativa da forma de ressonância dipolar.

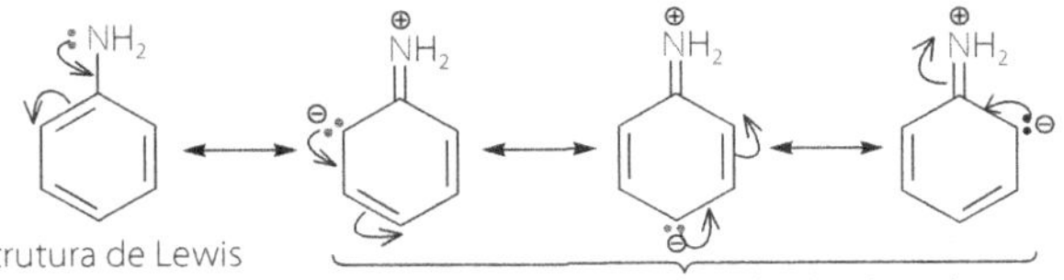

Estrutura de Lewis mais estável da anilina

Formas de ressonância dipolar da anilina

6.1.2. Nomenclatura de Aminas

A classificação das aminas como primárias, secundárias ou terciárias está relacionada ao grau de substituintes "R" alquil e ou aril ligados ao átomo de nitrogênio. É classificada como amina primária quando está ligada a apenas um átomo de carbono; secundária a dois e terciária a três átomos de carbono do grupo alquil ou aril.

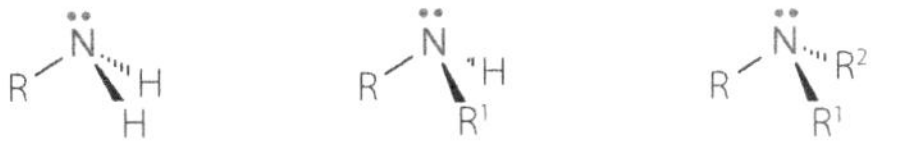

Estrutura da Amina primária

Estrutura da Amina secundária

Estrutura da Amina terciária

Os grupos ligados ao átomo de nitrogênio podem ser quaisquer combinações de grupos alquil e ou aril.

A nomenclatura das aminas pode ser de duas maneiras: a comum ou usual (alquilamina) e a outra sistemática desenvolvida pela *União Internacional da Química Pura e Aplicada* (IUPAC)[1] (alcanamina). Quando se nomeia como alcanaminas o grupo alquil é o alcano de origem em que

1. (a) A Guide to IUPAC Nomenclature of Organic Compounds. Recommendations 1993, IUPAC. Oxford: Blackwell Science; 1993. (b) Guia IUPAC para a Nomenclatura de Compostos Orgânicos; Tradução para o português. Lisboa: Lidel; 2002. (c) Rodrigues JAR. Recomendações da IUPAC para a nomenclatura de moléculas orgânicas. Química Nova na Escola. 2001;13:22-28. (d) Tomé A. Introdução à nomenclatura dos compostos orgânicos; Lisboa: Escolar Editora; 2010.

a terminação *-o* é substituída por ***-amina***. Assim, quando as aminas primárias são denominadas como alquilaminas o grupo alquil está ligado ao nitrogênio.

$CH_3CH_2\ddot{N}H_2$ — Etanamina (Etilamina)

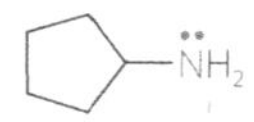

Ciclopentanamina (Ciclopentilamina)

$CH_3CH_2CH(\ddot{N}H_2)CH_3$ — 2-Butilamina (1-Metilpropilamina)

O nome de origem do amino-substituído do benzeno (IUPAC) é *anilina* e os seus derivados substituídos são numerados iniciando-se no átomo de carbono em que está localizado o grupo amino. Quando se faz a nomeação dos substituintes, estes são listados em ordem alfabética e o sentido da numeração, para localização do grupo substituinte, é determinado pela regra usual designada pelo "primeiro ponto de diferença", ou seja, a somatória dos números que indica a posição de cada substituinte deve ser a de menor valor.

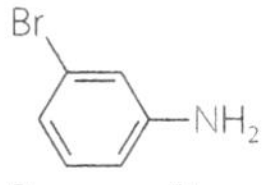

m-Bromoanilina (3-bromoanilina)

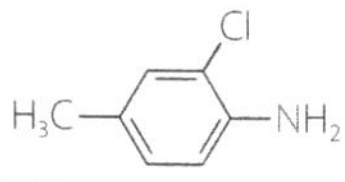

2-Cloro-4-metilanilina (e não 4-metil-6-cloroanilina)

Para os compostos contendo dois grupos amino na cadeia carbônica adiciona-se o sufixo ***-diamina*** ao nome do correspondente alcano ou areno e a terminação ***-o*** do hidrocarboneto de origem é mantida.

1,4-Benzenodiamina

$H_2NCH_2CH(NH_2)CH_3$ — 1,2-Propanodiamina

Quando o grupo amino ($-NH_2$) está presente na estrutura molecular contendo outros grupos funcionais, para fins de nomenclatura, este é ordenado como o de menor prioridade de acordo com o composto de origem identificado. Os grupos funcionais de maior grau de oxidação, por exemplo, hidroxila e carbonila, têm prioridade maior que o grupo amino e, nesse caso, a função amina ($-NH_2$) passa a ser considerada como um grupo substituinte.

$HOCH_2CH_2NH_2$ — 2-Aminoetanol

4-Aminociclo-hexanol

$H_2NCH_2CH_2CHO$ — 3-Aminopropanal

A nomenclatura de aminas secundária e terciária é feita como sendo de derivados N- ou N,N--substituídos de aminas primárias. A amina primária, que apresentar a cadeia carbônica contínua mais longa, é considerada como o nome de origem e o prefixo N- ou N,N- é adicionado como localizador para identificar os substituintes do nitrogênio no grupo amino quando necessário.

$H_3CNHCH_2CH_3$ — N-Metiletanamina (amina secundária)

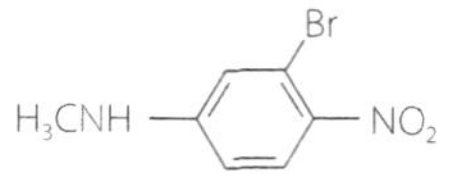

3-Bromo-N-metil-4-nitroanilina (amina secundária)

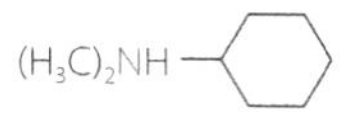

N,N-Dimetilciclo-hexanamina (amina terciária)

Quando o átomo de nitrogênio se liga a um quarto substituinte alquila ou próton (H^+), esse adquire carga positiva, por compartilhar seu par de elétrons, passando a ser nomeado como um íon amônio e o ânion que o acompanha também é identificado no nome.

Haleto de tetraalquilamônio
(Um sal de amônio quaternário)

Os sais de amônio formados por quatro grupos alquil ligados ao átomo de nitrogênio são denominados de *sais de amônio quaternários.*

6.1.3. Propriedades Físicas de Aminas

As alquilaminas geralmente são líquidas e apresentam odores característicos desagradáveis, como os liberados por "crustáceos e peixes" em decomposição.

As propriedades físicas das substâncias, como o ponto de fusão e de ebulição, dependem da sua natureza polar, e isso se aplica às aminas que são moderadamente mais polares do que os alcanos. Para os compostos que são constituídos de forma similar, ou seja, de massas molares comparáveis, as alquilaminas têm pontos de ebulição (PE) maiores do que aqueles de alcanos.

$CH_3CH_2CH_3$	$CH_3CH_2NH_2$
Propano	Etanamina
PE = - 42°C	PE = 17°C

As interações "dipolo-dipolo", especialmente as ligação de hidrogênio, são mais fortes em aminas do que em alcanos, que apresentam apenas forças de atração "dipolo induzido-dipolo induzido" (forças de van der Waals).

Entre as aminas isoméricas, propanamina ($CH_3CH_2CH_2NH_2$), N-metiletanamina ($CH_3CH_2NHCH_3$) e N,N-dimetilmetanamina [$(CH_3)_3N$], a amina primária apresenta ponto de ebulição maior e a amina terciária o ponto de ebulição menor devido às menores interações intermoleculares (ver Tabela 6.1).

As aminas primária e secundária podem participar de ligações de hidrogênio intermoleculares, pois apresentam um e dois hidrogênios, respectivamente, e um par de elétrons não compartilhado, enquanto as aminas terciárias, por apresentarem apenas o par de elétrons, não participam de ligações de hidrogênio intermoleculares.

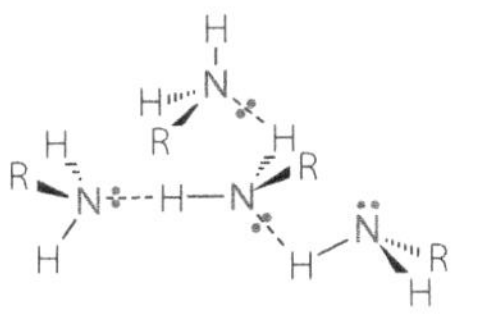

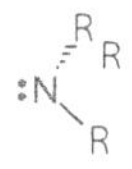

As aminas que apresentam menos do que cinco ou seis átomos de carbono nas suas estruturas moleculares são solúveis em água. Todas as aminas, mesmo as terciárias, podem agir como aceptores de próton em ligações de hidrogênio com moléculas de água.

A anilina, a arilamina mais simples, é líquida à temperatura ambiente e tem o ponto de ebulição de 184 °C, enquanto quase todas as demais apresentam pontos de ebulição ligeiramente maiores. A anilina é pouco solúvel em água e os seus derivados N- ou N,N- substituídos tende a ser ainda menos solúveis devido à maior predominância do sistema hidrocarbônico.

Tabela 6.1. Ponto de fusão (PF), ponto de ebulição (PE) e constante de dissociação (pK_a) de algumas aminas

Amina	Estrutura	PF (°C)	PE (°C)	pK_a (íons amínios)
Amônia	NH_3		– 33	9,24
Metanamina	CH_3NH_2	– 94	– 6,3	10,62
N-Metilmetanamina	$(CH_3)_2NH$	– 92	7,4	10,73
N,N-Dimetilmetanamina	$(CH_3)_3N$	– 117	2,9	9,79
Etanamina	$CH_3CH_2NH_2$	– 81	16,6	10,64
N-Etiletanamina	$(CH_3CH_2)_2NH$	– 48	56,3	10,94
N,N-Dietiletanamina	$(CH_3CH_2)_3N$	– 115	89,3	10,75
Propanamina	$CH_3CH_2CH_2NH_2$	– 83	47,8	10,67
*iso*Propanamina	$(CH_3)_2CHNH_2$	– 101	33	10,73
Butanamina	$CH_3(CH_2)_2NH_2$	– 49	77,8	10,61
2-Metilpropanamina	$(CH_3)_2CHCH_2NH_2$	– 86	68	10,49
2-Aminobutano	$CH_3CH_2CH(CH_3)NH_2$	– 104	63	10,56
1,1-Dimetiletanamina	$(CH_3)_3CNH_2$	– 68	45	10,68
Ciclo-hexanamina	(anel ciclo-hexano)–NH_2	– 18	134	10,64
Anilina	$C_6H_5NH_2$	– 6	184	4,58
Benzilamina	$C_6H_5CH_2NH_2$	10	185	9,30

6.1.4. Força Básica de Aminas

As aminas apresentam um par de elétrons não compartilhado e são bases de Lewis fracas, mas a classe das aminas são bases mais fortes do que todas as outras moléculas neutras. Na terceira coluna da Tabela 6.1 se encontram os dados de força básica de algumas aminas. A relação mais importante a ser tirada desses dados é que:

1. a força básica das alquilaminas é ligeiramente maior que a da amônia;
2. a força básica entre as alquilaminas difere bem pouco entre elas e isso se deve ao efeito indutor de grupos alquilas e da interferência do efeito estérico;
3. a força básica das arilaminas é bem menor que a da amônia e das alquilaminas. Essa menor força básica é atribuída à baixa disponibilidade do par de elétrons não compartilhado, devido à interação com a nuvem π do anel benzênico.

6.1.4.1. Alcanaminas

Embora muitas alquilaminas sejam bastante semelhantes em suas forças básicas, em solução aquosa, a basicidade em geral aumenta na seguinte ordem:

$$\ddot{N}H_3 \quad < \quad H_2\ddot{N}R \quad \sim \quad \ddot{N}R_3 \quad < \quad H\ddot{N}R_2$$

Amônia (menos básica)   Amina primária   Amina terciária   Amina secundária (mais básica)

Em solução aquosa, a N-etiletanamina (pK_a ~ 10,9) é mais básica que a etanamina (pK_a ~ 10,6) ou a N,N-dietiletanamina (pK_a ~ 10,7), e isso se deve ao efeito indutor dos grupos alquil para a dietilamina e ao efeito estérico na trietilamina. Porém, todos estes compostos são mais básicos do que a amônia.

Ordem crescente de força básica de aminas em solução aquosa →

$\ddot{N}H_3$	<	$CH_3CH_2\ddot{N}H_2$	~	$(CH_3CH_2)_3\ddot{N}$	<	$(CH_3CH_2)_2\ddot{N}H$
Amônia (menos básico)		Etanamina		N,N-Dietiletanamina		N-Etiletanamina (mais básico)

A força básica de uma amina pode ser aumentada por um grupo alquil, devido à indução de elétrons ao átomo de nitrogênio, sendo atribuída à menor eletronegatividade do átomo de carbono. Então, no íon amônio a carga positiva é bem mais dispersada se houver como substituinte no átomo de nitrogênio um grupo alquil em vez de hidrogênio.

NH_4^+ menos estável que $CH_3CH_2CH_2-\overset{\delta^+}{N}H_3^+$

Íon amônio — *Íon propilamônio*

O aumento de grupos alquil como substituintes diminui o pK_b pelo efeito indutor de elétron, o único presente, indicando que a força básica aumenta com o número de substituinte, e isso é observado pela transferência de próton para as aminas na fase gasosa.

Ordem crescente de força básica de aminas em fase gasosa →

$\ddot{N}H_3$	<	$CH_3CH_2\ddot{N}H_2$	~	$(CH_3CH_2)_2\ddot{N}H$	<	$(CH_3CH_2)_3\ddot{N}$
Amônia (menos básico)		Etanamina		N-Etiletanamina		N,N-Dietiletanamina (mais básico)

A alteração da ordem da força básica das aminas em solução aquosa, quando comparada à da fase gasosa, tem como provável origem o efeito de solvatação.

Os substituintes alquil, embora aumentem a habilidade dos íons amônio em dispersar a sua carga positiva, também interferem na formação das ligações de hidrogênio com moléculas de água pelo efeito estérico.

Os ácidos conjugados das dialquilaminas apresentam combinações dos substituintes alquil e hidrogênios que permitem a estabilização pela indução de elétrons e por solvatação devido às ligações de hidrogênio. Esse efeito é bem maior do que ocorre nas trialquilaminas, conferindo assim às dialquilaminas força básica ligeiramente superior à das aminas primárias ou terciárias.

$H_2\ddot{O}{:}\cdots H-\overset{\oplus}{N}R_2-H\cdots{:}\ddot{O}H_2$ — $H_2\ddot{O}{:}\cdots H-\overset{\oplus}{N}R_3$

Íon Dialquilamônio — *Íon Trialquilamônio*

6.1.4.2. Arilaminas

Quando se analisam os valores de pK_a das arilaminas, observa-se que estas são mais ácidas do que as alcanaminas. O aumento considerável da força ácida das arilaminas ocorre em consequência do efeito estabilizante proporcionado pela deslocalização do par de elétrons não compartilhado no anel benzênico.

A protonação desse par de elétrons gera o íon anilínio e a carga positiva é muito pouco dispersa pelo anel benzênico, pois o átomo de carbono do anel aromático ligado ao nitrogênio está hibridizado ***sp***^{2} e atua como aceptor de elétrons, desestabilizando assim o íon anilínio.

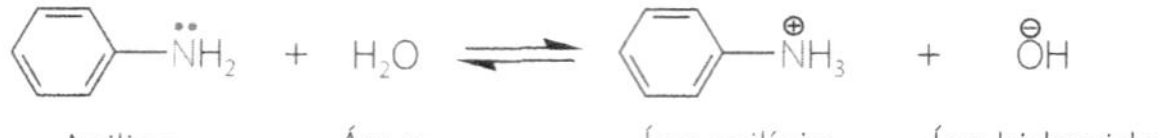

$$C_6H_5\ddot{N}H_2 + H_2O \rightleftharpoons C_6H_5\overset{\oplus}{N}H_3 + \overset{\ominus}{O}H$$

Anilina   Água   Íon anilínio   Íon hidroxido

Se um dos hidrogênios da arilamina for substituído por outro grupo aril, a sua força básica diminuirá ainda mais.

6.1.5. Aminas de Fontes Naturais

Os produtos naturais contendo nitrogênio foram, dentre os compostos orgânicos, os primeiros a serem estudados, pela facilidade de serem extraídos de espécies vegetais. As aminas isoladas de plantas, devido às suas propriedades básicas, foram chamadas de *alcaloides* e muitas têm sido de especial interesse devido ao elevado grau de atividades biológicas. Como exemplos temos a cocaína, um estimulante do sistema nervoso central extraído da folha da planta coca; a quinina, usada no tratamento da malária, extraída da casca da cinchona; a morfina, usada como sedativo, extraída do ópio; a nicotina, extraída da folha do tabaco e usada como inseticida; e também a coniína, extraída da cicuta, que foi usada no envenenamento de Sócrates[2].

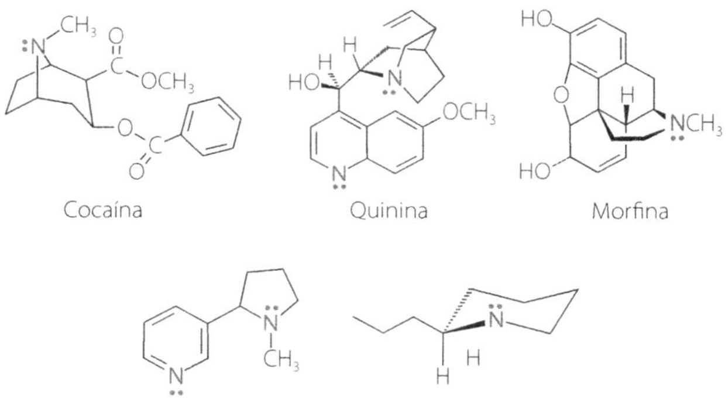

Cocaína   Quinina   Morfina

Nicotina   Coniína

Vários alcaloides, como por exemplo, a nicotina e a quinina, apresentam em suas estruturas dois ou mais átomos de nitrogênio. Dos átomos de nitrogênio mostrados na estrutura molecular do quinina, aquele localizado no anel heteroaromático e hibridizado ***sp***^{2} é menos básico que o outro com hibridização ***sp***^{3}, que está localizado na cabeça de ponte do biciclo[2.2.2] de uma estrutura rígida, pois este par de elétrons não compartilhado está mais disponível para ser capturado por um ácido de Lewis.

Muitas aminas são mediadores da transmissão de impulsos nervosos, denominadas *neurotransmissores*, como, por exemplo, a epinefrina, um hormônio que prepara o organismo para a fuga ou uma disputa; a dopamina, um neurotransmissor usado para o tratamento da esquizofrenia; e a serotonina; um hormônio que pode estar relacionado a perturbações mentais. Esses compostos não são classificados como alcaloides, por serem isolados de outras fontes.

2. Sócrates (~469 a.C.-399 a.C.) foi um filósofo ateniense do período clássico da Grécia Antiga, cujos ensinamentos provocaram uma ruptura sem precedentes na história da filosofia e, por isso, foi condenado a beber cicuta (*Conium maculatum*) e morrer por envenenamento.

Epinefrina (Adrenalina) — Dopamina — Serotonina

6.1.6. Preparação de Aminas

6.1.6.1. Alquilação de Amônia

A preparação de alquilaminas pode ser realizada por reações de substituição nucleofílica envolvendo um haleto de alquila (eletrófilo) e a amônia (nucleófilo).

$$R{-}X + \ddot{N}H_3 \longrightarrow R\ddot{N}H_2 + \overset{\oplus}{N}H_4\overset{\ominus}{X}$$

Haleto de alquila (eletrófilo) — Amônia (nucleófilo) — Amônia primária — Sal de haleto de amônio

Essa reação não é um procedimento geral para a síntese de aminas, embora seja útil para a preparação de outros derivados de amina. O método apresenta uma limitação significativa para a obtenção de uma amina primaria, pois esta uma vez formada age também como nucleófilo e compete com a amônia, reagindo com outra molécula de haleto de alquila para produzir uma dialquilamina (amina secundária).

$$R{-}X + R{-}\ddot{N}H_2 + \ddot{N}H_3 \longrightarrow R_2\ddot{N}H + \overset{\oplus}{N}H_4\overset{\ominus}{X}$$

Haleto de alquila (eletrófilo) — Amina primária (nucleófilo) — Amônia (nucleófilo) — Amina secundária — Sal de haleto de amônio

Uma vez formada a dialquilamina, a alquilação competitiva com a amônia e a amina primária pode continuar e, de maneira similar, leva à formação de uma trialquilamina (amina terciária).

$$R{-}X + R_2\ddot{N}H \quad \ddot{N}H_3 \longrightarrow R_3\ddot{N} + \overset{\oplus}{N}H_4\overset{\ominus}{X}$$

Haleto de alquila (eletrófilo) — Amina secundária (nucleófilo) — Amônia (nucleófilo) — Amina terciária — Sal de haleto de amônio

Mesmo a amina terciária formada, embora de menor reatividade, compete com a amônia, com as aminas primária e secundária, e reage com o agente alquilante (eletrófilo) resultando no sal haleto de tetra-alquilamônio quaternário.

$$R{-}X + R_3\ddot{N} \longrightarrow R_4\overset{\oplus}{N}\overset{\ominus}{X}$$

Haleto de alquila (eletrófilo) — Amina terciária (nucleófilo) — Sal de tetra-alquilamônio quaternário

Portanto, a reação de alquilação da amônia produz uma complexa mistura de produtos. Por isso, esta é usada apenas para a preparação de aminas primárias quando o haleto de alquila de partida for de baixo custo e a amina desejada for facilmente separada dos outros componentes da mistura reacional. É possível minimizar a alquilação competitiva e maximizar a predominância da amina primária na mistura reacional adicionando-se excesso do nucleófilo (NH_3) sobre o eletrófilo (R–X), para que ocorra o seu rápido consumo.

Os haletos de arila não reagem com a amônia, ou seja, por essa metodologia não ocorre a substituição nucleofílica no carbono hibridizado ***sp***^{2}.

6.1.6.2. Catálise de Transferência de Fase (CTF)

O catalisador de transferência de fase, normalmente um sal de tetraalquilamônio quaternário, é utilizado para aumentar a velocidade de uma reação de substituição nucleofílica pela transferência do nucleófilo reativo de uma fase (aquosa) para outra (orgânica) em que a reação se processa. Por exemplo, o contra-íon do brometo de cetiltrimetilamônio $\{[C_{13}H_{33}N(CH_3)_3]^+Br^-\}$ associa-se ao íon cianeto, do cianeto de potássio (K^+CN^-) da fase aquosa e o transporta para a fase orgânica.

Na fase aquosa tem-se o seguinte equilíbrio:

$$C_{16}H_{33}\overset{\oplus}{N}(CH_3)_3\overset{\ominus}{Br} + \overset{\oplus\ominus}{KCN} \xrightleftharpoons{\text{Rápido}} C_{16}H_{33}\overset{\oplus}{N}(CH_3)_3\overset{\ominus}{CN} + \overset{\oplus\ominus}{KBr}$$

Brometo de cetiltrimetilamônio — Cianeto de potássio — Cianeto de cetiltrimetilamônio — Brometo de potássio

Uma vez estabelecido o equilíbrio, o íon cianeto é rapidamente transportado, pela cadeia hidrocarbônica mais longa do íon cetiltrimetilamônio, para a fase orgânica contendo o eletrófilo (por exemplo, um haleto de alquila) onde a reação de substituição ocorre rapidamente.

Na fase orgânica, tem-se o equilíbrio:

$$C_{16}H_{33}\overset{\oplus}{N}(CH_3)_3\overset{\ominus}{CN} + \overset{\delta^+}{R}-\overset{\delta^-}{X} \xrightleftharpoons{\text{Rápido}} R-C\equiv N + C_{16}H_{33}\overset{\oplus}{N}(CH_3)_3\overset{\ominus}{X}$$

Cianeto de cetiltrimetilamônio — Haleto de alquila — Alquilnitrila — Haleto de cetiltrimetilamônio

6.1.6.3. Síntese de Gabriel

O químico alemão Siegmund Gabriel (1851-1924) foi quem desenvolveu o método de preparação de amina primária que evita a formação das aminas secundária e terciária como subprodutos e, por isso, é conhecido como *síntese de Gabriel.*

Por esse procedimento, a ftalimida de potássio (nucleófilo) reage com haletos de alquila formando as alquilaminas primárias, sem a contaminação de aminas secundária ou terciária.

O reagente nucleofílico, ftalimida de potássio, é preparado pela reação:

Ftalimida (:N—H) + KOH (Hidróxido de potássio) ⟶ Ftalimida de N-potássio ($:\overset{\ominus}{N}:\overset{\oplus}{K}$) + H_2O (Água)

A ftalimida, de caráter ácido, é quantitativamente convertida ao seu sal utilizando-se o reagente hidróxido de potássio (KOH) como base. O nitrogênio aniônico da ftalimida de potássio formada reage com o carbono eletrofílico do haleto de alquila primário, em condições de substituição nucleofílica, formando a imida N-alquilada.

Ftalimida de N-potássio ($:\overset{\ominus}{N}:\overset{\oplus}{K}$) + $Br-CH_2(CH_2)_2CH_3$ (Brometo de n-butila) $\xrightarrow{DMF}$ Ftalimida de N-butila ($:N-CH_2(CH_2)_2CH_3$) + KBr (Brometo de potássio)

O outro par de elétrons da ftalimida diacilada N-alquilada não tem caráter de nucleófilo, pois é estabilizado por conjugação, pelos dois grupos carbonila, portanto, não estando disponíveis para reagir com outro agente alquilante.

Uma vez formada a N-alquilftalimida, o método mais eficiente para liberar a amina primária desejada é a reação de adição da molécula de hidrazina aos dois grupos carbonila, seguida de eliminação do ligante N-alquilado (amina primária) e formação da ftalidrazida (ftalazina-1,4--diona).

Ftalimida de N-butila ($N-CH_2(CH_2)_2CH_3$) + Hidrazina (H_2NNH_2) --Etanol--> Butanamina ($H_2NCH_2(CH_2)_2CH_3$) + Ftalidrazina

A metodologia desenvolvida por Gabriel para a síntese de aminas se restringe à reação de ftamida com haletos de metila, primário e secundário em meio básico. O haleto terciário não sofre reação de substituição nucleofílica, mas leva quase exclusivamente ao produto de eliminação β.

As arilaminas não podem ser preparadas a partir de haletos de arila utilizando a síntese de Gabriel, pois, em condições de substituição nucleofílica, a reação não ocorre no carbono hibridizado ***sp***^{2}.

6.1.7. Reações de Aminas

As aminas geralmente se comportam como base de Lewis ou como nucleófilo em reações de substituição nucleofílica.

6.1.7.1. Reação com Haletos de Alquila

Os haletos de alquila reagem com as aminas em condições de substituição nucleofílica para formar as alquilaminas. Na reação de substituição nucleofílica ocorre a troca do ligante (grupo a ser substituído) de uma molécula pelo nucleófilo, levando à formação de um produto mais estável.

$$R\ddot{N}H_2 + R^1CH_2\text{-}X \longrightarrow R\overset{\oplus}{N}H(H)\text{-}CH_2R^1 :\overset{\ominus}{X} \longrightarrow R\ddot{N}H\text{-}CH_2R^1 + HX$$

Amina primária | Haleto de alquila primário | Sal de haleto de amônio | Amina secundária | Haleto de hidrogênio

Como descrito em 6.1.6.1, a amina, uma vez alquilada, pode resultar em uma segunda alquilação, convertendo a amina secundária, em uma terceira alquilação produzindo a amina terciária e em uma quarta alquilação levando a um sal de amônio quaternário.

$$R\ddot{N}H_2 \xrightarrow{R^1CH_2X} R\ddot{N}HCH_2R^1 \xrightarrow{R^1CH_2X} R\ddot{N}(CH_2R^1)_2 \xrightarrow{R^1CH_2X} 3\ R\overset{\oplus}{N}(CH_2R^1)_3\overset{\ominus}{X}$$

Amida primária | Amina secundária | Amina terciária | Sal de amônio quaternário

Em face da alta reatividade da amina em condições de substituição nucleofílica, para que a reação prossiga até o estágio de formação do sal de amônio quaternário, o haleto de alquila frequentemente usado como agente alquilante é o iodeto de metila (iodometano).

$$C_5H_9\text{-}CH_2\ddot{N}H_2 + 3\ CH_3I \xrightarrow[\text{Calor}]{\text{Metanol}} C_5H_9\text{-}CH_2\overset{\oplus}{N}(CH_3)_3\overset{\ominus}{I} + 2\ C_5H_9\text{-}CH_2\overset{\oplus}{N}H_3\overset{\ominus}{I}$$

Ciclopentilmetilamina | Iodometano | Iodeto de (ciclopentil)-trimetilamônio | Iodeto de ciclopentil-metilamônio

Os sais de amônio quaternários obtidos por tais procedimentos são úteis na química orgânica preparativa, pois podem ser usados como catalisador de transferência de fase.

6.1.8. Drogas Sulfas e Corantes

Paul Ehrlich (1854-1915), um médico e cientista alemão, trabalhou nas áreas de hematologia, imunologia e quimioterapia. Estudou varios corantes, como por exemplo, o azul de metileno, com capacidade de reagir e tingir os tecidos, e particularmente aqueles com capacidade de interagir com microrganismos e torná-los visíveis ao microscópio. Com base na filosofia de Ehrlich, a empresa I.G. Farbenindustrie buscava, com seus cientistas, encontrar corantes que pudessem ser modificados e tivessem ação letal específica para os microrganismos, ou seja, que fossem tóxicos para os microrganismos infecciosos, mas sem toxidez para os humanos.

A princípio, descobriu-se que poucos corantes apresentavam quaisquer efeitos promissores tanto *in vitro* como *in vivo*. Porém, inesperadamente, o diretor do Laboratório Bayer de Patologia Experimental e Bacteriologia, Gerard Domagk, percebeu a ação antibacteriana de um corante azo, prontosil vermelho, contra a infecção causada por estreptococos em camundongos. Então, em 1935, Gerhard Domagk[3], tendo a sua filha sido infectada com estreptococos, as mesmas bactérias de ratos que receberam o corante prontosil vermelho, em um ato desesperado, ministrou várias doses orais do corante, que naquela época ainda não havia sido testado em seres humanos. Surpreendentemente, dois dias depois a sua filha estava completamente curada, quase sem efeitos colaterais.

Pesquisas subsequentes mostraram que as propriedades bactericidas do prontosil não tinham nada a ver com o corante. No corpo humano, o prontosil sofre uma clivagem redutiva no seu ligante *azo* para formar a sulfanilamida, a qual é a substância responsável pela atividade biológica observada.

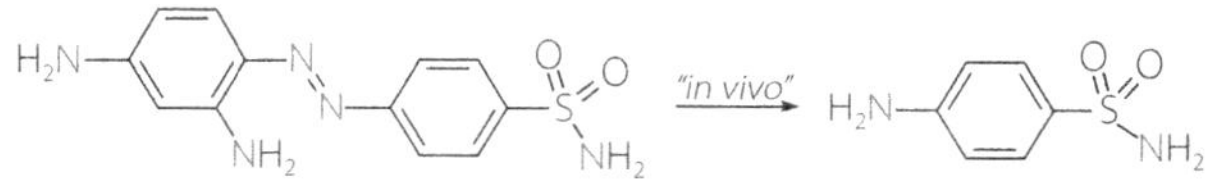

Prontosil — "in vivo" → Sulfanilamida

Parece que o princípio ativo da sulfanilamida se deve ao grupo sulfonamida ($-SO_2NH_2$), visto que a modificação estrutural pela substituição de um dos hidrogênios ligados ao átomo de nitrogênio por um grupo aromático heterociclo tem mostrado resultados terapêuticos melhores. Dos vários esqueletos carbônicos modificados do composto sulfanilamida, algumas drogas sulfas, como sulfatiazol, sufadiazina, sufapiridina, sulfametoxazol, etc., são as que apresentaram melhores atividades biológicas no combate a infecções por microrganismos.

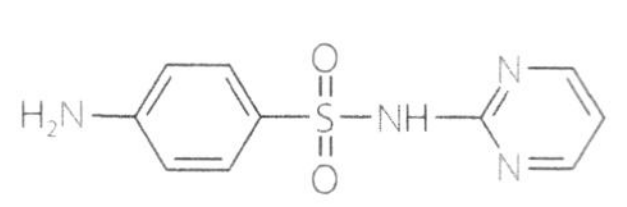

Sulfadiazina

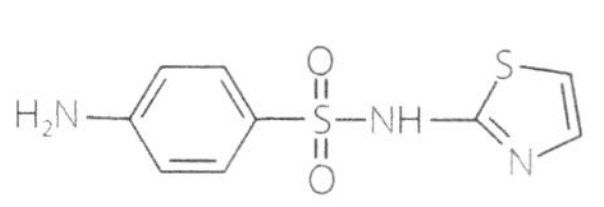

Sulfatiazol

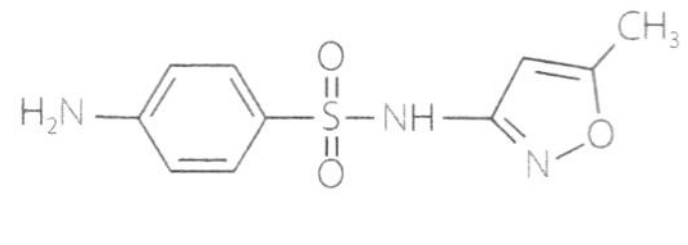

Sulfametoxazol

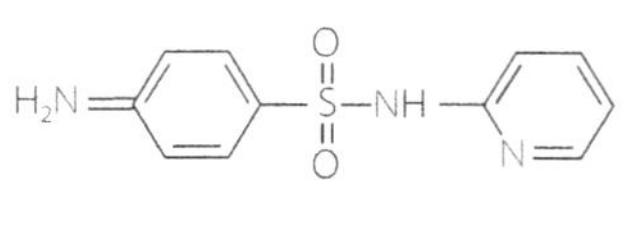

Sulfapiridina

---

3. Gerard Johannes Paul Domagk (1895-1964) foi um microbiologista alemão que recebeu o Prêmio Nobel de Medicina em 1939 por ter descoberto os efeitos antibacterianos de certas drogas sulfonamidas, atualmente usadas no tratamento e na cura da hanseníase, uma doença infecciosa causada pelo bacilo *Mycobacterium leprae*.

As sulfonamidas são potentes agentes antibióticos, que matam bactérias quimicamente sem danificar as células dos mamíferos hospedeiros.

6.2. Compostos Orgânicos Oxigenados

6.2.1. Álcoois

Os álcoois são compostos contendo na estrutura molecular um grupo hidroxila que substituiu um átomo de hidrogênio de um carbono de um alcano.

$RCH_2{-}OH$

Um álcool

6.2.1.1. Fontes de Álcoois

O metanol, o álcool mais simples, até 1920 era obtido como subproduto da preparação de carvão da madeira e, por essa razão, é conhecido como álcool da madeira. Se ingerido pelo ser humano, o metanol leva a óbito quando consumido um volume acima de 30 mL e em menor quantidade pode levar à cegueira.

O etanol, mundialmente produzido, é obtido da fermentação de materiais vegetais, como cana de açúcar, beterraba, milho, etc. Os carboidratos desses vegetais são convertidos a etanol, ao dióxido de carbono e água, pela presença da enzima na levedura. No Brasil, a partir da fermentação do açúcar da cana, produz-se a aguardente e o etanol combustível. De maneira semelhante, pode-se obter a cerveja a partir da cevada e o vinho a partir da uva.

Alguns álcoois extraídos de fontes naturais, como plantas e produtos de origem animal, estão listados a seguir.

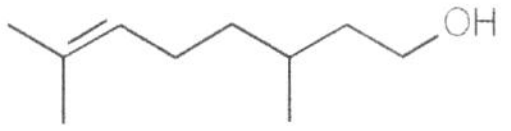

OH

Citronelol
(Extraído do óleo de rosa e gerânio)

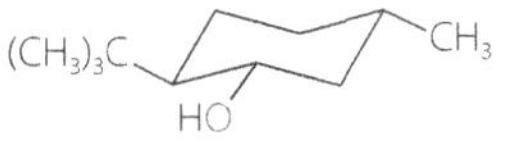

$(CH_3)_3C$ CH_3 HO

Mentol
(Extraído do óleo de hortelã)

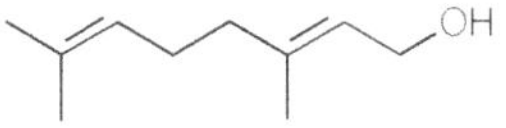

OH

Geraniol
(Extraído do óleo de rosa e gerânio)

HO

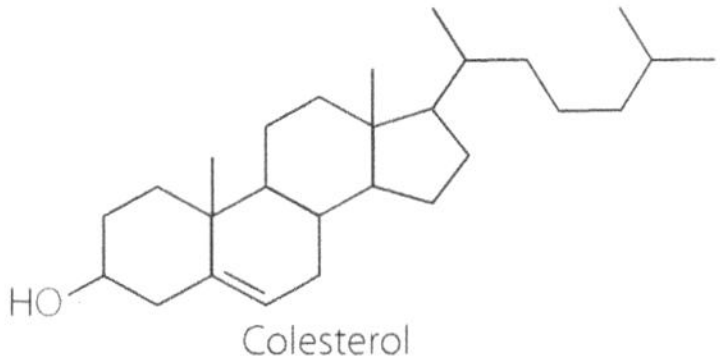

Colesterol
(Principal constituinte de cálculos biliares)

6.2.1.2. Nomenclatura de Álcoois

A nomenclatura de um álcool pode ser feita de duas maneira: a usual, frequentemente utilizada, e a outra sistemática desenvolvida pela IUPAC. Na primeira, o nome do álcool é derivado do grupo alquil ao qual está ligado o substituinte hidroxila (-OH) antecedido pela palavra álcool. A cadeia é sempre numerada iniciando-se pelo carbono ao qual o grupo hidroxila está ligado.

Para a segunda forma de nomenclatura, identifica-se a cadeia carbônica contínua mais longa onde o grupo hidroxila está ligado e substitui-se o sufixo ***-o*** do correspondente alcano de origem pelo sufixo ***-ol***. A posição do grupo hidroxila é indentificada escolhendo-se a sequência que designa o carbono em que o -OH está ligado, o menor número localizador.

$CH_3CH_2CH_2OH$	$CH_3CH(OH)(CH_2)_3CH_3$	$(CH_3)_2C(OH)CH_2CH_2CH_3$
Álcool propílico (*n*-Propanol)	Álcool 1-metilpentílico (2-Hexanol)	Álcool 1,1-dimetilbutílico (2-Metil-2-pentanol)

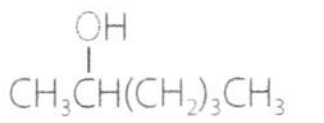

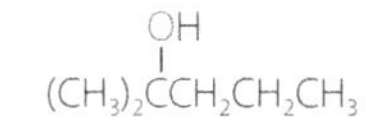

Quando na presença de outros grupos como alquil, amino e haleto, o grupo hidroxila tem prioridade sobre estes na determinação da direção em que a cadeia carbônica é numerada.

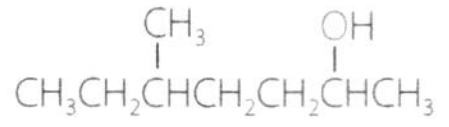

$CH_3CH_2CH(CH_3)CH_2CH_2CH(OH)CH_3$	$BrCH_2CH_2CH_2OH$	H_3C, HO (ciclopentano)
5-Metil-2-heptanol (não 3-Metil-6-heptanol)	3-Bromo-1-propanol	*trans*-2-Metilciclopentanol

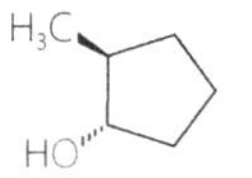

6.2.1.3. Classificação dos álcoois

Os álcoois são classificados como primários; secundários ou terciários, de acordo com o número de substituintes alquil do carbono em que o grupo funcional hidroxila está ligado na cadeia carbônica. Dessa forma, o álcool primário envolve o carbono metilênico **CH_2** (tipo RCH_2OH), independentemente do grau de ramificação de "R"; o álcool secundário envolve o carbono metínico **CH** (tipo R_2CHOH) e o álcool terciário envolve o carbono **C** (tipo R_3COH).

$HOCH_2CH_2CH_2CH_3$	$CH_3CH(OH)CH_2CH_2CH_3$	$CH_3C(OH)(CH_3)CH_3$
1-Butanol (Álcool primário)	2-Butanol (Álcool secundário)	2-Metil-2-propanol (Álcool terciário)

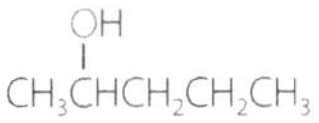

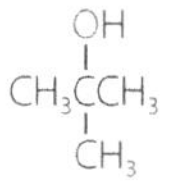

Muitas das propriedades químicas e físicas dos álcoois são afetadas quando seus grupos funcionais estão ligados ao carbono primário, secundário ou terciário. Vários exemplos são encontrados na literatura especializada, em que o grupo funcional ligado a um carbono primário é mais reativo do que quando ligado a um carbono secundário ou terciário, e há também outros numerosos exemplos em que ocorre o inverso.

6.2.1.4. Ligação Química dos Álcoois

Nos álcoois, o carbono em que se encontra ligado o grupo funcional -OH, está hibridizado ***sp^3***. O grupo hidroxila de um álcool está ligado ao átomo de carbono por um orbital molecular do tipo σ, originado pela sobreposição de um orbital atômico hibridizado ***sp^3*** do carbono com um orbital atômico hibrido ***sp^3*** do oxigênio. O ângulo de ligação C–O–H é ligeiramente menor que o valor do ângulo tetraédrico de 109,5º, devido ao maior volume do grupo alquil.

O átomo de oxigênio, substituinte ligado aos átomos de carbono e hidrogênio (C–O–H), é mais eletronegativo e, por isso, os elétrons das ligações carbono-oxigênio e oxigênio-hidrogênio são atraídos do carbono e do hidrogênio para o oxigênio mais eletronegativo. A diferença de eletronegatividade dos átomos nas ligações carbono-oxigênio e oxigênio-hidrogênio polariza essas ligações e, então, os álcoois são classificados como moléculas polares. A pequena diferença dos seus momentos de dipolo (μ) em relação à água se deve ao efeito indutor do grupo alquil que substitui um dos átomos de hidrogênio.

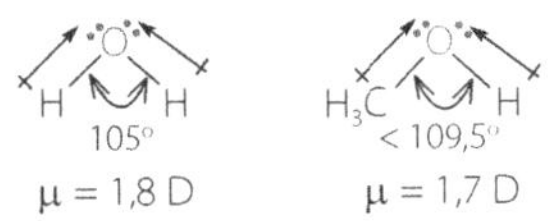

H–O–H 105° $\mu = 1{,}8$ D H_3C–O–H < 109,5° $\mu = 1{,}7$ D

6.2.1.5. Propriedades Físicas de Álcoois

O ponto de ebulição dos álcoois é maior que de alcanos e aminas de massas molares similares como, por exemplo, o do propano (– 42 °C), etanamina (17 °C) e etanol (78 °C). O determinante principal do ponto de ebulição de uma substância é a intensidade das forças de interação "dipolo-dipolo induzido" e "dipolo-dipolo" entre as moléculas (Tabela 6.2).

Tabela 6.2. Ponto de ebulição (PE) de alguns álcoois

Fórmula	Composto	PE (°C)
CH_3OH	Metanol	65
CH_3CH_2OH	Etanol	78
$CH_3CH_2CH_2OH$	Propanol	97
$(CH_3)_2CHOH$	Isopropanol	82
$CH_3(CH_2)_3CH_2OH$	1-Pentanol	138
$CH_3(CH_2)_4CH_2OH$	1-Hexanol	157

As moléculas de etanol no estado líquido têm um momento de dipolo (μ) e experimentam ambas as atrações "dipolo-dipolo induzido" e "dipolo-dipolo" em adição às forças de dispersão. O hidrogênio, com carga parcial positiva, de um grupo –OH exerce efetivamente atração "dipolo-dipolo" intermolecular e o termo ligação de hidrogênio é usado para descrever essas forças. O ponto de ebulição maior do etanol, quando comparado ao propano e à etanamina, é atribuído à cadeia de ligações de hidrogênio entre –OH de moléculas vizinhas. As aminas apresentam menor polarização quando comparadas aos álcoois e, consequentemente, a interação "dipolo-dipolo" (ligação de hidrogênio) são mais fracas.

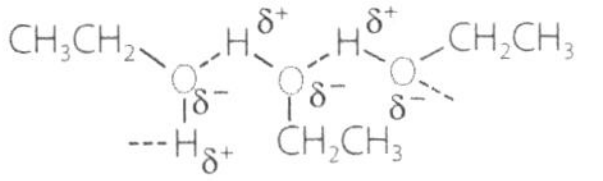

CH_3CH_2–O(δ^-)···$H^{\delta+}$–O(δ^-)(CH_2CH_3)···$H^{\delta+}$–O(δ^-)–CH_2CH_3; ---$H_{\delta+}$

Ligações de hidrogênio em etanol

As interações "dipolo-dipolo" ou ligações de hidrogênio podem ser observadas em moléculas que apresentam os grupos –OH e $-NH_2$.

Quanto à solubilidade em água, os álcoois de baixas massas molares (metanol, etanol, *n*-propanol e *iso*propanol) são solúveis em todas as proporções. A capacidade desses álcoois em participar de ligações de hidrogênio intermoleculares não só afeta o ponto de ebulição, mas também aumenta a sua solubilidade em água.

Os álcoois de cadeias carbônicas maiores tornam-se mais semelhantes aos hidrocarbonetos e a solubilidade em água diminui gradativamente conforme o aumento do número de carbonos.

Com relação à ***densidade***, todos os álcoois, que à temperatura ambiente estão no estado líquido, têm densidades (ρ) entre 0,8 e 0,9 g/mL e, portanto, são menos densos que a água (1,0 g/mL a 4 °C).

6.2.1.6. Acidez de álcoois: Íons Alcóxidos

A acidez dos álcoois é similar entre eles e ligeiramente mais fraca que a acidez da água (Tabela 6.3).

Por exemplo, o metanol tem o pK_a 15,7, que é aproximadamente igual ao da água e a constante de equilíbrio para a remoção do próton do grupo hidroxila do metanol pelo íon hidróxido é próxima de 1 (um).

$$HO^{\ominus} + H{-}OCH_3 \underset{}{\overset{K \sim 1}{\rightleftharpoons}} HOH + {}^{\ominus}OCH_3$$

Íon hidróxido (Base) — Metanol (Ácido) — Água (Ácido conjugado) — Íon metóxido (Base conjugada)

Em geral, o metanol e os álcoois primários são ligeiramente mais ácidos do que os álcoois secundários, e estes são mais ácidos que os álcoois terciários. Essa constatação pode ser atribuída ao efeito indutor de elétrons dos grupos alquil sobre o carbono ligado ao grupo hidroxila e ao efeito estérico no grupo hidroxila, que dificulta a interação com a água para dissociação ou captura do próton pela base. A base conjugada de um álcool é denominada *íon alcóxido* (uma base forte) e pode estar ligada ao íon sódio ou potássio.

Tabela 6.3. Constante de dissociação ácida (pK_a) de alguns compostos

Composto	Fórmula	pK_a
Água	HOH	15,7
Metanol	CH_3OH	~15,7
Etanol	CH_3CH_2OH	~16
*iso*Propanol	$(CH_3)_2CHOH$	~17
terc-Butanol	$(CH_3)_3COH$	~18
Amônia	NH_3	~36
Dimetilamina	$(CH_3)_2NH$	~36

Os alcóxidos de sódio e potássio são normalmente preparados pela reação do metal correspondente com o álcool apropriado e estão entre as bases mais utilizadas em química orgânica preparativa. A utilização da base *terc*-butóxido de potássio, embora seja uma base com ótimo desempenho, tem sido restrita a casos especiais pelo fato de o álcool *terc*-butanol ser relativamente caro.

Equação geral:

$$2\,RCH_2OH\,(l) + 2\,Na\,(s) \longrightarrow 2\,RCH_2ONa\,(sol) + H_2\,(g)$$

Um álcool — metal sódio — Um alcóxido de sódio — Hidrogênio

Exemplo:

$$2\,(CH_3)_3COH\,(l) + 2\,K^0\,(s) \longrightarrow 2\,(CH_3)_3COK\,(sol) + H_2\,(g)$$

terc-Butanol — Potássio — *terc*-Butóxido de potássio — Hidrogênio

A ordem de reatividade dos metais sódio e potássio com os álcoois segue a mesma sequência abaixo, embora o potássio seja mais reativo.

Ordem crescente de reatividade de álcoois com metais →

R_3COH	<	R_2CHOH	<	RCH_2OH	<	CH_3OH
Álcool terciário		Álcool secundário		Álcool primário		Metanol
(Menos reativo)						(Mais reativo)

Quando forem utilizados álcoois primários ou secundários, a reatividade do metal sódio é suficiente para se preparar soluções relativamente concentradas de alcóxido de sódio em solução alcoólica, mas quando for utilizado um álcool terciário é normalmente usado o metal potássio, por ser mais reativo.

$$2\,RCH_2OH\,(l) + 2\,Na^{\circ}\,(s) \longrightarrow 2\,RCH_2ONa\,(sol) + H_2\,(g)$$

Um álcool — metal sódio — Um alcóxido de sódio — Hidrogênio

$$2\,(CH_3)_3COH\,(l) + 2\,K^{\circ}\,(s) \longrightarrow 2\,(CH_3)_3COK\,(sol) + H_2\,(g)$$

terc-Butanol — Potássio — *terc*-Butóxido de potássio — Hidrogênio

Os alcóxidos de sódio também podem ser preparados pela reação de um álcool com hidreto de sódio:

$$RCH_2OH\,(l) + NaH\,(s) \longrightarrow RCH_2ONa\,(sol) + H_2\,(g)$$

Um álcool — hidreto de sódio — Um alcóxido de sódio — Hidrogênio

Os alcóxidos de lítio apresentam baixa utilidade como base, por apresentarem a ligação iônica com alto caráter covalente, ou seja, de baixa reatividade e, como consequência, baixa força básica. Geralmente, os alcóxidos de lítio são preparados pela reação de um álcool com hidreto de lítio (LiH).

6.2.1.7. Preparação de Álcoois

6.2.1.7.1. Hidratação de Alcenos: Catálise Ácida

A reação de adição de água, catalisada por ácido, à ligação dupla carbono-carbono de um alceno leva à formação de álcoois.

$$(H)(R)C{=}C(R^2)(R^1) + HOH \xrightarrow{H_2SO_4\ \text{dil.}} H{-}C(H)(R){-}C(R^2)(R^1){-}OH$$

Um alceno — Água — Um álcool

O catalisador utilizado é frequentemente uma solução diluída de ácido sulfúrico e o álcool é produzido diretamente, sem a necessidade de uma etapa de hidrólise posterior. A reação inicia-se com a adição do próton do ácido ao carbono menos substituído da ligação dupla do alceno, ou seja, ligado ao maior número de hidrogênio. Em seguida, ocorre a adição do oxigênio da molécula de água, que resulta no grupo hidroxila ligado ao outro carbono mais substituído.

$$(H_3C)_2C{=}CHCH_3 \xrightarrow{H_2SO_4\ \text{diluído}} (H_3C)_2C(OH)CH_2CH_3$$

2-Metil-2-buteno → 2-Metil-2-butanol

$$C_6H_{10}{=}CH_2 \xrightarrow{H_2SO_4,\ \text{diluído}} C_6H_{10}(CH_3)(OH)$$

Metilenociclo-hexano → 1-Metilciclo-hexanol

O mecanismo da reação mostra os princípios da adição nucleofílica da molécula de água ao alceno por catálise ácida. Para o exemplo mostrado a seguir, a primeira etapa envolve a transferência do próton do ácido para o 2-metilpropeno formando o cátion *terc*-butil. Na segunda etapa, ocorre a reação do intermediário carbocátion com a molécula de água (nucleófilo) e o produto formado é o íon oxônio (com oxigênio positivo), ou seja, o ácido conjugado da base *terc*-butanol. A desprotonação do íon oxônio, na etapa 3, produz o álcool *terc*-butanol e regenera o catalisador (ácido).

$$(CH_3)_2C{=}CH_2 + H_2O \underset{}{\overset{H_3O^+}{\rightleftharpoons}} (CH_3)_3COH$$

2-Metilpropeno + Água ⇌ 2-Metil-2-propano (*terc*-Butanol)

Mecanismo:

Etapa 1: Ocorre a adição do próton do ácido à ligação dupla C=C formando o intermediário carbocátion mais estável.

$$(H_3C)_2C{=}CH_2 + H{-}\overset{\oplus}{O}H_2 \underset{}{\overset{\text{Lenta}}{\rightleftharpoons}} [(CH_3)_2\overset{\oplus}{C}{-}CH_2H] + H_2O$$

2-Metilpropeno + Íon hidrônio ⇌ Cátion *terc*-butil + Água

Etapa 2: O intermediário carbocátion formado sofre adição da água.

$$[(H_3C)_2\overset{\oplus}{C}{-}CH_2H] + H_2O \underset{}{\overset{\text{Rápida}}{\rightleftharpoons}} [(H_3C)_3C{-}\overset{\oplus}{O}H{-}H]$$

Cátion *terc*-butil + Água ⇌ Íon *terc*-butiloxônio

Etapa 3: Ocorre a desprotonação do íon *terc*-butiloxônio formado pela adição de água, que se comporta como uma base.

$$[(H_3C)_3C{-}\overset{\oplus}{O}H{-}H] + H_2O \underset{}{\overset{\text{Rápida}}{\rightleftharpoons}} (H_3C)_3C{-}OH + H\overset{\oplus}{O}H_2$$

Íon *terc*-butiloxônio + Água ⇌ *terc*-Butanol + Íon hidrônio

A etapa de formação do intermediário carbocátion é lenta e determinante da velocidade da reação. A estrutura do alceno normalmente afeta a eficiência da reação.

O alceno que leva à formação do intermediário carbocátion mais estável reage mais rapidamente do que aquele que produz o carbocátion menos estável.

A estabilidade do carbocátion, formado como intermediário, é proporcionada pelo efeito indutivo e hiperconjugação ou ressonância dos elétrons do substituinte sobre o carbono deficiente de elétrons. Portanto, quanto mais estável for o carbocátion intermediário, mais rápida será a sua velocidade de formação.

A reação de hidratação de um alceno e a desidratação de um álcool por catálise ácida é um processo reversível.

Um alceno + HOH (H_3O^+ ⇌ H_3O^+) → Um álcool

Um alceno | Água | Um álcool

De acordo com o ***Princípio de Le Châtelier***[4], um sistema em equilíbrio se ajusta de maneira a minimizar qualquer perturbação aplicada a ele. Quando a concentração da água é aumentada, o sistema responde consumindo água. Isso significa que, proporcionalmente, mais alceno é convertido em álcool e a posição do equilíbrio desloca para a direita.

Assim, quando se deseja preparar um álcool utilizando um alceno, recomenda-se usar um meio reacional em que a concentração molar da água seja alta como, por exemplo, uma solução diluída de ácido sulfúrico.

Por outro lado, se for retirada água do sistema reacional, a formação do alceno é favorecida, ou seja, o meio responde pela ausência da água levando as moléculas de álcool a sofrerem desidratação.

O ***princípio da reversibilidade microscópica*** estabelece que, em qualquer processo em equilíbrio, a sequência de intermediários e do estado de transição formado quando os reagentes seguem em direção aos produtos devem ser encontradas precisamente na ordem inversa e em direção oposta.

$$(CH_3)_2C{=}CH + H_2O \overset{H_3O^+}{\rightleftharpoons} (CH_3)_3COH$$

2-Metilpropeno | Água | 2-Metil-2-propanol

6.2.1.7.2. Hidroboração-Oxidação de Alcenos

A reação de hidroboração-oxidação foi desenvolvida por Herbert C. Brown[5] e cols. na Universidade de Purdue (Indiana, EUA), na década de 1950. A hidroboração é uma reação em que um alquil hidreto de boro, um composto do tipo $\mathbf{R_2BH}$, adiciona-se de modo *sin* (mesma face) à ligação dupla carbono-carbono de um alceno, formando duas novas ligações, carbono-hidrogênio e carbono-boro, produzindo uma organo-borana.

$R^3R^2C{=}CHR^1$ + HBR_2 → [Estado de transição: δ^+ δ^- / H---BR_2 δ^- δ^+] → $R^2R^3HC{-}CR^1H(BR_2)$

Um alceno | Um hidreto de dialquilboro | Estado de transição | Uma organo-borana

A organo-borana é então oxidada pela reação com peróxido de hidrogênio em solução aquosa básica. Nesse estágio da sequência de oxidação, o peróxido de hidrogênio é o agente oxidante e a organo-borana é o agente redutor, sendo convertida a um álcool.

---

4. O *Princípio de Le Chatelier* foi formulado pelo químico e metalurgista francês Henri Louis Le Châtelier (1850-1936), que descobriu a lei do equilíbrio químico e contribuiu significativamente para o desenvolvimento da termodinâmica.
5. O químico inglês Herbert Charles Brown (1912-2004) recebeu o Prêmio Nobel de Química em 1979 pelos seus trabalhos de desenvolvimento e uso dos compostos de boro, importantes reagentes para a síntese orgânica.

Organo-borana + $3\ H_2O_2$ + $4\ \overset{\ominus}{O}H$ ⟶ Um álcool + $2\ ROH$ + $\overset{\ominus}{B}(OH)_4$ + $3\ H_2O$

Organo-borana | Peróxido de hidrogênio | Íon hidróxido | Um álcool | Um álcool | Íon borato | Água

A combinação da reação de hidroboração com a reação de oxidação leva a uma hidratação total do alceno. O hidrogênio que se liga ao carbono é derivado da organo-borana e o grupo hidroxila vem do peróxido de hidrogênio.

O hidreto de boro, frequentemente usado na reação de hidroboração de alcenos, é a diborana (B_2H_6). No exemplo específico, a diborana foi adicionada ao 2-metilciclo-hexeno para formar a tri-(2-metilciclo-hexil)borana, de acordo com a equação balanceada a seguir:

3 2-Metilciclo-hexeno + $1/2\ B_2H_6$ (Diborana) —Diglima→ [Intermediário cíclico de quatro membros] ⟶ tri-(2-Metilciclo-hexil)borana

Na ligação $B^{\delta+}–H^{\delta-}$ há uma ligeira tendência de polarização da ligação em direção ao hidrogênio devido à pequena diferença de eletronegatividade entre o boro (2,0) e o hidrogênio (2,2). Dessa maneira, o boro tende a ligar-se ao carbono menos substituído, rico em elétrons, da ligação dupla do alceno e o hidrogênio se liga ao carbono mais substituído, deficiente em elétrons. Acredita-se que esta orientação, na adição, seja devida ao efeito estérico; no entanto, a *regiosseletividade* corresponde à ***regra de Markovnikov***[6] pelo motivo exposto anteriormente.

Também têm sido utilizados outros agentes hidroborantes convenientes, um deles é o complexo borana-tetra-hidrofurano (BH_3–THF), muito reativo, que utiliza THF como solvente, cuja estrutura é mostrada a seguir:

H_3B--:O (THF)

Outro reagente útil é a borana-sulfeto de dimetila (BH_3–DMS), onde o DMS é o solvente.

Na reação de hidroboração-oxidação não está envolvida a formação de carbocátion intermediário. A hidroboração ocorre sem qualquer rearranjo molecular de hidrogênio ou de grupo alquílico, mesmo em alcenos ramificados, como mostrado no exemplo a seguir:

3,3-dimetil-1-buteno —1. B_2H_6; diglima / 2. H_2O_2; NaOH→ 3,3-dimetil-1-butanol

6. A *regra de Markovnikov* foi criada em 1870, pelo químico russo Vladimir Vasilevich Markovnikov (1838-1904), estabelecendo que, numa reação química, quando se adiciona um composto do tipo H-X a um alceno, o átomo de hidrogênio se liga ao carbono do alceno com maior número de hidrogênios, enquanto o halogênio se liga ao outro carbono da dupla ligação. Essa regra é útil para prever as estruturas moleculares dos produtos das reações de adição. Ver mais detalhes no item: 6.3.7.2. Adição de haletos de hidrogênio a alcenos.

6.2.1.8. Reações de Álcoois

6.2.1.8.1. Desidratação: Obtenção de Alcenos

Na reação de desidratação de um álcool, utilizando catálise ácida, as moléculas de água se originam da eliminação dos substituintes de carbonos adjacentes.

$$R^1R(H)C{-}C(R^2)(R^3)OH \xrightarrow{H_3O^+} R^1RC{=}CR^3R^2 + H_2O$$

Um álcool — Um alceno — Água

A reação de desidratação do etanol, catalisada por ácido sulfúrico sob aquecimento, é o método utilizado para a preparação do alceno mais simples, o eteno.

$$CH_3CH_2OH \xrightarrow[\Delta]{H_2SO_4} H_2C{=}CH_2 + H_2O$$

Etanol — Eteno — Água

Outros álcoois também apresentam o mesmo comportamento químico.

$$C_6H_{11}{-}OH \xrightarrow[\Delta]{H_2SO_4} C_6H_{10} + H_2O$$

Ciclo-hexanol — Ciclo-hexeno — Água

O ácido sulfúrico (H_2SO_4) e o ácido fosfórico (H_3PO_4) são frequentemente os ácidos mais usados na reação de desidratação de álcoois.

6.2.1.8.2. Reação com Haletos de Hidrogênio

O álcool reage com haletos de hidrogênio para produzir haletos de alquila, de acordo com a equação geral:

$$RCH_2{-}OH + H{-}X \longrightarrow RCH_2{-}X + H_2O$$

Um álcool — Um haleto de hidrogênio — Um haleto de alquila — Água

A ordem de reatividade dos haletos de hidrogênio assemelha-se a sua acidez, ou seja, a ordem crescente é: HI > HBr > HCl >> HF. Os brometos e cloretos de hidrogênio são os mais utilizados, o iodeto de hidrogênio é usado com frequência, no entanto, o fluoreto de hidrogênio não é viável para a preparação de fluoreto de alquila.

Entre as três classes de álcoois, observa-se que o álcool terciário é o mais reativo e o álcool primário é o menos reativo, em condições de substituição nucleofílica, pois a reação depende do intermediário carbocátion formado e, se este não for eficientemente estabilizado pelos efeitos indutivo e hiperconjugação proporcionados pelos grupos substituintes, a sua formação é bastante lenta.

Reatividade decrescente de álcool com haleto de hidrogênio →

R_3COH	>	R_2CHOH	>	RCH_2OH	>	CH_3OH
Álcool: Terciário		Secundário		Primário		Metil
(+) reativo						(-) reativo

Um teste clássico para verificar a reatividade dos álcoois é o ***teste de Lucas,*** em que se utiliza uma mistura de solução de ácido clorídrico concentrado na presença de cloreto de zinco, um ácido de Lewis. Nessa reação, ocorre a clivagem heterolítica da ligação carbono-oxigênio formando o intermediário carbocátion. Nessas condições, quando o álcool for terciário observa-se rapidamente a formação da fase orgânica (cloreto de alquila), se o álcool for secundário a reação ocorre lentamente e se o álcool for primário quase não se observa reação.

$$R R^1 R^2 C-OH \xrightarrow{HCl/ZnCl_2} R R^1 R^2 C-Cl$$

Um álcool — Um cloreto de alquila

Os álcoois terciários são convertidos rapidamente a cloretos de alquila em altos rendimentos na reação com cloreto de hidrogênio, em condições normais de temperatura e pressão.

$$(CH_3)_3C-OH + H-Cl \xrightarrow[\Delta]{} (CH_3)_3C-Cl + H_2O$$

2-Metil-2-propanol (*terc*-Butanol) — Cloreto de hidrogênio — 2-Cloro-2-metilpropano (Cloreto de *terc*-butila) — Água

Os álcoois primário e secundário não reagem suficientemente rápido com cloretos de hidrogênio para tornar viável esse método de preparação dos correspondentes cloretos de alquila.

$$C_6H_{11}-OH + HBr \xrightarrow[\Delta]{} C_6H_{11}-Br + H_2O$$

Ciclo-hexanol — Brometo de hidrogênio — Bromociclo-hexano — Água

$$CH_3(CH_2)_4CH_2OH + HBr \xrightarrow[\Delta]{} CH_3(CH_2)_4CH_2Br + H_2O$$

1-Hexanol — Brometo de hidrogênio — 1-Bromo-hexano — Água

A mesma transformação pode ser efetuada de modo mais conveniente tratando-se um álcool com brometo de sódio, na presença de ácido sulfúrico, sob aquecimento.

$$CH_3(CH_2)_2CH_2OH \xrightarrow[\Delta]{NaBr;\ H_2SO_4} CH_3(CH_2)_2CH_2Br + Na_2SO_4 + H_2O$$

1-Butanol — 1-Bromobutano — Sulfato de sódio — Água

6.2.1.8.3. Esterificação

O álcool reage com um ácido carboxílico por catálise ácida para formar um éster, de acordo com a equação geral:

$$R^1CH_2-OH + R-C(=O)OH \underset{}{\overset{H_3O^{\oplus}}{\rightleftharpoons}} R-C(=O)O-CH_2R^1 + H_2O$$

Um álcool — Um ácido carboxílico — Um éster — Água

A reação esterificação de um álcool com um ácido carboxílico, catalisada por ácido, é conhecida como *reação de condensação*, pois envolve dois reagentes que se combinam para produzir um éster e água. Por exemplo, a reação de etanol com ácido acético, catalisada por ácido sulfúrico, leva à formação de acetato de etila e água.

$$CH_3CH_2OH + CH_3C(=O)OH \overset{H_2SO_4}{\rightleftharpoons} CH_3C(=O)OCH_2CH_3 + H_2O$$

Etanol — Ácido acético (Ácido etanóico) — Acetato de etila (Etanoato de etila) — Água

6.2.1.8.4. Oxidação de Álcoois

Os álcoois estão entre os mais versáteis materiais de partida para a preparação de uma variedade de grupos funcionais orgânicos. Um tipo de reação que os álcoois sofrem é a oxidação a um composto carbonílico. A reação de oxidação pode levar à formação de um aldeído, de uma cetona ou de um ácido carboxílico, dependendo do tipo de álcool e do agente oxidante utilizado.

Os álcoois primários ou levam à formação de um aldeído ou de um ácido carboxílico em condições vigorosas, mas há vários métodos que permitem interromper a oxidação no estágio do intermediário aldeído.

Os reagentes que são mais usados para a oxidação de álcoois são baseados em metais de transição de alto estado de oxidação, particularmente o cromo (VI).

O ácido crômico (H_2CrO_4) é um bom agente oxidante, sendo formado quando uma solução contendo íon dicromato ($Cr_2O_7^{2-}$) ou trióxido de cromo (VI) (CrO_3) é acidificada. Às vezes, é possível obter aldeídos em rendimentos satisfatórios antes de serem oxidados a ácidos carboxílicos, mas em muitos casos os ácidos carboxílicos são os produtos principais isolados no tratamento de álcoois primários com ácido crômico.

$$CH_3CH_2CH_2CH_2OH \xrightarrow[H_2SO_4,\ H_2O]{K_2Cr_2O_7} CH_3CH_2CH_2C(=O)OH$$

n-Butanol → Ácido butanóico

As condições que permitem um fácil isolamento de aldeídos, em bom rendimento, por oxidação de um álcool primário, empregam como oxidante várias espécies de Cr(VI) em meio anidro. Uma dessas combinações é o complexo trióxido de cromo-dipiridina, tendo a fórmula $(C_5H_5N)_2CrO_3$, denominado ***reagente de Collins,*** e usa diclorometano como solvente.

$$CH_3CH_2CH(CH_3)(CH_2)_4CH_2OH \xrightarrow[CH_2Cl_2]{(C_5H_5N)_2CrO_3} CH_3CH_2CH(CH_3)(CH_2)_3CH_2C(=O)H$$

6-Metiloctanol → 6-Metiloctanal

Dois outros oxidantes relacionados são o clorocromato de piridínio (PCC): $[(C_5H_5NH)(CrO_3Cl)]$ e o dicromato de piridínio (PDC): $[(C_5H_5NH)_2Cr_2O_7]$. Assim como o ***reagente de Collins,*** ambos PCC e PDC são fontes de Cr(VI) e geralmente são usados em diclorometano.

$$CH_3(CH_2)_5CH_2OH \xrightarrow[CH_2Cl_2]{PCC} CH_3(CH_2)_4CH_2C(=O)H$$

Heptanol → Heptanal

$$C_6H_5\text{-}CH_2OH \xrightarrow[CH_2Cl_2]{PDC} C_6H_5\text{-}C(=O)H$$

Álcool benzílico → Benzaldeído

Os álcoois secundários são oxidados a cetonas pelos mesmos reagentes que oxidam os álcoois primários.

Equação geral:

$$RCH_2CH(OH)R^1 \xrightarrow{Oxidante} RCH_2C(=O)R^1$$

Um álcool secundário → Uma cetona

Exemplos:

$$\text{Difenilmetanol} \xrightarrow{(C_5H_5N)_2CrO_3} \text{Benzofenona}$$

$$\text{Ciclo-hexanol} \xrightarrow[H_2SO_4,\ H_2O]{CrO_3} \text{Ciclo-hexanona}$$

Os álcoois terciários não possuem hidrogênio ligado ao carbono da hidroxila e, por isso, não sofrem oxidação facilmente.

$$R^1R^2R'''C{-}OH \xrightarrow{\text{Oxidante}} \text{não sofre oxidação}$$

Um álcool terciário

O mecanismo pelo qual o agente oxidante, metal de transição, converte álcoois em aldeídos e cetonas é um tanto complicado e não será tratado em detalhe. A oxidação com ácido crômico parece envolver a formação inicial de um cromato de alquila:

$$R'''R^1CH{-}OH + HOCrO_2OH \longrightarrow [R'''R^1CH{-}O{-}CrO_2OH] \xrightarrow{H_2O} R'''R^1C{=}O + H_3O^{\oplus} + HCrO_3^{\ominus}$$

Um álcool — Ácido crômico — Um cromato de alquila — Um aldeído ou cetona — Íon hidrônio — Íon cromoso

Esse cromato de alquila sofre então uma reação de eliminação para formar a ligação dupla carbono-oxigênio.

Outro mecanismo possível envolve a participação de uma molécula de água na etapa de eliminação do hidrogênio do cromato de alquila.

$$H_2O \cdots H{-}CR'''R^1{-}O{-}CrO_2{-}OH$$

Na etapa de eliminação, o cromo é reduzido de Cr(VI) a Cr(IV), visto que o produto eventual é o Cr(III); além disso, outras etapas de transferência de elétrons também estão envolvidas.

6.2.1.8.5. Oxidação Biológica de Álcoois

Na oxidação de álcool por íon cromato, o hidrogênio carbinol é removido como um próton do éster cromato por uma base fraca (água). Tais oxidações centradas nos metais de transição diferem significativamente da oxidação biológica, em que a ligação entre o carbono carbinol e o hidrogênio é quebrada com a polaridade oposta, isto é, pela perda do hidrogênio como íon hidreto (H^-).

Um álcool + Nicotinamida protonada $\underset{}{\xrightleftharpoons{\text{Desidrogenase de álcool}}}$ Um aldeído ou cetona + Nicotinamida

A nicotinamida protonada representa apenas uma parte da estrutura complexa da coenzima *nicotinamida adenina dinucleotídeo* (NAD^+). As coenzimas são substâncias orgânicas que, em sincronia com uma enzima, agem sobre um substrato para produzir alterações químicas.

Nas oxidações biológicas, o fluxo de elétrons no álcool é inverso ao da oxidação observada com ácido crômico. Os elétrons da ligação O–H formam a ligação C=O liberando os elétrons da ligação C–H. Portanto, o hidrogênio é transferido na forma de hidreto (H^-) para um centro deficiente de elétrons, tal como aquele encontrado na nicotinamida protonada. O hidrogênio comporta-se como uma espécie nucleofílica (íon hidreto: H^-) em vez de eletrofílica (próton: H^+), e o inverso da reação de oxidação também é importante.

Tais processos são catalisados por *enzimas*. A enzima que catalisa a oxidação de etanol é chamada de *desidrogenase de álcool*.

$$CH_3CH_2OH \xrightleftharpoons{\text{Desidrogenase de álcool}} CH_3CHO$$

6.2.1.8.6. Álcool como Matéria-prima

Os álcoois podem ser usados como matéria-prima para a preparação de haletos de alquila e também de um grande número de outros tipos de grupos funcionais. Vários métodos de conversão de álcoois em haletos de alquila foram desenvolvidos. Dois desses métodos serão considerados, um deles usando o cloreto de tionila ($SOCl_2$) e o outro usando o tri-brometo de fósforo (PBr_3) como agentes halogenantes.

6.2.1.8.6.1. Reação com cloreto de tionila ($SOCl_2$)

O cloreto de tionila reage com álcoois para formar um cloreto de alquila e os respectivos produtos secundários inorgânicos, dióxido de enxofre e cloreto de hidrogênio. Esses dois produtos secundários são gases à temperatura ambiente e, por isso, são removidos facilmente, facilitando a purificação do produto da reação. Esse procedimento é usado em geral para álcoois primário e secundário.

$$\underset{\text{Um álcool}}{RCH_2OH} + \underset{\text{Cloreto de tionila}}{SOCl_2} \longrightarrow \underset{\text{Um cloreto de alquila}}{RCH_2Cl} + \underset{\text{Dióxido de enxofre}}{SO_2} + \underset{\text{Cloreto de hidrogênio}}{HCl}$$

As reações envolvendo o cloreto de tionila são normalmente conduzidas na presença de carbonato de potássio (K_2CO_3) ou piridina (C_5H_5N), bases fracas, para neutralizar o meio reacional pela formação de um sal ($KHCO_3$ ou $C_5H_5N^+HCl^-$).

$$\underset{\text{2-Octanol}}{CH_3(CH_2)_5CH(OH)CH_3} \xrightarrow[K_2CO_3]{SOCl_2} \underset{\text{2-Cloro-octano}}{CH_3(CH_2)_5CH(Cl)CH_3} + KCl + SO_2 + KHCO_3$$

$$\underset{\text{2-Metil-1-propanol}}{(CH_3)_2CHCH_2OH} \xrightarrow[C_5H_5N]{SOCl_2} \underset{\text{1-Cloro-2-metilpropano}}{(CH_3)_2CHCH_2Cl} + \underset{\text{Dióxido de enxofre}}{SO_2} + \underset{\text{Cloreto de piridônio}}{C_5H_5\overset{\oplus}{N}H\overset{\ominus}{Cl}}$$

6.2.1.8.6.2. Reação com tri-brometo de fósforo (PBr_3)

O tri-brometo de fósforo reage com álcool para formar brometo de alquila e ácido fosforoso. Este último pode ser removido lavando-se a fase orgânica com água ou com solução aquosa alcalina.

$$3\,RCH_2OH + PBr_3 \longrightarrow [Br_2P{-}\overset{\oplus}{O}H{-}CH_2R]\,\overset{\ominus}{Br} \longrightarrow 3\,RCH_2Br + P(OH)_3$$

Um álcool — *tri*Brometo de fósforo — Intermediário — Brometo de alquila — Ácido fosforoso

$$3\,CH_3CH_2CH_2OH \xrightarrow{PBr_3} 3\,CH_3CH_2CH_2Br + P(OH)_3$$

Butanol — 1-Bromo butano — Ácido fosforoso

6.2.2. Dióis

Os álcoois contendo dois grupos hidroxila são comumente denominados glicóis, nome comum, e pela nomenclatura sistemática (IUPAC), ao alcano de origem acrescenta-se a terminação -***diol***. Os dois dióis vicinais mais comumente encontrados são o etileno glicol (1,2-etanodiol) e o propileno glicol (1,2-propanodiol).

$$\underset{OH}{CH_2}{-}\underset{OH}{CH_2} \qquad CH_3\underset{OH}{CH}{-}\underset{OH}{CH_2}$$

Etileno glicol (1,2-Etanodiol) — Propileno glicol (1,2-Propanodiol)

O etileno glicol (1,2-etanodiol) é um importante produto usado na indústria como anticongelante e nos radiadores de veículos automotores como refrigerante.

6.2.2.1. Preparação de Dióis

6.2.2.1.1. Hidrólise Ácida de Epóxidos

O óxido de etileno, um composto cíclico de três membros (epóxido), por apresentar uma alta tensão angular e torcional, é rapidamente hidrolisado em meio ácido, para formar o 1,2-etanodiol. Nesse meio reacional, outros epóxidos comportam-se da mesma forma produzindo dióis.

$$H_2C\overset{O}{—}CH_2 + H_2O \xrightarrow{H_3O^+} HOCH_2CH_2OH$$

Óxido de etileno — Água — 1,2-Etanodiol

A hidrólise ácida de epóxidos, como por exemplo, o óxido de ciclo-hexila, leva à formação de um produto de configuração *trans* ou *E*.

Óxido de ciclo-hexila $\xrightarrow{H_3O^+}$ (OH axial, OH axial) $\xrightarrow{\text{"flip"}}$ (HO, HO equatoriais)

Óxido de ciclo-hexila — (*E*)-1,2-ciclo-hexanodiol

6.2.2.1.2. Oxidação de Alcenos com Tetraóxido de Ósmio

Os dióis vicinais podem ser preparados a partir de alcenos, utilizando o reagente oxidante tetraóxido de ósmio (OsO_4). A reação de adição do tetraóxido de ósmio à ligação dupla do alceno ocorre de modo *sin* (mesma face), formando um intermediário cíclico de cinco membros, o éster osmato, relativamente estável; mas que sofre clivagem na presença de um hidroperóxido em meio básico, produzindo o diol vicinal.

Reação geral:

Um alceno + Tetraóxido de ósmio ⟶ Éster osmato cíclico $\xrightarrow[^-OH]{ROOH}$ Um diol vicinal

O tetraóxido de ósmio é utilizado em quantidade catalítica na presença de hidroperóxido de *terc*-butila em meio básico. O hidroperóxido reoxida novamente o ósmio reduzido ao ósmio VIII que, então, pode ser reutilizado. Porém, o tetraóxido de ósmio é um reagente tóxico e bastante caro.

A reação de 1,2-dimetilciclopenteno com tetraóxido de ósmio, em éter dietílico e piridina, e posterior hidrólise na presença de sulfato de sódio produz o *cis*-1,2-dimetil-1,2-ciclopentanodiol.

1,2-Dimetilciclopenteno + OsO_4 (Tetróxido de ósmio) $\xrightarrow[C_6H_5N]{Et_2O}$ Éster osmato cíclico $\xrightarrow[Na_2SO_4]{H_2O}$ *cis*-1,2-Dimetil 1,2-ciclopentanodiol

Outra maneira de preparar diol vicinal envolve também a oxidação de um alceno com permanganato de potássio em meio básico a frio. A adição do permanganato à ligação dupla do alceno ocorre de modo *sin* (mesma face) formando um intermediário cíclico de cinco membros, cuja posterior hidrólise ácida produz o diol vicinal desejado.

Ciclo-hexeno + $KMnO_4$ (Permaganato de potássio) $\xrightarrow[KOH]{H_2O}$ Intermediário cíclico $\xrightarrow{H_3O^+}$ *cis*-1,2-Ciclo-hexanodiol

6.2.2.2. Reações de Dióis

Os glicóis ou 1,2-dióis sofrem reações de oxidação com ácido periódico (HIO_4) ou tetra-acetato de chumbo [$Pb(O_2CCH_3)_4$], pela quebra da ligação simples carbono-carbono, que estão diretamente ligados aos grupos hidroxila, formando compostos com dois grupos carbonílicos.

cis-1,2-Ciclo-hexanodiol + HIO_4 (Ácido periódico) $\xrightarrow{EtOH,\ H_2O}$ $OHC(CH_2)_4CHO$ (1,6-Hexanodial)

cis-1-Metil-1,2-ciclopentanodiol + $Pb(O_2CCH_3)_4$ (Tetraacetato de chumbo) $\xrightarrow{C_6H_6}$ $OHC(CH_2)_3COCH_3$ (5-Oxo-hexanal)

A clivagem oxidativa de dióis vicinais com ácido periódico é utilizada frequentemente para fins analíticos, na identificação das estruturas de compostos, pois a partir dos grupos carbonila obtidos pode-se deduzir a estrutura do diol de partida.

6.2.3. Fenóis

Nesta parte, serão considerados como álcoois aromáticos os derivados do anel benzênico tendo como um dos substituintes o grupo hidroxila, e particularmente o composto *fenol.*

Os fenóis são compostos que têm um grupo hidroxila ligado diretamente a um anel benzênico. O composto de origem desse grupo, C_6H_5OH, é chamado simplesmente de *fenol* e muitas de suas propriedades são análogas àquelas dos álcoois. Como nas arilaminas, os fenóis são compostos bifuncionais, pois o grupo hidroxila e o anel aromático interagem fortemente, afetando as suas reações.

6.2.3.1. Nomenclatura de Fenóis

O nome *fenol* é a nomenclatura comum aceita pela IUPAC. Para nomear os derivados mais substituídos o nome de origem *fenol* é mantido. A numeração do anel é iniciada no carbono ligado ao grupo hidroxila e segue em direção ao átomo de carbono do anel contendo o substituinte mais próximo, que recebe o menor número localizador. Quando da nomeação dos substituintes, estes são citados em ordem alfabética.

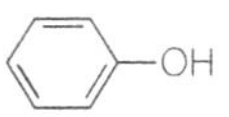

Fenol 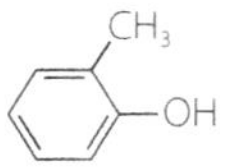   2-Metil fenol (*o*-Cresol)   3-Bromo-4-metilfenol

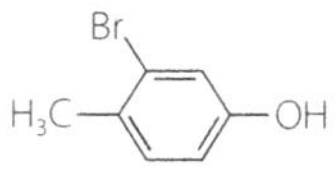

Os três hidroxiderivados do benzeno podem ser nomeados como 1,2-; 1,3- e 1,4-benzenodiol, respectivamente, mas cada um deles é mais conhecido pelo nome comum indicado abaixo em parênteses (pirocatecol, resorcinol e hidroquinona). Esses nomes comuns são aceitos pela IUPAC.

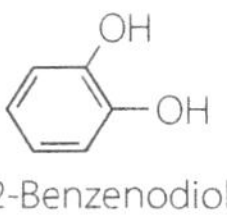

1,2-Benzenodiol (Pirocatecol)   1,3-Benzenodiol (Resorcinol)   1,4-Benzenodiol (Hidroquinona)

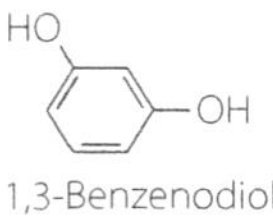

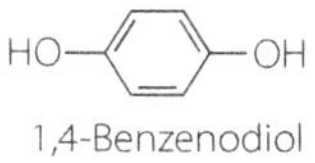

Os nomes comuns para os dois hidroxiderivados de naftaleno são α-naftol e β-naftol, também aceitos pela IUPAC.

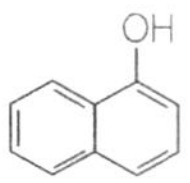

1-Naftol (α-Naftol)   2-Naftol (β-Naftol)

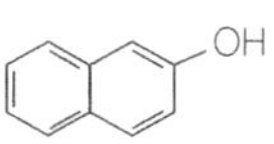

Quando grupos carboxila (**$-CO_2H$**) e acila (**RCO–**) estiverem presentes como substituinte no anel benzênico juntamente com o grupo hidroxila, estes, por terem maior grau de oxidação, têm prioridade para se dar o nome de origem. Nesse caso, o grupo hidroxila é tratado como um substituinte e é designado ***hidroxi***.

Ácido *o*-hidroxibenzóico (Ácido salicílico)

3-Hidroxi-4-metilacetofenona

6.2.3.2. Estrutura e Ligação dos Fenóis

O composto *fenol* apresenta geometria planar, com um ângulo de ligação C–O–H de 109°, quase o mesmo valor do ângulo tetraédrico e bem próximo do ângulo de 108,5° do metanol.

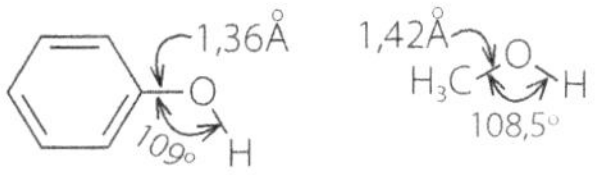

1,36Å 109° Fenol

1,42Å H_3C 108,5° Metanol

Como se sabe, as ligações do carbono hibridizado ***sp***^{2} são mais curtas do que o carbono hibridizado ***sp***^{3}, e no caso do *fenol* isso não é exceção. A distância da ligação carbono-oxigênio no *fenol* é ligeiramente menor que no metanol.

O comprimento da ligação carbono-oxigênio é mais curto no *fenol*, devido ao caráter parcial de ligação dupla que resulta da interação do par de elétrons não compartilhados do oxigênio com a nuvem π do anel benzênico.

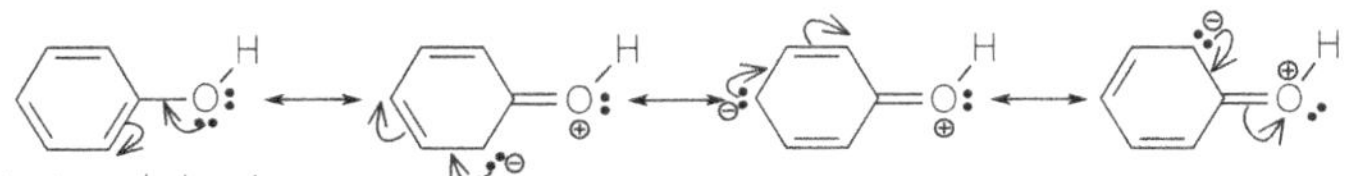

Estrutura de Lewis mais estável para o fenol

Formas de ressonância dipolar do fenol

O grupo hidroxila compartilha o seu par de elétrons com o anel benzênico como se estivesse doando-o. Com relação ao momento de dipolo (μ), a molécula de *fenol* tem quase a mesma intensidade do metanol; no entanto, este é em sentido oposto. Na estrutura do metanol, o oxigênio atrai os elétrons da ligação com o carbono, enquanto no *fenol* o oxigênio compartilha o par de elétrons com o anel aromático.

Metanol (μ = 1,7D)

Fenol (μ = 1,6D)

O *fenol* (C_6H_5OH) assemelha-se à anilina ($C_6H_5NH_2$) com relação à direção do seu momento de dipolo (μ). Como na anilina, o sentido da polarização de elétrons é deduzido a partir da análise do efeito do substituinte, como por exemplo, efeito indutivo aceptor ou indutor e/ou efeito de ressonância do par de elétrons, sobre a grandeza do momento de dipolo (μ).

As várias diferenças que se observam entre álcoois e fenóis refletem os contrastes da polarização dos elétrons nas duas classes de compostos. Os pares de elétrons do oxigênio do álcool atuam como base de Lewis, enquanto o hidrogênio do grupo hidroxila dos fenóis atua como ácido.

6.2.3.3. Propriedades Físicas de Fenóis

As propriedades físicas dos fenóis são fortemente influenciadas pela sua natureza polar e pela presença do grupo hidroxila, que permite formar ligações de hidrogênio intermolecular com moléculas de água. Dessa forma, os fenóis têm pontos de fusão e ebulição altos e são mais solúveis em água do que os arenos e anilina de massas molares comparáveis (Tabela 6.4).

Tabela 6.4. Propriedades físicas do tolueno, fenol e anilina

Propriedade Física	Composto		
	Tolueno ($C_6H_5CH_3$)	Fenol (C_6H_5OH)	Anilina ($C_6H_5NH_2$)
Massa molar (g)	92	94	93
Ponto de fusão (ºC)	– 95	43	– 6,3
Ponto de ebulição (ºC)	111	132	184
Solubilidade em água (25 ºC) (g/100 mL)	0,05	8,2	3,5
Densidade (ρ = g/mL)	0,87	1,07	1,02

Alguns fenóis *orto*-substituídos (abrevia-se *o*-), como por exemplo, o *orto*-nitrofenol, apresentam seu ponto de ebulição significativamente menor que o ponto de ebulição de seus isômeros *meta*- (abrevia-se *m*-) e *para*-substituídos (abrevia-se *p*-). A explicação para isso é atribuída à ligação de hidrogênio intramolecular envolvendo o hidrogênio do grupo hidroxila e o oxigênio do grupo nitro e, assim, as interações intermoleculares decrescem afetando essa propriedade física.

Ligação de hidrogênio intramolecular no nitrofenol

6.2.3.4. Acidez de Fenóis

Os fenóis são mais ácidos que os álcoois alifáticos, mas menos ácidos que os ácidos carboxílicos (Tabela 6.5).

Para entender os fatores que proporcionam maior acidez ao *fenol* do que aos álcoois não aromáticos, observe o equilíbrio ácido-base de *fenol* e etanol. Em particular, considere a diferença na deslocalização da carga no íon etóxido e no íon fenóxido.

A carga negativa no íon etóxido está localizada no oxigênio e é estabilizada somente por forças de solvatação.

$$CH_3CH_2OH + H_2O \rightleftharpoons H_3O^{\oplus} + CH_3CH_2O^{\ominus} \quad pKa = 16$$

Etanol (Ácido) — Água (Base) — Íon hidrônio (Ácido conjugado) — Íon etóxido (Base conjugada)

No íon fenóxido a carga negativa é estabilizada pelos efeitos de solvatação e deslocalização do par de elétrons para dentro do anel benzênico.

$$C_6H_5OH + H_2O \rightleftharpoons H_3O^{\oplus} + C_6H_5O^{\ominus} \quad pKa = 10$$

Fenol (Ácido) — Água (Base) — Íon hidrônio (Ácido conjugado) — Íon fenóxido (Base conjugada)

A conjugação do par de elétrons no íon fenóxido está representada pela ressonância entre as estruturas abaixo:

Estruturas de ressonância do íon fenóxido

Tabela 6.5. Acidez de alguns fenóis

Nome	Fórmula molecular	Constante de ionização	*pKa*
Fenol	C_6H_5OH	$1{,}0 \times 10^{-10}$	10,0
o-Cresol	*o*-$CH_3C_6H_4OH$	$4{,}7 \times 10^{-11}$	10,3
m-Cresol	*m*-$CH_3C_6H_4OH$	$8{,}0 \times 10^{-11}$	10,1
p-Cresol	*p*-$CH_3C_6H_4OH$	$5{,}2 \times 10^{-11}$	10,3
o-Clorofenol	*o*-ClC_6H_4OH	$2{,}7 \times 10^{-9}$	8,1
m-Clorofenol	*m*-ClC_6H_4OH	$7{,}6 \times 10^{-9}$	9,1
p-Clorofenol	*p*-ClC_6H_4OH	$3{,}9 \times 10^{-9}$	9,4
o-Metoxifenol	*o*-$CH_3OC_6H_4OH$	$1{,}0 \times 10^{-10}$	10,0
m-Metoxifenol	*m*-$CH_3OC_6H_4OH$	$2{,}2 \times 10^{-10}$	9,6
p-Metoxifenol	*p*-$CH_3OC_6H_4OH$	$6{,}3 \times 10^{-11}$	10,2
o-Nitrofenol	*o*-$O_2NC_6H_4OH$	$5{,}9 \times 10^{-8}$	7,2
m-Nitrofenol	*m*-$O_2NC_6H_4OH$	$4{,}4 \times 10^{-9}$	8,4
p-Nitrofenol	*p*-$O_2NC_6H_4OH$	$6{,}9 \times 10^{-8}$	7,2

A carga negativa no íon fenóxido é compartilhada pelo oxigênio e os carbonos das posições *orto-* e *para-* em relação ao substituinte. Assim, os fenóis, por serem mais ácidos, podem ser separados de álcoois tratando-se a mistura em solução etérea com uma solução diluída de hidróxido de sódio sob agitação. O fenol é convertido quantitativamente ao seu sal de sódio, o qual é extraído na fase aquosa enquanto o álcool permanece na fase orgânica.

$$C_6H_5OH + NaOH \xrightleftharpoons{k > 1} H_2O + Na^{\oplus}\,{}^{\ominus}OC_6H_5$$

Fenol (Ácido forte) — Hidróxido de sódio (Base forte) — Água (Ácido fraco) — Fenóxido de sódio (Base fraca)

A fase aquosa contendo o íon fenóxido de sódio é acidificada para ser convertida à sua forma neutra de fenol.

$$C_6H_5O^{\ominus}Na^{\oplus} + H_3O^{\oplus} + Cl^{\ominus} \xrightleftharpoons{k > 1} C_6H_5OH + Na^{\oplus}Cl^{\ominus} + H_2O$$

Fenóxido de sódio (Base forte) — Ácido clorídrico (Ácido forte) — Fenol (Ácido fraco) — Sal — Água (Base fraca)

6.2.3.5. Fenóis de Fontes Naturais

Os derivados fenólicos são produtos naturais triviais e amplamente encontrados na natureza. O eugenol é encontrado no cravo-da-índia, o timol, no tomilho e o salicilato de metila, no óleo de bétula.

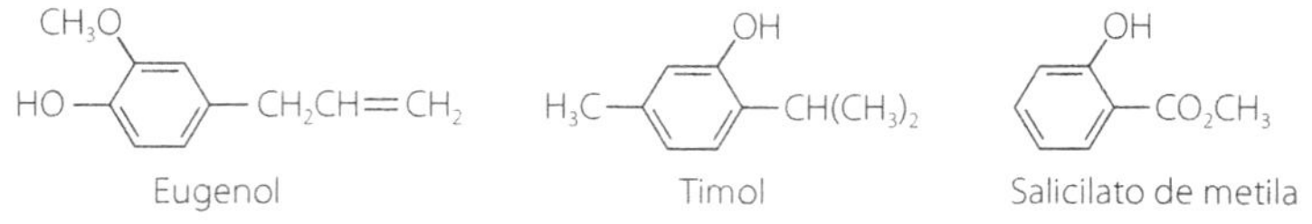

CH_3O / HO — ⟨anel⟩ — $CH_2CH{=}CH_2$ OH / H_3C — ⟨anel⟩ — $CH(CH_3)_2$ OH / ⟨anel⟩ — CO_2CH_3

Eugenol   Timol   Salicilato de metila

Os produtos fenólicos naturais podem se originar de vários caminhos biossintéticos. Nos mamíferos, os anéis aromáticos são hidroxilados *via* um intermediário óxido de areno, formado pela reação catalisada por enzimas entre um anel aromático e o oxigênio molecular.

6.2.3.6. Preparação de Fenóis

6.2.3.6.1. Reação do Ácido Benzenossulfônico

O *fenol* pode ser produzido pela reação de ácido benzenossulfônico com hidróxido de sódio, envolvendo um mecanismo de adição-eliminação por substituição nucleofílica aromática. O íon hidróxido adiciona-se ao carbono que está ligado o grupo a ser substituído (grupo hidrogenossulfonato) e, em seguida, elimina-o como íon hidrogenossulfito (SO_3H^-) e, após a hidrólise ácida, produz o *fenol*.

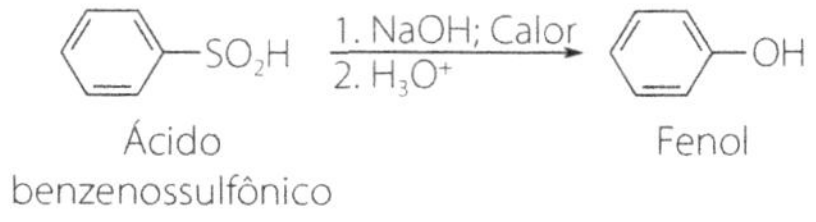

C_6H_5—SO_3H $\xrightarrow[2.\ H_3O^+]{1.\ NaOH;\ Calor}$ C_6H_5—OH

Ácido benzenossulfônico   Fenol

6.2.3.6.2. Reação de Halogenobenzeno

Outra metodologia para se preparar o *fenol* é a reação de hidrólise de halobenzeno promovida por base, que se processa pelo mecanismo de eliminação, envolvendo a formação do intermediário *benzina*, seguida de adição de água durante a hidrólise.

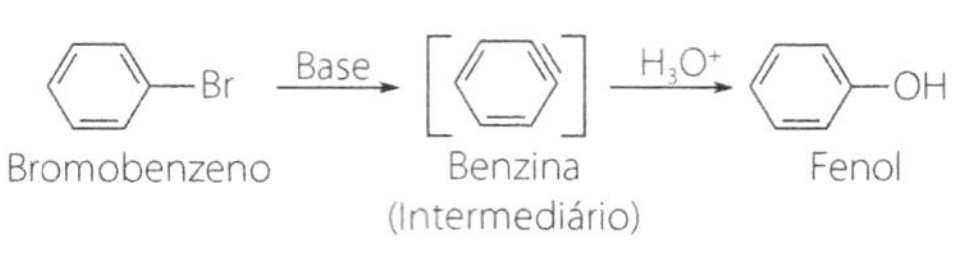

C_6H_5—Br $\xrightarrow{Base}$ [benzina] $\xrightarrow{H_3O^+}$ C_6H_5—OH

Bromobenzeno   Benzina (Intermediário)   Fenol

6.2.3.6.3. Hidrólise de Sais de Arildiazônio

A síntese mais importante de fenóis, no laboratório, é a partir de aminas pela hidrólise de seus correspondentes sais de diazônio.

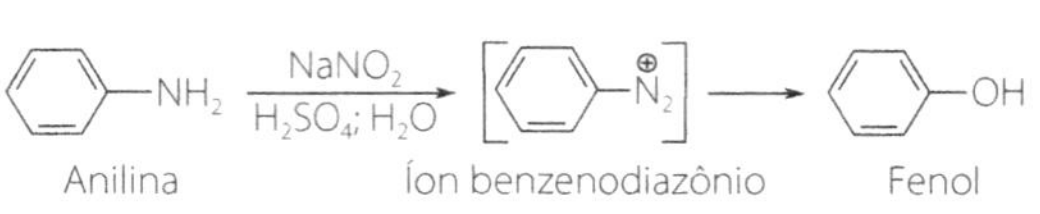

C_6H_5—NH_2 $\xrightarrow[H_2SO_4;\ H_2O]{NaNO_2}$ [C_6H_5—$\overset{\oplus}{N_2}$] $\longrightarrow$ C_6H_5—OH

Anilina   Íon benzenodiazônio   Fenol

6.2.3.7. Reações de Fenóis

O anel benzênico de fenóis comporta-se como nucleófilo, pois o grupo hidroxila se comporta como um ativante poderoso, levando a reações de substituição eletrofílica aromática como: acilação, alquilação, nitração, halogenação e sulfonação. Essa reação é mais rápida do que no benzeno, produzindo derivados de fenol substituídos.

Com relação ao substituinte hidroxila no anel benzênico, as posições que podem sofrer substituição eletrofílica aromática são: duas posições *orto*, duas posições *meta* e uma posição *para*, conforme ilustrado a seguir:

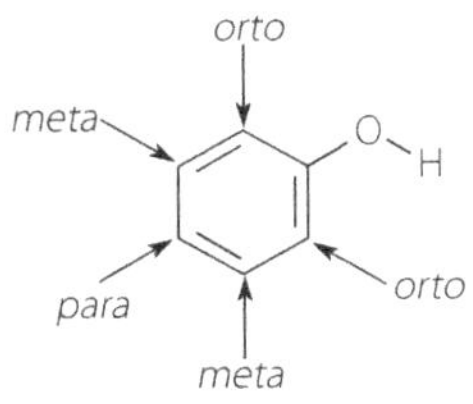

orto

meta

O–H

para

orto

meta

Fenol

Os pares de elétrons do átomo de oxigênio do grupo hidroxila podem interagir efetivamente por ressonância com a nuvem eletrônica π do anel benzênico pela simetria dos orbitais e, assim, podem ativar melhor as posições *orto* e *para* do que a posição *meta*.

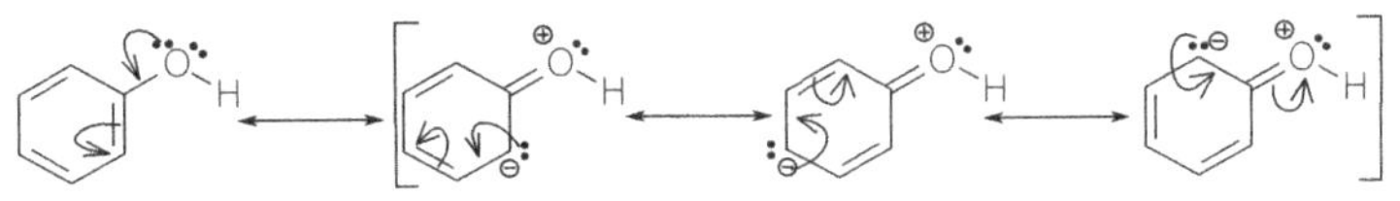

Fenol

Formas de ressonância do íon dipolar

6.2.3.7.1. Acilação de Friedel-Crafts

Na reação de acilação, conhecida como acilação de Friedel-Crafts[7], o íon acil, como por exemplo, o íon etanoil, é produzido pela coordenação do catalisador cloreto de alumínio ($AlCl_3$), um ácido de Lewis, com o cloro do cloreto de acila (cloreto de etanoila).

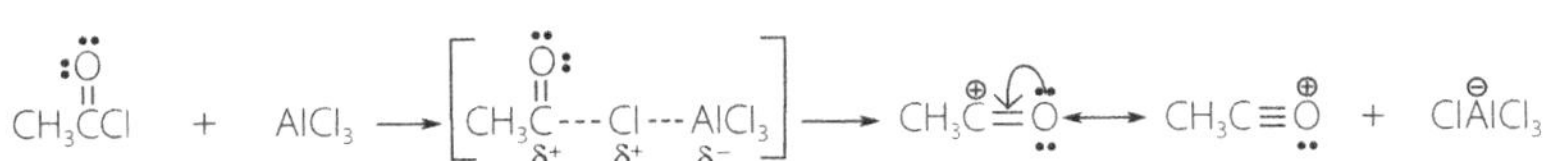

$$CH_3CCl + AlCl_3 \longrightarrow \left[CH_3\overset{\delta^+}{C}\cdots\overset{\delta^+}{Cl}\cdots\overset{\delta^-}{AlCl_3}\right] \longrightarrow CH_3\overset{\oplus}{C}=O \longleftrightarrow CH_3C\equiv\overset{\oplus}{O} + Cl\overset{\ominus}{Al}Cl_3$$

Cloreto de etanoila — Cloreto de alumínio — Estado de transição — Íon etanoil (eletrófilo) — Íon cloreto de alumínio

O íon etanoil (eletrófilo) reage no anel do fenol (nucleófilo), podendo atacar as posições *orto* e *para* ou eventualmente a posição *meta*. Uma vez introduzido o substituinte etanoil (acil), a reatividade do anel benzênico diminui, pelo fato de o grupo carbonila ser um aceptor de elétrons pelos efeitos indutivo e ressonância na direção do grupo carbonila, diminuindo a densidade eletrônica no anel. O produto da acilação preferencialmente formado é o da posição *para*.

7. As *reações de Friedel-Crafts* são um conjunto de reações de substituição eletrofílica aromática, descobertas em 1877, pelo químico francês Charles Friedel (1832-1899) e pelo químico norte-americano James Mason Crafts (1839-1917). Ver mais detalhes no Capítulo 5.

$C_6H_5OH + CH_3C{\equiv}O^{\oplus} \longrightarrow [\text{Intermediário íon oxônio}] \longrightarrow \text{2-Hidroxiacetofenona} + AlCl_3 + HCl$

Fenol | Íon etanoil | Intermediário íon oxônio | 2-Hidroxiacetofenona

O ataque na posição *orto* leva à formação do intermediário íon oxônio, que sofre eliminação de um próton formando o produto *orto*- ou 2-hidroxiacetofenona e os produtos inorgânicos cloreto de alumínio e cloreto de hidrogênio. O ataque na posição *para* forma o produto *para*- ou 4-hidroxiacetofenona.

$CH_3C{\equiv}O^{\oplus} + C_6H_5OH \longrightarrow [\text{Intermediário íon oxônio}] \longrightarrow \text{4-hidroxiacetofenona} + AlCl_3 + HCl$

Íon etanoil | Fenol | Intermediário íon oxônio | 4-hidroxiacetofenona

6.2.3.7.2. Alquilação de Friedel-Crafts

Na alquilação de Friedel-Crafts[7] o eletrófilo é gerado a partir de um haleto de alquila (R–X) na presença de um ácido de Lewis ($AlCl_3$). As etapas das reações envolvidas são análogas à anterior.

$$CH_3CH_2{-}Cl + AlCl_3 \longrightarrow \left[CH_3\overset{\delta^+}{C}H_2{\cdots}\overset{\delta^+}{Cl}{\cdots}\overset{\delta^-}{Al}Cl_3\right] \longrightarrow CH_3\overset{\oplus}{C}H_2 + Cl\overset{\ominus}{Al}Cl_3$$

Cloroetano | Cloreto de alumínio | Estado de transição | Cátion etila | Íon cloreto de alumínio

$$CH_3\overset{\oplus}{C}H_2 + C_6H_5{-}OH \longrightarrow o\text{-}CH_3CH_2C_6H_4{-}OH + p\text{-}CH_3CH_2C_6H_4{-}OH + AlCl_3 + HCl$$

Cátion etila | Fenol | *o*-Etilfenol | *p*-Etilfenol

Na alquilação de Friedel-Crafts pode ocorrer o rearranjo molecular pela migração de hidrogênio ou de grupo alquil para o intermediário carbocátion formado, sempre que esta migração levar ao carbocátion mais estável (mais substituído).

A nitração do anel benzênico é efetuada tratando-se o *fenol* com ácido nítrico em presença de ácido sulfúrico, conforme mostrado na equação de preparação do íon nitrônio como eletrófilo a seguir:

$$HONO_2 + (HO)_2SO_2 \rightleftharpoons {}^+NO_2 + H_3O^+ + HOSO_3^-$$

Ácido nítrico | Ácido sulfúrico | Íon nitrônio | Íon hidrônio | Íon hidrogênio sulfato

O íon nitrônio é gerado pela reação em equilíbrio e o mecanismo da nitração é análogo ao já descrito.

Fenol + Íon nitrônio → [A Íon oxônio B] → o-Nitrofenol + p-Nitrofenol + H_3O^+ Íon hidrônio

Além dessas reações, também pode ser efetuada a halogenação do anel benzênico do fenol utilizando-se um halogênio (X_2), catalisada por um ácido de Lewis (FeX_3). O catalisador se coordena com o halogênio polarizando-o para que se torne um bom eletrófilo.

$$X{-}X + FeX_3 \rightleftharpoons \overset{\delta^+}{X}{\cdots}X{\cdots}\overset{\delta^-}{FeX_3}$$

Um halogênio — Haleto férrico — Intermediário coordenado

O mecanismo também é semelhante ao descrito para a reação de acilação.

6.2.3.7.3. Carboxilação de Fenol: Aspirina

O *fenol* em meio básico gera o íon fenóxido, que pode ser carboxilado tratando-se com dióxido de carbono sob alta pressão (~100 atm) e temperatura de 125 °C. Após a hidrólise ácida da mistura reacional, obtém-se o ácido salicílico. Esse processo é conhecido como ***reação de Kolbe*** e foi desenvolvida em 1845 pelo químico alemão Adolf Wilhelm Hermann Kolbe (1818-1884).

Fenóxido de sódio —(CO_2, Alta pressão e temperatura)→ Salicilato de sódio —(H_3O^+)→ Ácido Salicílico

A reação de Kolbe é um processo em equilíbrio conduzido sob controle termodinâmico, que é responsável pela orientação da carboxilação mais favorável à posição *orto* que à posição *para* do anel benzênico.

O mecanismo geral envolve uma reação de substituição eletrofílica aromática, em que o carbono 2 do íon fenóxido (nucleófilo) se liga ao carbono eletrofílico do dióxido de carbono, formando o intermediário salicilato de sódio que, após hidrólise ácida, fornece o ácido salicílico.

O ácido salicílico na presença de anidrido acético sofre uma carbonilação na hidroxila fenólica da estrutura do ácido salicílico, produzindo o éster de arila chamado ácido acetilsalicílico (AAS), mais conhecido como *aspirina.*

Ácido salicílico — 1) CH_3COCCH_3 (O O), 2) H_3O^+ → Ácido acetilsalicílico (Aspirina) + Ácido acético

6.2.3.7.4. Oxidação de Fenóis: Quinonas

Os fenóis são mais facilmente oxidados a quinonas do que os álcoois a aldeídos ou cetonas. Vários agentes oxidantes inorgânicos têm sido utilizados para tais propósitos. Os fenóis de maior interesse são aqueles derivados de 1,2- e 1,4-benzenodióis, ou seja, o pirocatecol e a hidroquinona, respectivamente. Esses compostos são oxidados com óxido de prata ou ácido crômico, para produzir compostos dicarbonílicos conjugados denominados quinonas.

A hidroquinona (1,4-benzenodiol) ou o pirocatecol (1,2-benzenodiol), quando oxidados com óxido de prata (Ag_2O) ou ácido crômico (CrO_3/H_2SO_4), produz os compostos denominados *para*-benzoquinona ou 1,2-benzoquinona, respectivamente.

Hidroquinona — Ag_2O, Et_2O → *p*-Benzoquinona

1,2-Benzenodiol (Pirocatecol) — CrO_3, H_2SO_4, H_2O → 1,2-Benzoquinona

Muitas quinonas ocorrem naturalmente, como por exemplo, a timoquinona, extraída do óleo essencial da *Nigella sativa*, também chamada de cominho preto e flor de erva-doce. As quinonas são coloridas e quando isoladas podem ser utilizadas como corantes.

Timoquinona
(Constituinte do óleo essencial da *Nigella sativa*)

O processo de oxidação-redução equivale, respectivamente, à remoção ou adição de um par de átomos de hidrogênio, ou então um par de elétrons e dois prótons, da molécula de hidroquinona. A *para*-benzoquinona, de coloração amarela, pode ser facilmente reduzida a hidroquinona utilizando-se redutores de reatividade moderada.

Hidroquinona $\underset{+2e^-}{\overset{-2e^-}{\rightleftharpoons}}$ *p*-Benzoquinona + $2H^+$ (Próton)

O processo reversível de oxidação-redução tem sido observado na natureza durante o transporte de elétrons de uma substância para outra, em que enzimas atuam como catalisadores. Nesse ambiente, os elétrons não são transferidos diretamente da molécula substrato para o oxigênio, mas sim por meio de uma cadeia transportadora de elétrons, envolvendo uma sucessão de reações de oxidação e redução. A componente-chave dessa cadeia de transporte de elétrons é a substância denominada *ubiquinona* ou coenzima Q.

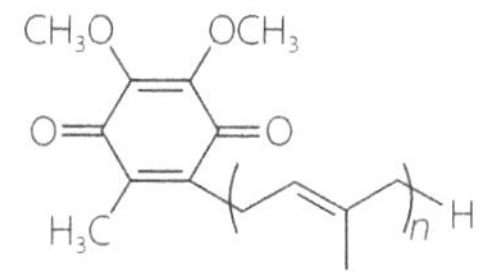

CH_3O OCH_3 O O H_3C n H

Ubiquinona (n = 6 - 10)
(*Coenzima Q*)

O nome *ubiquinona* é uma forma abreviada de *ubiquitous + quinona* (*quinona onipresente*), e foi criado para descrever a observação de que essa substância pode ser encontrada na membrana mitocondrial interna de todas as células vivas.

A vitamina K é outra quinona fisiologicamente importante na manutenção das propriedades coagulantes do sangue.

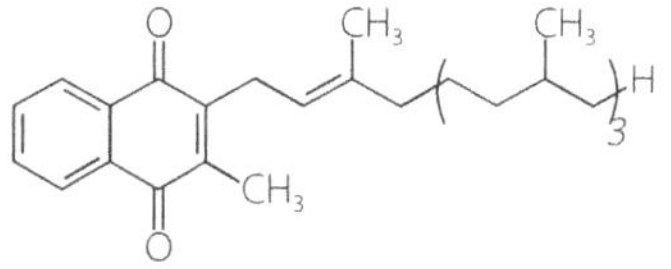

O CH_3 CH_3 H 3 CH_3 O

Vitamina K

6.2.4. Éteres e Epóxidos

Os éteres são compostos contendo a unidade C–O–C e, ao contrário dos álcoois, sofrem poucas reações químicas. A baixa reatividade dos éteres faz deles compostos úteis como solventes em grande número de importantes transformações químicas em síntese orgânica.

Neste tópico, serão consideradas as condições em que a ligação de um éter se comporta como grupo funcional e os métodos de preparação e reação de éteres.

Ambos os aspectos, preparação e reações de éteres, ilustram as aplicações dos princípios desenvolvidos para a química desse grupo funcional.

No entanto, ao contrário de muitos éteres, os epóxidos apresentam também a unidade C–O–C constituindo um anel de três membros e são substâncias muito reativas.

6.2.4.1. Nomenclatura de Éteres e Epóxidos

A nomenclatura de éteres pode ser encontrada de duas formas permitidas pela IUPAC: (1) como derivados ***alcóxi***- de alcanos e (2) de dois grupos alquil ligados ao oxigênio na estrutura geral **R–O–R¹**, especificados em ordem alfabética como palavras separadas precedidas da designação ***éter***. Quando ambos os grupos alquil forem os mesmos, o prefixo ***di***- precede o nome desse grupo alquil.

$CH_3CH_2OCH_2CH_3$	$CH_3CH_2OCH_3$	$CH_3CH_2OCH_2CH_2CH_2Cl$
Etoxietano	Etoximetano	1-Etoxi-3-cloropropano
(Éter dietila)	(Éter etilmetila)	(Éter etil-3-cloropropila)

Os éteres são descritos como *simétricos* quando os dois grupos alquil ligados ao oxigênio forem iguais e *assimétricos* quando os dois grupos alquil forem diferentes. Estes últimos são também chamados de *éteres mistos*. Por exemplo, o éter dietila é *simétrico* e o éter etilmetila é *assimétrico*.

Os éteres cíclicos têm o seu átomo de oxigênio como parte de um anel e pertencem à classe de compostos heterocíclicos. O oxigênio encontrado em um anel heterocíclico de tamanho variado, comumente recebe nome específico.

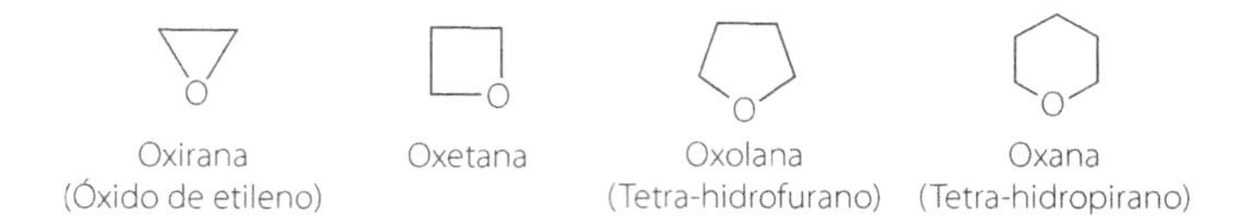

Oxirana (Óxido de etileno) | Oxetana | Oxolana (Tetra-hidrofurano) | Oxana (Tetra-hidropirano)

Em cada caso, o anel é numerado iniciando-se pelo átomo de oxigênio. A regra IUPAC também permite nomear a *oxirana*, quando não tiver substituinte, como *óxido de etileno*. Os nomes tetra-hidrofurano e tetra-hidropirano, derivados do furano e do pirano que foram hidrogenados, ou seja, receberam a adição de quatro átomos de hidrogênio originando a nomenclatura aditiva, são sinônimos de *oxolana* e *oxana*, respectivamente.

É comum encontrar substâncias com mais de um oxigênio ligado à estrutura molecular de um éter. Três de tais compostos, frequentemente usados como solventes, podem ser os diéteres: 1,2-dimetoxietano, 1,4-dioxano ou o triéter dietilenoglicol de dimetila (diglima).

$CH_3OCH_2CH_2OCH_3$ — 1,2-Dimetoxietano

$CH_3OCH_2CH_2OCH_2CH_2OCH_3$ — Éter dietilenoglicol de dimetila (Diglima)

1,4-Dioxano

As moléculas que têm em seu esqueleto carbônico vários grupamentos éteres como grupos funcionais são denominadas *poliéteres*.

6.2.4.2. Éteres de Coroa

O *éter de coroa* é um poliéter macrocíclico, usado na química orgânica preparativa, em quantidade catalítica, para aumentar a reatividade de um ânion minimizando a sua interação com o contra-íon. Por exemplo, os contra-íons cátions sódio (Na^+) ou potássio (K^+) são envolvidos pelo *éter de coroa* na forma de complexo, como mostrado abaixo:

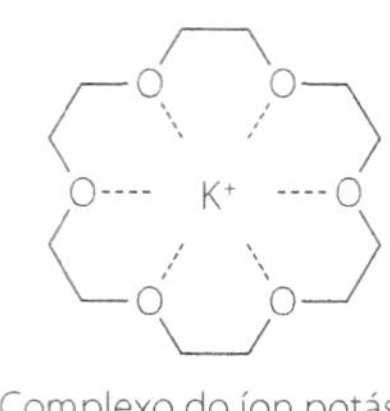

Complexo do íon potássio com o [18]-coroa-6

Os poliéteres formam complexos mais estáveis com cátions de metais do que os éteres simples.

O químico norte-americano Charles John Pedersen (1904-1989) recebeu o Prêmio Nobel de Química em 1987, pelo seu trabalho em que descreveu a síntese e as propriedades de poliéteres macrocíclicos. Além disso, propôs também uma nomenclatura simplificada, usando a palavra *éter de coroa* pela semelhança da estrutura molecular com coroas (adornos de cabeça). Nessa nomenclatura, o número maior se refere ao número total de átomos e o número menor se refere ao número de átomos de oxigênio, presentes na estrutura do éter de coroa. Alguns nomes desses compostos estão listados abaixo.

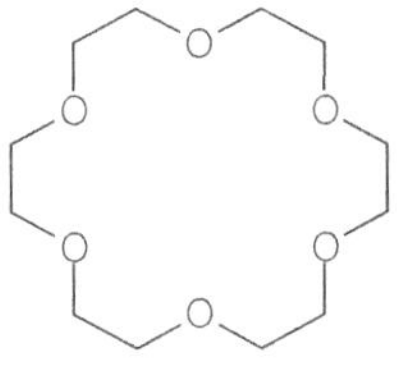

[18]-Coroa-6 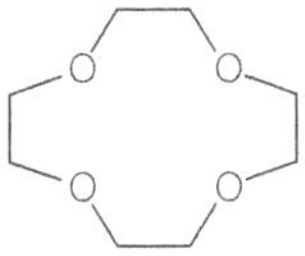 [12]-Coroa-4 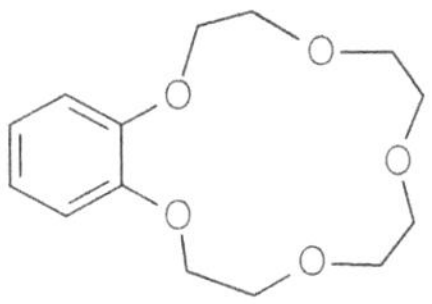 Benzeno-[15]-Coroa-5

6.2.4.3. Poliéteres Antibióticos

Os poliéteres antibióticos (do grego *anti* = contra e *bios* = vida) têm sido descobertos desde o século passado (por volta de 1950), geralmente pela fermentação biológica, e são caracterizados pela presença de várias unidades estruturais de éteres cíclicos. Esses compostos são similares aos éteres de coroa na habilidade de formar complexos estáveis com íons de metais, mas possuem estruturas bem mais complexas.

A ação desses antibióticos no organismo humano ocorre pela capacidade de conduzir íons de metais. A superfície do complexo de metal semelhante a um hidrocarboneto permite que esses compostos conduzam íons de metais através do interior de uma membrana celular.

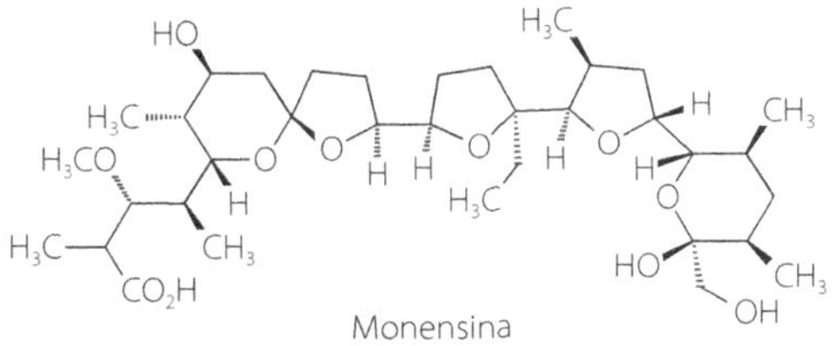

Monensina
Isolado de *Streptomyces cinnamonensis*

6.2.4.4. Estrutura e Ligação de Éteres e Epóxidos

A ligação em um éter é entendida simplesmente comparando-se com a água e com os álcoois. O oxigênio está hibridizado $\boldsymbol{sp^3}$ e se liga a apenas dois substituintes por orbitais moleculares σ, além dos seus dois pares de elétrons não compartilhados. A repulsão de van der Waals envolvendo os grupos alquila é que determina o ângulo de ligação no oxigênio ser maior em éter (112°) do que em um álcool (108,5°) e este maior do que na água (105°).

105° Água 108,5° Metanol 112° Éter dimetila

O comprimento da ligação carbono-oxigênio, devido à diferença de eletronegatividade, é mais curta do que a ligação carbono-carbono. Os comprimentos da ligação carbono-oxigênio no metoximetano (1,41Å) e no metanol (1,42Å) são similares um ao outro e ambos são menores que o comprimento da ligação carbono-carbono no etano (1,54Å).

A incorporação de um átomo de oxigênio a um anel de três membros implica que os seus ângulos de ligação sejam seriamente distorcidos do valor tetraédrico normal, provocado pela forte tensão angular e torcional, como visto anteriormente no caso ciclopropano. O óxido de etileno apresenta o ângulo de ligação no oxigênio de 61,5º, indicando o caráter ***p*** das ligações. Devido a esses fatores, este epóxido tende a sofrer reação de abertura do anel de três membros pela quebra da ligação carbono-oxigênio.

H_2C—CH_2 (anel com O); C—C: 1,47Å; C—O: 1,44Å

Ângulo de ligação: C—O—C 61,5°; C—C—O 59,2°

6.2.4.5. Propriedades Físicas de Éteres e Epóxidos

O ponto de ebulição dos éteres é muito similar ao dos alcenos de cadeia de mesmo comprimento, mas é substancialmente menor que o ponto de ebulição dos álcoois de massa molar comparável.

$CH_3CH_2OCH_2CH_3$	$CH_3CH_2CH_2CH_2CH_3$	$CH_3CH_2CH_2CH_2OH$
Etoxietano	Pentano	1-Butanol
(PE = 34,6 °C)	(PE = 36 °C)	(PE = 117 °C)

A solubilidade dos éteres se parece mais com a dos álcoois do que com a dos alcanos. O éter dietila e o 1-butanol dissolvem em água quase na mesma proporção, enquanto o pentano é insolúvel em água.

O átomo de oxigênio do éter e do álcool, por disponibilizar os pares de elétrons não compartilhados, pode interagir com a água por ligação de hidrogênio e, assim, solubilizar parcialmente. Com o aumento da cadeia carbônica essa solubilidade diminui por assemelhar-se aos alcanos.

6.2.4.6. Preparação de Éteres

Os éteres, por serem altamente utilizados como solventes, estão disponíveis comercialmente. Os éteres são obtidos pela reação de álcoois primários catalisada por ácido. Geralmente, o catalisador mais usado é o ácido sulfúrico concentrado.

$$\underset{\text{Um álcool}}{2\,RCH_2OH} \xrightarrow[\text{Calor}]{H_2SO_4} \underset{\text{Um éter dialquila}}{RCH_2OCH_2R} + \underset{\text{Água}}{H_2O}$$

Essa reação envolve a combinação de duas moléculas de álcool para formar uma molécula maior do éter e liberar uma molécula menor (a água), sendo denominada de condensação.

$$\underset{\text{1-Butanol}}{2\,CH_3(CH_2)_2CH_2OH} \xrightarrow[\Delta]{H_2SO_4} \underset{\text{Éter dibutila}}{[CH_3(CH_2)_2CH_2]_2O} + \underset{\text{Água}}{H_2O}$$

Reação geral:

$$\underset{\text{Etanol}}{2\,CH_3CH_2OH} \xrightarrow[\Delta]{H_2SO_4} \underset{\text{Éter dietila}}{CH_3CH_2OCH_2CH_3} + \underset{\text{Água}}{H_2O}$$

Mecanismo:

Passo 1: O ácido (catalisador) transfere o próton para o oxigênio do álcool, produzindo o íon alquiloxônio.

$CH_3CH_2OH + H{-}OSO_2OH \longrightarrow CH_3CH_2\overset{\oplus}{O}H_2 + \overset{\ominus}{O}SO_2OH$

Etanol | Ácido sulfúrico | Íon etiloxônio | Íon sulfato de hidrogênio

Passo 2: O nucleófilo (molécula de álcool) ataca o íon oxônio da etapa 1, formando o íon dietiloxônio.

$CH_3CH_2OH + CH_3CH_2\overset{\oplus}{O}H_2 \longrightarrow CH_3CH_2{-}\overset{\oplus}{O}H{-}CH_2CH_3 + HOH$

Etanol | Íon etiloxônio | Íon dietiloxônio | Água

Passo 3: Ocorre a desprotonação do íon dietiloxônio, formando o produto éter dietila.

$CH_3CH_2\overset{\oplus}{O}H(CH_2CH_3) + \overset{\ominus}{O}SO_2OH \longrightarrow CH_3CH_2OCH_2CH_3 + HOSO_2OH$

Íon dietiloxônio | Íon sulfato de hidrogênio | Éter dietila | Ácido sulfúrico

Essa metodologia, quando aplicada à síntese de éteres, é eficaz apenas para os álcoois primários. Quando o álcool for secundário ou terciário, a principal reação que ocorre é a de eliminação para formar alcenos.

Alguns dióis, em presença de ácido e aquecimento, reagem de maneira intramolecular para formarem éteres cíclicos de cinco ou seis membros, por ser cineticamente favorecido.

1,4-Butanodiol $\xrightarrow[\Delta]{H_2SO_4}$ [oxônio 1] $\longrightarrow$ [oxônio 2] + OH_2 $\longrightarrow$ Oxolana (Tetra-hidrofurano) + $H_3\overset{\oplus}{O}$ (Ácido)

1,5-Pentanodiol $\xrightarrow[\text{Calor}]{H_2SO_4}$ [Íon oxônio 1] $\longrightarrow$ [Íon oxônio 2] + OH_2 (Água) $\longrightarrow$ Oxana (Tetra-hidropirano) + $H_3\overset{\oplus}{O}$ (Ácido)

6.2.4.6.1. *Síntese de Williamson*

O químico inglês Alexander William Williamson (1824-1904) desenvolveu, em 1850, a síntese de éteres pela reação de álcoois com haletos de alquila em meio básico. Nessa reação, o íon alcóxido formado no meio reacional reage com o haleto de alquila, por substituição nucleofílica (S_N), formando a ligação carbono-oxigênio do éter.

$$RCH_2O^{\ominus} + R^1(H)(H)C{-}X \longrightarrow RCH_2OCH_2R^1 + X^{\ominus}$$

Íon alcóxido Haleto de alquila Éter Íon haleto

A síntese de Williamson para a preparação de éteres é satisfatória apenas quando o haleto de alquila (eletrófilo) reage com o íon alcóxido (nucleófilo) em condições de substituição e os melhores substratos (eletrófilos) são os haletos de metila e os haletos de alquila primários.

$$CH_3(CH_2)_2CH_2O^{\ominus}Na^{\oplus} + H_3C(H)(H)C{-}I \longrightarrow CH_3(CH_2)_2CH_2{-}O{-}CH_2CH_3 + NaI$$

n-Butóxido de sódio (nucleófilo) Iodoetano (eletrófilo) Éter butil etila Iodeto de sódio

A utilização de haletos de alquila secundário e terciário como substratos para preparação de éteres é inadequada, pois tendem a reagir com os íons alcóxidos por eliminação β em vez de substituição nucleofílica (S_N).

A natureza da base derivada do álcool primário, secundário ou terciário é menos importante que a do haleto de alquila. Por exemplo, o éter *terc*-butilmetila é preparado em bom rendimento reagindo-se iodeto de metila com *terc*-butóxido de sódio ou potássio, ao passo que pelo método alternativo, ou seja, tratando-se o metóxido de sódio com iodeto de *terc*-butila, o produto de eliminação β, o 2-metil-1-propeno, predomina devido ao aumento do efeito estérico em torno do centro eletrofílico, ou seja, do carbono ligado ao iodo.

$$(H_3C)_3C{-}O^{\ominus}Na^{\oplus} + H(H)(H)C{-}I \xrightarrow{THF} (H_3C)_3C{-}O{-}CH_3 + NaI$$

terc-Butóxido de sódio Iodometano Éter *terc*-butilmetila Iodeto de sódio

$$H_3C{-}O^{\ominus}Na^{\oplus} + H{-}CH_2(H_3C)(H_3C)C{-}I \longrightarrow H_2C{=}C(CH_3)CH_3 + CH_3OH + NaI$$

Metóxido de sódio Iodeto de *terc*-butila 2-Metil-1-propeno Metanol Iodeto de sódio

6.2.4.7. Reações de Éteres

6.2.4.7.1. Reação com Haletos de Hidrogênio

Da mesma maneira que uma ligação carbono-oxigênio de um álcool é quebrada na reação com haletos de hidrogênio, também ocorre com o éter.

$$R_2CHOH + HX \longrightarrow R_2CHX + H_2O$$

Um álcool Um haleto de hidrogênio Um haleto de alquila Água

$$RCH_2{-}O{-}CH_2R^1 + HX \longrightarrow RCH_2X + HOCH_2R^1 + RCH_2OH + XCH_2R^1$$

Um éter Um haleto de hidrogênio Um haleto de alquila Um álcool Um álcool Um haleto de alquila

A quebra da ligação em éteres normalmente ocorre na presença de excesso do haleto de hidrogênio e aquecimento, para que o álcool formado, um dos produtos, seja subsequentemente convertido a um haleto de alquila. A reação produz duas moléculas de haletos de alquila.

$$RCH_2OCH_2R^1 + 2\,HX \longrightarrow RCH_2X + R^1CH_2X + H_2O$$

Um éter; Um haleto de hidrogênio; Um haleto de alquila; Um haleto de alquila; Água

$$CH_3CH_2CH(OCH_2CH_3)CH_3 \xrightarrow[\text{Calor}]{\text{HBr (exc.)}} CH_3CH_2CH(Br)CH_3 + CH_3CH_2Br + H_2O$$

2-Etoxibutano; 2-Bromobutano; Bromoetano; Água

Mecanismo:

Etapa 1: O oxigênio do éter é protonado, formando o intermediário oxônio. Este sofre ataque nucleofílico do íon brometo e leva a dois produtos:

$$CH_3CH_2CH(OCH_2CH_3)CH_3 + H{-}Br \xrightarrow{\text{Calor}} \left[CH_3CH_2CH(\overset{\oplus}{O}H{-}CH_2CH_3)CH_3 + Br^{\ominus} \right] \longrightarrow CH_3CH_2CH(OH)CH_3 + CH_3CH_2Br$$

Éter 2-etoxibutano; Brometo de hidrogênio; Íon oxônio; 2-Butanol; Bromoetano

Etapa 2: O 2-butanol formado é protonado, levando ao intermediário íon alcoxônio que reage com o íon brometo produzindo o outro produto.

$$CH_3CH_2CH(OH)CH_3 + H{-}Br \longrightarrow \left[CH_3CH_2CH(\overset{\oplus}{O}H_2)CH_3 + Br^{\ominus} \right] \longrightarrow CH_3CH_2CH(Br)CH_3 + H_2O$$

2-Butanol; Brometo de hidrogênio; Íon alcoxônio; 2-Bromobutano; Água

A ordem de reatividade decrescente dos haletos de hidrogênio é: HI > HBr >> HCl. O HF não é eficaz na clivagem de éter.

6.2.4.8. Preparação de Éteres Cíclicos (Epóxidos)

Dois são os métodos mais utilizados para a preparação de éteres cíclicos (epóxidos):

1. reação de alcenos com ácidos peroxicarboxílicos;
2. reação de ciclização de haloidrinas vicinais catalisada por ácido.

6.2.4.8.1. Epoxidação de Alcenos

Os anéis de três membros, contendo dois carbonos e um oxigênio, são denominados epóxidos. Os epóxidos usualmente são denominados como derivados de óxidos de alcenos. Por exemplo, os óxidos de etileno e de propileno são nomes comuns de dois epóxidos comercialmente importantes.

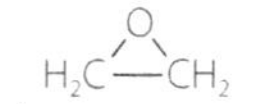

H_2C—CH_2 (O) — Óxido de etileno 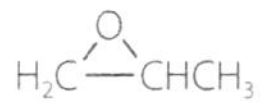
H_2C—$CHCH_3$ (O) — Óxido de propileno

A IUPAC nomeia o epóxido como derivado *epóxi* de alcanos. De acordo com esse sistema, o *óxido de etileno* é denominado epoxietano e o *óxido de propileno* como 1,2-epoxipropano. O prefixo **epóxi** sempre precede o nome do alcano de origem, e não é listado em ordem alfabética da maneira utilizada em outros substituintes.

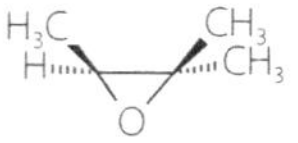

2-Metil-2,3-epoxibutano 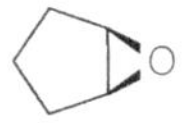   1,2-Epoxiciclopentano

Os epóxidos são fáceis de serem preparados no laboratório pela reação entre alcenos e peroxiácidos (perácidos), em um processo conhecido como **epoxidação**.

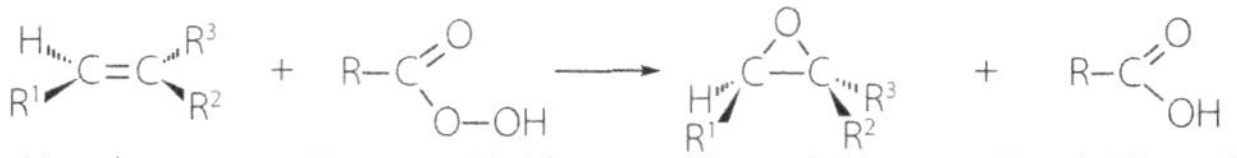

Um alceno + Um peroxiácido ⟶ Um epóxido + Um ácido carboxílico

O peroxiácido comumente usado é o ácido peroxiacético (peracético), e normalmente se usa ácido acético como solvente; no entanto, a reação de epoxidação tolera uma variedade de solventes inertes e frequentemente é realizada em diclorometano (CH_2Cl_2) ou clorofórmio ($CHCl_3$).

Outros peroxiácidos utilizados para a mesma finalidade são o ácido peroxibenzoico (perbenzoico) e o ácido *meta*-cloroperoxibenzoico (*meta*-cloroperbenzoico).

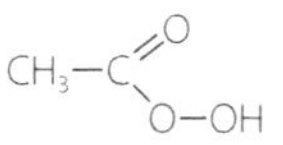

Ácido peracético 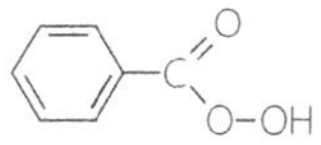   Ácido perbenzoico 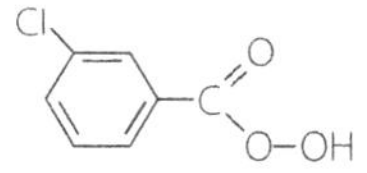   Ácido *m*-cloroperbenzoico

A reação em que ocorre a epoxidação de alcenos com peroxiácidos é caracterizada pela adição do átomo de oxigênio *sin* (mesma face) à ligação dupla.

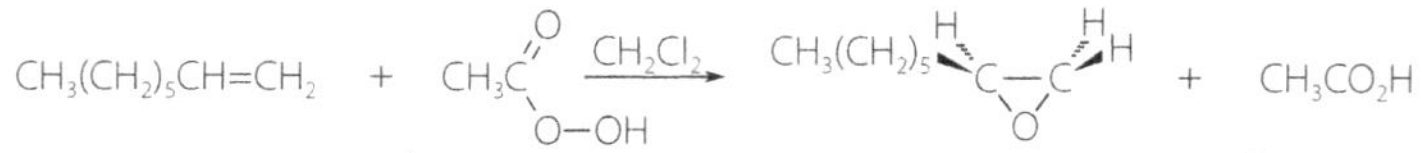

$CH_3(CH_2)_5CH{=}CH_2$ + CH_3CO–O–OH $\xrightarrow{CH_2Cl_2}$ 1,2-Epoxiocteno + CH_3CO_2H
1-Octeno   Ácido peracético   1,2-Epoxiocteno   Ácido acético

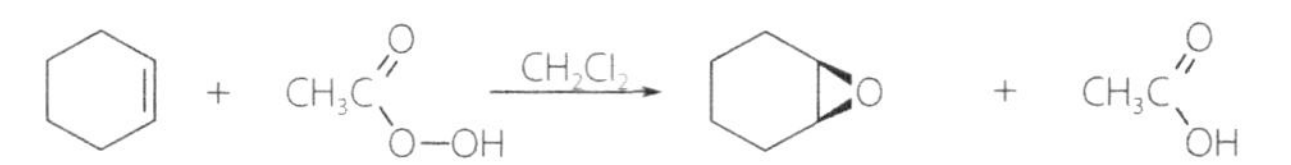

Ciclo-hexeno + Ácido peracético $\xrightarrow{CH_2Cl_2}$ 1,2-Epoxiciclo-hexano + Ácido acético

A geometria dos substituintes dos carbonos da ligação dupla do alceno que estão em *cis* permanece em *cis* e os carbonos em *trans* se mantêm em *trans* no epóxido produzido.

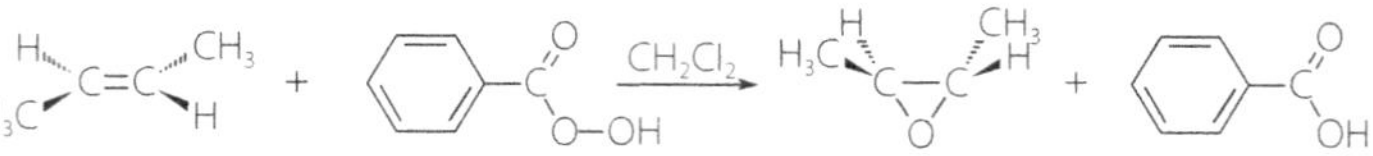

trans-2-Buteno + Ácido perbenzoico $\xrightarrow{CH_2Cl_2}$ *trans*-2,3-Epoxibutano + Ácido benzoico

O mecanismo da reação de epoxidação de um alceno pelo peroxiácido parece envolver um processo concertado (harmônico) mostrado abaixo.

ligação de hidrogênio

O peroxiácido quando interage com a nuvem π do alceno se encontra na sua conformação mais estável, ou seja, o próton da hidroxila interage de maneira intramolecular através da ligação de hidrogênio com o oxigênio do grupo carbonila.

ligações se formando

ligações se rompendo

Estado de transição — Ácido acético — Um epóxido

No estado de transição, durante a interação, a ligação oxigênio-oxigênio do peroxiácido sendo fraca se quebra na transferência do oxigênio hidroxílico para o alceno, formando o epóxido.

6.2.4.8.2. Reação de Ciclização de Haloidrinas Vicinais

Os alcenos, quando em solução aquosa contendo cloro, bromo ou iodo, reagem para formar compostos conhecidos como ***haloidrinas vicinais***. A haloidrina é constituída de um halogênio e de um grupo hidroxila ligados em carbonos adjacentes (vizinhos).

Um alceno + X_2 (Halogênio) + H_2O (Água) → Uma haloidrina + HX (Haleto de hidrogênio)

$$H_2C{=}CH_2 + Br_2 \xrightarrow{H_2O} HOCH_2CH_2Br$$

Eteno — Bromo — 2-Bromoetanol

A reação de adição ocorre de modo *anti* (face oposta) ao intermediário íon halônio formado da ligação dupla, ou seja, o halogênio e o grupo hidroxila localizam-se em lados opostos da ligação dupla de origem.

Ciclopenteno + Cl_2 (Cloro) → Íon clorônio → Íon oxônio + Íon cloreto → *trans*-2-Clorociclopentanol (não se observa o isômero *cis*)

A estrutura da haloidrina é formada de acordo com o mecanismo da adição do halogênio ao alceno, pois ocorre a uma das faces da ligação dupla levando ao intermediário íon halônio, o qual sofre o ataque da água (nucleófilo e ao mesmo tempo solvente) a um dos dois átomos de carbono pela face oposta. Se um dos átomos de carbono do íon halônio estiver ligado a um grupo indutor de elétron, a água se adicionará a esse por apresentar maior caráter de carbocátion.

$$(CH_3)_2{=}CH_2 \xrightarrow[H_2O]{Br_2} (CH_3)_2C(OH){-}CH_2Br$$

2-Metilpropeno → 1-Bromo-2-metil-2-propanol

A *regiosseletividade* observada (*regra de Markovnikov*)[6] na reação se apoia à ideia de que uma das ligações carbono-halogênio no intermediário íon halônio é mais fraca que a outra. O halogênio interagindo "em ponte" está fracamente ligado ao átomo de carbono que pode acomodar melhor a carga positiva, isto é, o carbono com maior número de substituinte alquil indutor de elétrons.

$$[\text{Íon bromônio}] \longrightarrow (CH_3)_2C(\overset{\oplus}{O}H_2){-}CH_2Br \xrightarrow{-H_3O^+} (CH_3)_2C(OH){-}CH_2Br$$

Íon bromônio — Íon alcoxônio — 1-Bromo-2-metil-2-propanol

As haloidrinas são convertidas rapidamente a epóxidos quando tratadas com base.

$$R^1R^2C{=}CHR \xrightarrow[H_2O]{X_2} R^1R^2C(OH){-}CHRX \xrightarrow{\ominus OH} \text{epóxido}$$

Um alceno — Uma haloidrina — Um epóxido

A reação do álcool da haloidrina com uma base é um equilíbrio ácido-base com o seu íon alcóxido e a água.

$$HO^{\ominus} + R^1R^2C(OH){-}CHRX \rightleftharpoons HOH + R^1R^2C(O^{\ominus}){-}CHRX$$

Uma base — Uma haloidrina — Água — Íon alcóxido (Nucleófilo; Eletrófilo)

O oxigênio do íon alcóxido formado no equilíbrio ataca o carbono eletrofílico ligado ao halogênio formando a ligação carbono-oxigênio, concomitantemente com a quebra da ligação carbono-halogênio levando ao epóxido. A aproximação do nucleófilo ao carbono eletrofílico, como em outras reações de substituição nucleofílica, ocorre sempre pelo lado oposto à ligação carbono-halogênio.

Nessa reação de substituição nucleofílica, o halogênio é tratado como *grupo de partida* ou que dá lugar a uma nova ligação química, no caso carbono-oxigênio.

Íon alcóxido → Um epóxido + Íon haleto

trans-2-Bromociclo-hexanol $\xrightarrow[H_2O]{NaOH}$ 1,2-Epoxiciclo-hexano

A estereoespecificidade observada para esse método de preparação de epóxidos é a mesma das reações de alcenos com peroxiácidos.

6.2.4.9. Reações de Epóxidos

Os epóxidos reagem rapidamente com nucleófilos nas condições em que outros éteres são inertes. Essa maior reatividade resulta da tensão torcional e angular do anel epóxido, pois a reação que leva à abertura do anel alivia a tensa estrutura molecular, levando a um produto estável.

6.2.4.9.1. Reação com Reagente de Grignard

A reação de um epóxido (epoxietano) com ***reagente de Grignard*** (**RMgX**) é utilizada para a preparação de álcoois primários em que a cadeia carbônica deve ser aumentada em dois átomos de carbono.

O ***reagente de Grignard*** pode ser preparado pela reação de um haleto de alquila com magnésio metálico em éter dietila ou THF anidro como solventes.

$$RCH_2X + Mg \xrightarrow[\text{anidro}]{\text{Éter}} RCH_2MgX$$

Um haleto de alquila; Magnésio; Um haleto de alquil magnésio

$$C_6H_5CH_2MgCl + H_2C(O)CH_2 \xrightarrow[2.\ H_3O^+\ Cl^-]{1.\ \text{Éter dietila}} C_6H_5CH_2CH_2CH_2OH + MgCl_2$$

Cloreto de benzilmagnésio (Nucleófilo); Epoxietano (Eletrófilo); 3-Fenil-1-propanol; Cloreto de magnésio

6.2.4.9.2. Reação com Nucleófilos Aniônicos ($Nuc^{\ominus}$)

Outros nucleófilos aniônicos, diferentes de ***reagente de Grignard***, em condições de catálise ácida, também levam à abertura do anel epóxido.

Essas reações são efetuadas geralmente em água ou álcool como solventes e o intermediário, íon alcóxido, é rapidamente protonado pela transferência de um próton formando um álcool. Nessa reação o nucleófilo se liga ao carbono com maior número de substituintes hidrogênio, ou seja, o mais deficiente de elétrons (mais polarizado).

$$Nuc^{\ominus} + \text{epóxido} \longrightarrow [\text{íon alcóxido}] \xrightarrow{H_3O^+} \text{álcool}$$

Um ânion (Nucleófilo); Um epóxido (Eletrófilo); Íon alcóxido (Intermediário); Um álcool

6.2.4.9.3. Catálise Ácida

A abertura do anel epóxido por um nucleófilo neutro (solvente) pode também ser realizada em condições de catálise ácida.

HNuc + (Um solvente) Um epóxido $\xrightarrow{H_3O^+}$ Intermediário oxônio ⟶ Intermediário protonado ⟶ Um álcool

Dependendo das condições de reação, a regioquímica da abertura do anel epóxido apresenta diferenças importantes.

Um epóxido substituído de forma assimétrica tende a reagir com nucleófilos no átomo de carbono com maior número de substituintes hidrogênio (carbono **A** da figura abaixo). No entanto, em condições de catálise ácida o carbono **B** do anel epóxido, que está ligado ao maior número de substituintes alquil, é que sofre o ataque do nucleófilo, pois a ligação nesse carbono é mais fraca; ou seja, tem maior tendência para quebrar e gerar um carbocátion estabilizado por grupos alquil indutores de elétrons.

6.2.4.10. Epóxidos em Processos Biológicos

Muitas das substâncias encontradas na natureza são epóxidos. A sua biossíntese, em muitos casos, é efetuada pela transferência de um átomo de oxigênio de uma molécula de O_2, por catálise enzimática, para a ligação dupla de um alceno. Nesse processo biossintético ocorre a transferência de apenas um átomo da molécula de O_2 para o substrato, e as enzimas que catalisam tais transferências são classificadas como *mono-oxigenases*. Nessa epoxidação é necessário também um agente redutor biológico, geralmente a coenzima NADH (*nicotinamida adenina dinucleotídeo*).

Um exemplo é a epoxidação seletiva do carbono 2 do esqualeno, um polieno, orientado pela enzima, formando o 2,3-epoxi-esqualeno, precursor biológico do colesterol e dos esteroides.

Esqualeno $\xrightarrow[NADH]{O_2;\ Enzima}$ 2,3-Epoxiesqualeno

6.3. Compostos Orgânicos Halogenados

6.3.1. Introdução

Os haletos de alquila são uma classe de compostos orgânicos muito útil, principalmente por ser largamente utilizada como material de partida para a preparação de numerosas famílias de funções químicas.

As duas reações que levam à formação de haletos de alquila mostradas abaixo ilustram as transformações de grupos funcionais.

Na primeira reação, já discutido anteriormente, o grupo hidroxila de um álcool é substituído por um halogênio por substituição nucleofílica, quando tratado com um haleto de hidrogênio.

$$RCH_2{-}OH + H{-}X \longrightarrow RCH_2{-}X + H_2O$$

Um álcocl · haleto de hidrogênio · Um haleto de alquila · Água

Na segunda, envolve a reação de um alcano com um halogênio, cloro ou bromo, proporcionando a substituição *via* radical livre de um substituinte hidrogênio do alcano por um halogênio.

$$R_2CH{-}H + X{-}X \xrightarrow[\text{calor}]{\text{luz ou}} R_2CH{-}X + H{-}X$$

Um alcano · halogênio · Um haleto de alquila · haleto de hidrogênio

Neste tópico, além dos reagentes e produtos, será considerado o mecanismo envolvido na reação para a formação do haleto de alquila. O mecanismo de reação tenta mostrar, baseado em teorias, como os materiais de partida são transformados em produtos em uma reação química.

6.3.2. Haletos de Alquila

Os haletos de alquila podem ser obtidos a partir de alcanos, pela substituição de um átomo de hidrogênio ligado ao de carbono por um halogênio **X** (F, Cl, Br ou I).

$$R_2CH{-}H \xrightarrow[\text{luz}]{X_2} R_2CH{-}X$$

Um alcano · Um haleto de alquila

6.3.3. Nomenclatura de Haletos de Alquila

A regra IUPAC permite que os haletos de alquila sejam nomeados utilizando o nome do grupo alquil de origem, precedido do grupo haleto (fluoreto, cloreto, brometo e iodeto) em separado. No outro modo de nomenclatura, o nome do halogênio (flúor, cloro, bromo e iodo) antecede o nome do alcano de origem.

Na primeira forma de nomenclatura, o grupo alquil é nomeado com base na sua cadeia contínua mais longa, iniciando-se no átomo de carbono ao qual o halogênio está ligado.

CH_3F — Fluoreto de metila

$CH_3CH_2CH_2CH_2Cl$ — Cloreto de *n*-butila

$CH_3CH_2CH(Br)CH_2CH_2CH_3$ (carbonos numerados 1, 2, 3, 4 a partir do C ligado ao Br) — Brometo de 1-etilbutila

I–ciclo-hexano — Iodeto de ciclo-hexila

Na segunda maneira de nomear o haleto de alquila, o halogênio (flúor, cloro, bromo ou iodo) é tratado como um substituinte de uma cadeia do alcano. A cadeia carbônica é numerada a partir da extremidade mais próxima do carbono substituído pelo heteroátomo, que recebe o menor número localizador.

1-Cloro-hexano 3-Bromo-hexano 2-Iodo-hexano

Se ambos os substituintes, halogênio e alquil estiverem presentes na cadeia carbônica, os dois serão considerados de igual categoria e a cadeia será numerada para atribuir o menor número localizador ao substituinte mais próximo do final ou do início da cadeia.

6.3.4. Classificação dos Haletos de Alquila

Os haletos de alquila são classificados como primário; secundário ou terciário, de acordo com o número de grupos alquil ligados ao átomo de carbono.

Portanto, um composto do tipo **RCH_2–X** (**X** = halogênio) é definido como um haleto de alquila primário, independente do grau de ramificação de "**R**"; um haleto de alquila secundário tem a estrutura **R_2CH–X** e um terciário, **R_3C–X**.

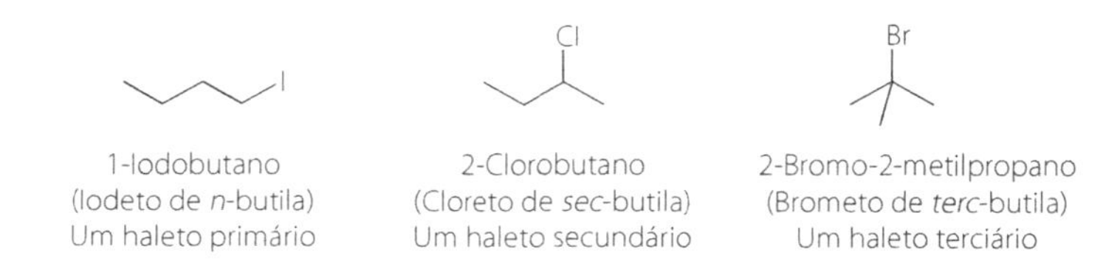

Quando o halogênio está ligado ao carbono primário, secundário ou terciário, várias propriedades físicas dos haletos de alquila são afetadas, como por exemplo, a reatividade química.

6.3.5. Ligações em Haletos de Alquila

O carbono ligado ao halogênio está hibridizado sp^3 nos haletos de alquila, sendo que o orbital atômico ***p*** do halogênio se sobrepõe ao orbital hibridizado sp^3 do carbono, gerando o orbital molecular σ ligante. A distância dos núcleos dos átomos de carbono em relação ao halogênio, em haletos de alquila, aumenta na ordem: C–F (1,40Å) < C–Cl (1,79Å) < C–Br (1,97Å) < C–I (2,16Å).

O substituinte halogênio é mais eletronegativo que o carbono e, por isso, atrai os elétrons da ligação carbono-halogênio em sua direção, originando o momento de dipolo (μ). Portanto, os haletos de alquila são moléculas polares e seu momento de dipolo (μ) é comparável ao da molécula de água.

6.3.6. Propriedades Físicas de Haletos de Alquila

O ponto de ebulição dos haletos de alquila é maior que o dos alcanos e menor que o de aminas e álcoois de massas molares similares, como por exemplo: propano (– 42 °C), fluoretano (– 32 °C), etanamina (17 °C) e etanol (78 °C).

O que diferencia o ponto de ebulição entre essas substâncias é a intensidade das forças de atração entre as moléculas, como a força "dipolo induzido-dipolo induzido" em moléculas apolares de alcanos e as forças "dipolo-dipolo induzido" e "dipolo-dipolo" em moléculas polares.

As forças de atração "dipolo-dipolo" em haloalcanos são caracterizadas pela atração simultânea do halogênio, com carga parcial negativa, de uma molécula polarizada, e do carbono, com carga parcial positiva, da ligação C–X de outra molécula.

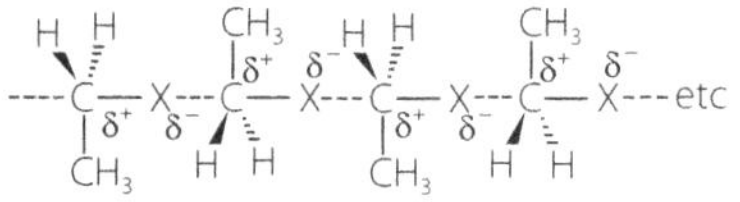

```
 H  H        CH3   H  H        CH3
  \ /         |δ+ δ- \ /        |δ+ δ-
----C—X---C—X---C—X---C—X---etc
    |δ+ δ-  / \     |δ+ δ-  / \
   CH3     H   H   CH3     H   H
```

Força de atração dipolo-dipolo entre haloalcanos

Quando se compara o ponto de ebulição (PE) dos haletos de alquila (ver Tabela 6.6) em função do grupo alquil ou do halogênio, observa-se que este aumenta com a massa molar da molécula como um todo. Em relação ao grupo alquil, o ponto de ebulição resulta fundamentalmente do aumento no tamanho da dispersão, associado à área superficial ser mais ou menos volumosa. Em relação aos halogênios, a sua polarizabilidade aumenta na ordem F < Cl < Br < I e como as intensidades de atrações "dipolo induzido-dipolo induzido" e "dipolo-dipolo induzido" também aumentam, o ponto de ebulição diminui na ordem RI > RBr > RCl > RF.

Tabela 6.6. Pontos de ebulição de alguns haletos de alquila

Fórmula do haleto de alquila	X = Halogênio e ponto de ebulição em °C (a 1 atm)			
	F	Cl	Br	I
CH_3X	– 78	– 24	3	42
CH_3CH_2X	– 21	12	38	72
$CH_3CH_2CH_2X$	– 3	47	71	103
$(CH_3)_2CHX$	– 11	35	59	90
$CH_3(CH_2)_3CH_2X$	65	108	129	157
$CH_3(CH_2)_4CH_2X$	92	134	155	180

Para os derivados clorados de metano o ponto de ebulição aumenta com o número de átomos de cloro, devido ao aumento da força atrativa "dipolo induzido-dipolo induzido".

CH_3Cl	CH_2Cl_2	$CHCl_3$	CCl_4
Clorometano	Diclorometano	Triclorometano	Tetraclorometano
(Cloreto de metila)	(Dicloreto de metileno)	(Clorofórmio)	(Tetracloreto de carbono)
PE = -24 °C	PE = 40 °C	PE = 61 °C	PE = 77 °C

As moléculas contendo o átomo de flúor, provavelmente devido à sua baixa polarizabilidade e interação "dipolo induzido-dipolo induzido", são as únicas em que o acúmulo desse halogênio na estrutura da cadeia carbônica como substituinte não acarreta aumento de pontos de ebulição.

A força de atração intermolecular sendo fraca no fluorcarbono proporciona algumas propriedades físicas interessantes, como a fricção reduzida que caracteriza o revestimento de frigideiras com ***Teflon***, que é um polímero de cadeia longa constituído de unidades monoméricas $-CF_2-CF_2-$.

Os haletos de alquila são insolúveis em água. Quanto à densidade, os fluoretos e os cloretos de alquila são menos densos, enquanto os brometos e os iodetos são mais densos.

6.3.7. Preparação de Haletos de Alquila

6.3.7.1. Halogenação de Alcanos

A halogenação de alcanos envolve uma reação de substituição, por meio de radical livre, de um dos átomos de hidrogênio ligado ao carbono por um átomo de halogênio, sendo representada pela equação geral:

$$\underset{\text{Um alcano}}{R_2CH_2} + \underset{\text{Um halogênio}}{X_2} \xrightarrow[\text{ou luz}]{\text{calor}} \underset{\text{Um haleto de alquila}}{R_2CHX} + \underset{\text{Um haleto de hidrogênio}}{HX}$$

A reação de halogenação de alcanos com cloro ou bromo é a mais usada, enquanto a halogenação com flúor, por ser fortemente exotérmica e de difícil controle, raramente é usada.

A reatividade dos halogênios com os alcanos aumenta na ordem I < Br < Cl < F. A reação de cloração de alcanos é menos exotérmica que a fluoração, enquanto a bromação é menos exotérmica que a cloração. A halogenação de alcanos com iodo é a única, entre os halogênios, em que a reação é endotérmica.

6.3.7.1.1. Cloração do Metano

Embora a reação de cloração do metano seja exotérmica, após iniciada é necessário fornecer energia, na forma de calor ou de luz, para continuar a reação, devido à baixa reatividade de ambos em misturas simples.

Para entender essa baixa reatividade é interessante lembrar sobre a ***energia de dissociação de uma ligação*** **(EDL)**, ou seja, a energia necessária para a quebra de uma ligação química por homólise.

Como mostrado na Tabela 6.7, a energia de dissociação da ligação C–H em alcanos varia entre 380 a 435 kJ/mol (91 a 104 kcal/mol). A homólise das ligações C–H para a formação de radicais livres é facilitada pelo grau de substituição do átomo de carbono ligado ao grupo X; ou seja, se o carbono for primário, secundário, terciário, alílico ou benzílico, pode minimizar a falta de elétrons na camada de valência por efeito de ressonância e hiperconjugação.

A energia de dissociação da ligação C–H do anel benzênico é alta e, portanto, é a que apresenta maior dificuldade devido ao hidrogênio estar mais firmemente ligado ao carbono hibridizado sp^2, ou seja, de maior caráter ***s*** e mais eletronegativo.

Tabela 6.7. Energia de dissociação de ligação de alguns compostos (kJ/mol)

Ligação	Substituinte X							
	H	F	Cl	Br	I	OH	NH_2	CH_3
C_6H_5–X	465	528	402	339	176	465	427	423
CH_3–X	435	452	352	293	234	385	356	373
CH_3CH_2–X	410	452	335	285	222	381	352	356
$(CH_3)_2CH$–X	398	440	339	285	226	385	352	352
$(CH_3)_3C$–X	381	-	331	264	214	381	343	335
$C_6H_5CH_2$–X	368	-	301	243	201	339	-	314
CH_2=$CHCH_2$–X	360	-	285	226	172	327	-	310
H–X	435	569	431	364	71	297	448	431
X–X	435	666	243	193	151	214	276	377

O mecanismo geral aceito para a cloração do metano é apresentado nos esquemas a seguir. Como visto anteriormente, essa reação é normalmente conduzida em alta temperatura. A reação é altamente exotérmica, mas deve ser adicionada energia ao sistema para iniciar a reação. Essa energia quebra a ligação mais fraca no sistema (ver Tabela 6.7), que é a ligação Cl–Cl, cuja energia é de ~243 kJ/mol (58 kcal/mol).

A etapa da clivagem homolítica da ligação Cl–Cl é chamada de ***etapa de iniciação*** e pode resultar em um grande ciclo de muitas propagações. Cada átomo de cloro formado na *etapa de iniciação* tem sete elétrons de valência e, por isso, é uma espécie muito reativa. Uma vez formado, o átomo de cloro abstrai um átomo de hidrogênio do metano, como mostra a ***etapa 2 da propagação da cadeia.*** O cloreto de hidrogênio é formado juntamente com o radical metil, o qual então reage com uma molécula de cloro (Cl_2) na ***etapa 3***. O ataque do radical metil ao cloro (Cl_2) produz clorometano como produto da reação global. O processo retoma a *etapa 2*, seguida da *etapa 3* até o consumo total do reagente limitante.

As *etapas 2 e 3* são denominadas de ***propagação da reação em cadeia,*** onde se pode determinar a entalpia da reação, ou seja, se o processo é *endergônico* (desfavorável) ou *exergônico* (favorável).

As *etapas 2 e 3* quando somadas fornecem a equação geral para a reação. O processo geral é chamado de reação em cadeia de radical livre.

Mecanismo geral:

(a) *Iniciação*

Etapa 1. Dissociação da molécula de cloro em dois átomos de cloro:

$$Cl{\cdot\cdot}Cl \xrightarrow[\text{calor}]{\text{luz ou}} 2\,[\cdot Cl] \qquad \Delta H^\circ = 242{,}8\ \text{kJ/mol}$$

Molécula de cloro — Dois átomos de cloro

(b) *Propagação da cadeia*

Etapa 2. Abstração do átomo de hidrogênio do metano pelo átomo de cloro:

$$H_3C{\cdot\cdot}H + \cdot Cl \longrightarrow \cdot CH_3 + HCl$$

Metano — Átomo de cloro — Radical metil — Cloreto de hidrogênio

(ΔH_d° = 435,4 kJ/mol) — (ΔH_f° = -431,2 kJ/mol)

Etapa 3. Reação do radical metil com a molécula de cloro:

$$H_3C\cdot + Cl{\cdot\cdot}Cl \longrightarrow H_3CCl + \cdot Cl$$

Radical metil — Molécula de cloro — Clorometano — Átomo de cloro

(ΔH_d° = 242,8 kJ/mol) — (ΔH_f° = -351,7 kJ/mol)

(c) *Terminação*

1. Combinação de radical metil com átomo de cloro:

$$H_3C\cdot + \cdot Cl \longrightarrow H_3CCl$$

Radical metil — Átomo de cloro — Clorometano

2. Combinação de dois radicais metil:

$$H_3C\cdot + \cdot CH_3 \longrightarrow H_3CCH_3$$

Radical metil — Radical metil — Etano

3. Combinação de dois átomos de cloro:

$$Cl\cdot + \cdot Cl \longrightarrow Cl_2$$

Átomo de cloro — Átomo de cloro — Molécula de cloro

A soma das *etapas de propagação 2 e 3* mostra que a energia fornecida e a energia liberada no processo é exotérmica (–104,7 kJ/mol ou –25 kcal/mol), portanto, favorável.

$$CH_4 + Cl_2 \xrightarrow[\text{calor}]{\text{luz ou}} CH_3Cl + HCl$$

Metano — Cloro — Clorometano — Cloreto de hidrogênio

$$\Delta H_R^\circ = 435{,}4 + 242{,}8 + (-351{,}7 \quad -431{,}2) = -104{,}7 \text{ kJ/mol}$$

Na prática, as reações secundárias interferem reduzindo a eficiência da etapa de propagação. As sequências das reações em cadeia são interrompidas quando duas espécies (radicais) contendo um elétron se combinam para formar um dos produtos observados na etapa de terminação da reação em cadeia.

As sequências da terminação geralmente são menos prováveis de ocorrer do que as etapas de propagação. Cada sequência de terminação necessita de dois radicais muito reativos para colidirem um com outro, em um meio que contém grande quantidade de outros materiais (moléculas de metano e cloro) com os quais esses radicais também podem reagir.

6.3.7.1.2. Halogenação de Alcanos Superiores

A cloração de alcanos de cadeias maiores (superiores) pode ser efetuada utilizando-se calor, luz visível ou ultravioleta, como fontes de energia para iniciar a reação. As reações que ocorrem quando a energia da luz é absorvida por uma molécula são chamadas de ***reações fotoquímicas***. Técnicas fotoquímicas permitem que as reações de alcanos com cloro ou bromo possam ocorrer em temperatura ambiente.

$$C_5H_{10} + Cl_2 \xrightarrow{hv\ (luz)} C_5H_9Cl + HCl$$

Ciclopentano — Cloro — Clorociclopentano — Cloreto de hidrogênio

Em moléculas de alcanos, como metano, etano e ciclopentano, em que todos os átomos de hidrogênio são equivalentes, pode ser produzido apenas um derivado monoclorado.

Para os alcanos em que nem todos os átomos de hidrogênio são equivalentes a reação é mais complicada, pois a halogenação pode ocorrer de modo que uma mistura de possíveis produtos monoclorados ou monobromados é formada, como ilustrado na cloração de *n*-butano.

$$\text{Butano} + 2\,Cl_2 \xrightarrow[\Delta]{h\nu\,(\text{luz})} \text{1-Clorobutano (minoritário)} + \text{2-Clorobutano (majoritário)} + 2\,HCl \text{ (Cloreto de hidrogênio)}$$

Butano | Cloro | 1-Clorobutano minoritário | 2-Clorobutano majoritário | Cloreto de hidrogênio

Os dois produtos 1-clorobutano e 2-clorobutano formam-se em uma das etapas da sequência de propagação, pois o átomo de cloro pode abstrair um átomo de hidrogênio do grupo metil ($-CH_3$) ou do metileno ($-CH_2-$) do *n*-butano, conforme mostrado abaixo.

Iniciação da reação

Etapa 1. Homólise da ligação Cl-Cl formando dois átomos de cloro:

$$Cl{:}Cl \xrightarrow[\text{calor}]{\text{luz ou}} 2\,[\cdot Cl] \qquad \Delta H^\circ = 242{,}8\ \text{kJ/mol}$$

Molécula de cloro | Dois átomos de cloro

Propagação da reação

Etapa 2. Abstração do átomo de hidrogênio do grupo metil:

$$CH_3CH_2CH_2CH_2\text{–}H + \cdot Cl \longrightarrow CH_3CH_2CH_2\dot{C}H_2 + HCl$$

Butano | Átomo de cloro | Radical butil | Cloreto de hidrogênio

Etapa 2´. Abstração do átomo de hidrogênio do grupo metileno:

$$CH_3CH_2CH(H)CH_3 + \cdot Cl \longrightarrow CH_3CH_2\dot{C}HCH_3 + HCl$$

Butano | Átomo de cloro | Radical *sec*-butil | Cloreto de hidrogênio

As duas espécies de radicais livres formadas reagem com a molécula de cloro nas *etapas 3 e 3' de propagação*, produzindo os cloretos de alquila correspondentes.

Etapa 3. Reação do radical butil com a molécula de cloro:

$$CH_3CH_2CH_2\dot{C}H_2 + Cl{:}Cl \longrightarrow CH_3CH_2CH_2CH_2Cl + \cdot Cl$$

Radical butil | Cloro | 1-clorobutano | Átomo de cloro

Etapa 3´: Reação do radical *sec*-butil com a molécula de cloro:

$$CH_3CH_2\dot{C}HCH_3 + Cl{:}Cl \longrightarrow CH_3CH_2CH(Cl)CH_3 + \cdot Cl$$

Radical *sec*-butil | Cloro | 2-clorobutano (Cloreto de *sec*-butila) | Átomo de cloro

Estatisticamente, a distribuição dos produtos esperados seria de 60% de 1-clorobutano, visto que se tem seis hidrogênios dos grupos metil, e 40% de 2-clorobutano, correspondente a quatro hidrogênios metilênicos na estrutura do *n*-butano. No entanto, experimentalmente a distribuição dos produtos observados foi de 28% de 1-clorobutano e 72% de 2-clorobutano.

Portanto, o radical *sec*-butil deve ser formado em maior quantidade, provavelmente influenciado pela estabilização por efeito de hiperconjugação, enquanto o radical *n*-butil se formou em menor quantidade que o esperado.

Pela distribuição dos produtos obtidos experimentalmente é possível calcular o quão mais rápido um hidrogênio terciário ou secundário é removido, quando comparado com um hidrogênio primário. Portanto, para a cloração do *n*-butano, é possível calcular essa relação pela equação abaixo.

$$\frac{v_1H_s \times H_s}{v_2H_p \times H_p} = \frac{\% H_L{}^{+}s}{\% H_L{}^{-}s}$$

Onde v_1H_s = velocidade de abstração de hidrogênio secundário ou terciário
H_s = total de hidrogênio secundário ou terciário
v_2H_p = velocidade de abstração de hidrogênio primário ou secundário
H_p = total de hidrogênio primário ou secundário
$H_L{}^{+}s$ = haleto mais substituído
$H_L{}^{-}s$ = haleto menos substituído

$$\frac{v_1H_s}{v_2H_p} = \frac{H_p \times \% H_L{}^{+}s}{H_s \times \% H_L{}^{-}s} = \frac{6 \times 72}{4 \times 28} = \frac{3,9}{1} = 4:1$$

A velocidade remoção do hidrogênio secundário do *n*-butano pelo átomo de cloro é aproximadamente quatro vezes mais rápida que a remoção do hidrogênio primário.

A reação de cloração de 2-metilpropano resulta em 63% do 1-cloro-2-metilpropano e 37% do 2-cloro-2-metilpropano, estabelecendo que um hidrogênio terciário é abstraído cinco vezes mais rápido que o hidrogênio primário.

$$(CH_3)_2CH\text{-}CH_3 \xrightarrow[luz,\ \Delta]{Cl_2} (CH_3)_2CH\text{-}CH_2Cl + (CH_3)_3C\text{-}Cl$$

2-Metilpropano → 1-Cloro-2-metilpropano (Cloreto de *iso*butila) + 2-Cloro-2-metilpropano (Cloreto de *terc*-butila)

As reações de halogenação em que mais de um isômero constitucional pode ser formado a partir de reagentes simples, mas apenas um isômero predomina, são denominadas de ***regiosseletivas***.

A reação de cloração de alcanos não é *regiosseletiva* e a mistura de isômeros que se forma corresponde à substituição de cada um dos vários hidrogênios na molécula. A ordem de reatividade de remoção dos hidrogênios primário, secundário ou terciário é de apenas cinco vezes.

Velocidade relativa de cloração decresce →

R_3CH (Terciário) > R_2CH_2 (Secundário) > RCH_3 (Primário)

A reação da molécula de bromo com alcanos pelo mecanismo de radical livre é análoga à do cloro, mas há diferenças importantes entre a cloração e a bromação.

A reação de bromação de alcanos é altamente *regiosseletiva* e leva predominantemente à substituição do hidrogênio terciário. A extensão da reatividade entre os hidrogênios primário, secundário e terciário é maior do que 1.000 vezes.

Velocidade relativa de bromação decresce →

R_3CH > R_2CH_2 > RCH_3
(Terciário) (Secundário) (Primário)

Na prática, isso significa que quando um alcano contém hidrogênios primário, secundário e terciário, geralmente apenas o hidrogênio terciário é substituído por bromo.

$$CH_3C(CH_3)HCH_3 + 2\,Br_2 \xrightarrow[\text{calor}]{\text{luz ou}} CH_3C(CH_3)BrCH_3 + CH_3CH(CH_3)CH_2Br + 2\,HBr$$

2-Metilpropano Bromo — 2-Bromo-2-metil propano (98%) — 1-Bromo-2-metil propano (2%) — Brometo de hidrogênio

Essa diferença de *regiosseletividade* entre a cloração e a bromação somente é interessante quando todos os hidrogênios do alcano forem equivalentes para se preparar produtos monoclorados, ou então tenha hidrogênio terciário para se produzir produtos monobromados.

Como a energia de dissociação da ligação Br–Br (ΔH_d^o = ~193 kJ/mol ou 46 kcal/mol) é menor que a energia de dissociação da ligação Cl–Cl (ΔH_d^o = ~243 kJ/mol ou 58 kcal/mol), o bromo é menos energético e menos reativo, no entanto, é mais seletivo na abstração do hidrogênio ligado ao carbono terciário de um alcano, cuja energia de dissociação é menor que a de um hidrogênio ligado ao carbono secundário ou ao carbono primário (ver Tabela 6.7).

6.3.7.2. Adição de Haletos de Hidrogênio a Alcenos

Os haletos de hidrogênio, os quais polarizam no sentido $H^{\delta+}–X^{\delta-}$, estão entre os exemplos mais simples de substâncias polares que se adicionam a alcenos. Essa adição ocorre rapidamente em uma grande variedade de solventes, tais como: pentano, benzeno, diclorometano, clorofórmio e ácido acético. A equação geral que descreve esse processo, bem como um exemplo específico, são mostrados abaixo.

$$R^1(R)C{=}C(R^2)R^3 + HX \longrightarrow R^1–C(H)(R)–C(R^2)(X)–R^3$$

Um alceno — Um haleto de hidrogênio — Um haleto de alquila

$$CH_3CH_2(H)C{=}C(H)CH_2CH_3 + HBr \xrightarrow[CHCl_3]{} CH_3CH_2CH_2CHBrCH_2CH_3$$

(Z)-3- Hexeno — Brometo de hidrogênio — 3-Bromo-hexano

A ordem de reatividade dos haletos de hidrogênio se deve a sua habilidade para doar um próton. O iodeto de hidrogênio em solução aquosa é o ácido mais forte dentre os haletos de hidrogênio e adiciona-se ao alceno em maior velocidade, enquanto o fluoreto de hidrogênio se adiciona ao alceno mais lentamente.

Velocidade de adição ao alceno aumenta →

HF << HCl < HBr < HI
lenta rápida

O mecanismo geral para a adição de haleto de hidrogênio ao alceno pode ser entendido como uma reação entre um ácido e uma base, onde o alceno é a base (nucleófilo) e o hidrogênio ligado ao halogênio é o ácido (eletrófilo).

Quando o hidrogênio (próton) se adiciona ao alceno (base) forma-se um carbocátion (ácido conjugado da base ou eletrófilo) e um íon haleto (base conjugada do ácido ou nucleófilo).

$$RR^1C{=}CHR + H{-}X \xrightarrow{\text{Lenta}} RR^1C^{\oplus}{-}CH_2R + X^{\ominus}$$

Um alceno (base) | haleto de hidrogênio (ácido) | Um carbocátion (ácido conjugado) | Um ânion haleto (base conjugada)

A combinação do eletrófilo (carbocátion) com o nucleófilo (íon haleto) forma o haleto de alquila.

$$RR^1C^{\oplus}{-}CH_2R + X^{\ominus} \xrightarrow{\text{Rápida}} RR^1CX{-}CH_2R$$

Um carbocátion (Um nucleófilo) | Um íon haleto (Um eletrófilo) | Um haleto de alquila

As duas etapas nesse mecanismo geral são chamadas de ***adição eletrofílica*** devido à reação ser iniciada pelo ataque dos elétrons π (nucleófilo) da ligação dupla carbono-carbono ao hidrogênio (eletrófilo) do haleto de hidrogênio.

Os alcenos são bases fracas e o sítio de sua força básica são os elétrons π da ligação dupla. A transferência dos dois elétrons π para um eletrófilo gera um carbocátion como intermediário reativo. Normalmente, essa etapa é lenta e determinante da velocidade da reação. A etapa de adição do íon haleto ao carbocátion formado é rápida.

Em 1870, o químico russo Vladimir V. Markovnikov[6] observou um padrão de repetição nas reações de adição de haletos de alquila a alcenos, o que o levou a estabelecer que: "quando um alceno substituído de forma assimétrica sofre adição de um haleto de hidrogênio, o hidrogênio se liga ao carbono menos substituído; ou seja, o carbono ligado ao maior número de substituintes hidrogênio, e o halogênio se liga ao carbono com maior número de substituintes alquil". Atualmente, esse conceito é conhecido como ***regra de Markovnikov.***

As equações químicas seguintes são dois exemplos de reações de adição em que se observa a *regra de Markovnikov*.

$$CH_3CH_2CH{=}CH_2 + HBr \xrightarrow{CH_3CO_2H} CH_3CH_2CHBrCH_3$$

1-Buteno | Brometo de hidrogênio | 2-Bromobutano

$$(CH_3)_2C{=}CH_2 + HBr \xrightarrow{CH_3CO_2H} (CH_3)_3CBr$$

2-Metil-1-propeno | Brometo de hidrogênio | 2-Bromo-2-metilpropano

A *regra de Markovnikov* é empírica e foi proposta para organizar as observações experimentais de uma forma conveniente em que é possível predizer o produto majoritário de uma reação.

A reação de haletos de hidrogênio (**HX**) com alcenos assimétricos substituídos (**RCH=CH$_2$**) sugere uma análise da formação de carbocátion como intermediário reacional, segundo a *regra de Markovnikov* e em oposição à mesma.

1. Conforme a *regra de Markovnikov*:

$$\overset{\delta^+}{R\text{CH}}{=}\overset{\delta^-}{\text{CH}_2} + \overset{\delta^+}{\text{H}}{-}\overset{\delta^-}{\text{X}} \longrightarrow \left[\overset{\oplus}{\text{RCH}}{-}\underset{\text{H}}{\text{CH}_2} + \overset{\ominus}{\text{X}} \right] \longrightarrow \text{R}\underset{\text{X}}{\text{CH}}{-}\text{CH}_2$$

Um alceno — Haleto de hidrogênio — Um carbocátion secundário — Um íon haleto — Um haleto de alquila

2. Em oposição à *regra de Markovnikov*:

$$\text{CH}_2{=}\text{CHR} + \text{H}{-}\text{X} \longrightarrow \left[\underset{\text{H}}{\text{RCH}}{-}\overset{\oplus}{\text{CH}_2} + \overset{\ominus}{\text{X}} \right] \not\longrightarrow \text{RCH}_2{-}\text{CH}_2\text{X}$$

Um alceno — Haleto de hidrogênio — Um carbocátion primário — Um íon haleto — Não detectado

O estado de transição durante a transferência do próton à ligação dupla do alceno tem muito do caráter de um intermediário catiônico e a energia de ativação para a formação do carbocátion mais estável (secundário) é menor que a energia de ativação para a formação do carbocátion menos estável (primário).

A Figura 6.1 mostra o diagrama de energia potencial da reação dos dois modos de adição do haleto de hidrogênio a um alceno assimétrico, em que ambos os carbocátions formados (primário e secundário) são rapidamente capturados pelo íon haleto, produzindo um haleto de alquila. O produto majoritário é derivado do carbocátion mais estável (mais substituído), ou seja, é formado mais rapidamente.

A diferença de energia entre o carbocátion primário e o secundário é enorme e a velocidade de formação também. Portanto, todo o produto formado é derivado do carbocátion secundário.

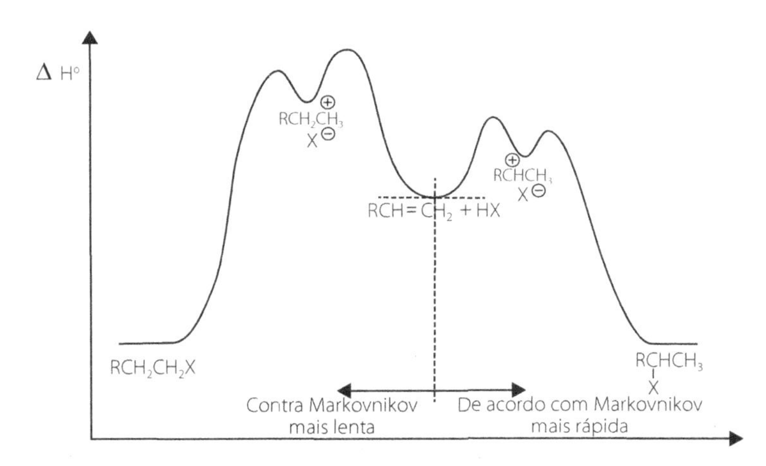

Figura 6.1. Diagrama de energia comparando a reação de adição de um haleto de hidrogênio com um alceno.

6.3.7.3. Intemediário Carbocátion: Rearranjo

Quando a adição de um próton à ligação dupla carbono-carbono forma um carbocátion como intermediário, antes de ocorrer a adição do íon halogênio, se este carbocátion for secundário e se houver possibilidade de migrar, um hidrogênio ou um grupo alquil do carbono vicinal (vizinho) para formar outro carbocátion mais substituído, isso ocorrerá devido à maior estabilidade deste segundo carbocátion, levando à formação de uma mistura de produtos, como mostrado abaixo.

R = Alquil
R^1 = H ou Alquil

6.3.7.4. Adição de Brometo de Hidrogênio: Reação Anti-Markovnikov

Por longo tempo as reações de brometo de hidrogênio com alcenos foram imprevisíveis; ou seja, às vezes a adição ocorria de acordo com a *regra de Markovnikov,* mas em outras vezes, aparentemente sob as mesmas condições, observava-se uma *regiosseletividade* oposta (*anti-Markovnikov*).

O químico Morris Selig Kharasch (1895-1957), trabalhando na Universidade de Chicago foi quem constatou, em 1924, que a adição *anti-Markovnikov* era promovida quando peróxidos, isto é, compostos orgânicos do tipo **R–O–O–R** ou **R–O–O–H**, estavam presentes na mistura da reação. Ele e seus colegas constataram, por exemplo, que o 1-buteno cuidadosamente purificado reagia com brometo de hidrogênio para formar somente o 2-bromobutano (produto esperado com base na *regra de Markovnikov*).

$$CH_3CH_2CH{=}CH_2 + HBr \xrightarrow{\text{Sem peróxido}} CH_3CH_2CH(Br)CH_3$$

1-Buteno — Brometo de hidrogênio — 2-Bromobutano

Por outro lado, quando em outra reação com os mesmos reagentes foi adicionado peróxido, somente o 1-bromobutano foi observado como produto.

$$CH_3CH_2CH{=}CH_2 + HBr \xrightarrow{\text{Com peróxido}} CH_3CH_2CH_2CH_2Br$$

1-Buteno — Brometo de hidrogênio — 1-Bromobutano

Os peróxidos (**ROOR** ou **ROOH**) são iniciadores nesse processo e são incorporados ao produto, mas agem como fonte de radicais necessários para iniciar uma reação em cadeia.

A energia de dissociação da ligação oxigênio-oxigênio de muitos peróxidos está entre 146 e 209 kJ/mol (35 e 50 kcal/mol). A adição do radical livre de brometo de hidrogênio a alcenos se inicia quando uma molécula de peróxido sofre quebra homolítica e produz dois radicais alcóxi (*descrito na etapa 1 do mecanismo seguinte*). Um átomo de bromo é gerado na *etapa 2*, quando um dos radicais alcóxi captura o átomo de hidrogênio do brometo de hidrogênio. Uma vez que o átomo de bromo é disponibilizado, a fase de *propagação da reação em cadeia* se inicia. Na *etapa de propagação*, mostrada na *etapa 3*, um átomo de bromo se adiciona ao alceno de modo a produzir o radical alquil mais estável.

Reação geral:

$$CH_3CH_2CH{=}CH_2 + HBr \xrightarrow[\text{luz ou calor}]{\text{RO-OR}} CH_3CH_2CH_2CH_2Br$$

1-Buteno | Brometo de hidrogênio | 1-Bromobutano

Mecanismo:

a) Iniciação

Etapa 1. Clivagem homolítica da ligação O–O de um peróxido em dois radicais alcóxi:

$$RO{:}OR \xrightarrow[\text{calor}]{\text{luz ou}} 2\,RO\bullet$$

Um peróxido | Dois radicais alcóxi

Etapa 2. Captura do átomo de hidrogênio do brometo de hidrogênio pelo radical alcóxi:

$$RO\bullet + H{:}Br \longrightarrow ROH + {}^{\bullet}Br$$

Radical alcóxi | Brometo de hidrogênio | Álcool | Átomo de bromo

b) Propagação da cadeia

Etapa 3. Inserção de um átomo de bromo à molécula de alceno:

$$CH_3CH_2CH{:}CH_2 + \bullet Br \longrightarrow CH_3CH_2\dot{C}H{-}CH_2Br$$

1-Buteno | Átomo de bromo | Radical (1-bromometilenil)propil

Etapa 4. Abstração do átomo de hidrogênio, do brometo de hidrogênio, pelo radical alquil livre formado na *etapa 3*:

$$CH_3CH_2\dot{C}H{-}CH_2Br + H{:}Br \longrightarrow CH_3CH_2CH_2CH_2Br + \dot{B}r$$

Radical alquil | Brometo de hidrogênio | 1-Bromobutano | Átomo de bromo

A adição de um átomo de bromo ao carbono metilenil (C-1) do alceno é representada por:

$$CH_3CH_2CH{=}CH_2 + \dot{B}r \longrightarrow CH_3CH_2\dot{C}HCH_2{-}Br$$

1-Buteno | Átomo de bromo | Radical alquil secundário

E a adição de um átomo de bromo ao carbono metilinil (C-2) do alceno pode ser representada por:

$$CH_3CH_2CH{:}CH_2 + \bullet Br \longrightarrow CH_3CH_2CH(Br){-}\dot{C}H_2$$

1-Buteno | Átomo de bromo | Radical alquil primário

O radical alquila secundário é mais estável que o radical alquila primário por efeito indutivo e de hiperconjugação. O átomo de bromo se adiciona ao carbono (C-1) da ligação dupla terminal do 1-buteno formando um radical secundário. Essa reação é mais rápida que no carbono (C-2) que leva à formação do radical primário. Uma vez adicionado o átomo de bromo à ligação dupla, a *regiosseletividade* da adição é estabelecida. O radical alquila então captura um átomo de hidrogênio do brometo de hidrogênio, produzindo o radical brometo de alquila, como mostrado na *etapa 4* na página anterior.

6.3.8. Reações de Haletos de Alquila

6.3.8.1. Desidroalogenação

Entende-se por desidroalogenação a remoção de um haleto de hidrogênio (**HX**) da estrutura molecular de um haleto de alquila.

A desidroalogenação de um haleto de alquila é um dos métodos mais úteis de preparação de alcenos por eliminação . Nesse caso, os átomos de hidrogênio do carbono β e o halogênio do carbono α devem estar em posição antiperiplanar (em planos opostos) para que durante a eliminação os orbitais atômicos dos carbonos envolvidos se orientem segundo a sua simetria e formem a ligação dupla (orbital molecular π ligante).

$$\text{Um haleto de alquila} \longrightarrow \text{Um alceno } (R(H)C{=}C(R^1)R^2) + HX \text{ (Um haleto de hidrogênio)}$$

Na preparação de alcenos, a reação é conduzida na presença de uma base forte, como o etóxido de sódio, em etanol como solvente.

$$CH_3CH_2ONa + \text{haleto de alquila} \longrightarrow \text{alceno} + CH_3CH_2OH + NaX$$

Etóxido de sódio (Base) | Um haleto de alquila (Ácido) | Um alceno (Base conjugada) | Etanol (Ácido conjugado) | Haleto de sódio

$$\text{Bromociclo-hexano} \xrightarrow[\Delta]{\text{EtONa/Etanol}} \text{Ciclo-hexeno}$$

Do mesmo modo, é conveniente usar a base metóxido de sódio, em metanol como solvente. A mistura de hidróxido de sódio em metanol é outra combinação de base-solvente frequentemente utilizada na desidroalogenação de haletos de alquila.

A base *terc*-butóxido de sódio ou potássio, uma base volumosa, é preferida quando o haleto de alquila é primário e o solvente pode ser *terc*-butanol ou sulfóxido de dimetila (DMSO) para se evitar a reação de substituição.

$$CH_3(CH_2)_7CH_2CH_2Br \xrightarrow[(CH_3)_3COH/\text{t.a.}]{KOC(CH_3)_3} CH_3(CH_2)_7CH{=}CH_2 + (CH_3)_3COH + KBr$$

1-Bromodecano | 1-Deceno | *terc*-Butanol | Brometo de potássio

A *regiosseletividade* da desidroalogenação de haletos de alquila, eliminação β, predomina na direção que leva ao alceno mais substituído.

2-Bromo-2-metilbutano → ($KOCH_2CH_3$ / CH_3CH_2OH, Δ) 2-Metil-1-buteno (minoritário) + 2-Metil-2-buteno (majoritário)

Além da *regiosseletividade*, a desidroalogenação de haletos de alquila é *estereosseletiva* e favorece a formação do estéreo-isômero mais estável. Em geral, o alceno *E* (ou *trans*) é formado em maior quantidade que o alceno *Z* (ou *cis*), como no exemplo do 3-bromo-hexano abaixo.

$CH_3CH_2CH(Br)CH_2CH_2CH_3$
3-Bromo-hexano
$KOCH_2CH_3/CH_3CH_2OH$

(*Z*)-3-Hexeno (minoritário) + (*E*)-3-Hexeno (majoritário)

A reação de eliminação β em haletos de cicloalquila leva exclusivamente ao *cis*-cicloalceno quando o anel é composto por menos de dez átomos de carbono. Quando o anel se torna maior, os haletos de cicloalquila podem produzir uma mistura de cicloalcenos em que a ligação dupla é *cis* e *trans*.

$CH_3CH_2O^-Na^+$ + Bromociclodecano → (CH_3CH_2OH) *cis*-Ciclodeceno (Majoritário) + *trans*-Ciclodeceno (Minoritário)

6.3.9. Haletos de Arila

Os haletos de arila não sofrem reações de substituição nucleofílica normal no carbono ***sp²*** e, geralmente, são menos reativos que os haletos de alquila em reações que envolvem a quebra da ligação carbono-halogênio.

6.3.9.1. Ligação em Haletos de Arila

Os haletos de arila apresentam em sua estrutura um substituinte halogênio ligado diretamente ao carbono ***sp²*** do anel aromático.

Fluorbenzeno 3-Cloroanilina 2-bromonaftaleno 4-Iodoanisol

Os compostos orgânicos contendo halogênio, mas quando este não está diretamente ligado ao anel aromático, mesmo que o anel aromático esteja presente, não são denominados haletos de arila. O brometo de benzila ($C_6H_5CH_2Br$), por exemplo, não é um haleto de arila.

A ligação carbono-halogênio de um haleto de arila é mais curta e mais forte do que em um haleto de alquila. A esse respeito, bem como no comportamento químico, um haleto de arila se assemelha mais a um haleto de vinila do que a um haleto de alquila. O efeito de hibridização do carbono parece ser o responsável por esses fatores, devido aos padrões observados serem similares em ambas as ligações carbono-hidrogênio e carbono-halogênio, como indicam os dados da Tabela 6.7.

O aumento do caráter ***s*** do átomo de carbono, de sp^3 (25%) para sp^2 (33,3%), aumenta a tendência de atrair elétrons da ligação, encurtando-a, e assim atraindo os substituintes mais fortemente.

6.3.9.2. Haletos de Arila de Fontes Naturais

A tintura natural ***púrpura de Tiro*** (6,6-dibromoíndigo), isolada de conchas *Murex brandaris* do mar Mediterrâneo, foi usada na antiguidade (~1.600 a.C.) para tingir tecidos, por apresentar cor púrpura viva, que era preferida dos governantes. Por outro lado, a clorotetraciclina (aureomicina) é um antibiótico natural produzido por diversas espécies de *Streptomyces*, descoberto em 1948 e usado até hoje no tratamento de diversas infecções.

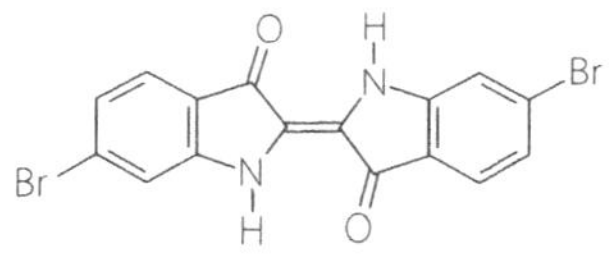

*di*Bromoindigo
(Púrpura de Tiro)

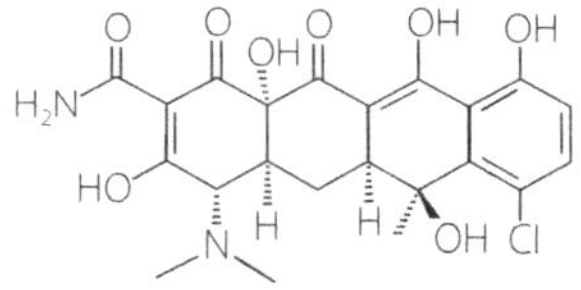

Clorotetraciclina
(Aureomicina)

6.3.9.3. Propriedades Físicas de Haletos de Arila

Os haletos de arila assemelham-se aos haletos de alquila em muitos aspectos de suas propriedades físicas. Praticamente todos são insolúveis em água e são bem mais densos.

Os haletos de arila são moléculas polares, mas menos polares que os haletos de alquila. Por exemplo, o momento de dipolo do clorobenzeno (μ = 1,7 D) é menor que o do clorociclo-hexano (μ = 2,2 D) que, por isso, é mais polar.

No clorobenzeno, o carbono em que se liga o cloro está hibridizado sp^2 e, sendo mais eletronegativo que o carbono hibridizado sp^3 do clorociclo-hexano, a distorção da densidade de elétrons no carbono pelo cloro é menos pronunciada em haletos de arila do que em haletos de alquila e, consequentemente, provoca menor momento de dipolo (μ) na molécula.

6.3.9.4. Preparação de Haletos de Arila

6.3.9.4.1. Halogenação do Benzeno

Os cloretos e os brometos de arilas são convenientemente preparados por reação de substituição eletrofílica aromática. A reação se limita a cloração e bromação, pois a fluoração é de difícil controle e a iodação é tão lenta que se torna inviável por esse método.

O benzeno, quando tratado com halogênio em presença de ferro metálico ou tri-haleto de ferro, usados como catalisadores, leva à formação de um haleto de arila.

Equação geral:

$$\underset{\text{Um areno}}{ArH} + \underset{\text{Um halogênio}}{X_2} \xrightarrow[FeX_3]{Fe^0\ ou} \underset{\text{Um haleto de arila}}{ArX} + \underset{\text{Um haleto de hidrogênio}}{HX}$$

Exemplo específico:

Benzeno + Cl_2 (Cloro) $\xrightarrow{FeCl_3}$ Clorobenzeno + HCl (Cloreto de hidrogênio)

Mecanismo:

Etapa 1: A molécula de cloro sofre polarização induzida pelo cloreto de ferro(III), um ácido de Lewis, tornando um dos átomos de Cl eletrofílico.

$$Cl_2 + FeCl_3 \longrightarrow \overset{\delta^+}{Cl}{-}{-}{-}{-}Cl{-}{-}{-}{-}\overset{\delta^-}{FeCl_3}$$

Cloro (Base de Lewis) + Cloreto de ferro (Ácido de Lewis) → Polarização do cloro induzida pelo Fe^{3+} (Ácido conjugado da base) (Eletrófilo)

Etapa 2: O intermediário polarizado sofre o ataque do nucleófilo (benzeno), formando o íon arênio como intermediário.

Benzeno (Nucleófilo) + $\overset{\delta^+}{Cl}{-}{-}{-}Cl{-}{-}{-}\overset{\delta^-}{FeCl_3}$ Ácido conjugado da base (Eletrófilo) → [Formas de ressonância do íon arenio (Intermediário reativo)] + $Cl\overset{\ominus}{Fe}Cl_3$ Base conjugada do ácido

Etapa 3: Eliminação de um próton pelo íon ferro, regenera o anel benzênico. Observe que o cloreto férrico ($FeCl_3$) é apenas o catalisador da reação, sendo recuperado do final dela.

Ácido de Lewis + $Cl\overset{\ominus}{Fe}Cl_3$ (Base de Lewis) → Clorobenzeno + $FeCl_3$ (Catalisador) + HCl

6.3.9.4.2. A partir de Sais de Diazônio

Os sais de diazônio são obtidos a partir de aminas aromáticas em presença de nitrito de sódio ($NaNO_2$) e de solução de ácido clorídrico como catalisador. O sal de diazônio pode ser isolado e subsequentemente tratado com um sal de flúor (NaF), cloro (NaCl), bromo (NaBr) ou iodo (KI), para produzir o haleto de arila desejado.

Equação geral:

$$\underset{\text{Uma amina aromática}}{ArNH_2} + \underset{\text{Nitrito de sódio}}{NaNO_2} \xrightarrow[2.\ KX]{1.\ H_3O^+} \underset{\text{Um haleto de arila}}{ArX} + N_2 + NaX + KX$$

Exemplo específico:

NH_2 — $NaNO_2$, HCl / H_2O → [$\overset{\oplus}{N_2}\overset{\ominus}{Cl}$] — KI → I

Anilina Sal de diazônio Iodobenzeno

6.3.10. Reações de Haletos de Arila

O anel benzênico dos haletos de arila comporta-se como nucleófilo e sofre reação de substituição eletrofílica aromática. Na substituição eletrofílica aromática, os halogênios ligados ao anel benzênico, por serem ricos em elétrons, mas altamente eletronegativos, são grupos elétrons indutores fracos em relação ao anel benzênico e, por isso, agem como orientadores da reação nas posições *orto e para*. A reatividade dos haletos de arila é menor que a reatividade do benzeno.

Os pares de elétrons não ligantes dos halogênios interagem com a nuvem eletrônica π do anel benzênico, ativando fracamente as duas posições *orto* e *para*; ou seja, os hidrogênios ligados aos carbonos 2, 4 e 6 do anel benzênico podem ser substituídos por outros grupos, como por exemplo, o grupo nitro ($-NO_2$).

Pelas formas de ressonância do íon arênio dipolar dos haletos de arila observam-se maiores concentrações de elétrons nas posições *orto* e *para* e, ao mesmo tempo, pelo efeito indutivo aceptor de elétrons do halogênio ocorre uma desativação dessas mesmas posições, sendo a posição *meta* menos afetada. Como o efeito de ressonância se sobrepõe ao efeito indutivo, isso explica a obtenção de maior concentração dos produtos *orto* e *para* do que o produto *meta*.

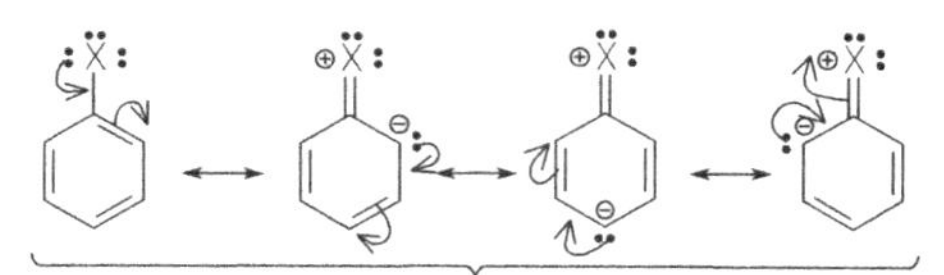

Formas canônicas do íon dipolar indicando as posições ricas em elétrons

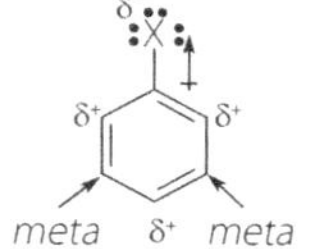

Efeito aceptor de elétrons do halogênio, devido à maior eletronegatividade, desativa as posições *orto* e *para*

Na reação de nitração do bromobenzeno, por exemplo, forma-se como produto majoritário o composto nitrado na posição *para* e, em menor proporção, o produto nitrado na posição *orto*. Isso provavelmente se deve ao efeito da nuvem eletrônica volumosa do substituinte halogênio, que dificulta a aproximação do eletrófilo (íon NO_2^+) a este centro nucleofílico. Além disso, obtêm-se apenas traços do produto de substituição na posição *meta*.

$$\underset{\text{Ácido nítrico}}{HONO_2} + \underset{\text{Ácido sulfúrico}}{H_2SO_4} \rightleftharpoons \underset{\text{Íon nitrônio}}{NO_2^+} + \underset{\text{Íon sulfato de hidrogênio}}{HOSO_3^-} + \underset{\text{Água}}{H_2O}$$

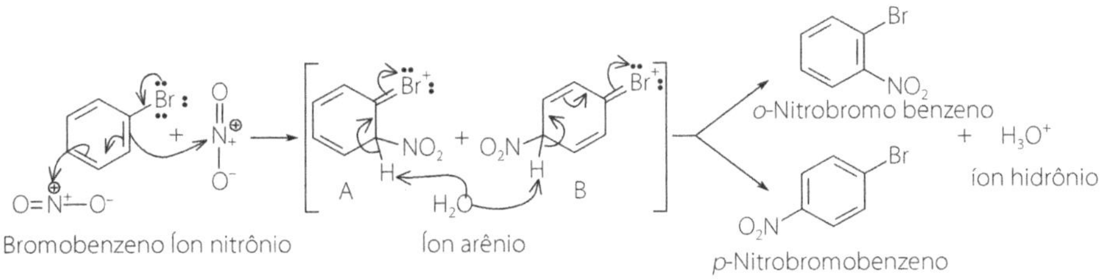

Bromobenzeno Íon nitrônio → [A, B] Íon arênio → *o*-Nitrobromo benzeno + *p*-Nitrobromobenzeno + H_3O^+ Íon hidrônio

O ataque do íon nitrônio à posição *orto* (íon arênio **A**) leva ao produto *o*-nitrobromobenzeno e o ataque à posição *para* (íon arênio **B**) produz o *p*-nitrobromobenzeno.

As demais reações envolvendo substituição eletrofílica aromática, entre haletos de arila e outros eletrófilos, seguem os mesmos padrões de interações mecanísticas.

6.4. Compostos Orgânicos de Enxofre

6.4.1. Tióis

O átomo de enxofre se encontra na mesma coluna do oxigênio na tabela periódica e, dessa forma, tem os requisitos de elétrons de valência similares. Como no oxigênio, o enxofre forma orbitais híbridos pela combinação de orbitais ***3s*** e ***3p*** que participam de ligações covalentes. O átomo de enxofre ligado simultaneamente ao carbono de um grupo alquil e a um átomo de hidrogênio é denominado ***tiol*** e quando está ligado a dois carbonos de grupos alquil ou aril, o grupo funcional é chamado de ***tioéter*** ou ***sulfeto***. Estes são análogos dos álcoois e éteres. Outros grupos funcionais contendo o átomo de enxofre estão listados em seguida.

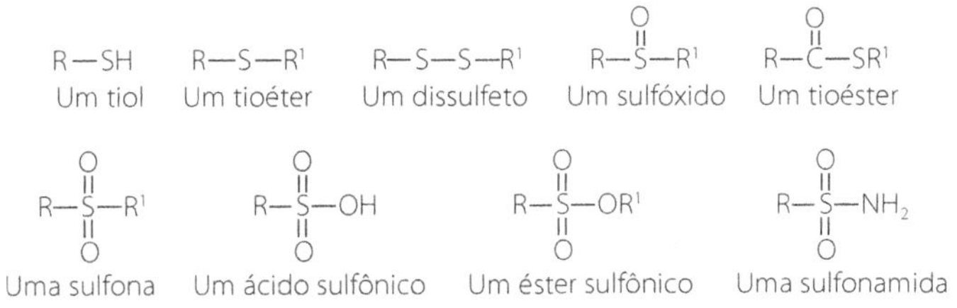

R—SH	R—S—R'	R—S—S—R'	R—S(=O)—R'	R—C(=O)—SR'
Um tiol	Um tioéter	Um dissulfeto	Um sulfóxido	Um tioéster

R—S(=O)₂—R'	R—S(=O)₂—OH	R—S(=O)₂—OR'	R—S(=O)₂—NH₂
Uma sulfona	Um ácido sulfônico	Um éster sulfônico	Uma sulfonamida

Os alquiltióis reagem com metais pesados, particularmente íons de mercúrio, formando precipitados. Por isso, são conhecidos por mercaptanas (do latim *mercurium* = mercúrio e *captans* = capturar) por capturar mercúrio.

6.4.2. Nomenclatura de Tióis

A nomenclatura dos alquiltióis é análoga à dos álcoois, sendo a diferença o acréscimo do prefixo ***–ti***, à terminação ***–ol*** *de álcool*, resultando na terminação ***–tiol*** bem como nos ***ariltióis***.

O nome sistemático de alguns tióis está mostrado abaixo.

CH_3SH Metanotiol; CH_3CH_2SH Etanotiol; $CH_3CH_2CH_2SH$ 1-Propanotiol; $(CH_3)_2CHSH$ *iso*Propanotiol; $CH_2{=}CHCH_2SH$ 2-Propeno-1-tiol

Benzenotiol (Tiofenol); Benzenometanotiol (Álcool tiobenzílico); Metilbenzenotiol (Tiocresóis)

6.4.3. Propriedades Físicas de Tióis

Os tióis são menos polares que os álcoois, portanto, os tióis de baixas massas molares são voláteis e apresentam odores característicos desagradáveis, por se originarem do sulfeto de hidrogênio (H_2S), também conhecido como gás sulfídrico, cujo odor é de ovo em decomposição. O composto metanotiol (PE 6 °C) é um gás à temperatura ambiente, o etanotiol está presente na mistura do gás liquefeito de petróleo (GLP), como sinalizador de vazamento deste, o 1-propanotiol está presente na cebola e o 2-propeno-1-tiol é encontrado no alho. À medida que a cadeia carbônica cresce esses compostos são menos voláteis e o odor característico dos tióis diminui.

O ponto de ebulição dos tióis (ver Tabela 6.8) é menor que o dos álcoois de estruturas moleculares similares e essa diferença se deve à maior polarizabilidade relacionada ao tamanho do átomo de enxofre. Sendo a interação intermolecular dos tióis por ligação de hidrogênio mais fraca que nos álcoois, o ponto de ebulição do etanotiol (PE 37 °C) é menor que o do etanol (PE 78 °C), e quando se comparam moléculas isoméricas de tióis, como o etanotiol (PE 37 °C) e o tioéter de dimetila (PE 38 °C), fica mais evidente a fraca interação "dipolo-dipolo" desses compostos de enxofre.

Os alquiltióis são ácidos mais fortes que os alquilálcoois, pois a maior polarizabilidade do átomo de enxofre estabiliza melhor a carga negativa do ânion alquiltiolato (RS^-), ou seja, o alquiltiol pode ser quantitativamente convertido em sua base conjugada.

Tabela 6.8. Propriedades físicas de alguns tióis e tioéteres

Composto	Estrutura molecular	Ponto de ebulição (°C)	Ponto de fusão (°C)
Metanotiol	CH_3SH	6	– 123
Etanotiol	CH_3CH_2SH	37	– 144
1-Propanotiol	$CH_3CH_2CH_2SH$	67	– 113
2-Propanotiol	$(CH_3)_2CHSH$	58	– 131
1-Butanotiol	$CH_3(CH_2)_2CH_2SH$	98,4	–115,9
2-Butanotiol	$CH_3CH(SH)CH_2CH_3$	84-85	– 165
2-Metil-2-propanotiol	$(CH_3)_3CSH$	63,7-64,2	– 0,5
2-Metil-1-propanol	$(CH_3)_2CHCH_2SH$	88	– 79
1-Pentanotiol	$CH_3(CH_2)_3CH_2SH$	123-124	-
Benzenotiol	C_6H_5SH	168,3	-
Benzenometanotiol	$C_6H_5CH_2SH$	194-195	-
o-Metilbenzenotiol	*o*-$CH_3C_6H_4SH$	~195	– 15
m-Metilbenzenotiol	*m*-$CH_3C_6H_4SH$	~195	Abaixo de – 20
p-Metilbenzenotiol	*p*-$CH_3C_6H_4SH$	~195	43-44
Sulfeto de dimetila	CH_3SCH_3	37,3	– 98,2
Sulfeto de dietila	$(CH_3CH_2)_2S$	92	-
Sulfeto de dipropila	$(CH_3CH_2CH_2)_2S$	122-124	– 76
Sulfeto de dibutila	$[CH_3(CH_2)_2CH_2]_2S$	182	– 79,7
Sulfeto de diisobutila	$[(CH_3)_2CHCH_2]_2S$	171-173	-

6.4.4. Preparação de Tióis

6.4.4.1. Reação com Haletos de Alquila

Os alcanotióis podem ser preparados pela reação de substituição nucleofílica entre um haleto de alquila e o ânion hidrogênio sulfeto.

$$RCH_2{-}X + H_2S \xrightarrow{KOH} RCH_2{-}SH + KX$$

Um haleto de alquila | Sulfeto de hidrogênio | Um alcanotiol | Haleto de potássio

O sulfeto de hidrogênio nessa reação é usado em excesso para minimizar a formação do tioéter de dialquila, um análogo ao éter, como subproduto da reação. Para formar esse subproduto, o alcanotiol formado reage com a base, hidróxido de potássio, presente no meio reacional, e forma outro nucleófilo (alcanotiolato de potássio), que compete com o ânion sulfeto de hidrogênio atacando o haleto de alquila, produzindo o tioéter de dialquila.

$$RCH_2{-}SH + KOH \longrightarrow RCH_2{-}\overset{\ominus\oplus}{SK} + H_2O$$

Um alquiltiol | Hidróxido de potássio | Um alcanotiolato de potássio | Água

$$RCH_2{-}\overset{\ominus\oplus}{SK} + RCH_2{-}X \longrightarrow RCH_2{-}S{-}CH_2R + KX$$

Um alcanotiolato de potássio | Um haleto de alquila | Um tioéter de dialquila | Haleto de potássio

6.4.4.2. A partir da Tioureia

O método de preparação de alcanotióis envolvendo a reação de tioureia como nucleófilo e o haleto de alquila como eletrófilo forma, inicialmente, um intermediário estável, o sal de alcanotiourônio, que ao ser tratado com uma base forma o alcanotiol e a ureia como produtos. Nesta reação o subproduto tioéter não é observado.

$$(H_2N)_2C{=}S + RCH_2{-}X \longrightarrow (H_2\overset{\oplus}{N})(H_2N)C{-}S{-}CH_2R\ \overset{\ominus}{X} \xrightarrow{\overset{\oplus\ominus}{MOH}} HS{-}CH_2R + MX + O{=}C(NH_2)_2$$

Tiouréia | Haleto de alquila | haleto de alcanotiourônio | Alcanotiol | Haleto de metal | Ureia

6.4.5. Sulfetos

6.4.5.1. Nomenclatura de Tioéter (Sulfeto)

Como mencionado anteriormente, o tioéter ($R{-}S{-}R^1$) é análogo ao éter ($R{-}O{-}R^1$), onde o átomo de oxigênio foi substituído pelo de enxofre.

Alguns exemplos estão listados abaixo, juntamente com as respectivas nomenclaturas.

CH_3SCH_3	$CH_3CH_2SCH_2CH_3$	$CH_3CH_2CH_2SCH_2CH_3$
Tiobismetano (Sulfeto de dimetila)	1,1'-Tiobisetano (Sulfeto de dietila)	1,1'-Tioetilpropano (Sulfeto de etilpropila)
$C_6H_5{-}SCH_3$	$[CH_3(CH_2)_2CH_2]_2S$	$[(CH_3)_2CHCH_2]_2S$
Tioanisol (Sulfeto de fenilmetila)	1,1'-Tiobisbutano (Sulfeto de dibutila)	1,1'-Tiobis[2-metilpropano] (Sulfeto de diisobutila)

6.4.5.2. Reações de Sulfetos

6.4.5.2.1. Reação com Haletos de Alquila

O átomo de enxofre na estrutura de um sulfeto de dialquila comporta-se como um bom nucleófilo e reage rapidamente com haletos de alquila, por uma reação de substituição nucleofílica, produzindo um sal de trialquil sulfônio que, em geral, é um sólido higroscópico. Como em outras reações de substituição nucleofílica, os sulfetos reagem melhor com haletos de alquila primários.

$$(CH_3)_2\ddot{S} + CH_3\text{—}I \longrightarrow (CH_3)_2\overset{\oplus}{S}\text{—}CH_3\ \overset{\ominus}{I}$$

Sulfeto de dimetila — Iodo metano — Iodeto de trimetilsulfônio

Pelo fato de o enxofre ser altamente polarizável, ele pode estabilizar a carga negativa de um átomo adjacente. Isso significa que o átomo de hidrogênio de um carbono ligado diretamente ao átomo de enxofre é mais ácido do que quando ligado a um carbono ligado ao átomo de oxigênio. Por exemplo, a reação de tioanisol com *n*-butil lítio, uma base muito forte, forma um carbânion no carbono metílico que pode se comportar como um nucleófilo ou uma base.

$$C_6H_5\text{—}SCH_3 + n\text{-}C_4H_9Li \xrightarrow{THF} C_6H_5\text{—}S\overset{\ominus}{C}H_2\overset{\oplus}{Li} + n\text{-}C_4H_{10}$$

Tioanisol — *n*-Butil lítio — Um carbânion — *n*-Butano

6.4.5.2.2. Oxidação de Alcanotiol

O alcanotiol pode ser facilmente oxidado a dissulfeto na presença de reagentes moderadamente oxidantes, como o peróxido de hidrogênio (H_2O_2). Essa reatividade se deve à baixa energia de dissociação da ligação enxofre-hidrogênio (~364 kJ/mol ou ~87 kcal/mol), que permite a reação de acoplamento oxidativo formando o produto dissulfeto.

$$RCH_2SH + 1/2\ H_2O_2 \longrightarrow RCH_2S\text{—}SCH_2R + H_2O$$

Um alcanotiol — Peróxido de hidrogênio — Um dissulfeto de dialquila — Água

Em presença de um oxidante mais forte, como o permanganato de potássio, o produto formado é um ácido alcanossulfônico.

$$RCH_2SH + KMnO_4 \xrightarrow{H_3O^+} RCH_2SO_3H + MnO_2$$

Um alcanotiol — Permaganato de potássio — Um ácido alcano sulfônico — Dióxido de manganês

O dialquiltioéter (R–S–R[1]) pode ser oxidado a sufóxido utilizando-se como reagente oxidante o peróxido de hidrogênio ou o periodato de sódio. Também pode ser oxidado a sulfona com ácidos peroxicarboxílicos, ou seja, ácido peroxibenzoico; ácido *m*-cloroperoxibenzoico (*m*-CPBA), etc.

$$R\text{—}\overset{O}{\overset{\|}{S}}\text{—}R' \xleftarrow{H_2O_2} R\text{—}S\text{—}R' \xrightarrow{m\text{-CPBA}} R\text{—}\underset{O}{\underset{\|}{\overset{O}{\overset{\|}{S}}}}\text{—}R'$$

sulfóxido — dialquiltioéter — sulfona

6.4.6. Detergentes Sintéticos

Os detergentes sintéticos são identificados pelos sais de grupos funcionais sulfonato ($-SO_3^{\ominus}$) ou sulfato ($-OSO_3^{\ominus}$), ligados a uma cadeia carbônica longa, contendo 12 ou mais átomos. Diferentemente dos sais de ácidos carboxílicos (sabões), os detergentes sintéticos são mais eficientes na limpeza, pois a parte hidrofílica do detergente interage fortemente com a água, aumentando a sua solubilidade e, consequentemente, a sua capacidade de arraste de sujeira (gordura) na forma de micela. Sua eficiência em formar micelas ocorre também em "água dura", que contém íons de cálcio, ferro e magnésio, pois os sais de sulfatos de alquila desses íons continuam solúveis em água. Dois exemplos de detergentes sintéticos são mostrados abaixo.

$CH_3(CH_2)_{10}CH_2OSO_2\overset{\ominus}{O}\overset{\oplus}{Na}$
Sulfato de dodecila e sódio
(Laurilsulfato de sódio)

$CH_3(CH_2)_{10}CH_2SO_2\overset{\ominus}{O}\overset{\oplus}{Na}$
Dodecanossulfonato e sódio
(Laurilsulfonato de sódio)

6.5. Funções Carboniladas[8]

6.5.1. Aldeídos e Cetonas

6.5.1.1. Introdução

Os aldeídos e cetonas são caracterizados pela presença de um grupo funcional carbonila (**C=O**), ligado a um grupo alquil e um hidrogênio (aldeído) ou a dois grupos alquil (cetona).

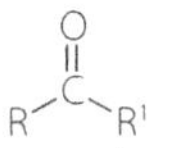

$R-C(=O)-R^1$
Grupo carbonil

Se $R = R^1 = H$ ou R = Alquil e $R^1 = H \longrightarrow$ Aldeídos
Se $R = R^1$ = Alquil $\longrightarrow$ Cetonas

6.5.1.2. Nomenclatura de Aldeídos e Cetonas

A estrutura de um aldeído é nomeada identificando-se inicialmente a cadeia contínua mais longa em que o grupo carbonila está contido. Em seguida, substitui-se a terminação ***-o*** do alcano de origem por ***-al*** e os substituintes presentes são especificados de modo usual.

Quando outros substituintes estão presentes na cadeia da molécula do aldeído, esta deve ser numerada a partir do carbono carbonila. Se o composto apresentar duas funções carbonila de aldeído na sua estrutura molecular, o sufixo ***-dial*** é adicionado ao alcano de origem.

$CH_3CH_2CH_2CH_2CHO$
Pentanal

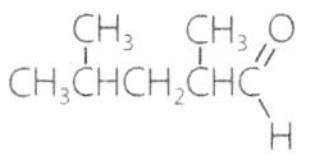

$CH_3CH(CH_3)CH_2CH(CH_3)CHO$
2,4-Dimetilpentanal

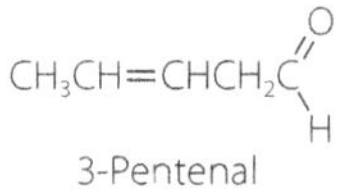

$CH_3CH{=}CHCH_2CHO$
3-Pentenal

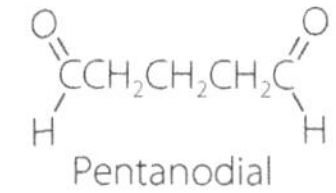

$OHCCH_2CH_2CH_2CHO$
Pentanodial

8. Costa P, Pilli R, Pinheiro S, Vasconcellos M. Substâncias Carboniladas e Derivados. Porto Alegre: Editora Bookman; 2003.

Quando o grupo carbonila de aldeído está ligado a um anel, o nome do anel é seguido pelo sufixo ***carbaldeído*** (o sufixo *carboxaldeído* é sinônimo de *carbaldeído*).

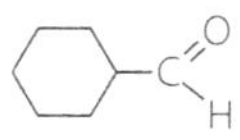

Ciclo-hexanocarbaldeído 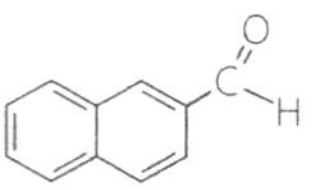 2-Naftalenocarbaldeído

Alguns nomes usuais de aldeídos são aceitos pela IUPAC e incluem:

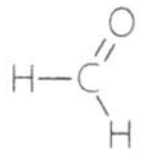

Formaldeído (Metanal) 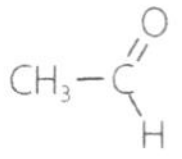 Acetaldeído (Etanal) 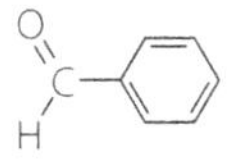 Benzaldeído (Benzenocarbaldeído)

Para a nomenclatura de cetonas a terminação *-o* do alcano de origem é substituída por ***-ona*** da cadeia carbônica contínua mais longa contendo o grupo carbonila. O grupo carbonila deve receber o menor número localizador, ou seja, a numeração da cadeia carbônica deve ocorrer pela extremidade mais próxima à função. Em moléculas cíclicas a numeração começa pela carbonila.

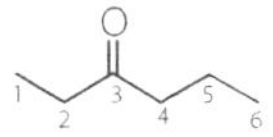

3-Hexanona (não 4-Hexanona) 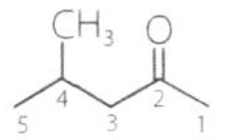 4-Metil-2-pentanona (não 2-Metil-4-pentanona) 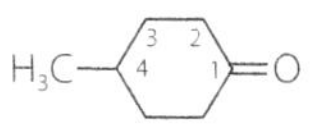 4-Metilciclo-hexanona

A outra forma de nomenclatura utiliza-se dos nomes dos grupos alquil ligados ao grupo carbonila, seguidos do termo ***cetona***. Os grupos alquil são listados em ordem alfabética e se forem iguais utiliza-se o prefixo grego ***di***.

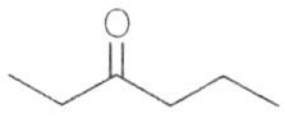

Etilpropilcetona 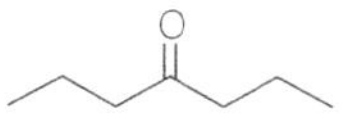 Dipropilcetona 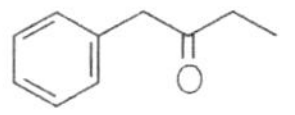 Benziletilcetona 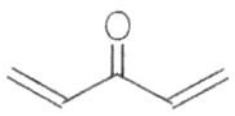 Divinilcetona

Alguns dos nomes comuns para cetonas aceitos no sistema IUPAC são:

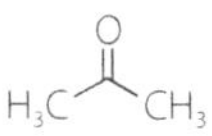

Acetona 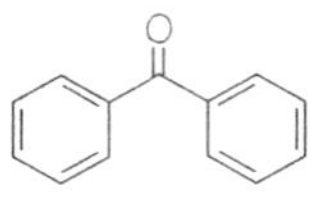 Benzofenona 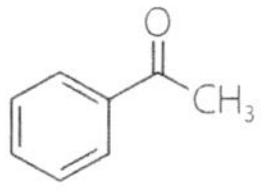 Acetofenona

(O sufixo ***fenona*** indica que o grupo acila está ligado ao anel benzênico).

6.5.1.3. Estrutura e Ligação de Aldeídos e Cetonas

Nos aldeídos e cetonas, dois dos aspectos mais notáveis do grupo carbonila são a geometria e a polaridade. O grupo carbonila e os átomos ligados a ele encontram-se no mesmo plano. O formaldeído (metanal), por exemplo, é uma molécula planar e os ângulos envolvendo o grupo carbonila são próximos de 120º e não variam muito entre aldeídos simples e cetonas.

Metanal (H–CO–H)	Etanal (H_3C–CO–H)	Propanona (H_3C–CO–CH_3)
121,7° / 121,7° / 116,5°	123,9° / 118,6° / 117,5°	121,4° / 121,4° / 117,2°

O comprimento da ligação dupla carbono-oxigênio é de 1,22Å nos aldeídos e cetonas, sendo significativamente mais curta que o comprimento da ligação simples carbono-oxigênio em álcoois e éteres (1,41Å).

Os aldeídos e cetonas são moléculas polares devido à presença do grupo carbonila e os seus momentos de dipolo (μ) são substancialmente maiores que dos hidrocarbonetos de massas molares comparáveis que apresentam ligações duplas carbono-carbono.

$CH_3CH_2CH{=}CH_2$ — 1-Buteno (μ = 0,3 D)

CH_3CH_2CHO — Propanal (μ = 2,5 D)

Como a eletronegatividade do oxigênio é alta, a densidade de elétrons em ambos os sistemas σ e π da ligação dupla carbono-oxigênio está deslocada em direção ao oxigênio. Portanto, o grupo carbonila está polarizado no sentido do oxigênio e deixa o carbono parcialmente positivo, o qual é estabilizado pelo efeito indutivo do(s) grupo(s) alquil e pelo oxigênio parcialmente negativo.

$RR^1C^{\delta+}{=}O^{\delta-}$ ou $RR^1C^{\delta+}{-}O^{\delta-}$

Em termos de ressonância, a deslocalização do par de elétrons no grupo carbonila é representada por contribuições de duas principais formas de estruturas:

$RR^1C{=}\ddot{O}{:}$ (A) $\longleftrightarrow$ $RR^1C^{\oplus}{-}\ddot{O}{:}^{\ominus}$ (B)

Dessas duas formas, a forma **A** por ter uma ligação covalente a mais evita a separação das cargas positiva e negativa que caracteriza a forma **B**, sendo, portanto, a que melhor se aproxima da ligação de um grupo carbonila. Entretanto, a contribuição da forma de ressonância **B** é significativa e, por isso, os grupos carbonila são significativamente estabilizados por ressonância.

Os substituintes alquil estabilizam os grupos carbonila da mesma maneira que estabilizam uma ligação dupla e um carbocátion, ou seja, principalmente, por indução de elétrons e pelo efeito de hiperconjugação ao carbono hibridizado ***sp***^{2}. Assim, o butanal é mais instável que o seu isômero 2-butanona, observado pela diferença do calor de combustão de ambos, ou seja, quanto maior a energia liberada na combustão, mais instável é o composto.

$$CH_3CH_2CH_2CHO + 11/2\ O_2 \longrightarrow 4\ CO_2 + 4\ H_2O \quad \Delta H^O = -592{,}1\ \text{kcal/mol}$$

Butanal + Oxigênio → Dióxido de carbono + Água

$$CH_3COCH_2CH_3 + 11/2\ O_2 \longrightarrow 4\ CO_2 + 4\ H_2O \quad \Delta H^O = -584{,}2\ \text{kcal/mol}$$

Butanona + Oxigênio → Dióxido de carbono + Água

Isso ocorre porque em um grupo carbonila de cetona estão ligados dois grupos alquil indutores de elétrons que contribuem para a sua estabilização, enquanto o aldeído está ligado a apenas um grupo alquil. Além disso, deve ser levado em conta o efeito de hiperconjugação.

6.5.1.4. Propriedades Físicas de Aldeídos e Cetonas

As propriedades físicas, tais como ponto de fusão, ponto de ebulição e solubilidade em água, estão mostradas para uma variedade de aldeídos na Tabela 6.9 e para várias cetonas na Tabela 6.10.

Tabela 6.9. Propriedades físicas de alguns aldeídos

Aldeído	Fórmula estrutural	Ponto de fusão (ºC)	Ponto de ebulição (ºC)	Solubilidade (g/100 mL H_2O)
Metanal	HCOH	– 92	– 21	Muito solúvel
Etanal	CH_3CHO	–123,5	20,2	∞
Propanal	CH_3CH_2CHO	– 81	49,5	20
Butanal	$CH_3(CH_2)_2CHO$	– 99	75,7	4
Pentanal	$CH_3(CH_2)_3CHO$	– 92	103,4	Levemente solúvel
Benzaldeído	C_6H_5CHO	– 26	178	0,3

Em geral os pontos de ebulição de aldeídos e cetonas são mais altos que os dos hidrocarbonetos de massa molar comparável, por serem mais polares e com forças atrativas "dipolo-dipolo" mais fortes. Quando comparados aos álcoois, os pontos de ebulição são menores porque o grupo carbonila não forma ligação de hidrogênio intermolecular. Os aldeídos e cetonas formam ligações de hidrogênio com os hidrogênios da molécula de água e, por isso, são mais solúveis que hidrocarbonetos, mas bem menos solúveis em água que os álcoois.

Ponto de ebulição aumenta →

$CH_3CH_2CH_2{=}CH_2$	CH_3CH_2CHO	$CH_3CH_2CH_2OH$
1-Buteno	Propanal	Propanol
(- 6ºC)	49ºC	97ºC

Tabela 6.10. Propriedades físicas de algumas cetonas

Cetona	Fórmula estrutural	Ponto de fusão (ºC)	Ponto de ebulição (ºC)	Solubilidade (g/100 mL H_2O)
Acetona	CH_3COCH_3	– 94,8	56,2	∞
2-Butanona	$CH_3COCH_2CH_3$	– 86,9	79,6	37
2-Pentanona	$CH_3COCH_2CH_2CH_3$	– 77,8	102,4	Levemente solúvel
3-Pentanona	$CH_3CH_2COCH_2CH_3$	– 39,9	102	4,7
Ciclopentanona	(anel de cinco membros)=O	– 51,3	130,7	43,3
Ciclo-hexanona	(anel de seis membros)=O	– 45	155	
Acetofenona	$C_6H_5COCH_3$	21	202	Insolúvel
Benzofenona	$C_6H_5COC_6H_5$	48	306	Insolúvel

6.5.2. Aldeídos e Cetonas de Fontes Naturais

Muitos aldeídos e cetonas ocorrem naturalmente e alguns deles estão mostrados abaixo.

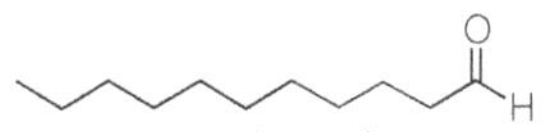

Undecanal
(Feromônio sexual da mariposa)

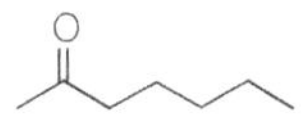

2-Heptanona
(Componente do feromônio de alarme das abelhas)

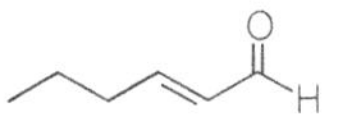

trans-2-Hexanol
(Feromônio de alarme da formiga *mirmuna*)

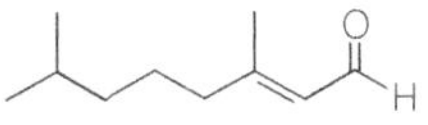

Citral
(Presente no óleo de capim-limão)

Civetona
(Obtido da glândula do gato almiscarado africano)

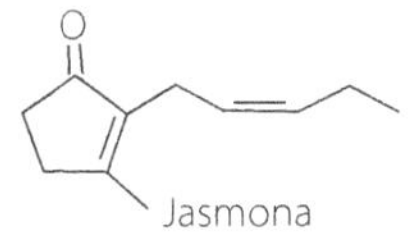

Jasmona
(Encontrado em óleo de Jasmin)

6.5.3. Preparação de Aldeídos e Cetonas

6.5.3.1. Ozonólise de Alcenos

Um dos métodos de obtenção de aldeídos e cetonas pode ser a oxidação de alcenos por um processo conhecido como ozonólise.

O ozônio (O_3) é uma molécula formada por três átomos de oxigênio e pode ser representado como uma combinação de suas duas estruturas de Lewis mais estáveis.

O ozônio é uma molécula neutra, porém polar, pois a alta eletronegatividade do oxigênio o torna um poderoso eletrófilo. Esse eletrófilo reage com alcenos, de forma que ambos os componentes da ligação dupla carbono-carbono σ e π sejam quebrados para produzir o ***ozonídeo***, ou 1,2,3-trioxolano.

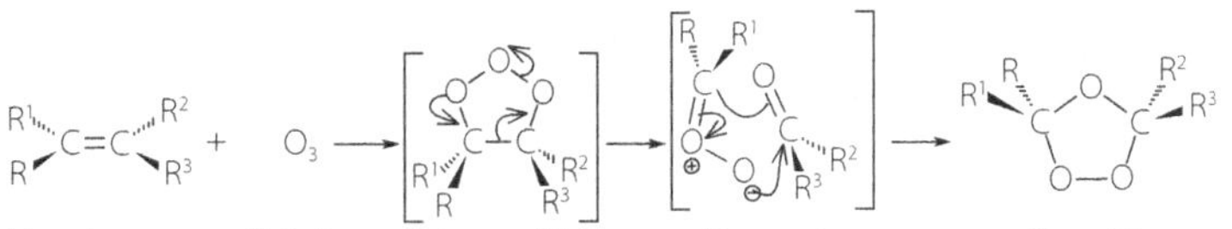

Um alceno + Ozônio → Intermediário → Rearranjo → Ozonídeo

O ozonídeo obtido é então tratado com zinco e água e sofre uma hidrólise redutiva, formando dois compostos carbonílicos.

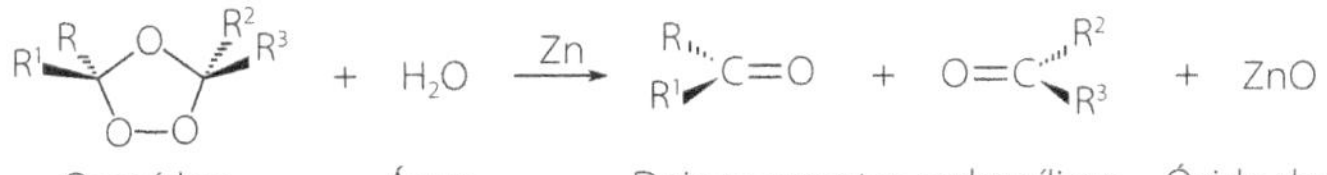

Ozonídeo + Água $\xrightarrow{Zn}$ Dois compostos carbonílicos + Óxido de zinco

Por essa metodologia, após a hidrólise do ozonídeo derivado do alceno podem ser formados dois tipos de compostos carbonílicos: dois aldeídos ou duas cetonas ou uma mistura de ambos.

Como os aldeídos sofrem facilmente oxidação em ácidos carboxílicos nas condições de hidrólise do ozonídeo, durante essa etapa é adicionado um agente redutor, o zinco (Zn), para evitar essa oxidação. O zinco neutraliza o oxidante presente (excesso de ozônio e peróxido de hidrogênio) no meio reacional, prevenindo a oxidação do aldeído formado. A ozonólise de alceno também pode ser realizada usando metanol como solvente e o sulfeto de dimetila (CH_3SCH_3) como agente redutor.

$$R(H)C=C(R^1)(R^2) \xrightarrow[2.\ H_2O,\ Zn]{1.\ O_3} R(H)C=O + O=C(R^1)(R^2)$$

Um alceno — Um aldeído — Uma cetona

Na ozonólise, cada um dos átomos de carbono da ligação dupla carbono-carbono torna-se o carbono carbonílico. Essa reação é bastante aplicada em química orgânica sintética e analítica.

Na síntese orgânica obtêm-se compostos carbonilados, uma das funções mais importantes em química orgânica, que podem ser utilizados como matéria-prima para outras reações mais complexas.

$$CH_3(CH_2)_6=CH_2 \xrightarrow[2.\ CH_3SCH_3]{1.\ O_3,\ CH_3OH} CH_3(CH_2)_5CHO + HCHO$$

1-Octeno — Heptanal — Metanal

$$CH_3(CH_2)_3C(CH_3)=CH_2 \xrightarrow[2.\ H_2O,\ Zn]{1.\ O_3} CH_3(CH_2)_3C(=O)CH_3 + HCHO$$

2-Metil-1-hexeno — 2-Hexanona — Metanal

Quando a finalidade da reação de ozonólise for analítica, os produtos formados são isolados e identificados, a fim de permitir que a estrutura do alceno seja deduzida.

6.5.4. Reações de Aldeídos e Cetonas

6.5.4.1. Halogenação na Posição Alfa (α)

Os aldeídos e cetonas reagem com halogênios em um dos hidrogênios ligados ao carbono α ao grupo carbonila de forma regioespecífica, pois a substituição ocorre apenas nessa posição e não nas demais.

$$R^1R\overset{\alpha}{C}(H)-C(=O)R^2 + X_2 \xrightarrow{H_3O^+} R^1R\overset{\alpha}{C}(X)-C(=O)R^2 + HX$$

Um aldeído ou cetona — Halogênio — Um α-halo aldeído ou cetona — Um haleto de hidrogênio

A reação de halogenação de aldeídos e cetonas pode ser catalisada por um ácido e o solvente utilizado pode ser água, éter dietila, ácido acético ou clorofórmio.

Na reação de bromação do propanal, inicialmente ocorre a protonação do oxigênio do grupo carbonila e, em seguida, a captura do hidrogênio do carbono α formando um enol. O enol reage com a molécula de bromo produzindo o produto desejado 2-bromopropanal. O hidrogênio ligado ao carbono carbonílico não pode ser substituído pelo bromo por estar ligado a um carbono ***sp***^{2}.

$$CH_3CH_2CHO + H_3O^+ \rightleftharpoons [CH_3CH_2CH{=}\overset{\oplus}{O}H] \rightleftharpoons [CH_3CH{=}CHOH] + H_3O^+$$

Propanal | Íon hidrônio | Intermediário protonado | Forma de enol | Íon hidrônio

$$[CH_3CH{=}CHOH] + Br_2 \longrightarrow [CH_3CHBrCH{=}\overset{\oplus}{O}H] + Br^- \longrightarrow CH_3CHBrCHO + HBr$$

Forma de enol | Bromo | Intermediário protonado | Íon Brometo | 2-Bromo propanal | Brometo de hidrogênio

Na cloração de 2-butanona catalisada por ácido, o intermediário enol pode ser formado no carbono da metila ($-CH_3$) e do metileno ($-CH_2-$), ambos em posição α ao grupo carbonila, e os produtos formados serão o 1-cloro-2-butanona e o 3-cloro-2-butanona, respectivamente.

$$CH_3CH_2COCH_3 + H_3O^+ \rightleftharpoons [CH_3CH_2C(\overset{\oplus}{O}H)CH_3] \rightleftharpoons [CH_3CH_2C(OH){=}CH_2 + CH_3CH{=}C(OH)CH_3] + H_3O^+$$

2-Butanona | Íon hidrônio | Intermediário protonado | Formas de enol | Íon hidrônio

$$[CH_3CH_2C(OH){=}CH_2 + CH_3CH{=}C(OH)CH_3] + Cl{-}Cl \longrightarrow CH_3CH_2COCH_2Cl + CH_3CHClCOCH_3 + HCl$$

Formas de enol | Cloro | 1-Cloro-2-butanona | 3-Cloro-2-butanona | Cloreto de hidrogênio

6.5.4.2. Adição Nucleofílica de Água

Os aldeídos e as cetonas reagem com água em um processo de equilíbrio reversível rápido.

$$R{-}\overset{\delta^+}{C}(\overset{\delta^-}{=O}){-}R^1 + H_2O \rightleftharpoons R{-}C(OH)(OH){-}R^1$$

Aldeído ou Cetona | Água | Diol geminal (hidrato)

A hidratação de um aldeído ou de uma cetona é classificada como uma reação de adição. Os constituintes da molécula de água se adicionam ao carbono carbonílico; ou seja, o hidrogênio se liga ao oxigênio do grupo carbonila, que apresenta carga parcial negativa devido à polarização, e a hidroxila se liga ao carbono carbonílico eletrofílico (com carga parcial positiva).

A posição de equilíbrio depende fortemente da natureza do grupo carbonila e é influenciada pela combinação dos efeitos eletrônico e estérico.

Considerando o efeito eletrônico dos substituintes na estabilização do grupo carbonila, observa-se que a sua presença em maior grau deixa o material de partida mais estável e, assim, a constante de equilíbrio para a hidratação é menor.

$$K_{eq} = \frac{[\text{Hidrato}]}{[RCOR^1][H_2O]}$$

O formaldeído (metanal) não conta com nenhum substituinte alquila para estabilizar o grupo carbonila, por isso na presença de água é convertido quase na totalidade ao seu hidrato. O grupo carbonila do etanal é parcialmente estabilizado por um substituinte alquil, enquanto a carbonila de uma cetona é estabilizada por dois substituintes alquil; ou seja, o carbono carbonílico torna-se menos eletrofílico (carga parcial positiva menor) pelo efeito elétron-indutor do grupo alquil, bem como pelo efeito estérico. Portanto, a proporção de hidrato presente em uma solução aquosa de um aldeído típico é bem menor do que ocorre no metanal (formaldeído), enquanto para o hidrato de cetona é ainda menor.

Aumento de substituintes alquil no carbono hibridizado sp^3 →

Hidrato de metanal — Hidrato de um aldeído — Hidrato de uma cetona

Diminuição da quantidade de hidrato formado no equilíbrio →

O efeito estérico observado no carbono hibridizado sp^3 que se liga a dois grupos hidroxilas, onde os seus substituintes estão mais aglomerados que no aldeído ou na cetona de partida, é pouco tolerado.

Os efeitos estérico e eletrônico atuam nas mesmas direções e tornam a constante de equilíbrio da hidratação de aldeídos mais favorável que nas cetonas.

O equilíbrio químico para a hidratação de aldeídos e cetonas é rapidamente estabelecido quando a reação de hidratação é catalisada por ácido ou base.

O mecanismo de hidratação *via* catálise básica ocorre em duas etapas. Na *etapa 1* o nucleófilo, um íon hidróxido, adiciona-se ao carbono carbonílico e o produto formado é um íon alcóxido. Este íon captura um próton da água na *etapa 2* para produzir o diol geminal e o íon hidróxido regenerado. A etapa de transferência de próton é rápida, enquanto a etapa determinante da velocidade é a da adição lenta do íon hidróxido ao carbono carbonílico, ou seja, a *etapa 1* da reação (ver Figura 6.2).

Mecanismo:

Etapa 1: Adição nucleofílica do íon hidróxido ao carbono carbonílico.

Íon hidróxido + Aldeído ou cetona ⇌ (Lenta) Íon alcóxido

Etapa 2: Transferência do próton da água para o íon alcóxido formado na etapa 1.

Íon alcóxido + Água ⇌ (Rápida) Diol geminal + Íon hidróxido

A finalidade do catalisador (HO^-) é de aumentar a velocidade da etapa de adição, pois o íon hidróxido é mais nucleofílico que a molécula neutra de água.

A mudança de hibridização do carbono carbonílico de sp^2 para sp^3 durante o processo de hidratação é parcialmente desenvolvida no estado de transição para a etapa determinante da velocidade de adição nucleofílica.

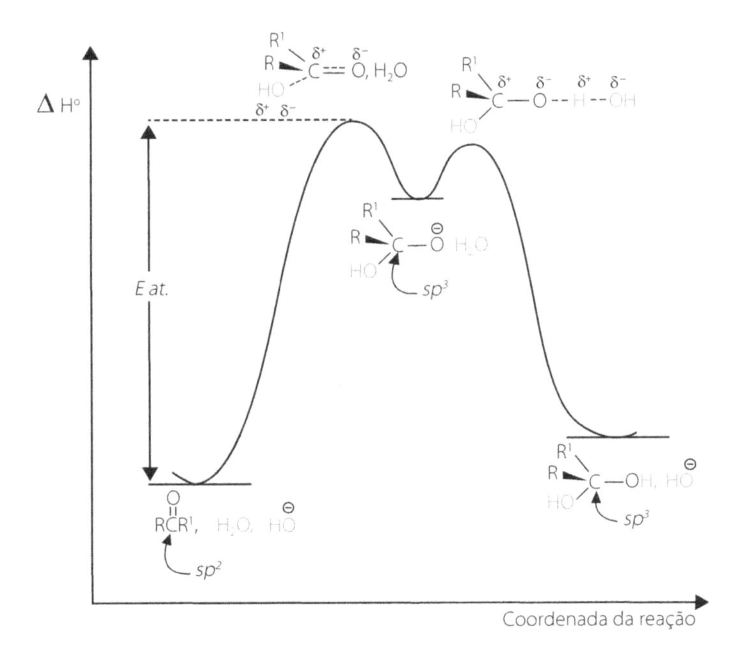

Figura 6.2. Diagrama de energia da reação de adição de água catalisada por base.

A energia de ativação é aumentada pelos grupos alquil e simultaneamente diminui a energia do estado inicial (pois o grupo carbonila é mais estabilizado na cetona que no aldeído), aumentando assim a energia do estado de transição (aglomeração do efeito estérico).

A reação de hidratação catalisada por ácido envolve três etapas: a primeira e a última etapa são processos rápidos de transferência de prótons, enquanto a segunda etapa é lenta e envolve a adição nucleofílica da água. O papel do catalisador ácido é ativar o carbono do grupo carbonila para favorecer o ataque da molécula neutra de água fracamente nucleofílica. A protonação do oxigênio carbonílico pelo ácido torna o carbono de um aldeído ou uma cetona mais eletrofílico pelo efeito de ressonância, ou seja, o carbono carbonílico, após a protonação do oxigênio, adquire maior caráter de cátion do que o seu equivalente neutro.

Carbonila protonada ⟷ Carbocátion

A deslocalização do par de elétrons do grupo carbonila neutro envolve uma forma de ressonância de carga dipolar separada, enquanto no grupo carbonila protonado a deslocalização do par de elétrons é mais pronunciada, pois não há separação de cargas opostas.

Os efeitos estérico e eletrônico influenciam na velocidade de adição nucleofílica ao carbono carbonílico protonado, sendo que o aldeído reage mais rápido que a cetona.

Mecanismo:

Etapa 1: Captura do hidrogênio pelo oxigênio carbonílico do aldeído ou da cetona.

Aldeído ou Cetona (Base) + Íon hidrônio (Ácido) ⇌ (Rápida) Ácido conjugado da base + Água (H_2O)

Etapa 2: Adição do nucleófilo ao carbono carbonílico do aldeído ou da cetona protonado.

Água + Ácido conjugado do composto carbonilo → Ácido conjugado do diol geminal

Etapa 3: Transferência do próton do ácido conjugado do diol geminal para a molécula de água.

Ácido conjugado do diol geminal + Água ⇌ (Rápida) Diol geminal + Íon hidrônio (H_3O^{+})

6.5.4.3. Formação de Cianoidrina

O produto de adição do cianeto de hidrogênio a um aldeído ou cetona contém ambos os grupos, hidroxila e ciano, ligados ao mesmo carbono e são chamados de ***cianoidrinas***.

Aldeído ou cetona + Cianeto de hidrogênio (H—C≡N) →(KOH) Cianoidrina

O mecanismo dessa reação é análogo ao da hidratação catalisada por base, em que o nucleófilo (íon cianeto) se liga ao carbono carbonílico, na *etapa 1* e, em seguida, ocorre a transferência do próton para o oxigênio carbonílico, na *etapa 2*.

A adição de cianeto de hidrogênio é catalisada pelo íon cianeto, mas o HCN[9] é um ácido fraco, mas suficiente para produzir o íon $C{\equiv}N^-$ para a reação prosseguir a uma velocidade razoável. Esse procedimento assegura que o íon cianeto estará sempre presente em quantidade suficiente para acelerar a velocidade da reação.

A formação da cianoidrina é reversível e a posição do equilíbrio depende de fatores estérico e eletrônico, controlando a adição nucleofílica ao carbono carbonílico descrito na seção anterior.

9. O cianeto (ou cianureto) de hidrogênio (HCN) é um composto extremamente volátil (ponto de ebulição 25,7 °C). Além de ser um poderoso veneno, possui alta mobilidade e capacidade de penetração em qualquer material poroso. É também altamente persistente e quando aplicado em ambientes mal ventilados mantém a sua ação nociva por vários dias.

Reação geral:

$$R^1R C{=}O + H{-}C{\equiv}N \overset{KOH}{\rightleftharpoons} N{\equiv}C{-}C(R)(R^1)OH$$

Aldeído ou cetona — Cianeto de hidrogênio — Cianoidrina

Mecanismo:

Etapa 1: Ataque nucleofílico do íon cianeto ao carbono carbonílico do aldeído ou da cetona. A molécula de cianeto de hidrogênio não se ioniza em quantidade significativa, além de ser um nucleófilo fraco.

$$N{\equiv}C^{\ominus} + R^1R C{=}O \longrightarrow N{\equiv}C{-}C(R)(R^1)O^{\ominus}$$

Íon cianeto — Um aldeído ou cetona — Base conjugada da cianoidrina

Etapa 2: O íon alcóxido formado, na *etapa 1*, captura o próton do cianeto de hidrogênio. Nessa etapa, produz a cianoidrina como produto e regenera o íon cianeto.

$$N{\equiv}C{-}C(R^1)(R)O^{\ominus} + H{-}C{\equiv}N \longrightarrow N{\equiv}C{-}C(R)(R^1)OH + {}^{\ominus}C{\equiv}N$$

Base conjugada da cianoidrina — Cianeto de hidrogênio — Cianoidrina — Íon cianeto

O carbono carbonílico de aldeídos e cetonas que não está ligado a substituintes volumosos, ou seja, não proporciona impedimento estérico, fornece bons rendimentos de cianoidrinas.

$$C_6H_5{-}CHO \xrightarrow[2.\ HCl/H_2O]{1.\ NaCN,\ \text{éter}} C_6H_5{-}CH(OH)CN$$

Banzaldeído — Banzaldeído cianoidrina

$$(H_3C)_2C{=}O \xrightarrow[2.\ H_2SO_4,\ H_2O]{1.\ NaCN,\ H_2O} HO{-}C(CH3)(CH3)CN$$

Acetona — Acetonacianoidrina

A preparação da cianoidrina é uma reação sinteticamente útil, pois uma nova ligação carbono-carbono é produzida por esse processo. Além disso, um grupo ciano pode ser convertido a um ácido carboxílico por aquecimento em condições de hidrólise ácida ou básica, a uma amida por hidrólise ácida ou básica e a uma amina por redução com hidreto de alumínio e lítio ($LiAlH_4$) ou hidrogenação catalítica.

6.5.4.4. Reação de Wittig

A ***reação de Wittig*** é um método sintético de uso muito amplo que utiliza uma ilida de fósforo para converter um aldeído ou uma cetona em alcenos.

$$R^1R\,C{=}O \;+\; (C_6H_5)_3\overset{\oplus}{P}{-}\overset{\ominus}{C}R^3R^2 \longrightarrow R^1R\,C{=}CR^3R^2 \;+\; (C_6H_5)_3P{=}O$$

Aldeído ou cetona — Ilida de alquil trifenilfosforana — Um alceno — Óxido de trifenilfosfina

O potencial sintético desse reagente foi demonstrado pelo químico alemão Georg Wittig[10], que se tornou um método padrão para a preparação de alcenos a partir de compostos carbonílicos.

A *reação de Wittig* pode ser conduzida em vários solventes diferentes, mas com frequência é realizada em tetra-hidrofurano (THF) ou sulfóxido de dimetila (DMSO).

$$C_6H_{10}{=}O \;+\; (C_6H_5)_3\overset{\oplus}{P}{-}\overset{\ominus}{C}H_2 \xrightarrow{DMSO} C_6H_{10}{=}CH_2 \;+\; (C_6H_5)_3P{=}O$$

Ciclo-hexanona — Metilenotrifenil-fosforana — Metileno-ciclo-hexano — Óxido de trifenilfosfina

A *reação de Wittig* é regioespecífica e a ligação dupla é formada entre o carbono carbonílico do aldeído ou cetona e o carbono com carga negativa da ilida de fósforo.

A ilida de fósforo é uma molécula neutra que possui dois átomos com cargas opostas, cada um com o octeto de elétrons diretamente ligado um ao outro. Na ilida usada na *reação de Wittig*, o fósforo tem oito elétrons e possui uma carga positiva, enquanto o carbono a ele ligado tem oito elétrons e possui uma carga negativa, comportando-se como nucleófilo.

Mecanismo:

Etapa 1: A ilida de fósforo adiciona-se ao carbono carbonílico do aldeído ou da cetona e forma uma oxafosfetana (um intermediário cíclico de quatro membros).

$$RR^1C{=}O \;+\; R^2R^3\overset{\ominus}{C}{-}\overset{\oplus}{P}(C_6H_5)_3 \longrightarrow \left[\begin{array}{c} R^1R\,C{-}C\,R^3R^2 \\ |\quad\;\; | \\ O{-}P(C_6H_5)_3 \end{array}\right]$$

Aldeído ou cetona — Ilida de alquil trifenilfosforana — Oxafosfetana

Etapa 2: A oxafosfetana sofre dissociação formando um alceno e o óxido de trifenilfosfina.

$$\begin{array}{c} R^1R\,C{-}C\,R^3R^2 \\ |\quad\;\; | \\ O{-}P(C_6H_5)_3 \end{array} \longrightarrow RR^1C{=}CR^2R^3 \;+\; O{=}P(C_6H_5)_3$$

Oxafosfetana — Um alceno — Óxido de trifenilfosfina

A *etapa 1* comporta-se como uma reação de cicloadição em que a ilida de fósforo reage com a ligação π do grupo carbonila de um aldeído ou uma cetona e forma um intermediário cíclico, constituído de quatro átomos, denominado oxafosfetana, que se dissocia para formar um alceno e o óxido de trifenilfosfina. Supõe-se que a direção de dissociação da oxafosfetana é dirigida pela forte ligação fósforo-oxigênio resultante no óxido de trifenilfosfina.

---

10. Georg Friedrich Karl Wittig (1897-1987) foi um químico alemão que recebeu o Prêmio Nobel de Química em 1979, pelos seus trabalhos de desenvolvimento e uso dos compostos de fósforo, importantes reagentes para a síntese orgânica.

As ilidas de fósforo são preparadas a partir de haletos de alquila por uma sequência de duas etapas de reação. A primeira etapa é uma reação de substituição nucleofílica entre a trifenilfosfina e um haleto de alquila, formando um sal, o haleto de alquiltrifenilfosfônio:

$$(C_6H_5)_3P: + R^1RCH{-}X \longrightarrow \overset{\ominus}{X}(C_6H_5)_3\overset{\oplus}{P}{-}CHR^1R$$

Trifenilfosfina | Um haleto de alquila | Um haleto de alquiltrifenilfosfônio

A trifenilfosfina é um nucleófilo poderoso, mas de força básica fraca, e por isso reage com haletos de alquila primário e secundário para produzir sais de alquiltrifenilfosfônio.

$$(C_6H_5)_3P: + CH_3CH_2Br \longrightarrow (C_6H_5)_3\overset{\oplus}{P}{-}CH_2CH_3\ \overset{\ominus}{Br}$$

Trifenilfosfina | Bromoetano | Brometo de etiltrifenilfosfônio

O produto, haleto de alquiltrifenilfosfônio, é iônico e cristaliza em alto rendimento nos solventes apolares em que é preparado. Após o seu isolamento, o haleto de alquiltrifenilfosfônio é convertido na ilida de fósforo desejada, por desprotonação com uma base forte.

$$\overset{\ominus}{X}(C_6H_5)_3\overset{\oplus}{P}{-}CHR_2 + \overset{\ominus}{B} \longrightarrow (C_6H_5)_3\overset{\oplus}{P}{-}\overset{\ominus}{C}R_2 + HB + \overset{\ominus}{X}$$

Sal de alquiltrifenil fosfônio | Base | Ilida de alquiltrifenil fosforana | Ácido conjugado da base | Íon haleto

As bases fortes apropriadas para formar a ilida de fósforo incluem o íon *dimsilsódio* (dimetil sulfoxil sódio), preparado a partir de sulfóxido de dimetila (DMSO), e reagentes organo-lítio, como o *n*-butil lítio, preparado a partir de clorobutano e lítio metálico, usando THF ou éter dietila como solventes.

$$(C_6H_5)_3\overset{\oplus}{P}{-}CH_2CH_3\ \overset{\ominus}{Br} + \overset{\oplus}{Na}\overset{\ominus}{C}H_2SCH_3(=O) \xrightarrow{DMSO} (C_6H_5)_3\overset{\oplus}{P}{-}\overset{\ominus}{C}HCH_3 + CH_3S(=O)CH_3 + NaBr$$

Brometo de etiltrifenil fosfônio | Dimsilsódio | Etilenotrifenilfosforana | Sulfóxido de dimetila | Brometo de sódio

Normalmente as ilidas não são isoladas, podendo reagir diretamente no meio reacional em que foram preparadas, com o aldeído ou a cetona apropriada.

6.5.4.5. Oxidação de Aldeídos

Os aldeídos são oxidados em ácidos carboxílicos enquanto as cetonas não. Geralmente, os agentes oxidantes utilizados são o permanganato de potássio, derivados de cromo (VI) e também agentes oxidantes mais suaves como o óxido de prata.

$$RCH(=O) \xrightarrow[2)\ H_3O^+]{1)\ [Oxidante]} RCOH(=O)$$

$$\text{Ciclo-hexilcarbaldeído (C}_6\text{H}_{11}\text{CHO)} \xrightarrow[2)\ H_3O^+]{1)\ KMnO_4,\ ^-OH} \text{Ácido ciclo-hexilcarboxílico (C}_6\text{H}_{11}\text{COOH)}$$

$$\text{Benzaldeído (C}_6\text{H}_5\text{CHO)} \xrightarrow[2)\ H_3O^+]{1)\ Ag_2O,\ ^-OH} \text{Ácido benzoico (C}_6\text{H}_5\text{COOH)}$$

6.5.4.6. Oxidação de Baeyer-Villiger

Os aldeídos e cetonas podem ser convertidos em ésteres por meio de inserção de um átomo de oxigênio proporcionado pelo ácido peroxicarboxílico.

Equação geral:

$$R^1-\overset{O}{\overset{\|}{C}}-R \xrightarrow{R^2\overset{O}{\overset{\|}{C}}OOH} R^1-\overset{O}{\overset{\|}{C}}-O-R$$

Um aldeído ou cetona → Um éster

A reação de transformação de um aldeído ou uma cetona em um éster é conhecida como ***oxidação de Baeyer-Villiger***[11]. O grupo alquil ou aril que migra com o par de elétrons da ligação para o átomo de oxigênio, que está sendo inserido na estrutura molecular, é aquele em que o carbono é mais substituído.

Os peroxiácidos comumente utilizados nessas reações são os ácidos peroxiacético, peroxibenzoico ou *m*-cloroperoxibenzoico (*m*-CPBA).

$$CH_3-\overset{O}{\overset{\|}{C}}-CH(CH_3)_2 \xrightarrow{C_6H_5CO_3H} CH_3-\overset{O}{\overset{\|}{C}}-O-CH(CH_3)_2$$

3-Metil-2-butanona → Acetato de isopropila

No mecanismo proposto para a reação de *oxidação de Baeyer-Villiger* por peróxiacido, inicialmente o ácido carboxílico, componente da mistura com o ácido peroxicarboxílico, protona o oxigênio carbonílico da cetona e, em seguida, ocorre a adição do oxigênio hidroxílico do ácido peroxicarboxílico ao carbono carbonílico formando o intermediário íon oxônio.

HO_2CR

3-Metil-2-butanona ⇌ 3-Metil-2-butanona protonada + Um perácido ⇌ Intermediário íon oxônio ⇌ ($^{\ominus}O_2CR$)

Intermediário peroxiéster → Acetato de isopropila ($H_3C-CO-O-CH(CH_3)_2$) + RCO_2H (Um ácido carboxílico)

11. A oxidação de Baeyer-Villiger foi desenvolvida por Johan Friedrich Wilhelm Adolf von Baeyer (1835-1917) e Victor Villliger (1868-1934), que publicaram os primeiros resultados em 1899, nos quais descreviam a transformação dos produtos naturais cânfora, carvona e mentona, nas respectivas lactonas.

O íon oxônio é então desprotonado pelo íon carboxilato formando o intermediário peroxi-éster. Em seguida, o grupo isopropil migra com o par de elétrons para o átomo de oxigênio, de maneira análoga a um rearranjo molecular, proporcionando a inserção e a formação do acetato de isopropila desejado.

A prioridade de migração dos grupos alquil e aril ligados ao carbono *hemicetal* é geralmente do mais denso em elétrons para o menos denso, ou seja: fenil > terciário > secundário > primário > metil.

6.5.4.7. Adição de Reagente de Grignard

O químico francês François August Victor Grignard (1871-1935) desenvolveu a reação de haletos de alquila com magnésio metálico, obtendo haletos de organomagnésio altamente reativo. Esse reagente organometálico, um dos mais importantes em química orgânica, passou a ser denominado ***reagente de Grignard*** em sua homenagem[12].

Os *reagentes de Grignard* são preparados diretamente pela reação de haletos de alquila com magnésio metálico, um metal do grupo 2A da tabela periódica.

$$RX + Mg \xrightarrow{\text{Éter dietila}} RMgX$$

Haleto de alquila + Magnésio → Haleto de organomagnésio

O grupo alquil "R" pode ser um substituinte metil, primário, secundário ou terciário; e também pode ser um grupo cicloalquil, alcenil ou aril, o que demonstra a versatilidade desses reagentes.

Bromociclo-hexano + Magnésio $\xrightarrow{\text{Éter dietila}}$ Brometo de ciclo-hexilmagnésio

Bromobenzeno + Magnésio $\xrightarrow{\text{Éter dietila}}$ Brometo de fenilmagnésio

O éter dietila anidro (livre de traços de água) é o solvente usual para a preparação do composto organomagnésio, pois este é muito sensível à água e sofre hidrólise formando o produto de redução do haleto de alquila ou arila ao correspondente hidrocarboneto de origem. A ordem de reatividade dos haletos é R–I > R–Br > R–Cl > R–F, sendo que os haletos de alquila são mais reativos do que os haletos de arila e de vinila.

A principal aplicação sintética dos *reagentes de Grignard* é a reação com compostos contendo o grupo carbonila para produzir álcoois. Uma nova ligação carbono-carbono é formada por uma reação de adição rápida e exotérmica do *reagente de Grignard* ao carbono carbonílico de um aldeído ou de uma cetona.

$$R^1R^2C^{\delta+}{=}O^{\delta-} + R^{\delta-}{-}MgX^{\delta+} \longrightarrow R^1R^2RC{-}OMgX$$

12. Para mais detalhes sobre a preparação e uso de compostos organometálicos, inclusive os reagentes de Grignard, ver o Capítulo 7.

Como já mostrado, o carbono carbonílico encontra-se polarizado, ou seja, comporta-se como um eletrófilo, e o *reagente de Grignard* (um nucleófilo) se adiciona facilmente à carbonila formando uma nova ligação carbono-carbono. Nessa etapa da adição ocorre a formação do haleto de alcoximagnésio, um intermediário que é submetido a hidrólise ácida produzindo o álcool desejado.

$$2\ R^1R^2RC-OMgX + H_3\overset{\oplus\ominus}{O}X \longrightarrow R^1R^2RC-OH + MgX_2 + H_2O$$

Haleto de alcoximagnésio | Um ácido | Um álcool | Haleto de magnésio | Água

O tipo de álcool produzido depende do composto que contém o grupo carbonila utilizado, pois os substituintes de origem ligados ao carbono carbonílico passam a ser os ligantes do novo grupo funcional formado (álcool).

O formaldeído (metanal) quando reage com um *reagente de Grignard* produz um álcool primário, os demais aldeídos produzem um álcool secundário e as cetonas produzem álcoois terciários.

$$C_6H_{11}MgCl + H_2C{=}O \longrightarrow C_6H_{11}CH_2OMgCl \xrightarrow[Cl^-]{H_3O^+} C_6H_{11}CH_2OH + MgCl_2$$

Cloreto de ciclo-hexilmagnésio | Formaldeído | Cloreto de metóxi-ciclo-hexilmagnésio | Ciclo-hexilmetanol | Cloreto de magnésio

$$CH_3(CH_2)_3CH_2MgBr + CH_3CHO \xrightarrow[2.\ H_3O^+]{1.\ \text{Éter dietila}} CH_3(CH_2)_3CH_2CH(OH)CH_3$$

Brometo de pentilmagnésio | Etanal | 2-Heptanol

$$C_6H_{10}{=}O + CH_3MgCl \xrightarrow[2.\ H_3O^+]{1.\ \text{Éter dietila}} C_6H_{10}(CH_3)OH$$

Ciclo-hexanona | Cloreto de metilmagnésio | 1-Metilciclo-hexanol

6.5.4.8. Redução de Aldeídos e Cetonas

Os aldeídos e cetonas podem ser reduzidos a álcoois na presença de vários hidretos metálicos, tal como o hidreto de boro e sódio ($NaBH_4$) em meio aquoso ou alcoólico.

$$R^1C(=O)R + NaBH_4 \xrightarrow[\text{ou } CH_3OH]{H_2O} R^1RCH-OH$$

Aldeído ou cetona | Hidreto de boro e sódio | Álcool primário ou secundário

Durante a transferência do hidreto para o carbono carbonílico, o oxigênio do grupo carbonila do aldeído ou da cetona coordena com o boro e o produto final produzido é, respectivamente, um álcool primário ou secundário.

$$CH_3CH_2CH_2CHO + NaBH_4 \xrightarrow{\text{Metanol}} CH_3CH_2CH_2CH_2OH$$

n-Butanal | Hidreto de boro e sódio | *n*-Butanol

$$CH_3CH_2C(=O)CH_3 + NaBH_4 \xrightarrow{\text{Metanol}} CH_3CH_2CH(OH)CH_3$$

2-Butanona | Hidreto de boro e sódio | 2-Butanol

Outro reagente redutor muito utilizado é o hidreto de alumínio e lítio ($LiAlH_4$); entretanto, devido ao seu alto custo e ser pirofórico, além de necessitar de solvente anidro tem tido utilização limitada fora dos laboratórios químicos.

6.5.5. Condensação Aldólica

6.5.5.1. Aldeídos: Enol e Íon Enolato

Um aldeído em meio ácido sofre equilíbrio ácido-base entre a forma carbonila e o enol.

$$RCH_2{-}\overset{O}{\overset{\|}{C}}H + H\overset{\oplus}{O}H_2 \rightleftharpoons \left[RCH_2{-}\overset{\overset{\oplus}{O}H}{\overset{\|}{C}}H\right] + H_2O \rightleftharpoons RCH{=}\overset{OH}{\overset{|}{C}}H + H\overset{\oplus}{O}H_2$$

Aldeído Íon hidrônio Aldeído protonado Enol Íon hidrônio

O enol formado combina-se rapidamente com o aldeído presente no meio reacional, levando à formação de um produto de condensação, conhecido como ***aldol***, cuja origem do nome se deve à junção do prefixo ***ald*** de aldeído mais o sufixo ***ol*** de álcool.

$$RCH{=}\overset{OH}{\overset{|}{C}}H + H\overset{O}{\overset{\|}{C}}{-}CHR \rightleftharpoons \left[RCH_2{-}\overset{\overset{\ominus}{O}}{\overset{|}{C}}H{-}\overset{R}{\overset{|}{C}}H{-}\overset{\overset{\oplus}{O}H}{\overset{\|}{C}}H\right] \rightleftharpoons RCH_2\overset{OH}{\overset{|}{C}}H{-}\overset{R}{\overset{|}{C}}H\overset{O}{\overset{\|}{C}}H$$

Enol Aldeído Aldol

Um aldeído, quando tratado com íon hidróxido ou alcóxidos, é parcialmente convertido ao seu ânion enolato.

$$RCH_2{-}\overset{O}{\overset{\|}{C}}H + \overset{\ominus}{O}H \rightleftharpoons \left[RCH{=}\overset{\overset{\ominus}{O}}{\overset{|}{C}}H \longleftrightarrow R\overset{\ominus}{C}H{-}\overset{O}{\overset{\|}{C}}H\right] + H_2O$$

Aldeído Íon hidróxido Íon enolato Água

Em uma solução contendo um aldeído e o seu íon enolato, ocorrerá uma reação de adição nucleofílica ao carbono carbonílico, que se assemelha às outras reações descritas para aldeídos e cetonas.

$$RCH_2C(=O)H + RCH{=}C(H){-}\overset{\ominus}{O} \rightleftharpoons \left[RCH_2\overset{\overset{\ominus}{O}}{\overset{|}{C}}H\underset{R}{\underset{|}{C}}H\overset{O}{\overset{\|}{C}}H\right] \overset{H_2O}{\rightleftharpoons} RCH_2\overset{OH}{\overset{|}{C}}H\underset{R}{\underset{|}{C}}H\overset{O}{\overset{\|}{C}}H + {}^{-}OH$$

Condensação Intermediário íon alcóxi Um aldol Íon hidróxido

O íon alcóxido, formado na etapa de adição nucleofílica, captura um próton do solvente (em geral água ou etanol) para formar o produto de adição aldólica, o *aldol*.

Na adição aldólica, observa-se que a formação da ligação carbono-carbono ocorre entre o átomo de carbono α de um aldeído e o carbono eletrofílico do outro, provocada pelo íon enolato (carbânion) que foi gerado pela abstração do próton do átomo de carbono α ao grupo carbonila.

$$RCH_2C(=O^{\delta-})^{\delta+}H + R\overset{\alpha}{C}H(H)CHO \longrightarrow RCH_2CH(OH)-\overset{\alpha}{C}H(R)CHO$$

Centro eletrofílico — Base

A adição aldólica ocorre rapidamente quando o composto carbonílico envolvido é um aldeído.

$$2\ CH_3CHO \xrightarrow[H_2O]{NaOH} CH_3CH(OH)CH_2CHO$$

Etanal — 3-Hidroxipropanal

$$2\ CH_3CH_2CHO \xrightarrow[H_2O]{KOH} CH_3CH_2CH(OH)CH(CH_3)CHO$$

Propanal — 2-Metil-3-hidroxipentanal

O produto da adição aldólica, um β-hidroxialdeído, quando aquecido sofre desidratação produzindo um aldeído α,β-insaturado no meio reacional.

$$RCH_2CH(OH)CH(R)CHO \xrightarrow[Calor]{Base} RCH_2CH{=}C(R)CHO + H_2O$$

Um β-hidroxialdeído — Um aldeído α,β-insaturado — Água

A nova ligação dupla se conjuga com o grupo carbonila estabilizando o aldeído α,β-insaturado. Essa estabilização proporciona a força dirigente para o processo de desidratação e controla a sua *regiosseletividade*. Normalmente, quando o aldeído α,β-insaturado é o objetivo da reação, o processo todo é conduzido em condições de catálise básica, sob elevada temperatura, para que o aldol formado perca água rapidamente produzindo o produto desejado.

$$2\ CH_3CH_2CHO \xrightarrow[H_2O]{NaOH} CH_3CH_2CH(OH)CH(CH_3)CHO \xrightarrow[Calor]{} CH_3CH_2CH{=}C(CH_3)CHO$$

Propanal — 2-Metil-3-hidroxipentenal — 2-Metil-2-pentenal

A reação em que duas moléculas de aldeído se combinam para formar um aldeído α,β-insaturado e uma molécula de água é chamada de ***condensação aldólica***.

$$CH_3CHO + H_2C{=}CHO^{-} \overset{NaOH}{\rightleftharpoons} \left[CH_3CH(OH)-CH_2CHO\right] \xrightarrow[Calor]{} CH_3CH{=}CHCHO + H_2O$$

Etanal — Íon enolato — Intermediário — 2-Butenal — Água

6.5.5.2. Adição Aldólica em Cetonas

Como em outras reações de adição nucleofílica reversíveis, o equilíbrio da reação de adição aldólica em cetonas é menos favorecido que nos aldeídos; ou seja, apenas traços do produto cetol estão presentes.

A catálise ácida ou básica de cetonas não favorece o equilíbrio para a formação do produto de ***condensação aldólica***.

$$2\,CH_3\overset{O}{\overset{\|}{C}}CH_3 \underset{}{\overset{NaOH}{\rightleftharpoons}} CH_3\underset{OH}{\overset{CH_3}{C}}CH_2\overset{O}{\overset{\|}{C}}CH_3$$

Propanona (Acetona) — 4-Hidroxil-4-metil-2-pentanona

Se forem escolhidas condições que favoreçam a desidratação do produto de adição aldólica, a posição de equilíbrio se desloca para a direita, resultando em cetonas α,β-insaturadas.

$$2\,CH_3\overset{O}{\overset{\|}{C}}CH_3 \xrightarrow{NaOH} \left[CH_3\underset{OH}{\overset{CH_3}{C}}CH_2\overset{O}{\overset{\|}{C}}CH_3\right] \xrightarrow[Calor]{} (CH_3)_2C{=}CH\overset{O}{\overset{\|}{C}}CH_3$$

Propanona (Acetona) — 4-Hidroxil-4-metil-2-pentanona — 4-Metilpent-3-en-2-ona (Óxido de mesitila)

6.5.6. Adição Conjugada

Os compostos contendo o sistema carbonílico α,β-insaturado apresentam em sua estrutura dois centros eletrofílicos em potencial; ou seja, o carbono carbonílico e o carbono β do sistema insaturado.

$\delta^+C_\beta{=}C_\alpha(\delta^-)-C(\delta^+){=}O(\delta^-)$

Aldeído ou Cetona
α,β-instaurado

Observando-se as estruturas de ressonância do sistema α,β-insaturado, pode-se notar que no carbono 2 (o carbono carbonílico) e no carbono 4 (carbono β) estão localizadas as cargas formais positivas, indicando serem aceptores de elétrons. Observe que a numeração da cadeia se inicia no átomo de oxigênio, dessa maneira o carbono carbonílico é designado como carbono 2 e assim sucessivamente. Portanto, na presença de um nucleófilo, este pode se adicionar no carbono 2, processo conhecido como adição-1,2, ou então se adicionar no carbono 4, processo denominado adição-1,4 ou adição conjugada ao aldeído ou cetona α,β-insaturados.

$$\overset{4}{C}{=}\overset{3}{C}-\overset{2}{C}{=}\overset{1}{O} \longleftrightarrow C{=}C-\overset{\oplus}{C}-O^{\ominus} \longleftrightarrow \overset{\oplus}{C}-C{=}C-O^{\ominus}$$

O *reagente de Grignard* ou um alquil lítio (RLi), que é uma base forte e pouco nucleofílica, adicionam-se preferencialmente no carbono carbonílico.

Os melhores nucleófilos são aqueles ânions preparados a partir de ácidos fortes, como por exemplo, o acetoacetato de etila ou o malonato de dietila.

$$(CH_3CH_2O)C(=O)CH_2C(=O)(OCH_2CH_3) + CH_2{=}CH{-}C(=O)CH_3 \xrightarrow[CH_3CH_2OH]{CH_3CH_2ONa} (CH_3CH_2OC(=O))_2CH{-}CH_2CH_2C(=O)CH_3$$

Malonato de dietila　Metil vinil cetona　5-Oxo-2-carboetoxil hexanoato de etila

6.5.7. Formação de Acetais e Cetais: Grupos Protetores

Os compostos carbonílicos reagem com álcoois por adição nucleofílica, em uma reação catalisada por ácido, normalmente o ácido *p*-toluenossulfônico (APTS), usando benzeno ou tolueno como solvente, formando um intermediário *hemiacetal* ou *hemicetal* e, finalmente por substituição, com perda de água, forma-se o *acetal* ou *cetal*, respectivamente, nas reações com aldeídos ou cetonas. A água formada é eliminada por destilação, na forma de uma mistura azeotrópica com o solvente da reação, para deslocar o equilíbrio químico.

$$RC(=O)R^1 + R^2CH_2OH \underset{}{\overset{APTS}{\rightleftharpoons}} \left[R(R^1)C(OH)(OCH_2R^2) \right] \xrightarrow[\Delta]{(-\,H_2O)} R(R^1)C(OCH_2R^2)_2$$

Um aldeído ou cetona　Um álcool　Um hemiacetal ou hemicetal　Um acetal ou cetal

O ácido *p*-toluenossulfônico (estrutura abaixo) tem força moderada.

$$CH_3{-}C_6H_4{-}SO_3H$$

Ácido *p*-toluenossulfônico (ATPS)

Os *acetais* ou *cetais* são estáveis e podem ser isolados e manipulados na presença de base. Em síntese orgânica, eles são conhecidos como protetores do grupo carbonila, quando se deseja preservá-la, pois é possível hidrolisar os acetais (ou cetais) na presença de um ácido, regenerando a carbonila de origem. O *cetal* acíclico em geral é instável durante a sua preparação; ou seja, o equilíbrio da reação não é favorável para formação do produto desejado.

Quando se utilizam dióis, como o 1,2-etilenoglicol ($HOCH_2CH_2OH$) ou o 1,3-propilenoglicol ($HOCH_2CH_2CH_2OH$), para reagir com aldeídos ou cetonas, catalisado por ácido, o produto de reação é um *acetal* ou um *cetal* cíclico. Tanto o *acetal* como o *cetal* cíclico é estável e pode ser isolado e manipulado na presença de base. Esses cetais cíclicos também são utilizados como protetores do grupo carbonila, porém, não podem entrar em contato com ácidos pois seriam hidrolisados.

$$RC(=O)R^1 + HOCH_2CH_2OH \overset{APTS}{\rightleftharpoons} \left[R(R^1)C(OH)(OCH_2CH_2OH) \right] \xrightarrow[\Delta]{(-\,H_2O)} R(R^1)C(OCH_2CH_2O)$$

Um aldeído ou cetona　Um diol　Um hemiacetal ou hemicetal　Um acetal ou cetal

O uso de *acetal* ou *cetal* como protetor de grupo carbonila em síntese orgânica está associado à modificação da estrutura molecular de um composto que possui outros grupos funcionais que podem ser modificados através de reações químicas. Por exemplo, a 2-carbetoxiciclopentanona pode ser transformada em 2-hidroximetilciclopentanona, protegendo-se inicialmente o grupo carbonila da cetona na forma de um *cetal* e, em seguida, reduz-se o grupo funcional carboetoxila com hidreto de lítio e alumínio. Após a redução, realiza-se a hidrólise ácida para regenerar o grupo carbonila.

$HOCH_2CH_2OH/APTS$; Benzeno; $-H_2O$

2-Carboetoxiciclopentanona → 1-(2-Carboetoxiciclopentil)-1,3-dioxolana

$LiAlH_4$; Éter; H_3O^+

1-(2-Carboetoxiciclopentil)-1,3-dioxolana → [$OAlH_2$ + $LiOCH_2CH_3$] Alcoxido de lítio e de alumínio → OH + $HOCH_2CH_3$ 2-Hidroximetil-ciclopentanona, Etanol

6.6. Ácidos Carboxílicos

6.6.1. Introdução

Os ácidos carboxílicos são compostos do tipo **RCO_2H** e constam como sendo uma das classes de compostos orgânicos mais frequentemente encontrados. Inúmeros produtos naturais são ácidos carboxílicos ou seus derivados. Alguns ácidos, tais como o ácido fórmico, o ácido acético e o ácido salicílico, foram encontrados na natureza há séculos. Outros compostos naturais foram isolados apenas recentemente.

Ácido fórmico (Extraído da formiga) — Ácido acético (Presente no vinagre) — Ácido salicílico (Materia prima para AAS)

Os ácidos carboxílicos são importantes na química orgânica sintética, pois quando manipulados em condições adequadas dão origem a uma série de derivados, como os cloretos de ácidos, anidridos de ácidos, ésteres e amidas.

6.6.2. Nomenclatura de Ácidos Carboxílicos

Em parte alguma da química orgânica os nomes comuns são tão predominantes quanto entre os ácidos carboxílicos.

Muitos dos ácidos carboxílicos são mais conhecidos pelos seus nomes comuns do que pela regra de nomenclatura da IUPAC, que tem permitido a sua utilização. Na Tabela 6.11 estão listadas ambas, a nomenclatura comum e a nomenclatura da IUPAC, de alguns ácidos carboxílicos importantes.

Na nomenclatura da IUPAC os nomes dos ácidos carboxílicos são derivados da cadeia carbônica contínua mais longa que inclui o grupo carboxílico, substituindo-se a terminação ***-o*** do alcano de origem correspondente por ***-oico*** e precedido da palavra ***ácido***. Para os ácidos dicarboxílicos acrescenta-se o prefixo ***di-*** antes do ***-oico*** e tem-se a terminação ***-dioico***.

Quando outros grupos substituintes estiverem presentes na cadeia contínua, as suas posições são identificadas por números localizadores, cuja numeração da cadeia carbônica sempre será iniciada no carbono do grupo carboxila, exemplificado pelos ácidos 2-hidroxi-2-feniletanoico e 2-hidroxibenzenocarboxílico. Os grupos amino; carbonila de aldeído e de cetona são designados como ***oxo***. A hidroxila do álcool nesses exemplos tem menor prioridade que o grupo carboxila, sendo classificados como grupos substituintes.

A função ácido carboxílico tem prioridade sobre todos os grupos funcionais comuns considerados até o presente.

Quando uma ligação dupla está presente na cadeia contínua mais longa, esta é indicada pela terminação ***-enoico*** e a sua posição é designada por um prefixo numérico. Os ácidos propenoico, *cis-* e *trans*-butenodioico e (*Z*)-9-octadecenoico são exemplos representativos contendo ligação dupla. A estereoquímica da ligação dupla é especificada usando ou a notação *cis-trans* ou *Z-E*.

No caso em que um grupo carboxila está ligado a um anel, o anel de origem é nomeado mantendo-se a terminação ***-o*** e o sufixo ***-carboxílico*** é adicionado, como mostrado na Tabela 6.11 para o ácido benzenocarboxílico e o ácido *o*-hidroxi-benzenocarboxílico.

Tabela 6.11. Nomenclatura IUPAC e nomenclatura comum de alguns ácidos carboxílicos e dicarboxílicos

Fórmula estrutural	Nome IUPAC	Nome comum
HCO_2H	Ácido metanoico	Ácido fórmico
CH_3CO_2H	Ácido etanoico	Ácido acético
$CH_3CH_2CO_2H$	Ácido propanoico	Ácido propílico
$CH_3(CH_2)_2CO_2H$	Ácido butanoico	Ácido butírico
$CH_3(CH_2)_{16}CO_2H$	Ácido octadecanoico	Ácido esteárico
$CH_3CHOHCO_2H$	Ácido 2-hidroxipropanoico	Ácido láctico
$CH_2{=}CHCO_2H$	Ácido propenoico	Ácido acrílico
H_2OCCO_2H	Ácido etanodioico	Ácido oxálico
$HO_2CCH_2CO_2H$	Ácido propanodioico	Ácido malônico
$HO_2CCH_2CH_2CO_2H$	Ácido butanodioico	Ácido succínico
$(HO_2C)(H)C{=}C(CO_2H)(H)$	Ácido *cis*-butenodioico	Ácido maleico
$(H)(HO_2C)C{=}C(CO_2H)(H)$	Ácido *trans*-trans-butenodioico	Ácido fumárico
$(H)(CH_3(CH_2)_7)C{=}C(H)((CH_2)_7CO_2H)$	Ácido (Z)-9-octadecenoico	Ácido oleico
$C_6H_5CO_2H$	Ácido benzenocarboxílico	Ácido benzoico
$C_6H_5CHOHCO_2H$	Ácido 2-hidroxi-2-feniletanoico	Ácido mandélico
(anel benzênico com OH e CO_2H em posição orto)	Ácido 2-hidroxibenzeno-carboxílico	Ácido salicílico
(anel benzênico com CO_2H e CO_2H em posição orto)	Ácido 1,2-benzeno-dicarboxílico	Ácido ftálico

Os compostos contendo dois grupos carboxílicos, tais como os ácidos propanodioico e 1,2-benzenodicarboxílico são distinguidos pelo sufixo *-**dioico*** ou *-**dicarboxílico*** quando apropriado. A terminação, *-**o*** do nome de origem, do alcano é mantida.

6.6.3. Estrutura e Ligação de Ácidos Carboxílicos

As características estruturais dos ácidos carboxílicos podem ser vistas referindo-se ao mais simples deles, o ácido fórmico.

O ácido fórmico é uma molécula planar, a ligação C=O (1,20Å) é significativamente mais curta que a ligação C–O (1,34Å), o ângulo da ligação O=C–O (125°) é próximo de O=C–H (124°) e o ângulo da ligação H–C–O (111°) é o menor deles. Essas diferenças provavelmente se devem às maiores repulsões eletrônicas entre os oxigênios dos grupos hidroxila e carboxila.

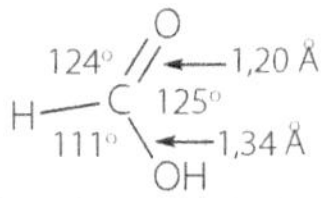

O
124° //←—1,20 Å
H—C 125°
111° \←—1,34 Å
OH

Ângulos e distância das ligações no ácido fórmico

A geometria trigonal planar da molécula de ácido fórmico está associada ao carbono hibridizado ***sp***^{2} e ao menor comprimento da ligação originada da ligação múltipla do tipo $\sigma + \pi$. Um dos pares de elétrons do oxigênio do grupo hidroxila pode ser deslocalizado se a sobreposição de seu orbital com o orbital π do grupo carbonila formar um sistema π estendido. Em termos de ressonância, a conjugação do par de elétrons do oxigênio da hidroxila com o par de elétrons da ligação do grupo carbonila é representada como:

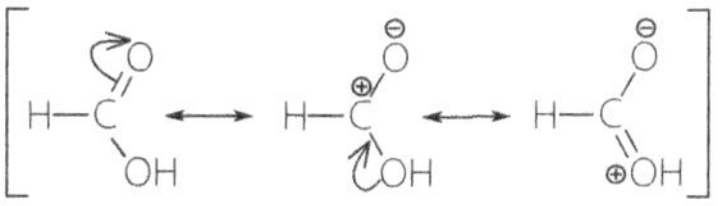

[H—C(=O)—OH ⟷ H—C⊕(—O⊖)—OH ⟷ H—C(—O⊖)=⊕OH]

A doação do par de elétrons não compartilhado do grupo hidroxila estabiliza o carbono do grupo carbonila e o torna menos eletrofílico do que o carbono carbonílico de um aldeído ou uma cetona. A densidade de elétrons é aumentada no oxigênio carbonílico e a ligação entre o carbono e o grupo hidroxila tem "caráter de ligação dupla".

A separação de carga envolvida na formulação da ressonância do grupo carboxila o torna consideravelmente polar e, por isso, os ácidos carboxílicos simples, tais como o ácido acético, o ácido propanoico e o ácido benzoico, têm momentos de dipolo (μ) consideráveis.

6.6.4. Propriedades Físicas de Ácidos Carboxílicos

Os pontos de ebulição e de fusão de ácidos carboxílicos são maiores que aqueles dos álcoois de massas molares comparáveis e indicam fortes forças de atrações entre as moléculas (Tabela 6.12).

O exemplo a seguir mostra o arranjo da ligação de hidrogênio do grupo hidroxila de uma molécula de ácido carboxílico agindo como doador de próton na direção do oxigênio carboxílico de uma segunda molécula e, de modo recíproco, o próton hidroxílico da segunda função carboxila interage com o oxigênio carboxílico da primeira. Esse fenômeno é conhecido como dimerização.

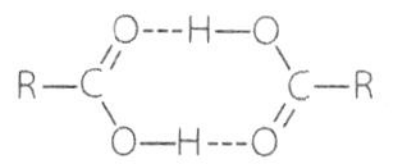

O---H—O
R—C   C—R
O—H---O

Dímero de ácido carboxílico

Tabela 6.12. Propriedades físicas de alguns ácidos carboxílicos e dicarboxílicos

Composto	Fórmula Estrutural	Ponto de Fusão (°C)	Ponto de Ebulição (°C)
Ácido fórmico	HCO_2H	8,4	101
Ácido acético	CH_3CO_2H	16,6	118
Ácido propanoico	$CH_3CH_2CO_2H$	– 20,8	141
Ácido butanoico	$CH_3CH_2CH_2CO_2H$	– 5,5	164
Ácido pentanoico	$CH_3(CH_2)_3CO_2H$	– 34,5	186
Ácido decanoico	$CH_3(CH_2)_8CO_2H$	31,4	269
Ácido benzoico	$C_6H_5CO_2H$	122,4	250
Ácido oxálico	HO_2CCO_2H	186	Sublima
Ácido malônico	$HO_2CCH_2CO_2H$	130-135	Decompõe
Ácido succínico	$HO_2C(CH_2)_2CO_2H$	189	235
Ácido glutárico	$HO_2C(CH_2)_3CO_2H$	97,5	-

O resultado é que as duas moléculas de ácido carboxílico são mantidas juntas pelas duas ligações de hidrogênio. Por essa ligação de hidrogênio ser tão eficiente, alguns ácidos carboxílicos existem como dímeros (hidrogênios interagindo com o oxigênio carboxílico) mesmo na fase gasosa. Na forma líquida pura, uma mistura de ligação de hidrogênio dimérico e de agregados maiores está presente. Em solução aquosa, a associação intermolecular entre as moléculas de ácidos carboxílicos é substituída por ligações de hidrogênio com a água. As propriedades de solubilidade dos ácidos carboxílicos são similares às dos álcoois. Os ácidos carboxílicos com até quatro átomos de carbono ou menos são miscíveis em água em todas as proporções.

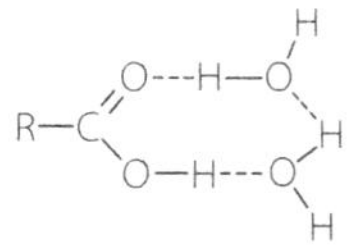

Ligação de hidrogênio água / ácido carboxílico

6.6.5. *Acidez de Ácidos Carboxílicos*

Os compostos contendo a função ácido carboxílico apresentam a maior acidez dentre aqueles que exibem somente carbono, hidrogênio e oxigênio. Com a constante de dissociação da ordem de 10^{-5} ($pK_a \sim 5$), os ácidos carboxílicos são ácidos mais fortes quando comparados com a água e os álcoois. No entanto, os ácidos carboxílicos são considerados ácidos fracos frente aos ácidos minerais e, portanto, não se ionizam completamente no solvente água.

A maior acidez do ácido carboxílico quando comparado com o álcool e com a água se deve à estabilização do íon carboxilato formado e os fatores que contribuem para isso são os efeitos indutivo aceptor de elétrons e de ressonância. A influência do efeito indutivo do grupo alquil sobre o íon carboxilato é pouco significativa.

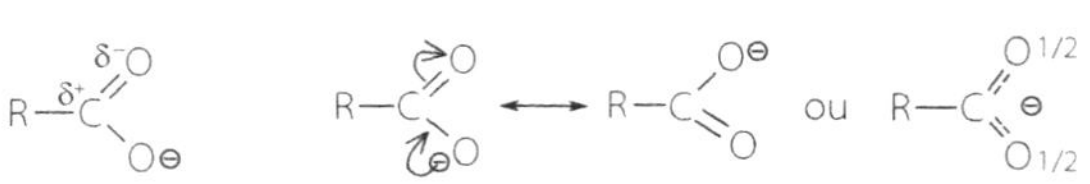

Efeito indutivo do grupo carbonil

Efeito de ressonância do grupo carbonil

O ácido benzoico (pK_a = 4,2) é ligeiramente mais ácido que o ácido acético (pK_a = 4,7). O seu grupo carboxílico está ligado a um carbono hibridizado ***sp²*** e por isso se ioniza em maior proporção do que aquele ligado ao carbono hibridizado ***sp³***. Deve ser lembrado que, quando o caráter ***p*** do átomo de carbono diminui de ***sp³*** para ***sp²*** torna-se mais eletronegativo e, portanto, melhor aceptor de elétrons.

CH_3CO_2H	$CH_2{=}CHCO_2H$	$C_6H_5{-}CO_2H$
Ácido acético	Ácido acrílico	Ácido benzóico
(*pKa* = 4,7)	(*pKa* = 4,3)	(*pKa* = 4,2)

6.6.6. Influência do Substituinte na Força de Ácidos Carboxílicos

A acidez dos ácidos carboxílicos é pouco afetada por substituintes alquila. A constante de ionização (pK_a) de todos os ácidos que têm a fórmula geral $C_nH_{2n+1}CO_2H$ é muito similar e aproximadamente igual a 5 (ver Tabela 6.13).

Tabela 6.13. Efeito do substituinte sobre a acidez de ácidos carboxílicos em relação ao ácido acético (pK_a = 4,7)

Nome	Estrutura	pK_a
Ácido propanoico	$CH_3CH_2CO_2H$	4,9
Ácido 2-metilpropanoico	$(CH_3)_2CHCO_2H$	4,8
Ácido 2,2-dimetilpropanoico	$(CH_3)_3CCO_2H$	5,1
Ácido heptanoico	$CH_3(CH_2)_5CO_2H$	4,9
Ácido fluoroacético	FCH_2CO_2H	2,6
Ácido cloroacético	$ClCH_2CO_2H$	2,9
Ácido bromoacético	$BrCH_2CO_2H$	2,9
Ácido dicloroacético	Cl_2CHCO_2H	1,3
Ácido tricloroacético	Cl_3CCO_2H	0,9
Ácido metoxiacético	$CH_3OCH_2CO_2H$	3,6
Ácido cianoacético	$N{\equiv}CCH_2CO_2H$	2,5
Ácido nitroacético	$O_2NCH_2CO_2H$	1,7

Os substituintes eletronegativos, em particular quando estão ligados ao átomo de carbono α em relação à carbonila, aumentam significativamente a acidez dos ácidos carboxílicos.

Analisando-se os valores de pK_a (2,6 a 2,9) dos derivados mono-halogenados do ácido acético pode-se afirmar que esses derivados são bem mais ácidos do que o composto de origem (ácido acético: pK_a = 4,7). O aumento do número de substituintes halogênios no carbono α em relação ao grupo carboxila aumenta ainda mais a sua acidez, como mostrado na Tabela 6.13.

O aumento da acidez é atribuído à eletronegatividade do átomo ou grupo de átomos, e ao efeito indutivo do substituinte transmitido através da ligação σ da molécula.

Conforme pode ser visualizado no modelo do ânion α-cloroacético a seguir, o par de elétrons da ligação σ carbono-cloro do íon cloroacetato está sendo atraído para o cloro, deixando o átomo de carbono com ligeira carga parcial positiva. O carbono α, devido a esse caráter positivo, atrai os elétrons do íon carboxilato, dispersando assim a densidade de carga e estabilizando o ânion. Dessa maneira, quanto mais estabilizado for o ânion carboxilato, maior será a constante de equilíbrio para a sua formação (e menor o valor do pK_a).

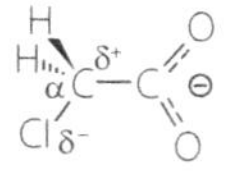

Ânion α-cloroacético

O efeito indutivo diminui rapidamente quando se aumenta o número de ligações σ entre o local da reação e o substituinte mais eletronegativo. O efeito do aumento da força de acidez que um halogênio proporciona diminui quando este está mais distante do grupo carboxila.

$ClCH_2CO_2H$	$ClCH_2CH_2CO_2H$	$ClCH_2CH_2CH_2CO_2H$
Ácido cloroacético	Ácido 3-cloropropanóico	Ácido 4-clorobutanóico
pKa = 2,9	*pKa* = 4,0	*pKa* = 4,5

6.6.7. Ácido Carbônico

O ácido carbônico (H_2CO_3) é o produto derivado da reação do dióxido de carbono (CO_2) com a água. Embora apresente na sua estrutura um átomo de carbono, o ácido carbônico não é considerado um ácido orgânico porque muitos minerais são sais de carbonatos.

$$CO_2 + H_2O \rightleftharpoons HOC(=O)OH$$

Dióxido de catbono + Água ⇌ Ácido carbônico

O equilíbrio nessa reação é quase totalmente deslocado para a esquerda; ou seja, quase todo o dióxido de carbono dissolvido em água existe na sua forma molecular. O ácido carbônico é um ácido muito fraco e se ioniza em pequena extensão ao íon carbonato.

Um derivado do ácido carbônico é o carbonato de dialquila, obtido a partir da reação de fosgênio com álcoois.

$$ClC(=O)Cl + 2ROH \longrightarrow ROC(=O)OR + 2\,HCl$$

Fosgênio + Um álcool → Carbonato de dialquila + Cloreto de hidrogênio

6.6.8. Fontes de Ácidos Carboxílicos

Muitos dos ácidos carboxílicos foram primeiramente isolados de fontes naturais e receberam nomes que indicavam a sua origem. O ácido fórmico (*Latim fórmica* = "formiga") foi obtido por destilação de formigas. O ácido acético (*Latim aceticum* = "azedo") é conhecido desde a antiguidade por estar presente no vinho que azedou. O ácido butírico ou butanoico (*Latim butyrum* = "manteiga") contribui para o odor de manteiga rançosa e o ácido láctico (*Latim lact* = "leite") foi isolado do leite talhado.

Em muitos casos, no entanto, a preparação de ácidos carboxílicos em grande escala depende da química orgânica preparativa. O ácido benzoico e o ácido 1,4-benzenodicarboxílico (ácido tereftálico) podem ser produzidos pelo processo de oxidação do tolueno e do *para*-xileno, respectivamente, com permanganato de potássio em meio aquoso básico, seguido de neutralização.

$$C_6H_5\text{-}CH_3 \xrightarrow[2.\ H_3O^+]{1.\ KMnO_4;\ NaOH/\Delta} C_6H_5\text{-}CO_2H$$

Tolueno — Ácido benzóico

$$H_3C\text{-}C_6H_4\text{-}CH_3 \xrightarrow[2.\ H_3O^+]{1.\ KMnO_4;\ NaOH/\Delta} HO_2C\text{-}C_6H_4\text{-}CO_2H$$

p-Xileno — Ácido 1,4-benzenodicarboxílico (Ácido tereftálico)

O ácido tereftálico é utilizado como matéria-prima para a produção de fibras de poliésteres, sendo o ácido dicarboxílico produzido industrialmente em maior escala no mundo.

6.6.9. Preparação de Ácidos Carboxílicos

6.6.9.1. Carboxilação de Reagentes de Grignard

A reação de dióxido de carbono com *reagentes de Grignard* produz sais de magnésio do ácido carboxílico e a acidificação deste converte-o ao ácido carboxílico desejado.

$$\overset{\delta-}{R}\text{-}\overset{\delta+}{Mg}X + O^{\delta-}{=}C^{\delta+}{=}O^{\delta-} \longrightarrow R\text{-}C(=O)OMgX \xrightarrow[H_2O]{H_3O^+} R\text{-}C(=O)OH + MgX_2$$

Um reagente de Grignard (Nucleófilo) — Dióxido de carbono (Eletrófilo) — Carboxilato de halomagnésio — Um ácido carboxílico — Haleto de magnésio

$$CH_3CH_2CH(Br)CH_3 \xrightarrow[2.\ CO_2\ \ 3.\ H_3O^+]{1.\ Mg,\ \text{Éter dietila}} CH_3CH_2CH(CH_3)CO_2H$$

2-Bromobutano — Ácido 2-metilbutanoico

A carboxilação do *reagente de Grignard* é utilizada para transformar um haleto de alquila ou arila em um ácido carboxílico, cujo esqueleto carbônico é acrescido de um átomo de carbono.

$$R\text{—}X \xrightarrow[\text{Éter dietila anidro}]{Mg} R\text{—}MgX \xrightarrow[2.\ H_3O^+]{1.\ CO_2} RCO_2H$$

Um haleto de alquila ou arila — Um reagente de Grignard — Um ácido carboxílico

Quando na estrutura dos haletos de alquila ou arila estiverem presentes outros grupos funcionais como: –OH, –NH, –SH, –C=O ou $-NO_2$ não é possível utilizar esse procedimento para preparar o *reagente de Grignard*.

6.6.9.2. Oxidação de Dióis

Os ácidos dicarboxílicos podem ser preparados tratando-se dióis com solução de dicromato de potássio ou sódio em ácido sulfúrico, ou então com permanganato de potássio em meio básico seguido de neutralização com solução ácida.

$$HOCH_2CH_2CH_2CH_2OH \xrightarrow[H_2O]{K_2CR_2O_7;\ H_2SO_4} \left[HC(=O)CH_2CH_2C(=O)H\right] \longrightarrow HOC(=O)CH_2CH_2C(=O)OH$$

1,4-Butanodiol — 1,4-Butanodial (Intermediário) — Ácido 1,4-Butanodioico (Ácido succínico)

Os alcenos cíclicos, quando oxidados com solução de permanganato de potássio em meio básico, levam à formação de dicarboxilatos de potássio como produto intermediário e estes são neutralizados com solução ácida produzindo os ácidos dicarboxílicos.

$$\text{Ciclo-hexeno} \xrightarrow[H_2O\,/\,\Delta]{KMnO_4;\ KOH} \left[KO\overset{O}{\overset{\|}{C}}(CH_2)_4\overset{O}{\overset{\|}{C}}OK\right] \xrightarrow{H_3O^+} HO\overset{O}{\overset{\|}{C}}(CH_2)_4\overset{O}{\overset{\|}{C}}OH$$

Ciclo-hexeno — Hexanodicarboxilato de potássio — Ácido hexanodioico

6.6.10. Reações de Ácidos Carboxílicos

6.6.10.1. Esterificação

A condensação de um álcool com um ácido carboxílico, catalisada por ácido produz um éster e água.

$$R^1OH + R{-}C(=O)OH \underset{}{\overset{H_3O^+}{\rightleftharpoons}} R{-}C(=O){-}O{-}R^1 + H_2O$$

Um álcool — Um ácido carboxílico — Um éster — Água

A reação de formação direta de um éster utilizando-se um álcool e um ácido carboxílico é conhecida como ***esterificação de Fischer***.[13] Esse processo é reversível e a tendência do equilíbrio é se deslocar ligeiramente para o lado dos produtos, quando os álcoois e os ácidos carboxílicos forem reagentes simples. A formação do produto, em um sistema em equilíbrio, pode ser favorecida se for usado excesso de um dos reagentes.

$$CH_3OH + C_6H_5\overset{O}{\overset{\|}{C}}OH \underset{\text{Calor}}{\overset{H_2SO_4}{\rightleftharpoons}} C_6H_5\overset{O}{\overset{\|}{C}}OCH_3 + H_2O$$

Metanol — Ácido benzoico — Benzoato de metila — Água

Outro modo utilizado para favorecer a formação do éster é deslocar a posição do equilíbrio removendo a água formada como subproduto da reação, por destilação na forma de mistura azeotrópica e, para isso, um cossolvente, como o benzeno ou tolueno, deve estar presente no meio reacional.

O efeito estérico, proporcionado pelos substituintes diretamente ligados ao carbono do grupo hidroxila, influi na reatividade do álcool na reação de esterificação de Fischer. A ordem de reatividade decrescente dos álcoois é: metil > primário > secundário > terciário. Os fenóis são bem menos reativos do que os álcoois alifáticos.

$$CH_3CH_2CH(OH)CH_3 + CH_3C(=O)OH \xrightarrow[C_6H_6,\ \Delta]{H_3O^+} CH_3C(=O){-}O{-}CH(CH_3)CH_2CH_3 + H_2O$$

2-Butanol — Ácido acético — Acetato de *sec*-butila — Água

13. Costa TS, Ornelas DL, Guimarães PIC, Merçon F. Confirmando a esterificação de Fischer por meio dos aromas. Química Nova na Escola. 2004;19:36-38.

Os ésteres também são obtidos pela reação de álcoois com derivados de ácidos carboxílicos, tais como cloretos de acila e anidridos de ácidos carboxílicos.

$$R^1OH + R{-}C({=}O)Cl \longrightarrow R{-}C({=}O)OR^1 + HCl$$

Um álcool | Cloreto de acila | Um éster | Cloreto de hidrogênio

$$R^1{-}OH + R{-}C({=}O){-}O{-}C({=}O){-}R \longrightarrow R{-}C({=}O){-}OR^1 + R{-}C({=}O){-}OH$$

Um álcool | Um anidrido de ácido carboxílico | Um éster | Um ácido carboxílico

A reação de um álcool com um cloreto de acila é realizada normalmente na presença de uma base fraca, como a piridina ou a trietilamina. A trietilamina não apenas captura o cloreto de hidrogênio formado, neutralizando o meio reacional, como também exerce um efeito catalítico.

$$(CH_3)_2CHCH_2OH + CH_3C({=}O)Cl \xrightarrow{\text{Piridina}} (CH_3)_2CHCH_2O{-}C({=}O)CH_3 + C_5H_5\overset{\oplus}{N}H\overset{\ominus}{Cl}$$

Isobutanol | Cloreto de etanoila | Etanoato de isobutila | Cloreto de piridônio

$$C_6H_5CH_2{-}OH + H_3C{-}C({=}O){-}O{-}C({=}O){-}CH_3 \longrightarrow H_3C{-}C({=}O){-}OCH_2C_6H_5 + H_3C{-}C({=}O){-}OH$$

Álcool benzílico | Anidrido etanoico | Etanoato de benzila | Ácido etanoico

O mecanismo proposto para a esterificação de ácidos carboxílicos com álcoois envolve a re-hibridização do carbono ***sp***^{2} para ***sp***^{3} formando o intermediário tetraédrico que se dissocia e re-hibridiza o carbono ***sp***^{3} a ***sp***^{2}.

Reação Geral:

$$R^1OH + R{-}C({=}O)OH \xrightarrow{H_3O^+} R{-}C({=}O){-}O{-}R^1 + H_2O$$

Um álcool | Um ácido carboxílico | Um éster | Água

Mecanismo:

Etapa 1: O ácido carboxílico é protonado no seu oxigênio carboxílico pelo íon hidrônio.

$$R{-}C({=}O)OH + H{-}\overset{\oplus}{O}H_2 \longrightarrow R{-}C({=}\overset{\oplus}{O}{-}H){-}O{-}H + H_2O$$

Um ácido carboxílico | Íon hidrônio | Ácido protonado | Água

Etapa 2: O ácido carboxílico protonado sofre ataque do álcool no carbono carboxílico formando o intermediário íon alcoxônio.

$$R-C(=\overset{\oplus}{O}-H)(O-H) + HO-R^1 \rightleftharpoons R-C(OH)(OH)(\overset{\oplus}{O}(H)-R^1)$$

Ácido carboxílico protonado — Um álcool — Intermediário íon alcoxônio

Etapa 3: O intermediário íon alcoxônio formado perde um próton para formar o intermediário tetraédrico.

$$R-C(OH)(OH)(\overset{\oplus}{O}(H)-R^1) + H_2O \rightleftharpoons R-C(OH)(OH)(O-R^1) + H_3O^+$$

Intermediário íon alcoxônio — Água — Intermediário tetraédrico — Íon hidrônio

Etapa 4: Um dos oxigênios hidroxílicos do intermediário tetraédrico sofre protonação.

$$R-C(OH)(OH)(O-R^1) + H_3O^+ \rightleftharpoons R-C(OH)(\overset{\oplus}{O}H_2)(O-R^1) + H_2O$$

Intermediário tetraédrico — Íon hidrônio — Intermediário íon oxônio — Água

Etapa 5: O intermediário oxônio perde uma molécula de água para produzir a forma protonada do éster.

$$R-C(OH)(\overset{\oplus}{O}H_2)(O-R^1) \rightleftharpoons R-C(=\overset{\oplus}{O}H)(O-R^1) + H_2O$$

Intermediário íon oxônio — Éster protonado — Água

Etapa 6: O éster protonado sofre desprotonação levando à sua forma neutra.

$$R-C(=\overset{\oplus}{O}-H)(O-R^1) + H_2O \rightleftharpoons R-C(=O)(O-R^1) + H_3O^+$$

Éster protonado — Água — Um éster — Íon hidrônio

O intermediário tetraédrico neutro não pode ser isolado, pois é instável nas condições de sua formação, e sofre rapidamente desidratação pela catálise ácida para formar o éster.

Deve ser observado que o oxigênio do etanol se incorpora ao produto acetato de etila de acordo com o mecanismo delineado.

6.6.10.2. Lactonização de Hidroxiácidos

As lactonas apresentam uma estrutura molecular cíclica e são também conhecidas como ésteres cíclicos.

$(CH_2)_n$ — C=O — O (anel)

Uma lactona

$n \geq 3$

Como relatado anteriormente os ésteres são produtos de reação entre ácidos carboxílicos e álcoois, catalisada por ácido. Um hidroxiácido, composto contendo ambos os grupos funcionais (hidroxila e carboxila) no mesmo esqueleto carbônico, na catálise ácida pode sofrer esterificação intramolecular para produzir um éster cíclico, o qual é chamado de ***lactona***. Essa habilidade de formar ésteres cíclicos é espontânea, pois é cineticamente favorecida no equilíbrio quando o anel formado for de 5- ou de 6-membros. As lactonas formadas por cinco membros são denominados de γ-lactonas, e são provenientes do ácido 4-hidroxibutanoico e derivados. As lactonas análogas de seis membros são conhecidas como δ-lactonas, e são oriundas do ácido 5-hidroxipentanoico e derivados. Essas lactonas são produtos resultantes de uma reação chamada de ***lactonização***.

Ácido γ-hidroxibutanoico $\xrightleftharpoons{H_3O^+}$ γ-butirolactona + H_2O (Água)

Ácido 5-hidroxipentanoico $\xrightleftharpoons{H_3O^+}$ δ-Valerolactona + H_2O (Água)

6.6.10.3. Halogenação α de Ácidos Carboxílicos

A reação de halogenação de ácidos carboxílicos pode ser realizada no carbono 2, também conhecido como carbono α em relação ao grupo carboxila. Uma das reações de halogenação desenvolvida foi a bromação e o procedimento experimental envolve o tratamento do ácido carboxílico com bromo molecular na presença de um catalisador. O catalisador normalmente usado é o tribrometo de fósforo (PBr_3), ou o tricloreto de fósforo (PCl_3), em pequena quantidade. Em algumas situações o fósforo (P) também pode ser usado como catalisador.

$$RCH(H)CO_2H + Br_2 \xrightarrow{PCl_3} RCH(Br)CO_2H + HBr$$

Ácido carboxílico + Bromo → Ácido α-bromo carboxílico + Brometo de hidrogênio

Essa metodologia de preparar ácidos bromados ou clorados na posição α à carboxila é conhecida por ***reação de Hell-Volhard-Zelinsky***[14].

$$CH_3CH_2CH_2CO_2H + Br_2 \xrightarrow{PCl_3} CH_3CH_2CH(Br)CO_2H + HBr$$

Ácido butanoico + Bromo → Ácido 2-bromobutanoico + Brometo de hidrogênio

14. A reação de Hell-Volhard-Zelinsky foi assim nomeada em homenagem aos químicos que a desenvolveram, os alemães Carl Magnus von Hell (1849-1926) e Jacob Volhard (1834-1910) e o russo Nikolay Zelinsky (1861-1953).

6.6.10.4. Redução de Ácidos Carboxílicos

Os ácidos carboxílicos são extremamente difíceis de serem reduzidos. A redução da função carboxílica a álcool primário requer a utilização de um agente redutor muito poderoso. O reagente redutor mais indicado é o hidreto de alumínio e lítio ($LiAlH_4$), usando éter dietila anidro ou THF como solventes.

$$RCH_2COOH + LiAlH_4 \xrightarrow[2.\ H_2O]{\text{Éter dietila}} RCH_2CH_2OH + Al(OH)_3$$

Ácido carboxílico — Hidreto de alumínio e lítio — Um álcool primário — Hidróxido de alumínio

$$C_6H_5CO_2H \xrightarrow[2.\ H_2O]{1.\ LiAlH_4;\ \text{Éter dietila}} C_6H_5CH_2OH + Al(OH)_3$$

Ácido benzoico — Álcool benzílico — Hidróxido de alumínio

6.6.10.5. Ácido Malônico e Compostos Relacionados: Descarboxilação

Os ácidos carboxílicos e derivados podem sofrer a perda de uma molécula de dióxido de carbono (CO_2), num processo conhecido como ***reação de descarboxilação***. Esse processo ocorre em condições térmicas e, particularmente, em compostos relacionados ao ácido malônico. Em ácidos carboxílicos de estruturas simples, a perda de dióxido de carbono é difícil e praticamente não são encontrados exemplos. Porém, quando o ácido malônico é aquecido acima do seu ponto de fusão, ocorre a perda do gás dióxido de carbono, produzindo o ácido acético como produto de degradação.

$$HOOC-CH_2-COOH \xrightarrow{\text{Calor}} [\text{Estado de transição}] \xrightarrow{\text{Lenta}} H_2C=C(OH)OH \xrightarrow{\text{Rápida}} H_3C-COOH + CO_2$$

Ácido malônico — Estado de transição — Forma enólica do ácido acético — Ácido acético — Dióxido de carbono

O esquema mostrando o processo de descarboxilação indica que à medida que o ácido malônico recebe energia a estrutura da molécula se reordena de tal maneira que um oxigênio do grupo carboxila, no estado de transição, durante as interações intramolecular, atua como aceptor do próton da hidroxila do outro grupo carboxila que é eliminado. Durante a perda de dióxido de carbono ocorre simultaneamente a ruptura da ligação carbono-carbono, produzindo a mesma quantidade de matéria da forma enólica do ácido acético. Esta forma enólica atinge rapidamente o equilíbrio, transformando-se em ácido acético pela transferência do próton ao carbono α. Esse próton não necessariamente provém do carbono 2 do ácido malônico.

$$C_6H_{10}(CO_2H)_2 \xrightarrow[-\ CO_2]{\text{Calor}} C_6H_{10}(H)CO_2H$$

Ácido 1,1-ciclo-hexanodicarboxílico — Ácido ciclo-hexanocarboxílico

Em geral, compostos que apresentam estruturas relacionadas à estrutura do ácido malônico, em que um grupo hidroxila de uma das duas carboxilas foi substituído por um grupo alquil, também sofre descarboxilação em condições térmicas.

Os compostos que apresentam esse tipo de estrutura são os β-cetoácidos, que são ácidos carboxílicos que apresentam um grupo carbonila no carbono β. A condição térmica em que um β-cetoácido é submetido provoca a descarboxilação, produzindo uma cetona.

Calor — Lenta — Rápida — $+ \ CO_2$

Um β-ceto ácido — Estado de transição — Uma enol cetona — Uma cetona — Dióxido de carbono

Calor — $+ \ CO_2$

Ácido 2-oxociclopentano carboxílico — Ciclopentanona — Dióxido de carbono

6.7. Derivados de Ácidos Carboxílicos

6.7.1. Haletos de Acila

Os haletos de acila são derivados de ácidos carboxílicos que têm a estrutura molecular a seguir. Frequentemente o haleto é o átomo de cloro.

$R{-}C(=O){-}X$

R = alquil ou aril
X = Cl ou Br

6.7.1.1. Preparação de Haletos de Acila

Os haletos de acila, particularmente os cloretos de acila, são facilmente preparados a partir de ácidos carboxílicos por reação com cloreto de tionila ($SOCl_2$).

$$R{-}C(=O)OH + SOCl_2 \longrightarrow R{-}C(=O)Cl + SO_2 + HCl$$

Um ácido carboxílico — Cloreto de tionila — Cloreto de acila — Dióxido de enxofre — Cloreto de hidrogênio

$$(CH_3)_2CHC(=O)OH + SOCl_2 \longrightarrow (CH_3)_2CHC(=O)Cl + SO_2 + HCl$$

Ácido isobutanoico — Cloreto de tionila — Cloreto de isobutanoila — Dióxido de enxofre — Cloreto de hidrogênio

6.7.1.2. Reações de Haletos de Acila

Tratando-se com um nucleófilo apropriado, um cloreto de acila pode ser rapidamente convertido a um anidrido de ácido, um éster, um tioéster, uma amida ou um ácido carboxílico.

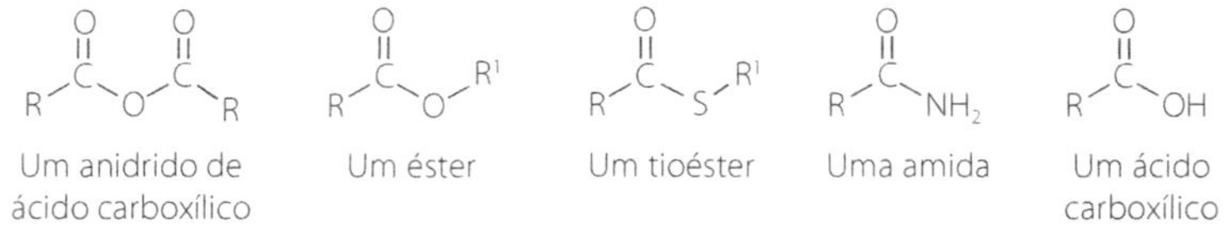

$R-CO-O-CO-R$ — Um anidrido de ácido carboxílico; $R-CO-O-R^1$ — Um éster; $R-CO-S-R^1$ — Um tioéster; $R-CO-NH_2$ — Uma amida; $R-CO-OH$ — Um ácido carboxílico

Por exemplo, o etanoato de etila (ou acetato de etila), um solvente muito utilizado industrialmente, pode ser preparado tratando-se o cloreto de etanoíla com etanol, na presença de piridina (uma base fraca).

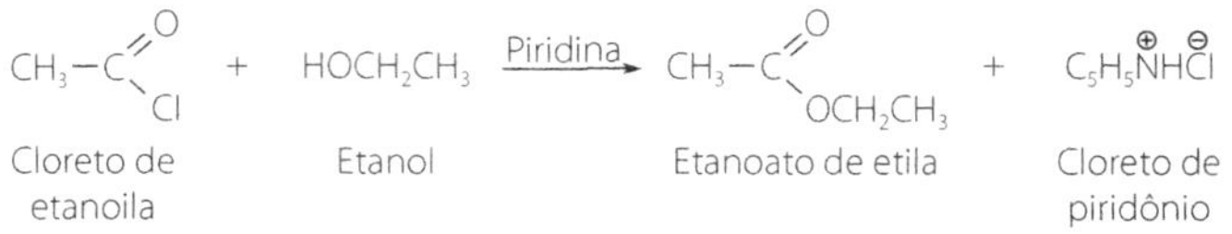

$$CH_3-COCl + HOCH_2CH_3 \xrightarrow{\text{Piridina}} CH_3-COOCH_2CH_3 + C_5H_5\overset{\oplus}{N}H\overset{\ominus}{Cl}$$

Cloreto de etanoila; Etanol; Etanoato de etila; Cloreto de piridônio

O mecanismo envolvido para a formação desses compostos é similar ao da hidrólise de um cloreto de acila que leva ao ácido carboxílico correspondente.

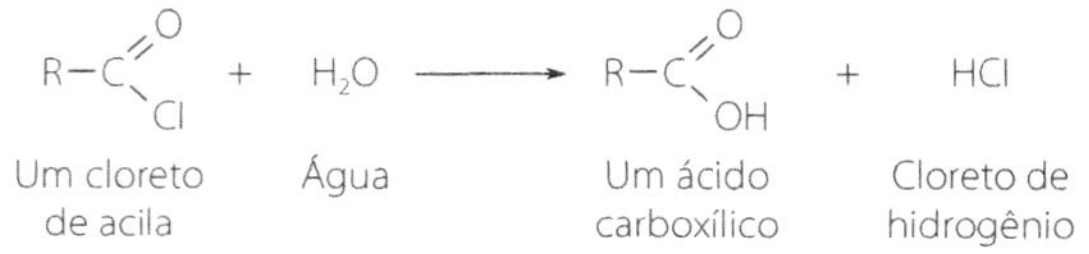

$$R-COCl + H_2O \longrightarrow R-COOH + HCl$$

Um cloreto de acila; Água; Um ácido carboxílico; Cloreto de hidrogênio

Estes mecanismos diferem apenas quanto ao nucleófilo que ataca o carbono do grupo acila, que no caso da hidrólise é uma molécula de água. O mecanismo aceito para a hidrólise de um cloreto de acila está delineado a seguir.

Na *etapa* 1 do mecanismo, a água é o nucleófilo e se adiciona ao carbono do grupo acila para formar um intermediário tetraédrico. Esse intermediário tem três grupos de partida ligados ao carbono e que podem ser eliminados; ou seja, duas hidroxilas e o átomo de cloro. Na *etapa* 2, ocorre a dissociação do intermediário tetraédrico pela eliminação do cloro como íon cloreto, cuja perda é mais rápida que a do íon hidróxido. O íon cloreto, por ser menos básico, é um melhor grupo de partida que o íon hidróxido.

Mecanismo:

Etapa 1: A adição nucleofílica da água ao carbono do grupo acila forma o intermediário tetraédrico.

$$H_2O + R-C^{\delta+}(Cl)=O^{\delta-} \underset{}{\overset{\text{Lenta}}{\rightleftharpoons}} H_2\overset{\oplus}{O}-C(R)(Cl)-O^{\ominus} \xrightarrow{\text{Rápida}} R(HO)(Cl)C-OH$$

Água; Cloreto de acila; Intermediário tetraédrico

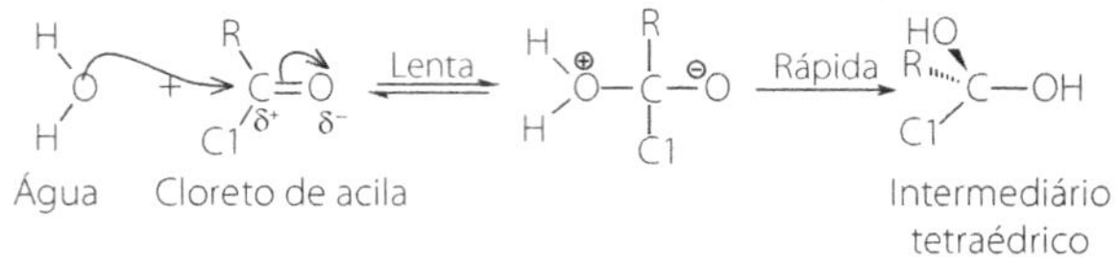

Etapa 2: O intermediário tetraédrico é dissociado pela desidro-halogenação.

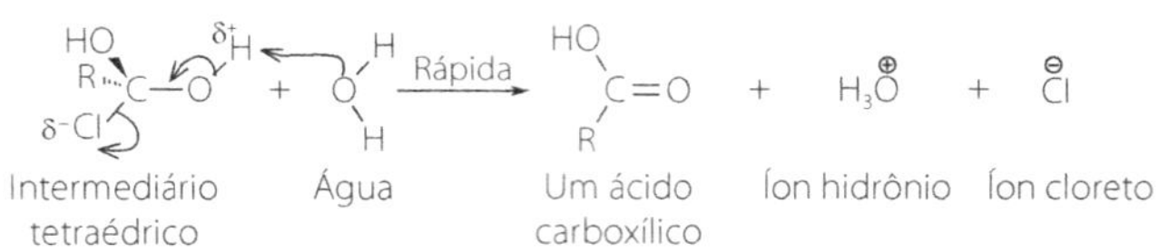

$$R(HO)(^{\delta-}Cl)C-O-H^{\delta+} + H_2O \xrightarrow{\text{Rápida}} R(HO)C=O + H_3\overset{\oplus}{O} + \overset{\ominus}{Cl}$$

Intermediário tetraédrico; Água; Um ácido carboxílico; Íon hidrônio; Íon cloreto

A substituição nucleofílica em um cloreto de acila ocorre de forma bem mais fácil que em cloreto de alquila. Isso ocorre porque a reação com o carbono do grupo acila não envolve a formação do intermediário carbocátion, como aqueles formados na reação de haletos de alquila, e nem ocorre pelo caminho em que o estado de transição é pentacoordenado.

6.7.2. Anidridos de Ácido Carboxílico

Depois do cloreto de acila, a próxima classe mais reativa de derivados de ácido carboxílico é o anidrido de ácido carboxílico. O anidrido de ácido mais fácil de ser produzido é o anidrido acético, que é preparado pela reação de ácido acético com o *ceteno*[15].

$$H_2C{=}C{=}O \; + \; CH_3{-}C(=O)OH \longrightarrow H_3C{-}C(=O){-}O{-}C(=O){-}CH_3$$

Ceteno — Ácido acético — Anidrido acético

O anidrido acético tem várias aplicações comerciais, incluindo a preparação de aspirina e do acetato de celulose para uso em plásticos e fibras. Vários outros tipos de anidridos são mostrados abaixo.

Anidrido flático — Anidrido maleico — Anidrido succínico

O método mais usado no laboratório para realizar a síntese de anidridos de ácido carboxílico é a reação de cloretos de acila com ácidos carboxílicos.

$$R{-}C(=O)Cl \; + \; R^1{-}C(=O)OH \; + \; C_5H_5N \longrightarrow R{-}C(=O){-}O{-}C(=O){-}R^1 \; + \; C_5H_5\overset{\oplus}{N}H\overset{\ominus}{Cl}$$

Um cloreto de acila — Um ácido carboxílico — Piridina — Um anidrido de ácido carboxílico — Cloreto de piridônio

Esse procedimento é aplicável na preparação de ambos os tipos de anidridos, o anidrido simétrico ($R = R^1$) e o anidrido misto ($R \neq R^1$).

Os anidridos cíclicos, com anéis de cinco ou seis membros, são às vezes preparados aquecendo-se o ácido dicarboxílico correspondente em um solvente inerte (por exemplo: tetraclorocarbono, CCl_4) eliminando-se a água do meio. Pode-se também utilizar pentóxido de fósforo (P_2O_5), um poderoso agente desidratante.

$$HC(CO_2H){=}CH(CO_2H) \xrightarrow[\Delta]{CCl_4} \text{anidrido maleico} \; + \; H_2O$$

Ácido maleico — Anidrido maleico — Água

15. O ceteno é um composto gasoso incolor, venenoso, de cheiro penetrante, produzido pela pirólise do ácido acético ou da acetona, e usado como agente de acetilação.

6.7.2.1. Reação de Anidridos de Ácido Carboxílico

A reação mais importante de um anidrido de ácido carboxílico envolve a quebra de uma ligação entre oxigênio e um dos grupos acila que é transferido para um nucleófilo, o qual se liga ao centro eletrofílico. Outro grupo acila do anidrido retém sua ligação simples com o oxigênio, produzindo um ácido carboxílico.

Um anidrido de ácido carboxílico + Nucleófilo ⟶ Produto de S_N + Um ácido carboxílico

Os anidridos de ácidos carboxílicos são facilmente convertidos a ácidos carboxílicos, ésteres e amidas, mas não podem ser transformados em cloretos de acila, pois estes são muito mais reativos.

Um álcool + Um anidrido de ácido carboxílico ⟶ Um éster + Um ácido carboxílico

A reação de substituição nucleofílica (S_N) está sujeita a catálise ácida, visto que o catalisador aumenta a velocidade da reação no carbono do grupo acila em se considerando a hidrólise de um anidrido de ácido carboxílico. A formação do intermediário tetraédrico é a etapa determinante da velocidade da reação, a qual é acelerada pelo catalisador ácido. O anidrido de ácido é ativado pela protonação de um dos oxigênios dos grupos acila durante o processo de adição nucleofílica.

Um anidrido de ácido carboxílico + Íon hidrônio —Rápida⟶ Um anidrido de ácido carboxílico protonado (Ligação de hidrogênio)

A forma protonada do anidrido de ácido está presente apenas em uma extensão muito baixa, mas é muito eletrofílica. A água (e outros nucleófilos) adiciona-se ao carbono do grupo acila protonado bem mais rápido do que ao grupo neutro. Dessa forma, a etapa da velocidade de adição nucleofílica da água, que determina a formação do intermediário tetraédrico, ocorre mais rapidamente na presença de um catalisador ácido do que na sua ausência.

Um anidrido de ácido carboxílico protonado + Água —Lenta⟶ Intermediário protonado —Rápida⟶ Intermediário tetraédrico + Íon hidrônio

A catálise ácida também facilita a dissociação do intermediário tetraédrico e a protonação desse oxigênio do grupo acila permite ao grupo de partida sair como uma molécula de ácido carboxílico neutra, a qual é menos básica do que um ânion carboxilato.

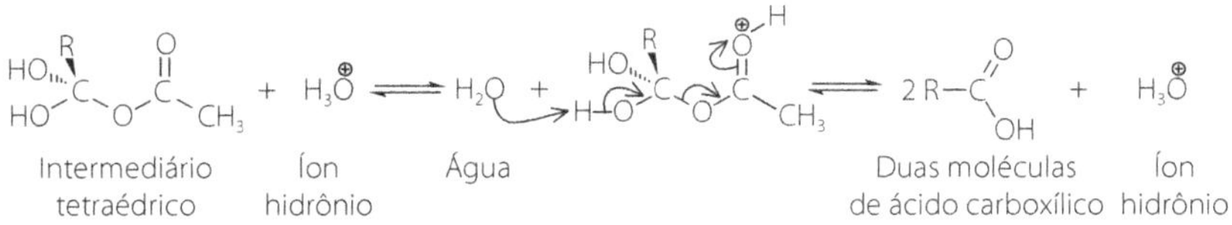

Intermediário tetraédrico + Íon hidrônio ⇌ Água + ... ⇌ Duas moléculas de ácido carboxílico + Íon hidrônio

Os anidridos de ácidos carboxílicos são mais estáveis e menos reativos que os cloretos de acila. A hidrólise do cloreto de acetila, por exemplo, é cerca de 10^5 vezes mais rápida que a hidrólise do anidrido acético a 25 °C.

6.7.3. Ésteres

6.7.3.1. Estrutura e Ligação de Ésteres

Os ésteres apresentam aromas agradáveis de frutas e são derivados de ácidos carboxílicos. A estrutura molecular do éster assemelha-se à de um ácido carboxílico e, em consequência, suas ligações químicas são análogas.

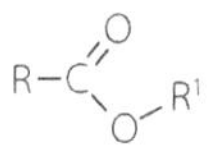

$R-C(=O)-O-R^1$

Um éster

6.7.3.2. Nomenclatura de Ésteres

Na nomenclatura de um éster, o sufixo -*ico* do ácido carboxílico de origem é substituido por -*ato*.

$CH_3COCH_2CH_3$ — Etanoato de etila (Acetato de etila)

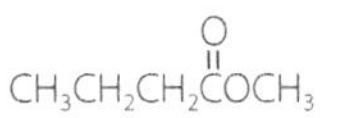

$CH_3CH_2CH_2COCH_3$ — Butanoato de metila (Butirato de metila)

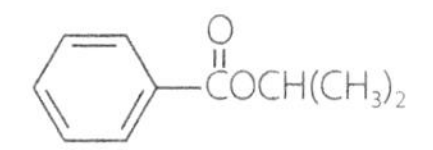

$C_6H_5COCH(CH_3)_2$ — Benzoato de isopropila (Benzenocarboxilato de isopropila)

6.7.3.3. Ésteres de Fontes Naturais

Muitos ésteres são compostos de ocorrência natural e aqueles de massa molar baixa são consideravelmente voláteis, vários têm odores agradáveis e por isso são usados como fragrâncias. Os ésteres frequentemente fazem parte de uma fração significativa de óleos aromáticos de frutas e flores. Por exemplo, o acetato de isoamila possui aroma de banana, o acetato de benzila possui aroma de pêssego, o butirato de metila possui aroma de maçã, enquanto o butirato de etila possui aroma de abacaxi[13].

$CH_3C(=O)OCH_2CH_2CH(CH_3)_2$ — Acetato de isopentila

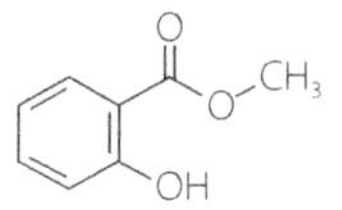

Salicilato de metila

Os ésteres de gliceróis, chamado de tri-ésteres do glicerol, triacilgliceróis ou triglicerídeos, são produtos naturais abundantes[16]. O grupo mais importante dos triacilgliceróis inclui aqueles em que cada grupo acila está ligado a uma cadeia não ramificada com 14 ou mais átomos de carbono, como por exemplo, a triesterina, ou trioctadecanoilglicerol, encontrada em muitas gorduras animais e vegetais, que é amplamente utilizada na produção de sabão.

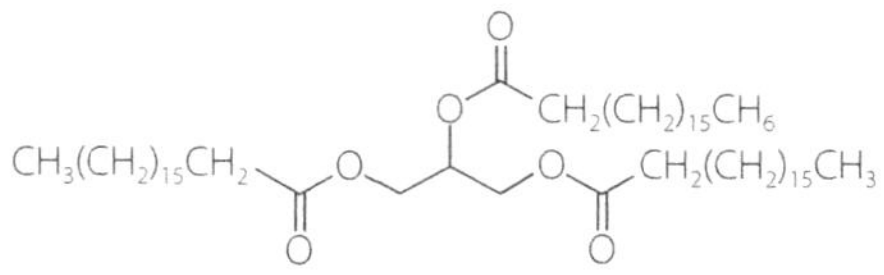

$CH_3(CH_2)_{15}CH_2$ $CH_2(CH_2)_{15}CH_6$ $CH_2(CH_2)_{15}CH_3$

trioctadecanoilglicerol

As gorduras e os óleos são encontrados na natureza como misturas de triacilgliceróis. As gorduras são misturas destes e estão no estado sólido à temperatura ambiente, enquanto os óleos encontram-se no estado líquido devido à presença de ligação dupla na estrutura carbônica, cuja geometria é *cis* ou *Z*.

Os ácidos carboxílicos de cadeias longas, obtidos a partir de gorduras e óleos por hidrólise ácida são conhecidos como ácidos graxos.

6.7.3.4. Propriedades Físicas de Ésteres

Os ésteres são menos polares e mais voláteis que os ácidos carboxílicos. A força de atração intermolecular proporcionada pelas interações "dipolo-dipolo" contribui para que os ésteres tenham pontos de ebulição maiores do que os hidrocarbonetos de massas molares similares. Por causa da substituição do hidrogênio da hidroxila de um grupo carboxil (de um ácido carboxílico) por um grupo alquil (nos ésteres), as moléculas de ésteres não formam ligações de hidrogênio umas com as outras, como ocorre com os ácidos carboxílicos. Como consequência disso, os pontos de ebulição dos ésteres são menores que os dos ácidos e álcoois de massas molares comparáveis.

$CH_3CH_2CH(CH_3)CH_3$	CH_3COOCH_3	$CH_3CH_2CH(OH)CH_3$
2-Metilbutano	Acetato de metila	2-Butanol
PE = 28 °C	PE = 57 °C	PE = 99 °C

Um éster pode participar de ligações de hidrogênio com substâncias que possuem grupos hidroxilas (água, álcoois ou ácidos carboxílicos), utilizando os pares de elétrons não compartilhados dos átomos de oxigênio, o que confere aos ésteres de baixa massa molar alguma solubilidade em água. Porém, a solubilidade dos ésteres diminui à medida que a sua cadeia carbônica aumenta.

6.7.3.5. Reações de Ésteres

6.7.3.5.1. Reação com Reagentes de Grignard

Os ésteres reagem com dois equivalentes de *reagente de Grignard* para produzir álcoois terciários. Dos grupos alquil ligados ao carbono carbinol (ligado à hidroxila) do álcool terciário, dois deles são oriundos do *reagente de Grignard*.

16. Maiores detalhes sobre os triacilgliceróis podem ser encontrados no Capítulo 8.

Equação geral:

$$R-C(=O)-OR^1 + 2\ R^2MgX \xrightarrow[2.\ H_3O^+]{1.\ \text{Éter dietila}} R-C(OH)(R^2)-R^2 + R^1OH$$

Um éster — Reagente de Grignard — Um álcool terciário — Um álcool

Reação específica:

$$CH_3CH_2CH_2C(=O)OC_2H_5 + 2\ CH_3MgI \xrightarrow[2.\ H_3O^+]{1.\ (CH_3CH_2)_2O} CH_3CH_2CH_2C(OH)(CH_3)_2 + C_2H_5OH$$

Butanoato de etila — Iodeto de metilmagnésio — 2-Metil-2-pentanol — Etanol

6.7.3.5.2. Reação com Hidreto de Alumínio e Lítio

O hidreto de alumínio e lítio ($LiAlH_4$) é um poderoso agente redutor que reduz o carbono do grupo carboalcoxil dos ésteres, de grau de oxidação +3 para −1, para formar álcoois primários.

Equação geral:

$$O=C(R)-OR^1 \xrightarrow[2.\ H_3O^+]{1.\ LiAlH_4;\ (CH_3CH_2)_2O} RCH_2OH + R^1OH$$

Um éster — Um álcool primário — Um álcool

Reação específica:

$$O=C(CH_2C_6H_5)-OCH_2CH_3 \xrightarrow[2.\ H_3O^+]{1.\ LiAlH_4;\ (CH_3CH_2)_2O} C_6H_5CH_2CH_2OH + CH_3CH_2OH$$

2-Fenilacetato de etila — Álcool 2-feniletanol — Etanol

Os ésteres são menos reativos que os cloretos de acila e os anidridos de ácidos carboxílicos.

6.7.3.5.3. Hidrólise Ácida

A reação de hidrólise de ésteres é a mais estudada e a mais bem entendida de todas as reações de substituição nucleofílica no grupo acila. Os ésteres são estáveis em meio aquoso neutro, mas sofrem clivagem quando aquecidos com água na presença de ácidos ou bases fortes.

O processo de hidrólise de ésteres é efetuado em solução aquosa ácida diluída e o mecanismo é o inverso da *esterificação de Fischer*[13]. O mecanismo proposto para a hidrólise de éster catalisada por ácido, como na esterificação, ocorre em várias etapas mostradas a seguir.

Mecanismo:

Etapa 1: Captura do próton do íon hidrônio pelo oxigênio do grupo acila (e não pelo grupo alcoxil), pois a concentração de elétrons é maior.

$$R-C(=O)-OR^1 + H-\overset{\oplus}{O}H_2 \rightleftharpoons R-C(=\overset{\oplus}{O}-H)-OR^1 + H_2O$$

Um éster — Íon hidronio — Um éster protonado — Água

Etapa 2: Adição nucleofílica da água ao carbono do éster protonado.

Água Um éster protonado Íon oxônio

Etapa 3: O íon oxônio é desprotonado para formar o intermediário tetraédrico neutro e restabelecer o íon hidrônio.

Água Íon oxônio Intermediário tetraédrico Íon hidrônio

Etapa 4: O oxigênio do grupo alcoxil, do intermediário tetraédrico neutro, captura o próton do íon hidrônio, por ser mais básico.

Intermediário tetraédrico Íon hidrônio Íon alcoxônio Água

Etapa 5: A forma protonada do intermediário tetraédrico (íon alcoxônio) sofre dissociação dando origem a um álcool e um ácido carboxílico protonado.

Íon alcoxônio Um ácido carboxílico protonado Um álcool

Etapa 6: A desprotonação do ácido carboxílico protonado pela água leva ao ácido carboxílico neutro e regenera o íon hidrônio.

Um ácido carboxílico protonado Água Um ácido carboxílico Íon hidrônio

6.7.3.5.4. Hidrólise Básica: Saponificação

Ao contrário da catálise ácida, a hidrólise básica de ésteres em meio aquoso é irreversível, pois o íon carboxilato formado é estabilizado por ressonância.

$$\underset{\text{Um éster}}{R-C(=O)OR^1} + \underset{\text{Hidróxido de sódio}}{NaOH} \longrightarrow \underset{\text{Carboxilato de sódio}}{R-C(=O)ONa} + \underset{\text{Um álcool}}{HOR^1}$$

$$\underset{\text{Acetato de benzila}}{C_6H_5-CH_2O-C(=O)CH_3} + \underset{\text{Hidróxido de sódio}}{NaOH} \xrightarrow[\text{Calor}]{NaOH,\ CH_3OH} \underset{\text{Acetato de sódio}}{NaO-C(=O)CH_3} + \underset{\text{Álcool benzílico}}{C_6H_5-CH_2OH}$$

A acidificação do meio reacional converte o sal do ácido carboxílico obtido em seu ácido livre.

$$\underset{\text{Isobutanoato de etila}}{(H_3C)_2CHC(=O)OCH_2CH_3} \xrightarrow[\text{2. HCl diluído}]{\text{1. NaOH; } H_2O/\Delta} \underset{\text{Ácido isobutanoico}}{(H_3C)_2CHC(=O)OH} + \underset{\text{Etanol}}{HOCH_2CH_3}$$

A reação de hidrólise de um éster em meio básico é chamada de "saponificação", que significa "fazer sabão". Os fenícios, há mais de 2.000 anos atrás, já conheciam a técnica de produzir sabão por aquecimento de gordura animal, rica em triacilgliceróis, com cinzas de madeira que possui como um dos seus componentes o carbonato de potássio.

$$\underset{\text{Carbonato de potássio}}{K_2CO_3} + \underset{\text{Água}}{H_2O} \xrightarrow[\text{Calor}]{} \underset{\text{Hidróxido de potássio}}{2\ KOH} + \underset{\text{Dióxido de carbono}}{CO_2}$$

O mecanismo de hidrólise de ésteres catalisada por base pode ser apresentado em quatro etapas, que envolve a formação de um intermediário tetraédrico e a sua subsequente dissociação. Todas as etapas do mecanismo da reação são reversíveis, exceto a última.

Mecanismo:

Etapa 1: Ocorre a adição nucleofílica do íon hidróxido ao carbono do grupo acila que é a etapa determinante da velocidade.

$$\underset{\text{Íon hidróxido}}{HO^{\ominus}} + \underset{\text{Éster}}{R(R^1O)C=O} \rightleftharpoons \underset{\text{Intermediário aniônico tetraédrico}}{HO-C(R)(OR^1)O^{\ominus}}$$

Etapa 2: O íon aniônico do intermediário tetraédrico captura um próton da água.

$$\underset{\text{Intermediário aniônico tetraédrico}}{R^1O(R)(HO)C-O^{\ominus}} + \underset{\text{Água}}{H-O-H} \rightleftharpoons \underset{\text{Intermediário tetraédrico}}{R^1O(R)(HO)C-OH} + \underset{\text{Íon hidróxido}}{^{\ominus}OH}$$

Etapa 3: O intermediário tetraédrico neutro é dissociado pelo íon hidróxido, formando o ácido neutro.

Íon hidróxido Intermediário tetraédrico Um ácido carboxílico Íon alcóxido Água

Etapa 4: O íon alcóxido no equilíbrio ácido-base captura um próton produzindo um álcool e um ânion carboxilato.

Ácido carboxílico (ácido forte) Íon alcóxido (base forte) Íon carboxilato (base fraca) Álcool (ácido fraco)

6.7.3.5.5. Enolato de Éster

Os ésteres de ácidos carboxílicos, quando tratados com o íon alcóxido como base, autocondensam-se, através da formação do íon enolato do éster que age como nucleófilo no meio reacional, atacando o carbono do grupo acila do éster.

O hidrogênio ligado ao carbono α em relação ao grupo carboalcoxil do éster é ligeiramente ácido, sendo capturado pelo íon alcóxido e formando o íon enolato do éster, que é estabilizado por ressonância.

Um éster Um íon alcóxido Íon enolato de éster Um álcool

O íon enolato do éster, um nucleófilo, adiciona-se ao centro eletrofílico da estrutura do éster formando um intermediário tetraédrico iônico que, em seguida, leva à eliminação do grupo alcóxido ligado ao mesmo carbono, dando origem ao β-ceto éster como produto de autocondensação.

Um éster Íon enolato de éster Intermediário tetraédrico Um β-ceto éster Íon alcóxido

A reação de um éster em meio básico produzindo um β-ceto éster como produto de autocondensação é conhecida como reação de ***condensação de Claisen***[17].

O éster etanoato de etila tratado com etóxido de sódio leva ao produto 3-oxo-butanoato de etila, mais conhecido como acetoacetato de etila.

17. A condensação de Claisen foi desenvolvida pelo químico alemão Rainer Ludwig Claisen (1851-1930), que publicou o seu trabalho sobre essa reação em 1881.

$$\mathrm{CH_3\overset{O}{\overset{\|}{C}}OCH_2CH_3 + CH_3CH_2\overset{\ominus}{O}Na \rightleftharpoons \left[\overset{\ominus}{C}H_2\overset{O}{\overset{\|}{C}}OCH_2CH_3 \longleftrightarrow CH_2{=}\overset{O^{\ominus}}{\overset{|}{C}}OCH_2CH_3\right]\overset{\oplus}{Na} + CH_3CH_2OH}$$

$$\mathrm{CH_3\overset{O}{\overset{\|}{C}}OCH_2CH_3 + \overset{\ominus}{C}H_2\overset{O}{\overset{\|}{C}}OCH_2CH_3\overset{\oplus}{Na} \rightleftharpoons \left[CH_3\overset{O^{\ominus}}{\overset{|}{\underset{OCH_2CH_3}{\underset{|}{C}}}}CH_2\overset{O}{\overset{\|}{C}}OCH_2CH_3\right]\overset{\oplus}{Na}}$$

$$\mathrm{\left[CH_3\overset{O^{\ominus}}{\overset{|}{\underset{OCH_2CH_3}{\underset{|}{C}}}}CH_2\overset{O}{\overset{\|}{C}}OCH_2CH_3\right]\overset{\oplus}{Na} \xrightarrow{H_3O^+} CH_3\overset{O}{\overset{\|}{C}}CH_2\overset{O}{\overset{\|}{C}}OCH_2CH_3 + CH_3CH_2OH}$$

6.7.3.5.6. Poliésteres

Os poliésteres são produtos de reação de condensação de um diol com um ácido dicarboxílico. O exemplo mais conhecido desse tipo de polímero é o *Dracon*, um produto de condensação (esterificação) entre o ácido 1,4-benzenodicarboxílico (ácido tereftálico) e o 1,2-etanodiol (etileno glicol), utilizado na produção de fibras de poliéster, ou então para produzir filmes finos denominados *Mylar*.

$$\mathrm{HO\overset{O}{\overset{\|}{C}}{-}C_6H_4{-}\overset{O}{\overset{\|}{C}}OH + HOCH_2CH_2OH \xrightarrow[\text{Calor}]{H_3O^+}} \textit{Dracon ou Mylar}$$

Ácido 1,4-benzenocarboxílico (Ácido tereftálico) — 1,2-Etanodiol (Etileno glicol)

$$\mathrm{HO\overset{O}{\overset{\|}{C}}{-}C_6H_4{-}\overset{O}{\overset{\|}{C}}\left[OCH_2CH_2{-}O{-}\overset{O}{\overset{\|}{C}}{-}C_6H_4{-}\overset{O}{\overset{\|}{C}}\right]_n O{-}CH_2CH_2OH}$$

Dracon ou Mylar
(Um poliéster)

Outro poliéster sintético, o *Lexan*, um policarbonato, devido a sua alta resistência ao impacto, é usado como substituto do vidro em lentes de óculos, por não estilhaçar. O *Lexan* é o produto da reação de polimerização do bisfenol A com o fosgênio, na presença de piridina ou carbonato de difenila.

$$\mathrm{HO{-}C_6H_4{-}\overset{CH_3}{\overset{|}{\underset{CH_3}{\underset{|}{C}}}}{-}C_6H_4{-}OH + \overset{O}{\overset{\|}{C}}Cl_2 \xrightarrow{\text{Piridina}}} \textit{Lexan} \mathrm{+ C_5H_5\overset{\oplus}{N}H\overset{\ominus}{Cl}}$$

Bisfenol A — Fosgênio — Cloreto de piridônio

$$\mathrm{HO{-}C_6H_4{-}\overset{CH_3}{\overset{|}{\underset{CH_3}{\underset{|}{C}}}}{-}C_6H_4{-}O\left[\overset{O}{\overset{\|}{C}}{-}O{-}C_6H_4{-}\overset{CH_3}{\overset{|}{\underset{CH_3}{\underset{|}{C}}}}{-}C_6H_4{-}O\right]_n H}$$

Lexan
(Um policarbonato)

6.7.4. Tioésteres

Os tioésteres são compostos análogos aos ésteres, onde o átomo de oxigênio do grupo alcóxi (–OR) foi substituído pelo enxofre, dando origem ao grupo tioalcóxi (–SR). A sua estrutura molecular é representada por:

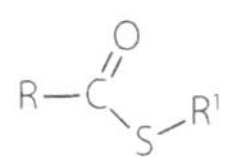

$$R{-}C(=O){-}S{-}R^1$$

Um tioéster de alquila

Talvez o exemplo mais importante de um tioéster seja a acetilcoenzima A, ou acetil-CoA[18], um intermediário-chave no metabolismo celular, usado pela natureza na biossíntese de numerosos compostos orgânicos.

6.7.4.1. Preparação de Tioésteres

Os tioésteres podem ser preparados a partir de anidridos de ácidos carboxílicos e cloretos de acila, por uma reação de substituição no carbono do grupo acila.

$$\underset{\text{Um cloreto de acila}}{R{-}C(=O)Cl} + \underset{\text{Um tiol}}{R^1SH} \xrightarrow{\text{Piridina}} \underset{\text{Um tioéster}}{R{-}C(=O)SR^1} + \underset{\text{Cloreto de piridônio}}{C_5H_6\overset{\oplus\ominus}{N}Cl}$$

$$\underset{\text{Um anidrido de ácido carboxílico}}{R{-}C(=O){-}O{-}C(=O){-}R} + \underset{\text{Um tiol}}{R^1SH} \longrightarrow \underset{\text{Um tioéster}}{R{-}C(=O)SR^1} + \underset{\text{Um ácido carboxílico}}{R{-}C(=O)OH}$$

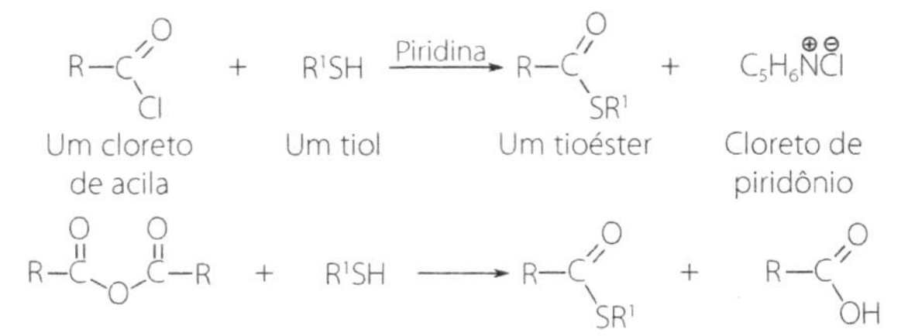

6.7.4.2. Reação de Tioéster

O tioéster sofre o mesmo tipo de reação que os ésteres e por mecanismos similares. A substituição nucleofílica em um tioéster produz um tiol, juntamente com o produto de transferência do grupo acila a outro nucleófilo de maior afinidade com o carbono do grupo acila. O íon tiolato, por ser mais estável que o alcóxido, é facilmente substituído.

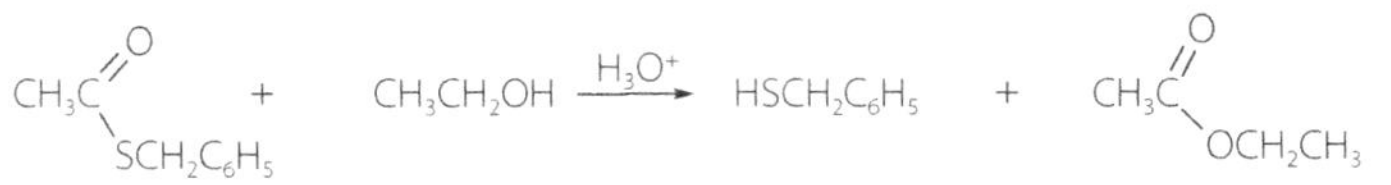

$$\underset{\text{Etanotioato de benzenometila}}{CH_3C(=O)SCH_2C_6H_5} + \underset{\text{Etanol}}{CH_3CH_2OH} \xrightarrow{H_3O^+} \underset{\text{Benzenometanotiol}}{HSCH_2C_6H_5} + \underset{\text{Etanoato de etila}}{CH_3C(=O)OCH_2CH_3}$$

6.7.5. Amidas

As amidas são derivadas de ácidos carboxílicos que apresentam as seguintes estruturas moleculares:

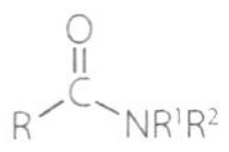

$$R{-}C(=O){-}NR^1R^2$$

Uma amida

18. A acetilcoenzima A provém do metabolismo de carboidratos, lipídios e proteínas, e participa como intermediário do ciclo de Krebs. Ver mais detalhes sobre esse assunto no Capítulo 8.

6.7.5.1. Nomenclatura de Amidas

A nomenclatura das amidas é derivada do ácido carboxílico, cujo sufixo -*oico* ou -*ico* é substituído por -*amida*, como, por exemplo, ácido etan**oico** por ***etanamida*** ou ácido acét**ico** por ***acetamida***. Quando um ou os dois hidrogênios ligados ao nitrogênio for substituído por um grupo alquil, ao nome amida acrescenta-se N-alquil ou N,N-dialquil, como por exemplo, ***etanamida de N-metila*** ou ***etanamida de N,N-dimetila***.

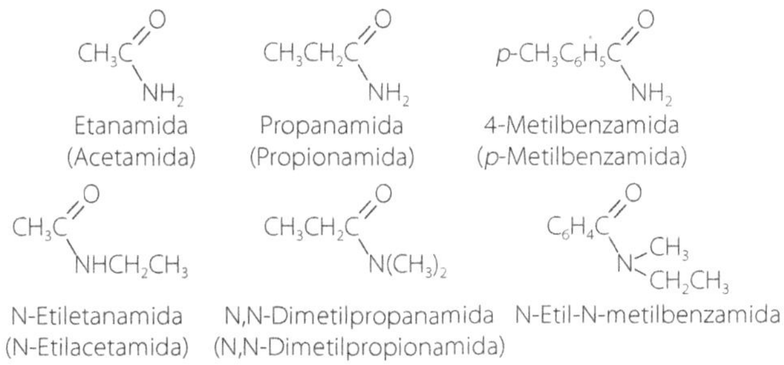

$CH_3C(=O)NH_2$ — Etanamida (Acetamida)

$CH_3CH_2C(=O)NH_2$ — Propanamida (Propionamida)

$p\text{-}CH_3C_6H_5C(=O)NH_2$ — 4-Metilbenzamida (*p*-Metilbenzamida)

$CH_3C(=O)NHCH_2CH_3$ — N-Etiletanamida (N-Etilacetamida)

$CH_3CH_2C(=O)N(CH_3)_2$ — N,N-Dimetilpropanamida (N,N-Dimetilpropionamida)

$C_6H_4C(=O)N(CH_3)CH_2CH_3$ — N-Etil-N-metilbenzamida

6.7.5.2. Preparação de Amidas

Amidas são facilmente preparadas pela reação de acilação de amônia, aminas primárias e aminas secundárias, com cloreto de acila, anidridos de ácidos carboxílicos e ésteres.

6.7.5.2.1. Acilação de Amônia

A reação de amônia em excesso com cloreto de acila leva à formação de uma amida simples.

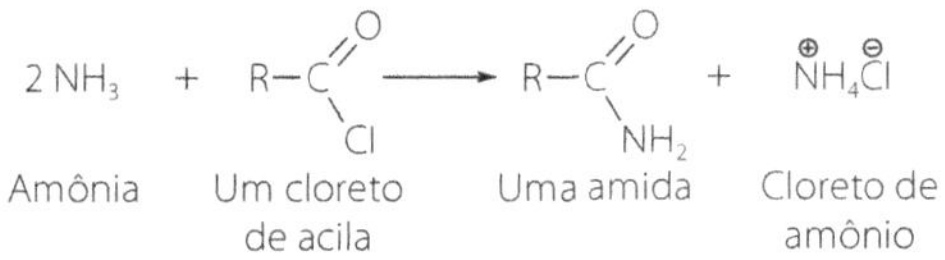

$$2\,NH_3 + R{-}C(=O)Cl \longrightarrow R{-}C(=O)NH_2 + \overset{\oplus}{N}H_4\overset{\ominus}{Cl}$$

Amônia — Um cloreto de acila — Uma amida — Cloreto de amônio

6.7.5.2.2. Acilação de Aminas

A reação de aminas primária e secundária com cloreto de acila leva à formação de amidas N-substituída e N,N-dissubstituídas.

Equações gerais:

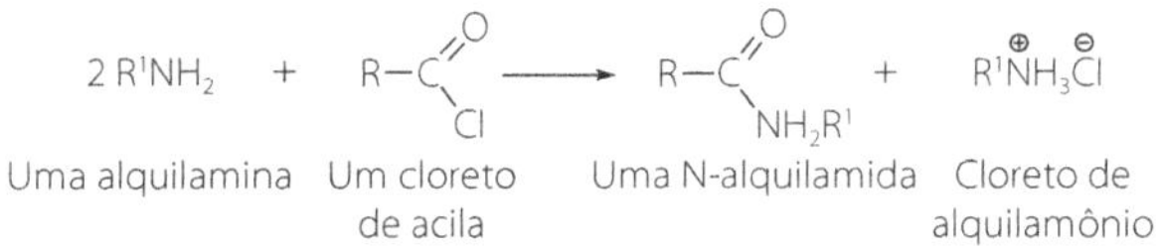

$$2\,R^1NH_2 + R{-}C(=O)Cl \longrightarrow R{-}C(=O)NHR^1 + R^1\overset{\oplus}{N}H_3\overset{\ominus}{Cl}$$

Uma alquilamina — Um cloreto de acila — Uma N-alquilamida — Cloreto de alquilamônio

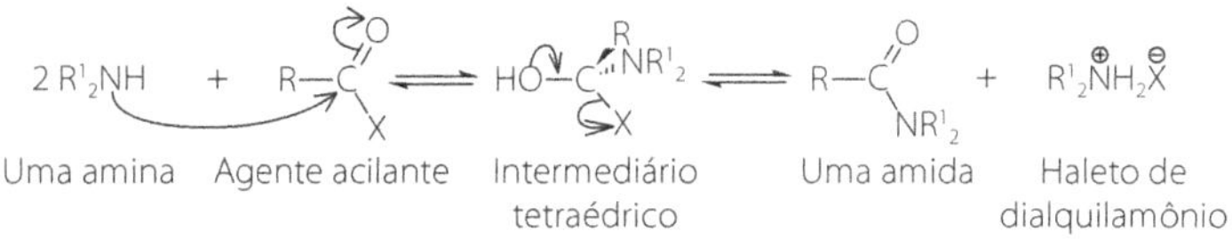

$$2\,R^1_2NH + R{-}C(=O)X \rightleftharpoons HO{-}C(R)(X){-}NR^1_2 \rightleftharpoons R{-}C(=O)NR^1_2 + R^1_2\overset{\oplus}{N}H_2\overset{\ominus}{X}$$

Uma amina — Agente acilante — Intermediário tetraédrico — Uma amida — Haleto de dialquilamônio

Exemplos:

$$CH_3C(=O)Cl + 2\,CH_3CH_2NH_2 \longrightarrow CH_3C(=O)NHCH_2CH_3 + CH_3CH_2\overset{\oplus}{N}H_3\overset{\ominus}{Cl}$$

Cloreto de etanoila; Etanamina; N-Etil etanamida; Cloreto de etilamônio

$$CH_3CH_2C(=O)Cl + 2\,(CH_3)_2NH \longrightarrow CH_3CH_2C(=O)N(CH_3)_2 + (CH_3)_2\overset{\oplus}{N}H_2\overset{\ominus}{Cl}$$

Cloreto de propanoila; Dimetilamina; N,N-Dimetil propanamida; Cloreto de dimetilamônio

Na reação com cloreto de acila ou anidrido de ácidos, são necessários dois equivalentes molares de aminas, pois uma molécula de amina atua como nucleófilo e a outra como base de Lewis.

$$2\,R^1_2NH + RC(=O)OC(=O)R \longrightarrow R{-}C(=O)NR^1_2 + R^1_2\overset{\oplus}{N}H_2\overset{\ominus}{O}COR$$

Uma dialquilamina; Um anidrido ácido carboxílico; Uma N,N-dialquilamida; Dialquilcarboxilato de amônio

Os ésteres reagem com aminas em uma proporção molar de 1:1 para formar amidas.

$$R^1_2NH + R{-}C(=O)OR^2 \longrightarrow R{-}C(=O)NR^1_2 + R^2OH$$

Uma dialquilamina; Um éster; Uma N,N-dialquilamida; Álcool

Todas as reações ocorrem por adição nucleofílica da amina ao carbono do grupo acila. A dissociação do intermediário tetraédrico ocorre na direção que leva à formação de uma amida.

6.7.5.3. Reações de Amidas

6.7.5.3.1. Hidrólise de Amidas

A única reação de substituição nucleofílica no carbono do grupo acila que uma amida sofre é a reação de hidrólise, catalisada por ácido ou por base forte, sob condições vigorosas (aquecimento). Na hidrólise de uma amida, a clivagem da ligação carbono-nitrogênio produz amônia, ou aminas primária ou secundária, juntamente com o ácido carboxílico.

Hidrólise ácida:

$$R{-}C(=O)NR^1R^2 + H_3\overset{\oplus}{O} \xrightarrow{\text{Calor}} R{-}C(=O)OH + R^1R^2\overset{\oplus}{N}H_2$$

Uma amida; Íon hidrônio; Um ácido carboxílico; Um íon amônio (ou alquilamônio)

Hidrólise básica:

$$R{-}C(=O){-}NR^1R^2 + {}^{\ominus}OH \xrightarrow[\text{Calor}]{} R{-}C(=O){-}O^{\ominus} + R^1R^2NH$$

Uma amida | Íon hidróxido | Um íon carboxílato | Uma amina (ou amônia)

Em ambas as reações, o grupo "R" pode ser alquil ou aril, e $R^1 = R^2 = H$, ou alquil e $R^1 = H$ e R^2 = alquil ou aril.

$$(CH_3)_2CHC(=O)NHCH_3 + H_3\overset{\oplus}{O} \xrightarrow[\Delta]{} (CH_3)_2CHC(=O)OH + CH_3\overset{\oplus}{N}H_3$$

2-Metilpropanamida de N-metila | Íon hidrônio | Ácido 2-metilpropanoico | Íon metilamônio

$$(CH_3)_2CHC(=O)NHCH_3 + H\overset{\ominus}{O} \xrightarrow[\Delta]{} (CH_3)_2CHC(=O)O^{\ominus} + CH_3NH_2$$

2-Metilpropanamida de N-metila | Íon hidróxido | Íon 2-Metilpropanoato | Metilamina

6.7.5.3.2. Rearranjo de Hofmann[19]

As amidas simples, ou seja, aquelas que não apresentam substituintes ligados ao átomo de nitrogênio, reagem com bromo em solução básica para fornecer aminas através de uma modificação da estrutura molecular conhecida como ***rearranjo de Hofmann***.

Equação Geral:

$$R{-}C(=O){-}NH_2 + Br_2 + 4\,NaOH \xrightarrow{H_2O} R{-}NH_2 + 2\,NaBr + Na_2CO_3 + 2\,H_2O$$

Uma amida | Bromo | Hidróxido de sódio | Uma amina | Brometo de sódio | Carbonato de sódio | Água

R = Alquil ou Aril

Exemplo:

$$(H_3C)_2CHC(=O)NH_2 + Br_2 + 4\,NaOH \xrightarrow{H_2O} (H_3C)_2CHNH_2 + 2\,NaBr + Na_2CO_3 + 2\,H_2O$$

2-Metilpropanamida | Bromo | Hidróxido de sódio | Isopropilamina | Brometo de sódio | Carbonato de sódio | Água

Da equação acima, observa-se que o átomo de carbono do grupo carbonila é liberado na forma de íon carbonato ($CO_3^{\ominus\ominus}$) e o grupo "R" da cadeia carbônica se liga ao átomo de nitrogênio, formando uma amina primária não contaminada por outros derivados.

O mecanismo da reação envolve, na etapa inicial, uma reação ácido-base e, em seguida, uma halogenação do ânion de nitrogênio da amida com bromo. A N-bromoamida formada reage com a base presente no meio reacional produzindo um novo ânion de nitrogênio, o qual se rear-

19. Gogoi P, Konwar D. An efficient modification of the Hofmann rearrangement: synthesis of methyl carbamates. Tetrahedron Letters. 2007;48:531-533.

ranja de forma espontânea, ou seja, o grupo "R" ligado ao carbono do grupo acila migra com o par de elétrons e substitui o átomo de bromo ligado ao nitrogênio para produzir um *isocianato* (R–N=C=O). Este último sofre hidrólise pela base aquosa formando o intermediário íon carbamato, que rapidamente se degrada produzindo a amina primária.

Mecanismo:

Etapa 1: Abstração do próton da amida pelo íon hidróxido, formando a base conjugada da N-alquil amida.

Uma amida (Ácido) + Íon hidróxido (Base) ⇌ Base conjugada da amida + Água (Ácido conjugado)

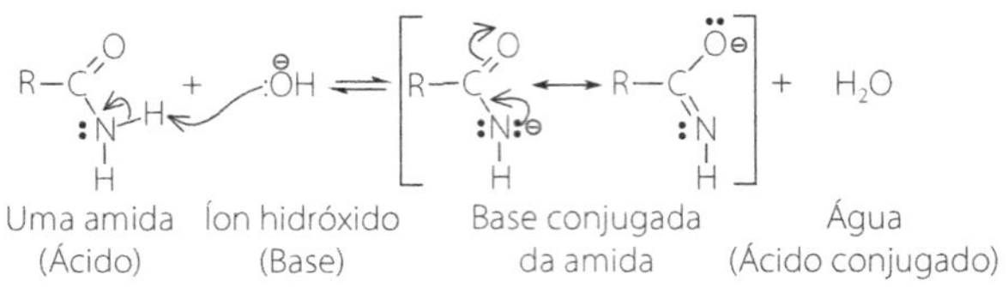

Etapa 2: Reação de N-bromação da base conjugada da N-alquil amida.

Base conjugada da amida + Bromo ⟶ N-Bromo amida + Íon brometo

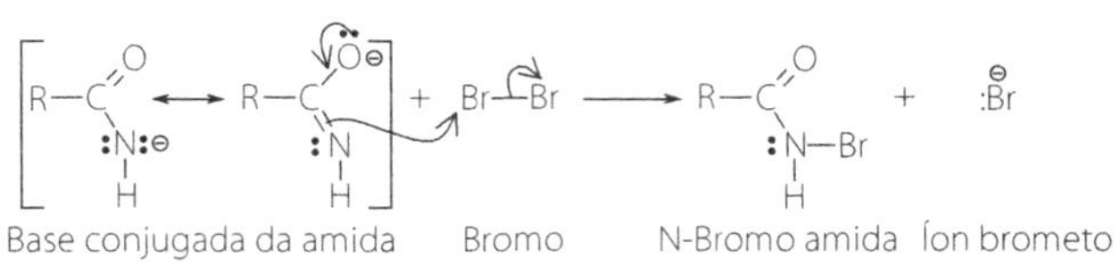

Etapa 3: O N-bromo amida sofre desprotonação pelo íon hidróxido, pois o bromo ligado ao nitrogênio deixa o hidrogênio ainda mais ácido que o reagente inicial.

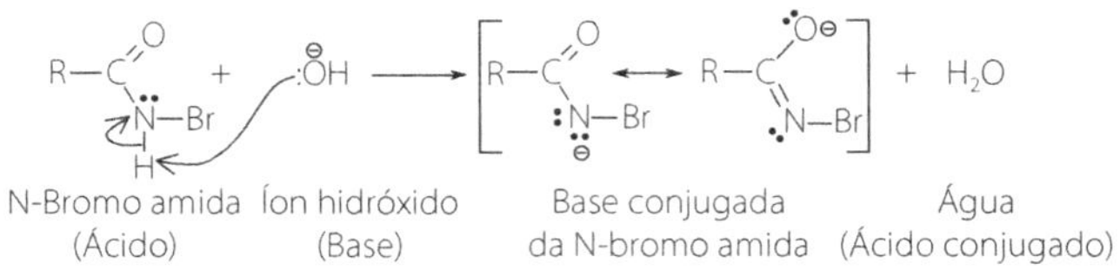

N-Bromo amida (Ácido) + Íon hidróxido (Base) ⟶ Base conjugada da N-bromo amida + Água (Ácido conjugado)

Etapa 4: A base conjugada da N-bromo amida se rearranja de modo intramolecular, pela substituição do átomo de bromo, formando o N-alquil isocianato.

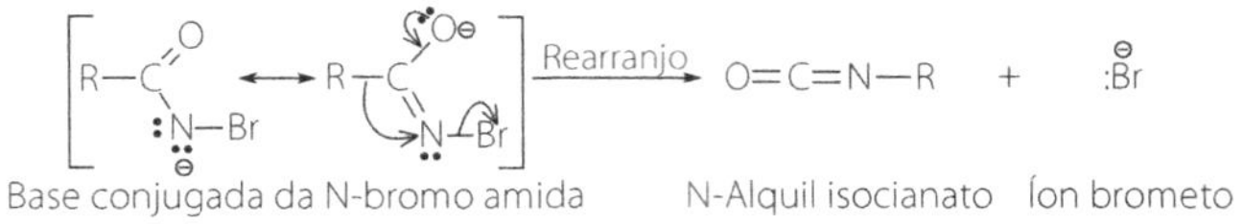

Base conjugada da N-bromo amida —Rearranjo⟶ O=C=N—R (N-Alquil isocianato) + :Br⁻ (Íon brometo)

Etapa 5: O isocianato é hidrolisado ao ácido N-alquil carbâmico, que rapidamente reage com a base que provoca uma descarboxilação, levando à amina primária.

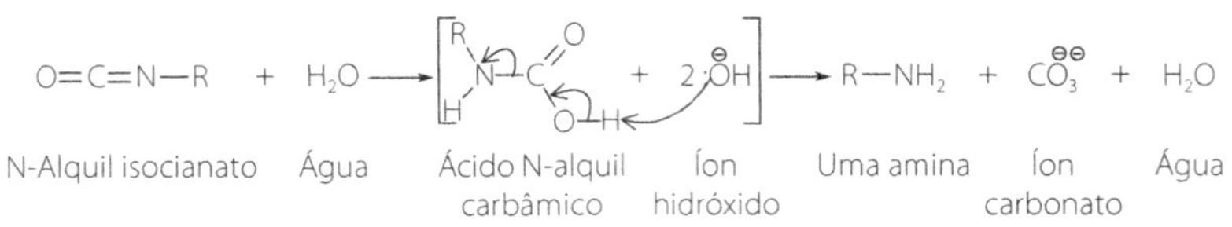

O=C=N—R (N-Alquil isocianato) + H_2O (Água) ⟶ [Ácido N-alquil carbâmico + 2 Íon hidróxido] ⟶ $R—NH_2$ (Uma amina) + CO_3^{2-} (Íon carbonato) + H_2O (Água)

6.7.5.4. Poliamidas

As poliamidas são polímeros resultantes da reação de ácidos dicarboxílicos com diaminas.

A mais conhecida das poliamidas é o ***nylon*** 6,6, um copolímero formado a partir da 1,6-hexanodiamina e ácido 1,6-hexanodioico (ácido adípico). No processo de produção industrial, o *nylon* 6,6 é produzido por aquecimento (270 °C) e pressão de aproximadamente 10 atmosferas, utilizando-se uma mistura em proporções equivalentes (em mol) das matérias-primas.

$$HO_2C(CH_2)_4CO_2H + H_2N(CH_2)_6NH_2 \xrightarrow[\text{pressão}]{\text{Calor}} -\!\!\left[NH(CH_2)_6NH\overset{O}{\overset{\|}{C}}(CH_2)_4\overset{O}{\overset{\|}{C}}\right]\!\!-_{n-1} + (2n-1)\,H_2O$$

Ácido hexanodioico   1,6-Hexanodiamina   *Nylon* 6,6   Água

Outra poliamida bastante comum é o *nylon* 6, preparado industrialmente pela polimerização sob alta temperatura (~250 °C) da ε-caprolactama ou ácido 6-amino-hexanoico, o produto de hidrólise da ε-caprolactama (ver item 6.7.5.6).

$$H_2N(CH_2)_5CO_2H \xrightarrow{\text{Calor}} -\!\!\left[NH(CH_2)_5\overset{O}{\overset{\|}{C}}\right]\!\!-_{n-1} + (2n-1)\,H_2O$$

Ácido 6-amino-hexanoico   *Nylon* 6   Água

6.7.5.5. Nitrilas

6.7.5.5.1. Preparação de Nitrilas

Os haletos de alquila primário e secundário podem ser convertidos em nitrilas, ou cianetos de alquila, reagindo-se os haletos de alquila com o íon cianeto por substituição nucleofílica.

$$N\equiv\overset{\ominus}{C} + R-X \longrightarrow N\equiv C-R + \overset{\ominus}{X}$$

Um íon cianeto (Nucleófilo)   Um haleto de alquila (Eletrófilo)   Um nitrila (Cianeto de alquila)   Um íon haleto

Quando se utiliza um haleto de alquila primário, essa reação de substituição nucleofílica é mais efetiva, já o haleto de alquila secundário reage mais lentamente, produzindo rendimento menor. Por outro lado, no haleto de alquila terciário a única reação que se observa é a de eliminação, enquanto os haletos de arila e de vinila não reagem. O solvente normalmente utilizado nessa reação é o sulfóxido de dimetila (DMSO), mas também pode ser utilizado álcool ou mistura de água-etanol.

$$CH_3I + KCN \xrightleftharpoons{\text{DMSO}} CH_3CN + KI$$

Iodometano   Cianeto de potássio   Acetonitrila   Iodeto de potássio

6.7.5.5.2. Hidrólise de Nitrilas

A alquilnitrila, quando submetida a hidrólise aquosa, ácida ou básica, sob refluxo, forma um ácido carboxílico ou o íon carboxilato, respectivamente.

$$R{-}C{\equiv}N + 2\,H_2O + H_3O^{\oplus} \xrightarrow{\text{Calor}} R{-}C(=O)OH + NH_4^{\oplus}$$

Uma nitrila — Água — Íon hidrônio — Um ácido carboxílico — Íon amônio

$$C_6H_5{-}CH_2CN \xrightarrow[\text{Calor}]{H_2O,\ H_2SO_4} C_6H_5{-}CH_2CO_2H$$

Cianeto de benzila — Ácido 2-feniletanoico

O grupo funcional nitrila em cianoidrinas pode ser hidrolisado em condições similares àquela do cianeto de alquila, proporcionando uma rota para a preparação de ácido 2-hidroxicarboxílico.

$$CH_3CH_2CH_2C(OH)(CH_3)CN \xrightarrow[\text{Calor}]{H_2O,\ HCl} CH_3CH_2CH_2C(OH)(CH_3)CO_2H$$

2-Pentanona cianoidrina — Ácido 2-hidroxil-2-metil pentanoico

6.7.5.5.3. Reação de Adição de Reagentes de Grignard

A reatividade da ligação tripla carbono-nitrogênio de nitrilas, com nucleófilos, é menor que a ligação dupla carbono-oxigênio de aldeídos e cetonas. No entanto, na presença de uma base forte, como o *reagente de Grignard* (RMgX) ou alquil lítio (RLi), sofre adição formando o íon imínio que, após hidrólise, produz uma cetona como produto de reação.

$$R{-}C{\equiv}N + R^1MgX \xrightarrow[\text{dietila}]{\text{Éter}} \left[R{-}C(=\overset{\ominus}{N}\overset{\oplus}{Mg}X){-}R^1\right] \xrightarrow[H_2O]{H_3O^+} \left[R{-}C(=NH){-}R^1\right] \longrightarrow R{-}C(=O){-}R^1 + MgX_2 + NH_3$$

Uma nitrila (Eletrófilo) — Reagente de Grignard — Íon imínio — Uma imina (não isolada) — Uma cetona — Haleto de magnésio — Amônia

A imina deveria ser isolada como produto de reação, no entanto, é muito sensível à hidrólise ácida, formando diretamente a cetona. Essa metodologia pode ser utilizada como método de preparação de cetonas.

$$CH_3C{\equiv}N + CH_3MgI \xrightarrow[\text{Éter dietila}]{H_3O^+/H_2O/\text{calor}} CH_3C(=O)CH_3$$

Etanonitrila — Iodeto de metil magnésio — Propanona (Acetona)

6.7.5.6. Lactamas

As lactamas são amidas cíclicas análogas às lactonas. Como nas lactonas, a nomenclatura das lactamas está relacionada ao tamanho do anel pelas designações com letras gregas.

Uma β-lactama — Pirrolidona (Uma γ-lactama) — Piperidona (Uma δ-lactama) — ε-Caprolactama

As lactamas são mais estáveis que as lactonas, no entanto, as β-lactamas são bastante reativas, pois o seu anel de 4-membros é tensionado e sofre abertura na presença de nucleófilos.

A ampicilina,[20] um antibiótico semissintético muito usado no tratamento de infecções por bactérias, possui em sua estrutura o sistema β-lactama.

Ampicilina

6.7.5.7. Iminas

As aminas primárias reagem com aldeídos ou cetonas, catalisadas por ácido, para formar iminas. A geometria das iminas formadas é uma mistura de isômeros *E* e *Z*, como nos alcenos.

Equação geral:

$$\underset{\text{Um aldeído ou cetona}}{RR^1C{=}O} + \underset{\text{Uma amina primária}}{H_2N{-}R^2} \xrightleftharpoons{H_3O^+} \underset{\text{Iminas isoméricas}}{RR^1C{=}NR^2 + RR^1C{=}NR^2} + \underset{\text{Água}}{H_2O}$$

Exemplo:

$$\underset{\text{Etanal}}{CH_3(R^1)C{=}O} + \underset{\text{Metanamina}}{H_2N{-}CH_3} \xrightleftharpoons{H_3O^+} \underset{(Z)\text{-N-Metiletanimina}}{CH_3(H)C{=}N{-}CH_3} + \underset{(E)\text{-N-Metiletanimina}}{CH_3(H)C{=}N{-}CH_3} + \underset{\text{Água}}{H_2O}$$

O mecanismo mostra que durante a reação ocorre a adição da amina ao carbono carbonílico do aldeído e, em uma rápida troca protônica, forma o aminoálcool. A hidroxila do aminoálcool é protonada pelo catalisador, produzindo o íon alcoxônio, do qual é eliminada uma molécula de água, formando o íon imínio, que é desprotonado pela base fraca (água) produzindo uma imina.

Um aldeído Uma amina Troca protônica Íon alcoxônio

Íon alcoxônio Íon imínio Uma imina

20. A ampicilina foi a primeira penicilina semissintética que mostrou ação contra bacilos gram-negativos (como *Escherichia coli* e *Haemophilus influenzae*, entre outros), abrindo campo para as penicilinas de amplo espectro. Foi sintetizada pela primeira vez em 1959 por pesquisadores do Laboratório Beecham, da Inglaterra.

6.7.5.8. Imidas

As imidas apresentam estruturas análogas aos anidridos de ácidos carboxílicos e são mais estáveis. As imidas mais comuns são cíclicas, como as mostradas abaixo.

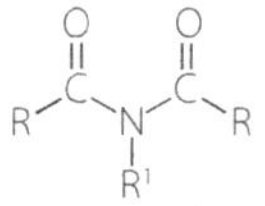

Uma imida

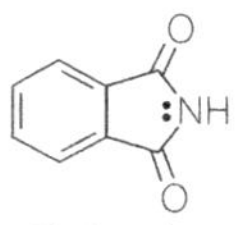

Ftalimida

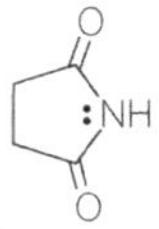

Succinimida

PROBLEMAS SELECIONADOS

1. Dê a sequência de reações utilizadas para separar uma mistura contendo anilina, naftalina, ácido benzoico e fenol. Justifique a sequência proposta.

2. Das aminas abaixo, quais são e quais não são possíveis de serem preparadas pela síntese de Gabriel. Justifique a sua resposta para cada caso.

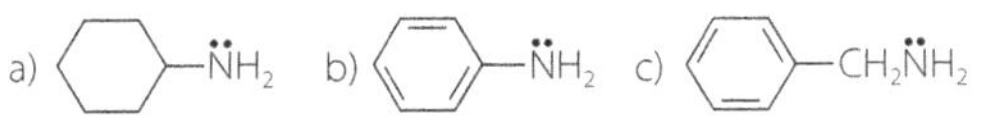

a) ciclo-hexil–$\ddot{N}H_2$ b) ciclo-hexenil–$\ddot{N}H_2$ c) fenil–$CH_2\ddot{N}H_2$ d) $(CH_3)_2\ddot{N}H$

3. Proponha ao menos duas rotas sintéticas viáveis para a preparação de isobutilamina $[(CH_3)_2CHCH_2NH_2]$. Dê o caminho sintético para cada método e explique.

4. Das aminas abaixo, dê a ordem crescente da força básica em solução aquosa fundamentada em conceitos físico-químicos.

Pirrolidina Quinuclidina Trietilamina Dietilamina

5. Explique as razões pelas quais uma amina primária não é convenientemente preparada diretamente pela reação de substituição nucleofílica entre a amônia e um haleto de alquila.

6. Dê as estruturas de todos os isômeros possíveis, bem como as suas nomenclaturas IUPAC, para os compostos cuja estrutura molecular apresenta a fórmula molecular $C_5H_{13}N$.

7. Dê as estruturas moleculares para os compostos abaixo cujos nomes são:

a) N-Etilciclo-hexanamina
b) *sec*-Butilamina
c) N-Metil-N-etilbenzenamina
d) N-Metilisopropanamina

8. Dê o nome conveniente para as estruturas moleculares das aminas listadas abaixo:

a) $CH_3CH_2NHCH_3$ b) $C_6H_5CH(CH_3)NHCH_3$ c) H_3C, H $>C=C<$ H, CH_2NH_2

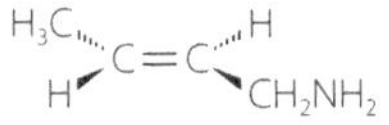

9. O pK_a da anilina (~4,6) é bem menor que o da benzilamina (~9,3). Justifique essa afirmativa e explique as diferenças.

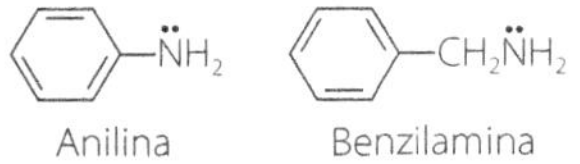

Anilina (pKa~4,6) Benzilamina (pKa~9,3)

10. A força básica de uma dialquilamina (R_2NH) em solução aquosa é maior que a de uma trialquilamina (R_3N). Explique as razões dessa diferença.

11. Tendo-se os seguintes reagentes: bromobenzeno, amideto de sódio ($NaNH_2$) e amônia líquida à disposição no laboratório. Pergunta-se: é possível preparar a anilina com esses reagentes? Dê as equações envolvidas e explique as razões da sua resposta.

12. As duas aminas mostradas abaixo diferem bastante em seus valores de K_b. Qual é a base mais forte? Justifique a sua resposta.

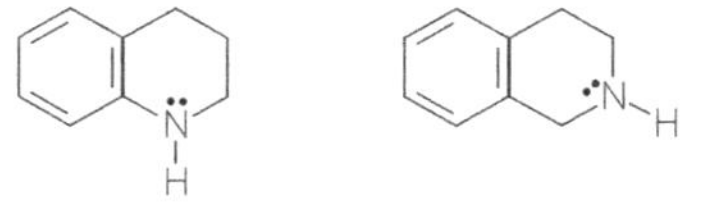

13. Dê todos os isômeros estruturais possíveis, bem como as nomenclaturas, para os compostos cuja fórmula molecular é $C_5H_{12}O$.

14. Os ângulos de ligação H–X–H na amônia e na água são de 107º e 105º, respectivamente. Como se explica essa diferença, mesmo sabendo que ambos os átomos de nitrogênio e oxigênio estão hibridizados sp^3?

15. Seria possível preparar o álcool 3-metil-2-butanol utilizando-se 2-metil-2-buteno no laboratório, livre de quaisquer subprodutos de reação? Dê os outros reagentes necessários e justifique a sua resposta.

16. A síntese de Williamson de éteres envolve uma reação de substituição nucleofílica entre um íon alcóxido, formado no álcool de origem usado como solvente, e um haleto de alquila. Se for utilizado esse procedimento na reação de 2-cloro-3-metilbutano, como eletrófilo, e o isopropóxido de potássio, como nucleófilo, seria possível prever o produto majoritário e o produto minoritário? Explique as razões dessas observações.

17. Em um laboratório de ensino, o professor solicitou a preparação de 2-pentanol e, para tal, forneceu aos alunos óxido de propileno, brometo de etila, magnésio metálico e o solvente etoxietano. Auxilie os alunos a atingirem o objetivo explicando o que acontece em cada etapa proposta.

18. Adicionando-se o cloreto de neopentila a uma solução de etóxido de sódio em etanol, o que ocorre na reação: uma substituição, uma eliminação ou nada se observa? Justifique a sua conclusão.

19. Em uma aula de química orgânica experimental o aluno tem à disposição no laboratório os seguintes reagentes e solventes: etanol, sódio metálico, *terc*-butanol, potássio metálico, bromoetano e brometo de *terc*-butila. Foi-lhe solicitada a preparação do *terc*-butóxido de etila e do 2-metilpropeno. Como ele deve realizar os procedimentos experimentais para obter os produtos desejados? Justifique a sua resposta.

20. Um estudante necessita preparar o composto 2-metilciclo-hexanol e dispõe de alguns reagentes como: solução de peróxido de hidrogênio, borana-THF, solução 6,0 mol/L de hidróxido de sódio, solução diluída de ácido sulfúrico e metilenociclo-hexano. Auxilie o estudante a solucionar esse problema sugerindo as etapas de reações que sejam convenientes e justifique-as.

21. Quando o 2-metilbutano é tratado com o gás cloro, em presença de luz ultravioleta, as ligações C–H são clivadas por homólise e o átomo de H é substituído pelo átomo de cloro, originando as ligações C–X. Pergunta-se: quantos produtos monoclorados, di- e triclorados em carbonos diferentes são possíveis de serem obtidos? Dê as possíveis estruturas e seus respectivos nomes.

22. A adição de cloreto de hidrogênio ao 3,3-dimetil-1-buteno forma uma mistura de dois cloretos isoméricos, em quantidades aproximadamente iguais. Sugira as possíveis estruturas desses compostos e dê uma explicação plausível que justifique essas estruturas.

23. Certo composto contendo apenas carbono e hidrogênio em sua estrutura tem uma massa molar igual a 70. A sua cloração fotoquímica forneceu uma mistura contendo apenas um produto monoclorado e dois produtos diclorados em carbonos diferentes. Qual é a estrutura do material de partida e dos seus produtos clorados? Explique essa observação.

24. Um aluno de graduação tem à sua disposição no almoxarifado os seguintes reagentes e solventes: solução a 48% de HBr, 2-metil-2-buteno, etoxietano, borana-THF 1,0 mol/L, diglima ($CH_3CH_2OCH_2CH_2OCH_2CH_3$), solução 6,0 mol/L de NaOH, peróxido de hidrogênio 30 volumes e solução diluída de HCl. Ele deve preparar o composto 2-bromo-2-metilbutano por uma rota sintética conveniente e simples. Auxilie o aluno a atingir o objetivo e explique cada etapa da reação.

25. Dê os reagentes e as condições experimentais para preparar as substâncias abaixo e explique as suas escolhas.

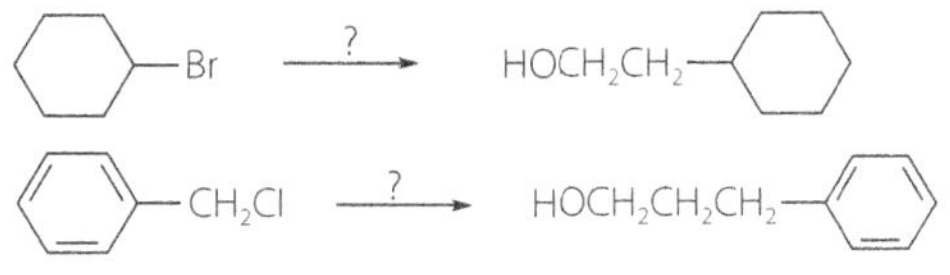

26. Dê os nomes IUPAC para as estruturas dos seguintes compostos:

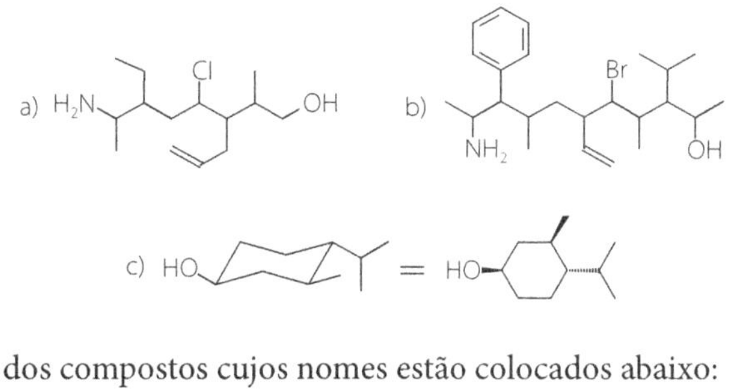

27. Dê as estruturas dos compostos cujos nomes estão colocados abaixo:

a) 2-Epoxibutano
b) 2-Cloro-3-isopropilciclo-hexanol
c) 3-Cloroanisol
d) N-Metilanilina

28. O composto epoxiciclo-hexano foi hidrolisado com uma solução aquosa ácida e o produto isolado foi tratado com tetraacetato de chumbo [$Pb(OAc)_4$], produzindo um dialdeído ($C_6H_{10}O_2$). Em seguida, uma solução aquosa básica foi adicionada ao dialdeído, a mistura foi aquecida formando o produto C_6H_8O. Quais são os produtos formados? Dê as estruturas moleculares, as equações químicas envolvidas, bem como o mecanismo, quando conhecido, para as reações.

29. Levando-se em consideração o conceito de polarizabilidade de um átomo, discuta a acidez do etanol e do etanotiol, ou seja, qual é o composto mais ácido? Justifique a sua resposta.

30. Considerando-se a maior polaridade do álcool em relação ao tiol, qual dos dois compostos da questão anterior apresenta o menor ponto de ebulição? Justifique.

31. Proponha e justifique uma rota sintética conveniente para preparar a benzilamina, utilizando-se como material de partida a 2-fenilacetamida. Forneça as justificativas das etapas propostas. (Sugestão: *Utilize outros reagentes orgânicos ou inorgânicos convenientes para solucionar o problema.*)

32. Tendo à sua disposição os compostos: etanol, cloro cromato de piridínio (PCC), hidróxido de sódio e vários solventes convenientes, como seria possível preparar o 2-butenal? Explique as reações propostas.

33. Como se explica a completa solubilidade de acetona (propanona) em água, visto que é um solvente polar aprótico?

34. O tetra-hidrofurano geralmente é melhor solvente que etoxietano (éter dietila) para ser usado com reagentes organometálicos (embora haja algumas exceções). Qual é a explicação razoável para essa observação?

Tetraidrofurano (THF) — Etoxietano (Éter etílico)

35. Para cada uma das séries de isômeros abaixo, dê a ordem de facilidade de desidratação, catalisada por ácido. Justifique a sua resposta.

a) OH — HO — HO

b) OH — OH — OH

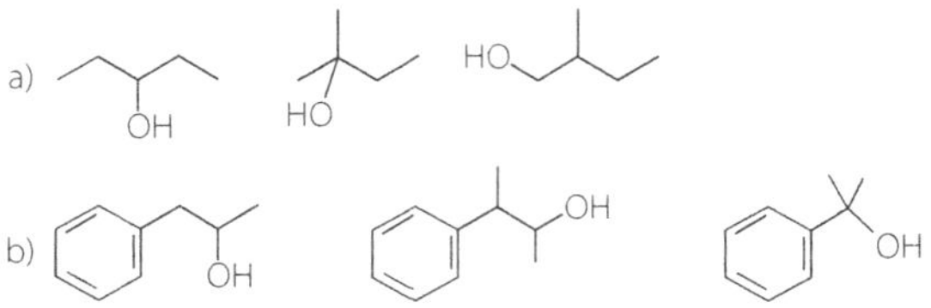

36. A adição de brometo de fenilmagnésio ao carbono carbonílico da 4-*terc*-butilciclo-hexanona produz dois álcoois terciários isoméricos. Ambos os álcoois produzem o mesmo alceno, quando submetido à desidratação por hidrólise ácida. Dê as estruturas prováveis dos dois álcoois obtidos.

$(CH_3)_3C$ — O

4-*terc*-Butilciclo-hexanona

37. A cianoidrina apresenta o grupo hidroxila como potencialmente reativo. O composto metacrilonitrila é usado como reagente na produção de plásticos e fibras na indústria. A acetonacianoidrina é a matéria-prima usada e a desidratação catalisada por ácido é o método utilizado para a sua produção. Dê as equações de formação da acetonacianoidrina e do produto metacrilonitrila.

38. Para cada um dos seguintes pares de compostos mostrados abaixo, determine aquele que sofrerá ataque pelo nucleófilo mais facilmente no carbono carbonílico. Justifique a sua resposta.

a) $CH_3\overset{O}{\overset{\|}{C}}CH_3$ ou $CH_3\overset{O}{\overset{\|}{C}}OCH_3$

b) $CH_3\overset{O}{\overset{\|}{C}}OCH_3$ ou $CH_3\overset{O}{\overset{\|}{C}}NH_2$

c) $CH_3\overset{O}{\overset{\|}{C}}CH_3$ ou $CH_3CH_2\overset{O}{\overset{\|}{C}}H$

39. A estrutura de um tioéster é análoga à de um éster, pela simples troca de um átomo de oxigênio por um átomo de enxofre. Se cada um dos compostos abaixo for submetido a uma reação com um nucleófilo, qual dos dois sofrerá ataque mais rápido no carbono carbonílico? Justifique.

$CH_3\overset{O}{\overset{\|}{C}}OCH_3$ ou $CH_3\overset{O}{\overset{\|}{C}}SCH_3$

Etanoato de metila — Tioetanoato de metila

40. Um composto de fórmula molecular $C_6H_{11}Br$ é um brometo terciário. Quando tratado com etóxido de sódio em etanol é transformado em C_6H_{10}. Este último, em condições de ozonólise, produz o 5-oxo-hexanal ($C_6H_{10}O$) mostrado abaixo. Deduza as estruturas de $C_6H_{11}Br$ e de C_6H_{10} e dê o mecanismo da reação de ozonólise para a formação do composto abaixo.

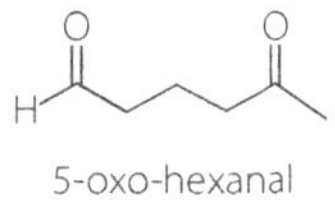

$H\overset{O}{\overset{\|}{C}}CH_2CH_2CH_2\overset{O}{\overset{\|}{C}}CH_3$

5-oxo-hexanal

41. Dê as estruturas dos produtos derivados da condensação aldólica intramolecular envolvendo o ceto-aldeído (5-oxo-hexanal) da questão 40, nas mesmas condições da reação abaixo. Explique a formação de ambos os compostos C_6H_8O.

$$CH_3\overset{O}{\overset{\|}{C}}CH_2\overset{CH_3}{\overset{|}{C}}H{-}C\overset{\nearrow O}{\underset{\searrow H}{}} \xrightarrow[\text{2. Calor}]{\text{1. KOH; } H_2O} C_6H_8O$$

42. Proponha uma explicação plausível para a reação abaixo. Justifique.

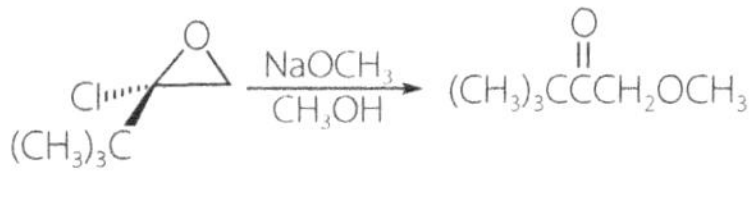

$$\text{epóxido (Cl, } (CH_3)_3C) \xrightarrow[CH_3OH]{NaOCH_3} (CH_3)_3C\overset{O}{\overset{\|}{C}}CH_2OCH_3$$

43. Mostre as reações de preparação do ácido hexanoico a partir dos compostos abaixo e explique.

a) 1-bromopentano (2 propostas);

b) 1-hexeno.

44. Qual produto é formado quando o anidrido etanoico é tratado com os reagentes abaixo? Dê o mecanismo de cada procedimento.

a) CH_3CH_2OH b) C_6H_6, $AlCl_3$ c) $CH_3CH_2NH_2$ (excesso)

45. Dê a estrutura do produto da reação abaixo, bem como a explicação para a sua formação.

CH_3 (lactona) + H_2NCH_3 ⟶ ?

46. As reações abaixo foram descritas na literatura química, formam produtos simples e em bons rendimentos. Qual é o produto formado em cada reação? Justifique.

a) (3-bromotolueno: CH_3, Br) $\xrightarrow[\text{2. } CO_2 \text{ ; 3. } H_3O^+]{\text{1. Mg, } (CH_3CH_2O)_2}$

b) (3-clorofenilacetonitrila: CH_2CN, Cl) $\xrightarrow[H_2SO_4\text{, Calor}]{H_2O\text{, } (CH_3CH_2O)_2}$

47. Utilizando uma série de equações, mostre como você pode preparar cada um dos seguintes compostos, a partir do material de partida indicado e qualquer outro reagente orgânico ou inorgânico necessário. Justifique cada etapa proposta.

a) Ácido 2-metilpropanoico a partir de *terc*-butanol;

b) Ácido 3-metilbutanoico a partir de *terc*-butanol;

c) 3-Fenil-1-butanol a partir de 3-fenilbutanonitrila.

48. Complete a síntese do gliceraldeído esquematizada abaixo. Quais são as estruturas dos intermediários de **A**, **B** e **C**? Explique o que acontece em cada etapa das reações.

$$CH_2{=}CHCH_2OH \xrightarrow[CH_2Cl_2]{PCC} A\ (C_3H_4O) \xrightarrow[H_3O^+]{CH_3OH} B\ (C_5H_{10}O_2)$$

$$B \xrightarrow{KMnO_4;\ ^-OH \text{, a frio, diluído}} C\ (C_5H_{12}O_4)$$

$$(C_3H_6O_3)\ \text{Gliceraldeído} \xleftarrow[H_2O]{H_3O^+} C\ (C_5H_{12}O_4)$$

49. As amidas são bases bem mais fracas que as aminas, mas são ácidos bem mais fortes. As amidas têm valores de pK_a no intervalo de 14-16, enquanto as aminas têm valores de pK_a entre 33-35.

a) Quais fatores contribuem para essa maior acidez das amidas? Justifique.

b) As imidas $[(RCO)_2NH]$ são ácidos mais fortes que as amidas. O pK_a das imidas varia de 9 a 10, e consequentemente se dissolvem em solução aquosa de NaOH, formando sais de sódio solúveis. Qual é a contribuição extra que proporciona essa maior acidez das imidas? Justifique.

50. Deixando-se o composto **A** em solução ácida diluída, este é suavemente convertido ao composto mevalolactona.

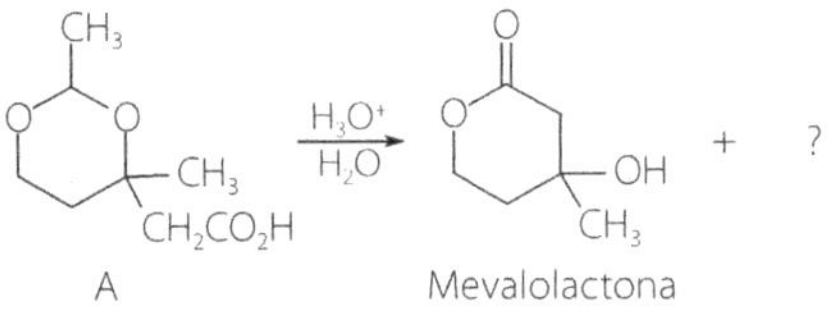

CH_3 CH_3 CH_2CO_2H $\xrightarrow[H_2O]{H_3O^+}$ O OH CH_3 + ?

A Mevalolactona

Dê uma explicação plausível para essa reação de conversão e mostre qual é o outro produto formado além da mevalolactona. Justifique.

7

Compostos Organometálicos

Giuliano Cesar Clososki
Flavio da Silva Emery

RESUMO

Este capítulo abordará o uso dos reagentes organometálicos, que são caracterizados por compostos que possuem um íon de caráter metálico, tal como Li, Mg, Zn e Cu entre outros, diretamente ligado ao átomo de carbono. O comportamento químico desses reagentes é dependente da natureza do íon metálico e da hibridização do carbono ao qual está ligado; então é possível controlar a reatividade dessas espécies através da variação dos substituintes ligados ao metal. Neste capítulo, serão discutidos alguns aspectos da ligação carbono-metal nos ***compostos organometálicos***, sua nomenclatura, além dos principais métodos de preparação e utilização dos reagentes organometálicos mais usados em Química Orgânica. Além disso, algumas aplicações de importantes complexos de metais de transição serão também apresentadas.

INTRODUÇÃO

Os ***compostos organometálicos*** ocupam atualmente uma posição central na Química Orgânica, principalmente na formação de ligações carbono-carbono. Trata-se de compostos que possuem um íon de caráter metálico diretamente ligado ao átomo de carbono da molécula orgânica.

O termo ***organometálico*** foi introduzido pelo químico inglês Edward Frankland (1825-1899) que, em 1848, sintetizou pela primeira vez o dietilzinco ($ZnEt_2$), considerado até hoje um dos mais importantes reagentes dessa classe. Nos anos seguintes, Frankland preparou os reagentes dialquilmercúrio [$Hg(CH_3)_2$ e $HgEt_2$ (1952)], além do tetraetilestanho [$Sn(C_2H_5)_4$] e do trimetilborano [$B(CH_3)_3$], ambos em 1860. Os reagentes organozinco e organomercúrio foram imediatamente usados para sintetizar muitos outros compostos de estruturas inéditas. Por exemplo, em 1863, o francês Charles Friedel (1832-1899) e o norte-americano James Mason Crafts (1839-1917) prepararam muitos compostos organoclorosilanos (R_nSiCl_{4-n}) através de reações de $SiCl_4$ com reagentes diorganozinco.

Outros desenvolvimentos levaram a várias aplicações industriais para os ***compostos organometálicos***, como a catálise de polimerização de alcenos e os polímeros de silicone. Desde os anos

1960, a pesquisa exploratória com ***compostos organometálicos*** tem sido dominada por estudos dos compostos do bloco ***d*** da tabela periódica[1]. Entretanto, mais recentemente foi retomado o interesse pelas propriedades dos ***compostos organometálicos*** do grupo principal (blocos ***s*** e ***p*** da tabela periódica)[2], tornando possível o surgimento de novas classes de compostos.

Para uma leitura complementar e discussão mais aprofundada sobre a reatividade dos reagentes organometálicos e o mecanismo de suas reações, algumas referências bibliográficas são sugeridas no final do capítulo.

7.1. Ligações Carbono-Metal nos Compostos Organometálicos

São chamados de ***compostos organometálicos*** os compostos que contêm pelo menos uma ligação carbono-metal (C–M), sendo que neste contexto o sufixo "metal" inclui os metaloides como boro, silício, germânio, telúrio e astato. É comum encontrarmos essa definição para um composto classificado como organometálico, mas, na prática, o termo é empregado de forma mais ampla.

A natureza da ligação metal-carbono é muito variável, apresentando ligações que são essencialmente iônicas ou ligações que são essencialmente covalentes. Considerando que a porção orgânica do ***composto organometálico*** tem algum efeito sobre a natureza da ligação metal-carbono, a identidade do metal em si também tem uma contribuição importante sobre essas ligações. Por exemplo, as ligações carbono-sódio e carbono-potássio são basicamente de caráter iônico, enquanto as ligações carbono-chumbo, carbono-estanho, carbono-tálio e carbono-mercúrio são essencialmente covalentes. Ligações carbono-lítio e carbono-magnésio encontram-se entre esses extremos (Figura 7.1).

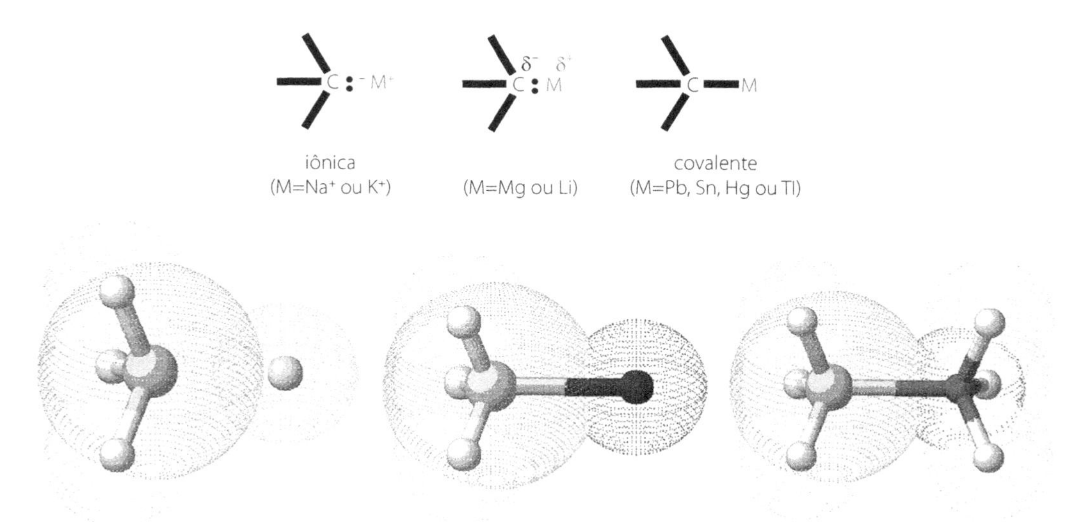

Figura 7.1. Características das ligações envolvendo compostos organometálicos.

---

1. O bloco ***d*** da tabela periódica é o conjunto de grupos cujos elementos possuem o elétron de mais alta energia no orbital atômico ***d***. Os grupos de elementos que pertencem ao bloco ***d*** são todos da série "metais de transição" (grupos B).
2. O bloco ***s*** da tabela periódica é o conjunto de grupos cujos elementos possuem o elétron de mais alta energia no orbital atômico ***s***. Os grupos de elementos que pertencem ao bloco ***s*** são os metais alcalinos (grupo 1A), alcalino-terrosos (grupo 2A), hidrogênio e hélio. O bloco ***p*** da tabela periódica é o conjunto de grupos cujos elementos possuem o elétron de mais alta energia no orbital atômico ***p***. Os grupos de elementos que pertencem ao bloco ***p*** são os compostos das famílias do boro (grupo 3A), do carbono (grupo 4A), do nitrogênio (grupo 5A), dos calcogênios (grupo 6A), dos halogênios (grupo 7A) e dos gases nobres (exceto o hélio).

O carbono não é fortemente eletropositivo nem eletronegativo. Quando o carbono está ligado a um elemento mais eletronegativo do que ele mesmo, como o oxigênio ou o cloro, a distribuição eletrônica na ligação é polarizada de modo que o carbono seja ligeiramente positivo e o átomo mais eletronegativo seja ligeiramente negativo. Contrariamente, quando o carbono está ligado a um elemento menos eletronegativo, como um metal, os elétrons da ligação são mais fortemente atraídos para o carbono. Assim, os ***compostos organometálicos*** têm caráter ***carbaniônico***. Um carbânion é um carbono que contém um par de elétrons não compartilhado, que se comporta como um íon negativo. À medida que o metal se torna mais eletropositivo, o caráter iônico da ligação carbono-metal torna-se mais pronunciado.

Os compostos organossódio e organopotássio têm ligações iônicas carbono-metal. Por outro lado, os compostos organolítio e organomagnésio tendem a ter ligações carbono-metal covalentes, porém, mais polares, com caráter ***carbaniônico*** significativo.

A Tabela 7.1 mostra as diferenças de eletronegatividade entre o carbono e vários metais. A partir dessas diferenças podemos estimar a característica do percentual iônico de cada ligação carbono-metal.

Tabela 7.1. Diferenças na eletronegatividade da ligação carbono-metal (C–M)

Ligação $C^{\delta-} - M^{\delta+}$	Diferenças na eletronegatividade	Percentual do caráter iônico*
C–Li	2,5-1,0 = 1,5	60
C–Mg	2,5-1,2 = 1,3	52
C–Al	2,5-1,5 = 1,0	40
C–Zn	2,5-1,6 = 0,9	36
C–Sn	2,5-1,8 = 0,7	28
C–Cu	2,5-1,9 = 0,6	24
C–Hg	2,5-1,9 = 0,6	24
C–B	2,5-2,0 = 0,5	20

*Percentual do caráter iônico = $(E_C - E_M/E_C) \times 100$; onde: E_C = Eletronegatividade do carbono e E_M = Eletronegatividade do metal.

De maneira geral, a diferença na polaridade da ligação carbono-metal indica a existência de uma carga parcial negativa no carbono e de uma carga parcial positiva no metal. Assim, nos ***compostos organometálicos***, o carbono diretamente ligado ao metal é nucleofílico e básico. Esta característica é a principal responsável pelas aplicações sintéticas desses reagentes.

Como alguns ***compostos organometálicos*** são muito reativos e até mesmo pirofóricos (caso dos reagentes de sódio e potássio), é comum que as reações envolvendo esses reagentes sejam realizadas sob atmosfera de gases inertes como o nitrogênio e o argônio. Além disso, nos casos que envolvem ligações carbono-metal com alto caráter iônico, as reações são normalmente realizadas na presença de solventes apróticos, como éter dietílico e tetra-hidrofurano (THF).

7.2. Nomenclatura dos Compostos Organometálicos

De maneira geral, os ***compostos organometálicos*** são classificados em função do tipo de metal ligado à cadeia principal da estrutura, como, por exemplo, organolítio, organomagnésio, organoborano e organocuprato (Figura 7.2). Na maioria dos casos, a nomenclatura específica dos ***compostos organometálicos*** considera o metal como a raiz do nome e a cadeia carbônica é identificada pelo respectivo prefixo (Figura 7.2).

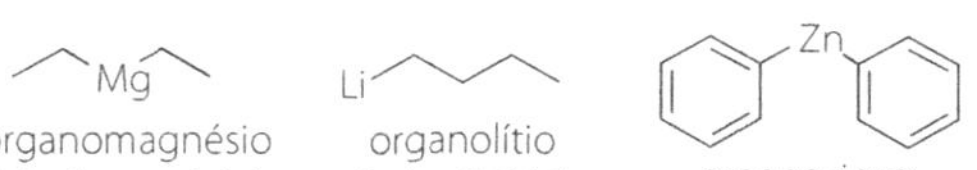

Mg — Li — Zn

organomagnésio (dietilmagnésio) — organolítio (*n*-butil-lítio) — organozinco (difenilzinco)

Figura 7.2. Nomenclatura de alguns compostos organometálicos.

Porém, alguns casos se destacam. Para os metais de transição é comum considerar a nomenclatura dos compostos de coordenação, aplicando modelos sistemáticos da química inorgânica. Por outro lado, alguns grupos de átomos, como o boro, o selênio e o silício, são comumente considerados como hidretos parentais. Neste caso, ao respectivo nome do hidreto parental (borano, selano e silano) são adicionados os prefixos referentes aos substituintes, por exemplo, trietilborano e dimetilsilano (Figura 7.3).

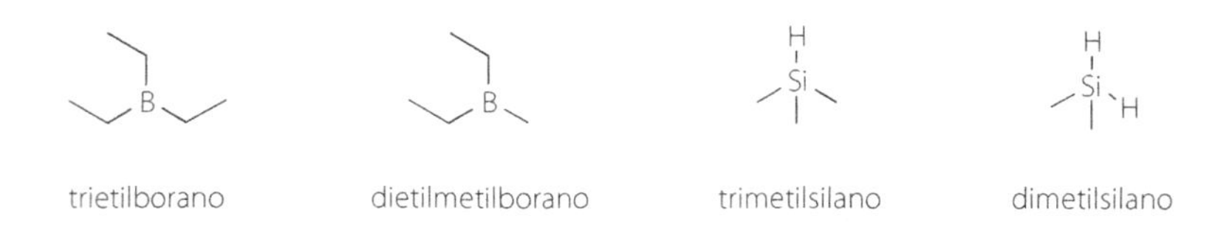

Figura 7.3. Exemplos da nomenclatura de reagentes de boro e silício.

Nos casos em que o metal está ligado a outro substituinte, deve-se considerar o substituinte como um ânion e assim indicá-lo como tal na nomenclatura (Figura 7.4).

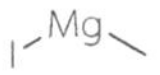

I–Mg

iodeto de metilmagnésio

Figura 7.4. Exemplo de nomenclatura de um reagente de magnésio e iodo.

Uma alternativa a esta nomenclatura envolve casos de ligações metal-carbono de elevado caráter iônico. Nesses exemplos, a cadeia carbônica é considerada um ânion e o metal o cátion. Nesse caso, a nomenclatura segue o estilo semelhante ao definido para sais (Figura 7.5). Esta regra também vale para os casos em que o organometálico é um sal, como no caso dos cupratos (Figura 7.5).

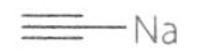

≡—Na — $(CH_3)_2CuLi$

acetileto de sódio — dimetilcuprato de lítio

Figura 7.5. Exemplos da nomenclatura de reagentes organometálicos contendo ligações de caráter iônico.

7.3. Preparação e Uso de Compostos Organolítio

Embora muitos métodos de preparação em laboratório sejam conhecidos, os reagentes organolítio de estrutura mais simples são preparados em grande escala através da reação de lítio metálico com haletos de alquila, alquenila ou arila (Figura 7.6).

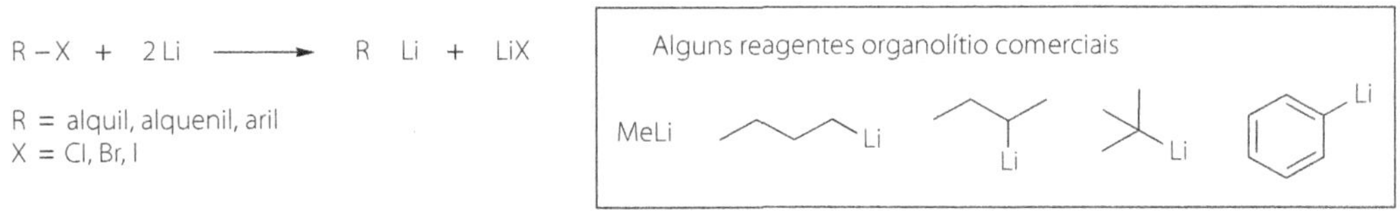

$R-X + 2Li \longrightarrow R\ Li + LiX$

R = alquil, alquenil, aril
X = Cl, Br, I

Alguns reagentes organolítio comerciais

MeLi

Figura 7.6. Método clássico de preparação de reagentes organolítio.

A partir dos reagentes mostrados acima, ou de estrutura similar, uma série de derivados organolítio podem ser preparados. Uma das estratégias mais utilizadas envolve a reação de troca metal-halogênio, cujo equilíbrio da reação favorece a formação do reagente organolítio derivado do composto mais ácido. Assim, a estratégia é bastante apropriada para a preparação de reagentes organolítio vinílicos e aromáticos (Figura 7.7).

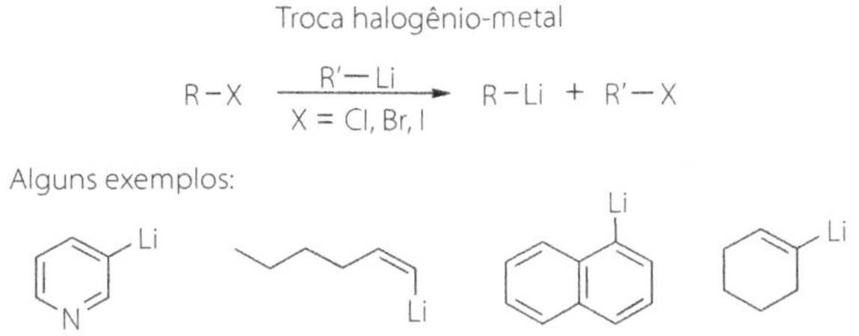

Troca halogênio-metal

$$R-X \xrightarrow[X = Cl, Br, I]{R'-Li} R-Li + R'-X$$

Alguns exemplos:

Figura 7.7. Preparação de reagentes organolítio através da troca halogênio-metal.

Reações de troca metal-metal ou metal-metaloide são também utilizadas, especialmente para a conversão de estananas vinílicas em reagentes organolítio vinílicos (Figura 7.8). Neste caso, a reação favorece a formação do organometálico, que possui o metal mais eletropositivo (lítio) ligado ao carbânion mais estável.

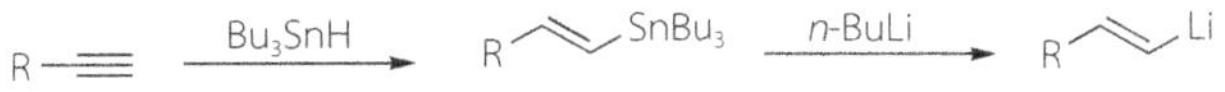

Bu_3SnH — $SnBu_3$ — n-BuLi — Li

Figura 7.8. Preparação de reagentes organolítio através da troca estanho-lítio.

Outro importante método de preparação de reagentes organolítio é baseado na troca hidrogênio-lítio, também conhecida como litiação. Neste caso, o reagente organolítio atua como base e promove a desprotonação dos substratos (Figura 7.9). Assim como nos casos anteriores, para o sucesso dessa reação é importante que o organolítio formado no meio reacional seja mais estável que o seu precursor.

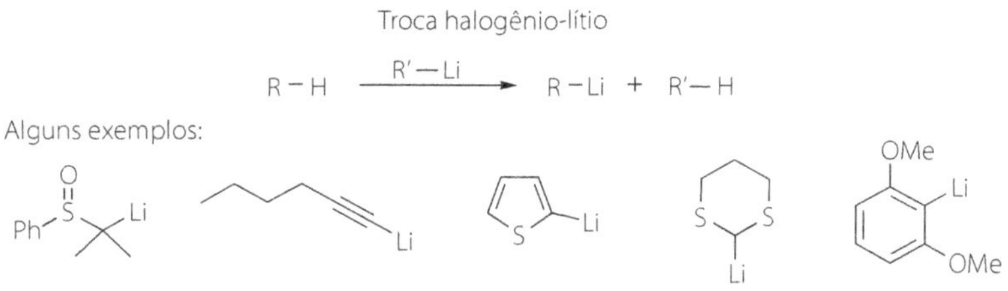

Troca halogênio-lítio

$$R-H \xrightarrow{R'-Li} R-Li + R'-H$$

Alguns exemplos:

Figura 7.9. Preparação de reagentes organolítio através de reações de litiação.

Em vários tipos de substratos, a presença de alguns substituintes, conhecidos como grupos *orto*-dirigentes, pode diferenciar a acidez dos hidrogênios, tornando as reações de litiação mais seletivas. Entre os substituintes mais utilizados estão os ácidos carboxílicos, ésteres, amidas e carbamatos. No caso de substratos que contenham grupos funcionais mais reativos, produtos indesejados podem ser obtidos pela alta nucleofilicidade de alguns reagentes organolítio. Neste caso, os amidetos de lítio podem ser uma boa opção, especialmente as que possuem impedimento estérico como o LDA (di-*iso*propropilamideto de lítio), um reagente facilmente preparado através da reação de di-*iso*propilamina anidra com um reagente alquil-lítio, como, por exemplo, o *n*-BuLi. Preparadas de forma similar, a LiTMP (tetrametilpiperidinamideto de lítio) e a LiHMDS [bis(trimetilsilil)amideto de lítio] também são importantes bases estericamente impedidas de lítio (Figura 7.10).

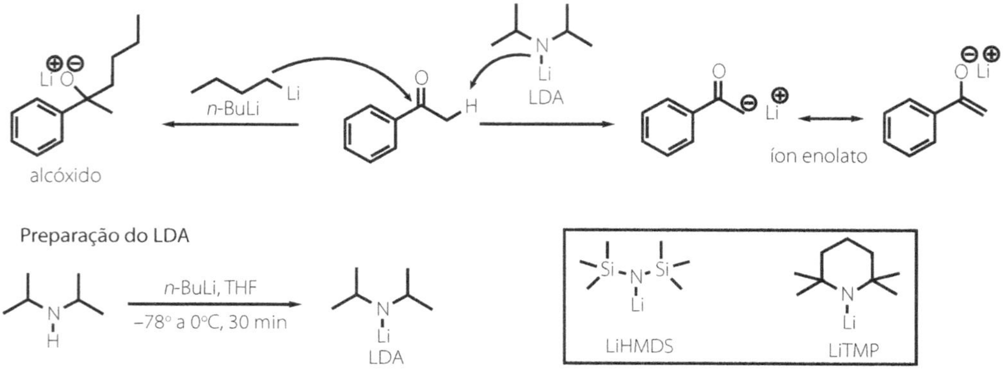

Figura 7.10. Reação de litiação usando amidetos de lítio.

Uma das principais aplicações de compostos organolítio é na formação de novas ligações carbono-carbono. Como são nucleófilos muito fortes, além da reação com compostos carbonílicos exemplificada na Figura 7.10, os reagentes organolítio reagem bem com agentes alquilantes como o iodometano (MeI) e vários outros eletrófilos. Algumas das mais importantes reações dos compostos organolítio estão mostradas na Figura 7.11.

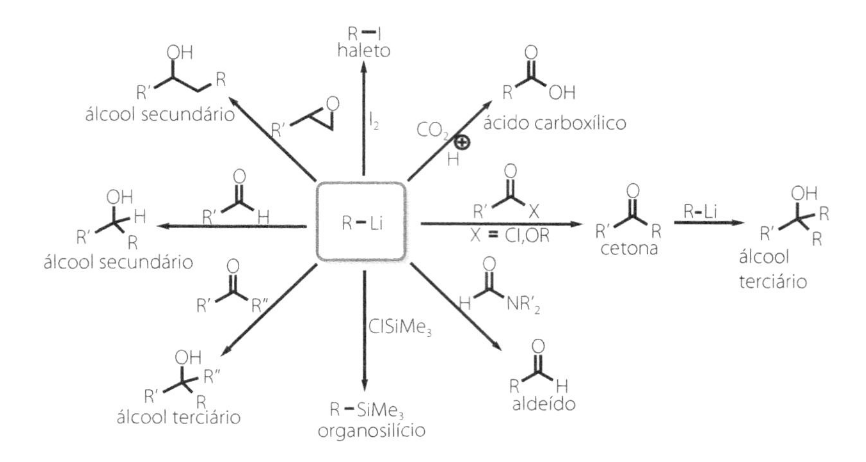

Figura 7.11. Reações de reagentes organolítio com diferentes eletrófilos.

Embora os reagentes organolítio tenham a sua importância reconhecida na indústria de polímeros, a sua versatilidade para mediar a formação de novas ligações carbono-carbono a partir de diferentes substratos é a principal razão por seu crescente uso na indústria de química fina.

7.4. Preparação e Uso de Compostos Organomagnésio – Reagentes de Grignard

Os reagentes organomagnésio estão entre os ***compostos organometálicos*** mais utilizados em síntese orgânica, sendo normalmente preparados pela reação direta de haletos de alquila com o magnésio metálico (Figura 7.12) em solventes etéreos, tais como o éter dietílico e o tetra-hidrofurano (THF).

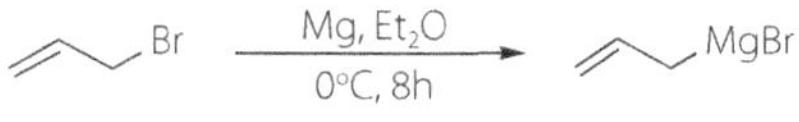

Br $\xrightarrow[0°C,\ 8h]{Mg,\ Et_2O}$ MgBr

Figura 7.12. Preparação do brometo de vinilmagnésio.

Nessas reações, o magnésio metálico (Mg^0) é oxidado ao Mg^{2+} por meio de um mecanismo que envolve transferência de elétrons e a formação de intermediários radicalares aniônicos e um catiônicos (Figura 7.13). A reatividade dos haletos de alquila segue a ordem: R–I > R–Br > R–Cl.

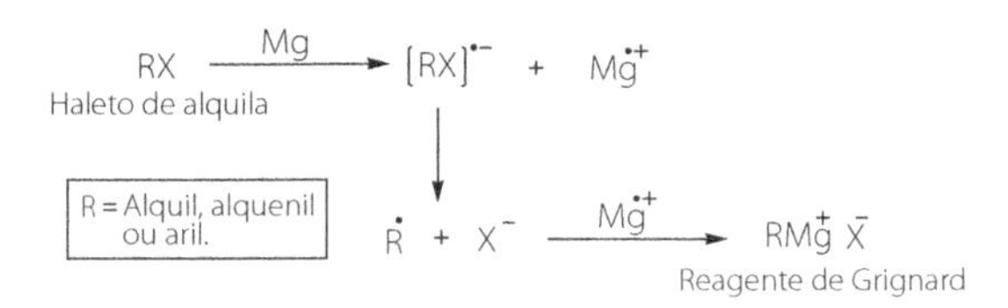

Figura 7.13. Etapas da formação de reagentes de Grignard a partir de magnésio metálico.

Em 1912, o químico francês François Auguste Victor Grignard (1871-1935) foi agraciado com o prêmio Nobel de Química pelo seu trabalho sobre a reatividade dos compostos organomagnésio, frequentemente chamados de ***reagentes de Grignard***.

Compostos organomagnésio são também obtidos através das reações de troca halogênio-magnésio utilizando reagentes de Grignard reativos, tais como o *iso*-PrMgCl (cloreto de *iso*propil magnésio) ou pela reação direta de amidas de magnésio, como mostrado na Figura 7.14.

Como a ligação carbono-magnésio possui um maior caráter covalente do que a ligação carbono-lítio, os reagentes de Grignard são menos reativos em reações de alquilação que os correspondentes reagentes organolítio. Contudo, a maioria das reações que envolvem reagentes organolítio pode ser executada com reagentes organomagnésio (Figura 7.15), que possuem a vantagem de serem termicamente mais estáveis.

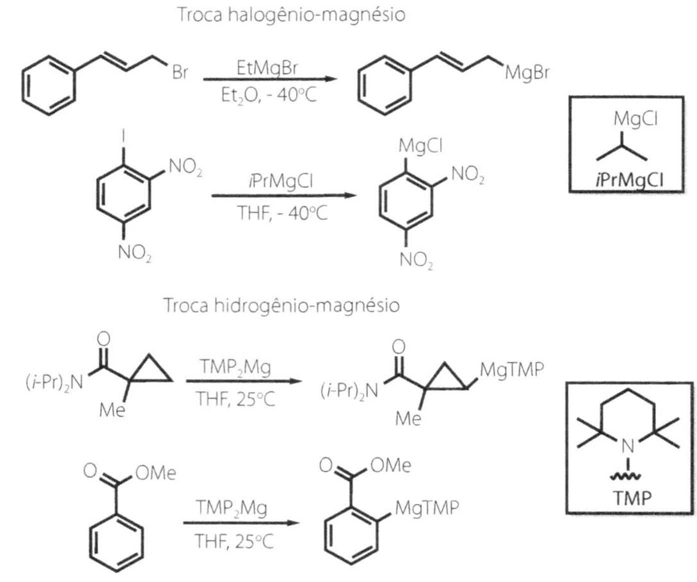

Troca halogênio-magnésio

Br $\xrightarrow[Et_2O,\ -40°C]{EtMgBr}$ MgBr

NO_2 $\xrightarrow[THF,\ -40°C]{iPrMgCl}$ MgCl NO_2

MgCl *i*PrMgCl

Troca hidrogênio-magnésio

$(i\text{-}Pr)_2N$ Me $\xrightarrow[THF,\ 25°C]{TMP_2Mg}$ $(i\text{-}Pr)_2N$ Me MgTMP

OMe $\xrightarrow[THF,\ 25°C]{TMP_2Mg}$ OMe MgTMP

TMP

Figura 7.14. Outros métodos de preparação dos reagentes de Grignard.

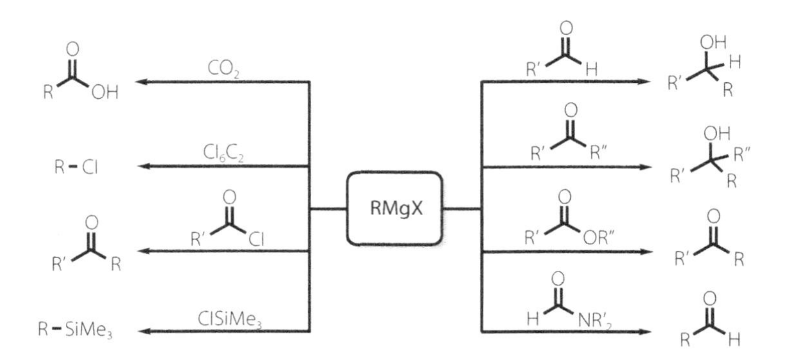

Figura 7.15. Reações de reagentes de Grignard com diferentes eletrófilos.

7.5. Preparação e Uso de Compostos Organozinco

Como apresentado na introdução deste capítulo, em 1848, o químico inglês Edward Frankland (1825-1899) sintetizou o dietilzinco a partir da reação de iodeto de etila com zinco elementar. Embora este tenha sido o primeiro reagente organozinco sintetizado, o método utilizado por Frankland, chamado de síntese direta, continua sendo a metodologia de rotina na preparação de reagentes organozinco. Métodos alternativos para a preparação desses compostos envolvem a transmetalação de reagentes organolítio e organomagnésio com sais de zinco, como o cloreto de zinco (Figura 7.16).

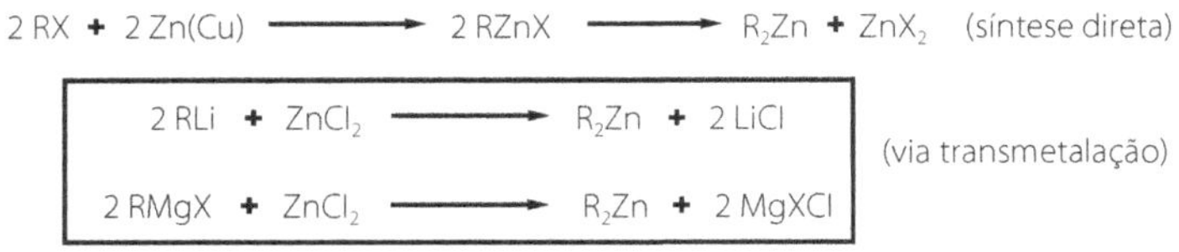

$$2\,RX + 2\,Zn(Cu) \longrightarrow 2\,RZnX \longrightarrow R_2Zn + ZnX_2 \quad \text{(síntese direta)}$$

$$2\,RLi + ZnCl_2 \longrightarrow R_2Zn + 2\,LiCl$$

$$2\,RMgX + ZnCl_2 \longrightarrow R_2Zn + 2\,MgXCl \quad \text{(via transmetalação)}$$

Figura 7.16. Preparação de reagentes organozinco.

Assim como os reagentes organometálicos de lítio e magnésio, os reagentes organozinco são importantes intermediários sintéticos. A ***reação de Simmons-Smith***, na qual alcenos são convertidos em ciclopropanos pela transferência de um grupo CH_2 do ICH_2ZnI, e a ***reação de Reformatsky***, utilizada na preparação de β-hidroxi-ésteres, são exemplos de importantes reações que utilizam os intermediários organozinco (Figura 7.17).

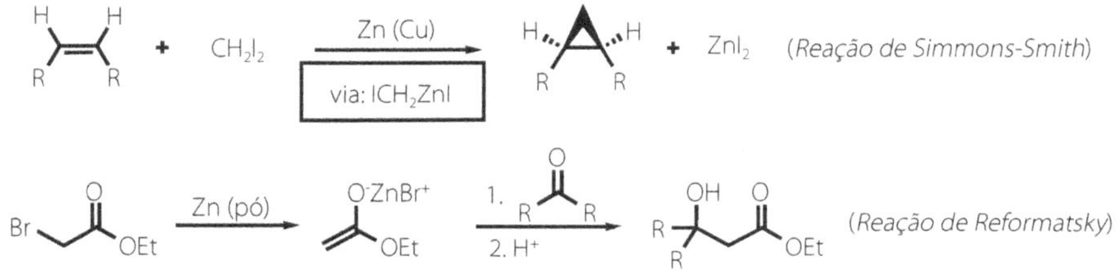

$$RCH{=}CHR + CH_2I_2 \xrightarrow[\text{via: } ICH_2ZnI]{Zn\,(Cu)} \text{ciclopropano} + ZnI_2 \quad \text{(Reação de Simmons-Smith)}$$

$$BrCH_2CO_2Et \xrightarrow{Zn\,(pó)} CH_2{=}C(O^-ZnBr^+)OEt \xrightarrow[2.\ H^+]{1.\ R_2C{=}O} R_2C(OH)CH_2CO_2Et \quad \text{(Reação de Reformatsky)}$$

Figura 7.17. Duas importantes reações dos reagentes organozinco.

Apesar de serem muito menos reativos do que os reagentes organolítio e reagentes organomagnésio correspondentes, os reagentes organozinco podem reagir com aldeídos e cetonas, na presença de diversos catalisadores. Assim, o uso de nucleófilos organozinco na presença de ligantes quirais é atualmente uma das principais estratégias de preparação de alcoóis opticamente ativos (Figura 7.18).

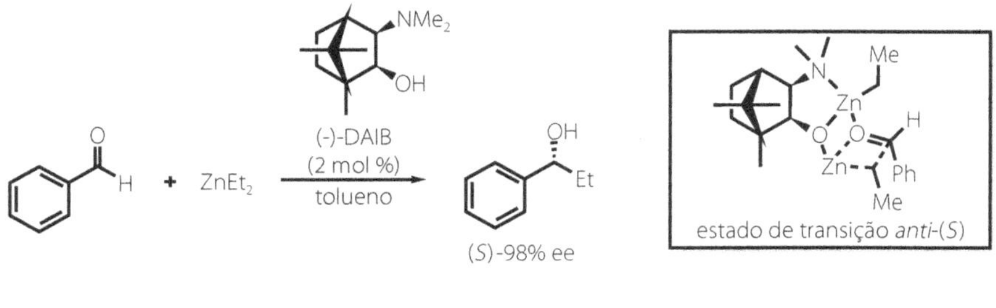

$$PhCHO + ZnEt_2 \xrightarrow[\text{tolueno}]{(-)\text{-DAIB (2 mol \%)}} PhCH(OH)Et \quad (S)\text{-98\% ee}$$

estado de transição *anti*-(*S*)

Figura 7.18. Síntese assimétrica de alcoóis utilizando reagentes organozinco.

Os reagentes organozinco também estão envolvidos em reações catalisadas por metais de transição como cobre e paládio, sendo que uma das mais importantes será discutida na Seção 7.7.

7.6. Preparação e Uso de Compostos Organocobre

Os primeiros estudos detalhados a respeito da formação e da reatividade de compostos organocobre foram realizados pelo químico norte-americano Henry Gilman (1893-1986), em 1936, e mostraram que os reagentes mono-organocobre apresentam moderada reatividade e limitada estabilidade térmica. Em 1952, Henry Gilman realizou um importante progresso ao preparar o primeiro organocuprato (dimetilcuprato de lítio), pela reação do pouco solúvel, pouco reativo e explosivo metilcobre, com um segundo equivalente de MeLi (Figura 7.19). O dimetilcuprato de lítio obtido, além de ser muito mais solúvel em éter etílico e THF, mostrou elevada reatividade frente a uma grande variedade de eletrófilos.

$$\text{CuX} \xrightarrow[\text{- LiX}]{\text{MeLi}} \text{MeCu} \xrightarrow[\text{- LiX}]{\text{MeLi}} \text{Me}_2\text{CuLi}$$

Figura 7.19. Preparação do dimetilcuprato de lítio realizada por Henry Gilman.

A transmetalação de um reagente organometálico com um sal de cobre continua sendo o método mais utilizado para a preparação de reagentes organocobre. Praticamente todos os sais de cobre(I) podem ser usados para este propósito; geralmente são usados CuI, $CuBr.Me_2S$ e cianeto de cobre(I). Espécies de composição R_3CuLi_2, R_3Cu_2Li, entre outras, também podem ser obtidas pela variação da estequiometria dos reagentes. Alguns dos mais importantes reagentes organocobre são mostrados na Tabela 7.2.

Tabela 7.2. Exemplos de cupratos preparados pela variação estequiométrica de reagentes

Classe	Composição
Mono-organocobre	RCu
Homocupratos	R_2CuLi, R_3CuLi_2, R_3Cu_2Li
Heterocupratos	(OR')RCuLi, LiCuR(SR')
Cianocupratos	RCu(CN)Li, $R_2Cu(CN)Li_2$
Sililcupratos	$(SiR_3)_2CuLi$, $(SiR_3)CuR'Li$
Estanilcupratos	$(SnR_3)_2CuLi$

Atualmente, o uso de reagentes organocobre é considerado o principal caminho para a formação de ligações carbono-carbono através de adições conjugadas a compostos carbonílicos α,β-insaturados (***adição de Michael***), deslocamentos nucleofílicos de haletos, sulfonatos e acetatos alílicos; abertura de epóxidos e adição a acetilenos. Exemplos de algumas das principais reações de reagentes do tipo R_2CuLi são mostrados na Figura 7.20.

Embora nas reações orgânicas os compostos organocobre sejam principalmente empregados em quantidades estequiométricas, métodos catalíticos são também importantes. Nessas reações, os sais de cobre são utilizados em pequenas quantidades para gerar, de forma catalítica, intermediários organocobre reativos a partir de outros reagentes organometálicos (Figura 7.21).

As versões assimétricas dessas reações utilizando ligantes quirais são também muito importantes, especialmente a adição estereosseletiva a cetonas, cujos produtos podem ser obtidos com elevados excessos enantioméricos (Figura 7.22).

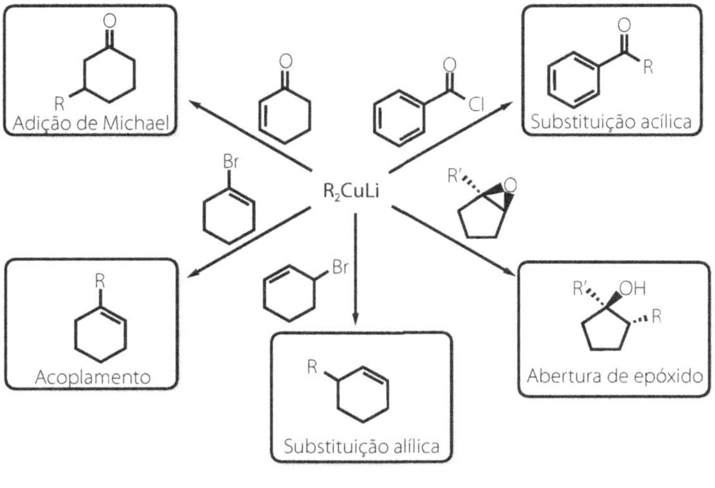

Figura 7.20. Importantes reações dos reagentes organocobre do tipo R_2CuLi.

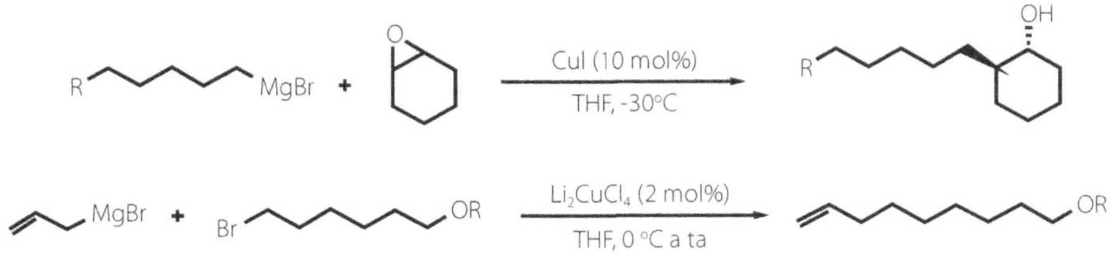

Figura 7.21. Exemplos de reações envolvendo sais de cobre em quantidades catalíticas.

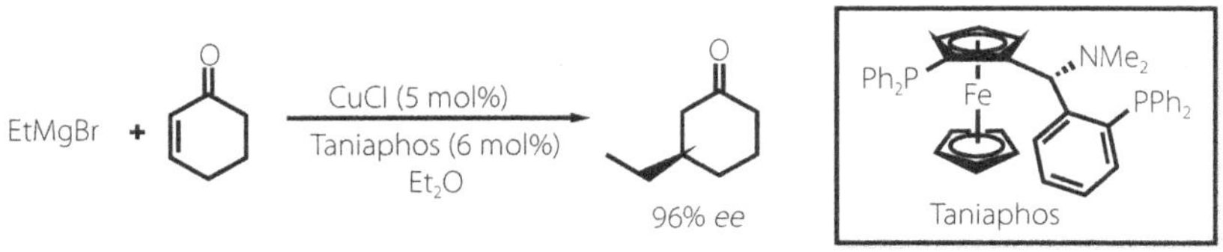

Figura 7.22. Exemplo da aplicação de sais de cobre em síntese assimétrica.

7.7. Complexos de Metais de Transição

Os metais de transição, presentes nos grupos B da tabela periódica, podem ser definidos como elementos que possuem ou podem originar um íon com a camada eletrônica ***d*** incompleta[1]. Uma característica marcante dos metais de transição é sua habilidade para formar complexos reversíveis com vários tipos de grupos funcionais. Assim, esses elementos podem ativar diversos substratos e catalisar uma série de reações importantes. Por exemplo, o cloreto de tris(trifenilfosfina) de ródio(I), $[ClRh(PPh_3)_3]$, conhecido como catalisador de Wilkinson[3], é um complexo de ródio

3. Em 1973, o britânico Geoffrey Wilkinson e o alemão Ernst Otto Fischer receberam o Prêmio Nobel de Química pelo descobrimento da estrutura do ferroceno (em 1952), que marcou o início da química organometálica.

solúvel em solvente orgânico e utilizado principalmente em reações de hidrogenação em meio homogêneo (Figura 7.23).

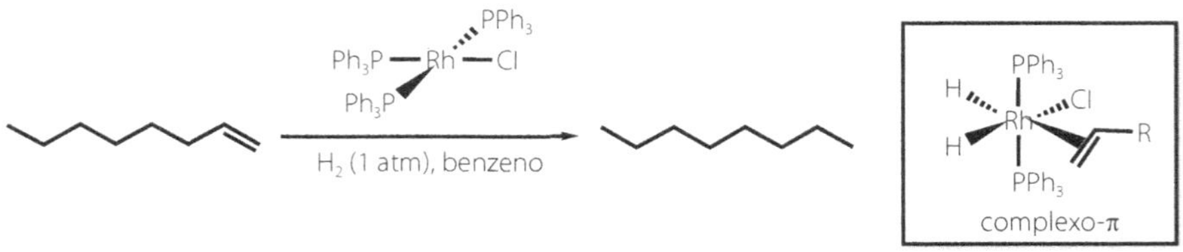

Figura 7.23. Hidrogenação em meio homogêneo do octeno catalisada pelo catalisador de Wilkinson $[ClRh(PPh_3)_3]$.

Além das reações de hidrogenação, os compostos de metais de transição estão envolvidos em várias outras transformações de grupos funcionais, tais como nas reações de di-hidroxilação e ***epoxidação assimétrica de Sharpless***[4].

No entanto, atualmente, uma das mais importantes aplicações dos metais de transição em química orgânica é na formação de novas ligações químicas, especialmente as ligações do tipo carbono-carbono, também chamadas de ***reações de acoplamento***. Embora possuam um preço relativamente elevado, os complexos de paládio (Figura 7.24) são os catalisadores mais utilizados nessas reações.

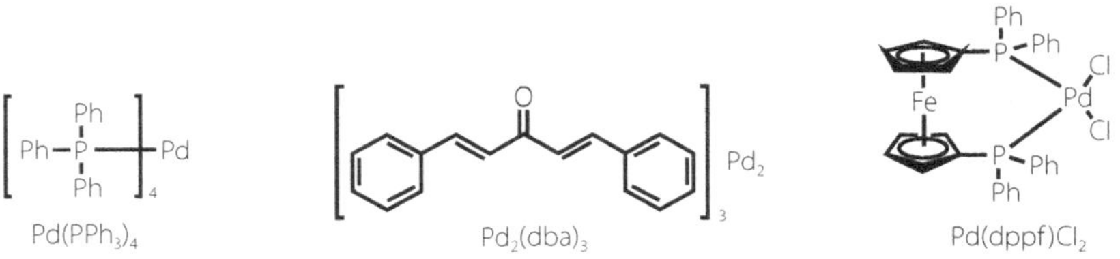

Figura 7.24. Alguns complexos de paládio utilizados como catalisadores nas reações de formação de ligações carbono-carbono.

As *reações de acoplamento* catalisadas por complexos de paládio foram desenvolvidas principalmente na segunda metade do século XX e, atualmente, encontram ampla aplicação tanto nos laboratórios de pesquisa quanto na indústria. Essas reações receberam os nomes dos principais pesquisadores que as desenvolveram (*reação de Heck*, *reação de Kumada*, *reação de Suzuki*, *reação de Negishi*, *reação de Sonogashira*, *reação de Stille*)[5] e podem ser classificadas de acordo com os substratos utilizados nas reações, conforme mostrado na Figura 7.25.

4. Em 2001, o norte-americano William Standish Knowles e o japonês Ryoji Noyori receberam o Prêmio Nobel de Química pelo desenvolvimento de catalisadores usados na síntese assimétrica de moléculas quirais; juntamente com o norte-americano Karl Barry Sharpless pelo seu trabalho sobre as reações de epoxidação assimétrica.

5. Em 2010, os japoneses Akira Suzuki e Ei-ichi Negishi, e o norte-americano Richard Heck, receberam o Prêmio Nobel de Química pelo estudo das reações de acoplamento em síntese orgânica, catalisadas por paládio.

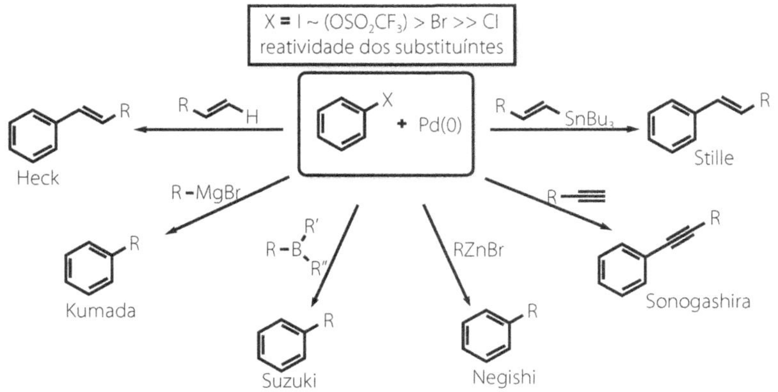

Figura 7.25. Principais reações de formação de ligação carbono-carbono catalisadas por complexos de paládio.

Embora existam algumas diferenças, como no caso da *reação de Heck*, a maioria das reações de acoplamento catalisadas por paládio segue um mecanismo similar, caracterizado por etapas de adição oxidativa, transmetalação, isomerização e eliminação redutiva, como mostrado na Figura 7.26.

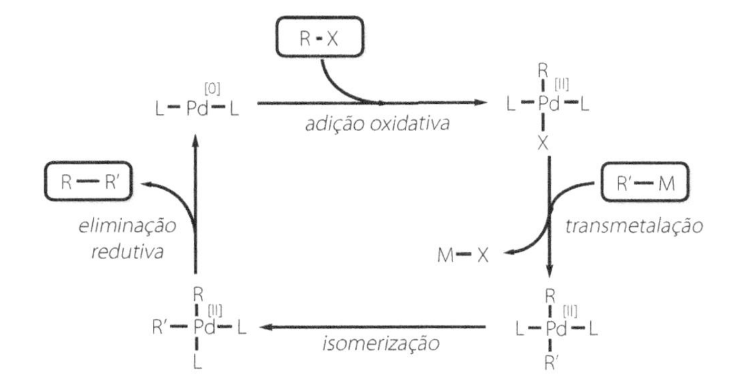

Figura 7.26. Ciclo catalítico envolvido na maioria das reações de acoplamento catalisadas por paládio.

Outra importante aplicação dos metais de transição em química orgânica é a metátese de olefinas[6], uma reação que permite a reestruturação molecular de carbonos ligados a duplas e triplas ligações. Estas reações envolvem o uso de complexos metal-alquilideno, espécies que possuem metais de transição diretamente ligados a uma dupla ligação. Embora sejam bastante utilizados em reações de polimerização, é como catalisadores em reações de ciclização de anéis que essas espécies encontram sua principal aplicação em química orgânica, permitindo desde a preparação de anéis pequenos até macrociclos. Nesse contexto, os complexos de rutênio desenvolvidos pelo grupo do Professor Robert Howard Grubbs[7] (1942-), do *California Institute of Technology* (EUA), destacam-se por serem termicamente estáveis e bastante ativos (Figura 7.27).

---

6. O termo metátese provém do grego *metáthesis*, que significa "transposição". Nas reações de metátese de olefinas, as duplas ligações são quebradas e os átomos de carbono formam novas duplas ligações com outros substituintes. Ver: Frederico D, Brocksom U, Brocksom TJ. A reação de metátese de olefinas: Reorganização e ciclização de compostos orgânicos. Química Nova. 2005;28:692-702.

7. Em 2005, os norte-americanos Robert Howard Grubbs e Richard Royce Schrock, e o belga Yves Chauvin receberam o Prêmio Nobel de Química pelo desenvolvimento da reação de metátese de olefinas em síntese orgânica.

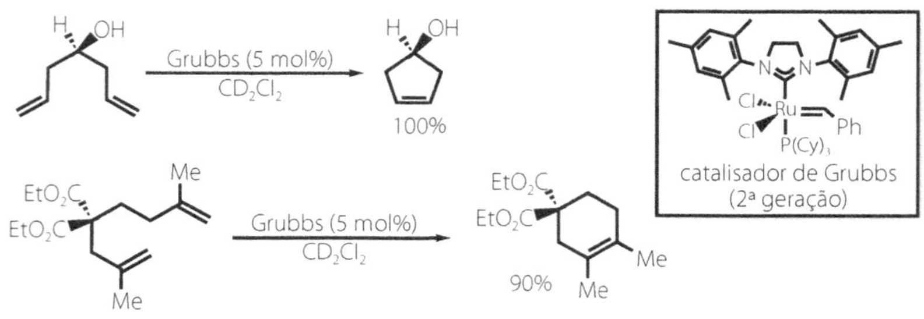

Grubbs (5 mol%)
CD_2Cl_2
100%

Grubbs (5 mol%)
CD_2Cl_2
90%

catalisador de Grubbs (2ª geração)

Figura 7.27. Metátese de olefinas utilizando um catalisador de rutênio.

Curiosidade: Compostos Organometálicos Bioativos

Apesar da grande diversidade estrutural, poucos são os exemplos de produtos naturais ou fármacos organometálicos. Um organometálico natural é a selenometionina, um aminoácido encontrado na castanha-do-pará. Já a arsfenamina, descoberta em 1910, teve um importante papel como fármaco no tratamento da sífilis. Outro conhecido fármaco organometálico é o tiomersal, que já foi o principal componente de agentes antissépticos, mas posteriormente substituído por causa de sua toxicidade. Essa toxicidade foi associada à presença de mercúrio em sua estrutura, mas devido à sua eficácia, teve um sucesso industrial muito prolongado (antisséptico Methiolate®).

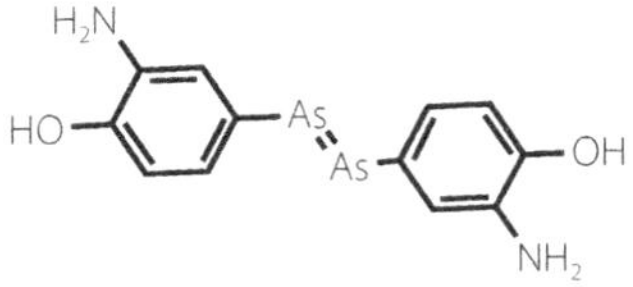

Arsfenamina

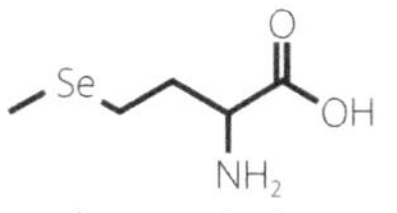

selenometionina

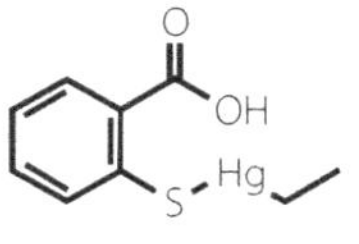

tiomersal

PROBLEMAS SELECIONADOS

1. Indique os produtos das reações abaixo:

a) MgBr

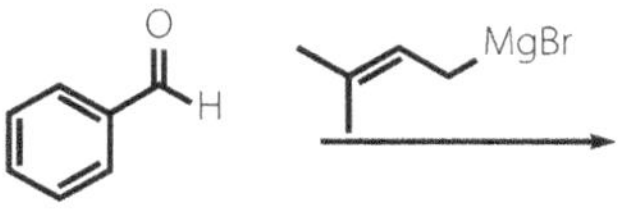

b) NO_2 BrZn CO_2Et

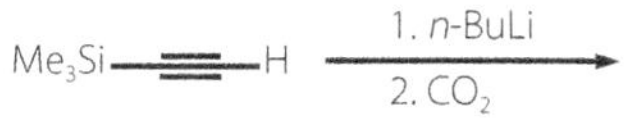

c) H O Li

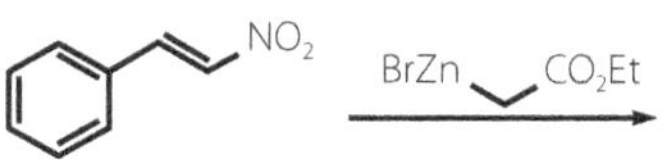

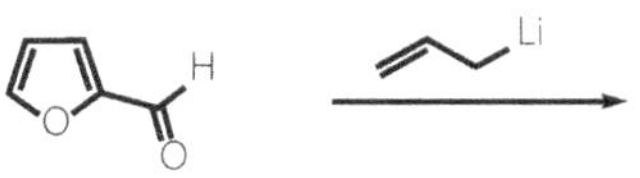

d) O NEt_2 1. TMP_2Mg 2. I_2

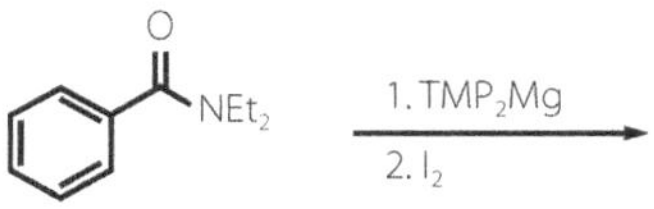

e) O 1. LDA 2. MeI

f) Me_3Si—≡—H 1. *n*-BuLi 2. CO_2

g) N–Ts Me_2CuLi

h) MeO MeO ZnCl $Pd(PPh_3)_4$ I CO_2Et

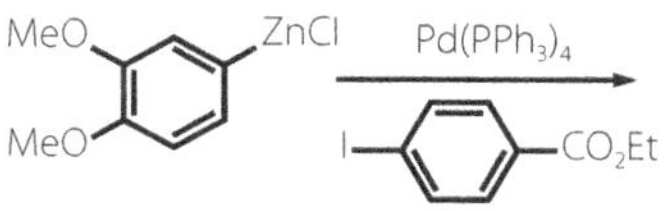

2. Para que a reação abaixo ocorra em bom rendimento, são necessários ao menos dois equivalentes do reagente de Grignard. Indique a estrutura deste reagente e esquematize o mecanismo da reação.

O OMe 1. Reagente de Grignard (2 equivalentes) 2. $H_3O^{\oplus}$ OH

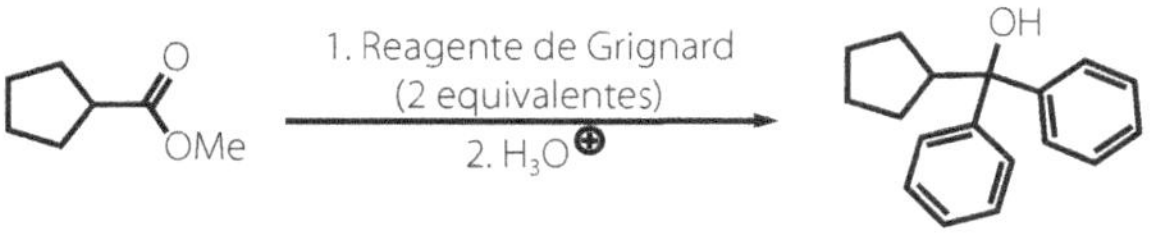

3. O álcool abaixo pode ser obtido em duas etapas reacionais a partir de uma enona substituída na posição β. Mostre os reagentes necessários e o produto intermediário dessa reação.

O OH

4. A ciclo-hexenona é um importante material de partida em síntese orgânica. Quais seriam os reagentes e as condições apropriadas para a obtenção dos produtos A e B?

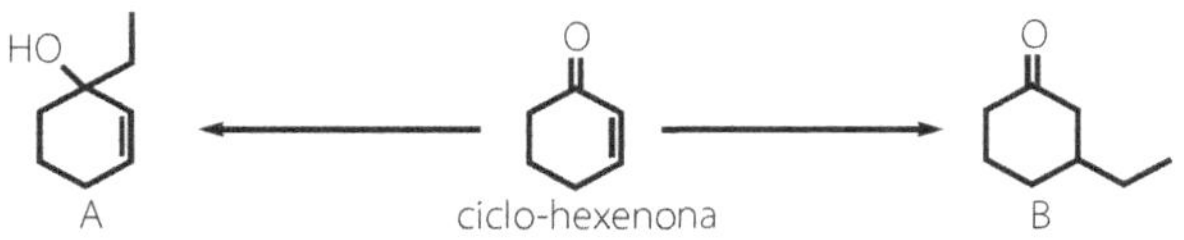

HO A O ciclo-hexenona O B

5. A reação abaixo leva à formação de uma indolizina como produto principal. Desenhe a sua estrutura e esquematize o mecanismo da reação.

N CO_2NEt_2 I *n*-BuLi TMEDA

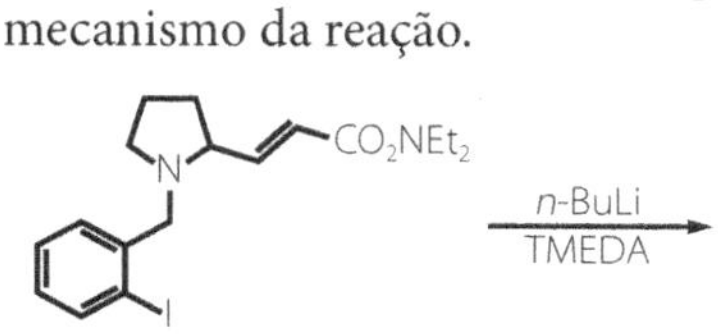

6. A reação mostrada abaixo é parte de uma rota de síntese do antidepressivo venlafaxina. Apresente a estrutura do intermediário, do produto final, e esquematize o mecanismo dessa reação.

MeO CN n-BuLi, THF, -70°C → [ ] 1. -65°C, 2h 2. $H^{\oplus}$ → [ ]

7. Fluconazol é um fármaco pertencente à classe dos antifúngicos triazólicos. Proponha os reagentes para realizar a conversão do 1-bromo-2,4-difluorobenzeno no álcool terciário mostrado abaixo, que é um intermediário-chave da síntese deste fármaco.

K_2CO_3, DMF

fluconazol

8. As reações mostradas abaixo são etapas da síntese da fluvastatina, um fármaco utilizado no controle dos níveis de colesterol no sangue. Indique os produtos formados nessas reações.

a) Mg, 0°C; $(CO_2Et)_2$

b) 1. Br CO_2tBu, Zn, 70°C; 2. HCl

c) NaH, n-BuLi, THF

fluvastatina

BIBLIOGRAFIA SUGERIDA PARA LEITURA COMPLEMENTAR

1. Tsuji J. Transitions Metal Reagents and Catalysts. Chichester: John Wiley & Sons; 2000.
2. Krause N (Editor). Modern Organocopper Chemistry. Mörlenbach: Wiley-VCH Verlag GmbH; 2002.
3. Simonneaux G (Editor). Bioorganometallic Chemistry. Heidelberg: Springer-Verlag; 2006.
4. Negishi E (Editor). Handbook of Organopalladium Chemistry for Organic Synthesis. volume 2. New York: John Wiley & Sons; 2002.
5. Rappoport Z, Marek I (Editors). The Chemistry of Organolithium Compounds. Chichester: John Wiley & Sons; 2004.
6. Carey FA, Sundberg RJ. Advanced Organic Chemistry. 5th ed. New York: Springer Science+Business Media, LLC; 2007.
7. Manfred Schlosser (Editor). Organometallics in Synthesis: A Manual. 2nd ed. Chichester: Wiley; 1996.
8. Dupont J. Química Organometálica – Elementos do Bloco D. Porto Alegre: Editora Bookman; 2007.

8

Macromoléculas Naturais e Sintéticas

Rosangela da Silva de Laurentiz

RESUMO

Neste capítulo, serão abordadas as estruturas químicas, a classificação, a nomenclatura, a ocorrência e as funções das biomoléculas naturais e sintéticas, bem como as reações pelas quais essas moléculas se unem gerando compostos mais complexos ou macromoléculas poliméricas. A maneira como o meio celular aquoso afeta a estrutura dessas grandes moléculas orgânicas naturais também será discutido. Também serão abordados os vários tipos de monômeros utilizados nas reações químicas de obtenção de polímeros sintéticos e sua classificação quanto às propriedades mecânicas, os seus principais usos e a sua reciclagem.

INTRODUÇÃO

Macromolécula é o termo utilizado para moléculas contendo centenas de milhares de átomos, sendo constituídas por unidades repetitivas idênticas ou quimicamente semelhantes ligadas umas às outras por ligações covalentes regulares. Pelo fato de possuírem unidades repetitivas, são classificadas como polímeros, cuja origem grega significa "muitas unidades".

Muitas macromoléculas ocorrem na natureza e fazem parte dos seres vivos como os polissacarídeos amido e celulose nas plantas, o glicogênio nos vertebrados, a quitina nos artrópodes e as proteínas, que estão presentes em grande quantidade na maioria dos seres vivos desempenhando uma série de funções biológicas, além dos ácidos nucleicos, que são responsáveis pelo armazenamento e pela transmissão da informação genética. Algumas plantas utilizam unidades de *isopreno* (C_5H_8, 2-metil-1,3-butadieno) para realizar a síntese da borracha natural, formada por cadeias de *poli(cis-isopreno)*, e para a síntese de vários outros metabólitos secundários, como pigmentos, substâncias antioxidantes, óleos essenciais e vitaminas.

Além das macromoléculas de ocorrência natural, as macromoléculas sintéticas podem ser preparadas industrialmente a partir de unidades monoméricas de várias classes químicas utilizando reações de polimerização. A composição monomérica, a estrutura química e a massa molar do polímero obtido pelos diferentes processos de polimerização determinam as suas propriedades físicas, químicas e mecânicas.

Dessa forma, neste capítulo serão abordadas a classificação, a nomenclatura, a ocorrência e/ou as reações de obtenção, as propriedades físicas, químicas e estruturais das macromoléculas naturais e sintéticas obtidas industrialmente. Também serão estudadas as biomoléculas estreitamente relacionadas com as macromoléculas naturais como os lipídios, as vitaminas e os carboidratos simples, que auxiliam as macromoléculas a desempenhar as suas funções biológicas de forma mais eficiente. Também será abordada a maneira como o meio celular aquoso afeta a estrutura dessas gigantescas moléculas orgânicas naturais. Além disso, será visto como as propriedades estruturais e mecânicas dos polímeros sintéticos definem seu uso industrial.

8.1. Carboidratos

Os ***carboidratos*** são compostos carbonílicos poli-hidroxilados ou compostos que após a hidrólise liberam esse tipo de substrato. Os carboidratos são sem dúvida as biomoléculas mais abundantes na natureza, sendo as plantas os organismos que mais contribuem para a abundância desses compostos. As plantas são seres autotróficos que convertem bilhões de toneladas de CO_2 e H_2O (pela fotossíntese) em carboidratos como o amido, a celulose e a sacarose. A oxidação desses carboidratos constitui a principal via de obtenção de energia nos organismos heterotróficos. A oxidação total de uma molécula de glicose até CO_2 e H_2O gera 32 ATP (forma na qual a energia metabólica é armazenada)[1] de forma mais rápida do que outras vias de oxidação de nutrientes. Entretanto, os carboidratos não são utilizados pelos organismos vivos somente como fonte de energia. Polímeros de carboidratos também são utilizados como elementos estruturais e de proteção nas paredes de bactérias, vegetais e nos tecidos conjuntivos de animais. Os carboidratos ligados covalentemente às proteínas ou aos lipídios são chamados de glicoconjugados e desempenham os mais variados papéis estruturais e funcionais nas células.

8.1.1. Classificação dos Carboidratos[2]

Os carboidratos são classificados como *aldose* (aldeído) ou *cetoses* (cetona), de acordo com a função orgânica da carbonila presente em suas estruturas. Os carboidratos podem ainda ser divididos em quatro principais classes de acordo com seus tamanhos em monossacarídeos, dissacarídeos, oligossacarídeos e polissacarídeos (a palavra *sacarídeo* deriva do grego *sakcharon* que significa *açúcar*).

Os ***monossacarídeos*** são constituídos apenas por uma molécula simples de aldeído ou cetona contendo dois ou mais grupos hidroxila na sua estrutura. Dentre os monossacarídeos os mais abundantes são a glicose e a frutose (Figura 8.1), ambos contendo seis átomos de carbonos. Entretanto, esses dois compostos diferem um do outro pela função da carbonila presente, que na glicose é um aldeído e na frutose é uma cetona, portanto a glicose é uma *aldose* e a frutose uma *cetose*.

Em geral, os monossacarídeos apresentam como característica peculiar o sabor adocicado, por isso são comumente chamados de açúcares. São sólidos cristalinos solúveis em água devido às várias ligações de hidrogênio que podem formar com água e praticamente são insolúveis em solventes orgânicos. O esqueleto carbônico é constituído por átomos de carbonos ligados entre si por ligações covalentes simples sem ramificações. Nessa cadeia carbônica, um dos átomos de carbono faz uma ligação dupla com um átomo de oxigênio para formar uma carbonila.

A numeração dos átomos de carbono é feita pela extremidade mais próxima da carbonila, sendo o carbono carbonílico o número 1 quando o monossacarídeo for uma *aldose* e o número 2 quando for uma *cetose* (ver Figura 8.1). Os monossacarídeos são classificados ainda em relação ao número de carbonos, atribuindo o prefixo *tri* (3C), *tetr* (4C), *pent* (5C), *hex* (6C) e assim por diante, à terminação ***ose*** (Figura 8.2).

---

1. ATP é a abreviação do trifosfato de adenosina, que é um nucleotídeo responsável pelo armazenamento de energia (proveniente da respiração celular e da fotossíntese) em suas ligações químicas.
2. Para a nomenclatura IUPAC dos carboidratos ver: http://www.chem.qmul.ac.uk/iupac/2carb/

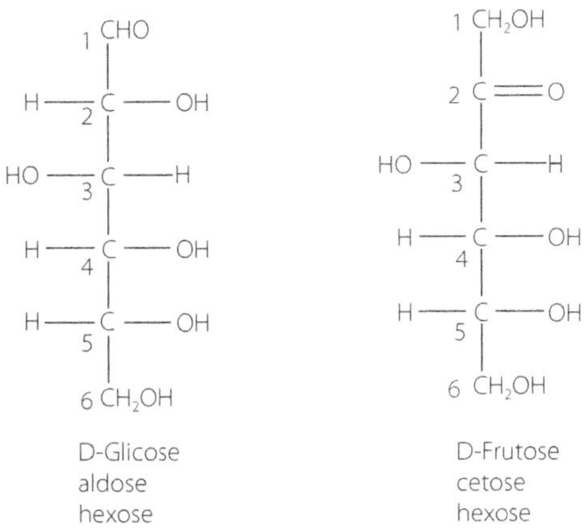

D-Glicose
aldose
hexose

D-Frutose
cetose
hexose

Figura 8.1. Estruturas das hexoses D-glicose (*aldose*) e D-frutose (*cetose*).

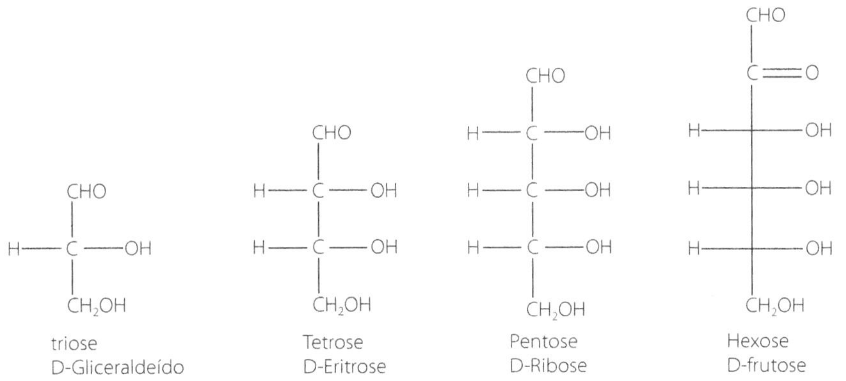

triose
D-Gliceraldeído

Tetrose
D-Eritrose

Pentose
D-Ribose

Hexose
D-frutose

Figura 8.2. Nomenclatura geral para os monossacarídeos de acordo com o número de carbonos na estrutura.

Além da classificação por número de carbonos e a função orgânica da carbonila, os monossacarídeos assimétricos são ainda classificados de acordo com sua forma estereoisomérica. Dentre os monossacarídeos somente a di-hidroxiacetona não possui carbono assimétrico (*carbono quiral*)[3], os demais podem ser representados por pares de enantiômeros designados como D e L.

Por convenção, os enantiômeros do gliceraldeído (menor monossacarídeo quiral) receberam a denominação D e L (Figura 8.3). O significado de D e L no caso do gliceraldeído foi atribuído no passado não para descrever o sentido da rotação ótica dos dois isômeros, mas sim para descrever a configuração dos átomos ao redor do carbono quiral por mera questão de comodidade. Entretanto, mais tarde foi descoberto que, coincidentemente, o isômero D era realmente dextrógiro e o isômero L era levógiro[4].

3. O termo *quiral* deriva da palavra grega *cheir* que significa "mão", sendo usado para objetos (e moléculas) que não são sobreponíveis às suas imagens (como as mãos direita e esquerda). Ver: Coelho FAS. Fármacos e Quiralidade. Cadernos Temáticos de Química Nova na Escola. 2001; 3:23-32.

4. O termo *dextrógiro* designa uma substância que tem a característica de fazer girar o plano da luz polarizada para a direita, em contraposição ao termo *levógiro* que designa uma substância que faz girar o plano da luz polarizada para a esquerda.

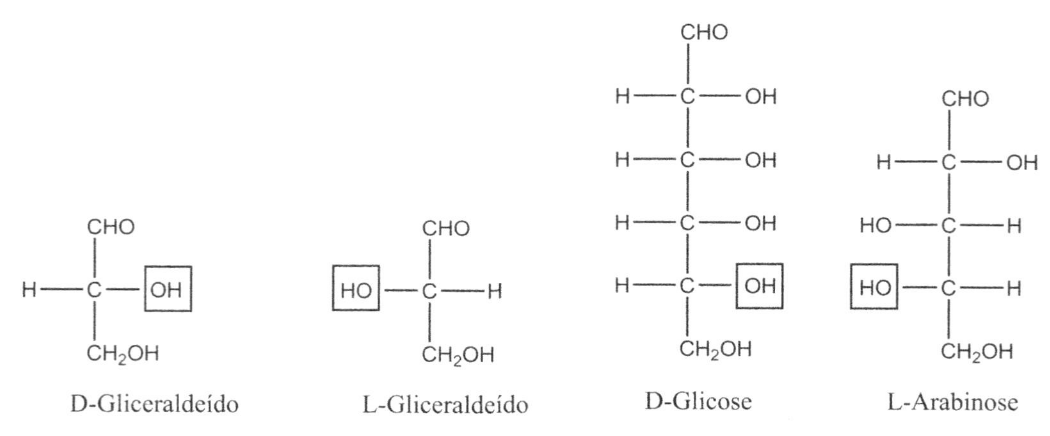

Figura 8.3. Estrutura dos enantiômeros D e L do gliceraldeído e designação D e L para a glicose e arabinose.

A atribuição dessa configuração (D e L) ao monossacarídeo é feita identificando-se a posição da hidroxila do carbono assimétrico (quiral) mais distante da carbonila e comparando-se com a configuração do D-gliceraldeído e do L-gliceraldeído. Se a configuração desse carbono quiral for semelhante à do L-gliceraldeído então esse monossacarídeo também receberá a designação L, se ocorrer o contrário então será o estereoisômero D (ver Figura 8.3). Portanto, para uma ceto-hexose contendo três carbonos assimétricos (quirais) são possíveis oito estereoisômeros, sendo eles quatro enantiômeros L e quatro enantiômeros D. Entretanto, a maioria das hexoses encontradas nos organismos vivos está na forma dos seus estereoisômeros D (Figura 8.4), enquanto alguns poucos ocorrem na forma L, como a L-arabinose. Por isso, quando se faz referência a um monossacarídeo é preciso nomeá-lo de forma a se especificar qual é o enantiômero em questão, se D ou L. Em seguida, deve-se identificar a função orgânica presente em sua estrutura, sendo ***cetose*** se for uma cetona e ***aldose*** se for um aldeído. Por fim, deve-se nomear de acordo com o número de carbonos da molécula. Tome como exemplos a glicose, cuja classificação completa é D-aldo-hexose, e a frutose, classificada como uma D-ceto-hexose (ver Figura 8.1).

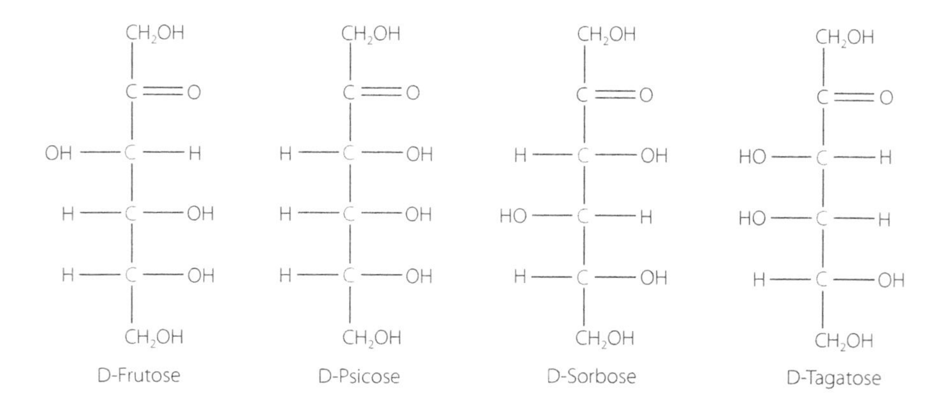

Figura 8.4. Estrutura dos quatro estereoisômeros D da ceto-hexose e os nomes pelos quais são conhecidos e distinguidos uns dos outros.

Alguns monossacarídeos têm nomes que geralmente derivam das fontes onde foram inicialmente encontrados em grandes quantidades (originárias do grego ou do latim) como, por exemplo, a glicose, cujo nome deriva da palavra *gleukos* que significa o "sumo não fermentado de uvas", a frutose, cujo nome deriva de *fructus* significando o "açúcar das frutas", e a sorbitose, que é encontrada em grande quantidade em grãos de *Sorbus*. Muitas *cetoses* têm seus nomes derivados do nome das *aldoses* pela inserção das letras *ul* antes do sulfixo *ose* das *aldoses*, como, por exemplo, a *ribulose* a partir da ribose, *xilulose* a partir da xilose, *eritrulose* a partir da eritrose. Porém, essa nomenclatura não é uma regra fixa.

Dentro de um mesmo grupo de esteroisômeros D ou esteroisômeros L, aqueles que diferem entre si apenas pela configuração ao redor de um único carbono assimétrico (quiral) são chamados de ***epímeros***. Exemplos de epímeros são: a D-frutose e a D-psicose (que diferem apenas na configuração do carbono 3, conforme mostrado na Figura 8.4), a D-manose e a D-glicose (que diferem apenas na configuração ao redor do C2, conforme mostrado na Figura 8.5) e a D-glicose e a D-galactose (que diferem na configuração ao redor do C4, conforme Figura 8.5).

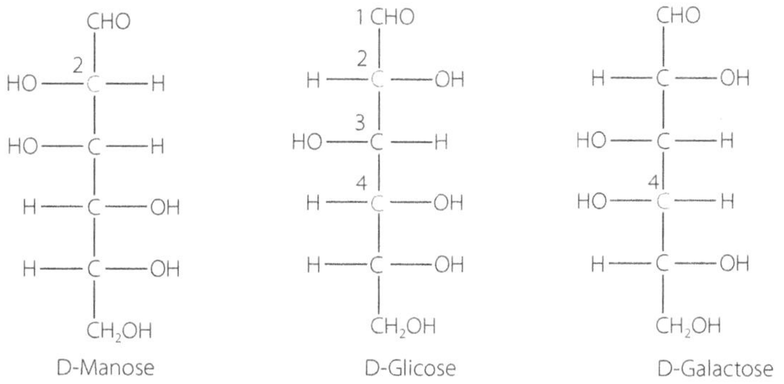

D-Manose D-Glicose D-Galactose

Figura 8.5. Estrutura dos epímeros da D-glicose: D-manose e D-galactose.

Para se conhecer melhor a estrutura de um monossacarídeo é mais fácil visualizar os seus carbonos, hidroxilas e carbonila, a partir da representação de projeção de Fischer[5]. Entretanto, os monossacarídeos de cinco ou mais átomos de carbonos quando se encontram em solução assumem formas cíclicas mais estáveis. Os anéis gerados pela ciclização dos monossacarídeos são chamados de ***piranose*** quando se forma um anel com seis átomos, semelhante ao anel do pirano e ***furanose*** quando se forma um anel de cinco átomos, semelhante ao anel do furano. Aldoexoses tendem a formar anéis piranosídicos em vez de furanosídicos em razão da maior estabilidade do anel de seis átomos. Cetoexoses formam anéis furanosídicos, como no caso da D-frutose (Figura 8.6).

Conforme mostrado na Figura 8.6, a ciclização desses compostos ocorre através da ligação covalente entre o carbono carbonílico e o oxigênio da hidroxila do carbono 5, gerando derivados cíclicos contendo a função hemicetal. O ataque do oxigênio da hidroxila do C5 carbonílico (C1 nas *aldoses* e C2 nas *cetoses*) gera outro centro assimétrico (quiral) chamado de ***carbono anomérico***[6] dando origem a um hemicetal. Esse ataque pode se dar por dois caminhos diferentes, pois sendo a carbonila planar (carbono sp^2, geometria trigonal planar) ela pode ser atacada pelo lado direito da estrutura da glicose (caminho 'a') gerando o anômero β ou pelo lado esquerdo da estrutura da glicose (caminho 'b') gerando o anômero α (Figura 8.6).

5. A projeção de Fischer foi idealizada pelo químico alemão Hermann Emil Fischer (1852-1919) como uma representação bidimensional de uma molécula orgânica tridimensional e usada originalmente para representar os carboidratos. Por seus trabalhos sobre a síntese e o estudo dos açúcares recebeu o Prêmio Nobel de Química em 1902.
6. Carbono anomérico é o carbono da função hemicetal.

O anômero é chamado de α se a hidroxila ligada ao carbono anomérico estiver para baixo na forma cíclica e de anômero β se a hidroxila do carbono anomérico estiver para cima.

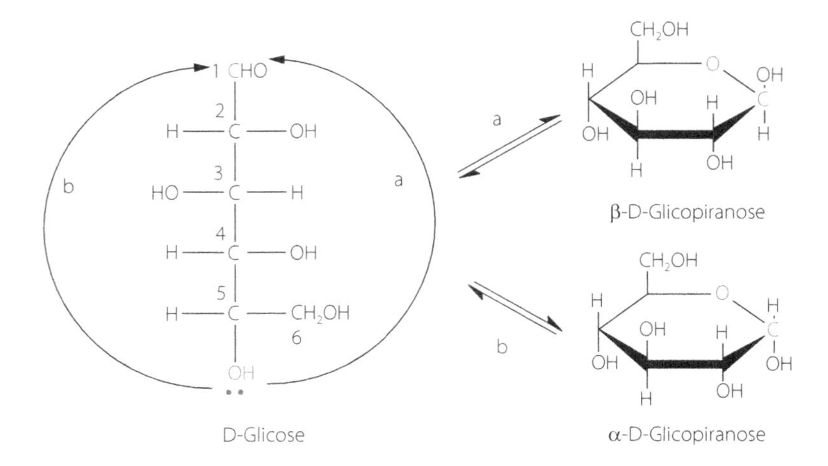

Figura 8.6. Formação das estruturas cíclicas da D-glicose.

As estruturas cíclicas são comumente representadas por estruturas em perspectivas de Haworth[7]. Ceto-hexoses (D-frutose) ao serem ciclizadas formam furanoses pela mesma reação descrita para as *aldoses* (D-glicose). Entretanto, a diferença no número de átomos do anel da furonose difere da piranose, pois a carbonila nas *cetoses* se encontra no carbono 2 (Figura 8.7) e não no carbono 1, como nas *aldoses* (Figura 8.6).

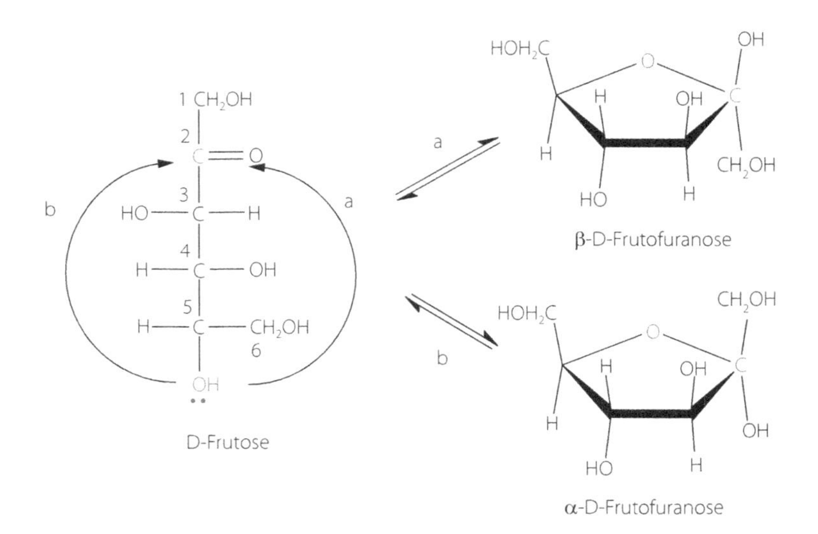

Figura 8.7. Formação das estruturas cíclicas da D-frutose.

7. O químico inglês Walter Norman Haworth (1883-1950) sintetizou a vitamina C (ácido ascórbico) em 1933 e recebeu o Prêmio Nobel de Química em 1937 por suas investigações sobre a vitamina C e os carboidratos.

Os anômeros α e β quando em solução sofrem um processo de interconversão chamado de mutarrotação. Dessa maneira, uma solução preparada somente com o anômero α da D-frutose e outra solução preparada somente com o anômero β, após atingirem o equilíbrio serão constituídas por misturas idênticas dos dois anômeros exibindo propriedades óticas idênticas.

As estruturas cíclicas em perspectivas de Haworth, assim como as lineares de Fischer, são simplificações das estruturas dos monossacarídeos e são usadas para facilitar a visualização dos átomos em suas estruturas. Entretanto, os anéis piranosídicos contendo seis átomos não são planos, como sugere a fórmula em perspectiva, mas tendem a assumir uma das duas conformações em cadeiras, da mesma maneira que o anel do ciclo-hexano.

Os monossacarídeos podem ainda ser representados por abreviações dos seus nomes sendo os mais comuns *Glc* (glicose), *Fru* (frutose), *Gal* (galactose), *Ara* (arabinose), *Man* (manose) e *Rib* (ribose). Esse sistema de abreviações é bastante usado para dissacarídeos e oligossacarídeos, pois a nomenclatura completa desses carboidratos é bastante extensa e a abreviação já dá a indicação correta dos monossacarídeos que constituem esses carboidratos.

Uma propriedade comum a todos os monossacarídeos é o fato de serem agentes redutores frente a alguns íons como Cu^{2+} ou Fe^{3+}. Esta reação só é possível com a forma de cadeia aberta do monossacarídeo que se encontra em equilíbrio com a forma cíclica, pois na forma aberta a carbonila é oxidada, o que não é possível com a forma cíclica. Porém, nessa reação, à medida que a forma aberta é consumida, o equilíbrio se desloca transformando a forma cíclica em mais forma aberta e, assim, o monossacarídeo reage totalmente (Figura 8.8). Visualmente essa reação pode ser observada pela mudança da coloração azul dos íons Cu^{2+} para a cor laranja dos íons Cu^{1+} (reação de Benedict)[8].

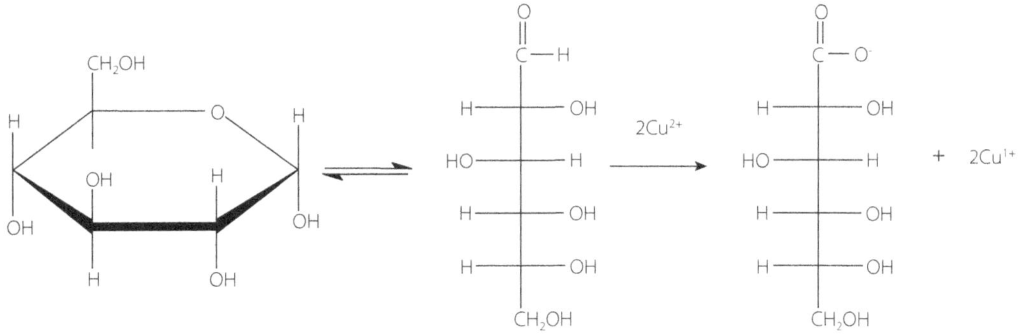

Figura 8.8. Reação de um monossacarídeo com íons Cu^{2+} (reação de Benedict).

Os ***dissacarídeos*** são carboidratos constituídos por duas unidades de monossacarídeos unidos por ligações glicosídicas. Para formar uma ligação glicosídica, o carbono anomérico de uma unidade monossacarídica sofre ataque nucleofílico do oxigênio de uma hidroxila ligada a um dos carbonos da outra unidade de monossacarídeo, gerando um cetal (Figura 8.9).

8. Essa reação foi desenvolvida pelo químico norte-americano Stanley Rossiter Benedict (1884-1936) para detectar o excesso de açúcar na urina e avaliar possíveis casos de diabetes nos pacientes.Ver: Oliveira RO, Santa Maria L C, Merçon F, Aguiar MRMP. Preparo e emprego do reagente de Benedict na análise de açúcares: Uma proposta para o ensino de Química Orgânica. Química Nova na Escola. 2006;23;41-42.

condensação $-H_2O$ / $+H_2O$ hidrólise

β-D-Glicose α-D-Glicose Celobiose

Glc(β1 ⟶ 4)Glc

β-D-Glicopiranosil(1 ⟶ 4)-α–D-glicopiranose

Figura 8.9. Formação da ligação glicosídica no dissacarídeo celobiose.

A ligação glicosídica é hidrolisada por ácidos fornecendo os monossacarídeos livres, mas é estável em meio básico. Dissacarídeos em que uma das unidades monossacarídicas contém carbono anomérico livre (hemicetal), ou seja, ainda contém uma hidroxila, também são redutores (Figura 8.9). A unidade monossacarídica no dissacarídeo na qual o carbono anomérico faz parte da ligação glicosídica é chamada de "ponta não redutora" e a outra unidade, se possuir o carbono anomérico livre, é chamada de "ponta redutora". Esses dissacarídeos são redutores, assim como os monossacarídeos. Entretanto, quando num dissacarídeo os carbonos anoméricos das duas unidades monossacarídicas estiverem envolvidos na ligação glicosídica, o dissacarídeo não é redutor, sendo chamado de glicosídeo. A celobiose (Figura 8.9) e a lactose (Figura 8.10) são exemplos de dissacarídeos redutores, enquanto a sacarose (dissacarídeo) e a rafinose (trissacarídeo) são exemplos de não redutores (Figura 8.10).

Cada dissacarídeo possui uma enzima específica que promove a clivagem da ligação glicosídica, como a *lactase,* que cliva a ligação glicosídica da lactose (liberando glicose e galactose), e a *sacarase,* que cliva a ligação glicosídica da sacarose (liberando glicose e frutose). Os monossacarídeos liberados pela ação dessas enzimas são utilizados pelas células de acordo com as suas necessidades metabólicas, seja para a produção de energia ou em processos biossintéticos.

Os ***oligossacarídeos*** são carboidratos que após a clivagem de suas ligações glicosídicas liberam três ou mais unidades de monossacarídeos (como a rafinose mostrada na Figura 8.10). Os dissacarídeos e oligossacarídeos são nomeados de acordo com as unidades monoméricas que apresentam (da esquerda para a direita), a configuração em cada um dos carbonos anoméricos das unidades presentes envolvidos nas ligações glicosídicas e a numeração dos átomos envolvidos na ligação glicosídica.

A nomenclatura completa de um dissacarídeo ou oligossacarídeo deve começar pela primeira unidade monossacarídica, da esquerda para a direita, da seguinte forma:

1 - escreve-se a forma anomérica da primeira unidade monossacarídica: α ou β;

2 - escreve-se a forma enantiomérica desse monossacarídeo: D ou L;

3 - nome do monossacarídeo menos o sufixo se: fruto, glico, galacto, arabino, mano;

4 - coloca-se a esses nomes o sufixo *furanosil* (para anel de cinco átomos) ou *piranosil* (para anel de seis átomos): frutofuranosil, glicopiranosil, manopiranosil;

5 - entre parênteses: sentido e numeração dos átomos das duas unidades envolvidos na ligação glicosídica: (α1→4).

Para se nomear as demais unidades repetem-se os passos de 1 a 5 (oligossacarídeos). A última unidade no passo 4 recebe o sulfixo final *piranose* ou *furanose*, entretanto, se as duas últimas unidades monossacarídicas estiverem ligadas por seus carbonos anoméricos, não há necessidade de se citar a numeração e a direção da ligação entre parênteses. Assim, a última unidade recebe o nome de *furanosídio* ou *piranosídio* (Figura 8.10).

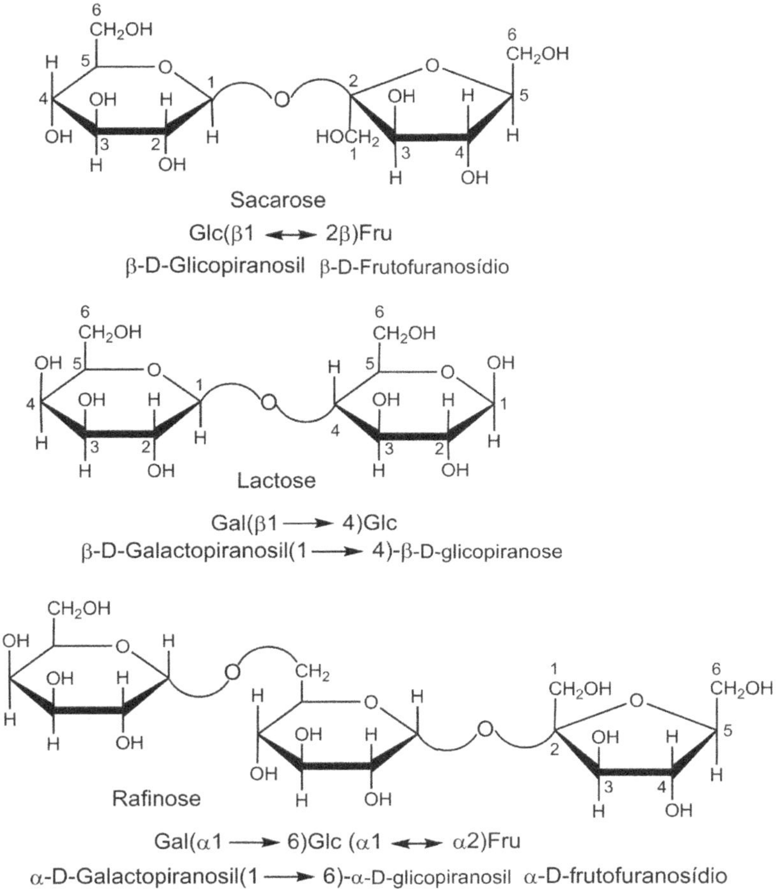

Sacarose

Glc(β1 ↔ 2β)Fru

β-D-Glicopiranosil β-D-Frutofuranosídio

Lactose

Gal(β1 → 4)Glc

β-D-Galactopiranosil(1 → 4)-β-D-glicopiranose

Rafinose

Gal(α1 → 6)Glc (α1 ↔ α2)Fru

α-D-Galactopiranosil(1 → 6)-α-D-glicopiranosil α-D-frutofuranosídio

Figura 8.10. Estruturas e nomenclatura da sacarose, lactose e rafinose. Açúcares redutores e não redutores.

A abreviação é uma alternativa mais fácil para se nomear os dissacarídeos e oligossacarídeos e adota a seguinte regra:

1 - coloca-se a sigla da primeira unidade monossacarídica (da esquerda para a direita), por exemplo: Glc, Gal, Ara, Fru;

2 - entre parênteses, coloca-se a conformação do carbono anomérico seguida da sua numeração, α1 ou 1β para anéis de seis átomos e α2 ou 2β para anéis de cinco átomos, seguida por uma flecha no sentido da esquerda para a direita indicando o número do carbono que se liga o oxigênio da segunda unidade que compartilha a ligação glicosídica, por exemplo (α1→4);

3 - por último, coloca-se a sigla da segunda unidade monossacarídica.

Se houver mais de duas unidades monossacarídicas, repetem-se os passos 2 e 3.

Se for um dissacarídeo em que os carbonos anoméricos das duas unidades de monossacarídeos estiverem fazendo parte da ligação glicosídica, a flecha que indica saída e chegada da ligação glicosídica é de duplo sentido ↔, pois tanto faz representar o dissacarídeo da esquerda para a direita como da direita para a esquerda. Por exemplo, a sacarose pode ser representada por duas abreviações: Glc(1α↔2β)Fru ou Fru(2β↔1α)Glc.

O dissacarídeo lactose pode ser representado pela nomenclatura abreviada Gal(β1→4)Glc, que indica que uma unidade de galactose está ligada a uma unidade de glicose e que a ligação entre essas duas unidades se dá através do carbono anomérico da unidade de galactose na conformação β (carbono 1) com a hidroxila presente no carbono 4 da unidade de glicose (Figura 8.10). A seta indica o sentido da ligação glicosídica. Nessas abreviações, a unidade monossacarídica da esquerda é chamada de "ponta não redutora", pois o carbono anomérico não está livre para sofrer oxidação, enquanto a unidade monossacarídica da direita é chamada de "ponta redutora", pois é passível de ser oxidada.

A sacarose é composta por uma unidade de glicose e uma unidade de frutose, podendo ser representada por duas formas de abreviação: Glc(1α↔2β)Fru ou Fru(2β↔1α)Glc, o que significa que a ligação entre essas unidades se dá através de seus carbonos anoméricos, onde a seta nos dois sentidos indica o envolvimento dos dois carbonos anoméricos das duas unidades monossacarídicas na ligação glicosídica, o que classifica a sacarose como glicosídeo (açúcar não redutor).

Os ***polissacarídeos***[9] são polímeros constituídos de repetitivas unidades monossacarídicas e que possuem massa molecular de média a alta. São classificados em homopolissacarídeos ou heteropolissacarídeos, dependendo da natureza de seus monômeros. Homopolissacarídeos possuem somente um tipo de unidade monossacarídica, enquanto os heteropolissacarídeos podem apresentar duas ou mais unidades monossacarídicas diferentes. São classificados ainda de acordo com as suas cadeias em ramificados ou não ramificados. Os polissacarídeos são os carboidratos mais abundantes na natureza, sendo fontes de reserva de energia e de sustentação estrutural. Os polissacarídeos de reserva mais importantes são o amido nas plantas e o glicogênio nos animais, enquanto polissacarídeos de sustentação mais comuns são a celulose nos vegetais e quitina nos artrópodes.

O amido é encontrado em grande quantidade nos tubérculos, sendo constituído por dois polímeros de glicose, a amilose e a amilopectina. A amilose possui estrutura não ramificada com ligações glicosídicas (α1→4), cujas cadeias podem variar em tamanhos de milhares a milhões de unidades de glicose. A amilopectina também possui elevada massa molecular, com unidades de glicose unidas por ligações glicosídicas (α1→4), sendo altamente ramificada (uma ramificação a cada 24 a 30 unidades de glicose), onde os pontos de ramificação são unidos por ligações (α1→6). A clivagem enzimática não se dá em qualquer ponto da cadeia do polissacarídeo, mas sim pelas "pontas não redutoras", uma unidade de glicose clivada sucessivamente à outra a partir de cada "ponta não redutora". Por isso, quanto mais pontas redutoras houver, tanto mais fácil é a ação enzimática.

O glicogênio é o polissacarídeo de reserva animal encontrado principalmente no fígado (até 7% de sua massa úmida) e no músculo esquelético. Também possui ligações (α1→4) entre as unidades de glicose e pontos de ramificação unidos por ligações (α1→6) a cada oito a 12 unidades, o que faz dele muito mais ramificado e mais compacto que a amilopectina presente nos vegetais. Quando os níveis de glicose sanguínea começam a baixar ocorre a clivagem enzimática do glicogênio do fígado para liberar glicose a fim de ser enviada para a corrente sanguínea, mantendo assim os níveis adequados até a próxima refeição.

Esses polissacarídeos de reserva são encontrados em grandes grânulos ou agregados e são altamente hidratados, fazendo ligações de hidrogênio com a água. Entretanto, esses polissacarídeos são insolúveis e por isso contribuem pouco para a osmolaridade da célula. Dessa forma, é mais vantajoso para a célula estocar glicose na forma polimérica do que na forma monomérica, pois sendo a glicose altamente solúvel, uma grande concentração de glicose celular promoveria uma grande entrada de água levando a célula à ruptura, o que não acontece com o glicogênio. Uma concentração celular de 0,01 μM de glicogênio equivale a 400 mM de glicose (a célula não suportaria essa grande concentração de glicose livre).

---

9. Nelson DL, Cox MM. Lehninger Princípios de Bioquímica. 4ª ed. São Paulo: Editora Sarvier; 2006. cap. 7. p. 245-250.

A celulose é outro homopolímero linear de glicose, entretanto sua função é de sustentação, sendo encontrada nas paredes celulares dos vegetais, estando em grande concentração em troncos, galhos e em todas as partes lenhosas das plantas. A celulose tem a propriedade de se apresentar como longas fibras insolúveis e de grande resistência. Na celulose, as unidades de glicose estão na configuração β, portanto estão unidas por ligações glicosídicas (β1→4), sendo esta configuração (ângulo entre as ligações glicosídicas) responsável pela sua aparência em forma de fibras. Esse tipo de ligação é o que difere a celulose da amilose (amido), além da ação das ligações de hidrogênio que conferem a ambos os homopolissacarídeos estruturas tridimensionais e propriedades físicas bastante diferentes entre si (Figura 8.11).

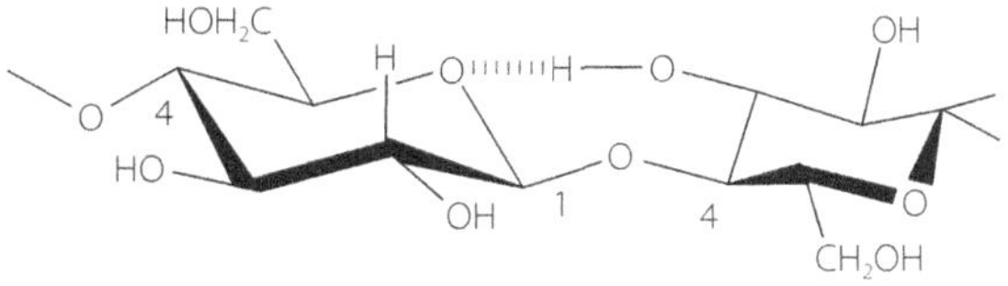

Figura 8.11. Segmento de celulose. É possível ver que a conformação beta (β) da ligação glicosídica favorece uma ligação de hidrogênio que estende a estrutura, que parece esticada como numa fibra.

O glicogênio, diferentemente da celulose, possui uma forma granular, pois a ligação glicosídica (α1→4) tende a favorecer uma ligação de hidrogênio que faz com que o segmento se enrole na forma esférica como um grão (Figura 8.12).

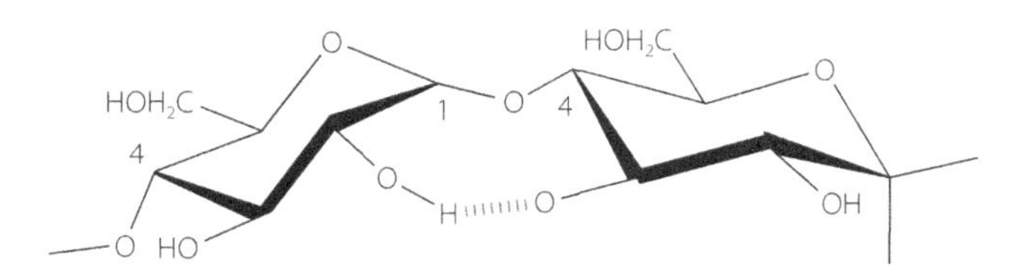

Figura 8.12. Segmento de amilose. Ligação glicosídica (α1→4) favorece a ligação de hidrogênio, assumindo uma conformação curva.

O glicogênio e o amido são digeridos por animais que apresentam em seus aparelhos digestivos enzimas capacitadas para a clivagem das ligações (α1→4) presentes nesses polímeros. Entretanto, apesar de a celulose ser um polímero de glicose, como os outros dois, ela não pode ser utilizada como fonte de energia pela maioria dos animais, pois esses não possuem enzimas específicas para a clivagem das ligações glicosídicas (β1→4) da celulose, a fim de liberar a glicose contida na forma de polímero. Animais ruminantes que se alimentam de capim e outras gramíneas (ricas em celulose) possuem em seus tratos digestivos (rúmen) milhões de microrganismos vivendo em simbiose e que secretam a enzima *celulase*. Esses microrganismos aproveitam a glicose proveniente da clivagem da celulose como fonte de energia para o seu desenvolvimento e multiplicação. Em contrapartida, esses microrganismos liberam ácidos graxos voláteis que o animal utiliza no seu metabolismo para a produção de glicose e ácidos graxos de cadeia mais longa. Além disso, quando esses microrganismos morrem, são fonte de proteína para os animais ruminantes.

A dextrose é um homopolissacarídeo de glicose no qual as ligações glicosídicas são (α1→6) com ramificações (α1→3), (α1→2) e/ou (α1→4), que estão presentes em bactérias e fungos. Alguns dos principais constituintes da placa bacteriana são dextranas produzidas por microrganismos que se multiplicam na superfície dos dentes. Existem dextranas de uso comercial, como o Sephadex, que são produtos sintéticos usados para o fracionamento de proteínas.

Diferente dos outros polissacarídeos vistos até agora, a quitina é um homopolissacarídeo cuja unidade monomérica é a *N*-acetilglicosamina em ligações glicosídicas ($\beta1 \rightarrow 4$). A *N*-acetilglicosamina é um derivado da glicose em que a hidroxila do C2 é substituída por um grupo amino acetilado. Esse grupo *N*-acetil no C2 e a sua ocorrência são as duas características que diferem a quitina da celulose. A celulose é um polissacarídeo de sustentação nos vegetais e a quitina desempenha o mesmo papel nos artrópodes. Depois da celulose, a quitina é o polissacarídeo mais abundante na natureza, pois é o principal constituinte do exoesqueleto dos insetos, camarões e caranguejos, entre outros seres vivos[9]. Porém, nenhum desses dois polímeros é digerido por animais monogástricos.

Além das funções de reserva e de suporte, os carboidratos, quando ligados a proteína e lipídios formam os glicoconjugados, que desempenham uma série de funções nos processos metabólicos, como a coagulação do sangue, a cicatrização de lesões e a resposta imunológica. Um carboidrato ligado covalentemente a uma proteína é chamado de glicoproteína. Muitas das proteínas da superfície celular, proteínas extracelulares e proteínas secretadas são glicoproteínas. Um carboidrato ligado a um lipídio é chamado de glicolipídio ou lipopolissacarídeo, e são componentes da membrana plasmática.

8.1.2. Identificação de Carboidratos[10]

Os carboidratos podem ser identificados através de testes simples que geralmente envolvem reações com formação de produtos coloridos facilmente identificáveis. Dentre as principais reações utilizadas estão a reação com lugol, para a identificação de polissacarídeos, o reagente de Benedict, para açúcares redutores, o reagente de Seliwanoff, para distinguir *cetoses* de *aldoses,* e o reagente de Molish, para distinguir entre monossacarídeos com mais de cinco átomos de carbono.

A reação com lugol (iodo) diferencia os homopolissacarídeos dos outros carboidratos. Os homopolissacarídeos formam um complexo colorido com o iodo (produto de adsorção) e pela coloração resultante é possível identificar qual é o polissacarídeo presente. Por exemplo, o amido na presença de iodo apresenta uma coloração azul, o glicogênio apresenta uma coloração avermelhada, as dextrinas apresentam uma coloração roxa-avermelhada, enquanto os monossacarídeos e os oligossacarídeos não reagem com lugol.

O teste de Benedict[8] diferencia carboidratos redutores de não redutores. A solução de Benedict contém um complexo de citrato e cobre, e na presença de açúcar redutor o Cu^{+2} (azul) é reduzido a Cu^{+1}, que é menos solúvel em solução alcalina e precipita sob a forma de Cu_2O (amarelo-avermelhado). Essa reação é positiva para todos os monossacarídeos e para os dissacarídeos contendo carbono anomérico livre.

Para diferenciar *aldoses* de *cetoses* usa-se o teste de Seliwanoff. As *cetoses*, quando em solução ácida e sob aquecimento, formam o composto 4-hidroximetilfurfural (HMF) que reage com o resorcinol (reagente de Seliwanoff) formando um produto de cor avermelhada. Com *aldoses* a reação também ocorre, mas a velocidade da reação com as *cetoses* é maior.

O teste de Molish é usado para diferenciar açúcares contendo cinco ou mais átomos de carbono dos açúcares com menor número de átomos de carbono. Os carboidratos com cinco ou mais átomos de carbono, sob a ação desidratante do H_2SO_4, transformam-se em furfural ou 4-hidroximetilfurfural, que reagem com o α-naftol formando um composto marrom-avermelhado.

10. Cisternas JR, Varga J, Monte O. Fundamentos de bioquímica experimental. 2ª ed. São Paulo: Atheneu; 2001. p. 276.

8.1.3. Uso Industrial dos Carboidratos[11,12,13,14]

A indústria utiliza os carboidratos produzidos pelas plantas para a preparação de alimentos, polímeros, papel, tecidos e etanol, entre outros produtos. Os carboidratos mais utilizados são o amido e a sacarose.

O amido para o uso industrial é extraído de plantas como o trigo, a mandioca e o milho, sendo comercializado na forma de farinhas para o preparo de pães, bolos e massas, entre outros usos. O amido é considerado a principal fonte energética para muitas populações. Além do amido, a sacarose também é outra fonte energética de acesso rápido pelas células. A sacarose é produzida a partir da cana-de-açúcar, em várias etapas que incluem moagem da cana-de-açúcar para fornecer o caldo, purificação do caldo, evaporação da água e cristalização da sacarose. A sacarose é usada para adoçar alimentos, entretanto, em alguns preparos de doces, ela produz uma consistência que afeta o paladar, por isso, ela é decomposta termicamente (através da reação de Maillard)[11] nos monossacarídeos que a constituem, que são a glicose e a frutose. A mistura desses dois monossacarídeos, obtidos dessa forma, é chamada de ***açúcar invertido***. Essa designação se deve ao fato de que a sacarose, ao ser submetida à luz de um polarímetro, desvia essa luz polarizada para o lado direito sendo, portanto, uma substância dextrógira[4]. Quando o produto da ação térmica (glicose e frutose) é submetido à mesma luz polarizada, ocorre desvio da luz para o lado esquerdo sendo, portanto, uma substância levógira[4]; ou seja, há uma inversão no sentido do desvio da luz polarizada. Esse ***açúcar invertido*** é bastante usado na produção de balas e sorvetes. O mel produzido pelas abelhas é um produto da degradação da sacarose, em glicose e frutose, pela ação da enzima *invertase* secretada pelas abelhas.

A sacarose obtida da cana-de-açúcar é um dos principais produtos de exportação nacional, assim como o etanol produzido a partir do mesmo caldo da cana do qual se extrai a sacarose. Tanto a sacarose quanto o etanol podem ser obtidos de outros vegetais ricos em açúcares, como a beterraba, a mandioca, o arroz, o milho, etc.

Para a produção do etanol a partir do caldo obtido da moagem desses vegetais ricos em açúcares são adicionados microrganismos (leveduras) que utilizam esses açúcares para a sua produção de energia, produzindo como produto final etanol e CO_2, num processo conhecido como fermentação alcoólica. Esses microrganismos são seres anaeróbicos, mas que possuem o mesmo metabolismo da glicose (via glicolítica) que os seres mais desenvolvidos e aeróbicos. Os organismos aeróbicos e anaeróbicos produzem duas moléculas de piruvato e duas moléculas de ATP como produto da via glicolítica, a diferença de metabolismo entre esses dois tipos de organismos se encontra na utilização posterior desse piruvato como fonte de energia (Figura 8.13).

A oxidação da glicose até o piruvato gera elétrons e os seres aeróbicos usam o oxigênio como aceptor final desses elétrons. O piruvato produzido pode ainda sofrer outras reações de oxidação, produzindo mais elétrons. Os elétrons gerados são transportados pela coenzima NAD na sua forma reduzida NADH até o oxigênio via cadeia respiratória. Essa transferência de elétrons regenera a coenzima NAD^+ e gera energia para síntese de mais ATP por cada molécula de glicose oxidada até CO_2 e H_2O (cada molécula de NADH que transfere os seus elétrons na cadeia respiratória fornece energia suficiente para a síntese de 2,5 moléculas de ATP). Nos seres anaeróbicos, como não há utilização de oxigênio, os elétrons gerados pela oxidação da glicose até piruvato (via glicolítica) têm que ter algum receptor para regenerar a coenzima NAD^+ para que o processo de oxidação da glicose não seja interrompido. Portanto, nesses seres, a redução do piruvato até etanol regenera a coenzima NAD^+ que assim dá continuidade à oxidação da glicose até o piruvato. O etanol é o

11. Schiweck H, Clarke M, Pollach G. Sugar. In Ullmann's Encyclopedia of Industrial Chemistry. Weinheim: Wiley-VCH; 2007.
12. Boscolo M. Sucroquímica: Síntese e potencialidades de aplicações de alguns derivados químicos de sacarose. Química Nova. 2003;26:906-912.
13. Aquarone E, Borzani W, Lima UA, Schmidell W. Biotecnologia industrial: processos fermentativos e enzimáticos, 1ª ed. São Paulo: Edgard Blücher; 2001. p. 1-39.
14. Shreve N, Brink JR. Indústrias de processos químicos. Rio de Janeiro: Editora Guanabara; 1997.

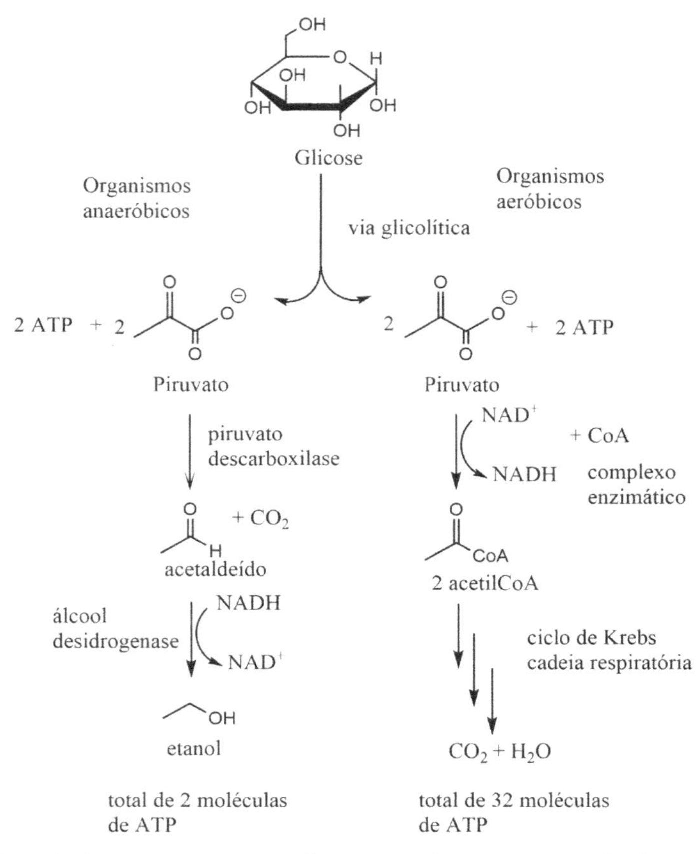

Figura 8.13. Metabolismo da glicose em organismos aeróbicos e anaeróbios. Fermentação alcoólica.

produto final da oxidação da glicose por esses microrganismos. Essa fermentação alcoólica gera apenas dois ATPs, portanto, é um processo bem menos eficiente que a oxidação completa da glicose feita por seres aeróbicos (Figura 8.14).

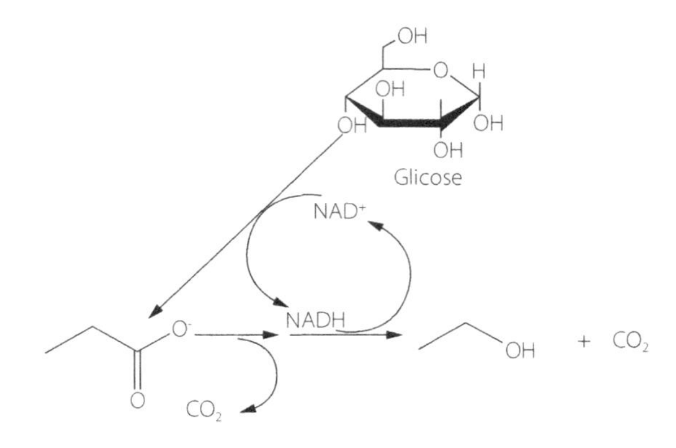

Figura 8.14. Regeneração da coenzima NAD^+ nos organismos anaeróbicos. Processo sem geração de energia.

A celulose é o carboidrato mais abundante na natureza, sendo empregado na indústria de papel e celulose. As árvores são a matéria-prima que, após o corte, são transportadas para usinas de produção para serem processadas em pedaços bem menores que serão colocados em um digestor (contendo sulfato de sódio e soda cáustica) à temperatura de 160 °C. Durante esse processo as fibras de celulose são separadas da lignina e das resinas, obtendo-se como produto a celulose não branqueada. A etapa seguinte do processo de produção de celulose é o processo de branqueamento químico, utilizando misturas de diferentes agentes branqueadores. Ao final dessa etapa, a polpa de celulose branqueada encontra-se ainda em forma líquida, sendo depois espalhada em uma tela de metal que roda entre diversos cilindros, onde é então secada e prensada para a obtenção do papel com as características desejadas para as mais variadas finalidades.

8.2. Aminoácidos, Peptídeos e Proteínas[15]

8.2.1. Aminoácidos

Os α-***aminoácidos*** são compostos orgânicos que possuem os grupos carboxila e amino ligados simultaneamente ao mesmo carbono. Existem 20 unidades básicas de α-aminoácidos que compõem os peptídeos e as proteínas. Os aminoácidos são sais cristalinos, têm elevados pontos de fusão (fundem-se com a decomposição), são insolúveis em solventes apolares, são solúveis em água e, apesar de possuírem em suas estruturas um grupamento carboxila, as suas constantes de acidez são baixas quando comparadas com os ácidos carboxílicos. O mesmo se verifica com relação a sua constante de basicidade, que também é baixa em relação a outras aminas alifáticas, apesar do grupo amino presente. Em meio aquoso, os aminoácidos se encontram na forma dipolar, também conhecida como ***Zwitterion***[16] (Figura 8.15).

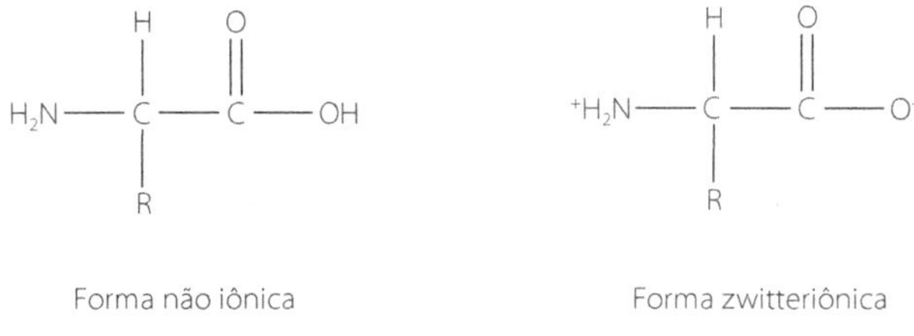

$H_2N-CH(R)-C(=O)-OH$ $^{+}H_3N-CH(R)-C(=O)-O^{-}$

Forma não iônica   Forma zwitteriônica

Figura 8.15. Forma não iônica e forma zwitteriônica dos aminoácidos.

Dentre os 20 aminoácidos comuns, o que os difere uns dos outros é o substituinte (R) ligado também ao carbono α. Dos 20 aminoácidos, 19 deles são L-aminoácidos, pois possuem centros assimétricos (quirais). A exceção é o aminoácido glicina que possui dois átomos de hidrogênio ligados ao carbono α. A designação L desses aminoácidos, assim como nos monossacarídeos, foi feita a partir da comparação com os enantiômeros do gliceraldeído, mas, neste caso, comparando a posição que ocupa a carboxila do aminoácido com relação à carbonila dos enantiômeros do

15. Para a nomenclatura IUPAC, ver: http://www.chem.qmul.ac.uk/iupac/AminoAcid/

16. *Zwitterion*, derivado do alemão *zwitter* (híbrido), significa "sal interno" ou "íon dipolar", é um composto químico eletricamente neutro, mas que possui cargas opostas em diferentes átomos. O termo é mais utilizado para compostos que apresentam essas cargas em átomos não adjacentes. Podem se comportar tanto como ácidos quanto como bases, por isso, também são chamados de *anfóteros*.

gliceraldeído. Atualmente, a designação *R/S*[17] é a mais adequada para os aminoácidos, bem como para outros compostos quirais. Os 20 α-aminoácidos apresentam diferentes grupos "R" ligados ao carbono α. Esses grupos são responsáveis pelas diferentes características físicas e químicas existentes entre os aminoácidos. Os aminoácidos ainda podem ser agrupados de acordo com a natureza desse grupo "R", como mostrado na Tabela 8.1.

Além dos nomes, os aminoácidos também podem ser representados por siglas, que se baseiam em seus nomes, e por símbolos, que são letras do alfabeto, mas que nem sempre são as letras iniciais de seus nomes (ver Tabela 8.1). Nas cadeias polipeptídicas cada aminoácido é chamado de resíduo. A classificação de um aminoácido dentro de um determinado grupo baseia-se na polaridade, na aromaticidade e na carga dos seus grupos "R". Os aminoácidos alanina, valina, leucina e isoleucina são ***apolares*** e tendem a estabilizar a estrutura das proteínas onde estão presentes por meio de interações hidrofóbicas. Nesse grupo também está a metionina, que apresenta um átomo de enxofre. Esse aminoácido é de extrema importância para o início da síntese proteica, fonte vital de enxofre e, além disso, funciona como uma molécula que transfere grupos metila em processos enzimáticos conhecidos como *transmetilação*, que são primordiais para o metabolismo dos seres vivos. A glicina e a prolina, também ***apolares***, são constituintes vitais para a produção de colágeno, que é uma proteína fibrosa de sustentação encontrada em tendões, ossos, cartilagens e córnea.

A prolina possui uma característica única, que é o fato de ser o único aminoácido a possuir um grupo amino secundário fazendo parte de um anel cíclico com cinco átomos, que impõe rigidez na molécula causando restrições na flexibilidade da cadeia polipeptídica na região onde ela ocorre.

Os aminoácidos contendo ***anéis aromáticos*** são a fenilalanina, o triptofano e a tirosina. Dentre eles, a fenilalanina também participa de interações hidrofóbicas junto com os aminoácidos apolares. A tirosina apresenta uma hidroxila e o triptofano possui um anel indólico, o que torna ambos mais polares. A tirosina é capaz de fazer ligação de hidrogênio através de sua hidroxila fenólica e, quando presente na cadeia polipeptídica de uma enzima, constitui-se um importante ponto de ligação enzima-substrato.

Os aminoácidos ***polares*** serina, treonina, asparagina e glutamina apresentam funções orgânicas vitais para a estrutura das proteínas. Esses aminoácidos podem interagir com outros aminoácidos da cadeia polipeptídica através da formação de ligações de hidrogênio, que ajudam na determinação das estruturas secundária e terciária da proteína, como será discutido mais adiante. O grupo "R" da cisteína não é capaz de fazer a ligação de hidrogênio, entretanto, o seu grupo tiol pode ser oxidado na presença de outro resíduo de cisteína, na mesma cadeia polipeptídica ou em outra cadeia, para formar um dímero conhecido como cistina. Esse dímero é formando por uma ponte dissulfeto, gerada pela ligação covalente entre os átomos de enxofre de cada resíduo de cisteína. Essa ponte de enxofre é muito comum na estrutura de muitas proteínas como, por exemplo, na queratina do cabelo.

Os aminoácidos ***polares carregados positivamente***, lisina, arginina e histidina, apresentam diferentes grupos carregados. A lisina possui um grupo amino extra, a arginina, um grupo guanidino e a histidina, um grupo imidazol. O grupo imidazol da histidina pode agir tanto como ácido quanto como base, possuindo um pKa próximo de 7, que é o pH do sangue. Portanto, não é por acaso que a histidina é encontrada ligada à hemoglobina.

Aspartato e glutamato são os aminoácidos ***polares carregados negativamente***, pois cada um deles possui uma carboxila a mais em suas estruturas.

Os aminoácidos são ainda classificados como *essenciais* e *não essenciais*. Esta classificação tem relação com a capacidade dos organismos vivos em sintetizá-los. Os aminoácidos alanina (Ala), arginina (Arg), asparagina (Asn), aspartato (Asp), cisteína (Cys), glicina (Gly), glutamato (Glu),

---

17. O sistema de nomenclatura *R/S*, desenvolvido por Cahn-Ingold-Prelog, é derivado do latim *Rectus* (direita, no sentido dos ponteiros do relógio) e *Sinister* (esquerda, no sentido contrário aos ponteiros do relógio), serve para determinar a configuração absoluta de um centro quiral.

Tabela 8.1. Classificação dos aminoácidos de acordo com a natureza do grupo "R"

Grupo "R"	Estrutura dos α-aminoácidos
Alifático apolar	$^{+}H_3N-CH(H)-C(=O)-O^{-}$ Glicina Gly G $^{+}H_3N-CH(CH_3)-C(=O)-O^{-}$ Alanina Ala A $^{+}H_3N-CH(CH_2-CH(CH_3)-CH_3)-C(=O)-O^{-}$ Leucina Leu L $^{+}H_3N-CH(CH(CH_3)-CH_2-CH_3)-C(=O)-O^{-}$ Isoleucina Ile I $^{+}H_3N-CH(CH(CH_3)-CH_3)-C(=O)-O^{-}$ Valina Val V $C(=O)-O^{-}$ ligado ao anel pirrolidina com $^{+}H_2N$ Prolina Pro P $H_2N-CH(CH_2-CH_2-S-CH_3)-C(=O)-O^{-}$ Metionina Met M
Aromático	$^{+}H_3N-CH(CH_2-\text{indol (HN)})-C(=O)-O^{-}$ Tripofano TRP W $^{+}H_3N-CH(CH_2-C_6H_5)-C(=O)-O^{-}$ Fenilalanina Phe F $^{+}H_3N-CH(CH_2-C_6H_4-OH)-C(=O)-O^{-}$ Tirosina Tyr Y

Continua...

Tabela 8.1. Classificação dos aminoácidos de acordo com a natureza do grupo "R" ...continuação

Grupo "R"	Estrutura dos α-aminoácidos
Polar neutro	$^{+}H_3N—CH(CH_2—SH)—C(=O)—O^-$ Cisteína Cys C $^{+}H_3N—CH(CH(OH)—CH_3)—C(=O)—O^-$ Treonina Thr T $^{+}H_3N—CH(CH_2—OH)—C(=O)—O^-$ Serina Ser S $^{+}H_3N—CH(CH_2—CH_2—C(=O)—NH_2)—C(=O)—O^-$ glutamina Gln Q $^{+}H_3N—CH(CH_2—C(=O)—NH_2)—C(=O)—O^-$ Asparagina Asn N
Polar carregado negativamente	$^{+}H_3N—CH(CH_2—CH_2—C(=O)—O^-)—C(=O)—O^-$ Glutamato Glu E $^{+}H_3N—CH(CH_2—C(=O)—O^-)—C(=O)—O^-$ Aspartato Asp D
Polar carregado positivamente	$^{+}H_3N—CH(CH_2$—imidazol: N, $NH_2^{+}$$)—C(=O)—O^-$ Histidina His H $^{+}H_3N—CH(CH_2—CH_2—CH_2—CH_2—NH_3^{+})—C(=O)—O^-$ Lisina Lys K $^{+}H_3N—CH(CH_2—CH_2—CH_2—NH—C(=NH_2^{+})—NH_2)—C(=O)—O^-$ Arginina Arg R

prolina (Pro), serina (Ser) e tirosina (Tyr), são classificados como aminoácidos *não essenciais*, pois são sintetizados por todos os seres vivos por vias metabólicas mais simples. Por outro lado, os aminoácidos fenilalanina (Phe), histidina (His), isoleucina (Ile), leucina (Leu), lisina (Lys), metionina (Met), treonina (Thr), triptofano (Trp) e valina (Val), são classificados como aminoácidos *essenciais*, pois são sintetizados apenas pela maioria das bactérias e plantas, mas não sintetizados por outros organismos. Como os vertebrados não conseguem sintetizar os aminoácidos essenciais, eles devem ser obtidos através da alimentação.

Além dos 20 aminoácidos comuns, existem outros aminoácidos que aparecem na constituição de proteínas. Porém, todos eles são derivações de algum dos 20 aminoácidos comuns e apresentam importantes funções, como no caso da 4-hidroxiprolina, que é uma derivação da prolina. A 4-hidroxiprolina é um dos aminoácidos que constituem a tríade de aminoácidos Gly-X-Y da estrutura do colágeno (Gly-Pro-4-OH-Pro). O colágeno é constituído por três cadeias polipeptídicas em forma de hélice que se entrelaçam formando uma hélice maior. A repetição dessa tríade de aminoácidos constitui todas as três cadeias da proteína. A hidroxiprolina é obtida a partir da hidroxilação da prolina na presença de vitamina C. A falta de vitamina C no organismo desencadeia a doença chamada de escorbuto, resultante do colágeno com estruturas desestabilizadas, pela incapacidade de hidroxilar a prolina para gerar a 4-hidroxiprolina na posição Y, necessária para a formação da hélice estável na estrutura do colágeno.

Independentemente dos grupos "R", todos os aminoácidos em solução são íons dipolares e, portanto, possuem propriedades ácido-base[18]. Dessa forma, os aminoácidos podem ser titulados e cada um deles apresenta um comportamento diretamente, relacionado com a natureza do grupo "R", quando submetido à titulação com uma base forte como o NaOH. Quando se titula um aminoácido aparecem três pontos-chave na curva de titulação. O primeiro ponto de inflexão corresponde ao pH do grupo protonado que está sendo titulado pela base (pK_1), resultante da remoção do próton da carboxila. O segundo ponto corresponde ao *ponto isoelétrico* (pI) e o terceiro ponto (pK_2) corresponde à titulação do próton ligado ao grupo NH_3^+, que ocorre em pH mais alcalino (Figura 8.16).

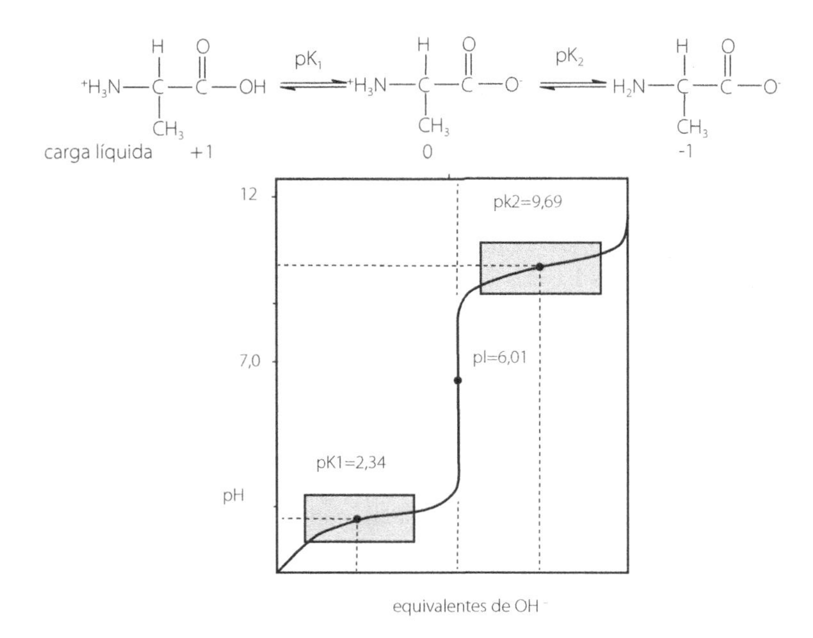

Figura 8.16. Curva de titulação do aminoácido alanina.

18. Nelson DL, Cox MM. Lehninger Princípios de Bioquímica, 4ª ed. São Paulo: Editora Sarvier; 2006, cap. 3. p. 81.

Antes de iniciar a titulação deve-se garantir que a carboxila esteja protonada através da adição de HCl. Em seguida, inicia-se a titulação da solução do aminoácido com uma solução de NaOH, usando um pHmetro para fazer a leitura a cada 0,5 mL de base adicionada.

No início da titulação ocorre a diminuição da concentração da espécie carregada positivamente e um aumento da espécie neutra. No pK_1 existem concentrações iguais dessas duas espécies e a carga líquida neste ponto da titulação é positiva. Saindo do pK_1 pela adição de mais NaOH, a concentração da espécie carregada positivamente diminui ainda mais e aumenta a concentração da espécie neutra até o ponto em que só existe a espécie neutra. Por isso, esse ponto é chamado de *ponto isoelétrico* (carga líquida nula). Saindo desse *ponto isoelétrico* a espécie predominante ainda é a espécie com carga líquida nula, mas logo começa a surgir a espécie carregada negativamente. Acima do *ponto isoelétrico*, a carga líquida no pH em questão é negativa. Com o decorrer da titulação, surge outro ponto de inflexão na curva chamado de pK_2, que é igual ao pK_a do grupo que está sendo titulado (próton ligado ao grupo amino). Neste ponto, existem quantidades equimolares da espécie neutra e da espécie carregada negativamente. Acima deste ponto, a concentração da espécie carregada negativamente vai aumentando até ser a única espécie existente.

Para aminoácidos sem grupos "R" carregados, o *ponto isoelétrico* é igual à média dos valores de pK_1 e pK_2. Quando os aminoácidos apresentam grupos "R" também ionizáveis, a curva de titulação apresenta um ponto de inflexão a mais que os outros aminoácidos, que se refere à titulação desse grupo "R" ionizável. Se o grupo "R" também for ionizável, aparecerá outro ponto de inflexão na curva referente ao pK_R em pH mais ácido se o grupo "R" for uma carboxila e em pH mais básico se "R" for um grupo carregado positivamente. Cada aminoácido possui uma curva de titulação característica que pode identificá-lo, a partir da comparação com os dados de pK_1, pK_2, pK_R e o *ponto isoelétrico*, disponíveis na literatura.

É possível identificar ou determinar a qual dos cinco grupos pertence um determinado aminoácido através de algumas propriedades estruturais e químicas de alguns desses grupos. A glicina, por ser o único aminoácido sem carbono assimétrico (quiral), não possui atividade óptica; portanto, pode ser facilmente identificada dentre os outros aminoácidos pela análise em um polarímetro. Os aminoácidos aromáticos podem ser distinguidos dentre os demais, pois absorvem luz ultravioleta. A prolina, por ser uma amina secundária, forma um composto amarelo pela reação com a ninidrina (composto químico usado para a detecção de aminas secundárias), enquanto os demais aminoácidos na reação com ninidrina formam compostos de coloração roxa. Usando cromatografia em papel é possível diferenciar um aminoácido polar de um apolar, mas não entre aminoácidos de um mesmo grupo. Os aminoácidos mais polares ficam mais retidos na base do papel que os aminoácidos apolares, ou seja, têm maior interação com a celulose do papel que os aminoácidos apolares e, por isso, são eluídos mais lentamente.

Além de serem as unidades básicas que constituem as proteínas, os aminoácidos também desempenham inúmeras funções nos organismos vivos. Muitos deles são precursores de biomoléculas de extrema importância como, por exemplo, os aminoácidos triptofano, tirosina e glutamato, que são respectivamente precursores na biossíntese dos neurotransmissores serotonina, dopamina e ácido γ-aminobutírico. A glicina é um aminoácido precursor das porfirinas, que são suportes orgânicos que sustentam o átomo de ferro do grupo heme presente nas hemoproteínas, como a hemoglobina e a mioglobina. A glicina e a arginina dão origem à fosfocreatina, que é um importante reservatório de energia muscular. Esses são apenas alguns exemplos de aminoácidos úteis como precursores de biomoléculas, mas existem muitos outros.

Os aminoácidos também podem ser usados como fonte de energia quando a quantidade ingerida, por meio das proteínas, é maior que a necessidade para a síntese proteica, ou na falta de energia proveniente de carboidratos ou gorduras. Os aminoácidos podem ser degradados gerando intermediários do ciclo de Krebs, Acetil-CoA e piruvato. Se o conteúdo de energia (ATP) e a necessidade para a síntese proteica já foram alcançados, o excesso de aminoácido é oxidado a Acetil-CoA, que é então transformado em ácidos graxos, que são posteriormente convertidos em gorduras mantidas no tecido adiposo como forma de reserva. O nitrogênio gerado no processo de oxidação dos aminoácidos é utilizado pelo organismo para a biossíntese de novos aminoácidos ou compostos nitrogenados, sendo o excesso eliminado através do ciclo da ureia.

8.2.2. Peptídeos

Os ***peptídeos*** são formados a partir da união (condensação) entre dois ou mais resíduos de aminoácidos através de uma ligação peptídica. A ligação peptídica é formada pela condensação entre o terminal carboxila de um aminoácido e o terminal amino de outro aminoácido, com liberação de água (Figura 8.17). Por convenção, o grupo terminal amino é sempre escrito do lado esquerdo da molécula e a carboxila do lado direito.

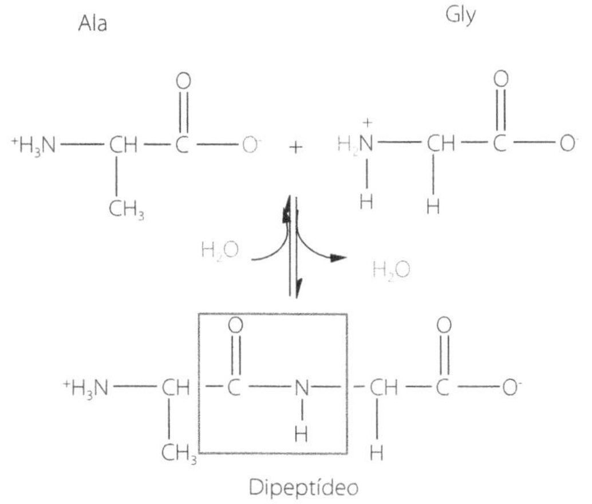

Figura 8.17. Formação da ligação peptídica no dipeptídeo Ala-Gly.

Estudos de raios X de peptídeos e aminoácidos desenvolvidos por Linus Pauling[19] e Robert Corey mostraram que a ligação peptídica não possui livre rotação. Nesta ligação, o comprimento da ligação C–N é mais curto que a ligação C–N de uma amina simples[20]. Na ligação peptídica, os átomos associados estão em posição coplanar e o caráter de dupla ligação restringe a livre rotação da ligação peptídica. Na ligação peptídica, o átomo de oxigênio e o hidrogênio ligado ao nitrogênio, que fazem parte da mesma ligação peptídica, estão em posição *trans* entre si (Figura 8.18). A rigidez da ligação peptídica impõe limitações ao número de conformações que a estrutura peptídica pode assumir.

Os peptídeos são classificados de acordo com o número de resíduos de aminoácidos que possuem: os dipeptídeos contêm dois resíduos de aminoácidos, os tripeptídeos possuem três e assim por diante. Quando os peptídeos contêm alguns poucos aminoácidos são classificados como oligopeptídeos. Os peptídeos com muitos aminoácidos com massa molar até 10.000 são classificados como polipeptídeos. Acima dessa massa molar são classificados como proteínas e podem conter milhares de resíduos de aminoácidos. Os peptídeos ou as proteínas podem ser represen-

19. Em 1954, Linus Carl Pauling recebeu o Prêmio Nobel de Química pelas suas pesquisas sobre a natureza da ligação química e sua aplicação para a elucidação da estrutura de substâncias complexas.
20. Morrison R, Boyd R. Química Orgânica. 14a ed. Lisboa: Fundação Calouste Gulbenkian; 2005. cap. 36. p. 1360-1369.

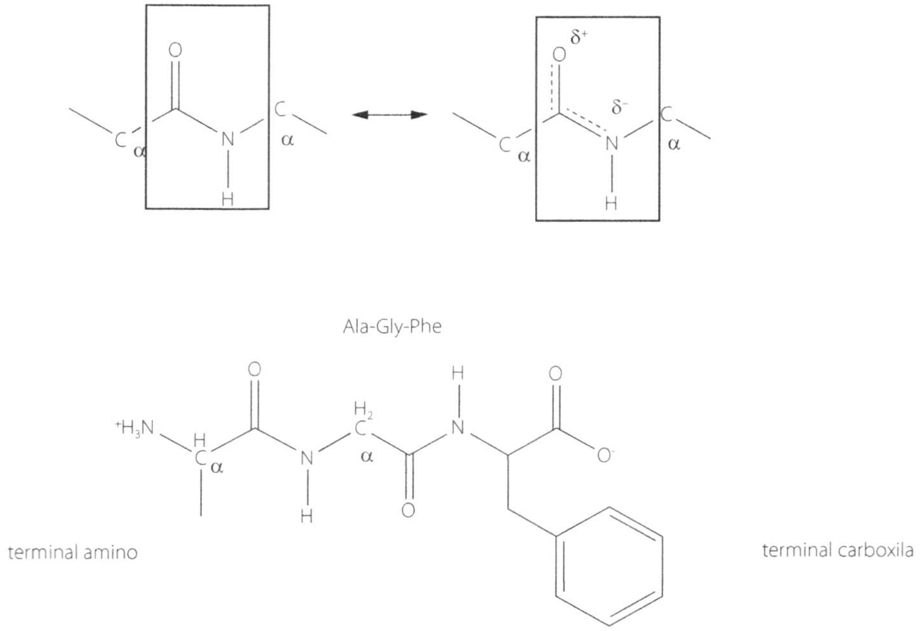

Figura 8.18. Caráter de ligação dupla da ligação peptídica no tripeptídeo Ala-Gly-Phe.

tados simplificadamente por suas siglas, unidas por um traço representando a ligação peptídica entre eles como, por exemplo, no pentapeptídeo Ser-Lys-Gly-Pro-Glu.

Existem peptídeos de vários tamanhos, mas não é o número de resíduos de aminoácidos que determina a sua importância biológica. Por exemplo, pequenos peptídeos, como a ocitocina (um hormônio que induz as contrações uterinas), possuem apenas nove resíduos de aminoácidos. Alguns antibióticos e venenos são pequenos peptídeos. A insulina tem duas cadeias polipeptídicas, uma contendo 30 resíduos de aminoácidos e a outra com 21 resíduos de aminoácidos. A hemoglobina contém 574 resíduos de aminoácidos. A apolipoproteína B humana possui aproximadamente 4.500 resíduos de aminoácidos. A maior parte das proteínas de ocorrência natural possui em média 2.000 resíduos de aminoácidos. Para se calcular o número aproximado de resíduos de aminoácidos de uma proteína contendo somente aminoácidos é preciso saber qual a sua massa molar e depois dividir esse valor por 110. Esse valor 110 aparece no cálculo, pois é preciso considerar que a massa molar dos aminoácidos com maior ocorrência nas proteínas é 128 e que para cada ligação peptídica formada entre dois aminoácidos ocorre a perda de uma molécula de água (massa molar da água = 18); logo: 128 – 18 = 110.

8.2.3. Proteínas

8.2.3.1. Classificação das Proteínas

As ***proteínas*** podem ser classificadas quanto ao número de cadeias, composição e forma (relacionada ao tipo de estrutura secundária e terciária que será discutido mais adiante).

Quanto ao número de cadeias, as proteínas podem ser classificadas como *de cadeia simples*, quando possuem uma única cadeia, e como *de subunidades múltiplas*, quando possuem duas ou mais cadeias polipeptídicas associadas não covalentemente. Se a proteína contém duas cadeias polipeptídicas unidas por ligação covalente (por exemplo, uma ponte de enxofre entre dois resíduos de cisteína), ela é considerada uma proteína de cadeia simples. Quando a proteína é de subunidades múltiplas com cadeias iguais, ela é chamada de oligomérica e cada cadeia é chamada de *protômero*. Um exemplo que ilustra bem a estrutura de uma proteína de subunidades múltiplas é a hemoglobina, que é constituída por quatro cadeias polipeptídicas, sendo duas cadeias idênticas chamadas de α e outras duas cadeias idênticas chamadas de β.

As proteínas ainda podem ser classificadas quanto à sua composição em simples (contêm apenas aminoácidos) ou conjugadas (contêm outros grupos diferentes de aminoácidos). As proteínas conjugadas podem apresentar em suas estruturas compostos orgânicos, metais e complexos metálicos. A parte não proteica da proteína conjugada é chamada de *grupo prostético*, sendo a proteína classificada de acordo com a natureza desse grupo. Se o grupo prostético for um lipídeo, a proteína é classificada como lipoproteína, se o grupo prostético for um glicosídeo, a proteína é classificada como glicoproteína, e se o grupo prostético for um metal, a proteína é classificada como metaloproteína.

Algumas proteínas possuem mais de um grupo prostético e, na maioria dos casos, esses grupos prostéticos estão diretamente ligados à função biológica da proteína. A hemoglobina é um exemplo clássico de proteína com grupo prostético: ela apresenta um grupo heme em cada uma das suas quatro cadeias polipeptídicas (Figura 8.19), sendo então classificada como hemoproteína. A caseína do leite contém grupos fosfatos e, por isso, é classificada como fosfoproteína. A enzima *álcool desidrogenase* contém zinco e, portanto, é classificada como metaloproteína.

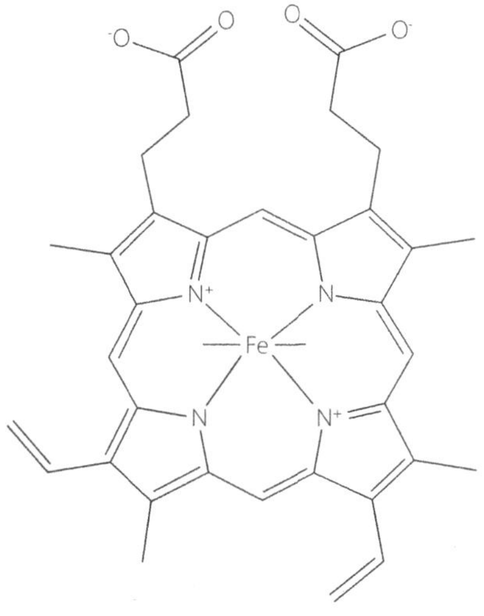

Figura 8.19. O grupo heme da hemoglobina.

As proteínas possuem centenas de ligações com livre rotação, o que torna possível um número ilimitado de conformações. Entretanto, cada proteína tem uma função estrutural e química diferente, o que indica fortemente que possuem estruturas tridimensionais únicas que determinam as suas funções biológicas. A sequência de aminoácidos em cada proteína determina a sua conformação tridimensional, que é estabelecida por interações não covalentes entre os aminoácidos próximos e distantes na cadeia polipeptídica e por ligações covalentes entre resíduos de cisteína (ligação dissulfeto).

As interações não covalentes entre os aminoácidos são interações fracas, entretanto, quando se somam as possíveis interações que ocorrem em uma cadeia polipeptídica contendo centenas de resíduos de aminoácidos, elas são capazes de estabilizar estados enovelados da proteína que determinam a sua estrutura tridimensional. Essas interações fracas não covalentes são as ligações de hidrogênio, as interações iônicas e as interações hidrofóbicas. As pontes de sulfeto entre resíduos de cisteína impõem rigidez à estrutura polipeptídica, afetando também o seu arranjo tridimensional. A conformação mais estável de uma proteína é aquela na qual ocorrem mais interações fracas, que somadas são capazes de diminuir a energia livre e estabilizar a estrutura proteica.

A sequência de aminoácidos na cadeia polipeptídica é a sua estrutura primária. A conformação local proveniente das interações não covalentes entre resíduos de aminoácidos próximos é chamada de estrutura secundária. O arranjo tridimensional proveniente das interações não covalentes entre aminoácidos próximos e/ou distantes, somadas às ligações de dissulfeto, é chamada de estrutura terciária. Proteínas de subunidades múltiplas ainda possuem um quarto nível de organização, que é o arranjo tridimensional das cadeias polipeptídicas interagindo entre si por ligações não covalentes.

8.2.3.2. Níveis de Organização das Proteínas[21]

8.2.3.2.1. A Estrutura Primária das Proteínas

A estrutura primária de uma proteína é a sequência dos aminoácidos ligados sucessivamente na cadeia polipeptídica (Figura 8.20). Essa sequência determina as interações em curta e longa distâncias que ocorrem entre os aminoácidos, que vão culminar no tipo de estrutura secundária e terciária da proteína e, portanto, na sua função biológica. Cada proteína possui um número e uma sequência de aminoácidos característica. Portanto, proteínas contendo diferentes sequências de aminoácidos têm diferentes funções biológicas. Logo, se a estrutura primária de uma proteína sofrer alteração na constituição de um aminoácido, numa região crucial para a sua atividade, pode ocorrer perda de função. Numa mesma espécie, alterações nos resíduos de aminoácidos que ocorrem fora dessa região crucial, sem comprometimento da função biológica, são chamadas de *polimorfismo*. Muitas doenças genéticas são causadas pela biossíntese de proteínas defeituosas, geradas por erros durante a síntese proteica, pela substituição de aminoácidos nas regiões essenciais para a atividade da proteína.

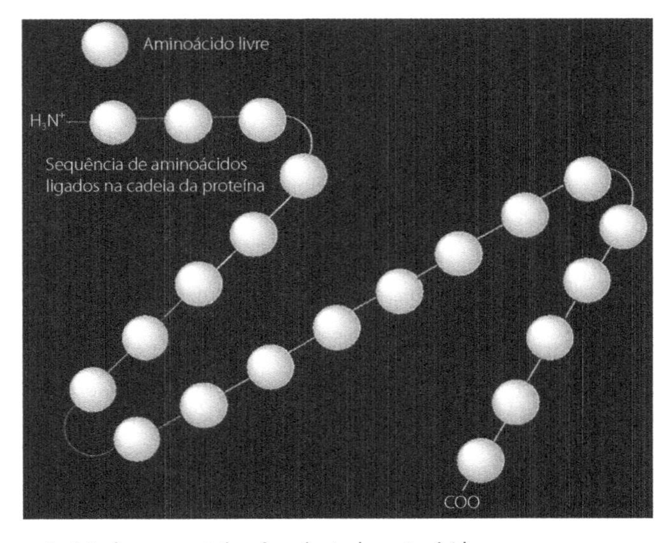

Figura 8.20. Estrutura primária de uma proteína. Sequência de aminoácidos.

21. Karp G. Cell and Molecular Biology: Concepts and Experiments. 5th ed. New Jersey: John Wiley; 2008. p. 49-64.

A constituição de aminoácidos numa proteína de mesma função, mas de espécies diferentes, são bastante semelhantes, como no caso da insulina de porcos que difere da insulina humana pela substituição de um resíduo de treonina (Thr) por um resíduo de alanina (Ala) na cadeia B.

8.2.3.2.2. A Estrutura Secundária das Proteínas

A estrutura proteica é estabilizada em grande parte por forças não covalentes (fracas), como as ligações de hidrogênio, as interações hidrofóbicas e interações eletrostáticas. A estrutura secundária da proteína é a conformação que assume uma determinada região da cadeia polipeptídica, proveniente dessas interações fracas entre resíduos de aminoácidos próximos. As conformações mais estáveis e que mais ocorrem nas proteínas são as estruturas em α-hélice e em β-folha (Figura 8.21).

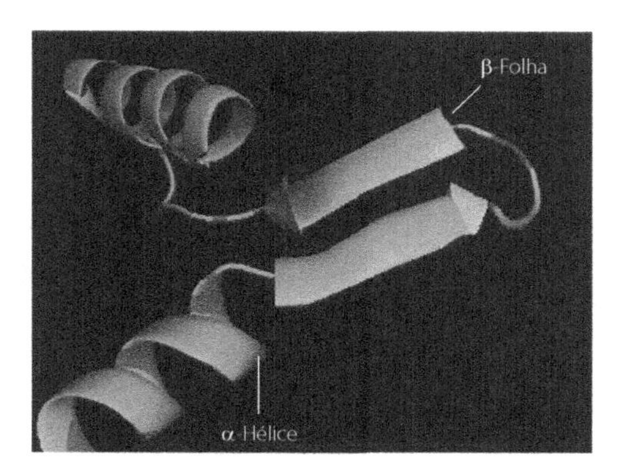

Figura 8.21. Segmento de uma cadeia polipeptídica contendo estruturas em α-hélice e β-folha.

A α-hélice é a conformação mais simples que a cadeia polipeptídica pode assumir devido à rigidez da ligação péptica, mas os outros átomos não ligados a ela têm livre rotação. Nessa conformação, a estrutura polipeptídica assemelha-se a uma escada em espiral, estando o esqueleto polipeptídico enrolado ao redor de um eixo longitudinal da hélice e os grupos "R" dos resíduos de aminoácidos projetam-se para fora do esqueleto helicoidal. A estabilização dessa estrutura dá-se através das ligações de hidrogênio internas, entre o oxigênio da carbonila da ligação peptídica de um resíduo de aminoácido e um hidrogênio ligado ao nitrogênio da ligação peptídica do quarto resíduo de aminoácido na sequência linear na cadeia polipeptídica. Logo, a cada quatro resíduos de aminoácidos ocorre uma dessas ligações de hidrogênio.

O sentido de giro da α-hélice (torção helicoidal) encontrado nas proteínas é para a direita (*hélice dextrorsa*). A estabilidade da α-hélice vem da soma das ligações de hidrogênio internas que ocorrem entre os resíduos de aminoácidos, sendo que cada volta da hélice é presa às voltas adjacentes por três a quatro ligações de hidrogênio. Essas ligações de hidrogênio estabilizam a α-hélice, entretanto, a estrutura dos grupos "R" de alguns aminoácidos na estrutura primária pode afetar essa estabilidade ou mesmo impedir a sua formação. Suponha que uma cadeia polipeptídica contenha em sequência de quatro ou mais resíduos de aminoácidos contendo grupos "R" carregados negativamente, como o aspartato (Asp) e o glutamato (Glu). Em pH 7,0 as cargas negativas desses aminoácidos tendem a se repelir, distanciando-se o máximo possível e impedindo a formação da α-hélice. O mesmo ocorre para a sequência de resíduos de aminoácidos contendo cargas positivas (arginina, histidina e lisina).

O tamanho do grupo "R" é outro fator que tende a influenciar a estabilidade da α-hélice, quando estiverem adjacentes na cadeia polipeptídica. Resíduos de prolina (Pro) restringem a rotação das ligações $N-C_\alpha$ por esta fazer parte de um anel cíclico. Dessa maneira, resíduos de prolina impõem uma torção na α-hélice. Logo, a tendência de uma determinada região da cadeia polipeptídica assumir uma conformação em α-hélice depende da estrutura primária.

Na conformação β-folha, a cadeia polipeptídica é estendida em ziguezague, formando uma estrutura achatada e rígida diferente da conformação em α-hélice. Nessa conformação, a estabilização é feita por ligação de hidrogênio entre resíduos de aminoácidos próximos ou distantes na mesma cadeia polipeptídica e ainda entre resíduos contidos entre diferentes cadeias polipeptídicas. Em cadeias polipeptídicas diferentes, as ligações de hidrogênio são perpendiculares ao eixo das cadeias, estando os grupos "R" dos resíduos de aminoácidos projetando-se para cima e para baixo (ziguezague). Proteínas que contêm um grande número de cadeias polipeptídicas na conformação β-folha associadas possuem uma estrutura flexível, como a queratina do cabelo e a fibroína da seda.

8.2.3.2.3. A Estrutura Terciária das Proteínas

A estrutura terciária de uma proteína, ou seja, o seu enovelamento é o arranjo tridimensional de todos os átomos que constituem a sua cadeia polipeptídica (Figura 8.22).

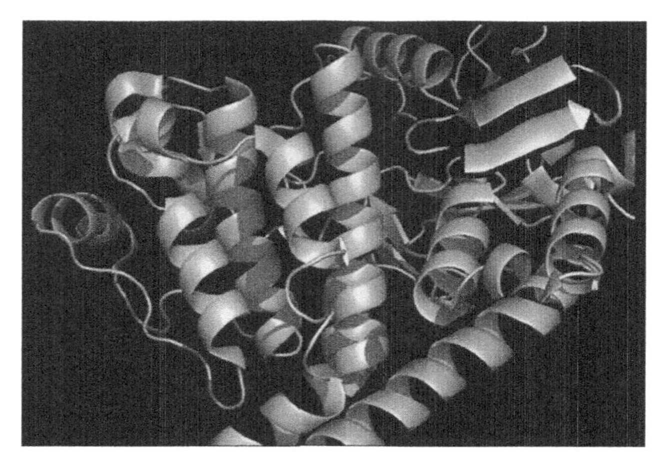

Figura 8.22. Estrutura terciária de uma proteína contendo na mesma cadeia polipeptídica as estruturas secundárias em α-hélice e β-folha.

Esse arranjo tridimensional consiste de todas as interações entre resíduos de aminoácidos distantes contidos em diferentes estruturas secundárias, sendo essas interações determinadas pela estrutura primária da proteína. No enovelamento da cadeia polipeptídica ocorrem curvaturas que são específicas em pontos onde ocorrem os resíduos de prolina (Pro), glicina (Gly), serina (Ser) e treonina (Thr). O enovelamento da cadeia polipeptídica é mantido pelas interações fracas (não covalentes) e pontes dissulfeto. Essas interações, apesar de fracas, quando somadas fornecem a estabilidade necessária para manter a estrutura tridimensional de uma proteína.

Com base na estrutura terciária das cadeias polipeptídicas, as proteínas são classificadas em globulares e fibrosas. A diferença entre as proteínas globulares e fibrosas reside no tipo de estrutura secundária predominante na cadeia polipeptídica. As proteínas fibrosas possuem suas cadeias somente na conformação β-folha, dando a essas proteínas a aparência de longas fibras. Logo, essas proteínas estão associadas a funções biológicas estruturais pela flexibilidade das fibras. Miosina (fibra muscular), actina (fibra muscular), colágeno (tendões e ossos) e queratina (cabelo, unha, penas), são proteínas fibrosas com função estrutural. As proteínas globulares apresentam em suas cadeias polipeptídicas um enovelamento em forma esférica, exibindo regiões tanto em conformação β-folha quanto em α-hélice. As proteínas globulares desempenham funções biológicas diferentes das fibrosas. Grande parte das enzimas e das proteínas reguladoras são proteínas globulares. Hemoglobina e mioglobina (transporte de oxigênio), lisozima (bactericida na lágrima) e quimotripsina (*protease*), dentre muitas outras, são alguns exemplos de proteínas globulares com diferentes funções biológicas.

8.2.3.2.4. A Estrutura Quaternária das Proteínas

Existem proteínas com duas ou mais cadeias polipeptídicas chamadas de proteínas de subunidades múltiplas. Nessas proteínas, o arranjo das cadeias polipeptídicas em complexos tridimensionais é chamado de estrutura quaternária. A estrutura quaternária é estabilizada pelos mesmos tipos de forças que estabilizam a estrutura terciária (Figura 8.23).

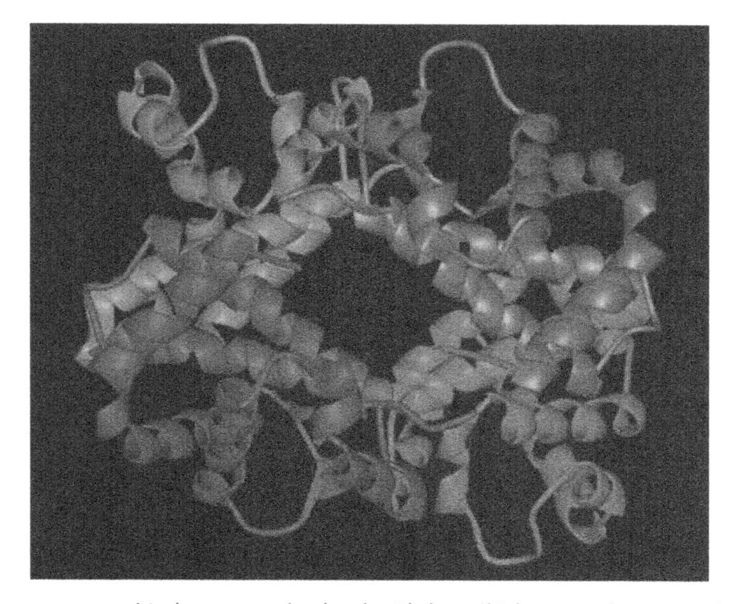

Figura 8.23. Estrutura quaternária de uma proteína de subunidades múltiplas contendo quatro cadeias polipeptídicas diferentes.

8.2.3.3. Desnaturação das Proteínas

Quando se encontram em seu ambiente natural na célula, as proteínas possuem conformações nativas estáveis, cada qual com a sua estrutura primária que determina a estrutura terciária e, portanto, a sua função biológica. Logo, fatores ou condições diferentes das que ocorrem na célula podem provocar pequenas ou grandes alterações estruturais na proteína, que podem levar à perda da função. A perda da estrutura terciária, suficiente para que ocorra perda de função biológica, é chamada de *desnaturação*[22].

O processo de desnaturação das proteínas afeta as interações fracas que estabilizam a estrutura terciária, principalmente as ligações de hidrogênio. A desnaturação pode ocorrer quando a proteína é exposta a temperaturas e pHs muito diferentes do seu ambiente celular, e também quando em contato com alguns sais, detergentes e alguns solventes orgânicos. O nível de desnaturação varia com a quantidade e/ou grau de exposição da proteína ao agente desnaturante.

---

22. Tanford C. Protein denaturation. Advances in Protein Chemistry. 1968;23: 121-282.

Quando o agente desnaturante é o calor, quanto maior a temperatura, maior será o grau de desnaturação até ocorrer desnaturação total da proteína. A desnaturação implica em perda parcial ou total da estrutura terciária da proteína, mas sem ruptura da estrutura primária. Entretanto, a quebra da estrutura primária pode ocorrer se a proteína for exposta a condições drásticas usando os agentes desnaturantes.

O processo de desnaturação em algumas proteínas pode ser reversível, ou seja, a proteína pode voltar a ter a sua conformação nativa e função biológica quando são novamente introduzidas em seu meio celular original, sendo esse processo chamado de *renaturação*[23]. O processo de renaturação envolve o enovelamento da proteína para adquirir a sua estrutura terciária original do meio celular nativo. Entretanto, esse processo de enovelamento é bastante complexo e deve ser exato, pois um enovelamento diferente do original pode gerar uma proteína com perda de função biológica ou uma proteína com função deletéria ao organismo. Muitas doenças causadas por desordens genética em humanos e animais são atribuídas a defeitos no enovelamento de proteínas, como a fibrose cística, a doença da vaca louca e as doenças neurodegenerativas.

8.2.3.4. Funções das Proteínas

As proteínas desempenham as suas funções biológicas a partir da ligação reversível com outras moléculas que são chamadas de *ligantes*. Esses ligantes se ligam a um local específico na proteína chamado *sítio ativo*. A proteína reconhece o seu ligante dentre muitas outras moléculas, sendo essa ligação específica para alguns tipos de ligantes de estruturas muito semelhantes. As proteínas possuem estruturas flexíveis que se ajustam ao seu ligante, de modo a proporcionar o máximo possível de interações com ele. Esse tipo de ajuste da proteína ao seu ligante é chamado de *ajuste induzido*. As proteínas desempenham uma infinidade de funções biológicas nos organismos vivos, que incluem o transporte de gases, a defesa do organismo, estrutural, hormonal e enzimática[24].

A hemoglobina[25] e a mioglobina são as principais proteínas transportadoras de oxigênio. Pela presença dos quatro grupos heme, a hemoglobina é mais adaptada ao transporte de oxigênio pelos tecidos, enquanto a mioglobina facilita a difusão do oxigênio nos músculos. Imunoglobulinas ou anticorpos são proteínas que atuam no sistema de defesa do organismo contra a ação de agentes externos, como bactérias, fungos, vírus e moléculas estranhas ao organismo. Os seres humanos possuem aproximadamente 10^8 diferentes tipos de anticorpos com especificidades distintas. As principais proteínas musculares são a miosina e a actina. As moléculas de miosina agregam-se para formar estruturas de filamentos grossos, enquanto a actina forma filamentos finos. A miosina movimenta-se ao longo da actina e, em presença de ATP, são responsáveis pela contração muscular.

8.2.3.5. Enzimas

As ***enzimas*** têm como função catalisar as reações químicas que ocorrem nos processos metabólicos num tempo útil ao organismo. A grande maioria das enzimas são proteínas (exceto alguns RNA catalíticos), possuem sítios ativos aos quais se ligam os substratos que vão ser transformados em produtos ao final do processo metabólico. As enzimas conseguem aumentar a velocidade de uma reação baixando a energia de ativação necessária para que ela ocorra, através das interações covalentes e não covalentes com o substrato. As interações fracas entre a enzima e o substrato no estado de transição são responsáveis pela liberação de uma pequena quan-

---

23. Campbell NA, Reece JB, Meyers N, Urry LA, Cain ML, Wasserman SA et al. Biology. 8th ed. Australian version edition. Sydney: Pearson Education; 2009.
24. Berg JM, Tymoczko JL, Stryer L. *Biochemistry*. 6th ed. New York: W. H. Freeman; 2006.
25. Perutz M. Hemoglobin structure and respiratory transport. Scientific American. 1978;239:92-125.

tidade de energia livre, que é usada pelas enzimas para diminuir a energia de ativação das reações que elas catalisam. Essa energia liberada é chamada de ***energia de ligação*** e também é responsável pela especificidade da enzima a uma classe de substratos.

Uma mesma enzima pode ligar-se especificamente a alguns poucos substratos de estrutura similar, mas a velocidade da reação será maior para aquele substrato que for capaz de fornecer o maior número de interações[26]. Portanto, a velocidade com que uma enzima acelera uma reação depende proporcionalmente do número de interações que existe entre ela e o substrato no estado de transição. Um exemplo de vários substratos e uma mesma enzima é o da tripsina, que atua clivando ligações peptídicas próximas aos resíduos de aminoácidos aromáticos durante o processo de digestão. Portanto, as enzimas não atuam sobre substratos específicos, mas sim sobre classes específicas de substratos que proporcionam diferentes velocidades para uma determinada reação.

As enzimas são classificadas em oxirredutases, transferases, hidrolases, liases, isomerases e ligases, dependendo do tipo de reação que catalisam. Essa classificação foi criada pelo ***Comitê Internacional de Classificação de Enzimas***[27] para evitar que enzimas diferentes recebessem nomes idênticos, pois, anteriormente a este Comitê, a classificação muitas vezes era baseada somente no processo biológico no qual a enzima atuava. Este comitê criou regras para nomear as enzimas de acordo com o tipo de reação de catálise e, dentro de cada tipo de reação, outras regras são usadas para que não ocorram ambiguidades no nome das enzimas.

As enzimas catalisam com maior velocidade processos que ocorrem em meio aquoso (biológico), sob condições de temperatura e pH nativos com os seus substratos de classe específica. Porém, quando ocorrem mudanças nessas condições, as enzimas perdem toda ou parte da sua atividade catalítica. Isso ocorre quando as enzimas são utilizadas em reações orgânicas, em que o solvente é diferente da água e o seu substrato também é diferente daquele do seu meio nativo no organismo.

As enzimas catalisam praticamente todos os processos biológicos que acontecem nos seres vivos. Sem as enzimas, a vida não seria possível, entretanto, o controle enzimático também se faz necessário. As enzimas trabalham em conjunto, em vias metabólicas cujo produto de uma reação é o substrato da outra. Essas vias metabólicas são reguladas para que a célula alcance as suas necessidades de energia e de biomoléculas sem desperdícios. As enzimas que realizam esse controle, aumentando ou diminuindo a velocidade de uma via, são chamadas de enzimas reguladoras (geralmente é a primeira enzima da via metabólica).

8.2.3.5.1. Catálise Enzimática Aplicada à Síntese Orgânica[28]

Nas últimas décadas, a indústria química tem demonstrado muito interesse no uso de enzimas para realizar transformações em compostos orgânicos. Catalisadores enzimáticos têm sido frequentemente aplicados na produção de produtos químicos, farmacêuticos e agroquímicos. O atrativo dessas propostas vem, sem dúvida alguma, dos altos níveis de quimiosseletividade, regiosseletividade, estereosseletividade, ausência de reações secundárias e facilidade operacional, além do fato de os processos biocatalíticos gerarem menos resíduos que os processos químicos. Por essas razões, a biocatálise é frequentemente referida como *Green Chemistry*, ou seja: uma ***química limpa***. Entretanto, existem várias dificuldades intrínsecas associadas à biocatálise enzimática, que incluem a inibição da atividade enzimática por altas concentrações do substrato ou do produto, a baixa solubilidade dos reagentes no meio reacional, as baixas velocidades de reação e o fato de as enzimas serem propícias à desativação sob várias condições operacionais diferentes do seu meio nativo.

---

26. Nelson DL, Cox MM. Lehninger Princípios de Bioquímica. 4ª ed. São Paulo: Editora Sarvier; 2006. cap. 6. p. 193-199.
27. Nomenclature Committee of the International Union of Biochemistry and Molecular Biology (NC-IUBMB). Enzyme Nomenclature Supplement 21 (2015). Disponível em: http://www.chem.qmul.ac.uk/iubmb/enzyme/supplements/sup2015/ Acessado em: 02/04/2015.
28. Carrea G, Riva S editors. Organic Synthesis with Enzymes in Non-Aqueous Media. Weinheim: Wiley-VCH; 2008.

As enzimas são mais eficazes em meio aquoso, que é o seu meio natural. Entretanto, as ***lipases*** são capazes de manter o seu poder catalítico e seletivo mesmo em solventes orgânicos, como o éter etílico e o *n*-butanol; o que faz desse tipo de enzima uma ferramenta bastante útil em síntese orgânica. Além das *lipases*, muitas outras enzimas são usadas na síntese de compostos orgânicos, em processos de oxidação-redução e de transesterificação. Entretanto, muitas dessas enzimas possuem um custo bastante elevado, o que geralmente inviabiliza o seu uso para processos em larga escala.

8.2.3.6. Sequenciamento de Aminoácidos num Peptídeo e Síntese Laboratorial[29]

A ligação peptídica sofre hidrólise ácida ou enzimática fornecendo aminoácidos livres ou peptídeos menores. Cada polipeptídeo tem uma composição de aminoácidos única, os 20 aminoácidos comuns nunca ocorrem na mesma proporção em diferentes polipeptídeos. A hidrólise ácida não é um bom método para a determinação dos aminoácidos constituintes de uma proteína, pois pode degradar o grupo "R" de alguns aminoácidos, levando a erros (por exemplo, hidrólise da asparagina e glutamina levando à formação de aspartato e glutamato). Por isso, a determinação dos aminoácidos em uma cadeia peptídica deve ser feita por outros métodos, como, por exemplo, através da reação do peptídeo com o marcador fenilisotiocianato (degradação de Edman), em condições levemente alcalinas. Então, o peptídeo marcado é submetido à hidrolise com anidrido do ácido trifluoroacético, fornecendo o resíduo de aminoácido marcado com o grupo feniltiocarbamoil e o restante da cadeia polipeptídica intacta. O resíduo de aminoácido pode ser determinado por hidrólise levemente ácida do intermediário formado. A cadeia polipeptídica anterior (com menos um resíduo de aminoácido), com um novo grupo terminal amino, pode ser submetida novamente à reação com fenilisotiocianato, produzindo outro resíduo de aminoácido da sequência peptídica. Esse procedimento pode ser repetido várias vezes, até a determinação do último aminoácido (Figura 8.24). O sequenciamento de um peptídeo também pode ser realizado sem o envolvimento de reações químicas, a partir de análises por espectroscopia de massas[30].

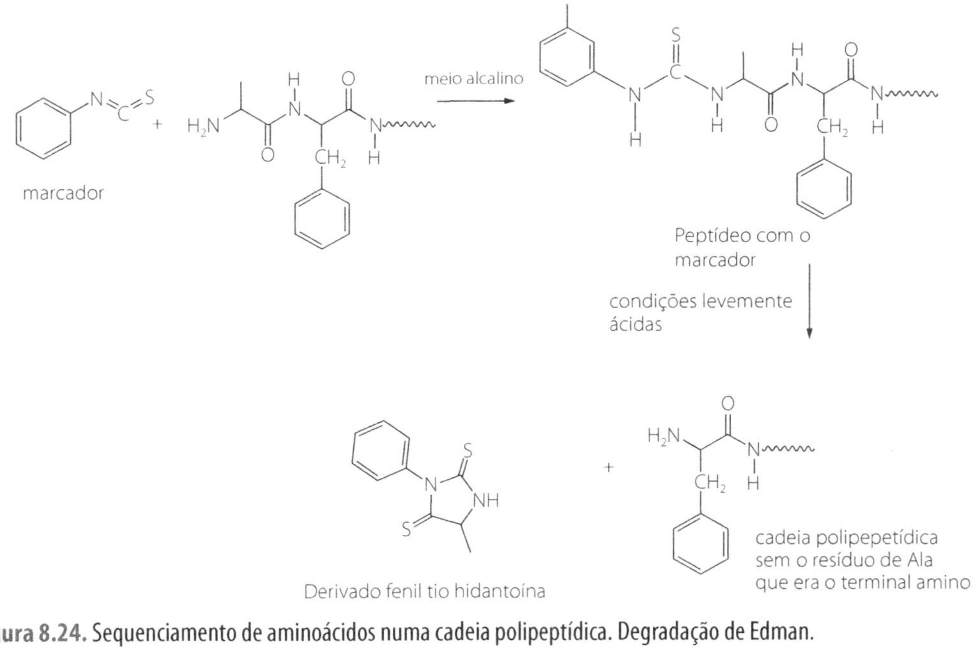

Figura 8.24. Sequenciamento de aminoácidos numa cadeia polipeptídica. Degradação de Edman.

29. Edman P. Method for determination of the amino acid sequence in peptides. Acta Chemica Scandinavica. 1950;4:283-293.
30. Cantú MD, Carrilho E, Wulff N A, Palma MS. Sequenciamento de peptídeos usando espectrometria de massas: um guia prático. Química Nova. 2008;31:669-675.

Peptídeos pequenos também podem ser sintetizados em laboratório, a partir da reação entre os vários resíduos de aminoácidos e peptídeos maiores, utilizando métodos automatizados[31,32]. A formação da ligação peptídica acontece pela condensação entre o grupo terminal amino de um resíduo de aminoácido com um grupo terminal carboxila do outro aminoácido. Porém, como os aminoácidos apresentam os dois grupos terminais, como se deve proceder para que não ocorra a formação da ligação peptídica entre os grupos terminais de um mesmo tipo de resíduo de aminoácido?

Por exemplo, ao sintetizar o dipeptídeo Ala-Leu é preciso evitar a formação de Ala-Ala e de Leu-Leu. Para que isso não ocorra, existe a necessidade de proteger o grupo amino da alanina (Ala) e de tornar a sua carboxila mais reativa (transformando-a em um cloreto de acila, por exemplo). Muitos grupos protetores podem ser usados para proteger o grupo amino de um resíduo de aminoácido durante a construção de uma cadeia polipeptídica. Entretanto, esse grupo protetor deverá ser removido ao final da síntese e as condições usadas para isso não devem afetar as ligações peptídicas (Figura 8.25).

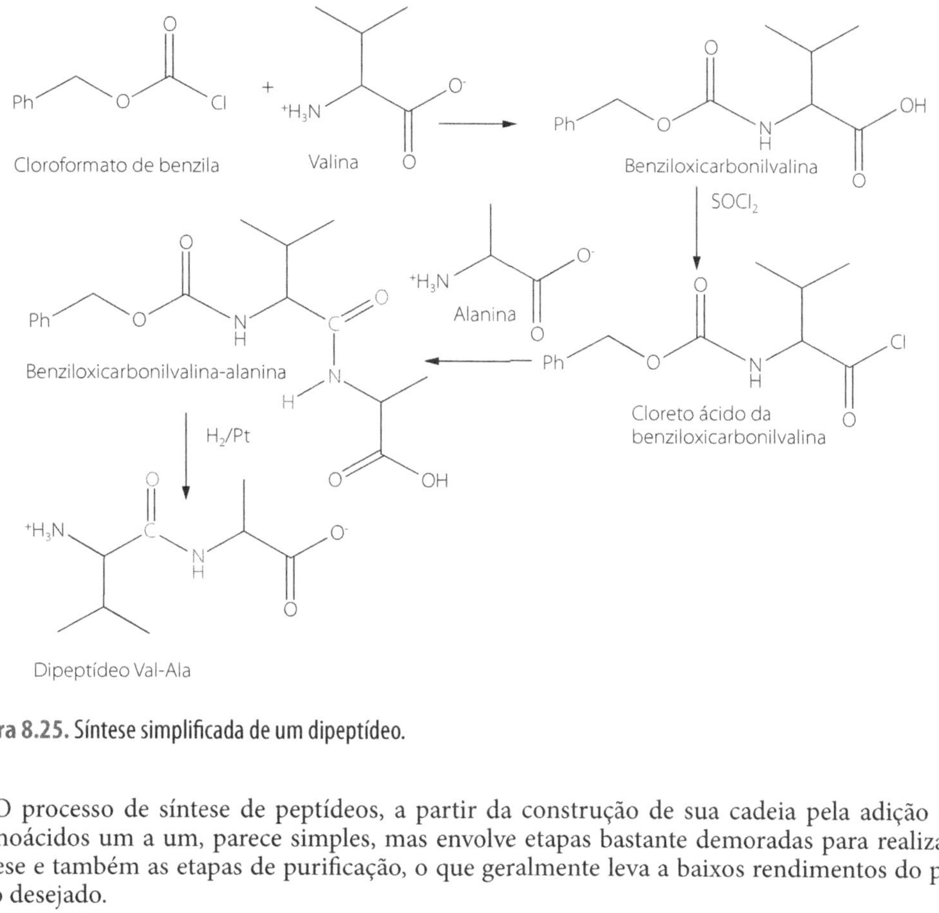

Figura 8.25. Síntese simplificada de um dipeptídeo.

O processo de síntese de peptídeos, a partir da construção de sua cadeia pela adição dos aminoácidos um a um, parece simples, mas envolve etapas bastante demoradas para realizar a síntese e também as etapas de purificação, o que geralmente leva a baixos rendimentos do produto desejado.

Pensando nos processos de purificação e na rapidez da síntese de peptídeos, foram desenvolvidos novos métodos em que o aminoácido inicial é preso quimicamente a um suporte sólido

31. Juliano, L. Química de peptídeos: Uma breve revisão dos processos de síntese. Química Nova. 1990;13:176-190.
32. Wenschuh H, Volkmer-Engert R, Schimidt M, Schulz M, Schneider-Mergener J, Reineke U. Coherent membrane supports for parallel microsynthesis and screening of bioactive peptides.Biopolymers. 2000;55:188-206.

(geralmente um derivado de poliestireno) e, dessa maneira, a purificação, após cada adição de um novo resíduo de aminoácido, baseia-se apenas na lavagem do suporte sólido contendo o peptídeo com um solvente apropriado.

8.3. Lipídeos

São classificados como ***lipídeos*** todos os compostos biológicos que têm como característica em comum a baixa solubilidade em água. Englobam classes de compostos com estruturas, propriedades químicas e funções biológicas muito variadas. Os lipídeos são divididos em três principais classes, de acordo com as funções biológicas que desempenham, podendo ser: lipídeos de reserva, lipídeos de membrana e lipídeos metabólitos-mensageiros[33].

8.3.1. Lipídeos de Reserva

Os ácidos graxos são os principais constituintes dos óleos, gorduras e ceras que são utilizados pelos seres vivos como fonte de energia e reserva. Os ácidos graxos possuem cadeias carbônicas reduzidas e, dessa forma, a oxidação desse combustível fornece mais energia, quando comparados, com a mesma massa ingerida, a outros combustíveis orgânicos cujas cadeias são mais oxidadas, como a glicose, por exemplo.

Os ácidos graxos são ácidos carboxílicos contendo de 4 a 36 átomos de carbono, alguns possuem cadeias saturadas e outros possuem cadeias insaturadas com até quatro insaturações (ácido araquidônico). Menos frequentes são os ácidos graxos de cadeia ramificada ou com substituintes (ácido ricinoleico). A conformação das ligações duplas é *cis* em praticamente todos os ácidos graxos de origem natural. A conformação *trans* é obtida em processos de hidrogenação catalítica de óleos vegetais e por fermentação no rúmen de animais produtores de leite.

A nomenclatura dos ácidos graxos é feita de acordo com a nomenclatura-padrão para ácidos carboxílicos, mas também pode ser feita a partir de uma simbologia, na qual se conta o número de carbonos da cadeia carbônica completa, seguido de dois pontos e do número de insaturações. Se não houver instauração é só colocar o número zero, mas se houver insaturações coloca-se o número equivalente de insaturações, seguido pela letra grega delta (Δ) entre parênteses. À direita do delta, em sobrescrito, coloca-se a numeração dos carbonos referentes às insaturações (ver Tabela 8.2).

As propriedades físicas dos ácidos graxos e dos compostos que os contêm em suas estruturas dependem do comprimento e do número de insaturações presentes na cadeia carbônica. Ácidos graxos de cadeias carbônicas com até cinco carbonos são mais solúveis em água, pela presença da carboxila que é capaz de fazer a ligação do hidrogênio com a água. Quando a cadeia carbônica é maior, as interações hidrofóbicas sobressaem-se com relação às ligações de hidrogênio, diminuindo a solubilidade.

Os pontos de fusão dos ácidos graxos também estão estreitamente relacionados com a presença de insaturações. Quando a cadeia carbônica é saturada ocorre o ajuste perfeito entre uma cadeia e outra, e esta sobreposição das cadeias carbônicas resulta na formação de um sólido. Por isso, a gordura animal que contém maior proporção de ácidos graxos saturados é sólida. Nos ácidos graxos insaturados a conformação *cis* da ligação dupla não proporciona o mesmo encaixe entre as cadeias de ácidos graxos. O resultado disso é a formação de agregados menos estáveis líquidos, o que explica por que os óleos de origem vegetal que contêm mais ácidos graxos insaturados são líquidos à temperatura ambiente. Portanto, quanto maior for a proporção em ácidos graxos insaturados contidos em um óleo ou uma gordura, mais líquida ela será devido ao menor grau de empacotamento entre as cadeias carbônicas desses ácidos graxos. Pelo mesmo fato (baixo

---

33. Para a nomenclatura IUPAC dos lipídeos ver: http://www.chem.qmul.ac.uk/iupac/lipid

Tabela 8.2. Estrutura, nomes triviais e simbologia de alguns ácidos graxos de ocorrência natural

Estrutura	Simbologia	Nomes triviais	Nomenclatura
$CH_3(CH_2)_{12}COOH$	14:0	Ácido mirístico	Ácido *n*-tetradecanoico
$CH_3(CH_2)_{14}COOH$	16:0	Ácido palmítico	Ácido *n*-hexadecanoico
$CH_3(CH_2)_{16}COOH$	18:0	Ácido esteárico	Ácido *n*-octadecanoico
$CH_3(CH_2)_7CH{=}CH(CH_2)_7COOH$	18:1 (Δ^9)	Ácido oleico	Ácido *cis*-9-octadecenoico
$CH_3(CH_2)_5CH(OH)CH_2CH{=}CH\text{-}(CH_2)_7COOH$	18:1 (Δ^9)	Ácido ricinoleico	Ácido 12-hidroxi-*cis*-9-octadecenoico
$CH_3(CH_2)_4CH{=}CHCH_2CH{=}CH(CH_2)_7COOH$	18:2 ($\Delta^{9,12}$)	Ácido linoleico	Ácido *cis,cis*-9,12-octadecadienoico
$CH_3CH_2CH{=}CHCH_2CH{=}CHCH_2CH{=}CH(CH_2)_7COOH$	18:3 ($\Delta^{9,12,15}$)	Ácido linolênico	Ácido *cis*,cis,*cis*-9,12,15-octadecatrie-noico
$CH_3(CH_2)_4CH{=}CHCH_2CH{=}CHCH_2CH{=}CHCH_2CH{=}CH(CH_2)_3COOH$	20:4 ($\Delta^{5,8,10,14}$)	Ácido araquidônico	Ácido *cis,cis,cis,cis*-5,8,11,14-eicosate-traenoico

grau de empacotamento das cadeias), os ácidos graxos insaturados também possuem pontos de fusão menores que os ácidos graxos de cadeia saturada.

Os triacilgliceróis (TAGs), comumente chamados de óleos e gorduras, são constituídos por uma molécula de glicerol condensada com três moléculas de ácidos graxos. Esses óleos são classificados como simples, se as cadeias de ácidos graxos forem iguais, ou mistos, se pelo menos uma das cadeias for diferente das demais (Figura 8.26).

A maioria dos triacilgliceróis de origem natural contém uma grande variedade de combinações possíveis de ácidos graxos. Os vertebrados sintetizam o ácido oleico e, a partir dele, a cadeia carbônica pode ser aumentada. Porém, a introdução de outras insaturações para a síntese do ácido linolênico não é possível nos vertebrados. Entretanto, quando se consome o ácido linolênico presente nos triacilgliceróis dos vegetais, enzimas atuam para realizar o aumento da cadeia carbônica e introduzir mais ligações duplas, levando à obtenção do ácido araquidônico, um importante intermediário para a síntese de *eicosanoides*[34], que atuam como lipídeos sinalizadores, como será discutido mais adiante no texto. Portanto, a importância em se consumir óleos vegetais insaturados é que os vertebrados não são capazes de sintetizar o ácido linolênico (ácido graxo ômega-3), precursor biossintético do ácido araquidônico.

Os seres vivos não conseguem armazenar excessos de energia na forma de ATP, sendo a síntese do ATP efetuada para o consumo imediato da célula. Por isso, os organismos vivos acumulam triacilgliceróis e glicogênio como reserva, para serem oxidados posteriormente e fornecer energia para a síntese de ATP.

Após uma farta refeição, o excesso de glicose que não foi utilizado para suprir as necessidades energéticas, pois estas já foram atingidas, é então dividido entre o armazenamento na forma de glicogênio (que possui uma capacidade limitada de armazenamento) e a oxidação parcial formando Acetil-CoA para a síntese de ácidos graxos. Esses ácidos graxos serão condensados com moléculas de glicerol formando os triacilgliceróis que serão conduzidos ao tecido adiposo. Dessa forma, o excesso de combustível é armazenado e pode ser disponibilizado quando existe a necessidade de energia para a síntese de ATP.

---

34. Denominam-se *eicosanoides* as moléculas derivadas de ácidos graxos com 20 átomos de carbonos, das famílias ômega-3 e ômega-6. A maioria dos *eicosanoides* mais relevantes deriva do ácido araquidônico e exerce um complexo controle sobre diversos sistemas do organismo humano, especialmente na inflamação, na imunidade e como mensageiros do sistema nervoso central.

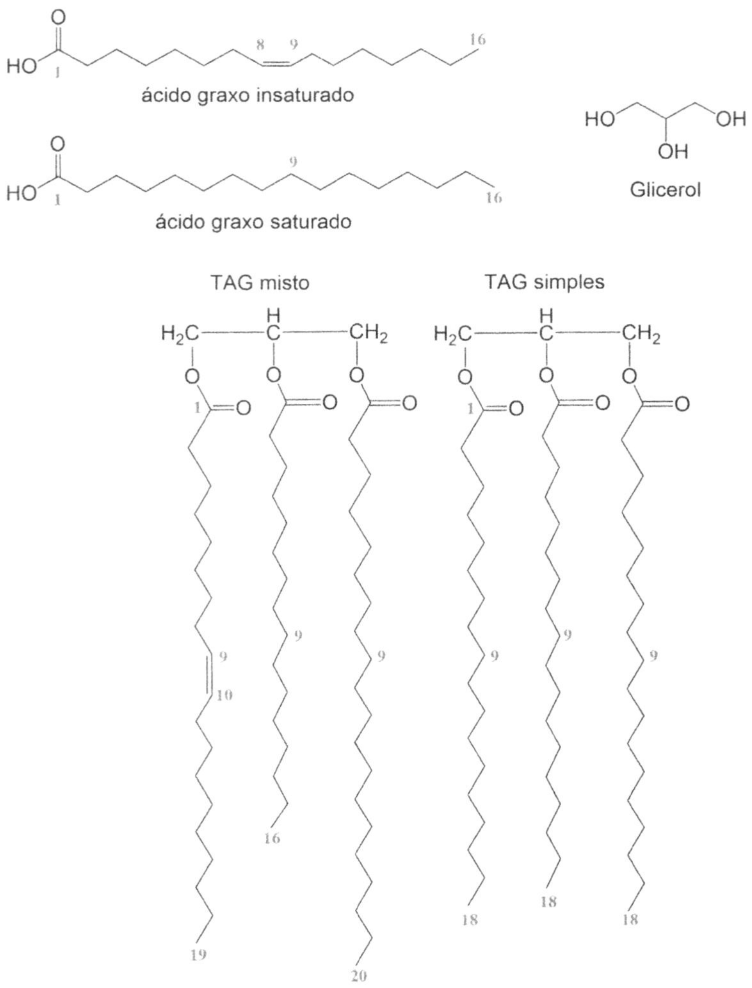

ácido graxo insaturado

ácido graxo saturado

Glicerol

TAG misto

TAG simples

Figura 8.26. Estrutura dos triacilgliceróis (TAGs) simples e mistos e seus componentes.

O fato de o acúmulo de triacilgliceróis no tecido adiposo não ter limite, aliado ao potencial de fornecimento de energia superior ao de outros combustíveis (com a mesma massa), faz dos triacilgliceróis excelentes fontes de reserva de energia. Os mamíferos que hibernam e os animais marinhos de águas geladas utilizam os triacilgliceróis não apenas como fonte de reserva de energia, mas também como isolante térmico.

Os triacilgliceróis contidos nas sementes também são fontes de energia até que as plantas brotem e comecem a realizar a fotossíntese.

Os triacilgliceróis são muito mais insolúveis em água que os ácidos graxos de cadeia livre. Por isso, quando ingeridos na alimentação, precisam ser solubilizados por sais biliares e transformados em micelas microscópicas, para então sofrerem a ação das *lipases* que liberam os ácidos graxos condensados com a molécula do glicerol. Esses ácidos graxos livres difundem-se para o interior das células epiteliais que revestem o intestino, onde serão novamente esterificados com glicerol, regenerando os triacilgliceróis. Após a reesterificação, os triacilgliceróis se juntam a outros lipídeos da dieta, sendo transportados por lipoproteínas até os locais onde são necessários para a produção de energia (mitocôndrias), para a síntese de ATP ou para armazenamento como fonte de reserva (tecido adiposo).

Quando ocorre a queda do teor de glicose na corrente sanguínea, os triacilgliceróis contidos no tecido adiposo são mobilizados para serem oxidados e fornecerem energia para a síntese de ATP. Essa mobilização dos triacilgliceróis é feita a partir de hormônios que possibilitam a entrada das *lipases* nas gotículas de gordura, liberando os ácidos graxos, que saem do tecido adiposo e no sangue se ligam à albumina do soro, sendo transportados até os miócitos (fibras musculares), onde serão oxidados.

Além dos triacilgliceróis, alguns seres vivos produzem ceras biológicas, que são formadas pela esterificação de um ácido graxo de cadeia carbônica longa (C_{14} a C_{36}) com um álcool também de cadeia carbônica longa (C_{16} a C_{30}) (Figura 8.27). As ceras têm função de reserva em plânctons e funções associadas à sua impermeabilidade em outros animais. Algumas plantas de áreas tropicais produzem ceras para evitar a perda excessiva de água e também como proteção contra parasitas.

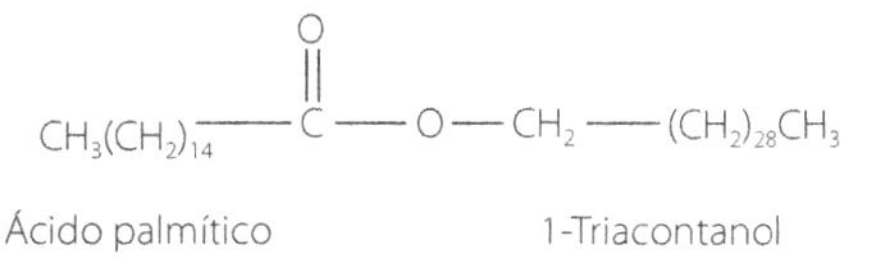

$$CH_3(CH_2)_{14}-\overset{\overset{\large O}{\|}}{C}-O-CH_2-(CH_2)_{28}CH_3$$

Ácido palmítico 1-Triacontanol

Figura 8.27. Estrutura de uma cera biológica formada pela condensação do ácido palmítico e do álcool triacontanol.

Aves e mamíferos aquáticos possuem glândulas que secretam ceras que são responsáveis por tornar impermeáveis as penas e os pelos, mantendo estes lubrificados e flexíveis. Inúmeros tipos de ceras produzidas por plantas são matérias-primas para a produção de pomadas, cremes, cosméticos e polidores.

8.3.2. Lipídeos de Membrana[35]

As células possuem uma membrana protetora externa, que consiste de uma dupla camada de lipídeos e que funcionam como uma barreira que impede a passagem de íons e moléculas polares. Em suas estruturas possuem grupos polares e apolares. Portanto, a natureza *anfifílica* (*anfipática*)[36] dessas moléculas determina a orientação e o arranjo na formação da bicamada de membrana, com os grupos apolares na parte interna (interações hidrofóbicas), enquanto o grupo polar permanece na parte externa interagindo com a água (interações hidrofílicas) (Figura 8.28).

Os lipídeos que constituem essa barreira são chamados de lipídeos de membrana e têm como base uma estrutura de três átomos de carbono (glicerol ou esfingosina), ao qual são ligados dois grupos apolares com longas cadeias carbônicas e um grupo polar. Os lipídeos de membrana são divididos em três classes, constituídas por fosfolipídeos, glicolipídeos e lipídeos de arqueobactérias. Fosfolipídeos e glicolipídeos podem ter como base tanto o glicerol como a esfingosina (Figura 8.29).

Nas arqueobactérias, os seus lipídeos de membrana possuem diferenças estruturais com relação aos lipídeos de membrana de outros organismos, pois esses microrganismos vivem em condições extremas de pH e temperatura e, por isso, os seus lipídeos de membranas são adaptados a essas condições (Figura 8.30). As arqueobactérias possuem duas longas cadeias carbônicas (gru-

35. Forbes MS, Ferguson DG. Structural Organization and Properties of Membrane Lipids; In Sperelakis N (ed.). Cell Physiology Source Book: A Molecular Approach. 3rd ed. San Diego: Academic Press, cap. 3; p. 50-2001.

36. Moléculas anfifílicas, ou anfipáticas, apresentam a característica de possuírem uma região hidrofílica (solúvel em meio aquoso) e uma região hidrofóbica (insolúvel em água, porém solúvel em lipídeos e solventes orgânicos). A maior parte dos sabões e detergentes é feita com compostos que contêm esse tipo de molécula.

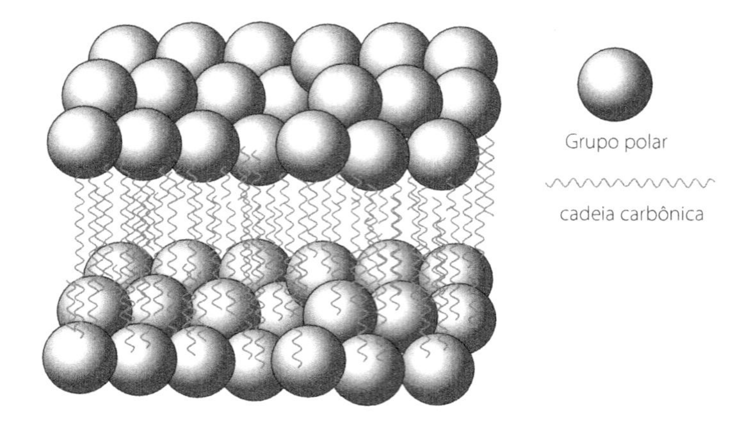

Figura 8.28. Estrutura da bicamada lipídica que reveste as membranas biológicas.

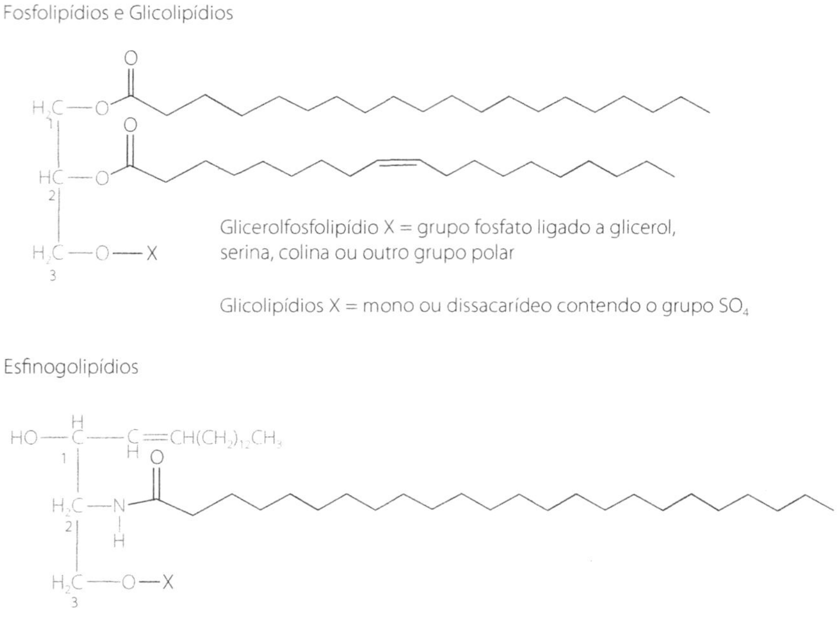

Fosfolipídios e Glicolipídios

H_2C — O — C(=O) —
HC — O — C(=O) —
H_2C — O — X

Glicerolfosfolipídio X = grupo fosfato ligado a glicerol, serina, colina ou outro grupo polar

Glicolipídios X = mono ou dissacarídeo contendo o grupo SO_4

Esfinogolipídios

HO — CH — CH = $CH(CH_2)_{12}CH_3$
H_2C — NH — C(=O) —
H_2C — O — X

Figura 8.29. Estrutura geral de fosfolipídeos e glicolipídeos de membrana. As cadeias do lado esquerdo das figuras representam os átomos da estrutura do glicerol.

pos difitanil) apolares que se ligam ao glicerol por ligações éter. Essas ligações éter são muito mais estáveis nas condições de vida desses microrganismos do que as ligações ésteres presentes nos lipídeos de membranas dos outros seres. Em vertebrados, alguns tecidos são ricos em fosfolipídeos com ligação tipo éter, como no músculo cardíaco. Possivelmente, nestes tecidos, a ligação éter seja uma forma de resistir à ação das *fosfolipases* que clivam as ligações tipo éster.

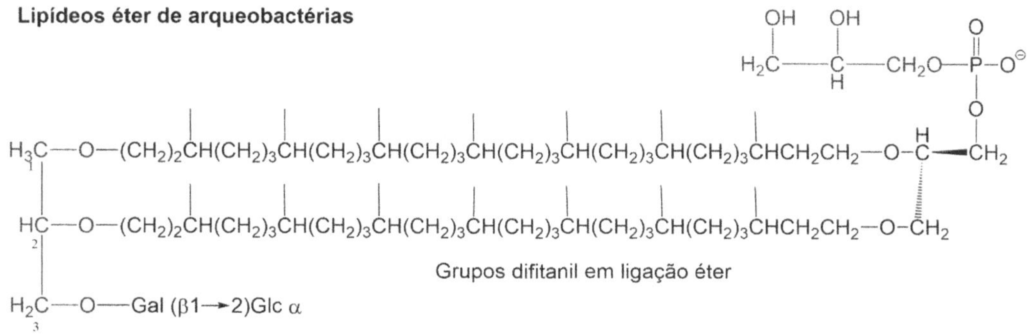

Lipídeos éter de arqueobactérias

Grupos difitanil em ligação éter

H_2C—O—Gal (β1→2)Glc α

Figura 8.30. Estrutura dos lipídeos de membrana de arqueobactérias. Na parte esquerda figura estão os átomos da estrutura do glicerol.

Outro grupo de lipídeos de grande importância são os esteroides, que têm papel estrutural nas células, mas que também desempenham muitas outras funções[37]. Os esteroides são um grande grupo de substâncias insolúveis em água, que têm como unidade estrutural básica um sistema de quatro anéis fundidos (Figura 8.31). Esses compostos estão presentes em membranas de praticamente todas as células eucarióticas, mas as bactérias não produzem esteroides.

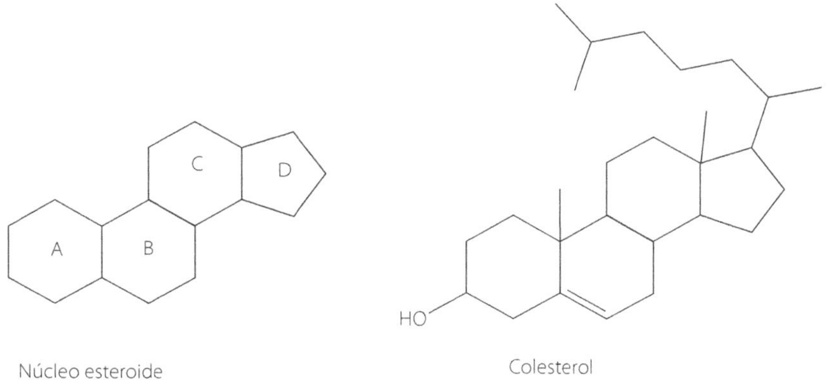

Núcleo esteroide

Colesterol

Figura 8.31. Estrutura geral de esteroides e estrutura do colesterol.

O membro mais conhecido dessa classe de lipídeos é o colesterol, que está presente nas membranas celulares dos vertebrados e também é utilizado para a síntese de sais biliares e hormônios. O colesterol é sintetizado a partir de unidades de isopreno que, ao se ligar ao grupo pirofosfato, forma a unidade ativa isopentenil pirofosfato, que é utilizada não apenas para a síntese do colesterol, mas também para uma série de compostos isoprenoides (Figura 8.32).

37. Para a nomenclatura IUPAC dos esteroides, ver: http://www.chem.qmul.ac.uk/iupac/steroid/

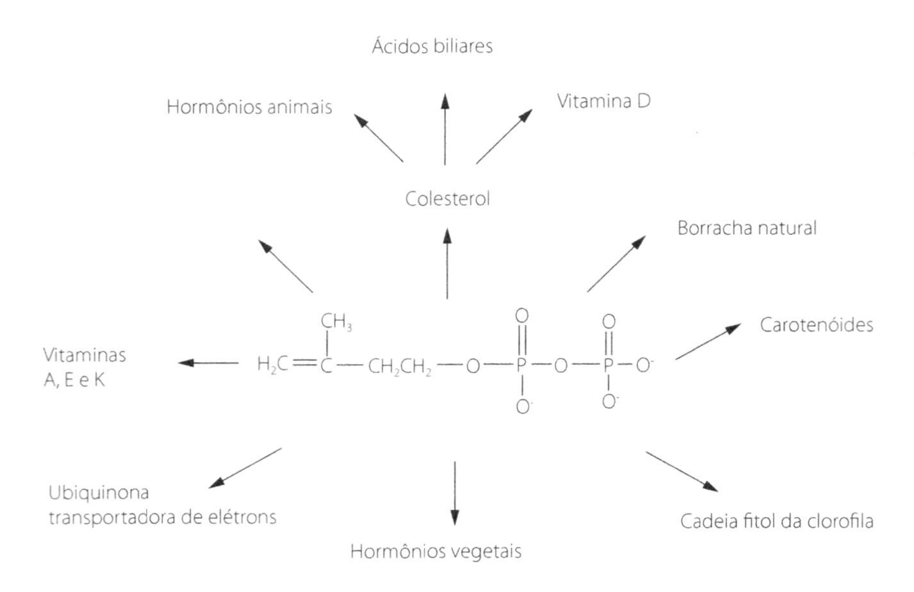

Figura 8.32. Unidade isoprenoide ativada como precursor biossintético.

8.3.3. Lipídeos Metabólitos-Mensageiros

Os lipídeos de reserva e de membrana têm um papel considerado passivo na célula. Entretanto, existem lipídeos que desempenham um papel ativo na célula, agindo como sinalizadores, cofatores e pigmentos. Os sinalizadores são produzidos em resposta a sinais extracelulares, podem ser sintetizados em determinados locais na célula e são enviados pelo sangue de um tecido a outro, como os hormônios sexuais, ou sintetizados pela célula e enviados a células vizinhas, como os *eicosanoides*[34].

Os hormônios esteroides (Figura 8.33) são sintetizados a partir do colesterol em vários tecidos endócrinos e levados por proteínas carregadoras pela corrente sanguínea até as células-alvo. Como são muito potentes e por possuírem receptores específicos nas células, são necessárias apenas pequenas quantidades para que eles exerçam as suas funções biológicas.

Os *eicosanoides*[34,38] são lipídeos derivados do ácido araquidônico, como as prostaglandinas (PG1, PG2, e PG3), os tromboxanos e os leucotrienos. As prostaglandinas afetam um amplo espectro de funções biológicas, como a inflamação, a febre, as contrações uterinas, a dor e a liberação de ácido no estômago, dentre muitos outros processos. Os tromboxanos atuam nos processos de formação de coágulos sanguíneos e na redução do fluxo de sangue dirigido ao sítio do coágulo. Os leucotrienos induzem a contração do músculo que reveste as vias aéreas, do nariz até o pulmão; porém, quando em grande produção desencadeiam processos asmáticos (Figura 8.34).

As vias biossintéticas de produção dos *eicosanoides* são o alvo dos fármacos usados no controle dos processos anti-inflamatórios e febris, que atuam bloqueando as enzimas COX (COX1, COX2 e COX3), responsáveis por promover a transformação do ácido araquidônico em prostaglandinas e tromboxanos. Os fármacos que atuam inibindo essas enzimas são chamados de NAIDs (*Drogas Anti-Inflamatórias não Esteroidais*), como a aspirina, o diclofenaco, o ibuprofeno e outros. Processos alérgicos e crises asmáticas são controlados em muitos casos pelo uso de corticoides (lipídeos esteroidais), sendo o mais comum a prednisolona.

38. Funk CD. Prostaglandins and leukotrienes: advances in eicosanoid biology. Science 2001;294:1871-1875.

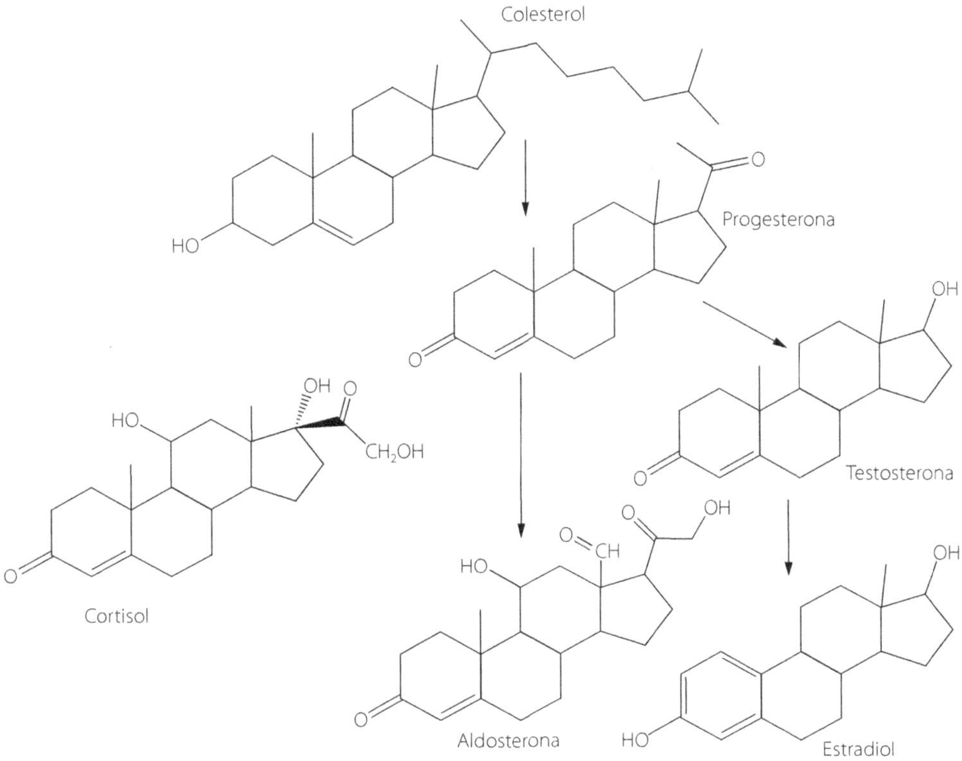

Figura 8.33. Hormônios esteroidais como sinalizadores.

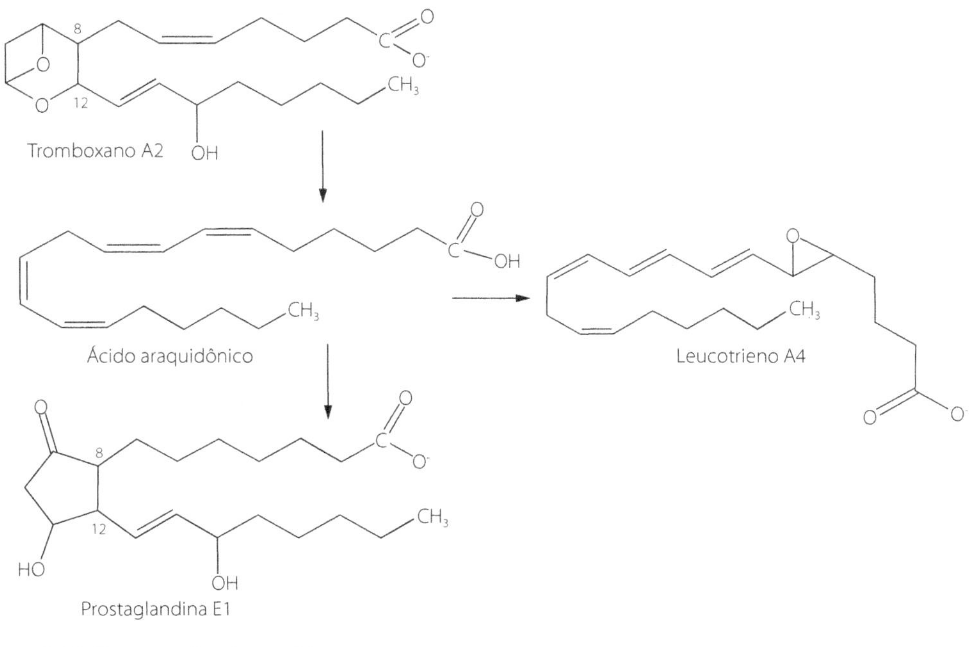

Figura 8.34. Estruturas dos eicosanoides.

A função de cofator está relacionada com os transportadores lipídicos de elétrons em reações de oxirredução, como a ubiquinona (coenzima Q), presente em praticamente todas as células do organismo. Os lipídeos que atuam como pigmentos possuem cadeias carbônicas contendo ligações duplas conjugadas (carotenoides), que absorvem luz UV e dão coloração amarelo-alaranjada em frutas, legumes e penas de pássaros. Além desses, outros pigmentos estão ligados a processos de captação de luz, como nos cloroplastos das plantas para a produção de energia através da fotossíntese e no pigmento do ciclo da visão (vitamina A).

8.3.4. Uso Industrial dos Triacilgliceróis[39]

Os triacilgliceróis são utilizados como matéria-prima para a produção de sabão, no preparo de alimentos, na produção de cremes, pomadas e mais recentemente para a produção de biocombustíveis, como o biodiesel[42].

O sabão é um sal de ácido graxo, produzido pela reação entre os triacilgliceróis (gorduras) e uma base (hidróxido de sódio ou de potássio, carbonato de sódio), conhecida como reação de saponificação[40]. Nessa reação, a ligação éster entre as cadeias de ácidos graxos (carboxilato) e do glicerol é hidrolisada, com a formação dos sais de ácidos graxos e liberação da glicerina (glicerol). O sabão, por ser um sal solúvel (polar) e possuir uma longa cadeia carbônica (apolar), tem caráter *anfifílico* (*anfipático*)[36], podendo interagir com a água e com a gordura ao mesmo tempo. Os sabões formam estruturas esféricas chamadas *micelas*, que podem conter centenas de moléculas de sabão. Assim como nos lipídeos de membrana, a parte hidrofóbica (diferentes cadeias carbônicas) está orientada para o centro, enquanto a parte hidrofílica (carboxilato) permanece na parte externa (Figura 8.35).

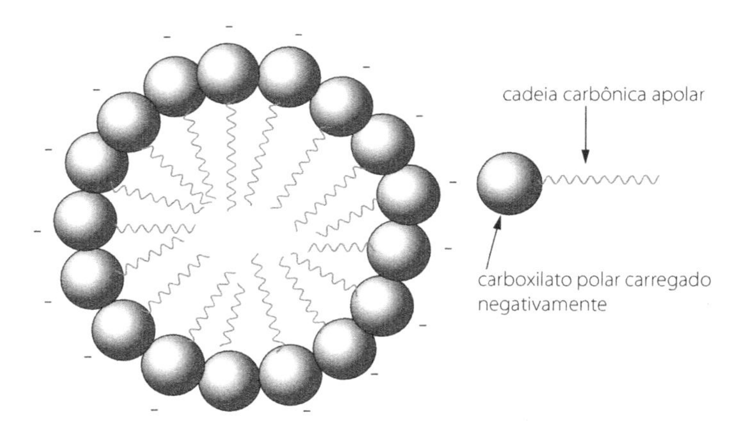

Figura 8.35. Estrutura geral de uma micela.

As micelas se mantêm dispersas umas das outras, pela repulsão entre as cargas negativas do carboxilato presente na superfície de cada micela. De maneira geral, a sujeira pode ser constituída de partículas sólidas, substâncias polares e compostos apolares como as gorduras. Entretanto a água não é capaz de remover sozinha as substâncias apolares quando presentes na sujeira. No sabão, a longa cadeia carbônica apolar dissolve-se nas gotículas de gordura, deixando as extremidades contendo o carboxilato solúvel para fora em contato com água. Dessa maneira, o sabão

39. Anneken DJ, Both S, Christoph R, Fieg, G, Steinberner U, Westfechtel A et al. In Ullmann's Encyclopedia of Industrial Chemistry. Weinheim: Wiley-VCH; 2006.

consegue limpar gorduras, formando uma emulsão estável de óleo em água, que pode ser facilmente removida quando se esfrega, sendo arrastada pela água.

Sabões duros são aqueles gerados pelo uso de "água dura" no processo de lavagem. A "água dura" contém elevado teor de íons cálcio e magnésio, que acabam por substituir o sódio ou o potássio do carboxilato. Por causa disso, esses sabões têm menor solubilidade em água, afetando a sua capacidade de limpeza.

Os detergentes diferem dos sabões apenas estruturalmente, pois não são sais de ácidos carboxílicos, mas sim sais de hidrogenossulfato (HSO_3^-), obtidos pela reação entre o ácido sulfúrico e alcoóis ou alquilbenzenos contendo longas cadeias carbônicas[41]. Os detergentes mais usados atualmente são os sais de sódio dos ácidos alquilbenzenossulfônicos (Figura 8.36). O processo pelo qual os detergentes limpam é o mesmo descrito para os sabões.

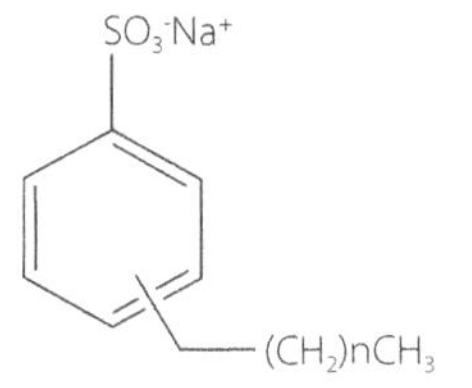

$SO_3^-Na^+$

$(CH_2)nCH_3$

n = 12 a 18

Figura 8.36. Estrutura geral de um sal de sódio do ácido alquilbenzenossulfônico.

Além do uso para a preparação de sabões, os triacilgliceróis (TAGs) também são utilizados como matéria-prima para a produção de biodiesel[42]. O biodiesel é produzido através da reação de transesterificação dos ácidos graxos condensados na molécula de glicerol com um álcool (metanol, etanol ou propanol), na presença de um catalisador (Figura 8.37).

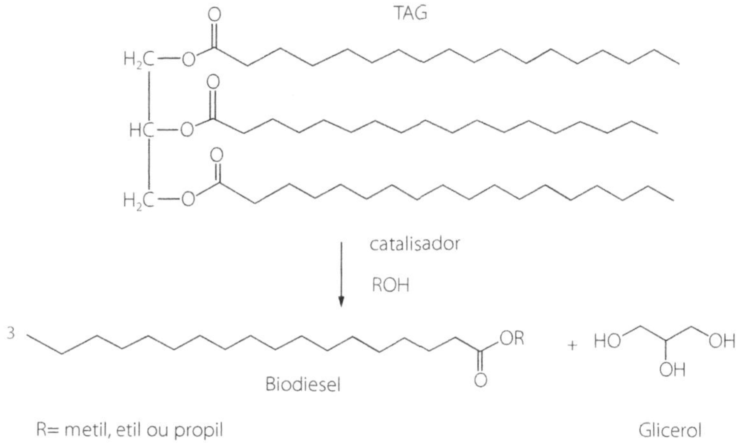

TAG

catalisador

ROH

3 Biodiesel + Glicerol

R= metil, etil ou propil

Figura 8.37. Processo de preparação do biodiesel.

40. Thomssen EG. Soap-Making Manual, 1922. Free e-book at Project Gutenberg; ver: www.gutenberg.org/ebooks/34114

41. Smulders E, Rybinski W, Sung E, Rähse W, Steber J, Wiebel F et al. Laundry Detergents. In Ullmann's Encyclopedia of Industrial Chemistry. Weinheim: Wiley-VCH; 2002.

42. Suarez PAZ, Meneghetti SPM. 70º Aniversário do biodiesel em 2007: Evolução histórica e situação atual no Brasil. Química Nova 2007;30: 2068-2071.

O biodiesel tem características similares ao óleo diesel produzido a partir do petróleo e, por isso, pode ser usado puro ou misturado ao diesel do petróleo sem comprometimento do funcionamento do motor. A vantagem do biodiesel é que grande parte da produção utiliza matéria-prima renovável proveniente de fontes vegetais. Entretanto, existem algumas desvantagens, principalmente aquelas relacionadas com o aumento da área de plantio de espécies vegetais para a produção de biodiesel em áreas antes ocupadas por plantio de espécies destinadas à alimentação animal e humana, além da superprodução de glicerina como subproduto da clivagem das cadeias dos ácidos graxos condensados na molécula de glicerol (triacilgliceróis).

8.4. Vitaminas

As ***vitaminas*** são compostos orgânicos que, apesar de não fornecerem energia e também não serem unidades estruturais básicas para a síntese de macromoléculas, regulam as funções vitais para o funcionamento normal das vias metabólicas[43]. Os vegetais, os fungos e os microrganismos são capazes de sintetizá-las, entretanto, os animais não possuem a capacidade de sintetizar todas as vitaminas, por isso, existe a necessidade de obtê-las a partir da alimentação. A vitamina D é sintetizada por humanos a partir de um precursor presente na pele quando esta é exposta à luz solar. Os animais ruminantes possuem microrganismos em seus rúmens vivendo em simbiose que são capazes de sintetizar as vitaminas. As vitaminas são substâncias sensíveis a alterações de temperatura, pH e longos períodos de armazenamento. São classificadas de acordo com a solubilidade em ***lipossolúveis*** (solúvel em gorduras) e ***hidrossolúveis*** (solúveis em água).

As vitaminas A (retinol), D (ergosterol e colecalciferol), E (tocoferol) e K, são ***lipossolúveis*** e, por isso, são absorvidas no trato intestinal junto com as gorduras na presença dos ácidos biliares. As vitaminas D e E circulam no organismo ligadas a lipoproteínas, enquanto as vitaminas A e K são armazenadas no fígado, nos tecidos adiposos e nos órgãos reprodutores; porém, a quantidade de vitamina K que o organismo consegue armazenar é extremamente pequena.

São ***hidrossolúveis*** as vitaminas B_1 (tiamina), B_2 (riboflavina), B_3 (niacina), B_5 (ácido pantotênico), B_6 (piridoxina), B_7 (biotina), B_9 (ácido fólico), B_{12} (cobalamina) e a vitamina C (ácido ascórbico).

As necessidades de vitaminas variam de espécie para espécie, com a idade e com a atividade de cada organismo. Algumas vitaminas se encontram na forma de pró-vitaminas, que são precursoras de vitaminas, como o β-caroteno (pigmento amarelo-alaranjado de frutas e legumes da mesma coloração), que é precursor da vitamina A. Cada vitamina desempenha um papel extremamente importante nos sistemas biológicos e, por isso, são essenciais ao funcionamento do organismo, quando ingeridas na quantidade correta, principalmente no caso das vitaminas lipossolúveis, que podem ser armazenadas no tecido adiposo, causando toxicidade quando em excesso. A Tabela 8.3 mostra a ocorrência e as funções biológicas das vitaminas.

Tabela 8.3. Principais fontes de obtenção e funções biológicas das vitaminas

Vitamina	Ocorrência	Função biológica
B_1 (Tiamina)	Carnes em geral, vísceras, leite, queijos, pescados, gema de ovo, cereais integrais, levedura de cerveja e amendoim	Coenzima de enzimas ligadas à oxidação de glicose para a produção de energia É importante também para o bom funcionamento do sistema nervoso, dos músculos e do coração
B_2 (Riboflavina)	Leite, couves, brócolis, repolho, agrião, carne, ovos, sementes de girassol e ervilhas	Transporta elétrons nas reações de oxirredução do metabolismo energético e biossintético

Continua...

43. Bender DA. Nutritional biochemistry of the vitamins. 2nd ed. Cambridge: Cambridge University Press; 2003. p. 488.

Tabela 8.3. Principais fontes de obtenção e funções biológicas das vitaminas ...continuação

Vitamina	Ocorrência	Função biológica
B_3 (Niacina)	Cereais, pães, feijão, ovos, vegetais de folha, levedo, nozes e fígado	Coenzima de desidrogenases que atuam no metabolismo oxidativo e biossintético, auxilar na produção de hormônios esteroidais
B_5 (ácido pantotênico)	Milho, abacate, fígado, carne de galinha, ovos, leite, vegetais, legumes e grãos de cereais	Constituinte da coenzima A, responsável por viabilizar grande parte dos processos biológicos (ativação de substratos)
B_6 (piridoxina)	Carne de porco, vísceras, pescados, leite, ovos, batata, aveia, banana e germe de trigo	Atua em conjunto com as aminotransferases no metabolismo de proteínas e aminoácidos
B_7 (biotina)	Leveduras, arroz integral, frutas, nozes, ovos, carnes e leite. Também é produzida por bactérias do intestino	Coenzima junto a enzimas que transferem grupos carboxila e funciona como carregador de CO_2
B_9 (ácido fólico)	Hortaliças verdes, vísceras de animais, grãos integrais, frutos secos e levedura de cerveja	Prevenção de anomalias congênitas no primeiro trimestre da gestação, produção de células vermelhas do sangue
B_{12} (cobalamina)	Leite, ovos, peixes, queijos, carnes, especialmente músculo. A vitamina B_{12} só é encontrada em alimentos de origem animal	Coenzima de mutases, necessária para a formação de células vermelhas do sangue, função neurológica e síntese de DNA
C (ácido ascórbico)	Frutas (cítricas têm maior conteúdo) e vegetais crus	Antioxidante e formação da estrutura do colágeno (hidroxilação da prolina)
A (retinol)	Animal: fígado, ovos, leite integral, óleo de fígado de bacalhau Vegetais (precursor β-caroteno): mamão, cenoura, batata-doce e outros vegetais amarelos	Antioxidante, combate os radicais livres diminuindo a incidência de doenças degenerativas, doenças cardiovasculares e problemas de visão. Manutenção das células da pele e das mucosas, bem como no crescimento e reprodução
D (ergosterol e colecalciferol)	Produzida na pele pela exposição ao sol, em alimentos de origem animal ricos em gordura, como peixes gordos, óleo de fígado de bacalhau, fígado de galinha, manteiga	Precursora do hormônio 1,25-di-hidroxicolecalciferol que regula a absorção de cálcio no intestino e os níveis de cálcio nos rins e ossos
E (tocoferol)	Ovos, óleos vegetais (azeite), germe de trigo e espinafre	Regeneração de tecidos musculares, formação das células sexuais, circulação sanguínea, inibe a peroxidação lipídica e atua como antioxidante
K	A vitamina K_1 é encontrada em folhas verdes (espinafre e couve), a K_2 é formada por bactérias residentes no intestino de vertebrados	Formação da protrombina ativa, cofator da coagulação do sangue

A falta ou carência de vitaminas é chamada de *avitaminose* e tem graves consequências no organismo, dependendo da vitamina. O excesso de vitaminas é chamado de *hipervitaminose,* sendo preocupante no caso de vitaminas lipossolúveis, pois essas em excesso não são excretadas (Tabela 8.4).

Tabela 8.4. Problemas de saúde e doenças relacionados com a falta e o excesso de vitaminas

Vitamina	Avitaminose	Hipervitaminose
B_1 (tiamina)	Beribéri, doença cujos sintomas são bastante semelhantes a um quadro de estresse intenso	Solúvel, não é armazenada
B_2 (roboflavina)	Fissura nos lábios (queilose), alterações na língua (glossite). Acúmulo seborreico ao redor do nariz e dos olhos (arriboflavinose)	Solúvel, não é armazenada
B_3 (niacina)	Irritabilidade, dor de cabeça, insônia, depressão nervosa, diarreia e dermatite, pelagra	Solúvel, não é armazenada
B_5 (ácido pantotênico)	Fadiga, má produção de anticorpos, cãibras musculares, dores e cólicas abdominais, insônia e mal-estar geral	Solúvel, não é armazenada

Continua...

Tabela 8.4. Problemas de saúde e doenças relacionados à falta e ao excesso de vitaminas ...continuação

Vitamina	Avitaminose	Hipervitaminose
B_6 (piridoxina)	Problemas de pele, SNC, lesões seborreicas nos olhos, nariz, boca e olhos, acompanhada de glossite e estomatite	Solúvel, não é armazenada
B_7 (biotina)	Furunculose, seborreia do couro cabeludo, dermatite e aumento do colesterol	Solúvel, não é armazenada
B_9 (ácido fólico)	Anemia megaloblástica, síndromes hemorrágicas, anemias, anorexia, problemas de crescimento, insônia, fraqueza, malformação congênita de fetos	Euforia, excitação e hiperatividade
B_{12} (cobalamina)	Produção reduzida de eritrócitos e hemoglobina. Deficiências graves do SNC, anemia perniciosa proveniente da má absorção da vitamina	Solúvel, não é armazenada
C (ácido ascórbico)	Degeneração geral do tecido conjuntivo, escorbuto	Solúvel, não é armazenada
A (retinol)	Secura na pele, olhos e mucosas, cegueira noturna e, principalmente, problemas relacionados à visão	Hipertensão intracraniana, desordens gastrointestinais, secura de pele e mucosas. Consumo em excesso de β-caroteno (pró-vitamina A) torna as mãos e os pés amarelados
D (ergosterol e colecalciferol)	Malformação dos ossos e raquitismo	Excesso de suplementação causa danos permanentes nos rins, retardo de crescimento, calcificação de tecidos moles e morte
E (tocoferol)	Em animais pode causar esterilidade, pele escamosa e atrofia muscular. Em humanos é rara, sendo que o principal sintoma é a fragilidade de eritrócitos	Raro, mas se em excesso tem atividade pró-anti--inflamatória.
K	Em geral não é comum no homem: - doença do recém-nascido - retarda a coagulação do sangue causando hemorragia	Dispneia, rubor, dores no tórax (na injeção intravenosa de vitamina K_1). Hiperbilirrubinemia em recém-nascidos (cujas mães foram tratadas com vitamina K_3)

A vitamina A possui três formas no organismo: a vitamina A_1 ou retinol (álcool), retinal (aldeído) e ácido retinoico (ácido). O retinol é obtido a partir da clivagem e oxidação em um ponto específico da cadeia do β-caroteno, que é constituído por unidades isoprenoides. O retinol ao ser oxidado dá origem ao 11-*cis*-retinal, um pigmento visual presente na proteína rodopsina da retina dos olhos. Esse pigmento ao receber luz sofre uma isomerização e se transforma no *trans*-retinal, sendo esta transformação a responsável pelo início do processo visual de resposta à luz, pela produção de sinais neurais que são enviados para o cérebro para a captura da imagem (Figura 8.38).

O ácido retinoico é formado pela oxidação do aldeído, durante o desenvolvimento dos embriões de animais superiores é gerado numa região específica do embrião e regula a expressão gênica para o padrão de crescimento dos primeiros estágios de desenvolvimento. Também é utilizado em cremes para tratamento de acne e rugas, por promover a regeneração das células epiteliais.

A vitamina D (D_3) é formada na pele a partir do precursor 7-deidrocolesterol em reação fotoquímica pela ação da luz UV solar. Ela não é biologicamente ativa, mas a partir de reações que ocorrem no fígado e no rim é convertida no hormônio 1,25-di-hidroxicolecalciferol, que é responsável por controlar os níveis de absorção de cálcio no intestino, nos rins e ossos.

A falta de vitamina D pode causar o raquitismo, que afeta o desenvolvimento ósseo com formação de ossos defeituosos e fracos, entretanto, o quadro da doença pode ser revertido pela administração de vitamina D_2 (ergocalciferol) sintética. A versão sintética da vitamina D possui estrutura química similar à da vitamina natural e o mesmo efeito biológico. Atualmente é adicionada a muitos produtos industrializados, como leite e manteiga, como uma via de suplementação dessa vitamina (Figura 8.39).

Vitamina E é um nome dado a um grupo de lipídeos chamados de tocoferóis, cuja estrutura química contém um anel aromático ligado a uma longa cadeia isoprenoide (Figura 8.40). São conhecidos por sua capacidade de reagir com radicais livres atuando como antioxidantes. Esses compostos se associam à membrana celular e são encontrados nos depósitos lipídicos e lipoproteínas do sangue.

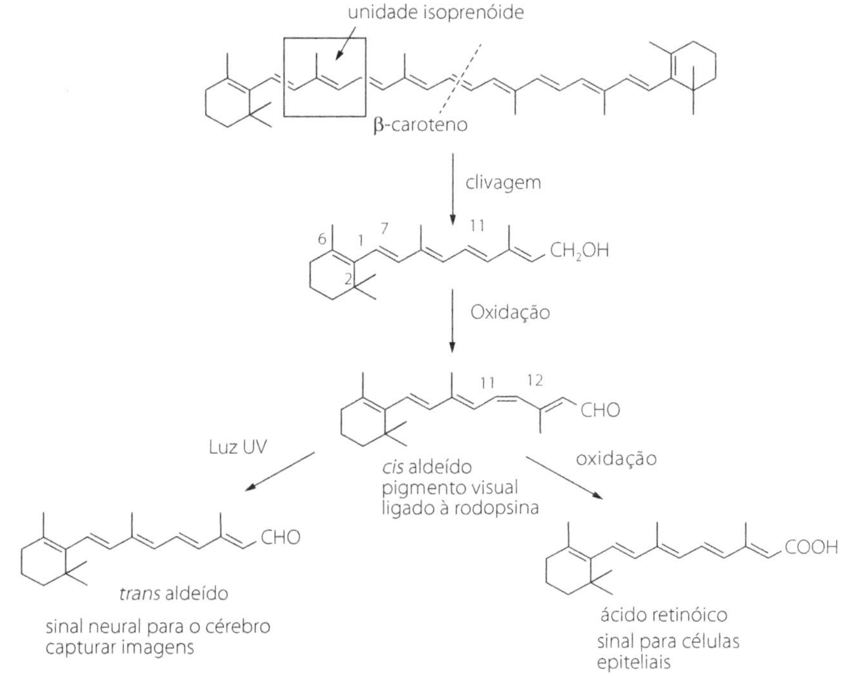

Figura 8.38. Síntese da vitamina A a partir do β-caroteno.

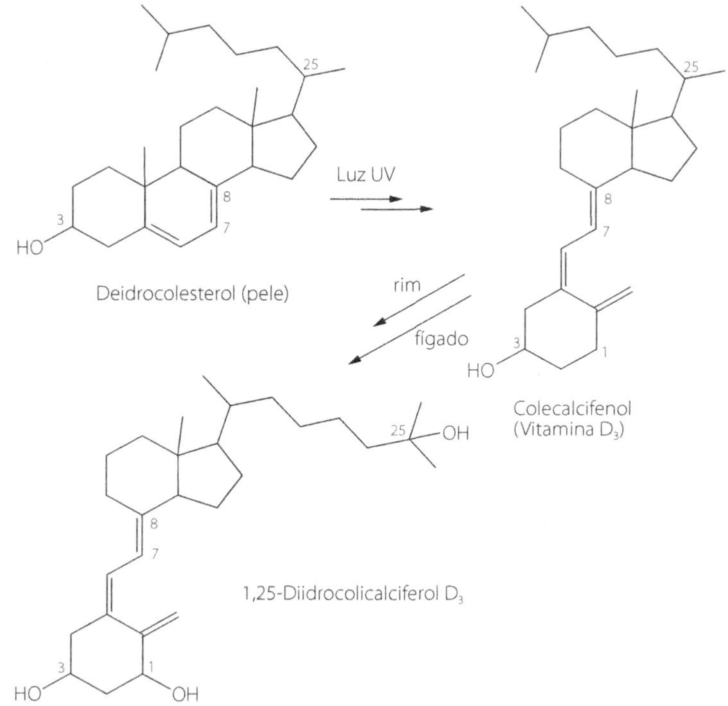

Figura 8.39. Metabolismo da vitamina A a partir do precursor presente na pele 7-deidrocolesterol.

Vitamina K é o nome dado a um grupo de vitaminas lipossolúveis que têm como principal função atuarem nos processos de coagulação do sangue (Figura 8.40). A vitamina K_1 (**filoquinona**) é a forma predominante encontrada nos vegetais, principalmente nas hortaliças de folhas verde-escuras. A vitamina K_2 (menaquinona) é sintetizada por bactérias presentes no intestino dos vertebrados e também está presente em produtos de origem animal e fermentados. A vitamina K_3 (menadiona) é um composto sintético que no intestino é convertida em vitamina K_2.

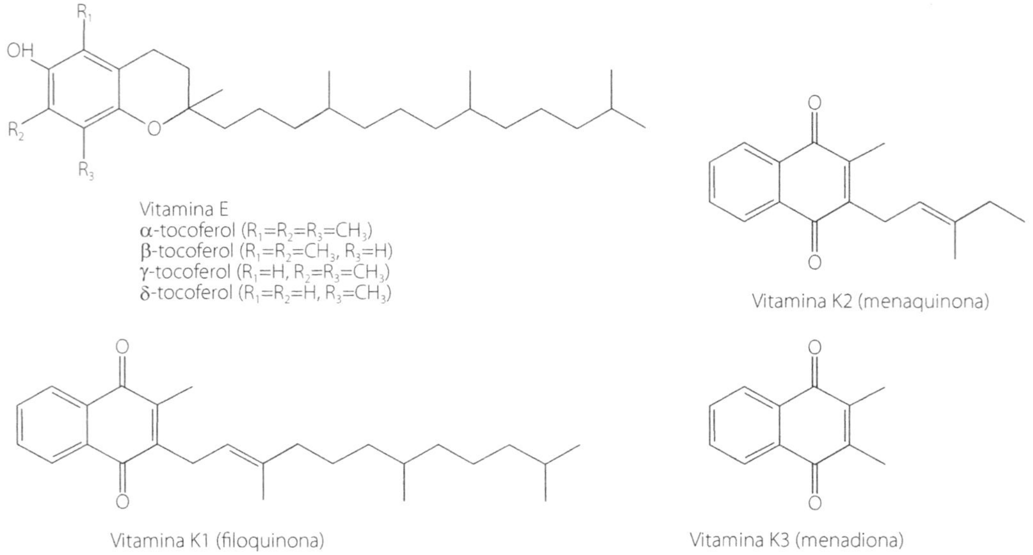

Vitamina E
α-tocoferol (R1=R2=R3=CH3)
β-tocoferol (R1=R2=CH3, R3=H)
γ-tocoferol (R1=H, R2=R3=CH3)
δ-tocoferol (R1=R2=H, R3=CH3)
Vitamina K2 (menaquinona)
Vitamina K1 (filoquinona)
Vitamina K3 (menadiona)

Figura 8.40. Estruturas gerais das vitaminas E e K.

As vitaminas hidrossolúveis na sua grande maioria desempenham a função de coenzimas, ou seja, são a parte não proteica de muitas enzimas (grupos prostéticos), como as vitaminas do complexo B, ácido fólico e niacina. Essas vitaminas são vitais para a atividade de algumas enzimas. A vitamina B_1 atua como coenzima da *piruvato descarboxilase*, que é uma das enzimas responsáveis por um dos passos das vias metabólicas do processo de oxidação da glicose para a produção de energia (Figura 8.41). A deficiência em vitamina B_1 pode produzir uma série de sintomas relacionados com deficiência de energia (beribéri), sendo que a sua absorção é dificultada em pessoas que fazem uso frequente de álcool, em pessoas subnutridas com vômitos frequentes e após cirurgia bariátrica. Além do álcool, o café, o cigarro e os antiácidos também afetam a absorção dessa vitamina.

Vitamina B1 (Tiamina)
Coenzima Tiamina pirofosfato

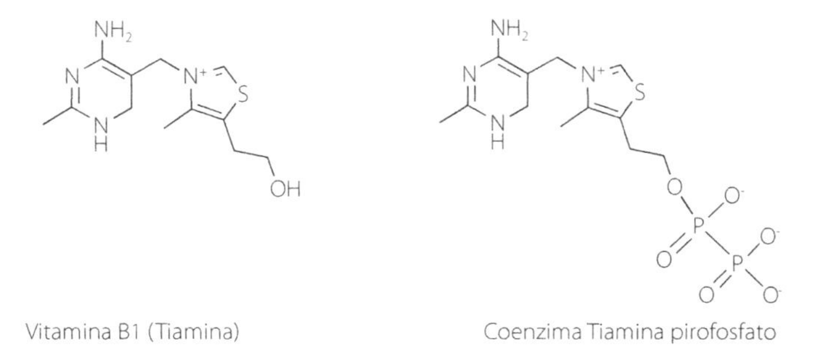

Figura 8.41. Estrutura da vitamina B_1 e sua forma de coenzima.

A vitamina B_2 (flavina) atua como coenzima de muitas enzimas como a *acil-CoA graxo desidrogenase, succinato desidrogenase, glicerol 3-fosfato desidrogenase*, além de outras. Essas coenzimas estão ligadas a processos tanto de oxidação para a produção de energia quanto para a biossíntese de substratos reduzidos, além de estarem relacionadas com o processo de resposta do organismo ao estresse (Figura 8.42).

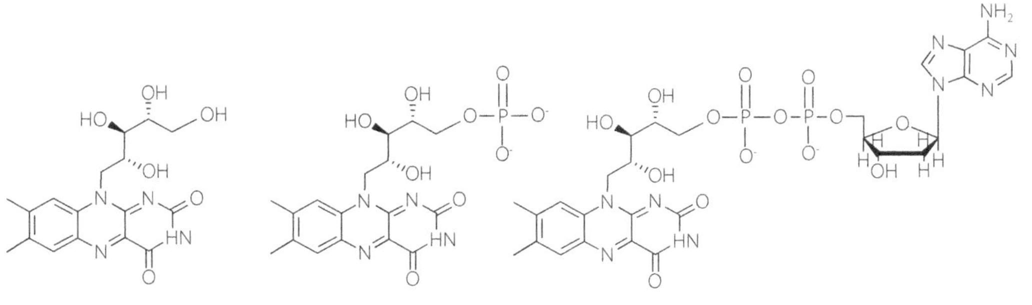

Vitamina B2 (Riboflavina) Flavina mononucleotídeo (FMN) Flavina adenina dinocleotídeo (FAD)

Figura 8.42. Estrutura da vitamina B_2 e suas formas de coenzimas.

A niacina (vitamina B_3, ácido nicotínico ou vitamina PP) é sintetizada a partir do aminoácido triptofano e atua como coenzima das desidrogenases, nos processos de oxirredução no metabolismo energético e biossíntetico, na forma de dinucletotídeo de nicotinamida e adenina (Figura 8.43). Na forma oxidada da coenzima (NAD), o seu papel biológico é transportar os elétrons gerados nos processos de oxidação até a cadeia respiratória e a transferência dos elétrons para outros carregadores com maior afinidade até chegar ao oxigênio, com liberação de energia que será usada para a síntese de ATP. Quando a coenzima está na sua forma reduzida (NADH), ela fornece elétrons nos processos biossintéticos.

A coenzima ainda pode conter um grupo fosfato ligado a uma hidroxila da cadeia da pentose, gerando as formas NADP e NADPH que também carregam e fornecem elétrons, mas em número mais reduzido de vias metabólicas do que as formas sem o grupo fosfato. Essa vitamina é essencial para uma pele saudável. Protege o fígado, os tecidos nervosos e o aparelho digestivo. O nome de vitamina PP faz alusão ao termo "prevenção à pelagra", que é uma doença gerada pela falta de niacina, cujos primeiros sintomas são **d**ermatite, evoluindo para **d**iárreia e por fim **d**emência (também conhecida por doença dos 3D).

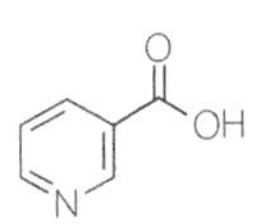

Vitamina B3 (Niacina)

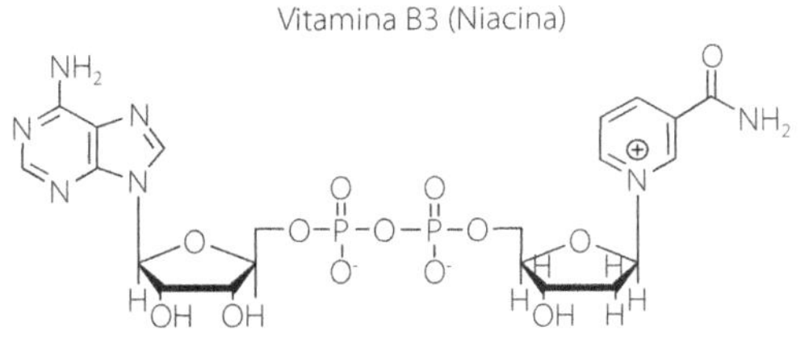

Nicotinamida adenina dinucleotídeo

Figura 8.43. Estrutura da vitamina B_3 e sua forma de coenzima.

A vitamina B_5 (ácido pantotênico) é um dos constituintes da coenzima A responsável pela ativação de muitos substratos para os processos de oxidação e síntese que ocorrem no metabolismo dos seres vivos (Figura 8.44).

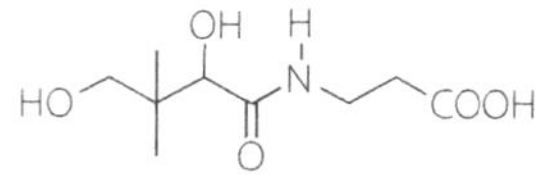

Vitamina B5 (ácido pantotênico)

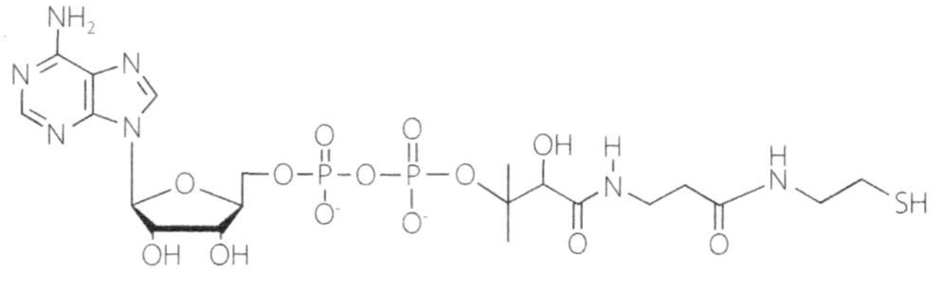

Coenzima A

Figura 8.44. Estrutura da vitamina B_5 e da coenzima A.

As aminotransferases que atuam nas vias metabólicas de proteínas e aminoácidos (síntese e oxidação) possuem a vitamina B_6 (piridoxina) como coenzima, que na forma de fosfato (piridoxal fosfato), pode doar um grupo amino a um cetoácido ou aceitar um grupo amino de um aminoácido (Figura 8.45).

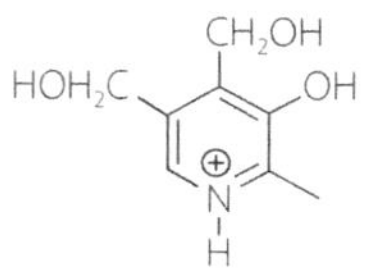

Vitamina B6 (piridoxina)

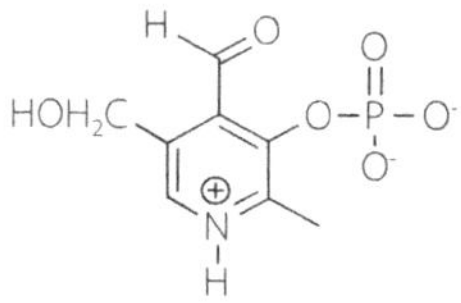

Piridoxal fosfato

Figura 8.45. Estruturas da vitamina B_6 e do piridoxal fosfato.

As enzimas que transferem grupos carboxila têm a vitamina B_7 (biotina) como coenzima que funciona como carregador de CO_2 (Figura 8.46).

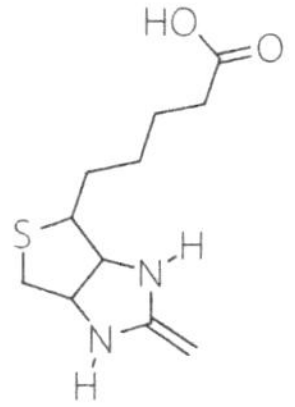

Vitamina B7 (Biotina)

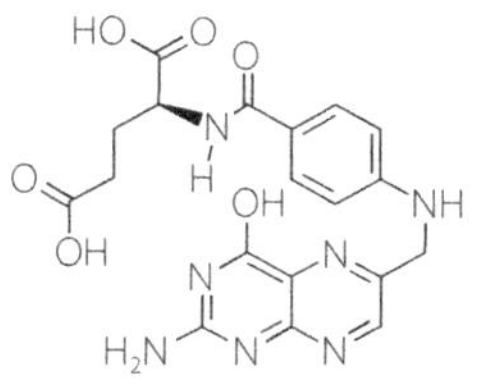

Vitamina B9 (ácido fólico)

Figura 8.46. Estruturas das vitaminas B_7 e B_9.

Essa vitamina é coenzima da *piruvato carboxilase* que atua na gliconeogênese (via de biossíntese de glicose a partir de substrato não carboidrato). A absorção da vitamina B_7 pode ser inibida pela avidina, uma proteína presente e ativa nos ovos crus, essa proteína se liga à vitamina impedindo sua absorção no intestino.

O ácido fólico (vitamina B_9) atua como uma coenzima no metabolismo dos aminoácidos na formação dos ácidos nucleicos, das hemácias e do tecido nervoso; tem uma ação específica na regeneração e na maturidade das hemácias (Figura 8.46). O ácido fólico é usado na prevenção de anomalias congênitas relacionadas com o fechamento do tubo neural, que no período entre o 18º e o 26º dia de gestação do embrião transforma-se na espinha dorsal. Essas anomalias podem levar a anencefalia e espinha bífida. O ácido fólico é uma vitamina hidrossolúvel, entretanto, pode ser armazenado no fígado e não há necessidade de ingestão diária. Os excessos ficam armazenados no fígado e podem trazer efeitos relacionados com comportamento eufórico.

Vitamina B_{12} é o nome dado a um grupo específico de compostos orgânicos contendo um átomo de cobalto no centro de um anel porfirínico (Figura 8.47). A vitamina B_{12} atua como coenzima de enzimas que realizam rearranjos intramoleculares e transferem grupos (H ou alquila, mutases) de um carbono a outro adjacente. Essa vitamina está relacionada com os processos de formação do sangue, portanto, pessoas que possuem problemas de absorção da vitamina B_{12} geralmente desenvolvem um quadro de anemia perniciosa que em alguns casos pode ser revertido pela administração de grandes doses dessa vitamina.

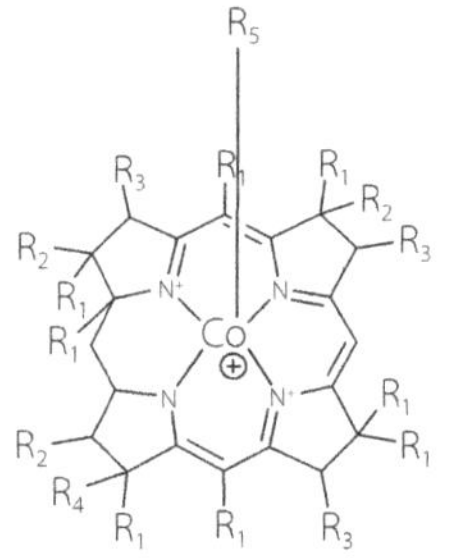

Vitamina B12 (cobalamina)

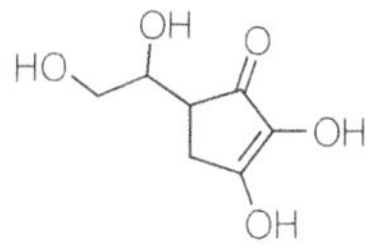

Vitamina C (ácido ascórbico)

Figura 8.47. Estruturas das vitaminas B_{12} e C.

Os problemas relacionados com avitaminose têm maior relação não com a quantidade consumida ou produzida por microrganismos intestinais, mas sim por problemas de absorção intestinal. As plantas não produzem a vitamina B_{12} na forma ativa útil para a alimentação de vertebrados. Essa vitamina também é fonte de cobalto, microelemento essencial para o bom funcionamento do metabolismo. Os diferentes grupos "R" na estrutura fornecem as vitaminas B_{12a}, B_{12b} e B_{12c}.

A vitamina C (ácido ascórbico) tem propriedades antioxidantes e participa das reações de formação da estrutura do colágeno (hidroxilação da prolina na posição Y). A ausência de vitamina C leva à instabilidade do colágeno e a problemas no tecido conjuntivo gerando um "colágeno frouxo" que pode levar a malformação de ossos, dentes e tendões. A vitamina C é extremamente instável, reagindo com o oxigênio do ar, com a luz e com a água (Figura 8.47). Portanto, quando exposta a essas condições, a vitamina C decompõe-se, com o surgimento de compostos que proporcionam o gosto ruim no suco preparado e consumido posteriormente. Frutas e verduras mantidas sob longos períodos de armazenagem em altas temperaturas também têm o seu conteúdo de vitamina C diminuído.

8.5. Nucleotídeos e Ácidos Nucleicos[44]

Os nucleotídeos são os constituintes do DNA (ácido desoxirribonucleico) e do RNA (ácido ribonucleico) e possuem inúmeras funções biológicas atuando como intermediários químicos nas respostas celulares a agentes extracelulares, moeda energética (ATP), cofatores enzimáticos, intermediários metabólicos e em outras funções não menos importantes.

Os nucleotídeos são constituídos por uma ribose ligada a uma base nitrogenada e a um grupo fosfato (Figura 8.48). A molécula constituída apenas da base e da pentose sem o fosfato é chamada de nucleosídeo.

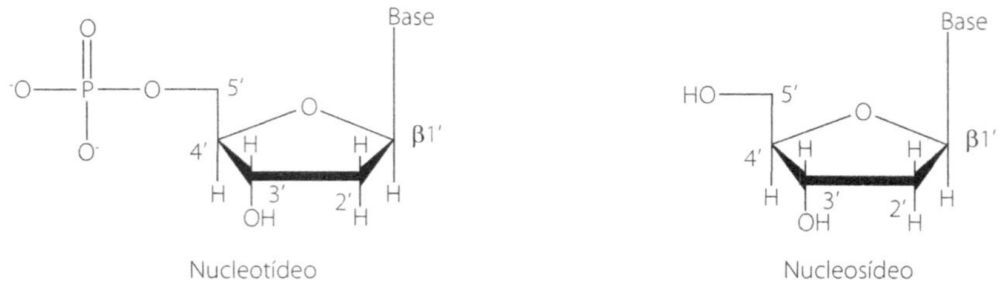

Nucleotídeo
Nucleosídeo

Figura 8.48. Estrutura geral de um nucleotídeo e de um nucleosídeo.

As bases nitrogenadas adenina (A), guanina (G), citosina (C), timina (T) e uracila (U) são classificadas em pirimidínicas ou purínicas, pela semelhança estrutural com os compostos químicos pirimidina e purina (Figura 8.49).

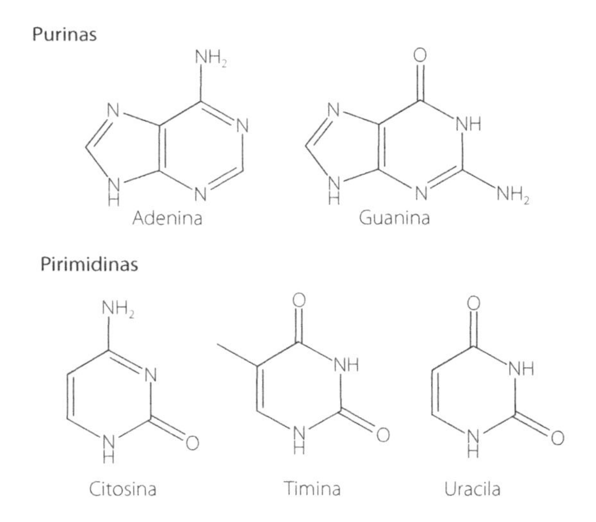

Figura 8.49. Estruturas das bases nitrogenadas que constituem os nucleotídeos.

Na estrutura do nucleotídeo, o carbono 1' (conformação β) da pentose liga-se covalentemente ao N-1 da base quando pirimidínica ou ao N-9 quando purínica e o grupo fosfato liga-se ao carbono 5' da pentose. O DNA e o RNA possuem nucleotídeos contendo as mesmas bases purínicas

44. Para a nomenclatura IUPAC ver: http://www.chem.qmul.ac.uk/iupac/misc/naabb.html

A e G, mas com relação às bases pirimidínicas, o DNA possui citosina (C) e timina (T), e o RNA possui citosina (C) e uracila (U). No DNA, o carbono 2' da pentose possui um hidrogênio e não uma hidroxila, como no caso da pentose presente no RNA. Os nucleotídeos são representados pelas siglas das bases nitrogenadas que os constituem, por exemplo, um nucleotídeo contendo adenina é simplesmente representado pela letra A, o nucleotídeo que contém citosina é representado pela letra C e assim igualmente para os outros. Logo, um polinucleotídeo pode ser representado pela sequência das siglas das bases contidas em cada nucleotídeo da cadeia.

Os nucleotídeos se unem para formar o esqueleto covalente do RNA ou do DNA por ligações fosfodiéster, onde o carbono 3' de uma pentose do primeiro nucleotídeo se liga ao grupo fosfato presente no carbono 5' da pentose de outro nucleotídeo. A ligação entre os nucleotídeos obedece então à sequência 5' → 3' entre os grupos fosfatos que servem então de ponte entre uma pentose e outra contidas em nucleotídeos sequenciais (Figura 8.50). O carbono 5' do primeiro nucleo-

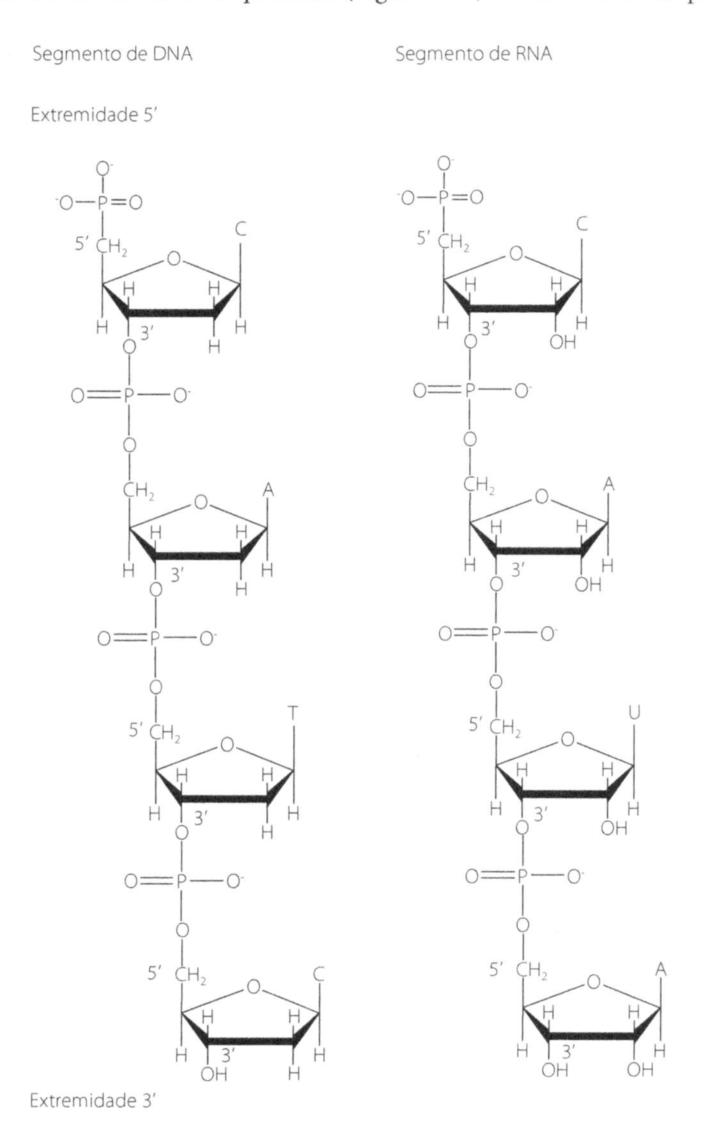

Figura 8.50. Ligação entre os nucleotídeos sequência 5' → 3'.

tídeo e o carbono 3' do último nucleotídeo da sequência são chamados de extremidades 5' e 3', sendo por convenção escritos da esquerda para a direita, respectivamente, não possuindo grupos fosfatos ligados a eles. As ligações fosfodiéster de DNA e RNA podem sofrer hidrólise lenta não enzimática. Em condições externas ao meio celular, o RNA sofre hidrólise alcalina não observada para o DNA. Essa hidrolise está relacionada com a presença da hidroxila na pentose do RNA que está ausente no DNA.

As bases pirimidínicas apresentam ligações duplas conjugadas, possuindo por isso estrutura planar, são hidrofóbicas e pouco solúveis em água em pH 7,0; mas em pH ácido ou alcalino tornam-se carregadas e a solubilidade em água aumenta.

O DNA, como as proteínas, possui níveis de organização. A estrutura primária da cadeia polinucleotídica do DNA é a sequência linear dos nucleotídeos unidos entre si por ligações fosfodiéster. A sequência desses nucleotídeos no DNA varia de espécie para espécie, sendo que diferentes sequências de nucleotídeos codificam genes diferentes que serão usados para a síntese de diferentes proteínas.

A estrutura secundária do DNA foi determinada por Watson e Crick[45] em 1953, e consiste numa dupla hélice onde duas cadeias polinucleotídicas se mantêm unidas por ligações de hidrogênio entre os pares das bases A=T (duas ligações de hidrogênio) e C≡G (três ligações de hidrogênio) com 10,5 pares de bases por volta da hélice (Figura 8.51). As fitas do DNA são complementares, adenina (A) se liga somente a timina (T) e citosina (C) se liga somente a guanina (G), são dextrosas com sentidos das extremidades 5' e 3' opostos (antiparalelas).

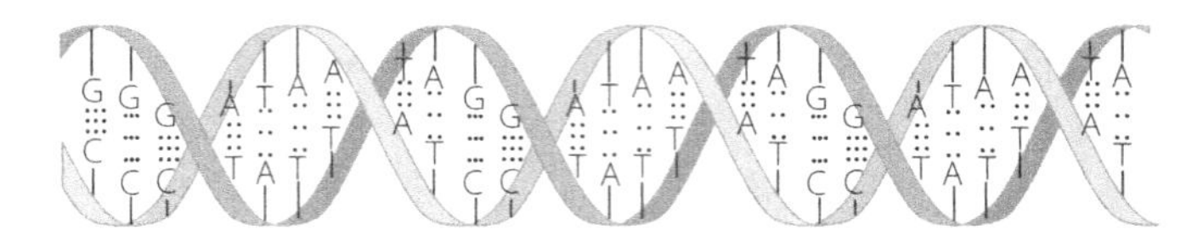

Estrutura em dupla hélice de um segmento de DNA

Figura 8.51. Estrutura em dupla hélice do DNA.

A partir de um molde de DNA, o RNA é responsável por levar a informação genética até os ribossomos onde ocorre a síntese proteica. O RNA possui estrutura bem mais complexa do que o DNA, podendo assumir diversas formas como helicoidal, dobras, regiões de dupla hélice ou alças complexas[46]. A complexidade do RNA não está somente na sua estrutura secundária, mas também na função, sendo três espécies de RNA atuantes no processo de síntese proteica, mRNA, tRNAs e rRNAs. No primeiro passo para síntese de uma proteína é preciso que a sequência de nucleotídeos contida no DNA no núcleo da célula seja levada ao ribossomo no citoplasma. Esse papel é desempenhado pelo RNA mensageiro (mRNA).

O processo pelo qual o mRNA é formado a partir do DNA é chamado de transcrição. Neste processo, uma sequência específica de nucleotídeos do DNA serve de cópia para o mRNA, sendo ele complementar a esta fita no pareamento das bases. Entretanto, o pareamento de bases que no DNA era A=T no RNA passa a ser A=U. Cada aminoácido é codificado por uma (ou mais de uma) trinca específica de nucleotídeos transcrito para o mRNA, por exemplo, o aminoácido triptofano (Trp) é codificado apenas pela trinca U-G-G, enquanto as trincas C-U-A e C-U-C codificam o aminoácido leucina (Leu), além de outras quatro. Apesar de um único aminoácido poder ser codificado por várias trincas de bases, cada trinca de bases codifica somente um aminoácido.

---

45. Watson J, Crick F. Molecular structure of nucleic acids, a structure for deoxyribose nucleic acid. Nature. 1953;171:737-738. Por esse trabalho ambos receberam o Prêmio Nobel de Medicina em 1962.
46. Nelson DL, Cox MM Lehninger Princípios de Bioquímica. 4ª ed. São Paulo: Editora Sarvier; 2006. p. 279-300.

O RNA da forma que foi transcrito é chamado de transcrito primário e possui em sua estrutura segmentos que contêm os genes com a informação para a síntese proteica (éxons) e segmentos que não contêm genes codificadores (íntrons). Para que não ocorram erros durante a síntese proteica, os íntrons precisam ser removidos para a formação de um segmento de mRNA maduro contendo somente éxons (Figura 8.52).

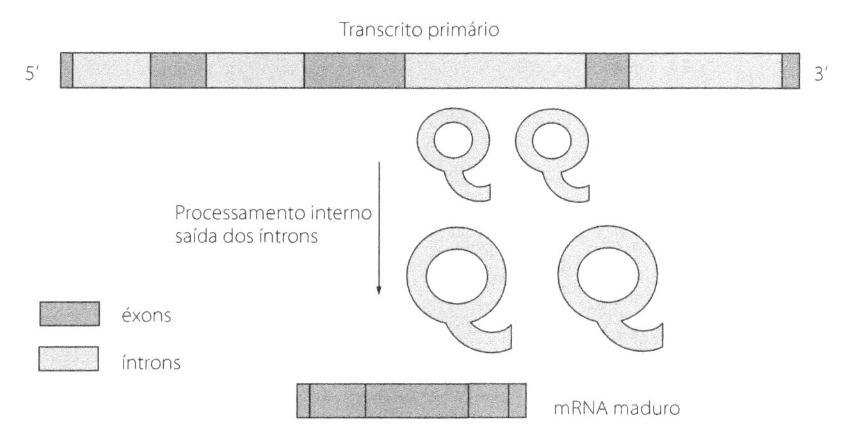

Figura 8.52. Exemplo geral de um transcrito primário contendo éxons e íntrons. Saída dos íntrons (ribozimas) com a formação do mRNA maduro.

Esses íntrons são chamados de ribozimas, são considerados enzimas, pois catalisam a sua própria remoção do segmento de RNA. O mRNA contendo somente éxons leva então a informação genética até os ribossomos. Os RNAs ribossômicos (rRNAs) são constituintes dos ribossomos onde ocorre a síntese proteica e os tRNAs transportadores interpretam a mensagem genética contida no mRNA (códons trinca de bases) e transportam os aminoácidos para os ribossomos para o início e a sequência da síntese de uma proteína. Para cada um dos 20 aminoácidos existe um tRNA. Além desses RNAs existem outros tipos que possuem funções reguladoras, catalíticas ou são precursores dos três primeiros.

Além de serem as unidades básicas que formam o DNA e o RNA, os nucleotídeos participam de uma grande variedade de processos metabólicos, sendo o principal deles a conservação da energia biológica na estrutura do ATP (adenosina trifosfato). O ATP armazena energia proveniente da oxidação dos nutrientes e da fotossíntese, é a forma conveniente da transformação da energia, entretanto, não pode ser estocado como carboidratos ou lipídeos. Por isso, o ATP é sintetizado para consumo imediato[47]. A energia presente na molécula de ATP é liberada pela hidrólise enzimática da ligação fosfodiéster. A molécula de ATP possui quatro cargas negativas muito próximas, o que deixa a molécula com um grande conteúdo energético devido à repulsão entre as cargas negativas. A hidrólise de uma ligação fosfodiéster diminui essa repulsão, fornecendo produtos intermediários (Pi e ADP) com menor conteúdo energético. O intermediário Pi é estabilizado por ressonância e o ADP sofre ionização imediata, liberando um próton. Além disso, esses dois produtos da hidrolise do ATP são mais solvatados que o ATP, ou seja, a reação de hidrólise do ATP tem um ΔG negativo, o que significa que os produtos têm menor conteúdo energético que o reagente inicial (ATP) e, por isso, a reação ocorre com liberação de energia (Figura 8.53). Apesar de estar em meio aquoso, a hidrólise do ATP só ocorre enzimaticamente e quando existe a necessidade da célula por energia para realizar trabalho, tais como o transporte ativo de moléculas, biossíntese, locomoção e divisão celular, entre muitos outros.

47. Meyerhof O, Lohmann K. Energy relationships in the transformation of phosphoric acid esters in muscle extract. Biochemische Zeitschrift. 1932;253:431-461.

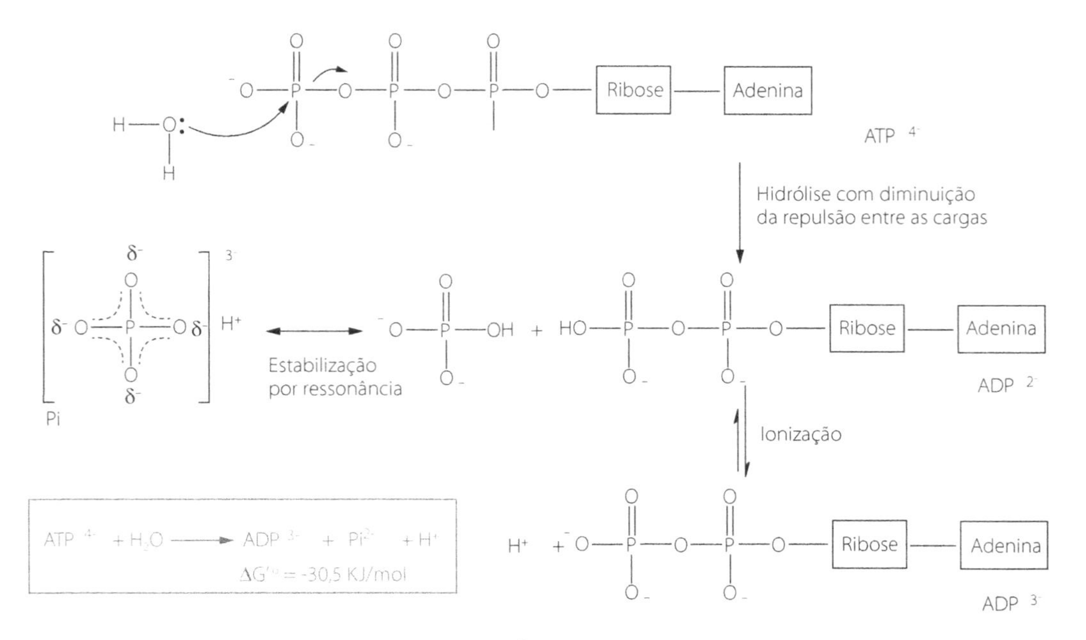

Figura 8.53. Energia conservada na ligação fosfodiéster do ATP.

8.5.1. Comportamento Químico dos Ácidos Nucleicos

As estruturas do DNA e do RNA são mantidas por ligações de hidrogênio entre os pares de bases C≡G, A=T ou A=U e o empilhamento entre elas. Portanto, fatores que afetam a estabilidade dessas interações irão afetar diretamente a estrutura desses ácidos nucleicos. Assim como as proteínas, os ácidos nucleicos podem sofrer desnaturação causada por temperaturas elevadas e pH extremos. A desnaturação provoca a perda da estrutura helicoidal, com a separação parcial ou completa das duas fitas do DNA. Entretanto, assim como nas proteínas, se o segmento de DNA desnaturado for removido da condição que causou desnaturação e colocado no seu meio original, ele pode ser renaturado recuperando sua conformação original.

Praticamente todas as reações que ocorrem nos seres vivos são catalisadas por enzimas. Entretanto, várias bases que compõem os nucleotídeos dos ácidos nucleicos sofrem algumas transformações espontâneas não enzimáticas. Essas reações ocorrem em velocidades lentas, mas significativas, pois mesmo pequenas alterações na constituição das bases podem induzir erros estruturais na construção de proteínas, levando a mutações que geralmente estão associadas ao surgimento de carcinogênese, envelhecimento precoce e doenças degenerativas (Figura 8.54).

Muitas dessas transformações não enzimáticas nas bases nucleotídicas se originam pela exposição a fontes de radiação UV, radiação ionizante, produtos químicos e radicais livres (espécies de oxigênio ativo) gerados como subprodutos nos processo metabólicos ou por irradiação[48,49]. Os organismos vivos possuem defesas contra os radicais livres que são as enzimas *catalase* e *superóxido dismutase*, mas esse sistema de defesa não tem 100% de eficácia.

Além das enzimas que atuam sobre os radicais livres, o DNA possui também um sistema de reparo que permite que pequenas alterações estruturais ocorridas nas bases dos nucleotídeos sejam reparadas antes que este seja replicado.

48. Jeffrey A. DNA modification by chemical carcinogens. Pharmacology & Therapeutics. 1985;28:237-272.
49. Douki T, Reynaud-Angelin A, Cadet J, Sage E. Bipyrimidine photoproducts rather than oxidative lesions are the main type of DNA damage involved in the genotoxic effect of solar UVA radiation. Biochemistry. 2003;42:9221-9226.

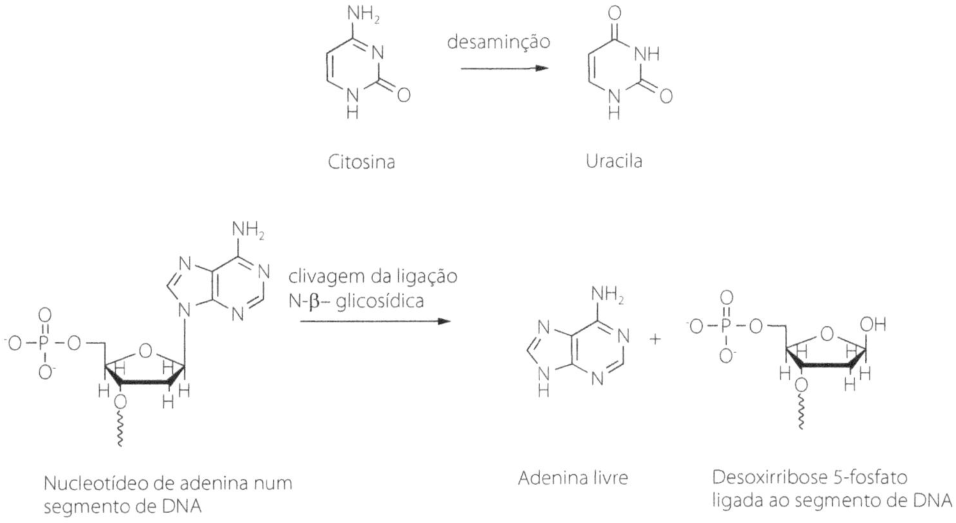

desaminção

Citosina

Uracila

clivagem da ligação N-β- glicosídica

Nucleotídeo de adenina num segmento de DNA

Adenina livre

Desoxirribose 5-fosfato ligada ao segmento de DNA

Figura 8.54. Transformações espontâneas que acontecem nos nucleotídeos.

8.6. Polímeros

Os principais polímeros naturais são polissacarídeos, DNA, RNA e proteínas, cujas unidades monoméricas são biomoléculas menores e de ocorrência natural em todos os seres vivos. Entretanto, outro polímero de ocorrência natural, mas que ocorre apenas em algumas plantas, é a borracha natural.

8.6.1. Borracha Natural

A borracha natural é produzida por muitas espécies de plantas, mas é produzida em maior quantidade pela seringueira (*Hevea brasiliensis*), sendo o produto primário da coagulação do látex. É constituída essencialmente pelo polímero *poli(cis-1,4-isopreno)* com fórmula geral $(C_6H_8)_n$, com n (número de polimerização) de até 1.500. A conformação *trans* da molécula dá ao material propriedade cristalina, o que não lhe confere elasticidade como na conformação *cis*. Na borracha natural a cadeia de *poli-isopreno* possui uma conformação cabeça-cauda com um terminal ω e um terminal α. O terminal ω é constituído por um grupo dimetilalil modificado ligado a grupos funcionais que interagem com as proteínas, formando ligações cruzadas resultantes de ligação de hidrogênio[50]. Ao terminal α se encontram ligados fosfolipídeos principalmente fosfatidilcolina e fosfatidiletanolamina (Figura 8.55). A partícula de borracha natural possui forma esférica que, além da cadeia do polímero, possui proteínas e fosfolipídeos, sendo a presença desses determinantes para conferir à borracha natural propriedades que não ocorrem no *poli-isopreno* obtido de forma sintética[51]. A borracha natural pode ser usada para a fabricação de inúmeros produtos, desde pneus até material cirúrgico.

50. Gonzales JC. Molecular dynamics of natural rubber as reveled by dieletric spectroscopy: The role of natural cross-linking. Soft Matter. 2010;6:3636-3642.

51. Nawamawat K, Sakdapipanich JT, Ho CC, Ma YJ, Song J, Vancso JG. Surface nanostructure of Hevea brasiliensis natural rubber latex particles. Colloids and Surfaces A: Physicalchemical and Engineering Aspects. 2011;390:157-166.

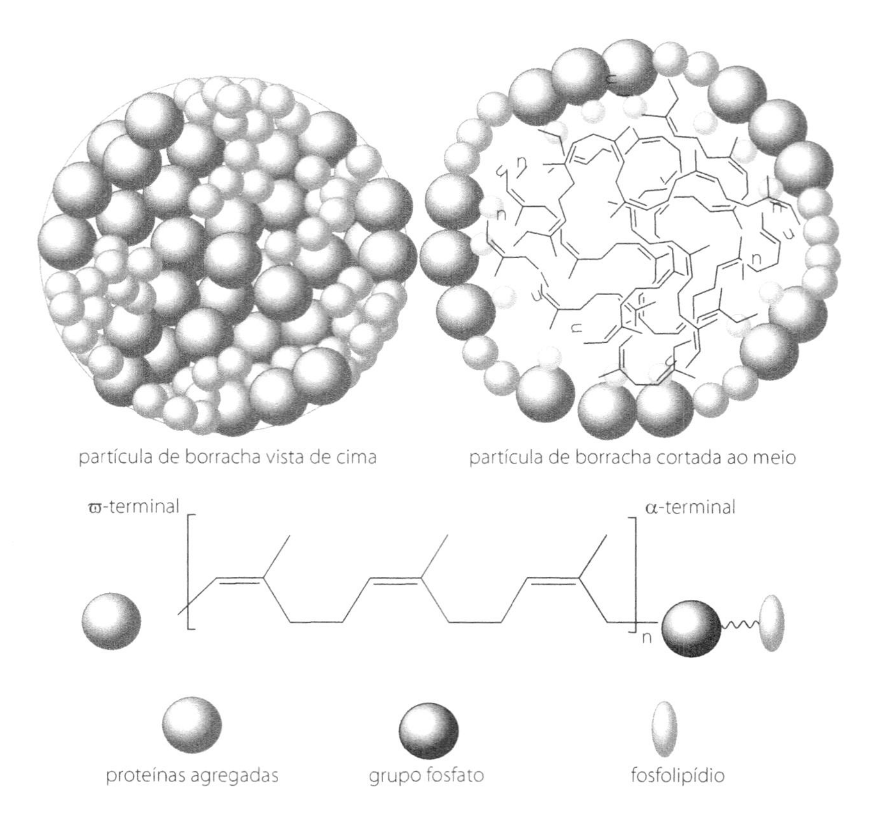

Figura 8.55. Estrutura da borracha natural.

8.6.2. Polímeros Sintéticos[52,53]

Polímeros sintéticos, assim como os polímeros naturais, são macromoléculas formadas a partir de unidades menores chamadas de monômeros. O número de vezes que essa unidade monomérica se repete (n) é chamado de grau ou número de polimerização. A diferença entre os polímeros naturais e os sintéticos é justamente a natureza de suas unidades monoméricas e a forma como se dá a reação de polimerização nos sistemas biológicos e fora dele. Nos polímeros naturais, os monômeros são biomoléculas encontradas nos seres vivos e as reações de polimerização são promovidas por enzimas nas condições de temperatura e pH celular. Por outro lado, os polímeros sintéticos são obtidos em grande parte a partir de monômeros derivados diretos ou indiretos do petróleo por reações de polimerização diferentes das encontradas no meio biológico, como será visto mais adiante no texto.

A nomenclatura básica para os polímeros deve ser feita em itálico e se baseia em colocar o prefixo *poli* antes do nome do monômero que o constitui, que deve estar entre parênteses; por exemplo, um polímero de etileno é chamado de *poli(etileno)*, um polímero de propileno: *poli(propileno)* e assim por diante. Os polímeros formados por dois monômeros diferentes são chamados de copolímeros e a nomenclatura se baseia em adicionar a palavra *goma* se o polímero for um elastômero ou *resina* se for um plástico antes do nome dos dois monômeros; por exemplo, *goma estireno-butadieno* e *resina fenol-formaldeído*.

---

52. Para a nomenclatura IUPAC, ver: http://www.chem.qmul.ac.uk/iupac/rssop
53. Cowie JMG, Arrighi V. Polymers: Chemistry and physics of modern material, 3rd ed. Boca Raton: CRC Press; 2007. p. 520.

A composição monomérica, a estrutura química e a massa molar do polímero determinam as suas propriedades físico-químicas e mecânicas. A combinação entre essas propriedades determina para qual uso o polímero será mais adequado. Propriedades como resistência à chama, estabilidade térmica, resistência à ação química, cristalinidade e propriedades mecânicas são as principais a serem avaliadas para a caracterização de um polímero.

Com relação às propriedades mecânicas, os polímeros podem ser classificados como plásticos ou elastômeros. Os polímeros plásticos ainda são classificados em termoplásticos e termorrígidos. Os termoplásticos possuem estruturas lineares ou ramificadas, são pouco cristalinos e amolecem ao receberem calor, pois com o calor ocorre o deslizamento das cadeias carbônicas umas sobre as outras, alterando a forma do material que ao ser resfriado volta a endurecer sem perder suas propriedades físicas, químicas e mecânicas. Os termoplásticos podem ser fundidos diversas vezes, alguns podem até se dissolver em vários solventes, características que tornam esses polímeros materiais recicláveis. Os termorrígidos são altamente reticulados, formando estruturas tridimensionais rígidas e irregulares, não ficam moles sob aquecimento, pois quando aquecidos são degradados antes da fusão, com perda das suas propriedades, por isso não podem ser reciclados.

Os elastômeros possuem alto grau de elasticidade, mesmo após sofrer grande deformação (esticamento) e voltar ao seu tamanho normal quando a tensão de esticamento termina. As cadeias dos elastômeros também são lineares como nas fibras, mas a diferença é que nas fibras quando se remove a tensão de estiramento as cadeias voltam a ficar distendidas e alinhadas, enquanto nos elastômeros isso não ocorre, pois as forças intermoleculares que unem as cadeias nas fibras são fortes, enquanto nos elastômeros as forças intermoleculares são fracas porque não possuem em suas estruturas grupos fortemente polares. Nos elastômeros as cadeias se mantêm unidas por ligações cruzadas (reticulação), impedindo que as cadeias deslizem uma sobre as outras, mas essas ligações não podem ser tantas de forma a impor rigidez à molécula, diminuindo sua flexibilidade.

Os polímeros sintéticos podem ser obtidos basicamente por dois tipos de reações: a reação de adição (reação de cadeia) e a reação de condensação (crescimento gradual). Os polímeros de adição são constituídos, em geral, por apenas uma unidade monomérica (homopolímero), sendo o monômero formador da cadeia um alceno vinílico. A mistura de monômeros vinílicos diferentes em reação de adição gera copolímeros. As reações de polimerização de adição podem ser classificadas de acordo com o agente iniciador utilizado em radicalar, catiônica, aniônica e de coordenação (metal de transição).

A reação de polimerização de adição radicalar é iniciada através da adição de um peróxido. Esse peróxido gera um radical que se adiciona à ligação dupla formando um novo radical polimérico em crescimento (Figura 8.56). A reação pode ser mantida até que o material de partida seja consumido ou pela adição de um agente inibidor que extingue o radical. Na polimerização radicalar é necessário usar altas temperaturas e o radical em crescimento pode não apenas reagir pela adição à dupla ligação, mas pode também arrancar um hidrogênio de uma cadeia já formada ocasionando ramificações. Nessas moléculas ramificadas, o empilhamento de umas sobre as outras é feito ao acaso e, por isso, o polímero apresenta baixa cristalinidade, baixo ponto de fusão e é mecanicamente fraco, ao contrário de um polímero linear.

Na reação de polimerização por adição catiônica, o agente iniciador do processo é geralmente um ácido de Lewis ou um ácido mineral que, ao sofrer ataque da ligação dupla (nucleofílica), produz um cátion reativo que inicia assim o processo de polimerização (Figura 8.57). Sempre que um cátion reage com outra molécula de monômero um novo cátion reativo é formado, dando sequência à cadeia polimérica.

A reação de polimerização por adição aniônica inicia-se pela adição de uma base, que pode ser orgânica ou mineral. A base ataca a ligação dupla com formação de um ânion que dá sequência à reação de polimerização (Figura 8.58).

A polimerização com ácidos fornece produtos com propriedades físicas e químicas diferentes da polimerização com base.

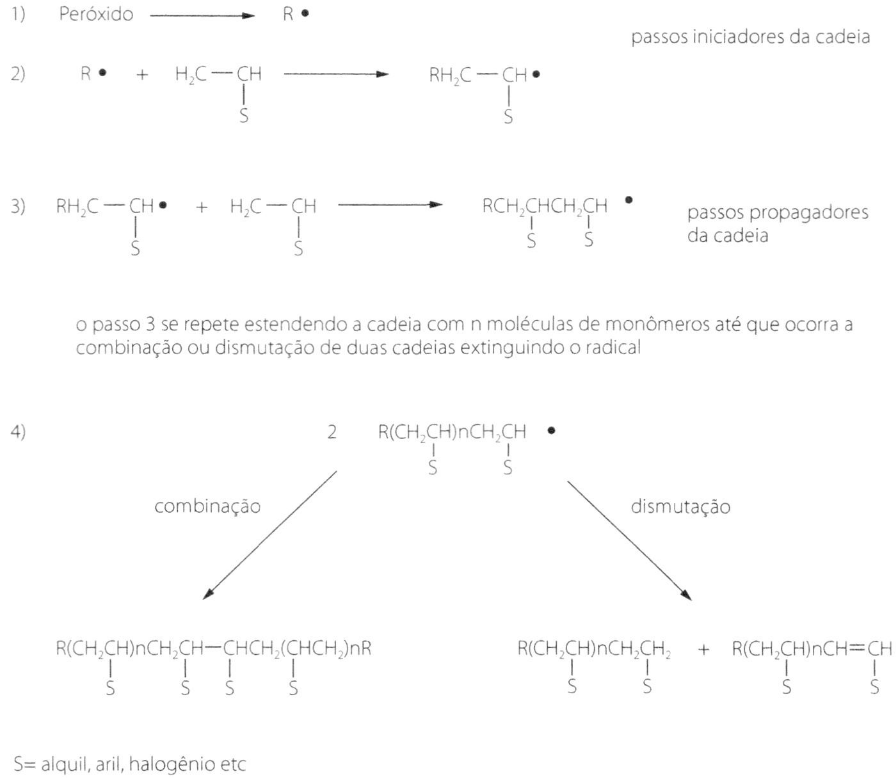

Figura 8.56. Mecanismo da reação de polimerização por adição radicalar.

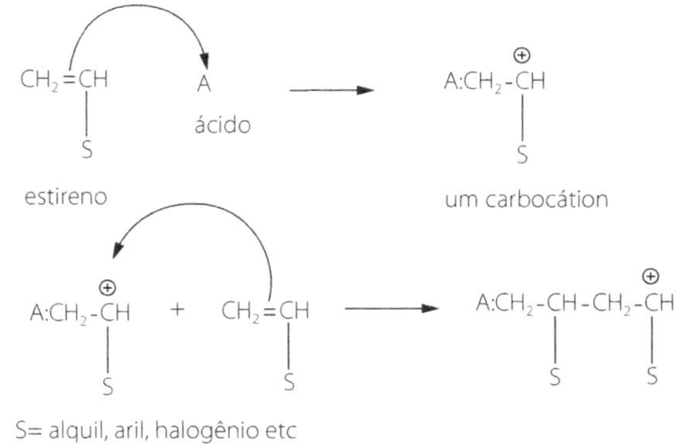

Figura 8.57. Mecanismo da reação de polimerização por adição catiônica.

Além desses tipos de agentes iniciadores da reação de polimerização, existem também os metais que têm algumas vantagens no uso com relação aos outros agentes iniciadores. A principal vantagem é a produção de polímeros lineares, pois a introdução da unidade monomérica é feita no metal e não na cadeia carbônica, onde a nuvem π do alceno se sobrepõe a um orbital vazio do

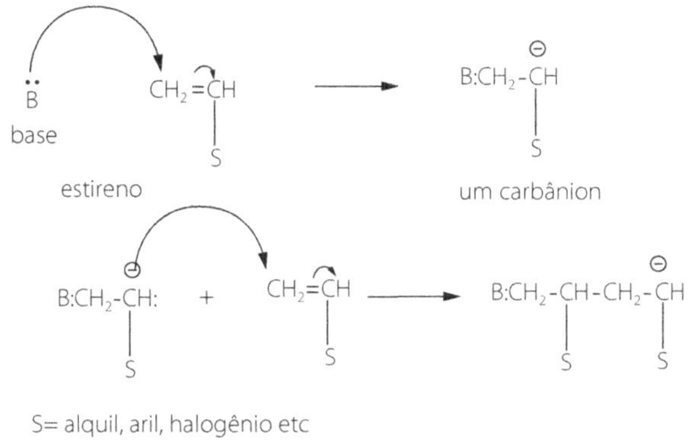

Figura 8.58. Mecanismo da reação de polimerização por adição aniônica.

metal. No caso da formação do *poli(propileno)*, a unidade de etileno insere-se entre o metal e o grupo etila e assim sucessivamente (Figura 8.59).

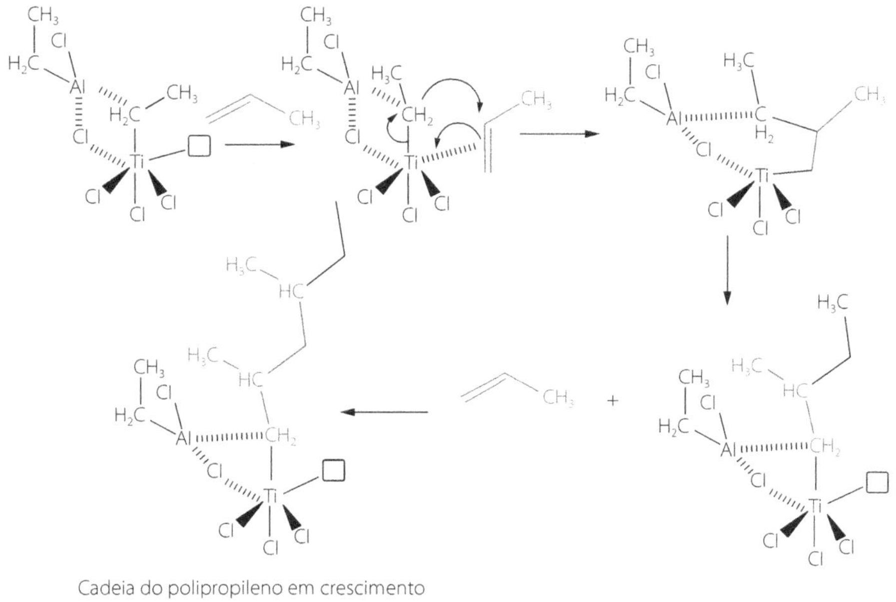

Figura 8.59. Mecanismo da reação de polimerização de adição por coordenação usando catalisador de Ziegler-Natta. Obtenção de polímero isotático.

O uso dos catalisadores metálicos produz moléculas lineares e permite controlar a estereoquímica do polímero formado. De acordo com a estereoquímica do grupo ligado à cadeia principal, os polímeros podem ser classificados como isotático, sindiotático e atático. O *poli(propileno)* pode ser obtido nestas três configurações de acordo com o método de polimerização utilizado (Figura 8.60).

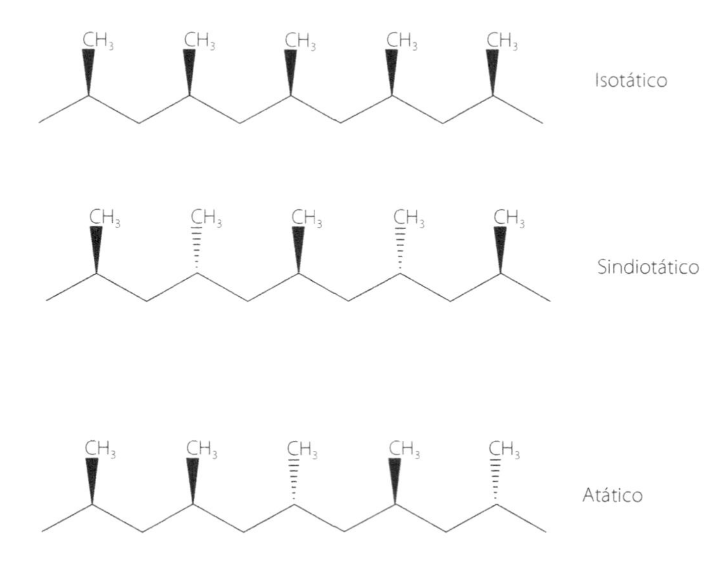

Figura 8.60. Classificação das cadeias poliméricas do *poli(propileno)* de acordo com a estereoquímica.

Cada uma dessas estereoquímicas confere à cadeia do *poli(propileno)* propriedades físicas e químicas diferentes. O polímero atático é mole e possui propriedades elásticas semelhantes à da borracha natural, enquanto as cadeias sindiotáticas e isotáticas conferem ao polímero propriedades cristalinas.

Outro tipo de reação de polimerização é a reação por condensação ou crescimento gradual, em que os polímeros são formados por duas ou mais unidades monoméricas (heteropolímeros) e os monômeros formadores da cadeia geralmente são álcoois, diésteres, diamidas, ácidos dicarboxílicos, fenóis e aldeídos.

Nessas reações de polimerização, a condensação entre os monômeros fornece intermediários com grupos reativos livres em dois pontos da molécula, de maneira que podem se condensar com mais unidades monoméricas, aumentando a cadeia polimérica em mais de uma direção. Essas reações se processam entre os mais variados grupos funcionais e não existe a necessidade de se adicionar espécies reativas para iniciar o processo. A reação se inicia pela reatividade entre os grupos funcionais presentes nos monômeros, com a formação de polímeros de diversas estruturas e diferentes propriedades físicas e químicas. Os polímeros obtidos através da condensação entre um ácido dicarboxílico e uma diamina são classificados como poliamidas, enquanto os polímeros obtidos a partir da condensação entre um ácido dicarboxilico ou diéster com um diol são classificados como poliésteres (Figura 8.61). As cadeias lineares desses polímeros permitem o alinhamento longitudinal e as forças intermoleculares são fortes o suficiente para manter esse alinhamento e não deixar que as cadeias escorreguem. Por isso, possuem grande tensão de ruptura longitudinal, sendo usados como fibras para a fabricação de linhas, tecidos e cordas, além de outros usos[54].

Nas reações de condensação, se cada monômero possuir apenas dois grupos funcionais (extremidades da cadeia), obtém-se um polímero linear. Entretanto, se o monômero possuir outros grupos funcionais na cadeia e a reação se processar nesse grupo funcional adicional, o polímero obtido será reticulado com uma rede tridimensional, como o *glyptal*, um polímero obtido pela reação de polimerização entre o anidrido ftálico e o glicerol (Figura 8.62).

---

54. Morrison R, Boyd R. Química Orgânica, 14ª ed. Lisboa :Fundação Calouste Gulbenkian; 2005. p. 1209-1228.

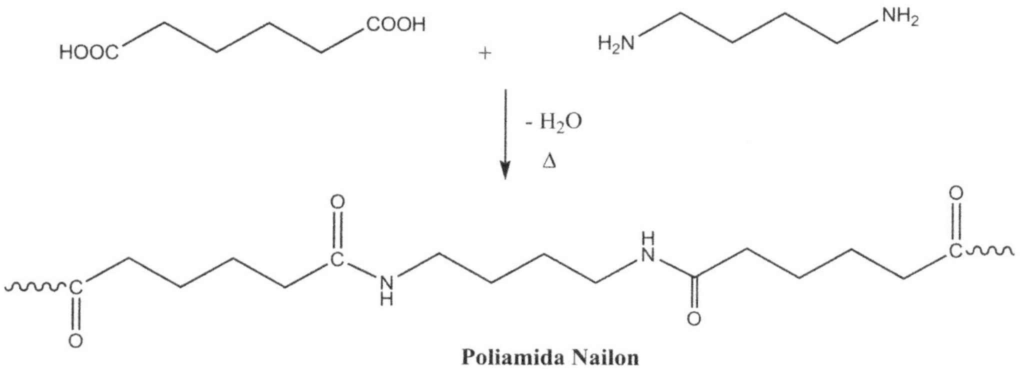

HOOC COOH + H_2N NH_2

- H_2O

Δ

O C N H H N C O O C O C

Poliamida Nailon

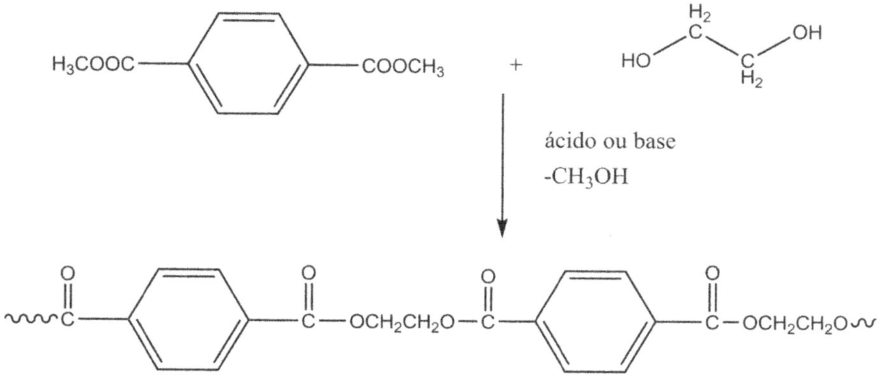

H_3COOC $COOCH_3$ + H_2 C OH HO C H_2

ácido ou base

-CH_3OH

O C O C—OCH_2CH_2O—C O O C—OCH_2CH_2O

Poliéster Politereftalato de Etileno

Figura 8.61. Reação de polimerização de condensação. Formação da poliamida *nylon*-6,6' e do poliéster politereftalato de etileno (PET).

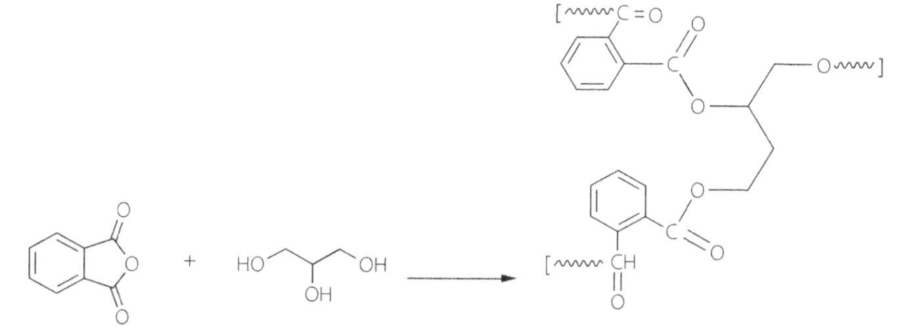

[C = O O C O O O] O C O [CH O

O O O + HO OH OH

Anidrifo ftálico

Glicerol

Glyptal

Figura 8.62. Estrutura do *glyptal*.

RESUMO GERAL DO CAPÍTULO

Macromoléculas é o termo usado para moléculas formadas por centenas de milhares de átomos. Por conterem repetições de unidades mais simples, são chamadas de polímeros. Podem ser de ocorrência natural, como polissacarídeos, proteínas e ácidos nucleicos, ou sintéticos obtidos industrialmente, como os polímeros *polietileno*, *nylon* e *glyptal*, entre outros.

Carboidratos são compostos carbonílicos poli-hidroxilados ou compostos que após hidrólise liberam esse tipo de substrato. Os monossacarídeos, como a glicose e a frutose, são os carboidratos mais simples e ligam-se uns aos outros por ligações glicosídicas, formando dissacarídeos, trissacarídeos, oligossacarídeos e polissacarídeos. Monossacarídeos têm geralmente sabor adocicado e a propriedade de agir como redutores na presença de Cu^{2+}, sendo esta característica bastante utilizada como método de identificação.

Os polissacarídeos são formados por centenas de unidades de monossacarídeos e a forma com que esses monossacarídeos se ligam uns aos outros (ângulos entre as ligações glicosídicas) determina as propriedades físicas e o uso biológico dos polissacarídeos. A celulose e a quitina são os polissacarídeos mais abundantes na natureza, sendo usados, respectivamente, por plantas e artrópodes como suporte celular. O amido é um polissacarídeo de reserva em plantas e o glicogênio desempenha o mesmo papel nos animais. A oxidação dos carboidratos é a principal via metabólica de obtenção de energia na maioria das células dos seres heterotróficos. A sacarose e o amido são os principais alimentos ingeridos pela maior parte da população mundial devido ao seu valor energético, facilidade de obtenção e custo acessível. As ligações glicosídicas são hidrolisadas por ácido forte ou por ação enzimática. Os carboidratos são usados industrialmente para a obtenção de produtos alimentícios, produtos têxteis, papel e combustíveis, dentre outros usos.

α-Aminoácidos são os constituintes básicos de peptídeos e proteínas. Os 20 α-aminoácidos comuns são classificados de acordo com suas estruturas. A união entre dois resíduos de aminoácidos acontece pela condensação do grupo amino de um aminoácido com a carboxila do outro aminoácido, formando um dipeptídeo. Essa ligação é chamada de ligação peptídica, que é estável em diferentes pH, sendo clivada por enzimas proteases. Um polipeptídeo contendo mais de 80 resíduos de aminoácido é classificado como proteína, apesar de alguns polipeptídeos menores serem chamados costumeiramente de proteínas. Os aminoácidos ligados linearmente na cadeia polipeptídica de uma proteína constituem sua estrutura primária, que determina as estruturas secundária e terciária e, por fim, a sua função biológica. A estrutura terciária (enovelamento) da cadeia polipeptídica é mantida pelas interações fracas (não covalentes) e pontes dissulfeto.

Proteínas, quando aquecidas ou expostas a alguns solventes orgânicos, soluções salinas a pH diferentes do seu pH nativo podem perder parcial ou totalmente a sua estrutura terciária num processo denominado de desnaturação, o qual pode ser revertido quando a proteína volta ao seu meio biológico nativo, a renaturação. As proteínas desempenham uma grande variedade de funções biológicas nos seres vivos, podendo conter uma ou mais cadeias polipeptídicas, serem constituídas apenas por aminoácidos ou possuírem também outros compostos orgânicos ou metais ligados a elas, chamados de grupos prostéticos. Proteínas de mesma função biológica em espécies diferentes têm composição de aminoácidos muito parecida. As enzimas, na grande maioria, são proteínas que têm como função catalisar as reações químicas que ocorrem nos processos metabólicos num tempo útil ao organismo. Cada enzima possui substratos de classe específica e algumas possuem grupos inorgânicos e/ou orgânicos ligados a ela, que auxiliam nos processos de catálise e são chamados de cofatores e coenzimas (vitaminas do complexo B). Algumas enzimas podem ser usadas como catalisadores em reações de síntese orgânica (catálise enzimática).

Os lipídeos são compostos de diversificadas estruturas, mas que têm em comum a insolubilidade em água. Não são macromoléculas, entretanto, estão envolvidos em vários processos metabólicos e ao se ligarem a proteínas formam grandes aglomerados macromoleculares. Os lipídeos podem ter função de reserva (triacilgliceróis, TAGs), constituintes da membrana celular (lipídeos de membrana) e atuar como sinalizadores (hormônios esteroidais e *eicosanoides*). A oxidação de

1 g de triacilgliceróis fornece o equivalente a 38 kJ (9 Kcal). Os triacilgliceróis possuem em suas estruturas três ácidos graxos de cadeias longas condensados na molécula de glicerol, enquanto os lipídeos de membrana possuem uma base de glicerol ou esfingosina onde se ligam cadeias apolares e um grupo polar. Portanto, são moléculas anfifílicas, que se orientam para formar a dupla camada lipídica que envolve as membranas biológicas. Esteroides também são lipídeos estruturais presentes nas membranas, na maioria das células eucarióticas e também desempenham muitas outras funções biológicas. Alguns lipídeos desempenham papel ativo na célula, agindo como sinalizadores, cofatores e pigmentos. Os triacilgliceróis de origem vegetal ou animal são utilizados na fabricação de sabões e de biosiesel.

As vitaminas são compostos orgânicos que, apesar de não serem utilizadas como fonte de energia ou como moléculas precursoras, participam ativamente dos processos de oxidação e biossíntese de macromoléculas vitais aos seres vivos, aumentando a eficiência desses processos metabólicos. São classificadas de acordo com sua solubilidade em lipossolúveis e hidrossolúveis. A falta ou o excesso de algumas vitaminas podem ocasionar graves doenças.

Nucleotídeos são constituídos por uma base nitrogenada e um grupo fosfato ligados à estrutura de uma pentose. As bases nitrogenadas adenina (A), guanina (G), citosina (C), timina (T) e uracila (U) são classificadas em pirimidínicas ou purínicas. As bases A, G, C e T são constituintes dos nucleotídeos que formam o DNA, enquanto as bases A, C, G e U são constituintes dos nucleotídeos que formam o RNA.

A estrutura secundária do DNA consiste numa dupla hélice, na qual duas cadeias polinucleotídicas se mantêm unidas por ligações de hidrogênio entre os pares das bases A=T (duas ligações de hidrogênio) e C≡G (três ligações de hidrogênio) com 10,5 pares de bases por volta da hélice. As fitas do DNA são complementares, adenina (A) se liga somente à timina (T) e citosina (C) somente à guanina (G), são dextrosas com sentidos das extremidades 5' e 3' opostos (antiparalelas). No RNA adenina (A) se liga à uracila (U). O DNA pode ser desnaturado como as proteínas, com perda da sua dupla hélice.

O DNA no núcleo da célula contém a informação genética e o RNA carrega essa informação do núcleo para o citoplasma onde ocorre a síntese proteica. O processo de transferência da informação contida no DNA para o RNA é chamado de transcrição. A estrutura do RNA é bem mais complexa que a do DNA. São vários os tipos de RNA, cada qual com sua função biológica envolvida na tradução do código genético para a síntese proteica.

A sequência de nucleotídeos no DNA varia de espécie para espécie, sendo que diferentes sequências de nucleotídeos codificam genes diferentes, que serão usados para a síntese de diferentes proteínas. O DNA possui sistemas de reparo que permite corrigir alguns erros no DNA, causados por processos não enzimáticos que ocorrem nas estruturas dos nucleotídeos. Erros não corrigidos podem levar à formação de mutações e carcinogênese. O RNA não possui esse sistema de reparo.

A borracha natural é um polímero natural constituído basicamente por *poli(cis-1,4-isopreno)* com fórmula geral $(C_6H_8)_n$ com n (número de polimerização) de até 1.500. Ligado a uma das extremidades da cadeia do polímero, possui grupos que interagem com as proteínas formando ligações cruzadas, resultantes de ligação de hidrogênio, e na outra extremidade possui grupos fosfolipídeos. A presença desses grupos é determinante para conferir à borracha natural propriedades que não ocorrem no polímero obtido industrialmente. A borracha natural pode ser usada para a fabricação de inúmeros produtos, desde pneus até material cirúrgico.

Os polímeros obtidos industrialmente possuem propriedades físico-químicas e mecânicas determinadas pela composição monomérica, estrutura química e a massa molar que apresentam. A combinação entre essas propriedades determina para qual uso o polímero será mais adequado. Em relação às propriedades mecânicas, os polímeros podem ser classificados como plásticos ou elastômeros. Os polímeros plásticos ainda são classificados em termoplásticos (estruturas lineares ou ramificadas), que amolecem com a temperatura podendo ser novamente moldados, e termorrígidos (estrutura tridimensional), que não amolecem e são rígidos e quebradiços.

Os elastômeros possuem alto grau de elasticidade, as cadeias se mantêm unidas por ligações cruzadas (reticulação), impedindo que deslizem umas sobre as outras, mas devem ocorrer em número que não imponha rigidez à molécula, diminuindo a sua flexibilidade.

Os polímeros sintéticos podem ser obtidos basicamente por dois tipos de reações de polimerização: a reação de adição (reação de cadeia) e a reação de polimerização de condensação (crescimento gradual). Na reação de polimerização em cadeia podem ser usados vários tipos de agentes iniciadores com monômeros vinílicos, enquanto na reação de condensação esses agentes iniciadores são dispensados, mas os monômeros devem possuir grupos funcionais que possam reagir entre si. Exemplos de polímeros obtidos por polimerização em cadeia são: *poli-isopreno*, *poliestireno* e *polietileno*, obtidos respectivamente dos monômeros isopreno, estireno e etileno. O *nylon* (poliamida), o politereftalato de etileno (poliéster) e o *glyptal* são exemplos de polímeros obtidos por reação de polimerização de condensação.

PROBLEMAS SELECIONADOS

1. Quais funções biológicas podem desempenhar os carboidratos?

2. Explique qual é o resultado da reação de Benedict com sacarose, lactose, maltose e celobiose.

3. Como os monossacarídeos podem ser classificados em termos de número de carbono, função orgânica da carbonila e estereoisômeros?

4. Dê as estruturas dos dissacarídeos:
   a) Gal(β1→1)αGlc
   b) Fru((β2→2)αFru
   c) Glc(β1→6)αGlc

5. Por que a sacarose não é um açúcar redutor sendo um dissacarídeo constituído de glicose e frutose que são monossacarídeos redutores?

6. A hidrolise ácida de um trissacarídeo redutor forneceu a proporção 2:1 de glicose com relação à frutose. Com bases nesses dados quais são as estruturas que esse trissacarídeo poderia ter?

7. Calcule a massa molecular de um polissacarídeo contendo 100 unidades de glicose.

8. O que diferencia amido, celulose e glicogênio, se todos são polímeros de glicose?

9. Suponha que você tenha cinco frascos contendo soluções aquosas de cinco carboidratos que poderiam ser: sacarose, amido, glicose, frutose e gliceraldeído. Como você faria para identificar cada um deles?

10. O que é açúcar invertido?

11. Quais critérios químicos são usados para classificar os 20 α-aminoácidos comuns, visto que todos possuem os mesmos grupos amino e carboxila?

12. Como a Gly pode ser diferenciada dos outros 19 α-aminoácidos comuns?

13. O que é ponto isoelétrico (pI) de um aminoácido? Durante a titulação de um aminoácido, qual carga se deve esperar para o sistema num ponto abaixo e acima do "pI" e quais espécies químicas predominam nesses pontos?

14. Como é formada uma ligação peptídica? Exemplifique pela ligação de Pro com Leu.

15. Construa um heptapetídeo contendo como grupo terminal amino a Gly e como grupo terminal carboxila a Met, sendo os demais aminoácidos pertencentes a grupos "R" diferentes.

16. Calcule a massa molar de um peptídeo contendo 88 resíduos de aminoácidos.

17. Como as proteínas podem ser classificadas quanto a constituição, número de cadeias e estrutura terciária?

18. Mostre a sequência de passos que você usaria para construir no laboratório o tetrapeptídeo Ala-Glc-Pro-Met.

19. Que tipos de interações atuam na cadeia polipeptídica que definem as estruturas secundária e terciária?

20. Explique o processo de desnaturação e renaturação de uma proteína e como esses processos estão relacionados com as doenças genéticas e degenerativas em humanos e animais.

21. Quais são as principais funções biológicas das proteínas? Dê exemplos.

22. O que são enzimas e como elas agem nos sistemas biológicos?

23. Quais classes de reações orgânicas poderiam ser realizadas com o uso de enzimas e quais seriam as condições reacionais adequadas?

24. O que são lipídeos e como são classificados?

25. Construa dois triacilgliceróis (TAGs) contendo as seguintes cadeias de ácidos graxos (em qualquer ordem de ligação ao glicerol):
a) 18:0, 20:2 ($\Delta^{9,12}$), 18:1 (Δ^{9})
b) 16:0, 18:2 ($\Delta^{9,12}$), 20:1 (Δ^{9})

26. Com base na estrutura dos ácidos graxos de maior ocorrência nos TAGs de origem vegetal e animal, discuta as diferenças quanto ao fato de serem líquidos ou sólidos em temperatura ambiente.

27. Qual é a diferença estrutural entre os TAGs e as ceras biológicas?

28. O que diferencia estruturalmente os TAGs dos lipídeos de membrana com base glicerol?

29. Por que alguns tipos de lipídeos de membrana possuem ligações éteres ligando cadeias apolares na estrutura do glicerol?

30. O que classifica um lipídeo como esteroide? Quais são as principais funções biológicas que essa classe de lipídeos pode desempenhar?

31. Que importância tem o colesterol para os vertebrados?

32. Que papel desempenha o isopreno no metabolismo biossintético de plantas e vertebrados?

33. Descreva o processo pelo qual os TAGs são transformados em sabão e de que forma o sabão limpa sujeiras.

34. De que forma os TAGs são utilizados para a obtenção de biodiesel? Discuta as vantagens e as desvantagens da produção de biodiesel a partir dos TAGs.

35. Se as vitaminas não são utilizadas como fonte de energia, nem como moléculas precursoras, de onde vem a necessidade da ingestão desses compostos?

36. Como a falta de vitamina C afeta a qualidade do colágeno?

37. Por que a suplementação vitamínica deve ser feita com cautela e sob orientação médica?

38. Quais são as vitaminas que atuam como cofatores enzimáticos?

39. Existem alimentos ricos em vitamina A, entretanto, existem também compostos precursores dessa vitamina, quais são eles? Quais são as formas biologicamente ativas da vitamina A e quais funções desempenham cada uma dessas formas no ser humano?

40. Como são estruturalmente formados os nucleotídeos? E quais são as principais funções que desempenham nos seres vivos?

41. No que diferem estruturalmente e funcionalmente o DNA e o RNA?

42. Dê a estrutura química de um segmento de DNA constituído pela sequência A-C-G-A-T-G.

43. Quais são os fatores externos e internos que podem produzir transformações espontâneas das bases que constituem o DNA?

44. Como a energia biológica é armazenada na molécula de ATP?

45. Quais são os tipos de reações de polimerização?

46. O que determina se um polímero pode ou não ser reciclado?

47. O que são polímeros atático, isotático e sindiotático?

48. Qual reação de polimerização de adição é mais eficaz no controle da estereoquímica do polímero que se quer produzir? Explique por quê.

49. O que diferencia os elastômeros de fibras do tipo poliamidas?

50. Qual é a condição estrutural de pelo menos um dos monômeros para a obtenção de um polímero de condensação reticulado?

51. Dê a estrutura do polímero formado pela reação entre os monômeros di-isocianato e etileno glicol.

52. Dê a estrutura do polímero formado pela polimerização de adição do 1,4-butadieno.

Índice Remissivo

C

E

I

M